€ 39,80
2 8. 10. 2010

Laserphysik

Physikalische Grundlagen des Laserlichts und seine Wechselwirkung mit Materie

von
Prof. Dr. Hans-Jörg Kull

Oldenbourg Verlag München

Prof. Dr. Hans-Jörg Kull promovierte 1981 an der TU München, wurde 1991 an der TU Darmstadt habilitiert und ist seit 1994 Professor an der RWTH Aachen.
Er verbrachte Forschungsaufenthalte am Landau-Institut in Moskau, am Institute for Fusion Studies in Austin und am Laserzentrum CELIA in Bordeaux.
Sein Arbeitsgebiet ist die Theorie und numerische Simulation der Wechselwirkung hochintensiver ultrakurzer Laserstrahlung mit Materie.

Bibliografische Information der Deutschen Nationalbibliothek

Die Deutsche Nationalbibliothek verzeichnet diese Publikation in der Deutschen Nationalbibliografie; detaillierte bibliografische Daten sind im Internet über <http://dnb.d-nb.de> abrufbar.

© 2010 Oldenbourg Wissenschaftsverlag GmbH
Rosenheimer Straße 145, D-81671 München
Telefon: (089) 45051-0
oldenbourg.de

Das Werk einschließlich aller Abbildungen ist urheberrechtlich geschützt. Jede Verwertung außerhalb der Grenzen des Urheberrechtsgesetzes ist ohne Zustimmung des Verlages unzulässig und strafbar. Das gilt insbesondere für Vervielfältigungen, Übersetzungen, Mikroverfilmungen und die Einspeicherung und Bearbeitung in elektronischen Systemen.

Lektorat: Kristin Berber-Nerlinger
Herstellung: Anna Grosser
Coverentwurf: Kochan & Partner, München
Gedruckt auf säure- und chlorfreiem Papier
Gesamtherstellung: Grafik + Druck GmbH, München

ISBN 978-3-486-58023-5

Vorwort

Dieses Buch gibt eine Einführung in die physikalischen Grundlagen des Laserlichts und seiner Wechselwirkung mit Materie. Es entstand aus einer Reihe von Vorlesungen des Autors an der RWTH und am Fraunhofer Institut für Lasertechnik in Aachen mit der Intention, interessierten Studierenden eine zusammenhängende und dem Kenntnisstand nach den Grundvorlesungen des Physikstudiums entsprechende Darstellung dieses Gebiets zu vermitteln. An einigen Stellen wird bewusst auf Inhalte der Theoriekurse in Mechanik, Elektrodynamik und Quantenmechanik eingegangen, da die Erfahrung zeigt, dass eine Auseinandersetzung mit konkreten physikalischen Fragestellungen aus der Optik und Quantenoptik oft auch zu einem vertieften Verständnis der Grundlagen der Theoretischen Physik beiträgt.

Die Auswahl der Themen aus dem umfangreichen Gebiet der Laserphysik ist notwendigerweise mit Einschränkungen verbunden. Es wurde versucht eine an den grundsätzlichen physikalischen Prinzipien und mathematischen Methoden orientierte Auswahl zu treffen. Auf die Darstellung unterschiedlicher Lasersysteme und deren vielfältiger Anwendungen musste dabei weitgehend verzichtet werden. Die Beschränkung des Umfangs soll andererseits der besseren Lesbarkeit und Zugänglichkeit des Stoffes dienen. Einzelne Kapitel sind weitgehend in sich abgeschlossen und sollten sich im Studium auch als Grundlage für Seminare oder Hausarbeiten eignen. Abschnitte mit allgemeinen Grundlagen oder ergänzenden Gesichtspunkten sind mit einem Stern gekennzeichnet und können gegebenenfalls übersprungen werden.

Im Mittelpunkt des ersten Teils steht die klassische makroskopische Elektrodynamik für Lichtwellen in einem Medium. Die Eigenschaften des Lichts im Medium werden durch die Dielektrizitätsfunktion bestimmt. Zunächst werden homogene Medien mit einer frequenzabhängigen, danach inhomogene Medien mit einer ortsabhängigen Dielektrizitätsfunktion behandelt. Dabei wird auch auf Methoden, wie die Fourier-Transformation, den Eikonalansatz der geometrischen Optik, die Methode der Strahltransfermatrizen sowie auf Lösungsmethoden für die Wellengleichung im inhomogenen Medium eingegangen. Die charakteristischen Eigenschaften der Dielektrizitätsfunktion werden im Rahmen des klassischen Lorentz-Modells behandelt. Das Lorentz-Modell wird ausführlich dargestellt, da es physikalisch anschaulich ist und oft als Vergleichsstandard für genauere quantenmechanische Theorien dient. Auch die Emission und Absorption von Licht kann hier in einer zur Quantenmechanik weitgehend analogen Form diskutiert werden. Als Übergang zur Quantenmechanik wird die relativistische Bewegung eines freien Elektrons im Laserfeld im Rahmen der klassischen Hamilton-Mechanik betrachtet.

Der zweite Teil wendet sich der semiklassischen Theorie der Wechselwirkung von Licht mit Materie zu. Hierbei wird das elektromagnetische Feld klassisch, die Materie quantenmechanisch beschrieben. Die semiklassische Theorie bildet die Grundlage zum Verständnis der induzierten Emission, die das wichtigste Grundprinzip der Lichtverstärkung mit Lasern darstellt. Ausgehend von einleitenden Kapiteln zur Quantenmechanik liegt der Schwerpunkt bei der Behandlung von Atomen im Laserfeld. Die Wechselwirkung von Licht mit Atomen wird für verschiedene Modellsysteme, das quantenmechanische Lorentz-Modell, die zeitabhängige Störungstheorie und das optische Bloch-Modell eines Zweiniveausystems dargestellt. Dabei werden sukzessive Erweiterungen der Modellierung erzielt. Bei der zeitabhängigen Störungstheorie wird die statische Oszillatorstärke, im Bloch-Modell die dynamische Besetzungsdifferenz, beim statistischen Ensemble die Linienformfunktion eingeführt. Den Abschluss dieses Teiles bildet die Anwendung der Ergebnisse zur semiklassischen Beschreibung des Einmodenlasers. Durch adiabatische Elimination werden aus den quantenmechanischen Grundgleichungen eines Zweiniveausystems die Ratengleichungen für die Besetzungen der Niveaus hergeleitet. Diese werden ergänzt durch Gleichungen für die Amplitude und Phase einer Mode im Laserresonator.

Im dritten Teil werden die Grundlagen der Quantenoptik und der optischen Kohärenz dargestellt. Die kanonische Quantisierung des Strahlungsfeldes wird ausgehend von der Lagrange-Funktion über die Hamilton-Funktion für stehende und fortschreitende Wellen durchgeführt und die Quantenzustände des Strahlungsfeldes werden eingeführt. Bei der Darstellung der Wechselwirkungsprozesse eines Atoms mit dem quantisierten Feld liegt der Schwerpunkt bei der Behandlung der spontanen Emission. Im Rahmen der Weisskopf-Wigner-Theorie wird der exponentielle Zerfall der Besetzung eines angeregten Niveaus durch spontane Emission hergeleitet. Die Zerfallskonstante ist dabei der von Einstein postulierte A-Koeffizient. Abschließend werden statistische Eigenschaften des Laserlichts und deren Charakterisierung durch Kohärenzfunktionen dargestellt.

Schließlich sei erwähnt, dass in der Laserphysik gegenwärtig viele interessante neue Entwicklungen stattfinden. Dazu gehören z.B. die Laserkühlung von Bose-Einstein-Kondensaten, die optische Frequenzmetrologie, die Entwicklung von Hochintensitätslasern mit atomaren Feldstärken und die Erzeugung von ultrakurzen Femto- und Attosekundenpulsen. Die adäquate Darstellung dieser und anderer fortgeschrittener Spezialgebiete übersteigt aber den Rahmen dieser Einführung.

Detaillierte Literaturhinweise konnten in der vorliegenden Ausgabe leider nicht mehr berücksichtigt werden. Wie bei Lehrbüchern üblich, wurde bei der Darstellung allgemein bekannter Sachverhalte auf Quellennachweise verzichtet. Einige ausgewählte Bücher zur Laserphysik, an denen sich dieses Buch teilweise orientiert, sind in einem kurzen Literaturverzeichnis zusammengestellt.

An dem Zustandekommen dieses Buches sind natürlich viele Personen direkt oder indirekt beteiligt, die die persönliche und wissenschaftliche Entwicklung des Autors geprägt oder Hilfestellungen geleistet haben. Stellvertretend erwähnt sei die langjährige Zusammenarbeit mit Prof. P. Mulser, welchem der Autor viele Anregungen verdankt. An dieser Stelle möchte ich auch meiner Familie danken, die durch ihren steten Rückhalt und ihr Verständnis für die zusätzliche Arbeitsbelastung viel zum erfolgreichen Abschluss des Buches beigetragen hat.

Mein Dank gilt außerdem allen Studentinnen, Studenten und Mitarbeitern, die durch Diskussionen, Anregungen und Korrekturen an diesem Buch mitgewirkt haben. Korrekturvorschläge von Simone Steinmetzer, Jens Brinkmann, Elmar Esser und Ansgar Schmidt-Bleker habe ich gerne berücksichtigt. Einige Ergebnisse aus der Diplomarbeit von Peer Mumcu habe ich in Abschnitt 11 übernommen. Tatkräftige Unterstützung erhielt ich von Thomas Pesch, der dankenswerter Weise die abschließende Durchsicht des Manuskriptes mit großer Sorgfalt und viel eigenem Engagement übernommen hat.

Hinweisen möchte ich schließlich auf die gute Kooperation mit den Mitarbeiterinnen und Mitarbeitern des Verlags Oldenbourg. Besonderer Dank gebührt hier Frau Kathrin Mönch, die dieses Projekt initiiert und es mit großer Geduld und viel Verständnis über verschiedene Phasen hinweg ausgezeichnet betreut hat. Ebenso bedanke ich mich bei Frau Kristin Berber-Nerlinger für die sehr gute abschließende redaktionelle Zusammenarbeit.

Aachen, Juli 2010 *Hans-Jörg Kull*

Inhaltsverzeichnis

	Vorwort	V
1	**Grundprinzipien des Lasers**	**1**
1.1	Licht im Hohlraum	1
1.2	Atome im Laserfeld	6
1.3	Ratengleichungen	11
1.4	Lichtverstärkung	13
1.5	Lichterzeugung mit Lasern	15
	Aufgaben	19
2	**Grundgleichungen der klassischen Elektrodynamik**	**21**
2.1	Mikroskopische Maxwell-Gleichungen	21
2.2	Wellengleichung und Potentiale	25
2.3	Makroskopische Maxwell-Gleichungen	28
2.4	Lorentz-Kraft	29
2.5	Feldenergie und Feldimpuls	32
	Aufgaben	36
3	**Wellen im Medium**	**39**
3.1	Dielektrizitätsfunktion	39
3.2	Komplexe Darstellung der Felder*	42
3.3	Ebene Wellen im homogenen Medium	44
3.4	Polarisationsvektoren	47
3.5	Wellenenergie	50
	Aufgaben	54
4	**Laserpulse**	**57**
4.1	Fourier-Transformation*	57
4.2	Fourier-Darstellung von Laserpulsen	60

4.3	Randwertprobleme*	62
4.4	Envelope und Chirp	63
4.5	Envelopengleichung	65
4.6	Gauß-Pulse	69
4.7	Vorläufer*	72
4.8	Tunneln von Laserpulsen	77
	Aufgaben	79
5	**Lichtstrahlen und Resonatormoden**	**81**
5.1	Geometrische Optik	81
5.2	Paraxiale Strahlen	87
5.3	Laserresonatoren	93
5.4	Gauß-Strahlen	98
5.5	Paraxiale Wellengleichung	103
	Aufgaben	105
6	**Inhomogene Medien**	**107**
6.1	Eben geschichtete Medien	107
6.2	WKB-Näherung*	110
6.3	Stokes-Gleichung*	116
6.4	Resonanzabsorption	124
6.5	Fresnel-Formeln	129
	Aufgaben	141
7	**Klassisches Lorentz-Modell**	**145**
7.1	Polarisierbarkeit	145
7.2	Dispersion	149
7.3	Anregung des ungedämpften Oszillators	153
7.4	Anregung des gedämpften Oszillators	159
7.5	Dipolstrahlung	162
7.6	Lichtstreuung	165
7.7	Strahlungsdämpfung	167
7.8	Druckverbreiterung	168

7.9	Doppler-Verbreiterung	171
	Aufgaben	173
8	**Hamilton-Mechanik elektrischer Ladungen**	**177**
8.1	Hamilton-Prinzip	177
8.2	Bewegungsgleichungen	180
8.3	Teilchenbewegung in einer elektromagnetischen Welle*	182
8.4	Oszillation um das Schwingungszentrum	184
8.5	Drift des Schwingungszentrums	186
9	**Grundlagen der Quantenmechanik**	**191**
9.1	Grundpostulate der Quantenmechanik*	191
9.2	Zeitentwicklung von Quantensystemen	196
9.3	Ortsdarstellung und Wellenmechanik	199
9.4	Vertauschungsrelationen	203
9.5	Schrödinger- und Heisenberg-Bild	204
9.6	Wechselwirkungsbild	208
9.7	Ehrenfest-Theorem	210
10	**Semiklassische Licht-Materie-Wechselwirkung**	**211**
10.1	Quantensysteme im klassischen Strahlungsfeld	211
10.2	Potentiale in der Quantenmechanik	214
10.3	Impuls- und Energiesatz*	219
10.4	Dipolnäherung	221
10.5	Volkov-Zustände	223
10.6	Kramers-Henneberger-System	223
	Aufgaben	226
11	**Quantenmechanisches Lorentz-Modell**	**229**
11.1	Harmonischer Oszillator	230
11.2	Stationäre Zustände	230
11.3	Klassisches mikrokanonisches Ensemble	236
11.4	Kohärente Zustände	237
11.5	Verschiebungsoperator	241

11.6	Angeregter harmonischer Oszillator	243
11.7	Einsteinsche Ratengleichungen des harmonischen Oszillators	248
	Aufgaben	249

12 Schwache Anregung von Atomen im Laserfeld — 251

12.1	Zeitabhängige Störungstheorie	251
12.2	Monochromatische Störung	254
12.3	Kramers-Heisenberg Streuformel	256
12.4	Polarisierbarkeit und Dispersion	260
12.5	Rayleigh-Streuung	262
12.6	Raman-Streuung	264
12.7	Übergänge im Strahlungsfeld einer Mode	265
12.8	Übergänge im Strahlungsfeld mit kontinuierlichem Spektrum	268
12.9	Übergänge im Strahlungsfeld mit diskretem Spektrum*	270
12.10	Einstein-Koeffizienten	276
	Aufgaben	277

13 Zweiniveausysteme — 281

13.1	Optische Zweiniveausysteme	281
13.2	Rabi-Oszillationen	288
13.3	Resonanzfluoreszenz	291
13.4	Bloch-Vektor	293
13.5	Optisches Bloch-Modell	297

14 Statistische Ensembles — 305

14.1	Bloch-Gleichungen mit Dämpfung	305
14.2	Freier Induktionszerfall und Photon-Echo	312
14.3	Statistischer Operator	315
14.4	Dichtematrix-Gleichungen	319
14.5	Populationsmatrix	321
14.6	Ensemble mit Phasenrelaxation	322
14.7	Ensemble mit Anregungsprozessen	324
	Aufgaben	326

15	**Semiklassische Lasertheorie**	**329**
15.1	Quasistatisches Gleichgewicht	329
15.2	Sättigung und Leistungsverbreiterung	334
15.3	Normalmodenentwicklung	336
15.4	Feldgleichungen des Einmodenlasers	338
15.5	Laserschwelle und stationäre Laserstrahlung	341
16	**Quantisierung des freien Strahlungsfelds**	**345**
16.1	Hamilton-Prinzip für klassische Felder	345
16.2	Quantisierung stehender Wellen	347
16.3	Normalmodenentwicklung nach fortschreitenden Wellen	351
16.4	Quantisierung fortschreitender Wellen	353
16.5	Vergleich zwischen stehenden und fortschreitenden Wellen*	357
16.6	Energie und Impuls: Photonen	360
17	**Quantenzustände des Strahlungsfelds**	**363**
17.1	Fock-Zustände	363
17.2	Kohärente Zustände	366
17.3	Strahlung im thermischen Gleichgewicht	369
17.4	Strahlungsfeld mit klassischer Anregung	371
18	**Atome im quantisierten Feld**	**375**
18.1	Hamilton-Operator der Licht-Atom-Wechselwirkung	375
18.2	Übergangsraten für Absorption und Emission	377
18.3	A-Koeffizient der spontanen Emission	380
18.4	Zweiniveausystem im quantisierten Einmodenfeld	381
18.5	Weisskopf-Wigner Theorie der spontanen Emission	385
19	**Optische Kohärenz**	**391**
19.1	Grundbegriffe der Statistik*	391
19.2	Zeitliche Kohärenz	395
19.3	Wiener-Khintchine-Theorem	398
19.4	Räumliche Kohärenz	403
19.5	Van Cittert-Zernike-Theorem	406

19.6	Kohärenzfunktionen höherer Ordnung	409
19.7	Photonenstatistik	412
	Aufgaben	415

Literaturverzeichnis   **417**

Sachregister   **419**

---

*) Abschnitt mit vorwiegend einführendem oder ergänzendem Inhalt

1 Grundprinzipien des Lasers

- Normalmoden (Wellenvektor, Frequenz, Polarisation)
- Resonator (Modendichte, geschlossen, offen)
- Feldenergie, Photonen
- Absorptionsrate
- Emissionsraten (induziert, spontan)
- Ratengleichungen (Atome, Photonen)
- Verstärkung der spontanen Emission
- Laserprinzip (Besetzungsinversion, Schwellwertbedingung)

Als Einführung werden einige wichtige Grundprinzipien des Lasers in anschaulicher Form vorgestellt. Detailliertere theoretische Darstellungen der einzelnen Themen erfolgen in den nachfolgenden Kapiteln. Zunächst werden klassische und quantenmechanische Eigenschaften des Lichts zusammengefasst, danach wird die Wechselwirkung von Licht mit Atomen betrachtet. Die Emissions- und Absorptionsprozesse werden durch Ratengleichungen beschrieben und Kriterien für die Lichtverstärkung durch induzierte Emission ohne und mit Resonator werden daraus abgeleitet.

1.1 Licht im Hohlraum

Licht ist ein elektromagnetisches Feld, das sich im Vakuum mit der Lichtgeschwindigkeit c ausbreitet. In welcher Form Licht von einer Lichtquelle abgestrahlt wird, hängt in komplizierter Weise von den Emissionsbedingungen ab. So gibt es z.B. unterschiedliche zeitliche und räumliche Ausbreitungsformen sowie unterschiedliche Arten statistischer Schwankungen.

Um die Eigenschaften des Lichtes genauer definieren zu können, ist es zweckmäßig das elektromagnetische Feld zunächst als abgeschlossenes System ohne Wechselwirkung mit seiner Umgebung zu betrachten. Dazu nehmen wir an das Feld sei in einem Hohlraum eingeschlossen. Jedes so definierte Strahlungsfeld lässt sich nach sogenannten Normalmoden entwickeln, d.h. als eine Summe von elementaren Schwingungsformen darstellen.

Eine Normalmode ist eine monochromatische Schwingung des Feldes, die an der Oberfläche des Volumens vorgegebene Randbedingungen erfüllt. Eine Analogie zu den Normalmoden des elektromagnetischen Feldes bilden die Schwingungen einer eingespannten Saite. Neben der Grundschwingung treten hier harmonische Schwingungen auf, deren Frequenzen ganzzahlige Vielfache der Grundfrequenz sind.

Als Beispiel betrachten wir einen Würfel der Kantenlänge L mit periodischen Randbedingungen. Für das elektrische Feld $\boldsymbol{E}(\boldsymbol{x})$ gilt also in jeder Koordinatenrichtung x_i $\boldsymbol{E}(x_i + L) = \boldsymbol{E}(x_i)$. Die Normalmoden sind in diesem Fall ebene Wellen

$$\boldsymbol{E} = \boldsymbol{E}_0 \, e^{i\boldsymbol{k}\cdot\boldsymbol{x} - i\omega t}. \tag{1.1}$$

mit Wellenvektor $\boldsymbol{k}$ und Kreisfrequenz ω. Aus mathematischen Gründen ist es oft von Vorteil komplexwertige Felder, wie in (1.1), zu verwenden. Die reellwertigen physikalischen Felder werden dann durch den Realteil bzw. den Imaginärteil des komplexwertigen Feldes definiert.

Definition 1.1: *Lichtperiode, Lichtfrequenz, Lichtwellenlänge*

Die Lichtperiode T und die Lichtfrequenz ν sind definiert durch $\omega T = 2\pi$ und $\nu T = 1$. Oft verwendet man auch die Beziehung $\omega = 2\pi\nu$. Die Lichtwellenlänge λ wird definiert durch $k\lambda = 2\pi$, wobei die Wellenzahl k den Betrag vom Wellenvektor $\boldsymbol{k}$ bezeichnet.

Die ebenen Lichtwellen besitzen folgende Eigenschaften. Aufgrund der periodischen Randbedingungen sind nur Wellenvektoren erlaubt, deren Komponenten die Bedingungen

$$e^{ik_i L} = 1, \qquad i = 1, 2, 3, \tag{1.2}$$

erfüllen. Die Phasen $k_i L$ müssen also ganzzahlige Vielfache von 2π sein. Damit werden die Wellenvektoren auf eine abzählbare Menge eingeschränkt,

$$k_{i,n_i} = \frac{2\pi}{L} n_i, \qquad n_i = 0, \pm 1, \pm 2, \cdots. \tag{1.3}$$

Zu jedem Wellenvektor wird die zugehörige Frequenz durch die Vakuum-Dispersionsrelation

$$\omega = ck \qquad \text{oder} \qquad c = \lambda\nu \tag{1.4}$$

bestimmt. Aufgrund dieser Beziehung breitet sich die Welle in Richtung des Wellenvektors unabhängig von ihrer Frequenz mit der Lichtgeschwindigkeit c aus. Die Lichtwelle ist außerdem eine Transversalwelle. Da das elektrische Feld im Vakuum divergenzfrei ist, muss der Feldvektor orthogonal zum Wellenvektor gewählt werden,

$$\boldsymbol{k} \cdot \boldsymbol{E} = 0. \tag{1.5}$$

Zu jedem Wellenvektor gibt es zwei linear unabhängige Polarisationsrichtungen für den Feldstärkevektor $\boldsymbol{E}$.

Da die Zahl der Moden abzählbar ist, stellt sich die Frage nach der Zahl der Moden, die in einem bestimmten Frequenzintervall im Hohlraum auftreten können.

1.1 Licht im Hohlraum

Definition 1.2: *Modendichte*

Sei dN die Zahl der Moden pro Frequenzintervall $d\nu$ und Volumenelement dV. Dann wird die Modendichte $\mathcal{N}(\nu)$ definiert durch

$$dN = \mathcal{N}(\nu) dV d\nu \,. \tag{1.6}$$

Die Modendichte kann im Grenzfall $L \to \infty$ einfach berechnet werden. Dazu betrachten wir eine Kugelschale im $\boldsymbol{k}$-Raum mit Radius k und Dicke dk (Abb.1.1). Wählt man das spezifische Volumen $(2\pi/L)^3$ pro Wellenvektor sehr viel kleiner als das Volumen der Kugelschale, so ergibt sich die Zahl der Moden innerhalb der Kugelschale und innerhalb dV aus dem Verhältnis

$$dN = 2 \, \frac{4\pi k^2 dk}{(2\pi/L)^3} \, \frac{dV}{L^3} \,. \tag{1.7}$$

Der Faktor 2 berücksichtigt die beiden unabhängigen Polarisationsrichtungen pro Wellenvektor. Substituiert man nun k durch $2\pi\nu/c$ so erhält man die Modendichte,

$$\mathcal{N}(\nu) = 8\pi \, \frac{\nu^2}{c^3} \,. \tag{1.8}$$

Ist das Volumen hinreichend groß, so ist die Modendichte unabhängig von der Form des Volumens und von den Randbedingungen. Die Modendichte (1.8) spielt in vielen Bereichen der Physik eine wichtige Rolle, unter anderem beim Planckschen Strahlungsgesetz und bei der spontanen Emission von Licht.

Bei Lasern wird das diskrete Frequenzspektrum der Normalmoden genutzt um eine Mode einer bestimmten Frequenz zu selektieren und diese zu verstärken. In diesem Zusammenhang wird der Hohlraum auch als Resonator bezeichnet. In einem dreidimensionalen Resonator liegen die Moden allerdings so dicht, dass eine Selektion nicht aussichtsreich ist. Setzt man $dN = 1$ in (1.6), so erhält man für den relativen Frequenzabstand der Moden im Volumen V

$$\frac{\Delta\nu}{\nu} = \frac{1}{V\mathcal{N}\nu} = \frac{1}{8\pi}\left(\frac{c}{L\nu}\right)^3 = \frac{1}{\pi}\left(\frac{\lambda}{2L}\right)^3 \,. \tag{1.9}$$

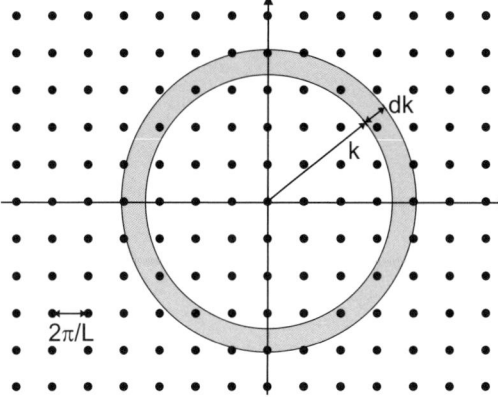

Abb. 1.1: *Normalmoden eines Würfels mit periodischen Randbedingungen. Die $\boldsymbol{k}$-Vektoren der Moden mit Frequenzen zwischen ν und $\nu + d\nu$ liegen in einer Kugelschale mit dem inneren Radius k und äußeren Radius $k + dk$. Für $L \to \infty$ wird der Modenabstand $2\pi/L$ klein gegenüber der festen Schalendicke dk.*

> **Beispiel 1.3**
> In einem Hohlraum mit $L = 1$ cm Kantenlänge besitzen die Moden mit der Wellenlänge $\lambda = 1$ µm einen relativen Frequenzabstand von $\Delta\nu/\nu \approx 4 \cdot 10^{-14}$.

Um das Problem der hohen Modendichten zu umgehen, verwendet man beim Laser offene Resonatoren. Sie bestehen im einfachsten Fall aus zwei planparallelen Spiegeln zwischen denen der Lichtstrahl umläuft. Alle Strahlen, die nicht parallel zur Resonatorachse verlaufen, werden nach wenigen Umläufen aus dem Resonator austreten und brauchen daher nicht berücksichtigt zu werden. Wir betrachten nun einen Resonator der Länge L in z-Richtung mit ideal reflektierenden planparallelen Spiegeln bei $z = 0$ und $z = L$. An den Spiegeloberflächen gelten die Randbedingungen

$$\boldsymbol{E}(0) = \boldsymbol{E}(L) = 0 \ . \tag{1.10}$$

Die Normalmoden dieses Resonators sind stehende Wellen

$$\boldsymbol{E} = \boldsymbol{E}_0 \sin(kz) e^{-i\omega t}, \qquad \omega = ck \ . \tag{1.11}$$

Die Wellenzahlen k und Frequenzen $\nu = \omega/2\pi$ können hierbei nur die diskreten Werte

$$k_s = \frac{\pi}{L}s, \qquad \nu_s = \frac{c}{2L}s, \qquad s = 1, 2, 3, \cdots, \tag{1.12}$$

annehmen. Die Länge $2L$ eines Umlaufs im Resonator ist ein ganzzahliges Vielfaches der Wellenlängen der Moden, $2L = s\lambda_s$. Die Umlaufperiode $T = 2L/c$ bestimmt die Frequenz der Grundmode und den Frequenzabstand benachbarter Moden $c/(2L)$.

Der Abstand zweier Moden $\Delta k = \pi/L$ ist bei stehenden Wellen nur halb so groß wie der entsprechende Abstand $\Delta k = 2\pi/L$ bei fortschreitenden Wellen. Dafür ist bei fortschreitenden Wellen jede Eigenfrequenz 2-fach entartet, da zu jeder Frequenz eine Ausbreitung in z und -z Richtung möglich ist. Daher erhält man in beiden Fällen eine entsprechende Anzahl der Moden.

Der relative Frequenzabstand zweier Moden einer Polarisationsrichtung ist,

$$\frac{\Delta\nu}{\nu} = \frac{c}{2L\nu} = \frac{\lambda}{2L}. \tag{1.13}$$

Die Länge eines optischen Resonators ist normalerweise sehr viel größer als die Lichtwellenlänge. Der Vergleich von (1.9) mit (1.13) zeigt daher, dass ein dreidimensionaler Resonator eine sehr viel größere Modendichte aufweist als ein eindimensionaler Resonator. Die geringere Modendichte des eindimensionalen Resonators erlaubt die Selektion einiger weniger Moden, wie das folgende Beispiel zeigt.

1.1 Licht im Hohlraum

Beispiel 1.4

Ein He-Ne Laser hat die Wellenlänge $\lambda = 633$ nm und Frequenz $\nu = c/\lambda = 4.7 \cdot 10^{14}$ Hz. In einem Resonator mit der Länge $L = 50$ cm beträgt der Frequenzabstand benachbarter Moden $\Delta\nu = c/(2L) \approx 300$ MHz. Die Bandbreite des Verstärkungsprofils ist $\Delta\nu_g \approx 1500$ MHz. Innerhalb dieser Bandbreite werden also maximal $\Delta\nu_g/\Delta\nu = 5$ Moden einer Polarisationsrichtung verstärkt. Die Polarisationsrichtung kann durch optische Elemente ausgewählt werden. Im stationären Betrieb stellt sich diejenige Mode ein, die die höchste Verstärkung erfährt.

Ein klassisches Strahlungsfeld kann durch die Angabe seiner Moden eindeutig festgelegt werden. Für jede Mode ist die Angabe der Modenzahlen für den Wellen- und Polarisationsvektor notwendig. Durch die Dispersionsrelation ist dann auch die Frequenz der Mode festgelegt. Eine weitere unabhängige Größe ist die Amplitude der Welle. Sie bestimmt die Feldenergie. Die Feldenergie einer ebenen Welle (1.1) ist z.B.

$$W = \frac{V}{8\pi}|E|^2 \ . \tag{1.14}$$

Neben den Welleneigenschaften besitzt das Licht auch Teilcheneigenschaften, die sich in der Quantisierung der Energiewerte bemerkbar machen. In der Quantentheorie wird ein Quantenzustand des Strahlungsfeldes wie im klassischen Fall durch die Angabe der Modenzahlen und der Energie festgelegt. Nach der Planckschen Quantenhypothese ist die Energie des Strahlungsfeldes jedoch quantisiert. Das Energiequant einer Mode ist proportional zur Frequenz,

$$E_{ph} = h\nu = \hbar\omega, \qquad \hbar = \frac{h}{2\pi}. \tag{1.15}$$

Die Proportionalitätskonstante h wird als das Plancksche Wirkungsquantum bezeichnet. Das Energiequant wird einem Teilchen, dem Photon zugeordnet. Die Photonenenergien sind additiv, d.h. eine Mode, die mit n Photonen besetzt ist, besitzt die Energie

$$W = h\nu \left(n + \frac{1}{2}\right) \ . \tag{1.16}$$

Der Beitrag $h\nu/2$ entspricht der Grundzustandsenergie. Sie wird häufig weggelassen, wenn es nur auf die Energiedifferenz zwischen verschiedenen Energiezuständen ankommt.

Der Quantencharakter des Lichtes ist Gegenstand der Quantenoptik. Quantenzustände, die durch eine feste Energie und Photonenzahl definiert sind nennt man Besetzungszahlzustände. Im allgemeinen beobachtet man jedoch Superpositionen oder statistische Ensemble von Besetzungszahlzuständen, die Schwankungen der Photonenzahlen zeigen. Anhand der Photonenstatistik lassen sich wichtige Unterscheidungsmerkmale zwischen klassischen und nichtklassischen Lichtzuständen sowie zwischen thermischem Licht und Laserlicht ableiten. Während z.B. bei thermischem Licht die relativen Schwankungen der Photonenzahl um den Mittelwert von der Größenordnung eins sind, gehen diese bei Laserlicht mit wachsender Photonenzahl gegen Null.

Beispiel 1.5

Frequenzen und Photonenergien im Wellenlängenbereich 0.2-1.0 μm. Das Spektrum des sichtbaren Lichtes liegt etwa zwischen 0.4 μm (blau) und 0.8 μm (rot).

λ [μm]	0.2	0.4	0.6	0.8	1.0
ν [10^{14} Hz] = $3.0/\lambda$ [μm]	15	7.5	5.0	3.7	3.0
$h\nu$ [eV] = $1.24/\lambda$ [μm]	6.2	3.1	2.1	1.6	1.2

Beispiel 1.6

In einem Mol eines Gases ($6 \cdot 10^{23}$ Teilchen) emittiere jedes 10^{-6}-te Teilchen ein orangerotes Photon ($\lambda = 0.6$ μm). Dann besitzt der abgestrahlte Lichtpuls eine Energie von $6 \cdot 10^{17} \cdot 2.1$ eV $= 0.2$ J.

1.2 Atome im Laserfeld

Licht kann von einem Atom emittiert werden, indem ein Elektron aus einem Zustand 2 mit der Energie E_2 in einen Zustand 1 mit einer kleineren Energie $E_1 < E_2$ übergeht. Die bei diesem Übergang freiwerdende Energie wird in der Form eines Photons mit der Energie $h\nu = E_2 - E_1$ abgestrahlt. Umgekehrt kann ein Photon derselben Energie absorbiert werden, wenn dabei das Elektron aus dem Zustand 1 in den Zustand 2 angeregt wird. Im Rahmen des Atommodells von N. Bohr (1913) wurde dieser Zusammenhang als Postulat eingeführt. Die durch die Übergangsenergie definierte Frequenz wird als Übergangsfrequenz bezeichnet.

Definition 1.7: *Übergangsfrequenz*

Für zwei Energieniveaus E_1 und E_2 definiert man die Übergangsfrequenz ν_{21} durch

$$\nu_{21} = \frac{E_2 - E_1}{h} \ . \tag{1.17}$$

Von Einstein wurden 1917 Übergangsraten, d.h. Übergangswahrscheinlichkeiten pro Zeiteinheit, für diese Prozesse postuliert.[1] Dabei wurde gezeigt, dass es neben der spontanen Emission eines Photons auch eine induzierte Emission gibt, wenn bereits vor der Emission Photonen derselben Sorte vorhanden sind. Das Einsteinsche Modell behandelt die Strahlung im thermodynamischen Gleichgewicht. Zum Verständnis des Lasers ist es jedoch zweckmäßiger die Übergangsraten für eine monochromatische Lichtwelle einzuführen und sie erst danach auf allgemeinere Strahlungsfelder zu verallgemeinern.

---
[1] A. Einstein, Phys. ZS. **18**, 121 (1917).

1.2 Atome im Laserfeld

Wir betrachten einen Hohlraum mit Volumen V, in dem eine Mode angeregt und mit n Photonen besetzt ist. In den Hohlraum wird ein Atom eingebracht, das einen Übergang besitzt, dessen Übergangsfrequenz ν_{21} ungefähr gleich der Lichtfrequenz ν ist. Der Einfachheit halber wollen wir annehmen, dass die Energieniveaus $E_{1,2}$ nicht entartet sind. Die Übergangsraten aufgrund der Absorption und Emission von Photonen einer Mode werden im Rahmen der Lasertheorie detailliert hergeleitet. Hier wollen wir nur die wichtigsten Ergebnisse zusammenfassen.

Da jedes Photon einen Absorptionsprozess induzieren kann, ist es plausibel die Übergangsrate für die Absorption, $r(n-1|n)$, aus einem Anfangszustand mit n Photonen in einen Endzustand mit $n-1$ Photonen proportional zur Photonenzahl anzunehmen,

$$r(n-1|n) = n\, r. \tag{1.18}$$

Die verbleibende Übergangsrate pro Photon r kann als Produkt dreier Faktoren geschrieben werden,

$$r = b\, w(\nu)\, S(\nu - \nu_{21})\,. \tag{1.19}$$

Hierbei bezeichnet b eine frequenzunabhängige Proportionalitätskonstante, $w(\nu) = h\nu/V$ die Energiedichte des einfallenden Photons und $S(\nu - \nu_{21})$ eine Linienformfunktion, die die Breite des atomaren Überganges bezüglich der Lichtfrequenz kennzeichnet.

Eine quantenmechanische Berechnung der Konstante b ergibt nach (12.74) den Ausdruck

$$b = 2\pi\, \frac{|\boldsymbol{d}_{21} \cdot \boldsymbol{e}|^2}{\hbar^2}, \tag{1.20}$$

wobei $\boldsymbol{d}_{21}$ das Übergangsmatrixelement des Operators des atomaren Dipolmoments und $\boldsymbol{e}$ den Polarisationsvektor der Lichtwelle darstellt. Bei einer zufälligen Orientierung von $\boldsymbol{d}_{21}$ relativ zu $\boldsymbol{e}$ ist noch eine Mittelung über den Raumwinkel notwendig. Die gemittelte Rate

$$R = B\, w(\nu)\, S(\nu - \nu_{21}), \tag{1.21}$$

besitzt den Koeffizienten

$$B = \frac{1}{4\pi} \int d\Omega\, b = \frac{2\pi}{3} \frac{d_{21}^2}{\hbar^2}. \tag{1.22}$$

Er hängt nur noch vom Betrag d_{21} des Vektors $\boldsymbol{d}_{21}$ ab und ist identisch mit dem von Einstein eingeführten B-Koeffizienten.

Die Linienformfunktion besitzt ein Maximum nahe der Übergangsfrequenz ν_{21}. Die Linienbreite wird z.B. durch spontane Emission, Stoßprozesse oder die Geschwindigkeitsverteilung der Atome bestimmt. Das Integral über die Linienformfunktion ist auf eins normiert,

$$\int_{-\infty}^{\infty} d\nu\, S(\nu) = 1\,. \tag{1.23}$$

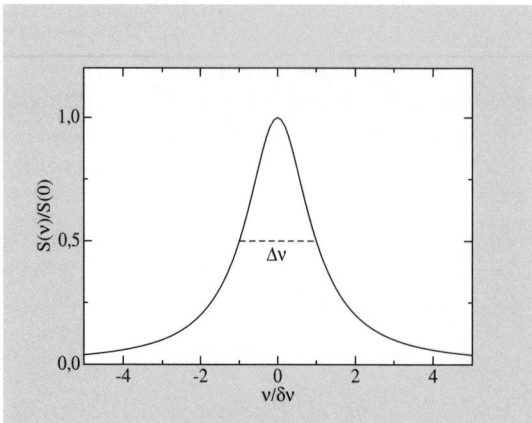

Abb. 1.2: *Lorentz-Profil $S(\nu)$. Als Linienbreite $\Delta\nu$ wird die Breite beim halben Maximalwert definiert.*

In vielen Fällen ist die Linienformfunktion eine Lorentz-Kurve (Abb.1.2)

$$L(\nu - \nu_{21}) = \frac{1}{\pi} \frac{\delta\nu}{(\nu - \nu_{21})^2 + \delta\nu^2} \, . \tag{1.24}$$

Diese Funktion besitzt ein Maximum $L_{max} = 1/(\pi\delta\nu)$ bei $\nu = \nu_{21}$. Bei $\nu - \nu_{21} = \pm\delta\nu$ ist die Funktion auf den halben Maximalwert abgefallen $L(\pm\delta\nu) = L_{max}/2$.

Definition 1.8: *FWHM/HWHM-Linienbreite*

Die halbe bzw. volle Linienbreite bei der Hälfte des Maximums wird als HWHM (half width at half maximum) bzw. FWHM (full width at half maximum) bezeichnet. Für das Lorentz-Profil ist die HWHM-Linienbreite $\delta\nu$, die FWHM-Linienbreite $\Delta\nu = 2\delta\nu$.

Nachdem die Absorptionsrate in Form der Gleichungen (1.18), (1.19) und (1.21) eingeführt wurde, wenden wir uns nun der Emissionsrate zu. Die Übergangsrate für die Emission ergibt sich aus der Übergangsrate für die Absorption, indem man die Reversibilität des mikroskopischen Prozesses ausnutzt. Der zur Absorption inverse Prozess mit derselben Übergangsrate,

$$r(n|n-1) = r(n-1|n), \tag{1.25}$$

besteht in der Emission eines Photons aus einem Anfangszustand mit $n-1$ Photonen in einen Endzustand mit n Photonen. Substituiert man n durch $n+1$, so dass im Ausgangszustand wieder n Photonen vorliegen, so erhält man die Emissionsrate

$$r(n+1|n) = r(n|n+1) = (n+1)\, r. \tag{1.26}$$

Der Faktor $n+1$ auf der rechten Seite wird so gedeutet, dass neben der spontanen Emission, die auch für $n = 0$ auftritt, noch eine zu n proportionale induzierte Emission

1.2 Atome im Laserfeld

erfolgt. Dies ist eine Eigenschaft von Bosonen, die wie das Photon einen Quantenzustand mehrfach besetzen können. Die Rate für die induzierte Emission nr ist genau gleich groß wie die Rate für die Absorption.

Die Raten für monochromatisches Licht lassen sich für den Fall eines breitbandigen isotropen Strahlungsfeldes verallgemeinern. Dieses wird durch seine spektrale Energiedichte charakterisiert.

Definition 1.9: *Spektrale Energiedichte*

Die spektrale Energiedichte $u(\nu)$ eines Strahlungsfeldes wird definiert durch die Energie

$$dW = u(\nu)d\nu dV \tag{1.27}$$

im Frequenzintervall $d\nu$ und Volumenelement dV.

Mit Hilfe der Modendichte (1.8), der Feldenergie (1.16) einer Mode und den Besetzungszahlen $n(\nu)$ gilt für die spektrale Energiedichte

$$u(\nu) = \mathcal{N}(\nu)\, h\nu\, n(\nu). \tag{1.28}$$

Für ein isotropes Strahlungsfeld bzw. zufällig orientierte Atome ist die gesamte über den Raumwinkel gemittelte Absorptionsrate

$$\begin{aligned}
R_a &= \int dV \int d\nu\, \mathcal{N}(\nu)\, n(\nu) R \\
&= V \int d\nu\, \mathcal{N}(\nu)\, n(\nu) B\, w(\nu)\, S(\nu - \nu_{21}) \\
&= V \int d\nu\, \mathcal{N}(\nu)\, n(\nu) B\, \frac{h\nu}{V}\, S(\nu - \nu_{21}) \\
&= B \int d\nu\, u(\nu) S(\nu - \nu_{21})\,.
\end{aligned} \tag{1.29}$$

Für ein breitbandiges Strahlungsfeld kann die Linienformfunktion der Atome durch eine Deltafunktion approximiert werden, $S(x) = \delta(x)$. Die entsprechende Absorptionsrate

$$R_a = B u(\nu_{21}) \tag{1.30}$$

ist proportional zur spektralen Energiedichte des Strahlungsfeldes bei der Übergangsfrequenz. In gleicher Weise erhält man durch Integration der Rate (1.26) die gesamte Emissionsrate

$$R_e = B u(\nu_{21}) + A \tag{1.31}$$

mit

$$A = V \int d\nu \, \mathcal{N}(\nu) \, B \, w(\nu) \, S(\nu - \nu_{21})$$
$$= B \int d\nu \, \mathcal{N}(\nu) \, h\nu \, S(\nu - \nu_{21}). \tag{1.32}$$

Die Rate Bu entspricht der induzierten, die Rate A der spontanen Emission. Der Unterschied der beiden Raten besteht nur darin, dass die Photonenzahl $n(\nu)$ im Ausdruck für die induzierte Rate (1.29) bei der spontanen Rate (1.32) durch $n(\nu) = 1$ ersetzt ist. Die Konstanten A und B werden als Einsteinsche A- und B-Koeffizienten bezeichnet. Alle Übergangsraten lassen sich durch nur einen der Einsteinschen Koeffizienten ausdrücken. Die induzierte Emission und die Absorption werden durch denselben B-Koeffizienten beschrieben. Wertet man (1.32) mit der Deltafunktion aus und verwendet (1.7) für die Modendichte, so erhält man die Einsteinsche Beziehung zwischen den A- und B-Koeffizienten

$$A = \mathcal{N}(\nu_{21}) \, h\nu_{21} B \, , \qquad \mathcal{N}(\nu) = 8\pi \frac{\nu^2}{c^3} \, . \tag{1.33}$$

Zusammenfassung 1.10 *Absorptions- und Emissionsraten eines Atoms*

Übergang zwischen nichtentarteten Energiezuständen $|1\rangle$ und $|2\rangle$ mit dem Dipolmatrixelement $d_{21} = \langle 2|d|1\rangle$ und der Übergangsfrequenz $\nu_{21} = (E_2 - E_1)/h$.

Übergangsraten im Feld einer Mode mit der Frequenz ν und einer Besetzung von n Photonen:

$$R_a = Rn, \qquad R_e = R(n+1), \qquad R = BSw$$

mit

$$B = \frac{2\pi}{3} \frac{d_{21}^2}{\hbar^2}, \qquad w = \frac{h\nu}{V}, \qquad S = \frac{1}{\pi} \frac{\delta\nu}{(\nu - \nu_{21})^2 + \delta\nu^2}$$

Übergangsraten im Feld vieler Moden mit einer kontinuierlichen spektralen Energiedichte u:

$$R_a = Bu(\nu_{21}), \qquad R_e = Bu(\nu_{21}) + A, \qquad u = \mathcal{N}(\nu) h\nu n(\nu)$$

mit

$$A = Bu\big|_{n=1} = \mathcal{N}(\nu_{21}) h\nu_{21} B = 8\pi \frac{h\nu_{21}^3}{c^3} B.$$

1.3 Ratengleichungen

Wir gehen nun zu einem Ensemble vom Atomen über, von denen sich jeweils N_1 im Zustand 1 mit der Energie E_1 und N_2 im Zustand 2 mit der Energie E_2 befinden. Außerdem soll nun auch die mögliche Entartung der Energieniveaus berücksichtigt werden, also die Tatsache, dass mehrere Quantenzustände des Atoms dieselbe Energie besitzen. Die Entartungsgrade der Energien $E_{1,2}$ seien jeweils $g_{1,2}$.

Die Wechselwirkung des Strahlungsfeldes mit den einzelnen Atomen kann man nach Einstein auf 3 elementare Prozesse zurückführen:

- *Spontane Emission*
- *Induzierte Emission*
- *Absorption*

Bei der spontanen Emission geht ein Atom spontan aus einem angeregten Zustand mit der Energie E_2 in einen tieferliegenden Zustand mit der Energie E_1 über, wobei ein Photon mit der Energie $h\nu_{21} = E_2 - E_1$ emittiert wird. Die Phase, Ausbreitungsrichtung und Polarisation des Photons sind dabei zufällig. Bei der induzierten Emission wird die Emission eines Photons durch eine einfallende Lichtwelle derselben Frequenz, Phase, Ausbreitungsrichtung und Polarisation ausgelöst. Dies ist der inverse Prozeß zur Absorption, bei der ein Photon der einfallenden Lichtwelle absorbiert wird (Abb.1.3).

Die Änderungsrate von N_1 aufgrund der Absorption ist

$$\left.\frac{dN_1}{dt}\right|_a = -B_{12}uN_1, \tag{1.34}$$

die Änderungsrate von N_2 aufgrund der Emission

$$\left.\frac{dN_2}{dt}\right|_e = -(B_{21}u + A_{21})N_2 . \tag{1.35}$$

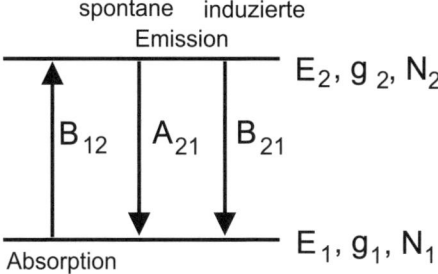

Abb. 1.3: *Strahlungsübergänge mit den Einstein-Koeffizienten A_{21}, B_{21} und B_{12} zwischen den Energieniveaus E_1 und E_2 eines Atoms mit den Entartungsgraden g_1 und g_2. Die Teilchenzahl der Atome in diesen Zuständen ist N_1 bzw. N_2.*

Für jeden Übergang gibt es drei Einstein-Koeffizienten, A_{21} für die spontane Emission, B_{21} für die induzierte Emission und B_{12} für die Absorption. Die Indizes der Koeffizienten beziehen sich auf die Niveaus des Übergangs und ihre Reihenfolge gibt die Richtung des Übergangs an.

Wir betrachten nun die Übergangsraten im thermischen Gleichgewicht und leiten daraus die Einstein-Beziehungen zwischen den Einstein-Koeffizienten her. Im thermischen Gleichgewicht gilt für die spektrale Energiedichte das Strahlungsgesetz von Planck,

$$u(\nu) = \mathcal{N}(\nu)\, h\nu\, \bar{n}(\nu) = 8\pi \frac{h\nu^3}{c^3} \frac{1}{e^{\beta h\nu} - 1}, \qquad \beta = \frac{1}{k_B T}, \tag{1.36}$$

wobei $\bar{n}(\nu)$ die nach der Bose-Einstein-Statistik bestimmte mittlere Photonenzahl bei der Temperatur T angibt und k_B die Boltzmann-Konstante bezeichnet (Abschnitt 17.3). Die Besetzungen der Niveaus genügen der Boltzmann-Verteilung

$$\frac{N_2}{N_1} = \frac{g_2}{g_1} e^{-\beta(E_2 - E_1)} = \frac{g_2}{g_1} e^{-\beta h\nu_{21}}. \tag{1.37}$$

Das Prinzip des detaillierten Gleichgewichts verlangt, dass im Gleichgewicht für jede Reaktion, die Hinreaktion und die inverse Rückreaktion dieselbe Rate besitzen. Angewandt auf die Absorptions- und Emissionsrate eines Übergangs lautet dieses Prinzip,

$$B_{12} u N_1 = (B_{21} u + A_{21}) N_2. \tag{1.38}$$

Aus dieser Bilanz ergibt sich mit (1.37) für die Energiedichte der Ausdruck

$$u(\nu_{21}) = \frac{A_{21} N_2}{B_{12} N_1 - B_{21} N_2} = \frac{g_2 A_{21}}{g_1 B_{12} e^{\beta h\nu_{21}} - g_2 B_{21}}. \tag{1.39}$$

Setzt man die spektrale Energiedichte gleich der Planck-Formel (1.36) und erweitert mit beiden Nennern, so folgt daraus

$$(g_1 B_{12} h\nu \mathcal{N} - g_2 A_{21}) e^{\beta h\nu_{21}} - (g_2 B_{21} h\nu_{21} \mathcal{N} - g_2 A_{21}) = 0. \tag{1.40}$$

Dies ist ein lineares Polynom in $x = e^{\beta h\nu_{21}}$. Es verschwindet nur dann identisch, d.h. für beliebige Temperaturen, wenn beide Koeffizienten Null sind. Diese beiden Bedingungen an die drei Einstein-Koeffizienten führen zu den Einstein-Beziehungen,

$$g_1 B_{12} = g_2 B_{21}, \qquad A_{21} = h\nu_{21} \mathcal{N}(\nu_{21}) B_{21} = 8\pi \frac{h\nu_{21}^3}{c^3} B_{21}. \tag{1.41}$$

Von den 3 Einstein-Koeffizienten ist nur einer unabhängig, die beiden anderen können durch die Relationen (1.41) bestimmt werden. Nach der ersten Beziehung sind die Übergangsraten für Absorption und induzierte Emission jeweils multipliziert mit der Vielfachheit der Ausgangszustände gleich. Die zweite Beziehung bestimmt das Verhältnis der spontanen zur induzierten Emissionsrate. An der Beziehung (1.40) erkennt man auch, dass alle drei Prozesse der Wechselwirkung notwendig sind. Hätte man nur zwei Übergangsraten postuliert, so müssten die Einstein-Koeffizienten der anderen beiden nach (1.40) verschwinden.

Berücksichtigt man alle Strahlungsprozesse und die Teilchenzahlerhaltung $N = N_1+N_2$, so ergeben sich für die Besetzungszahlen der Atome die Ratengleichungen

$$\begin{aligned}
\frac{dN_1}{dt} &= -B_{12}uN_1 + (B_{21}u + A_{21})N_2 \\
&= -((B_{12} + B_{21})u + A_{21})N_1 + (B_{21}u + A_{21})N, \\
\frac{dN_2}{dt} &= +B_{12}uN_1 - (B_{21}u + A_{21})N_2 \\
&= -((B_{12} + B_{21})u + A_{21})N_2 + B_{12}uN .
\end{aligned} \quad (1.42)$$

In einem konstanten Strahlungsfeld, das sich nicht notwendig im thermischen Gleichgewicht befindet, nähern sich die zeitabhängigen Lösungen für große Zeiten einer Gleichgewichtslösung mit $dN_1/dt = dN_2/dt = 0$ an. Im Gleichgewicht erhält man dann die Besetzungen

$$N_1 = \frac{B_{21}u + A_{21}}{(B_{12} + B_{21})u + A_{21}} N , \qquad N_2 = \frac{B_{12}u}{(B_{12} + B_{21})u + A_{21}} N. \quad (1.43)$$

Ohne äußeres Strahlungsfeld, $u = 0$, gehen alle Atome aufgrund der spontanen Emission in den Zustand niedrigerer Energie über: $N_2 = 0$, $N_1 = N$. Umgekehrt kann die spontane Emissionsrate in einem starken Strahlungsfeld vernachlässigt werden. Dies führt zu einer Besetzung im Verhältnis der Entartungsgrade,

$$\frac{N_2}{N_1} = \frac{B_{12}}{B_{21}} = \frac{g_2}{g_1} \quad (1.44)$$

Bei gleicher Entartung erhält man gleiche Besetzungen der Niveaus $N_2 = N_1 = N/2$. Bei der optischen Anregung eines Zweiniveausystems können keine Gleichgewichte mit einer Besetzungsinversion $N_2/g_2 > N_1/g_1$ auftreten. Hierzu benötigt man entweder mehr Energieniveaus oder andere Anregungsprozesse, die nicht durch Licht induziert werden.

1.4 Lichtverstärkung

Bei Lasern kann die spontane Emissionsrate oft vernachlässigt und die Wechselwirkung auf eine Mode beschränkt werden. Da die Atome zufällig orientiert sind, ist die gemittelte Rate (1.21) zu verwenden. Die Ratengleichungen für die Änderungen der Besetzungen der Atome durch die Photonen einer Mode sind dann

$$\frac{dN_1}{dt} = Rn(N_2 - N_1), \qquad \frac{dN_2}{dt} = -Rn(N_2 - N_1) . \quad (1.45)$$

Der Einfachheit halber verzichten wir hier und im folgenden wieder auf die Entartung der Niveaus. Im allgemeinen müssen diese Gleichungen noch durch Pump- und Zerfallsraten ergänzt werden.

Ebenso wie für die Zahl der Atome kann man für die Zahl der Photonen eine Ratengleichung aufstellen. Hierzu betrachten wir wieder die Photonen einer einzelnen Mode die von den Atomen emittiert oder absorbiert werden. Die Ratengleichung für die Photonenzahl lautet dann

$$\frac{dn}{dt} = R(N_2 - N_1)\,n + RN_2 \,. \tag{1.46}$$

Die Summanden beschreiben der Reihe nach die Raten der induzierten Emission, der Absorption und der spontanen Emission. Die Änderungsrate der Photonenzahl aufgrund der induzierten Emission oder Absorption eines einzelnen Atoms lässt sich zweckmäßigerweise durch einen Wirkungsquerschnitt angeben.

Definition 1.11: *Photonenfluss, Intensität, Wirkungsquerschnitt*

Bewegen sich n Photonen einer Mode eines Volumens V mit der Lichtgeschwindigkeit c, so entspricht dies einem Photonenfluss $\Phi = cn/V$ und einer Intensität $I = h\nu\Phi$. Fällt auf ein einzelnes Atom ein Photonenfluss Φ, so wird der Wirkungsquerschnitt σ für induzierte Emission bzw. Absorption definiert durch

$$\frac{dn}{dt} = \pm\sigma\Phi \,. \tag{1.47}$$

Durch Vergleich von (1.47) mit (1.46) ergibt sich für den Wirkungsquerschnitt der Ausdruck

$$\sigma = \frac{RV}{c} = \frac{h\nu}{c}\,B\,S(\nu - \nu_{21}) \tag{1.48}$$

Er wird ebenfalls durch den Einsteinschen B-Koeffizienten bestimmt.

Statt an der zeitlichen Änderung der Photonenzahl in einem Resonator ist man oft an der räumlichen Änderung der Lichtintensität bei der Strahlausbreitung interessiert. Dazu betrachten wir das folgende Modell. Eine Schicht der Dicke dz werde in z-Richtung von n Photonen bestrahlt. Nimmt man an, dass sich die Photonen innerhalb der Schicht näherungsweise mit Lichtgeschwindigkeit c ausbreiten, so ist ihre Verweildauer in der Schicht $dt = dz/c$. Substituiert man in (1.46) dt durch dz und die Photonenzahl durch die Lichtintensität I, so erhält man die Strahlungstransportgleichung

$$\frac{dI}{dz} = gI + P_s \tag{1.49}$$

mit

$$g = \sigma\,\frac{N_2 - N_1}{V}, \qquad P_s = h\nu R\,\frac{N_2}{V} \,. \tag{1.50}$$

Der Koeffizient g wird als Verstärkungskoeffizient bezeichnet und hat die Dimension einer inversen Länge. Er berücksichtigt die induzierte Emission und Absorption, die jeweils proportional sind zu den Dichten der Atome im oberen und unteren Energieniveau. Der Summand P_s ist die Leistungsdichte der spontanen Emission des Mediums.

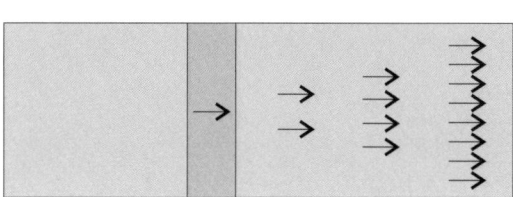

Abb. 1.4: *ASE-Prinzip: Die spontane Emission eines Volumenelements wird entlang des Stabes durch induzierte Emission verstärkt. Wegen der Linearität von (1.49) addieren sich die Beiträge der von verschiedenen Volumenelementen ausgehenden Photonenkaskaden am Stabende.*

Als Anwendung der Strahltransportgleichung betrachten wir die Verstärkung der spontanen Emission in einem stabförmigen Medium der Länge L mit einem konstanten Verstärkungskoeffizienten $g > 0$ und einer konstanten Leistungsdichte P_s. Die spontane Emission in Stabrichtung wird dann bei ihrer Ausbreitung durch induzierte Emission verstärkt (Abb.1.4). Dieser Emissionstyp wird als verstärkte spontane Emission bezeichnet und mit ASE (**A**mplified **S**pontaneous **E**mission) abgekürzt. Er spielt bei der Realisierung von Röntgenlasern eine wichtige Rolle, da in diesem Spektralbereich keine Resonatoren hoher Güte zur Verfügung stehen. Die Lösung der Gleichung (1.49) lautet,

$$I(z) = C\, e^{gz} - P_s/g\,, \tag{1.51}$$

wobei der erste Summand die Lösung der homogenen Gleichung mit einer Integrationskonstante C und der zweite Summand eine spezielle Lösung der inhomogenen Gleichung darstellt. Für die Photonen, die sich nach rechts ausbreiten gilt am linken Ende des Stabes ($z = 0$) die Anfangsbedingung $I(0) = 0$. Sie bestimmt die Integrationskonstante zu $C = P_s/g$. Damit erhält man am rechten Ende des Stabes ($z = L$) die Intensität

$$I(L) = \frac{P_s}{g}(e^{gL} - 1) = I_s \frac{e^{gL} - 1}{gL}, \qquad I_s = P_s L. \tag{1.52}$$

Hierbei bezeichnet I_s die Intensität der spontanen Emission, die sich im Grenzfall kleiner Verstärkung, $gL \ll 1$, einstellen würde. Das Produkt gL bestimmt die Verstärkung der Intensität I_s.

Beispiel 1.12

Für ASE wird üblicherweise ein Verstärkungs-Längen-Produkt $gL \approx 5$ angestrebt, was einer Verstärkung der spontanen Emission um den Faktor $e^5 \approx 150$ entspricht.

1.5 Lichterzeugung mit Lasern

Ein Laser besteht im Prinzip aus vier Komponenten: einer Energiequelle, einem aktiven Medium, einem Resonator und einer Einrichtung zur Auskopplung des Laserstrahls (Abb. 1.5). Mit der Energiequelle werden die Atome des aktiven Mediums angeregt. Das zunächst spontan emittierte Licht wird im aktiven Medium durch induzierte Emission verstärkt. Der Resonator bewirkt vielfache Durchläufe des Lichts durch das aktive Medium und die Einstellung einer stationären Mode. Durch die Auskopplungseinrichtung tritt der Strahl aus.

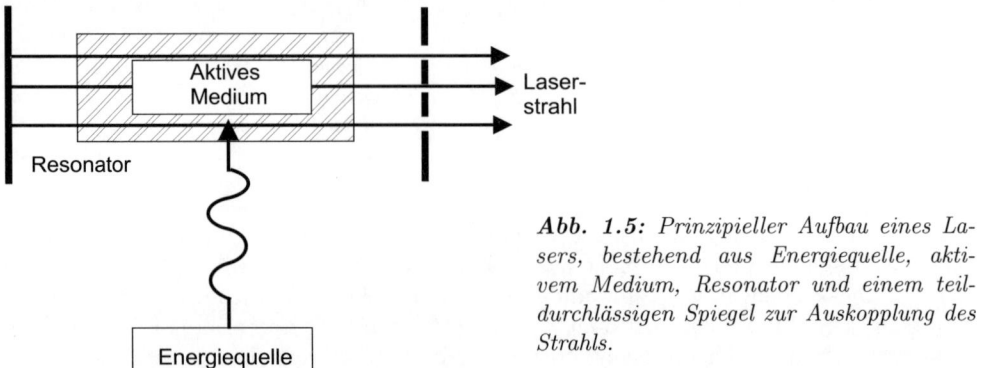

Abb. 1.5: *Prinzipieller Aufbau eines Lasers, bestehend aus Energiequelle, aktivem Medium, Resonator und einem teildurchlässigen Spiegel zur Auskopplung des Strahls.*

Das wichtigste Merkmal des Lasers ist die Lichtverstärkung durch induzierte Emission. Alle konventionellen Lichtquellen beruhen demgegenüber auf der spontanen Emission von Licht. Der englische Ausdruck für induzierte Emission ist „stimulated emission". Das Wort Laser ist ein Akronym, das aus den Anfangsbuchstaben der Worte **L**ight **A**mplification by **S**timulated **E**mission of **R**adiation gebildet und wie ein Wort (englisch oder deutsch) ausgesprochen wird.

Bei der induzierten Emission wird ein Photon derselben Mode erzeugt, in der sich die eingestrahlten Photonen bereits befinden. Daher ist die emittierte Lichtwelle in Phase, Richtung, und Polarisation mit der einfallenden Lichtwelle identisch. Das Ergebnis der induzierten Emission ist eine Verstärkung der einfallenden Lichtwelle.

Bei der spontanen Emission wird ein Photon erzeugt, dessen Frequenz gleich der Übergangsfrequenz des Atoms ist. Wegen der hohen Modendichte gibt es aber viele Moden die diese Bedingung erfüllen. Phase, Richtung und Polarisation der emittierten Lichtwelle sind zufällig. Ein Atom, das ein Photon absorbiert und danach wieder spontan emittiert bewirkt eine Lichtstreuung mit einer Abschwächung der Intensität des einfallenden Lichtes.

Eine Grundvoraussetzung für das Auftreten der induzierten Emission sind genügend große Photonenzahlen. Damit die Emission vorwiegend induziert in eine Mode erfolgt, muss die spontane Emission in andere Moden derselben Frequenz vergleichsweise klein sein. Vergleicht man die Raten für spontane und induzierte Emission pro angeregtem Atom, so folgt daraus die Bedingung

$$Rn \gg A\,. \tag{1.53}$$

Unter Verwendung der Rate (1.21) und der Einstein-Beziehung (1.33) erhält man

$$w(\nu)n(\nu)S(\nu - \nu_{21}) \gg \mathcal{N}(\nu_{21})\,h\nu_{21} \tag{1.54}$$

Für das Lorentzprofil (1.24) gilt bei exakter Resonanz zwischen Lichtfrequenz und Übergangsfrequenz $S = 2/(\pi\Delta\nu)$, wobei $\Delta\nu$ die FWHM-Linienbreite bezeichnet. Das Kriterium (1.54) ergibt damit für die notwendige Photonendichte n/V bzw. Intensität $I = cwn$ die Abschätzungen

$$\frac{n}{V} \gg \frac{n_{min}}{V}, \qquad \frac{n_{min}}{V} = \frac{\pi}{2}\mathcal{N}(\nu_{21})\,\Delta\nu\;,$$

$$I \gg I_{min}, \qquad I_{min} = 4\pi^2 \frac{h\nu_{21}^4}{c^2}\frac{\Delta\nu}{\nu_{21}}.$$
(1.55)

Die mindestens erforderliche Photonendichte ist die Modendichte innerhalb der Linienbreite $\Delta\nu$. Die entsprechende Mindestintensität I_{min} wächst mit ν^4 an, wenn man die relative Linienbreite als vorgegeben betrachtet. Daher ist induzierte Emission bei kurzen Wellenlängen (Röntgenstrahlung) sehr viel schwerer zu realisieren als bei langen Wellenlängen (Radiowellen, Mikrowellen).

Beispiel 1.13

Orangerotes Licht:	$\lambda = 0.6\mu$ m, $\nu = 5 \times 10^{14}$ Hz
Bandbreite einer Spektrallampe :	10^{10} Hz
Mindestintensität:	$I_{min} = 36$ W/cm^2
Quecksilberdampflampe (z.Vgl.):	1 W/cm^2

Eine weitere Grundvoraussetzung üblicher Laser ist das Vorliegen einer Besetzungsinversion.

Definition 1.14: *Besetzungsinversion*

Eine Besetzung, bei der die Zahl der Atome im oberen Energieniveau größer ist als die Zahl der Atome im unteren Energieniveau, $N_2 - N_1 > 0$, bezeichnet man als Besetzungsinversion.

Die Notwendigkeit der Besetzungsinversion folgt unmittelbar aus dem Vergleich der Raten für die induzierte Emission und Absorption. Unter Vernachlässigung der spontanen Emission gilt nach (1.46)

$$\frac{dn}{dt} = R(N_2 - N_1)n > 0 \quad \Longrightarrow \quad N_2 - N_1 > 0. \tag{1.56}$$

Bei einer thermischen Lichtquelle tritt grundsätzlich keine Besetzungsinversion auf. Im thermischen Gleichgewicht wird die Photonenzahl durch die Bose-Einstein-Verteilung, die Besetzungszahl der Atome durch die Boltzmann-Verteilung bestimmt,

$$n = \frac{1}{e^{h\nu/k_B T} - 1}, \tag{1.57a}$$

$$N_2 = N_1\, e^{-(E_2 - E_1)/k_B T} = N_1\, e^{-h\nu/k_B T}, \tag{1.57b}$$

wobei T die absolute Temperatur und k_B die Boltzmann-Konstante bezeichnet. Für hohe Temperaturen ($k_B T \gg h\nu$) erreicht man zwar große Photonenzahlen, die der Bedingung (1.55) für induzierte Emission genügen, dennoch tritt keine Lichtverstärkung ein, da höchstens eine Gleichbesetzung der Energieniveaus erreichbar ist. Die Besetzungsinversion ist ein Nichtgleichgewichtszustand, der durch äußere Energiezufuhr eingestellt werden muss.

> **Beispiel 1.15**
>
> Bei Zimmertemperatur ist die thermische Anregung optischer Übergänge vernachlässigbar klein.
>
> Optisches Photon: $\quad h\nu = E_2 - E_1 \approx 2.5$ eV
> Zimmertemperatur: $\quad T = 300$ K, $k_B T \approx 2.59 \times 10^{-2}$ eV $\approx \frac{1}{40}$ eV
> Energieverhältnis: $\quad h\nu/k_B T \approx 100$
> Besetzungsverhältnis: $N_2/N_1 = e^{-100} \approx 4 \cdot 10^{-44}$

Da in jedem Resonator neben der Absorption durch das aktive Medium weitere Photonenverluste auftreten, muss die Zahl $N_2 - N_1$ der effektiv emittierenden Atome einen bestimmten Schwellwert erreichen bevor eine stationäre Photonenzahl erreicht werden kann. Die Photonenverluste werden durch die Güte des Resonators bestimmt.

Definition 1.16: *Resonatorgüte*

In einem Resonator sei eine Mode der Frequenz ω mit n Photonen besetzt. Dann definiert man die Güte Q des Resonators durch

$$Q = \omega \frac{n}{|dn/dt|}, \qquad \frac{dn}{dt} = -\frac{\omega}{Q} n, \qquad n(t) = n(0) e^{-\omega t/Q}. \tag{1.58}$$

Mit anderen Worten ist Q die Lebensdauer eines exponentiellen Zerfallsgesetzes ausgedrückt in Einheiten von ω^{-1}.

Die Güte eines Resonators wird maßgeblich durch die Reflexionsvermögen der Spiegel bestimmt. Hierzu betrachten wir einen planparallelen Resonator der Länge L mit den Reflexionsvermögen $R_{1,2}$. Wird ein Strahl mit der Intensität I_0 am Spiegel 1 reflektiert, so ist die Intensität des reflektierten Strahls $I_1 = R_1 I_0$. Nach einer weiteren Reflexion dieses Strahls am Spiegel 2 besitzt der Strahl die Intensität $I_2 = R_2 I_1 = R_2 R_1 I_0$. Innerhalb eines Umlaufs mit der Umlaufdauer $t = 2L/c$ nimmt die Photonenzahl also um den Faktor $R_1 R_2$ ab. Beschreibt man diese Abnahme mit einem exponentiellen Zerfallsgesetz,

$$e^{-\omega t/Q} = R_1 R_2, \qquad t = 2L/c, \tag{1.59}$$

so ergibt sich die Zerfallskonstante

$$\frac{\omega}{Q} = -\frac{c}{2L} \ln(R_1 R_2). \tag{1.60}$$

1.5 Lichterzeugung mit Lasern

Eine hohe Güte des Resonators erhält man bei geringen Reflexionsverlusten ($R_{1,2} \to 1$) und bei großen Resonatorlängen ($L\omega/c \gg 1$).

Berücksichtigt man nun die Resonatorverluste in der Photonenbilanz, so erhält man anstelle von (1.56)

$$\frac{dn}{dt} = R(N_2 - N_1)n - \frac{\omega}{Q}n \tag{1.61}$$

Im stationären Fall, $dn/dt = 0$, ist die Verstärkungsrate gerade gleich der Verlustrate. Mit der Rate (1.21) und dem Wirkungsquerschnitt (1.48) erhält man hierfür die Bedingung

$$\frac{N_2 - N_1}{V} = \frac{\omega}{Q} \frac{1}{BSh\nu} = \frac{\omega}{c\sigma Q}. \tag{1.62}$$

Dies ist die minimale Dichte der Besetzungsinversion bei der eine stationäre Laserstrahlung möglich ist. Ersetzt man noch den B-Koeffizienten durch (1.22) und wertet die Linienformfunktion im Maximum eines Lorentzprofils der FWHM-Breite $\Delta\nu$ aus, so gilt

$$\frac{N_2 - N_1}{V} = \frac{3}{8\pi} \frac{h\Delta\nu}{d_{21}^2 Q}. \tag{1.63}$$

Das Kriterium (1.63) für stationäre Laseroszillation wurde in dieser Form von Schawlow und Townes (1958) angegeben und wird als Schwellwertbedingung bezeichnet[2].

Aufgaben

1.1 Ein Hohlraum enthalte N Atome und ein Strahlungsfeld mit einer konstanten spektralen Energiedichte $u(\nu)$. Die Besetzungszahlen N_1, N_2 der Energieniveaus E_1, E_2 ändern sich zeitlich durch die Absorption und Emission von Strahlung der Frequenz $\nu = (E_2 - E_1)/h$. Andere Übergänge sowie die Änderung des Strahlungsfeldes seien vernachlässigt.
a) Wie lauten die Ratengleichungen für $N_1(t)$ und $N_2(t)$, wenn A und B die Einsteinschen Koeffizienten des Übergangs bezeichnen?
b) Bestimmen Sie die stationäre Lösung ($\dot{N}_1 = \dot{N}_2 = 0$). Kann hierbei Besetzungsinversion auftreten?
c) Wie lautet die allgemeine zeitabhängige Lösung, wenn sich zur Zeit $t = 0$ $N_1(0) = N_{10}$ Atome im Zustand mit der Energie E_1 befinden? Skizzieren Sie das Lösungsverhalten für unterschiedliche Werte von N_{10}.
d) Zeigen Sie, dass im thermischen Gleichgewicht ($N_2 = N_1 e^{-(E_2 - E_1)/T}$)

$$u_P B = \bar{n} A, \qquad \bar{n} = \frac{1}{\exp(h\nu/T) - 1}$$

---
[2] A. L. Schawlow and C. H. Townes, Phys. Rev. **112**, 1940 (1958).

gilt, wobei u_P die Planck-Energiedichte (1.36) und $\bar{n}$ die mittlere Photonenzahl bezeichnet.

e) Zur Zeit $t = t_1$ werde das Strahlungsfeld abgeschaltet. Wie groß ist die Lebensdauer der Atome im angeregten Zustand 2?

1.2 Lösen Sie die Ratengleichungen für ein Zweiniveausystem ohne spontane Emission,

$$\dot{N}_1 = -\dot{N}_2 = Rn(N_2 - N_1),$$

für den Fall einer veränderlichen Photonenzahl n. Zum Zeitpunkt $t = 0$ sei $n = n_0$, $N_1 = N_{10}$ und $N_2 = N_{20}$.
Anleitung: Benutzen Sie den Zusammenhang $\dot{n} = \dot{N}_1$ und stellen Sie eine Differentialgleichung für n auf. Verwenden Sie die Abkürzung $d = N_{20} - N_{10} + 2n_0$ und lösen Sie die auftretenden Integrale durch Partialbruchzerlegung. Wie groß ist die (asymptotische) stationäre Photonenzahl n_s?

1.3 Die räumliche Änderung der Lichtintensität bei der Ausbreitung eines Strahls wird durch die Strahltransportgleichung (1.49) beschrieben. Betrachten Sie analog zu Abschnitt 1.4 die Verstärkung der spontanen Emission in einem stabförmigen Medium der Länge L für konstantes g und P_s. Bei $z = 0$ sei $I = 0$.

a) Bestimmen Sie die Lösung $I(z)$ für $z > 0$ durch Substitution von $y = gI + P_s$ und anschließende Integration der Differentialgleichung für y. Wie groß ist $I(L)$?

b) Bestimmen Sie als zweiten Lösungsweg zunächst die Greensche Funktion $G(z - z')$ der Differentialgleichung aus

$$\frac{dG}{dz} = gG + \delta(z - z'). \tag{1.64}$$

Betrachten Sie dazu die Bereiche $z < z'$ und $z > z'$ sowie die Sprungbedingung bei $z = z'$.

c) Berechnen Sie die Lösung der ursprünglichen Differentialgleichung aus der Greenschen Funktion,

$$I(z) = P_s \int_0^L G(z - z')dz' \tag{1.65}$$

und vergleichen Sie mit dem Ergebnis aus a). Zeigen Sie durch Einsetzen, dass diese Integraldarstellung eine Lösung der Differentialgleichung (1.49) ist. Welche physikalische Interpretation besitzt diese Integraldarstellung?

1.4 Bestimmen Sie die Schwellwertverstärkung g für einen Laser mit einem absorptionsfreien aktiven Medium und einem planparallelen Resonator der Länge $L = 50$cm und den Reflektivitäten $R_1 = 0.998$ und $R_2 = 0.980$ der beiden Spiegel. Wie groß ist die Besetzungsinversion bei der Laserschwelle für einen Wirkungsquerschnitt von $\sigma = 10^{-13}$cm^2?

2 Grundgleichungen der klassischen Elektrodynamik

- Maxwell-Gleichungen
- Elektromagnetische Felder in Materie
- Ladungen im elektromagnetischen Feld
- Feldenergie und Feldimpuls
- Elektromagnetische Potentiale
- Wellengleichung

Laserstrahlung wird im folgenden im Rahmen der klassischen Elektrodynamik behandelt. Dazu werden zunächst allgemeine Eigenschaften elektromagnetischer Felder und deren Wirkung auf Materie zusammengefasst.

2.1 Mikroskopische Maxwell-Gleichungen

Im Rahmen der klassischen Elektrodynamik wird die Wechselwirkung zwischen elektrischen Ladungen durch ein elektromagnetisches Feld beschrieben. Das elektromagnetische Feld besteht aus dem elektrischen Feld $\boldsymbol{E}(\boldsymbol{r},t)$ und dem magnetischen Feld $\boldsymbol{B}(\boldsymbol{r},t)$. Die Ladungen werden durch eine elektrische Ladungsdichte $\tau(\boldsymbol{r},t)$ beschrieben, welche die Ladung $dQ = \tau(\boldsymbol{r},t)dV$ im Volumenelement dV angibt. Für bewegte Ladungen wird die elektrische Stromdichte $\boldsymbol{j}(\boldsymbol{r},t)$ definiert. Die Richtung der Stromdichte ist die Stromrichtung, der Betrag j der Stromdichte gibt den Strom $dI = jdf$ an, der durch ein Flächenelement df senkrecht zur Stromrichtung hindurchtritt. Für ein beliebig orientiertes vektorielles Flächenelement $d\boldsymbol{f}$ ist der Strom in Normalenrichtung dann $dI = \boldsymbol{j}\cdot d\boldsymbol{f}$.

Die Felder können durch die Ladungsdichte $\tau(\boldsymbol{r},t)$ oder die Stromdichte $\boldsymbol{j}(\boldsymbol{r},t)$ erzeugt werden und breiten sich im Vakuum mit der Lichtgeschwindigkeit c aus. Die Grundgleichungen zur Bestimmung des elektromagnetischen Feldes sind die Maxwell-Gleichungen:

$$\boldsymbol{\nabla} \times \boldsymbol{B} = \frac{1}{c}\partial_t \boldsymbol{E} + \frac{4\pi}{c}\boldsymbol{j}, \tag{2.1a}$$

$$\boldsymbol{\nabla} \times \boldsymbol{E} = -\frac{1}{c}\partial_t \boldsymbol{B}, \tag{2.1b}$$

$$\boldsymbol{\nabla} \cdot \boldsymbol{E} = 4\pi\tau, \tag{2.1c}$$

$$\boldsymbol{\nabla} \cdot \boldsymbol{B} = 0. \tag{2.1d}$$

Dies sind die exakten mikroskopischen Gleichungen für elektromagnetische Felder bei vorgegebenen Ladungs- und Stromdichten. Die Dynamik der Ladungen wird durch zusätzliche Gleichungen, wie z.B. klassische Bewegungsgleichungen oder die quantenmechanische Schrödinger-Gleichung bestimmt. Davon zu unterscheiden sind die makroskopischen Maxwell-Gleichungen für die Felder in Materie, die wir im folgenden Abschnitt einführen werden.

Die Maxwell-Gleichungen bilden ein System gekoppelter partieller Differentialgleichungen. Für ein beliebiges Vektorfeld $\boldsymbol{A}(\boldsymbol{r}, t)$ bezeichnet $\partial_t \boldsymbol{A}$ die partielle Zeitableitung. Die Ableitungen bezüglich der Raumkoordinaten werden durch den vektoriellen Nabla-Operator $\boldsymbol{\nabla}$ ausgedrückt. Bei der Wellengleichung wird unten in (2.14) auch der Laplace-Operator $\Delta = \boldsymbol{\nabla} \cdot \boldsymbol{\nabla}$ eingeführt.

Definition 2.1: *Nabla, Laplace, Gradient, Divergenz, Rotation*

In einem kartesischen Koordinatensystem mit den Einheitsvektoren $\boldsymbol{e}_x$, $\boldsymbol{e}_y$, $\boldsymbol{e}_z$ gilt für den Nabla- und Laplace-Operator:

$$\begin{aligned}
\boldsymbol{\nabla} &= \boldsymbol{e}_x \partial_x + \boldsymbol{e}_y \partial_y + \boldsymbol{e}_z \partial_z, \\
\Delta &= \boldsymbol{\nabla} \cdot \boldsymbol{\nabla} = \partial_x^2 + \partial_y^2 + \partial_z^2, \\
\boldsymbol{\nabla} U &= \boldsymbol{e}_x \partial_x U + \boldsymbol{e}_y \partial_y U + \boldsymbol{e}_z \partial_z U, \\
\boldsymbol{\nabla} \cdot \boldsymbol{A} &= \partial_x A_x + \partial_y A_y + \partial_z A_z, \\
\boldsymbol{\nabla} \times \boldsymbol{A} &= (\partial_y A_z - \partial_z A_y)\boldsymbol{e}_x + (\partial_z A_x - \partial_x A_z)\boldsymbol{e}_y + (\partial_x A_y - \partial_y A_x)\boldsymbol{e}_z.
\end{aligned} \tag{2.2}$$

Man bezeichnet $\boldsymbol{\nabla}\phi$ als Gradient von $\phi(\boldsymbol{r})$, $\boldsymbol{\nabla} \cdot \boldsymbol{A}$ als Divergenz und $\boldsymbol{\nabla} \times \boldsymbol{A}$ als Rotation von $\boldsymbol{A}(\boldsymbol{r})$.

Koordinatenunabhängige Definitionen der Divergenz und der Rotation können im Rahmen der Integrationstheorie für Vektorfelder angegeben werden. Die Divergenz wird als Flussdichte des Vektorfeldes für ein infinitesimales Volumenelement ΔV mit der Oberfläche ΔO definiert,

$$\boldsymbol{\nabla} \cdot \boldsymbol{A} = \lim_{\Delta V \to 0} \frac{1}{\Delta V} \int_{\Delta O} d\boldsymbol{f} \cdot \boldsymbol{A}. \tag{2.3}$$

Durch die Integration über ein endliches Volumen ergibt sich der Integralsatz von Gauß.

2.1 Mikroskopische Maxwell-Gleichungen

Satz 2.1 *Gauß-Integralsatz*

Der Fluss eines Vektorfeldes $\boldsymbol{A}$ durch eine geschlossene Oberfläche O ist gleich dem Intergral der Divergenz von $\boldsymbol{A}$ über das von der Oberfläche eingeschlossene Volumen V:

$$\int_O d\boldsymbol{f} \cdot \boldsymbol{A} = \int_V dV\, \boldsymbol{\nabla} \cdot \boldsymbol{A}. \tag{2.4}$$

Die Rotation wird als Zirkulationsdichte des Vektorfeldes für ein infinitesimales Flächenelement $\Delta \boldsymbol{f} = \Delta f \boldsymbol{n}$ mit der Normalenrichtung $\boldsymbol{n}$ und der Randkurve $\Delta \gamma$ definiert,

$$\boldsymbol{n} \cdot (\boldsymbol{\nabla} \times \boldsymbol{A}) = \lim_{\Delta f \to 0} \frac{1}{\Delta f} \oint_{\Delta \gamma} d\boldsymbol{r} \cdot \boldsymbol{A}. \tag{2.5}$$

Die Integration über eine endliche Fläche ergibt den Integralsatz von Stokes.

Satz 2.2 *Stokes-Integralsatz*

Die Zirkulation eines Vektorfeldes $\boldsymbol{A}$ entlang einer geschlossenen Kurve γ ist gleich dem Integral der Rotation von $\boldsymbol{A}$ über die von der Kurve berandete Fläche f.

$$\oint_\gamma d\boldsymbol{r} \cdot \boldsymbol{A} = \int_f d\boldsymbol{f} \cdot (\boldsymbol{\nabla} \times \boldsymbol{A}). \tag{2.6}$$

Die Maxwell-Gleichungen können mit Hilfe der Integralsätze von Gauß und Stokes in integraler Form angegeben werden. Die ersten beiden Gleichungen (2.1a), (2.1b) integrieren wir über eine beliebige nicht geschlossene Oberfläche f mit der geschlossenen Randkurve γ und beschränken uns dabei auf den Fall einer festen zeitunabhängigen Fläche. Verallgemeinerungen auf bewegte Flächen werden in der Elektrodynamik behandelt. Durch die Anwendung des Satzes von Stokes folgen dann die Gleichungen,

$$c \oint_\gamma d\boldsymbol{r} \cdot \boldsymbol{B} = 4\pi I + \frac{d}{dt} \int_f d\boldsymbol{f} \cdot \boldsymbol{E}, \qquad I = \int_f d\boldsymbol{f} \cdot \boldsymbol{j}, \tag{2.7a}$$

$$c \oint_\gamma d\boldsymbol{r} \cdot \boldsymbol{E} = -\frac{d}{dt} \int_f d\boldsymbol{f} \cdot \boldsymbol{B}, \tag{2.7b}$$

$$\tag{2.7c}$$

Die Zirkulation des Magnetfeldes entlang der geschlossenen Randkurve wird durch den Strom I durch die Fläche und die zeitliche Änderung des elektrischen Flusses bestimmt.

Die Zirkulation des elektrischen Feldes wird durch die zeitliche Änderung des magnetischen Flusses bestimmt.

Die Integration der letzen beiden Gleichungen (2.1c),(2.1d) über ein beliebiges Volumen V mit Oberfläche O ergibt unter Anwendung des Gauß-Satzes,

$$\int_O d\boldsymbol{f}\cdot\boldsymbol{E} = 4\pi Q, \qquad Q = \int_V dV\,\tau, \qquad (2.8a)$$

$$\int_O d\boldsymbol{f}\cdot\boldsymbol{B} = 0. \qquad (2.8b)$$

Der Fluss des elektrischen Feldes durch eine geschlossene Oberfläche ist das 4π-fache der von der Oberfläche eingeschlossenen Ladung Q. Der Fluss des magnetischen Feldes durch eine geschlossene Oberfläche ist immer Null, da es keine magnetischen Ladungen gibt.

Zur Bestimmung zeitabhängiger Felder ist es zweckmäßig, die Maxwell-Gleichungen in Entwicklungsgleichungen und Zwangsbedingungen zu unterteilen. Die ersten beiden Gleichungen sind Entwicklungsgleichungen, welche die Zeitabhängigkeit der Felder bestimmen. Die letzten beiden Gleichungen sind Zwangsbedingungen, die zu jedem Zeitpunkt erfüllt sein müssen. Eine Zwangsbedingung der allgemeinen Form $Z(\boldsymbol{r},t) = 0$, kann durch eine Entwicklungsgleichung und eine Anfangsbedingung zu einem Anfangszeitpunkt t_0 ersetzt werden,

$$\partial_t Z(\boldsymbol{r},t) = 0, \qquad \text{mit} \qquad Z(\boldsymbol{r},t_0) = 0. \qquad (2.9)$$

Die aus der ersten Zwangsbedingung (2.1c) resultierende Entwicklungsgleichung ist die Kontinuitätsgleichung für die Ladung,

$$\partial_t\left(\tau - \frac{1}{4\pi}\boldsymbol{\nabla}\cdot\boldsymbol{E}\right) = \partial_t\tau + \boldsymbol{\nabla}\cdot\boldsymbol{j} - \frac{c}{4\pi}\boldsymbol{\nabla}\cdot(\boldsymbol{\nabla}\times\boldsymbol{B})$$
$$= \partial_t\tau + \boldsymbol{\nabla}\cdot\boldsymbol{j} = 0. \qquad (2.10)$$

Integriert man die Kontinuitätsgleichung über ein beliebiges Volumen V mit der Oberfläche O, so folgt unter Berücksichtigung des Integralsatzes von Gauß der Ladungserhaltungssatz,

$$\frac{dQ}{dt} = -I, \qquad \text{mit} \qquad Q = \int_V dV\,\tau, \quad I = \int_O d\boldsymbol{f}\cdot\boldsymbol{j}. \qquad (2.11)$$

Eine zeitliche Änderung der Ladung innerhalb des Volumens kann nur durch einen entsprechenden Strom durch die Oberfläche erfolgen. Insbesondere ist die Ladung innerhalb des Volumens erhalten, wenn der Strom durch dessen Oberfläche verschwindet.

Die Zeitableitung der zweiten Zwangsbedingung (2.1d) ist identisch erfüllt. Man nennt solche Zwangsbedingungen in Involution mit den Entwicklungsgleichungen,

$$\partial_t(\boldsymbol{\nabla}\cdot\boldsymbol{B}) = -c\boldsymbol{\nabla}\cdot(\boldsymbol{\nabla}\times\boldsymbol{E}) = 0. \qquad (2.12)$$

2.2 Wellengleichung und Potentiale

Ersetzt man die Zwangsbedingungen durch die entsprechenden Anfangsbedingungen und Entwicklungsgleichungen so lauten die Maxwell-Gleichungen

$$\partial_t \boldsymbol{E} + 4\pi \boldsymbol{j} - c\boldsymbol{\nabla} \times \boldsymbol{B} = 0, \tag{2.13a}$$

$$\partial_t \boldsymbol{B} + c\boldsymbol{\nabla} \times \boldsymbol{E} = 0, \tag{2.13b}$$

$$\partial_t \tau + \boldsymbol{\nabla} \cdot \boldsymbol{j} = 0, \tag{2.13c}$$

$$\boldsymbol{\nabla} \cdot \boldsymbol{E}\big|_{t=t_0} = 4\pi\tau\big|_{t=t_0}, \tag{2.13d}$$

$$\boldsymbol{\nabla} \cdot \boldsymbol{B}\big|_{t=t_0} = 0. \tag{2.13e}$$

Bei zeitabhängigen Problemen geht man meist von Feldern aus, die die Anfangsbedingungen (2.13d), (2.13e) bereits erfüllen. Es genügt dann Lösungen der Entwicklungsgleichungen (2.13a)-(2.13c) zu bestimmen.

2.2 Wellengleichung und Potentiale

In diesem Abschnitt fassen wir die Grundgleichungen für die Ausbreitung elektromagnetischer Felder zusammen. Wir geben die allgemeinen Wellengleichungen für das elektrische Feld und die elektromagnetischen Potentiale an, die später u.a. bei der Wellenausbreitung in Medien, bei der Behandlung von Lasermoden in Resonatoren und bei der Quantisierung des Strahlungsfeldes gebraucht werden.

Die beiden Entwicklungsgleichungen (2.1a) und (2.1b) der Maxwell-Gleichungen bilden ein System von zwei vektoriellen Differentialgleichungen erster Ordnung. Sie können zu einer vektoriellen Gleichung zweiter Ordnung, der Wellengleichung, kombinert werden. Nimmt man von (2.1b) die Rotation, so folgt

$$\frac{1}{c}\partial_t \boldsymbol{\nabla} \times \boldsymbol{B} = -\boldsymbol{\nabla} \times (\boldsymbol{\nabla} \times \boldsymbol{E}) = \Delta \boldsymbol{E} - \boldsymbol{\nabla}(\boldsymbol{\nabla} \cdot \boldsymbol{E}), \tag{2.14}$$

mit dem Laplace-Operator aus (2.2). Ersetzt man hier $\boldsymbol{\nabla} \times \boldsymbol{B}$ durch (2.1a) und $\boldsymbol{\nabla} \cdot \boldsymbol{E}$ durch (2.1c) so erhält man die allgemeine Wellengleichung

$$\Delta \boldsymbol{E} - \frac{1}{c^2}\partial_t^2 \boldsymbol{E} = 4\pi \left(\frac{1}{c^2}\partial_t \boldsymbol{j} + \boldsymbol{\nabla}\tau\right). \tag{2.15}$$

Im Vakuum verschwindet die rechte Seite. Die Lösungen sind dann elektromagnetische Wellen, die sich mit der Lichtgeschwindigkeit c ausbreiten. Für die Wellenausbreitung im Medium müssen noch Gleichungen angegeben werden, die die Strom- und Ladungsdichte als Funktion des elektrischen Feldes bestimmen.

Oft ist es zweckmäßig anstelle der Felder die elektromagnetischen Potentiale als Variablen zu verwenden. Die Maxwell-Gleichungen können in homogene und inhomogene

Gleichungen

$$\nabla \cdot \boldsymbol{B} = 0, \qquad \nabla \times \boldsymbol{E} + \frac{1}{c}\frac{\partial \boldsymbol{B}}{\partial t} = 0, \qquad (2.16\text{a})$$

$$\nabla \cdot \boldsymbol{E} = 4\pi\tau, \qquad \nabla \times \boldsymbol{B} - \frac{1}{c}\frac{\partial \boldsymbol{E}}{\partial t} = \frac{4\pi}{c}\boldsymbol{j}, \qquad (2.16\text{b})$$

unterteilt werden. Aufgrund der homogenen Gleichungen (2.16a) können die Felder aus einem Vektorpotential $\boldsymbol{A}$ und einem skalaren Potential ϕ abgeleitet werden. Das Magnetfeld ist quellenfrei und daher aus einem Vektorpotential ableitbar,

$$\boldsymbol{B} = \nabla \times \boldsymbol{A}. \qquad (2.17)$$

Setzt man diesen Ansatz in die zweite homogene Gleichung ein so folgt,

$$\nabla \times \left(\boldsymbol{E} + \frac{1}{c}\frac{\partial \boldsymbol{A}}{\partial t}\right) = 0.$$

Der Klammerausdruck ist ein wirbelfreies Vektorfeld, das aus einem skalaren Potential abgeleitet werden kann. Damit folgt für das elektrische Feld die Darstellung,

$$\boldsymbol{E} = -\frac{1}{c}\frac{\partial \boldsymbol{A}}{\partial t} - \nabla\phi. \qquad (2.18)$$

Ersetzt man in den inhomogenen Maxwell-Gleichungen (2.16b) die elektrischen und magnetischen Felder durch (2.18), so ergeben sich für die Potentiale die Feldgleichungen

$$\Delta \boldsymbol{A} - \frac{1}{c^2}\partial_t^2 \boldsymbol{A} - \nabla\left(\nabla \cdot \boldsymbol{A} + \frac{1}{c}\partial_t\phi\right) = -\frac{4\pi}{c}\boldsymbol{j},$$

$$\Delta \phi - \frac{1}{c^2}\partial_t^2 \phi + \frac{1}{c}\partial_t\left(\nabla \cdot \boldsymbol{A} + \frac{1}{c}\partial_t\phi\right) = -4\pi\tau. \qquad (2.19)$$

Die Potentiale sind nicht eindeutig bestimmt. Transformationen der Potentiale, die die Felder invariant lassen werden als Eichtransformationen bezeichnet. Diese besitzen die Form,

$$\boldsymbol{A}' = \boldsymbol{A} + \nabla f, \qquad \phi' = \phi - \frac{1}{c}\frac{\partial f}{\partial t}, \qquad (2.20)$$

wobei $f(\boldsymbol{r},t)$ eine beliebige Funktion der räumlichen Koordinaten und der Zeit darstellt. Die Invarianz der Felder gegenüber (2.20) ergibt sich aus

$$\boldsymbol{B}' = \nabla \times \boldsymbol{A}' = \nabla \times (\boldsymbol{A} + \nabla f) = \nabla \times \boldsymbol{A} = \boldsymbol{B},$$

$$\boldsymbol{E}' = -\frac{1}{c}\frac{\partial \boldsymbol{A}'}{\partial t} - \nabla\phi' = -\frac{1}{c}\frac{\partial \boldsymbol{A}}{\partial t} - \nabla\phi - \frac{1}{c}\frac{\partial \nabla f}{\partial t} + \nabla\left(\frac{1}{c}\frac{\partial f}{\partial t}\right) = \boldsymbol{E}.$$

Definition 2.2: *Coulomb-Eichung, Lorenz-Eichung*

Spezielle Eichungen der Potentiale erhält man durch eine Zusatzbedingung, z.B.

$$\nabla \cdot \boldsymbol{A} = 0, \qquad \text{Coulomb-Eichung}, \tag{2.21a}$$

$$\frac{1}{c}\frac{\partial \phi}{\partial t} + \nabla \cdot \boldsymbol{A} = 0, \qquad \text{Lorenz-Eichung}. \tag{2.21b}$$

Die Lorenz-Bedingung wurde von dem dänischen Physiker Ludvig Valentin Lorenz bereits in der zweiten Hälfte des 19. Jahrhunderts angegeben, sie wird aber meist dem bekannteren niederländischen Physiker Hendrik Antoon Lorentz für seine Beiträge zur Elektrodynamik zu Beginn des 20. Jahrhunderts zugeschrieben.[1]

In der Lorenz-Eichung erhält man für die Potentiale die Gleichungen

$$\Delta \boldsymbol{A} - \frac{1}{c^2}\partial_t^2 \boldsymbol{A} = -\frac{4\pi}{c}\boldsymbol{j}, \tag{2.22a}$$

$$\Delta \phi - \frac{1}{c^2}\partial_t^2 \phi = -4\pi\tau. \tag{2.22b}$$

Die Lorenz-Eichung entkoppelt also das Gleichungssystem für die drei Komponenten des Vektorpotentials und das skalare Potential. Jede der vier Variablen erfüllt eine inhomogene Wellengleichung derselben Form. Die Lösungen für lokalisierte Ladungsverteilungen sind als retardierte Potentiale bekannt. Eine wichtige Eigenschaft der Lorenz-Eichung ist die Lorentz-Invarianz. Die Lorenz-Eichung erhält die Lorentz-Invarianz der Maxwell-Gleichungen. Die Wellengleichungen in Lorenz-Eichung können mit Vierervektoren manifest kovariant formuliert werden.

In der Coulomb-Eichung genügt das skalare Potential der Poisson-Gleichung,

$$\Delta \phi = -4\pi\tau. \tag{2.23}$$

Definiert man ein longitudinales elektrisches Feld und eine longitudinale Stromdichte durch

$$\boldsymbol{E}_L = -\boldsymbol{\nabla}\phi, \qquad \boldsymbol{j}_L = -\frac{1}{4\pi}\partial_t \boldsymbol{E}_L, \tag{2.24}$$

so genügen diese den bekannten Grundgleichungen der Elektrostatik ($\boldsymbol{B}=0$),

$$\boldsymbol{\nabla}\cdot\boldsymbol{E}_L = 4\pi\tau, \qquad \boldsymbol{\nabla}\times\boldsymbol{E}_L = 0, \qquad \partial_t \boldsymbol{E}_L + 4\pi\boldsymbol{j}_L = 0. \tag{2.25}$$

Das Vektorpotential erfüllt dann wieder die inhomogene Wellengleichung,

$$\Delta \boldsymbol{A} - \frac{1}{c^2}\partial_t^2 \boldsymbol{A} = -\frac{4\pi}{c}\boldsymbol{j}_T, \qquad \boldsymbol{j}_T = \boldsymbol{j} - \boldsymbol{j}_L, \tag{2.26}$$

aber nun mit der transversalen Stromdichte $\boldsymbol{j}_T$. Die Coulomb-Eichung führt zu einer Festlegung des skalaren Potentials in Form einer Zwangsbedingung. Die Dynamik des Feldes wird dann nur noch durch das Vektorpotential beschrieben. Wegen dieser Vereinfachung wird diese Eichung oft bei klassischen und quantisierten Strahlungsfeldern verwendet.

---
[1] J.D. Jackson and L.B. Okun, Rev. Mod. Phys. **73**, 663 (2001).

2.3 Makroskopische Maxwell-Gleichungen

Die Ausbreitung elektromagnetischer Felder in Materie wird durch die makroskopischen Maxwell-Gleichungen beschrieben. Der Übergang von den mikroskopischen zu den makroskopischen Gleichungen erfordert eine Mittelung der Felder sowie der Ladungs- und Stromdichten über hinreichend kleine Volumenelemente, die aber hinreichend viele Ladungen enthalten. Wir verzichten hier auf die Darstellung der Mittelung und geben direkt das Ergebnis für die Ladungs- und Stromdichten an,

$$<\tau> = \tau_{ext} - \boldsymbol{\nabla} \cdot \boldsymbol{P} \tag{2.27a}$$

$$<\boldsymbol{j}> = \boldsymbol{j}_{ext} + \partial_t \boldsymbol{P} + c \boldsymbol{\nabla} \times \boldsymbol{M}. \tag{2.27b}$$

Hierbei bezeichnen spitze Klammern gemittelte Größen, τ_{ext} eine makroskopische externe Ladungsdichte, $\boldsymbol{j}_{ext}$ eine makroskopische externe Stromdichte. Der Vektor $\boldsymbol{P}$ ist die Dichte der elektrischen Dipolmomente des Mediums und wird als Polarisation bezeichnet. Der Vektor $\boldsymbol{M}$ ist die Dichte der magnetischen Dipolmomente des Mediums und heißt Magnetisierung.

Definiert man die dielektrische Verschiebung $\boldsymbol{D}$ und die magnetische Erregung $\boldsymbol{H}$ durch

$$\boldsymbol{D} = \boldsymbol{E} + 4\pi \boldsymbol{P}, \qquad \boldsymbol{H} = \boldsymbol{B} - 4\pi \boldsymbol{M} \tag{2.28}$$

wobei $\boldsymbol{E}$ das gemittelte elektrische Feld und $\boldsymbol{B}$ das gemittelte magnetische Feld bezeichnen, so ergeben sich die makroskopischen Maxwellgleichungen in der Form

$$\boldsymbol{\nabla} \times \boldsymbol{H} = \frac{1}{c}\partial_t \boldsymbol{D} + \frac{4\pi}{c}\boldsymbol{j}_{ext}, \tag{2.29a}$$

$$\boldsymbol{\nabla} \times \boldsymbol{E} = -\frac{1}{c}\partial_t \boldsymbol{B}, \tag{2.29b}$$

$$\boldsymbol{\nabla} \cdot \boldsymbol{D} = 4\pi \tau_{ext}, \tag{2.29c}$$

$$\boldsymbol{\nabla} \cdot \boldsymbol{B} = 0. \tag{2.29d}$$

Die Gültigkeit dieser Gleichungen beruht auf gewissen Voraussetzungen über die mikroskopische Struktur des Mediums. Als Bestandteile des Mediums werden Atome oder Moleküle mit gebundenen Elektronen angenommen. Ein äußeres Feld führt dann i.a. zur Induktion oder Orientierung von Dipolmomenten, die sich makroskopisch als Polarisation oder Magnetisierung darstellen lassen. Dabei wird in der Regel vorausgesetzt, dass die Ausdehnung der Ladungsverteilung eines Atoms oder Moleküls klein ist im Vergleich zur Ausdehnung des Mittelungsvolumens. In manchen Systemen sind diese Bedingungen nicht erfüllt. Freie Elektronen in Leitern, Plasmen oder in Elektronenstrahlen können sich z.B. über makroskopische Distanzen bewegen. Auch in diesen Fällen kann man formal die makroskopischen Maxwell-Gleichungen benutzen, wobei allerdings die Polarisation und Magnetisierung keine unmittelbare mikroskopische Bedeutung besitzen. Man muss im Einzelfall die mittleren Ladungs- und Stromdichten anhand der zugrundeliegenden Bewegungsgleichungen für die Teilchen berechnen.

In üblichen Materialien ist die Magnetisierung bei optischen Frequenzen vernachlässigbar klein. Daher werden wir $\boldsymbol{M} = 0$ setzen und nicht zwischen Magnetfeld $\boldsymbol{B}$ und magnetischer Erregung $\boldsymbol{H}$ unterscheiden. Außerdem sollen, wenn nicht anders angegeben, externe Quellen vernachlässigt werden, $\tau_{ext} = 0$, $\boldsymbol{j}_{ext} = 0$. Verzichtet man auch auf die explizite Angabe der Mittelung durch Klammern, so vereinfachen sich die Gleichungen aus (2.27) zu

$$\tau = -\boldsymbol{\nabla} \cdot \boldsymbol{P}, \qquad \boldsymbol{j} = \partial_t \boldsymbol{P}. \tag{2.30}$$

Integriert man die Gleichung für die Ladungsdichte über ein beliebiges Volumen V, so erhält man mit dem Satz von Gauß die Bilanzgleichung

$$Q = \int_V dV \tau = -\int_f d\boldsymbol{f} \cdot \boldsymbol{P}. \tag{2.31}$$

Die Ladung Q innerhalb des Volumens V kann sich nur dadurch ändern, dass Ladung durch die Oberfläche verschoben wird. Die Normalkomponente des Polarisationsvektors $\boldsymbol{n} \cdot \boldsymbol{P}$ bestimmt hierbei die Flächenladungsdichte des Flächenelements $d\boldsymbol{f} = \boldsymbol{n} df$.

2.4 Lorentz-Kraft

In der klassischen Mechanik wird die Wirkung elektromagnetischer Felder auf eine Ladung q, die sich am Ort $\boldsymbol{r}$ mit der Geschwindigkeit $\boldsymbol{v}$ bewegt durch die Lorentz-Kraft

$$\boldsymbol{F}(\boldsymbol{r}, \boldsymbol{v}, t) = q \left(\boldsymbol{E}(\boldsymbol{r}, t) + \frac{1}{c} \boldsymbol{v} \times \boldsymbol{B}(\boldsymbol{r}, t) \right) \tag{2.32}$$

angegeben. Die Lorentz-Kraft auf eine Ladung q definiert das elektrische Feld $\boldsymbol{E}(\boldsymbol{r}, t)$ und das magnetische Feld $\boldsymbol{B}(\boldsymbol{r}, t)$. Der erste Teil der Kraft ist unabhängig von der Geschwindigkeit, der zweite Teil ist senkrecht zur Richtung und proportional zum Betrag der Geschwindigkeit. Oft versteht man unter der Lorentz-Kraft nur den vom Magnetfeld abhängigen zweiten Teil der Kraft. Diese Definition ist aber bezugssystemabhängig. Im momentanen Ruhesystem der Ladung, d.h. in einem Inertialsystem S' in dem das Elektron zu einem bestimmten Zeitpunkt t'_0 ruht, wird die Kraft vom elektrischen Feld ausgeübt,

$$\boldsymbol{F}'(\boldsymbol{r}', \boldsymbol{v}', t'_0) = q \boldsymbol{E}'(\boldsymbol{r}', t'_0). \tag{2.33}$$

Daher bezeichnen wir die allgemeine, in jedem Inertialsystem gültige Form der Kraft (2.32) als die Lorentz-Kraft.

Die Lorentz-Kraft bestimmt die Bewegung $\boldsymbol{r}(t)$ einer Ladung q im elektromagnetischen Feld. Mit dem aus der Relativitätstheorie bekannten γ-Faktor,

$$\gamma = \frac{1}{\sqrt{1 - v^2/c^2}} = \sqrt{1 + \frac{p^2}{m^2 c^2}}. \tag{2.34}$$

und der Ruhemasse m der Ladung lautet die Bewegungsgleichung

$$\frac{d\boldsymbol{p}}{dt} = \boldsymbol{F}(\boldsymbol{r}, \boldsymbol{v}, t), \qquad \frac{d\boldsymbol{r}}{dt} = \boldsymbol{v}, \qquad \boldsymbol{p} = \gamma m \boldsymbol{v}. \tag{2.35}$$

Wie die Maxwell-Gleichungen ist auch diese Bewegungsgleichung relativistisch, d.h. in jedem Inertialsystem in derselben Form, gültig. Bei kleinen Geschwindigkeiten ist $\gamma \approx 1$ und man kann dann den relativistischen Impuls näherungsweise durch den nichtrelativistischen Impuls $\boldsymbol{p} = m\boldsymbol{v}$ ersetzen.

Aus dem Impulssatz kann der Energiesatz für eine Ladung im elektromagnetischen Feld abgeleitet werden. Durch die Lorentz-Kraft wird der Ladung pro Zeiteinheit die Leistung

$$\boldsymbol{F} \cdot \boldsymbol{v} = q\boldsymbol{E} \cdot \boldsymbol{v} \tag{2.36}$$

zugeführt. Das Magnetfeld verrichtet keine Arbeit, da $(\boldsymbol{v} \times \boldsymbol{B}) \cdot \boldsymbol{v} = (\boldsymbol{v} \times \boldsymbol{v}) \cdot \boldsymbol{B} = 0$ gilt. Beim Aufbau eines Magnetfeldes werden jedoch elektrische Felder induziert, die indirekt Energieänderungen bewirken können. Mit Hilfe der Bewegungsgleichung (2.35) und der Impulsabhängigkeit des γ-Faktors (2.34) folgt

$$\boldsymbol{F} \cdot \boldsymbol{v} = \frac{d\boldsymbol{p}}{dt} \cdot \frac{\boldsymbol{p}}{m\gamma} = \frac{mc^2}{2\gamma} \frac{2\boldsymbol{p}}{m^2 c^2} \cdot \frac{d\boldsymbol{p}}{dt} = \frac{d}{dt}\left(\gamma m c^2\right). \tag{2.37}$$

Damit ergibt sich der Energiesatz

$$\frac{dU}{dt} = q\boldsymbol{E} \cdot \boldsymbol{v}, \qquad U = \gamma mc^2. \tag{2.38}$$

Die Arbeitsleistung des elektrischen Feldes bewirkt eine Änderung der Teilchenenergie U. Diese Energie umfasst die Ruheenergie mc^2 und die kinetische Energie $(\gamma - 1)mc^2$. Im nichtrelativistischen Grenzfall erhält man durch Entwicklung von (2.34) für $v \ll c$ die bekannte Form der kinetischen Energie,

$$T = (\gamma - 1)mc^2 \approx (1 + \frac{1}{2}\frac{v^2}{c^2} - 1)mc^2 = \frac{1}{2}mv^2. \tag{2.39}$$

Da die Maxwell-Gleichungen Feldgleichungen sind, ist es zweckmäßig, die Bewegung der Teilchen ebenfalls durch Feldgleichungen zu beschreiben. Das Ziel der folgenden Umformulierung ist es, die Energie- und Impulssätze für die Teilchen und Felder in einer einheitlichen Form anzugeben und zu zeigen, dass für die Gesamtenergie und den Gesamtimpuls Erhaltungssätze gelten.

Definition 2.3: *Dichten eines Systems von Punktladungen*

Für ein System von N Punktladungen werden die Ladungsdichte τ, Stromdichte $\boldsymbol{j}$, Impulsdichte $\boldsymbol{g}$, Impulsstromdichte $\boldsymbol{T}$, Energiedichte u und die Energiestromdichte

2.4 Lorentz-Kraft

q definiert durch

$$\tau(\boldsymbol{r},t) = \sum_{i=1}^{N} q_i \delta(\boldsymbol{r}-\boldsymbol{r}_i), \quad \boldsymbol{j}(\boldsymbol{r},t) = \sum_{i=1}^{N} \boldsymbol{v}_i q_i \delta(\boldsymbol{r}-\boldsymbol{r}_i),$$

$$\boldsymbol{g}(\boldsymbol{r},t) = \sum_{i=1}^{N} \boldsymbol{p}_i \delta(\boldsymbol{r}-\boldsymbol{r}_i), \quad \boldsymbol{T}(\boldsymbol{r},t) = \sum_{i=1}^{N} \boldsymbol{v}_i \boldsymbol{p}_i \delta(\boldsymbol{r}-\boldsymbol{r}_i), \quad (2.40)$$

$$u(\boldsymbol{r},t) = \sum_{i=1}^{N} U_i \delta(\boldsymbol{r}-\boldsymbol{r}_i), \quad \boldsymbol{q}(\boldsymbol{r},t) = \sum_{i=1}^{N} \boldsymbol{v}_i U_i \delta(\boldsymbol{r}-\boldsymbol{r}_i).$$

Hierbei bezeichnet $\delta(\boldsymbol{r})$ die Dirac-Deltafunktion und der Index i eine Größe der i-ten Punktladung. Die Impulsstromdichte $\boldsymbol{T}$ ist ein Tensor zweiter Stufe, der durch die dyadischen Produkte der Vektoren $\boldsymbol{v}_i$ und $\boldsymbol{p}_i$ gebildet wird.

Wie nachfolgend gezeigt, lassen sich sämtliche Dichteänderungen in der allgemeinen Form einer Kontinuitätsgleichung mit einem Quellterm angeben

$$\partial_t \tau + \boldsymbol{\nabla} \cdot \boldsymbol{j} = 0, \quad (2.41a)$$

$$\partial_t u + \boldsymbol{\nabla} \cdot \boldsymbol{q} = P, \quad P = \boldsymbol{j} \cdot \boldsymbol{E}, \quad (2.41b)$$

$$\partial_t \boldsymbol{g} + \boldsymbol{\nabla} \cdot \boldsymbol{T} = \boldsymbol{f}, \quad \boldsymbol{f} = \tau \boldsymbol{E} + \frac{1}{c} \boldsymbol{j} \times \boldsymbol{B}. \quad (2.41c)$$

Der Energiesatz (2.41b) enthält als Quellterm die Leistungsdichte P, der Impulssatz (2.41c) die Kraftdichte $\boldsymbol{f}$. Die linken Seiten der Kontinuitätsgleichungen enthalten nur Teilchengrößen, die Quellterme der rechten Seiten geben jeweils die Wechselwirkung zwischen den Teilchen und dem elektromagnetischen Feld an. Bei der Gleichung für die Ladungsdichte (2.41a) ist kein Wechselwirkungsterm vorhanden. Dies bedeutet, dass die Ladung der Teilchen durch das elektromagnetische Feld nicht geändert wird. Durch das elektromagnetische Feld wird zwar Energie und Impuls, aber keine Ladung übertragen.

Die Kontinuitätsgleichungen (2.41) ergeben sich jeweils durch die explizite Berechnung der zeitlichen Dichteänderungen. Für die Ladungsdichte gilt,

$$\partial_t \tau(\boldsymbol{r},t)) = \sum_{i=1}^{N} q_i \partial_t \delta(\boldsymbol{r}-\boldsymbol{r}_i) = -\sum_{i=1}^{N} q_i \boldsymbol{v}_i \cdot \boldsymbol{\nabla} \delta(\boldsymbol{r}-\boldsymbol{r}_i)$$

$$= -\boldsymbol{\nabla} \cdot \left(\sum_{i=1}^{N} q_i \boldsymbol{v}_i \delta(\boldsymbol{r}-\boldsymbol{r}_i) \right) = -\boldsymbol{\nabla} \cdot \boldsymbol{j} \quad (2.42)$$

Die Energiedichte ändert sich aufgrund der Teilchenbewegung bei konstanter Energie und aufgrund der Energieänderung bei konstantem Teilchenort. Unter Verwendung des

Energiesatzes (2.38) und mit Hilfe der Definitionen aus (2.40) folgt

$$\partial_t u(\boldsymbol{r},t)) = \sum_{i=1}^{N} U_i \partial_t \delta(\boldsymbol{r}-\boldsymbol{r}_i) + \frac{dU_i}{dt}\delta(\boldsymbol{r}-\boldsymbol{r}_i)$$

$$= -\boldsymbol{\nabla}\cdot\boldsymbol{q} + \sum_{i=1}^{N} q_i \boldsymbol{E}(\boldsymbol{r}_i,t)\cdot\boldsymbol{v}_i\delta(\boldsymbol{r}-\boldsymbol{r}_i)$$

$$= -\boldsymbol{\nabla}\cdot\boldsymbol{q} + \boldsymbol{j}\cdot\boldsymbol{E}(\boldsymbol{r},t). \tag{2.43}$$

Im letzten Schritt wurde das Feld, das auf die i-te Ladung wirkt $\boldsymbol{E}(\boldsymbol{r}_i,t)$ durch das nach den Maxwell-Gleichungen von allen Ladungen erzeugte Feld $\boldsymbol{E}(\boldsymbol{r},t)$ ersetzt. Dieses Feld enthält auch das Eigenfeld der i-ten Ladung. Im Rahmen der Elektrostatik übt das Eigenfeld aus Symmetriegründen keine Kraft auf die Ladung aus. Allgemeiner wird durch die Kraftwirkung des Eigenfeldes die Strahlungsrückwirkung auf die Ladung beschrieben.

Die Impulsdichte ändert sich aufgrund der Teilchenbewegung bei konstantem Impuls und aufgrund der Impulsänderung bei konstantem Teilchenort. Unter Verwendung des Impulssatzes (2.35) mit der Lorentz-Kraft (2.32) ergibt sich

$$\partial_t \boldsymbol{g}(\boldsymbol{r},t)) = \sum_{i=1}^{N} \boldsymbol{p}_i \partial_t \delta(\boldsymbol{r}-\boldsymbol{r}_i) + \frac{d\boldsymbol{p}_i}{dt}\delta(\boldsymbol{r}-\boldsymbol{r}_i)$$

$$= -\boldsymbol{\nabla}\cdot\boldsymbol{T} + \sum_{i=1}^{N} q_i\delta(\boldsymbol{r}-\boldsymbol{r}_i)\left[\boldsymbol{E}(\boldsymbol{r},t) + \frac{1}{c}\boldsymbol{v}_i\times\boldsymbol{B}(\boldsymbol{r},t)\right]$$

$$= -\boldsymbol{\nabla}\cdot\boldsymbol{T} + \boldsymbol{f}. \tag{2.44}$$

Auch hier wurden die Felder $\boldsymbol{E}(\boldsymbol{r}_i,t)$, $\boldsymbol{B}(\boldsymbol{r}_i,t)$ jeweils durch die Maxwell-Felder $\boldsymbol{E}(\boldsymbol{r},t)$, $\boldsymbol{B}(\boldsymbol{r},t)$ inklusive Eigenfeld ersetzt.

Die Dichten für Punktladungen beschreiben die Dynamik noch mikroskopisch. Beim Übergang zu makroskopischen Modellen sind zusätzliche Mittelungen über kleine Volumenelemente ΔV erforderlich, die dann zu kontinuierlichen Dichten führen. Beispielsweise ergibt eine Mittelung der Ladungs- und Stromdichten

$$<\tau> = \frac{1}{\Delta V}\int_{\Delta V} dV\tau = \frac{1}{\Delta V}\sum_{q_i\in\Delta V} q_i,$$

$$<\boldsymbol{j}> = \frac{1}{\Delta V}\int_{\Delta V} dV\boldsymbol{j} = \frac{1}{\Delta V}\sum_{q_i\in\Delta V} q_i\boldsymbol{v}_i. \tag{2.45}$$

2.5 Feldenergie und Feldimpuls

Am Beispiel eines Systems von Punktladungen wurde gezeigt, dass das elektromagnetische Feld Energie und Impuls überträgt. Im Rahmen der Maxwell-Gleichungen können

2.5 Feldenergie und Feldimpuls

explizite Ausdrücke für die Feldenergie und den Feldimpuls abgeleitet werden. Für das Gesamtsystem aus Teilchen und Feldern gelten Erhaltungssätze für die Energie und den Impuls.

Durch das elektromagnetische Feld wird den Teilchen die Leistungsdichte P zugeführt. Umgekehrt wird diese Leistungsdichte dem elektromagnetischen Feld entnommen. Daher ist es naheliegend den Energiesatz des Feldes durch eine Berechnung von P mit Hilfe der Maxwell-Gleichungen abzuleiten. Ausgehend von einer beliebigen Stromdichte j in der Maxwell-Gleichung (2.1a) erhält man durch Multiplikation mit $\boldsymbol{E}$ die Identität

$$-P = -\boldsymbol{j} \cdot \boldsymbol{E} = -\frac{c}{4\pi} \boldsymbol{E} \cdot (\boldsymbol{\nabla} \times \boldsymbol{B}) + \partial_t \left(\frac{1}{8\pi} E^2 \right). \tag{2.46}$$

Eine entsprechende Identität für das Magnetfeld folgt durch die Multiplikation von (2.1b) mit $\boldsymbol{B}$,

$$\frac{c}{4\pi} \boldsymbol{B} \cdot (\boldsymbol{\nabla} \times \boldsymbol{E}) + \partial_t \left(\frac{1}{8\pi} B^2 \right) = 0. \tag{2.47}$$

Die Addition beider Gleichungen führt zu der folgenden Kontinuitätsgleichung für die Energiedichte des elektromagnetischen Feldes. Sie wird als Poynting-Theorem bezeichnet.

Satz 2.3 *Poynting-Theorem*

Der Energiesatz des elektromagnetischen Feldes lautet

$$\partial_t w + \boldsymbol{\nabla} \cdot \boldsymbol{S} = -P. \tag{2.48}$$

Hierbei bezeichnet

$$w = \frac{1}{8\pi} \left(E^2 + B^2 \right)$$

die Energiedichte,

$$\boldsymbol{S} = \frac{c}{4\pi} \left(\boldsymbol{E} \times \boldsymbol{B} \right)$$

die Energiestromdichte und

$$P = \boldsymbol{j} \cdot \boldsymbol{E}$$

die den Ladungen vom Feld zugeführte Leistungsdichte. Man bezeichnet $\boldsymbol{S}$ auch als den Poynting-Vektor.

Aus der Energiedichte folgt für ein vorgegebenes Volumen V die Feldenergie

$$W = \int_V dV\, w\,. \tag{2.49}$$

Die integrale Form des Poynting-Theorems ergibt die Energiebilanz

$$\frac{dW}{dt} = -\int_O d\boldsymbol{f} \cdot \boldsymbol{S} - \int_V dV P. \tag{2.50}$$

Das Poynting-Theorem ist eine allgemeine Folgerung aus den Maxwell-Gleichungen und gilt somit für beliebige Stomdichteverteilungen. Die Anwendung auf die Stromdichte von Punktladungen bedarf aber einer besonderen Betrachtung, da hierbei zwischen gegenseitigen Wechselwirkungen und Selbstwechselwirkungen der einzelnen Ladungen unterschieden werden muss. Um dies genauer aufzuzeigen, schreiben wir die Felder eines Systems von Punktladungen in der Form,

$$\boldsymbol{E} = \sum_{i=1}^{N} \boldsymbol{e}_i, \qquad \boldsymbol{B} = \sum_{i=1}^{N} \boldsymbol{b}_i, \qquad \boldsymbol{j} = \sum_{i=1}^{N} \boldsymbol{j}_i \tag{2.51}$$

wobei $\boldsymbol{e}_i$ und $\boldsymbol{b}_i$ die Felder bezeichnen, die von der Stromdichte $\boldsymbol{j}_i$ der i-ten Punktladung im N-Teilchensystem erzeugt werden. Die Felder $\boldsymbol{e}_i$ und $\boldsymbol{b}_i$ erfüllen definitionsgemäß die Maxwell-Gleichungen mit der Stromdichte $\boldsymbol{j}_i$. Daher gilt für jede Ladung ein separates Poynting-Theorem

$$\partial_t w_i + \boldsymbol{\nabla} \cdot \boldsymbol{S}_i = -\boldsymbol{j}_i \cdot \boldsymbol{e}_i. \tag{2.52}$$

Im Poynting-Theorem für die Gesamtfelder können die quadratischen Energieausdrücke in zwei Anteile aufgeteilt werden,

$$XY = (XY)_g + (XY)_s,$$
$$(XY)_g = \sum_{i,j,i\neq j}^{N} x_i y_j, \qquad (XY)_s = \sum_{i=1}^{N} x_i y_i. \tag{2.53}$$

Der Anteil mit dem Index g bezeichnet gegenseitige Wechselwirkungen verschiedener Punktladungen, der Anteil mit Index s Selbstwechselwirkungen derselben Punktladung. Da die Selbstwechselwirkungsterme das Poynting-Theorem separat erfüllen gilt dasselbe auch für die gegenseitigen Wechselwirkungsterme und man erhält zwei getrennte Energiesätze

$$\partial_t w_s + \boldsymbol{\nabla} \cdot \boldsymbol{S}_s = -P_s,$$
$$\partial_t w_g + \boldsymbol{\nabla} \cdot \boldsymbol{S}_g = -P_g. \tag{2.54}$$

Im Energiesatz für die Teilchen (2.41b) besteht die Leistungsdichte ebenfalls aus der Summe $P = P_g + P_s$, da in der Lorentz-Kraft die Wechselwirkung mit dem Eigenfeld eingeschlossen ist.

Eliminiert man die gesamte Leistungsdichte P aus den Energiesätzen für die Teilchen (2.41b) und die Felder (2.48), so erhält man einen Energiesatz für das Gesamtsystem aus Ladungen und Feldern,

$$\partial_t(u+w) + \boldsymbol{\nabla} \cdot (\boldsymbol{q}+\boldsymbol{S}) = 0. \tag{2.55}$$

2.5 Feldenergie und Feldimpuls

Das Verschwinden der linken Seite zeigt, dass die Energie im Gesamtsystem erhalten ist.

Würde man in der Lorentz-Kraft das Eigenfeld ausschließen, so würde auf die Teilchen nur die Leistung $P = P_g$ übertragen. Es wäre dann nur die Wechselwirkungsenergie erhalten,

$$\partial_t(u + w_g) + \boldsymbol{\nabla} \cdot (\boldsymbol{q} + \boldsymbol{S}_g) = 0. \tag{2.56}$$

Die Selbstenergie $\int dV w_s$ ist für Punktladungen divergent. Zur Vermeidung dieser Divergenz muss man eine endliche Ausdehnung der Ladungsdichte annehmen. Die Energiestromdichte $\boldsymbol{S}_s$ beschreibt Energieströme durch die Oberfläche, welche die Abstrahlung der einzelnen Ladungen beinhalten. Diese Strahlungsverluste bewirken eine Strahlungsdämpfung der Teilchenbewegung, die im Prinzip durch die Leistungsdichte P_s angegeben wird. Klassische Modelle der Strahlungsdämpfung werden durch die Abraham-Lorentz, die Lorentz-Dirac und die Landau-Lifshitz-Gleichungen formuliert, sind aber nicht in allen Punkten zufriedenstellend.[2] Die Strahlungsrückwirkung auf eine Ladung kann erst in der Quantenelektrodynamik konsistent beschrieben werden.

Der Impulssatz für das elektromagnetische Feld kann auf analoge Weise hergeleitet werden. Das Feld übt die Kraftdichte $\boldsymbol{f}$ auf die Ladungen aus und umgekehrt bewirkt die Kraftdichte $-\boldsymbol{f}$ Impulsänderungen des Feldes. Im Ausdruck für die Kraftdichte aus (2.41) lassen sich die Ladungs- und Stromdichten durch die Maxwell-Gleichungen eliminieren. Durch Elimination der Ladungsdichte folgt,

$$\begin{aligned}
-\tau \boldsymbol{E} &= \frac{-1}{4\pi}(\boldsymbol{\nabla} \cdot \boldsymbol{E})\boldsymbol{E} \\
&= \frac{-1}{4\pi}\left[\boldsymbol{\nabla}\cdot(\boldsymbol{E}\boldsymbol{E}) - \boldsymbol{E}\cdot\boldsymbol{\nabla}\boldsymbol{E}\right] \\
&= \frac{-1}{4\pi}\left[\boldsymbol{\nabla}\cdot(\boldsymbol{E}\boldsymbol{E} - \frac{1}{2}E^2\boldsymbol{I}) + \boldsymbol{E}\times(\boldsymbol{\nabla}\times\boldsymbol{E})\right] \\
&= \frac{1}{4\pi}\left[\boldsymbol{\nabla}\cdot(\frac{1}{2}E^2\boldsymbol{I} - \boldsymbol{E}\boldsymbol{E}) + \frac{1}{c}\boldsymbol{E}\times\partial_t\boldsymbol{B}\right],
\end{aligned} \tag{2.57}$$

mit dem Einheitstensor $\boldsymbol{I}$ und der Identität

$$\boldsymbol{E}\times(\boldsymbol{\nabla}\times\boldsymbol{E}) = \boldsymbol{\nabla}(\frac{1}{2}E^2) - (\boldsymbol{E}\cdot\boldsymbol{\nabla})\boldsymbol{E} = \boldsymbol{\nabla}\cdot(\frac{1}{2}E^2\boldsymbol{I}) - (\boldsymbol{E}\cdot\boldsymbol{\nabla})\boldsymbol{E}.$$

Die Elimination der Stromdichte führt entsprechend zu dem Ausdruck

$$\begin{aligned}
-\frac{1}{c}\boldsymbol{j}\times\boldsymbol{B} &= \frac{-1}{4\pi}\left[\boldsymbol{\nabla}\times\boldsymbol{B} - \frac{1}{c}\partial_t\boldsymbol{E}\right]\times\boldsymbol{B} \\
&= \frac{1}{4\pi}\left[\boldsymbol{\nabla}(\frac{1}{2}B^2) - \boldsymbol{B}\cdot\boldsymbol{\nabla}\boldsymbol{B} + \frac{1}{c}\partial_t\boldsymbol{E}\times\boldsymbol{B}\right] \\
&= \frac{1}{4\pi}\left[\boldsymbol{\nabla}\cdot(\frac{1}{2}B^2\boldsymbol{I} - \boldsymbol{B}\boldsymbol{B}) + \frac{1}{c}\partial_t\boldsymbol{E}\times\boldsymbol{B}\right],
\end{aligned} \tag{2.58}$$

---
[2] David J. Griffiths, Thomas C. Proctor, and Darrell F. Schroeter, Am. J. Phys. **78**, 391, (2010).

wobei im letzten Schritt die Maxwell-Gleichung $\nabla \cdot \boldsymbol{B} = 0$ verwendet wurde. Durch Addition von (2.57) und (2.58) folgt der Impulssatz für das elektromagnetische Feld.

Satz 2.4 *Impulssatz*

Der Impulssatz des elektromagnetischen Feldes lautet

$$\partial_t \boldsymbol{g}_{em} + \nabla \cdot \boldsymbol{T}_{em} = -\boldsymbol{f}. \tag{2.59}$$

Hierbei bezeichnet

$$\boldsymbol{g}_{em} = \frac{1}{4\pi c} \boldsymbol{E} \times \boldsymbol{B} = \frac{1}{c^2} \boldsymbol{S}$$

die Impulsdichte und

$$\boldsymbol{T}_{em} = \frac{1}{8\pi}(E^2 + B^2)\boldsymbol{I} - \frac{1}{4\pi}(\boldsymbol{EE} + \boldsymbol{BB})$$

den Tensor der Impulsstromdichte. Der Tensor $-\boldsymbol{T}_{em}$ wird auch als Maxwellscher Spannungstensor bezeichnet.

Der einfache Zusammenhang der Impulsdichte $\boldsymbol{g}_{em}$ mit der Energiestromdichte $\boldsymbol{S}$ unterstützt die Plancksche Photonenhypothese: Für Photonen mit der Dichte n, dem Impuls p_{ph} und der Energie $w_{ph} = c p_{ph}$ gilt $S = cnw_{ph} = c^2 n p_{ph} = c^2 g_{em}$.

Zusammen mit dem Impulssatz für die Teilchen aus (2.41) folgt aus (2.59) der Impulserhaltungssatz für das Gesamtsystem aus Teilchen und Feldern,

$$\partial_t(\boldsymbol{g} + \boldsymbol{g}_{em}) + \nabla \cdot (\boldsymbol{T} + \boldsymbol{T}_{em}) = 0. \tag{2.60}$$

Auch hier wurde, analog zum Energiesatz, vorausgesetzt, dass die Kraftdichte auf die Teilchen die Kraftwirkung des Eigenfeldes einschließt.

Aufgaben

2.1 Die atomare elektrische Feldstärke ist die Feldstärke e/a_B^2 die im Abstand eines Bohr-Radiuses $a_B = \hbar^2/(me^2)$ (m: Elektronenmasse) von einer Elementarladung e. Drücken Sie die atomare Feldstärke in SI-Einheiten aus und berechnen Sie ihren numerischen Wert in V/m.

2.2 Das elektrische Feld eines Rubinlasers ($\lambda = 700$ nm) werde durch eine stehende Welle $\boldsymbol{E} = E_0 \boldsymbol{e}_y \sin(kx)\sin(\omega t)$ mit $E_0 = 3 \cdot 10^4$ V/cm beschrieben. Bestimmen Sie die mittlere Energiedichte des elektromagnetischen Feldes. Wie hoch ist die Photonendichte?

2.5 Feldenergie und Feldimpuls

2.3 Die Komponenten des elektrischen Feldes einer stehenden elektromagnetischen Welle mit der Kreisfrequenz ω, dem Wellenvektor $\boldsymbol{k} = (k_x, k_y, k_z)$ und der Amplitude $\boldsymbol{A} = (A_x, A_y, A_z)$ seien

$$E_x = A_x \cos(k_x x) \sin(k_y y) \sin(k_z z) e^{-i\omega t},$$
$$E_y = A_y \sin(k_x x) \cos(k_y y) \sin(k_z z) e^{-i\omega t},$$
$$E_z = A_z \sin(k_x x) \sin(k_y y) \cos(k_z z) e^{-i\omega t}.$$

a) Welche Bedingung muss die Frequenz ω erfüllen, damit das Feld eine Lösung der Vakuum-Wellengleichung ist,

$$\Delta \boldsymbol{E} - \frac{1}{c^2} \partial_t^2 \boldsymbol{E} = 0.$$

b) Welche Nebenbedingung für die Amplitude $\boldsymbol{A}$ folgt aus der Vakuum-Maxwell-Gleichung

$$\boldsymbol{\nabla} \cdot \boldsymbol{E} = 0.$$

c) Für welche Komponenten des Wellenvektors ergeben sich Normalmoden eines quaderförmigen Hohlraumresonators mit ideal leitfähigen metallischen Wänden? Hinweis: Die Tangentialkomponenten des elektrischen Feldes müssen auf den Oberflächen des Quaders in den Ebenen $x = 0$, $x = L_x$, $y = 0$, $y = L_y$, $z = 0$, $z = L_z$ jeweils verschwinden.

2.4 Berechnen Sie analog zu (1.7) die Modendichte $\mathcal{N}(\nu)$ des Hohlraumresonators aus Aufgabe 2.3. Zeigen Sie, dass auch hier die Modendichte (1.8) gilt. Nehmen Sie hierzu an, dass die Längen L_x, L_y, L_z sehr viel größer sind als die Lichtwellenlänge c/ν und beachten Sie, dass alle Wellenvektoren nur in einem Oktanden des $\boldsymbol{k}$-Raums liegen.

2.5 Berechnen die das elektrische Feld im Innenraum einer homogen polarisierten Kugel. Anleitung: Betrachten Sie zwei homogen geladene Kugeln mit Radius R und mit den Ladungsdichten

$$\tau_1 = -\tau \theta(R - r), \qquad \tau_2 = +\tau \theta(R - |\boldsymbol{r} - \boldsymbol{\xi}|),$$

deren Mittelpunkte um einen Vektor $\boldsymbol{\xi}$ mit dem Betrag $\xi < R$ gegeneinander verschoben sind. Im elektrisch neutralen Überlappbereich der Kugeln ergibt sich eine homogene Polarisation $\boldsymbol{P} = \tau \boldsymbol{\xi}$. Berechnen Sie das elektrische Feld in diesem Gebiet mit Hilfe des Superpositionsprinzips.

2.6 Die Lagrange-Funktion einer Ladung q mit der Geschwindigkeit $\boldsymbol{v}$ in einem elektromagnetischen Feld mit den Potentialen $\boldsymbol{A}(\boldsymbol{x}, t)$, $\Phi(\boldsymbol{x}, t)$ ist

$$L(\boldsymbol{x}, \boldsymbol{v}, t) = \frac{1}{2} m v^2 - q\Phi + \frac{q}{c} \boldsymbol{A} \cdot \boldsymbol{v}.$$

Zeigen Sie, dass auf die Ladung die Lorentz-Kraft wirkt:

$$\boldsymbol{F} = q\left(\boldsymbol{E} + \frac{1}{c}\boldsymbol{v}\times\boldsymbol{B}\right)$$

Anleitung:
a) Entwickeln Sie das doppelte Kreuzprodukt $\boldsymbol{v}\times(\nabla\times\boldsymbol{A})$ für $\boldsymbol{v} = const.$ und $\boldsymbol{A} = \boldsymbol{A}(\boldsymbol{x})$ nach der *bac-cab*-Regel.
b) Stellen Sie die Lagrange-Gleichungen auf und eliminieren Sie die Potentiale $\boldsymbol{A}(\boldsymbol{x},t)$, $\Phi(\boldsymbol{x},t)$ durch die Felder $\boldsymbol{E}(\boldsymbol{x},t)$, $\boldsymbol{B}(\boldsymbol{x},t)$.

2.7 Eine Lasermode in einem Resonator mit planparallelen ideal reflektierenden Spiegeln bei $x = 0$ und $x = L$ besitze ein Vektorpotential in y-Richtung,

$$\boldsymbol{A} = \frac{2}{k}\,E_0\sin(kx)\cos(\omega t)\,\boldsymbol{e}_y, \qquad k = \frac{\omega}{c} = \frac{\pi}{L}.$$

Berechnen Sie das elektrische und magnetische Feld, die über eine Schwingungsperiode gemittelte Energiedichte und den über eine Schwingungsperiode gemittelten Druck auf die Spiegeloberflächen.

3 Wellen im Medium

- Lineare Optik
- Dielektrizitätsfunktion
- Wellengleichung für monochromatische Wellen
- Dispersionsrelation und Brechungsindex ebener Wellen
- Phasen- und Gruppengeschwindigkeit
- Lineare, zirkulare und elliptische Polarisation
- Wellenenergie, Intensität und absorbierte Leistung

In diesem Kapitel wird die Ausbreitung elektromagnetischer Wellen in einem homogenen Medium behandelt. In der linearen Optik wird die Ausbreitung einer Lichtwelle im Medium durch eine frequenzabhängige Dielektrizitätsfunktion beschrieben. Die Dielektrizitätsfunktion bestimmt die Welleneigenschaften im Medium. Grundbegriffe der Optik, wie Phasengeschwindigkeit, Gruppengeschwindigkeit, Polarisation, Wellenenergie, Intensität, Dispersion und Absorption werden eingeführt.

3.1 Dielektrizitätsfunktion

Um die Wellenausbreitung im Medium zu untersuchen, muss zunächst ein Zusammenhang zwischen der Polarisation des Mediums und dem elektrischen Feld der Lichtwelle angegeben werden. Unter den folgenden Voraussetzungen kann ein einfacher linearer Zusammenhang postuliert werden, der in einem weiten Bereich der Optik Gültigkeit besitzt.

Lineare Beziehung: Die Feldstärke einer Lichtwelle ist gewöhnlich sehr viel kleiner als die atomare Feldstärke. Daher wird in der Regel ein linearer Zusammenhang zwischen der Polarisation und dem elektrischen Feld angenommen. Ausnahmen hiervon sind Gegenstand der nichtlinearen Optik.

Lokale Beziehung: Der Raumbereich in dem eine Abweichung von der Neutralität vorliegt, ist von der Größenordnung eines Atomdurchmessers und damit sehr viel kleiner als eine Lichtwellenlänge. Die Beziehung zwischen der Polarisation und der elektrischen Feldstärke ist daher in der Regel lokal gültig, d.h. die Polarisation am Ort r wird nur durch die lokale elektrische Feldstärke am Ort r bestimmt. Nichtlokale Effekte sind z.B. Abhängigkeiten der Polarisation von den räumlichen Ableitungen des elektrischen Feldes.

Zeitunabhängiges Medium: Auf der Zeitskala der Lichtperiode können die optischen Eigenschaften des Mediums in der Regel als zeitunabhängig angenommen werden. Lineare Differentialgleichungen mit zeitunabhängigen Koeffizienten besitzen Lösungen mit der Zeitabhängigkeit $\propto \exp(-i\omega t)$. Die komplexe Darstellung der Lösung ist hier vorteilhaft, da alle Zeitableitungen durch den Faktor $-i\omega$ ersetzt werden können. Ein zeitabhängiges Medium entsteht z.B., wenn die Lichtwelle das Medium ionisiert und dadurch bei der Ausbreitung die optischen Eigenschaften verändert.

Isotropes Medium: In einem isotropen Medium gibt es keine ausgezeichnete Richtung. Daher ist die Polarisation entlang dem elektrischen Feld gerichtet. Anisotropie gibt es z.B. bei doppelbrechenden Kristallen oder bei Vorgabe äußerer Felder.

Unter den hier gemachten Voraussetzungen werden die Felder im folgenden als komplexwertige monochromatische Wellen dargestellt:

$$\boldsymbol{E}(\boldsymbol{r},t) = \boldsymbol{E}_0(\boldsymbol{r})e^{-i\omega t} \;, \quad \boldsymbol{B}(\boldsymbol{r},t) = \boldsymbol{B}_0(\boldsymbol{r})e^{-i\omega t} \;. \tag{3.1}$$

Die Stromdichte, Polarisation und dielektrische Verschiebung werden jeweils proportional zum elektrischen Feld angesetzt:

$$\boldsymbol{j}(\boldsymbol{r},t) = \sigma(\boldsymbol{r},\omega)\boldsymbol{E}(\boldsymbol{r},t), \tag{3.2a}$$
$$\boldsymbol{P}(\boldsymbol{r},t) = \chi(\boldsymbol{r},\omega)\boldsymbol{E}(\boldsymbol{r},t), \tag{3.2b}$$
$$\boldsymbol{D}(\boldsymbol{r},t) = \epsilon(\boldsymbol{r},\omega)\boldsymbol{E}(\boldsymbol{r},t). \tag{3.2c}$$

Definition 3.1: *Leitfähigkeit, Suszeptibilität, Dielektrizitätskonstante*

Man bezeichnet $\sigma(\boldsymbol{r},\omega)$ als Leitfähigkeit, $\chi(\boldsymbol{r},\omega)$ als elektrische Suszeptibilität und $\epsilon(\boldsymbol{r},\omega)$ als Dielektrizitätskonstante.

Die Bezeichnung Leitfähigkeit wird unabhängig davon verwendet, ob das Medium ein elektrischer Leiter oder Nichtleiter ist. Sämtliche Proportionalitätsfaktoren sind i.a. komplexwertig und stellen Funktionen vom Ort und von der Frequenz dar. Daher bezeichnet man $\epsilon(\boldsymbol{r},\omega)$ auch als Dielektrizitätsfunktion.

Die hier eingeführten Größen sind nicht unabhängig voneinander. Mit den Beziehungen (2.28) und (2.30) folgen die Relationen,

$$\sigma = -i\omega\chi, \quad \epsilon = 1 + 4\pi\chi = 1 + \frac{4\pi\sigma}{-i\omega}. \tag{3.3}$$

3.1 Dielektrizitätsfunktion

Beispiel 3.2 *Dielektrizitätsfunktion freier Elektronen*

Die Dielektrizitätsfunktion freier Elektronen mit der Dichte n_e ist

$$\epsilon(\omega) = 1 - \frac{\omega_p^2}{\omega^2 + i\nu\omega}, \qquad \omega_p^2 = \frac{4\pi q_e^2 n_e}{m_e}. \tag{3.4}$$

Hierbei bezeichnet ω_p die Plasmafrequenz und ν die Stoßfrequenz der Elektronen mit Ladung q_e und Masse m_e. Diese Dielektrizitätsfunktion gilt für ein Gas freier Elektronen, z.B. in Metallen oder in Plasmen, bei Vernachlässigung der Elektronentemperatur. Eine Herleitung folgt später im Rahmen des Lorentz-Modells. Für ein stoßfreies Elektronengas ist $\nu = 0$ und die Dielektrizitätsfunktion besitzt dann die einfache Form

$$\epsilon(\omega) = 1 - \frac{\omega_p^2}{\omega^2} = 1 - \frac{n_e}{n_c}, \qquad n_c = \frac{m_e \omega^2}{4\pi q_e^2}. \tag{3.5}$$

Hierbei bezeichnet n_c die kritische Dichte bei der die Plasmafrequenz ω_p mit der Lichtfrequenz ω übereinstimmt. Bei einer Wellenlänge von 1 μm ist die kritische Dichte etwa 10^{21} cm^{-3}. In inhomogenen Medien hängt die Elektronendichte und damit auch die Dielektrizitätsfunktion vom Ort ab.

In der Optik beschreibt man die Materialeigenschaften meist mit der Dielektrizitätsfunktion ϵ. Setzt man in den makroskopischen Maxwell-Gleichungen (2.29) $\boldsymbol{H} = \boldsymbol{B}$ und $\boldsymbol{D} = \epsilon \boldsymbol{E}$ und definiert $k_0 = \omega/c$, so folgt aus den beiden Entwicklungsgleichungen das Gleichungssystem

$$\boldsymbol{\nabla} \times \boldsymbol{B} = -ik_0 \epsilon(\boldsymbol{r}, \omega) \boldsymbol{E}, \tag{3.6a}$$
$$\boldsymbol{\nabla} \times \boldsymbol{E} = ik_0 \boldsymbol{B}. \tag{3.6b}$$

Lösungen dieser Gleichungen für $k_0 \neq 0$ erfüllen bereits die beiden Zwangsbedingungen

$$\boldsymbol{\nabla} \cdot (\epsilon(\boldsymbol{r}, \omega) \boldsymbol{E}) = 0, \qquad \boldsymbol{\nabla} \cdot \boldsymbol{B} = 0. \tag{3.7}$$

Eliminiert man das Magnetfeld so erhält man für das elektrische Feld die folgende Gleichung.

Satz 3.1 *Wellengleichung für monochromatische Wellen*

Im Rahmen der linearen Optik genügt das elektrische Feld einer monochromatischen Welle mit der Frequenz ω in einem Medium mit der Dielektrizitätsfunktion $\epsilon(\boldsymbol{r}, \omega)$ der Wellengleichung

$$\triangle \boldsymbol{E} - \boldsymbol{\nabla}(\boldsymbol{\nabla} \cdot \boldsymbol{E}) + k_0^2 \epsilon(\boldsymbol{r}, \omega) \boldsymbol{E} = 0. \tag{3.8}$$

Abhängig von der Form der Dielektrizitätsfunktion unterscheidet man Wellenausbreitung in homogenen ($\boldsymbol{\nabla}\epsilon = 0$) und inhomogenen ($\boldsymbol{\nabla}\epsilon \neq 0$), in dispersiven ($\partial_\omega \epsilon \neq 0$) und nichtdispersiven ($\partial_\omega \epsilon = 0$), sowie in dissipativen ($\Im\{\epsilon\} \neq 0$) und nichtdissipativen ($\Im\{\epsilon\} = 0$) Medien.

3.2 Komplexe Darstellung der Felder*

Im vorliegenden Abschnitt wurden die Felder monochromatischer Wellen in komplexer Form gewählt. Die komplexe Darstellung vereinfacht viele Berechnungen. Dieser Ansatz soll hier noch einmal genauer begründet werden.

Der Übergang von den physikalischen reellen Feldern zu den komplexen Feldern ist wegen der allgemeinen Struktur der Grundgleichungen sehr einfach. Die physikalischen Grundgleichungen der linearen Optik bestehen aus den Feldgleichungen und linearisierten Materiegleichungen zur Bestimmung der Ladungs- und Stromdichten. Es wird angenommen, dass alle Gleichungen zusammen als ein System von linearen Differentialgleichungen mit reellen Koeffizienten dargestellt werden können,

$$\partial_t \boldsymbol{y} = \boldsymbol{A}\cdot\boldsymbol{y}. \tag{3.9}$$

Sei $\boldsymbol{y}(t)$ eine i.a. komplexwertige Lösung des Gleichungssystems. Dann ist auch die konjugiert komplexe Funktion $\boldsymbol{y}(t)^*$ eine Lösung, denn es gilt

$$\partial_t \boldsymbol{y}^* = (\boldsymbol{A} \cdot \boldsymbol{y})^* = \boldsymbol{A} \cdot \boldsymbol{y}^*, \quad \text{mit} \quad \boldsymbol{A}^* = \boldsymbol{A}. \tag{3.10}$$

Bei linearen Gleichungssystemen sind Linearkombinationen von Lösungen auch Lösungen. Daher können der Real- und Imaginärteil der komplexen Lösung als reelle Lösungen gewählt werden,

$$\boldsymbol{y}_r = \Re\{\boldsymbol{y}\} = \frac{1}{2}(\boldsymbol{y} + \boldsymbol{y}^*), \qquad \boldsymbol{y}_i = \Im\{\boldsymbol{y}\} = \frac{1}{2i}(\boldsymbol{y} - \boldsymbol{y}^*). \tag{3.11}$$

Für Real- und Imaginärteil einer komplexen Zahl z wird die Notation

$$z = z_r + i z_i, \quad z_r = \Re(z), \quad z_i = \Im(z) \tag{3.12}$$

verwendet. Im folgenden verstehen wir unter den Feldern $\boldsymbol{E}(\boldsymbol{r},t)$ und $\boldsymbol{B}(\boldsymbol{r},t)$ immer die komplexen Felder. Die physikalischen Felder werden als Realteil der komplexen Felder definiert,

$$\boldsymbol{\mathcal{E}}(\boldsymbol{r},t) = \Re(\boldsymbol{E}(\boldsymbol{r},t)), \quad \boldsymbol{\mathcal{B}}(\boldsymbol{r},t) = \Re(\boldsymbol{B}(\boldsymbol{r},t)). \tag{3.13}$$

Da die Phase der komplexen Lösung beliebig wählbar ist, kann man sich ohne Einschränkung auf den Realteil der komplexen Lösung beschränken.

Obwohl es meist ausreicht, die komplexen Felder anzugeben, muss man bei der Auswertung nichtlinearer Terme auf die ursprünglichen reellen Felder zurückgreifen. So ist z.B. die Feldenergie quadratisch in den Feldstärken. Allgemein gilt für das Produkt zweier reeller Felder $\mathcal{A} = \Re\{A\}$ und $\mathcal{B} = \Re\{B\}$,

$$\mathcal{A}\mathcal{B} = \frac{1}{2}(A + A^*)\frac{1}{2}(B + B^*) = \frac{1}{4}(AB + A^*B^*) + \frac{1}{4}(AB^* + A^*B). \tag{3.14}$$

3.2 Komplexe Darstellung der Felder*

Oft ist man nur an dem zeitlichen Mittelwert über eine Periode der Lichtschwingung interessiert. Setzt man $A = A_0 e^{-i\omega t}$ und $B = B_0 e^{-i\omega t}$ so sieht man, dass der erste Term mit der Frequenz 2ω oszilliert während der zweite Term zeitlich konstant ist. Der zeitliche Mittelwert des reellen Ausdrucks lässt sich wie folgt durch die komplexen Amplituden ausdrücken.

Satz 3.2 *Mittelwert über die Schwingungsperiode*

Für den Mittelwert des Produktes zweier monochromatischer Felder gilt

$$<\mathcal{A}\mathcal{B}> = \frac{1}{4}(AB^* + A^*B) = \frac{1}{2}\Re\{AB^*\} = \frac{1}{2}\Re\{A^*B\}. \tag{3.15a}$$

Setzt man hier $\mathcal{A} = \mathcal{B}$, so folgt für den Mittelwert eines quadratischen Ausdrucks

$$<\mathcal{A}^2> = \frac{1}{2}|A|^2. \tag{3.15b}$$

Für Produkte von Vektoren gelten dieselben Regeln, da man sie auf die einzelnen Komponenten anwenden kann. So gilt z.B. für ein Skalarprodukt

$$<\boldsymbol{\mathcal{A}}\cdot\boldsymbol{\mathcal{B}}> = \sum_i <\mathcal{A}_i\mathcal{B}_i> = \sum_i \frac{1}{2}\Re\{A_i B_i^*\} = \frac{1}{2}\Re\{\boldsymbol{A}\cdot\boldsymbol{B}^*\}. \tag{3.16}$$

Für Betragsquadrate von reellen bzw. komplexen Vektoren verwenden wir die Notation

$$\mathcal{A}^2 = \boldsymbol{\mathcal{A}}\cdot\boldsymbol{\mathcal{A}}, \qquad |A|^2 = \boldsymbol{A}\cdot\boldsymbol{A}^*, \tag{3.17}$$

und erhalten damit für den Mittelwert des Betragsquadrates eines Vektors ebenfalls die Beziehung (3.15b).

Eine Verallgemeinerung komplexer monochromatischer Felder ergibt sich für komplexe Frequenzen $\omega = \omega_r + i\omega_i$. Diese beschreiben exponentiell anwachsende oder abklingende Schwingungen,

$$\tilde{A}(t,\tau) = A(t)e^\tau, \qquad A(t) = A_0 e^{-i\omega_r t}, \qquad \tau = \omega_i t. \tag{3.18}$$

Für die reellen Felder gilt entsprechend

$$\tilde{\mathcal{A}}(t,\tau) = \mathcal{A}(t)e^\tau, \qquad \mathcal{A}(t) = \Re\{A(t)\}. \tag{3.19}$$

Bei kleinen Imaginärteilen $\omega_i \ll \omega_r$ ändert sich die Amplitude über eine Schwingungsperiode nur wenig. Um auch hier einfach Mittelwerte berechnen zu können, ist es zweckmässig die Mittelung als eine Mittelung über die Phase $\phi = \omega_r t$ bei fester Amplitude, d.h. bei festem τ, zu definieren. Es gelten dann dieselben Mittelungsregeln (3.15a), (3.15b) wie für monochromatische Wellen, z.B.

$$<\tilde{\mathcal{A}}\tilde{\mathcal{B}}> = <\mathcal{A}\mathcal{B}> e^{2\tau} = \frac{1}{2}\Re\{AB^*\}e^{2\tau} = \frac{1}{2}\Re\{\tilde{A}\tilde{B}^*\}. \tag{3.20}$$

Für Zeitableitungen gelten zusätzlich die folgenden Mittelungsregeln,

$$\begin{aligned}<\partial_t \tilde{\mathcal{A}}^2(t,\tau)> &= <\partial_t \mathcal{A}^2(t)> e^{2\tau} + <\mathcal{A}^2(t)> 2\omega_i e^{2\tau} \\ &= 2\omega_i <\tilde{\mathcal{A}}^2(t)>,\end{aligned} \quad (3.21a)$$

$$\begin{aligned}\partial_t <\tilde{\mathcal{A}}^2(t,\tau)> &= <\mathcal{A}^2(t)> \partial_t e^{2\tau} \\ &= 2\omega_i <\tilde{\mathcal{A}}^2(t)>.\end{aligned} \quad (3.21b)$$

In (3.21a) wurde verwendet, dass der Mittelwert der Zeitableitung einer periodischen Funktion verschwindet. Durch Vergleich von (3.21a) mit (3.21b) sieht man, dass man die Mittelung und die Zeitableitung miteinander vertauschen darf.

3.3 Ebene Wellen im homogenen Medium

In einem homogenen Medium gibt es Wellen, die sich entlang einer festen Raumrichtung ausbreiten und in der dazu senkrechten Ebene räumlich konstant sind. Solche Wellen werden als ebene Wellen bezeichnet. Im Zusammenhang mit Lasern stellen ebene Wellen eine gute Näherung für Laserstrahlen dar, deren Strahldurchmesser sehr viel größer ist als die Lichtwellenlänge. Wählt man einen Einheitsvektor $\boldsymbol{t}$ und eine Koordinate z in Ausbreitungsrichtung, so hängen die Felder definitionsgemäß nur von $z = \boldsymbol{t} \cdot \boldsymbol{r}$ ab. Das elektrische Feld besitzt daher die allgemeine Form

$$\boldsymbol{E}(\boldsymbol{r},t) = \boldsymbol{E}_\perp(z,t) + \boldsymbol{E}_\parallel(z,t), \qquad \boldsymbol{E}_\parallel = (\boldsymbol{E} \cdot \boldsymbol{t})\boldsymbol{t}. \quad (3.22)$$

Die Komponente $\boldsymbol{E}_\parallel$ parallel zur Ausbreitungsrichtung wird als longitudinal, die Komponente $\boldsymbol{E}_\perp$ senkrecht zur Ausbreitungsrichtung als transversal bezeichnet. Aus der Wellengleichung (3.8) ergeben sich für die beiden Feldkomponenten zwei voneinander unabhängige Gleichungen

$$\epsilon \boldsymbol{E}_\parallel = 0, \qquad \partial_z^2 \boldsymbol{E}_\perp + k_0^2 \epsilon \boldsymbol{E}_\perp = 0. \quad (3.23)$$

Zunächst wird die Gleichung für die longitudinale Komponente näher betrachtet. Im Rahmen der lokalen Näherung für die Polarisation des Mediums treten in dieser Gleichung keine räumlichen Ableitungen auf. Das longitudinale Feld kann daher als eine beliebige Funktion des Ortes z gewählt werden. Die Möglichkeit solcher Lösungen wird aber durch die Bedingung $\epsilon(\omega) = 0$ eingeschränkt. Die möglichen Schwingungsfrequenzen sind die Nullstellen der Dielektrizitätsfunktion,

$$\boldsymbol{E}_\parallel(z,t) = E_0(z) e^{-i\omega t} \, \boldsymbol{t}, \qquad \text{mit} \qquad \epsilon(\omega) = 0. \quad (3.24)$$

Im Vakuum existieren wegen $\epsilon = 1$ keine longitudinalen Wellen. Longitudinale Änderungen des elektrischen Feldes sind grundsätzlich mit Schwingungen der Ladungsdichte des Mediums verbunden,

$$\tau = \frac{1}{4\pi} \boldsymbol{\nabla} \cdot \boldsymbol{E}_\parallel = \frac{1}{4\pi} (\partial_z E_0) e^{-i\omega t}. \quad (3.25)$$

3.3 Ebene Wellen im homogenen Medium

Wegen der longitudinalen Polarisation ist das elektrische Feld rotationsfrei und kann daher als Gradient eines skalaren Potentials ϕ dargestellt werden,

$$\nabla \times \boldsymbol{E}_\parallel = \partial_z(\boldsymbol{t} \times \boldsymbol{E}_\parallel) = 0, \qquad \boldsymbol{E}_\parallel = -\nabla \phi. \tag{3.26}$$

Das Magnetfeld verschwindet gemäß der Maxwell-Gleichung (3.6b). Daher werden diese Schwingungen auch als elektrostatische Schwingungen bezeichnet. Streng genommen liegt aber kein statisches sondern ein zeitabhängiges elektrisches Feld vor. Elektrostatische Schwingungen können unter geeigneten Bedingungen durch die Einstrahlung elektromagnetischer Wellen angeregt werden.

Die Gleichung für das transversale elektrische Feld $\boldsymbol{E}_\perp$ beschreibt elektromagnetische Wellen. Im folgenden verzichten wir auf die explizite Angabe des Indexes $\perp$ und machen für die transversale Welle den Exponentialansatz

$$\boldsymbol{E} = \boldsymbol{E}_0 e^{ikz - i\omega t}, \tag{3.27}$$

mit einer noch unbestimmten Wellenzahl k. Definiert man den Wellenvektor $\boldsymbol{k} = k\boldsymbol{t}$, so kann die Ortsabhängigkeit der ebenen Welle auch in koordinatenunabhängiger Form angegeben werden,

$$kz = k\boldsymbol{t} \cdot \boldsymbol{r} = \boldsymbol{k} \cdot \boldsymbol{r}. \tag{3.28}$$

Wir untersuchen zuerst das Ausbreitungsverhalten der Welle in der z-Richtung. Durch Einsetzen von (3.27) in (3.23) folgt die Lösbarkeitsbedingung,

$$k^2 = k_0^2 \epsilon(\omega), \tag{3.29}$$

und daraus die Wellenzahl,

$$k = k_0 n(\omega), \qquad \text{mit} \qquad k_0 = \frac{\omega}{c}, \qquad n(\omega) = \sqrt{\epsilon(\omega)}. \tag{3.30}$$

Man bezeichnet $n(\omega)$ als Brechungsindex, seine Frequenzabhängigkeit als Dispersion und die Beziehung (3.29) als Dispersionsrelation. Nach (3.30) ergibt sich die Wellenzahl im Medium indem man die Wellenzahl im Vakuum mit dem Brechungsindex multipliziert. Wie die Dielektrizitätskonstante ist auch der Brechungsindex i.a. komplexwertig. Der Real- und Imaginärteil von $\epsilon = n^2$ ergibt jeweils eine Beziehung zwischen diesen Größen,

$$\epsilon_r = n_r^2 - n_i^2, \qquad \epsilon_i = 2 n_r n_i \,. \tag{3.31}$$

Wegen der Isotropie des Raumes können sich die Wellen in gleicher Weise in jede Raumrichtung $\boldsymbol{t}$ ausbreiten. Wählt man $\boldsymbol{t}$ in Ausbreitungsrichtung der Welle, so kann man den Zweig der Wurzelfunktion in (3.30) für $n_r \neq 0$ ohne Einschränkung durch $n_r > 0$ festlegen.

Bei komplexem Brechungsindex besitzt die Welle die Abhängigkeit

$$\boldsymbol{E}(z) = \boldsymbol{E}(0) e^{ik_0(n_r z - ct)} e^{-k_0 n_i z}. \tag{3.32}$$

Der Realteil des Brechungsindexes bestimmt die Geschwindigkeit, mit der sich ein Punkt konstanter Phase räumlich ausbreitet. Bewegt sich dieser Punkt in der Zeit dt um dz so gilt

$$d(k_r z - \omega t) = 0, \qquad k_r dz - \omega dt = 0. \tag{3.33}$$

Daraus ergibt sich die Phasengeschwindigkeit

$$v_{ph} = \frac{dz}{dt} = \frac{\omega}{k_r} = \frac{c}{n_r}. \tag{3.34}$$

Der Imaginärteil des Brechungsindexes bestimmt die räumliche Änderung der Amplitude. Für $n_i > 0$ ist die Welle in Ausbreitungsrichtung exponentiell gedämpft, für $n_i < 0$ wird sie exponentiell verstärkt.

Für eine ungedämpfte Welle ($n_i = 0$) definiert man die Gruppengeschwindigkeit

$$v_{gr} = \frac{d\omega}{dk} = \frac{1}{dk(\omega)/d\omega}. \tag{3.35}$$

Unter Verwendung der Dispersionsrelation (3.29) erhält man einen allgemeinen Zusammenhang zwischen Gruppengeschwindgkeit, Phasengeschwindigkeit und Lichtgeschwindigkeit

$$\begin{aligned} c^2 k^2 &= \omega^2 \epsilon(\omega) \\ 2c^2 k\, dk &= 2\epsilon\omega d\omega + \omega^2 \epsilon'(\omega) d\omega \\ \frac{c^2}{v_{ph} v_{gr}} &= \epsilon + \frac{1}{2}\omega \epsilon'(\omega) = \frac{1}{2}\left[\epsilon + (\omega \epsilon)'\right]. \end{aligned} \tag{3.36}$$

Hierbei bezeichnet $f'(x)$ die Ableitung der Funktion $f(x)$. Für die Gruppengeschwindigkeit folgt daraus mit $n = n_r = \sqrt{\epsilon}$ der Ausdruck,

$$v_{gr} = \frac{c}{n + \omega n'} \tag{3.37}$$

Mit dem Ansatz für das elektrische Feld können auch andere Größen berechnet werden. Die Ladungsdichte verschwindet wegen der Transversalität der elektromagnetischen Welle,

$$\tau = \frac{1}{4\pi}\boldsymbol{\nabla} \cdot \boldsymbol{E} = \frac{i}{4\pi}\boldsymbol{k} \cdot \boldsymbol{E} = 0. \tag{3.38}$$

Für das Magnetfeld folgt aus (3.6b) die Beziehung

$$\boldsymbol{B} = n(\omega)\, \boldsymbol{t} \times \boldsymbol{E}. \tag{3.39}$$

Beispiel 3.3 *Gruppen- und Phasengeschwindigkeit in einem freien Elektronengas*

Für die Dielektrizitätsfunktion (3.5) des freien Elektronengases gilt nach (3.34), (3.36):

$$\frac{c^2}{v_{ph}v_{gr}} = \frac{1}{2}\left[2(1-\frac{\omega_p^2}{\omega^2}) + 2\frac{\omega_p^2}{\omega^2}\right] = 1, \qquad v_{ph} = \frac{c}{n}, \qquad v_{gr} = cn.$$

3.4 Polarisationsvektoren

Der Vektor $\boldsymbol{E}_0$ ist ein konstanter Vektor, der die Transversalitätsbedingung

$$\boldsymbol{E}_0 \cdot \boldsymbol{t} = 0 \tag{3.40}$$

erfüllen muss. In der Ebene senkrecht zur Ausbreitungsrichtung $\boldsymbol{t}$ kann man eine reelle Orthonormalbasis $\boldsymbol{e}_1$, $\boldsymbol{e}_2$ wählen, die zusammen mit dem Richtungsvektor $\boldsymbol{t}$ ein Rechtssystem bildet,

$$\boldsymbol{e}_i \cdot \boldsymbol{e}_j = \delta_{ij}, \qquad \boldsymbol{t} = \boldsymbol{e}_1 \times \boldsymbol{e}_2. \tag{3.41}$$

Bezüglich dieser Basis besitzt $\boldsymbol{E}_0$ die Darstellung,

$$\boldsymbol{E}_0 = E_{01}\boldsymbol{e}_1 + E_{02}\boldsymbol{e}_2. \tag{3.42}$$

Da die Amplituden E_{01} und E_{02} komplexwertig sind, besitzt der Feldvektor in den beiden Raumrichtungen i.a. verschiedene Amplituden und verschiedene Phasen. Durch eine unitäre Transformation der Basis kann man beliebige komplexe Basisvektoren einführen, die den Orthonormalitätsbedingungen

$$\boldsymbol{e}_i^* \cdot \boldsymbol{e}_j = \delta_{ij}, \qquad \boldsymbol{t} \cdot \boldsymbol{e}_i = 0, \tag{3.43}$$

genügen. Wählt man einen der Basisvektoren orthogonal den anderen parallel zum Feldvektor so erhält man bezüglich dieser Basis die Darstellung

$$\boldsymbol{E}_0 = E_0 \boldsymbol{e}, \qquad E_0 = Ae^{i\phi} = \boldsymbol{e}^* \cdot \boldsymbol{E}_0. \tag{3.44}$$

Hierbei bezeichnet E_0 eine komplexe Amplitude der Welle und $\boldsymbol{e}$ einen im allgemeinen komplexen Einheitsvektor, der Polarisationsvektor genannt wird. Man unterscheidet die folgenden Polarisationszustände.

Bei linearer Polarisation besitzen die beiden komplexen Amplituden in (3.42) dieselbe Phase. Dann kann der Polarisationsvektor in (3.44) reell gewählt werden. Das reelle elektrische Feld der Welle,

$$\boldsymbol{\mathcal{E}} = A\cos(\boldsymbol{k} \cdot \boldsymbol{r} - \omega t + \phi)\boldsymbol{e}, \tag{3.45}$$

schwingt hierbei in Richtung des reellen Polarisationsvektors.

Bei zirkularer Polarisation besitzen die beiden Amplituden in (3.42) gleiche Beträge aber um $\pm\pi/2$ verschobene Phasen. Je nach Vorzeichen der Phasenverschiebung ergeben sich die beiden zueinander orthogonalen Polarisationsvektoren

$$\boldsymbol{e}_{\pm} = \frac{1}{\sqrt{2}}(\boldsymbol{e}_1 \pm i\boldsymbol{e}_2). \tag{3.46}$$

Der reelle Feldvektor $\boldsymbol{\mathcal{E}} = \mathcal{E}_1\boldsymbol{e}_1 + \mathcal{E}_2\boldsymbol{e}_2$ besitzt nun die beiden Komponenten

$$\mathcal{E}_1 = \frac{A}{\sqrt{2}}\cos(\boldsymbol{k}\cdot\boldsymbol{r} - \omega t + \phi), \qquad \mathcal{E}_2 = \mp\frac{A}{\sqrt{2}}\sin(\boldsymbol{k}\cdot\boldsymbol{r} - \omega t + \phi),$$

welche der Kreisgleichung

$$\mathcal{E}_1^2 + \mathcal{E}_2^2 = \frac{1}{2}A^2 \tag{3.47}$$

genügen. Man spricht daher von zirkular polarisiertem Licht. Blickt man entgegen der Ausbreitungsrichtung der Lichtwelle auf die Ebene $z = 0$, so läuft der Feldvektor für das obere/untere Vorzeichen im mathematisch positiven/negativen Sinn um. Diese Polarisation wird in der Optik konventionell als linkszirkular/rechtszirkular bezeichnet.

Beliebige komplexe Amplituden in (3.42) ergeben elliptisch polarisiertes Licht. Die Spitze des reellen Feldvektors durchläuft hierbei eine Ellipse, deren Halbachsen bezüglich der Basis $\boldsymbol{e}_1$, $\boldsymbol{e}_2$ im allgemeinen beliebig orientiert sind. Davon kann man sich wie folgt überzeugen. Durch eine orthogonale Transformation der Basisvektoren kann man zunächst erreichen, dass die beiden Amplituden bezüglich einer neuen reellen Orthonormalbasis $\boldsymbol{e}_1'$, $\boldsymbol{e}_2'$ eine Phasenverschiebung von $\pi/2$ aufweisen,

$$E_{01}' = A_1 e^{i\phi}, \qquad E_{02}' = A_2 i e^{i\phi}. \tag{3.48}$$

Die orthogonale Transformation besitzt einen freien Parameter, der entsprechend gewählt werden kann. Bei einer orthogonalen Transformation gilt

$$E_{01}^2 + E_{02}^2 = E_{01}'^2 + E_{02}'^2 = (A_1^2 - A_2^2)e^{2i\phi}. \tag{3.49}$$

Die gemeinsame Phase ϕ in (3.48) ist daher die Phase der komplexen Zahl $\sqrt{\boldsymbol{E}_0\cdot\boldsymbol{E}_0}$. Die Komponenten des reellen elektrischen Feldes bezüglich der neuen Basis,

$$\mathcal{E}_1' = A_1\cos(\boldsymbol{k}\cdot\boldsymbol{r} - \omega t + \phi), \qquad \mathcal{E}_2' = -A_2\sin(\boldsymbol{k}\cdot\boldsymbol{r} - \omega t + \phi), \tag{3.50}$$

erfüllen die Gleichung einer Ellipse mit den Halbachsen A_1 und A_2,

$$\frac{\mathcal{E}_1'^2}{A_1^2} + \frac{\mathcal{E}_2'^2}{A_2^2} = 1. \tag{3.51}$$

Orthogonale Polarisationsvektoren für elliptisch polarisiertes Licht erhält man durch die unitäre Transformation,

$$\boldsymbol{e}_1'' = \frac{\boldsymbol{e}_1' + i\delta\boldsymbol{e}_2'}{\sqrt{1 + \delta^2}}, \qquad \boldsymbol{e}_2'' = \frac{i\delta\boldsymbol{e}_1' + \boldsymbol{e}_2'}{\sqrt{1 + \delta^2}}, \tag{3.52}$$

3.4 Polarisationsvektoren

wobei δ das Amplitudenverhältnis der beiden Teilwellen angibt.

Der Vektor des Magnetfeldes besitzt analoge Polarisationseigenschaften. Verwendet man reelle Basisvektoren, wie in (3.27) und (3.42), so erhält man die Darstellung

$$\boldsymbol{B} = \boldsymbol{B}_0 \exp(i\boldsymbol{k}\cdot\boldsymbol{r} - i\omega t), \qquad \boldsymbol{B}_0 = B_1 \boldsymbol{b}_1 + B_2 \boldsymbol{b}_2. \tag{3.53}$$

Mit (3.39) ergeben sich die komplexen Amplituden $B_{1,2}$ und reellen Richtungsvektoren $\boldsymbol{b}_{1,2}$ zu

$$B_{1,2} = n(\omega) E_{1,2}, \qquad \boldsymbol{b}_{1,2} = \boldsymbol{t} \times \boldsymbol{e}_{1,2}. \tag{3.54}$$

Alternativ kann man das Magnetfeld auch mit einem komplexen Polarisationsvektor angeben,

$$\boldsymbol{B}_0 = B_0 \boldsymbol{b}, \qquad B_0 = n E_0, \qquad \boldsymbol{b} = \boldsymbol{t} \times \boldsymbol{e}. \tag{3.55}$$

Der Vektor $\boldsymbol{b}$ bildet zusammen mit $\boldsymbol{t}$ und $\boldsymbol{e}$ ein Orthonormalsystem. Aus der Definition von $\boldsymbol{b}$ folgt

$$\begin{aligned}\boldsymbol{b}^*\cdot\boldsymbol{b} &= (\boldsymbol{t}\times\boldsymbol{e}^*)\cdot(\boldsymbol{t}\times\boldsymbol{e}) = \boldsymbol{t}\cdot[\boldsymbol{e}^*\times(\boldsymbol{t}\times\boldsymbol{e})] \\ &= (\boldsymbol{t}\cdot\boldsymbol{t})(\boldsymbol{e}^*\cdot\boldsymbol{e}) - (\boldsymbol{t}\cdot\boldsymbol{e})(\boldsymbol{t}\cdot\boldsymbol{e}^*) = 1, \\ \boldsymbol{e}^*\times\boldsymbol{b} &= \boldsymbol{e}^*\times(\boldsymbol{t}\times\boldsymbol{e}) = (\boldsymbol{e}^*\cdot\boldsymbol{e})\boldsymbol{t} - (\boldsymbol{e}^*\cdot\boldsymbol{t})\boldsymbol{e} = \boldsymbol{t}.\end{aligned} \tag{3.56}$$

Zusammenfassung 3.4 *Ebene monochromatische Welle in einem homogenen Medium mit der Dielektrizitätskonstanten ϵ.*

Reelle Felder:

$$\boldsymbol{\mathcal{E}} = \Re\{\boldsymbol{E}\}, \qquad \boldsymbol{\mathcal{B}} = \Re\{\boldsymbol{B}\}.$$

Komplexe Felder:

$$\boldsymbol{E} = \boldsymbol{E}_0 e^{i\boldsymbol{k}\cdot\boldsymbol{r} - i\omega t}, \qquad \boldsymbol{B} = n\,\boldsymbol{t}\times\boldsymbol{E}.$$

Wellenvektor, Wellenzahl und Brechungsindex:

$$\boldsymbol{k} = k\boldsymbol{t}, \qquad k = k_0 n, \qquad k_0 = \frac{\omega}{c}, \qquad n = \sqrt{\epsilon}, \qquad \boldsymbol{t}\cdot\boldsymbol{t} = 1.$$

Komplexe Amplitude und Polarisationsvektor:

$$\boldsymbol{E}_0 = E_0 \boldsymbol{e}, \qquad E_0 = A e^{i\phi}, \qquad \boldsymbol{e}^*\cdot\boldsymbol{e} = 1, \qquad \boldsymbol{e}\cdot\boldsymbol{t} = 0,$$

$$\boldsymbol{B}_0 = B_0 \boldsymbol{b}, \qquad B_0 = n E_0, \qquad \boldsymbol{b}^*\cdot\boldsymbol{b} = 1, \qquad \boldsymbol{b} = \boldsymbol{t}\times\boldsymbol{e}.$$

3.5 Wellenenergie

Eine elektromagnetische Welle transportiert Energie. Diese Energie besteht zum einen aus der Energie des elektromagnetischen Feldes, zum anderen aber auch aus der Energie der mitbewegten Ladungen des Mediums. In der linearen Optik sind alle Felder proportional zum elektrischen Feld. Daher ist es möglich, die Wellenenergie allgemein nur als Funktion des elektrischen Feldes und der Dielektrizitätsfunktion des Mediums anzugeben. Da die Energie quadratisch von der elektrischen Feldstärke abhängt, schwingt sie mit der doppelten Frequenz der Welle. Diese Schwingungen sind aber nur von begrenztem Interesse, da sie bei den meisten Messungen nicht aufgelöst werden. Daher definiert man die Wellenenergie durch den Mittelwert der Energie über eine Schwingungsperiode.

Zur Herleitung der Wellenenergie betrachten wir das Poynting-Theorem (2.48) für das Feld einer ebenen Welle mit einer komplexen Frequenz $\omega = \omega_r + i\omega_i$. Der Imaginärteil der Frequenz wird bei der Herleitung benötigt um ein Anwachsen oder Abklingen der Feldenergie zu beschreiben. Er wird als beliebig klein angenommen und kann im Ergebnis wieder Null gesetzt werden. Es werden nun der Reihe nach die einzelnen Terme des Poynting-Theorems über die Schwingungsperiode gemittelt. Dabei definieren wir das Zeitmittel bei festgehaltener Amplitude wie in (3.20) und (3.21).

Zuerst wird die Zeitableitung der Energiedichte des elektromagnetischen Feldes gemittelt. Die Energiedichte des Feldes wird im folgenden mit w_f bezeichnet, da sie die Energiedichte des Mediums noch nicht enthält. Nach (3.21) kann man die Mittelung mit der Zeitableitung vertauschen und erhält damit

$$< \partial_t w_f > = \partial_t < w_f >,$$
$$< w_f > = \frac{1}{8\pi} \left(<\mathcal{E}^2> + <\mathcal{B}^2> \right) = \frac{1}{16\pi} \left(|E|^2 + |B|^2 \right). \tag{3.57}$$

Für die komplexe Amplitude des Magnetfeldes einer ebenen Welle gilt nach (3.55)

$$|B|^2 = |nE|^2 = (\sqrt{\epsilon})(\sqrt{\epsilon})^* |E|^2 = \sqrt{\epsilon \epsilon^*} |E|^2 = |\epsilon| |E|^2. \tag{3.58}$$

Insgesamt erhält man für die zeitgemittelte Energiedichte des Feldes den Ausdruck

$$< w_f > = \frac{1 + |\epsilon|}{2} \frac{|E|^2}{8\pi}. \tag{3.59}$$

Im Vakuum ist die Dielektrizitätskonstante gleich eins. In diesem Fall ist die Energie des Magnetfeldes gleich der Energie des elektrischen Feldes und der Energieanteil des Mediums verschwindet. Die gesamte Energiedichte der Welle im Vakuum ist daher

$$< w > \big|_{Vakuum} = \frac{|E|^2}{8\pi}. \tag{3.60}$$

Als nächstes betrachten wir die Mittelung der Divergenz des Poynting-Vektors in (2.48). Da die zeitliche Mittelung mit der Divergenz vertauscht, erhält man

$$< \boldsymbol{\nabla} \cdot \boldsymbol{S} > = \boldsymbol{\nabla} \cdot < \boldsymbol{S} >$$
$$< \boldsymbol{S} > = \frac{c}{4\pi} \frac{1}{2} \Re(\boldsymbol{E}^* \times \boldsymbol{B}). \tag{3.61}$$

3.5 Wellenenergie

Ersetzt man hier das elektrische und magnetische Feld jeweils durch die komplexe Amplitude und den Polarisationsvektor so folgt unter Beachtung der Gleichungen (3.55) und (3.56)

$$\begin{aligned} <\boldsymbol{S}> &= \frac{c}{8\pi}\Re\left[E^*B\left(\boldsymbol{e}^*\times\boldsymbol{b}\right)\right] \\ &= \frac{c}{8\pi}\Re\left\{n|E|^2\boldsymbol{t}\right\} = cn_r\frac{|E|^2}{8\pi}\boldsymbol{t}\ . \end{aligned} \qquad (3.62)$$

Der gemittelte Energiestrom ist in Ausbreitungsrichtung der Welle gerichtet. Sein Betrag wird als Intensität bezeichnet.

Definition 3.5: *Intensität*

Die Intensität einer monochromatischen Welle mit der Amplitude $|E|$ in einem Medium mit dem Brechungsindex $n = n_r + in_i$ wird definiert durch

$$I = cn_r\frac{|E|^2}{8\pi}. \qquad (3.63)$$

Bei der Ausbreitung im Vakuum kann die Intensität erwartungsgemäß als das Produkt aus der Lichtgeschwindigkeit und der Energiedichte geschrieben werden,

$$I|_{Vakuum} = c\frac{|E|^2}{8\pi} = c<w>|_{Vakuum}. \qquad (3.64)$$

Bei der Ausbreitung im Medium ändert sich sowohl die Ausbreitungsgeschwindigkeit alsauch die Energiedichte. Nimmt man an, dass sich die Energie einer ungedämpften Welle mit der Gruppengeschwindigkeit ausbreitet, so erwartet man als Verallgemeinerung von (3.64)

$$I = v_{gr}<w>. \qquad (3.65)$$

Mit der Gruppengeschwindigkeit aus (3.36) und der Phasengeschwindigkeit (3.34) folgt für die Energiedichte der Welle im Medium dann der Ausdruck,

$$<w> = \frac{cn_r}{v_{gr}}\frac{|E|^2}{8\pi} = \frac{c^2}{v_{ph}v_{gr}}\frac{|E|^2}{8\pi} = \frac{\epsilon + (\omega\epsilon)'}{2}\frac{|E|^2}{8\pi}. \qquad (3.66)$$

Die nachfolgende systematische Herleitung für die Energiedichte der Welle ergibt, unter der hier gemachten Voraussetzung $n = n_r$, $n_i = 0$, dasselbe Resultat. Wie die Gruppengeschwindigkeit hängt die Wellenenergie nicht nur von der Dielektrizitätskonstanten bei der Frequenz der Welle sondern auch von der Dispersion $\epsilon'(\omega)$ ab. Außerdem ist zu beachten, dass die Berechnung des Amplitudenquadrates besonders einfach mit der Darstellung (3.44) des Feldvektors erfolgt,

$$|E|^2 = \boldsymbol{E}^*\cdot\boldsymbol{E} = E_0^*E_0\boldsymbol{e}^*\cdot\boldsymbol{e} = |E_0|^2. \qquad (3.67)$$

Unabhängig vom Polarisationszustand wird die Wellenenergie von der in dieser Darstellung definierten komplexen Amplitude E_0 bestimmt.

Der Imaginärteil des Brechungsindexes bewirkt nach (3.63) eine Intensitätsänderung der Welle in Ausbreitungsrichtung,

$$dI = -2\frac{\omega}{c} n_i I dz = -\frac{\omega \epsilon_i}{c n_r} I dz \; . \tag{3.68}$$

Hierbei wurde n_i mit Hilfe von (3.31) durch ϵ_i ersetzt. Dividiert man durch dz, so erhält man die pro Volumeneinheit im Zeitmittel vom Medium absorbierte bzw. abgegebene Leistung,

$$\frac{dI}{dz} = -P_a \; , \quad P_a = \omega \epsilon_i \frac{|E|^2}{8\pi}. \tag{3.69}$$

Das Vorzeichen des Imaginärteils der Dielektrizitätskonstanten bestimmt, ob Absorption ($\epsilon_i > 0$) oder Verstärkung ($\epsilon_i < 0$) der einfallenden Lichtwelle auftritt.

Definition 3.6: *Absorbierte Leistungsdichte*

Die von einem Medium mit der Dielektrizitätsfunktion $\epsilon = \epsilon_r + i\epsilon_i$ absorbierte Leistungsdichte P_a aus einer monochromatischen Welle mit der Frequenz ω und Amplitude $|E|$ wird definiert durch

$$P_a = \omega \epsilon_i \frac{|E|^2}{8\pi}. \tag{3.70}$$

Definition 3.7: *Absorptionskoeffizient, Verstärkungskoeffizient*

Der Absorptionskoeffizient a wird durch

$$P_a = aI, \quad I(z) = I(0)e^{-az}, \quad a = \frac{\omega \epsilon_i}{c n_r} \tag{3.71}$$

definiert. Er besitzt die Dimension Länge^{-1}. Analog definiert man den Verstärkungskoeffizienten als $g = -a$.

Von Interesse ist auch der Spezialfall einer negativen reellen Dielektrizitätskonstanten. Wegen $\epsilon_i = 0$ ist das Medium dissipationsfrei und es liegt nach (3.69) keine Absorption bzw. Verstärkung vor. Andererseits ist der Brechungsindex $n = i\sqrt{-\epsilon}$ rein imaginär, so dass die Welle im Medium exponentiell abklingt. Da der Realteil des Brechungsindexes verschwindet, zeigt (3.63), dass hierbei kein Energiestrom ins Medium eindringt. Solche Medien werden als überdicht bezeichnet. Die Welle wird an der Oberfläche eines überdichten Mediums reflektiert. Dabei klingt die Amplitude der Welle innerhalb einer Randschicht der Dicke $\approx k_i^{-1}$ exponentiell ab.

3.5 Wellenenergie

Nun wenden wir uns abschließend der rechten Seite des Poynting-Theorems (2.48) zu. Die Mittelung der rechten Seite über die Schwingungsperiode ergibt,

$$<\mathcal{J}\cdot\mathcal{E}> = \frac{1}{2}\Re(\boldsymbol{j}\cdot\boldsymbol{E}^*) = \frac{1}{2}\Re(\sigma \boldsymbol{E}\cdot\boldsymbol{E}^*) = \frac{1}{2}\sigma_r|E|^2. \tag{3.72}$$

Für die hier betrachteten fast monochromatischen Wellen ist der Imaginärteil der Frequenz klein, so dass man die Funktion $\sigma(\omega_r + i\omega_i)$ um ω_r bis zur ersten Ordnung in ω_i entwickeln kann,

$$\sigma(\omega) = \sigma(\omega_r) + \sigma'(\omega_r)(i\omega_i). \tag{3.73}$$

Der Realteil von diesem Ausdruck ist

$$\sigma_r(\omega) = \sigma_r(\omega_r) - \omega_i \sigma_i'(\omega_r). \tag{3.74}$$

Die Leitfähigkeit $\sigma(\omega)$ kann nach (3.3) durch die Dielektrizitätsfunktion $\epsilon(\omega)$ ausgedrückt werden,

$$\epsilon = 1 + \frac{4\pi\sigma}{-i\omega}, \quad \sigma = \frac{i\omega}{4\pi}(1-\epsilon),$$

$$\sigma_r(\omega_r) = \frac{\omega_r \epsilon_i}{4\pi}, \quad \sigma_i(\omega_r) = \frac{\omega_r(1-\epsilon_r)}{4\pi}. \tag{3.75}$$

Setzt man diese Ausdrücke in (3.74) ein, so erhält man für den Realteil der Leitfähigkeit

$$\sigma_r(\omega) = \frac{\omega_r \epsilon_i}{4\pi} - \frac{\omega_i}{4\pi}\left(1 - (\omega_r \epsilon_r)'\right). \tag{3.76}$$

Mit diesem Ergebnis kann die zeitgemittelte Leistung in (3.72) folgendermaßen zusammengefasst werden,

$$<\mathcal{J}\cdot\mathcal{E}> = P_a + \partial_t <w_m>,$$

$$<w_m> = \frac{-1 + (\omega_r \epsilon_r)'}{2}\frac{|E|^2}{8\pi}. \tag{3.77}$$

Hierbei wurde im ersten Summanden die Definition (3.69) der absorbierten Leistung und im zweiten Summanden die Substitution $2\omega_i|E|^2 \to \partial_t|E|^2$ verwendet. Die absorbierte Leistung P_a wird von der Welle irreversibel an das Medium abgegeben. Die Leistungsdichte $\partial_t <w_m>$ verschwindet für $\omega_i \to 0$. Die Energiedichte $<w_m>$ wird dabei vom Medium über eine Periode reversibel aufgenommen und wieder abgegeben. Zusammen mit der Energiedichte des elektromagnetischen Feldes aus (3.59), erhält man die Wellenenergie.

Definition 3.8: *Wellenenergie*

Eine monochromatische Welle mit der Amplitude $|E|$ besitzt in einem Medium mit der Dielektrizitätsfunktion $\epsilon = \epsilon_r + i\epsilon_i$ die Wellenenergie

$$<w> = <w_f> + <w_m> = \frac{|\epsilon| + (\omega_r \epsilon_r)'}{2}\frac{|E|^2}{8\pi}. \tag{3.78}$$

Insgesamt ergibt die Zeitmittelung des Poynting-Theorems mit den Teilergebnissen (3.59), (3.63) und (3.77) den folgenden Erhaltungssatz für die Wellenenergie.

Satz 3.3 *Wellenenergie, Intensität, absorbierte Leistungsdichte*

Für ein homogenes Medium mit der Dielektrizitätskonstanten $\epsilon = \epsilon_r + i\epsilon_i$ und eine ebene Welle mit der Frequenz $\omega = \omega_r + i\omega_i$, $\omega_i \to 0$, werden die Wellenenergie $<w>$, die Intensität I und die absorbierte Leistungsdichte P_a definiert durch

$$<w> = \frac{|\epsilon| + (\omega_r \epsilon_r)'}{2} \frac{|E|^2}{8\pi},$$

$$I = c n_r \frac{|E|^2}{8\pi}, \qquad n_r = \Re\{\sqrt{\epsilon}\},$$

$$P_a = \omega_r \epsilon_i \frac{|E|^2}{8\pi}.$$

Es gilt der Energiesatz

$$\partial_t <w> + \partial_z I = -P_a. \tag{3.79}$$

Der Energiesatz ist für ein beliebig dispersives und dissipatives Medium gültig. Voraussetzung ist nur, dass die Welle fast monochromatisch ist, d.h. dass $\omega_i \ll \omega_r$ gilt. Für ein transparentes Medium mit einer reellen Dielektrizitätskonstanten erhält man wiederum (3.66), d.h. die Wellenenergie breitet sich dann mit der Gruppengeschwindigkeit aus.

Beispiel 3.9 *Wellenenergie in einem freien Elektronengas*

Die Energie einer elektromagnetischen Welle in einem freien Elektronengas ist nach (3.79) und nach Beispiel (3.3):

$$<w> = \frac{|E|^2}{8\pi}. \tag{3.80}$$

Die Energie einer elektrostatischen Welle ist ebenfalls $|E|^2/(8\pi)$, da der Ausdruck frequenzunabhängig und daher auch für die durch $\epsilon(\omega) = 0$ bestimmten Frequenzen gültig ist.

Aufgaben

3.1 Bei welcher Intensität ist das elektrische Feld einer Lichtwelle (im Vakuum) gleich der atomaren Feldstärke e/a_B^2 (e: Elementarladung, a_B: Bohr-Radius)? Rechnen Sie die entsprechende Intensität in SI-Einheiten um und geben Sie den numerischen Wert in W/cm^2 an.

3.2 Ein Hohlraum mit dem Volumen V sei mit einem Medium mit dem Brechungsindex $n(\omega)$ gefüllt. Im Medium ist die Wellenzahl $k = n(\omega)\omega/c$ und die Gruppengeschwindigkeit $v_{gr} = d\omega/dk$.

3.5 Wellenenergie

a) Berechnen Sie die Modendichte als Funktion von $n(\omega)$ und v_{gr}.
b) Wenden Sie das Ergebnis auf ein Plasma mit dem Brechungsindex

$$n = \sqrt{1 - \omega_p^2/\omega^2}$$

an und diskutieren Sie das Verhalten bei der Plasmafrequenz ω_p.

3.3 Ein stoßfreies kaltes Plasma mit einer Plasmafrequenz ω_p besitzt eine Dielektrizitätsfunktion

$$\varepsilon = 1 - \frac{\omega_p^2}{\omega^2}.$$

a) Skizzieren Sie die Dispersionsrelation $\omega = \omega(k)$ für elektromagnetische Wellen.
b) Berechnen Sie für eine elektromagnetische Welle die Phasengeschwindigkeit, die Gruppengeschwindigkeit, die Intensität und die Wellenenergie. Wie ändert sich die Wellenenergie, wenn die Welle mit konstanter Intensität in ein Gebiet mit langsam anwachsender Plasmafrequenz eindringt?

3.4 Driften die Elektronen eines Plasmas mit einer Geschwindigkeit v gegenüber den Ionen, so erhält man eine dopplerverschobene Dielektrizitätsfunktion

$$\varepsilon = 1 - \frac{\omega_p^2}{(\omega - kv)^2}.$$

Für $\varepsilon = 0$ können sich elektrostatische Wellen ausbreiten. Berechnen Sie in diesem Fall die Wellenenergie und die Phasengeschwindigkeit. Wann tritt eine negative Wellenenergie auf?

3.5 Eine elektromagnetische Welle breite sich in einem absorptionsfreien Medium in der z-Richtung aus. Die Intensität I und die Wellenenergie $<w>$ genügen hierbei der Kontinuitätsgleichung

$$\partial_t <w> + \partial_z I = 0.$$

Die Wellenzahl $k = k_r + ik_i$ und die Frequenz $\omega = \omega_r + i\omega_i$ erfüllen eine Dispersionsrelation $D(\omega, k) = 0$. Die Funktion $D(\omega_r, k_r)$ sei reellwertig.
a) Zeigen Sie, dass für kleine Imaginärteile ω_i, k_i die Beziehungen

$$v_{gr} = \frac{d\omega_r}{dk_r} = -\frac{\partial_k D}{\partial_\omega D}\bigg|_{k_i=\omega_i=0}, \qquad \omega_i = v_{gr} k_i, \qquad I = v_{gr} <w>$$

gelten.
b) Zeigen Sie explizit für

$$k^2 = \omega^2 \varepsilon(\omega)/c^2, \quad I = cn|E|^2/(8\pi), \quad <w> = [\varepsilon + \partial_\omega(\omega\varepsilon)]|E|^2/(16\pi)$$

die Gültigkeit von $I = v_{gr} <w>$.

3.6 Ein Plasma bestehe aus Ionen, die mit einer homogenen statischen Dichte vorgegeben sind und Elektronen, deren Dichte $n(\boldsymbol{x},t)$ und Geschwindigkeit $\boldsymbol{v}(\boldsymbol{x},t)$ durch die Flüssigkeitsgleichungen

$$\partial_t n + \nabla \cdot (n\boldsymbol{v}) = 0, \qquad m(\partial_t + \boldsymbol{v}\cdot\nabla)\boldsymbol{v} = q(\boldsymbol{E} + \frac{1}{c}\boldsymbol{v}\times\boldsymbol{B})$$

beschrieben werden.

a) Leiten Sie aus dem Flüssigkeitsmodell den Energiesatz

$$\partial_t(\frac{1}{2}mnv^2) + \nabla\cdot(\frac{1}{2}mnv^2\boldsymbol{v}) = \boldsymbol{j}\cdot\boldsymbol{E}$$

mit der Stromdichte $\boldsymbol{j} = qn\boldsymbol{v}$ her.

b) Leiten Sie mit a) und dem Poynting-Theorem den Energiesatz des Plasmas im elektromagnetischen Feld her.

c) Berechnen Sie für elektromagnetische und elektrostatische Wellen die zeitgemittelte Energiedichte aus b). Verwenden Sie dabei zunächst nur die harmonische Zeitabhängigkeit der Welle $\propto \exp(-i\omega t)$ und entwickeln Sie die Gleichungen für kleine Amplituden:

$$n = n_0 + n_1, \qquad \boldsymbol{v} = \boldsymbol{v}_1, \qquad \boldsymbol{E} = \boldsymbol{E}_1, \qquad \boldsymbol{B} = \boldsymbol{B}_1.$$

Ersetzen Sie dabei die Dichte durch die Plasmafrequenz, $\omega_p = \sqrt{4\pi q^2 n_0/m}$. Werten Sie anschließend das Ergebnis für elektromagnetische Wellen mit

$$|B|^2 = \varepsilon|E|^2, \qquad \varepsilon = 1 - \frac{\omega_p^2}{\omega^2},$$

sowie für elektrostatische Wellen mit $\boldsymbol{B} = 0$, $\omega = \omega_p$ aus.

4 Laserpulse

- Fourier-Transformation
- Ausbreitung von Laserpulsen im homogenen Medium
- Envelope und Chirp
- Gauß-Pulse
- Gruppengeschwindigkeit und Dispersion
- Vorläufer
- Wellentunneln

Als Lösungen der Wellengleichung für homogene Medien wurden bisher rein monochromatische Wellen und Wellen mit exponentiell veränderlicher Amplitude untersucht. Mit Femtosekundenlasern können Lichtpulse erzeugt werden, deren Pulsdauern zwischen einigen wenigen und einigen hunderten Lichtperioden liegen. Es stellt sich daher die Frage, wie sich Pulse mit einer weitgehend beliebigen Modulation der Amplitude und Phase im Medium ausbreiten.

Mit der Methode der Fourier-Transformation lassen sich Laserpulse durch monochromatische Wellen darstellen und im Medium propagieren. Voraussetzung ist eine endliche Pulsdauer, so dass der Puls an jedem festen Ort für große Zeiten hinreichend schnell abklingt. Die numerische Methode der schnellen Fourier-Transformation erlaubt eine effiziente Berechnung der auftretenden Fourier-Integrale. Für schwach dispersive und dissipative Medien kann eine vereinfachte Wellengleichung für die Amplitude des Laserpulses, die Envelopengleichung, angegeben werden. Dieselbe Näherung erlaubt es auch, die Fourier-Transformation analytisch durchzuführen, was am Beispiel der Gauß-Pulse gezeigt wird. Von prinzipieller Bedeutung ist die Frage nach der maximalen Ausbreitungsgeschwindigkeit von Pulsen in Materie. Hier wird die Theorie des Vorläufers von Sommerfeld vorgestellt und mit numerischen Lösungen verglichen. Zum Abschluss werden einige repräsentative Beispiele für das Wellentunneln in überdichten Medien dargestellt.

4.1 Fourier-Transformation*

Ein Laserpuls kann durch Fourier-Transformation als eine Superposition monochromatischer Wellen dargestellt werden. Wir fassen daher zunächst einige Eigenschaften der

Fourier-Transformation zusammen.

Definition 4.1: *Fourier-Transformation*

Die Funktion $f(t)$ sei auf der gesamten reellen Achse, $-\infty < t < +\infty$, definiert und absolut integrierbar,

$$\lim_{t \to \pm\infty} f(t) = 0, \qquad \int_{-\infty}^{+\infty} dt\, |f(t)| < \infty.$$

Die Transformation

$$\hat{f}(\omega) = \int_{-\infty}^{+\infty} dt\, f(t)\, e^{i\omega t} \tag{4.1}$$

heißt Fourier-Transformation. Durch die Fourier-Transformation wird der Originalfunktion f eine Bildfunktion $\hat{f}$ zugeordnet. Die Bildfunktion nennt man auch Fourier-Transformierte. Die Wahl des Vorzeichens im Exponenten der Exponentialfunktion ist eine Konvention. Das positive Vorzeichen wird häufig für die Fourier-Transformierte bezüglich der Zeit angewandt.

Die Originalfunktion ist meist reell, die Bildfunktion im allgemeinen komplex. Man kann aber genauso die Fourier-Transformierte einer komplexen Originalfunktion definieren, sofern nur die Fourier-Transfomierten des Realteils und des Imaginärteils der Originalfunktion existieren.

Die Fourier-Transformation besitzt die wichtige Eigenschaft, dass Ableitungen der Originalfunktion im Bildraum in einfache Multiplikationen übergehen,

$$\widehat{\partial_t f}(t) = (-i\omega)\hat{f}(\omega), \qquad \widehat{\partial_t^n f}(t) = (-i\omega)^n \hat{f}(\omega). \tag{4.2}$$

Die erste Gleichung folgt durch partielle Integration

$$\widehat{\partial_t f}(t) = \int_{-\infty}^{+\infty} dt\, [\partial_t f(t)]\, e^{i\omega t}$$

$$= f(t)e^{i\omega t}\Big|_{-\infty}^{+\infty} - \int_{-\infty}^{+\infty} dt\, f(t)\, [\partial_t e^{i\omega t}] = -i\omega \hat{f}(\omega), \tag{4.3}$$

wobei der Randterm nach Voraussetzung verschwindet. Die zweite Gleichung ergibt sich durch sukzessive Anwendung der ersten,

$$\widehat{\partial_t^n f}(t) = (-i\omega)\widehat{\partial_t^{n-1} f}(\omega) = \cdots = (-i\omega)^n \hat{f}(\omega).$$

4.1 Fourier-Transformation*

Weitere Eigenschaften der Fourier-Transformierten zeigen die Beispiele 4.2 und 4.3, die man unmittelbar anhand der Definition (4.1) beweisen kann.

Aufgrund der aus der Mathematik bekannten Fourierschen Integralformel ist die Fourier-Transformation umkehrbar. Die Umkehrtransformation lautet

$$f(t) = \int_{-\infty}^{+\infty} \frac{d\omega}{2\pi} \, \hat{f}(\omega) \, e^{-i\omega t} \,. \tag{4.4}$$

Diese Darstellung der Funktion $f(t)$ kann man auch als eine Entwicklung nach harmonischen Funktionen $e^{-i\omega t}$ auffassen, deren Entwicklungskoeffizienten durch die Fourier-Transformierte (4.1) angegeben werden. Periodische Funktionen können analog durch eine Fourierreihe mit diskreten Frequenzen und Fourierkoeffizenten dargestellt werden,

$$f(t) = \sum_{m=-\infty}^{+\infty} \hat{f}_m \, e^{-im\omega t}, \qquad \hat{f}_m = \frac{1}{T} \int_0^T dt \, f(t) \, e^{im\omega t}. \tag{4.5}$$

Hierbei bezeichnen T die Periode der Funktion f, $\omega = 2\pi/T$ die Kreisfrequenz der Grundschwingung und $m\omega$, $|m| > 1$ die Kreisfrequenzen der Oberschwingungen.

Beispiel 4.2 *Einfache Rechenregeln für die Fourier-Transformierte. Wegen der Verschiebungsregeln (6) und (7) genügt es bei Laserpulsen (siehe (4.19)) die Fourier-Transformierte der Einhüllenden zu berechnen.*

(1)	$f(t) = g(-t)$		$\hat{f}(\omega) = \hat{g}(-\omega)$
(2)	$f(t) = g(t/\tau)$		$\hat{f}(\omega) = \tau \hat{g}(\tau\omega), \quad \tau > 0$
(3)	$f(t) = g(t - t_0)$		$\hat{f}(\omega) = \hat{g}(\omega) \, e^{i\omega t_0}$
(4)	$f(t) = g^*(t)$		$\hat{f}(\omega) = \hat{g}^*(-\omega)$
(5)	$f(t) = \Re\{g(t)\}$		$\hat{f}(\omega) = (\hat{g}(\omega) + \hat{g}^*(-\omega))/2$
(6)	$f(t) = g(t) e^{-i\Omega t}$		$\hat{f}(\omega) = \hat{g}(\omega - \Omega)$
(7)	$f(t) = \Re\{g(t) e^{-i\Omega t}\}$		$\hat{f}(\omega) = (\hat{g}(\omega - \Omega) + \hat{g}^*(-\omega - \Omega))/2$

Beispiel 4.3 *Fourier-Transformierte einiger Impulsfunktionen, die oft für Laserpulse verwendet werden. $\theta(t)$ bezeichnet die Theta-Funktion, die bei $t = 0$ von Null auf Eins springt und sonst konstant ist.*

$$f(t) = \theta(t + \tau/2) - \theta(t - \tau/2) \qquad \hat{f}(\omega) = \frac{\sin(\frac{\omega\tau}{2})}{\frac{\omega}{2}}, \quad \tau > 0$$

$$f(t) = \theta(t)e^{-\alpha t} \qquad \hat{f}(\omega) = \frac{1}{\alpha - i\omega}, \quad \alpha > 0$$

$$f(t) = \theta(-t)e^{\alpha t} \qquad \hat{f}(\omega) = \frac{1}{\alpha + i\omega}, \quad \alpha > 0$$

$$f(t) = e^{-\alpha|t|} \qquad \hat{f}(\omega) = \frac{2\alpha}{\omega^2 + \alpha^2}, \quad \alpha > 0$$

$$f(t) = e^{-t^2/2} \qquad \hat{f}(\omega) = \sqrt{2\pi}\, e^{-\omega^2/2}$$

4.2 Fourier-Darstellung von Laserpulsen

Das elektrische Feld eines Laserpulses, der sich in einem homogenen Medium in z Richtung ausbreitet, sei

$$\mathcal{E}(z,t) = \Re\{E(z,t)\} = \frac{1}{2}\left[E(z,t) + E^*(z,t)\right]. \tag{4.6}$$

Hierbei bezeichnet $E(z,t)$ ein komplexwertiges Feld dessen Realteil $\mathcal{E}(z,t)$ das physikalische reellwertige Feld darstellt.

Sei $\hat{E}(z,\omega)$ die Fourier-Transformierte des Laserpulses $E(z,t)$ bezüglich der Zeit an einem festen Ort z. Im folgenden wird vorausgesetzt, dass die Fourier-Transformierte für alle z existiert. Damit $E(z,t)$ für alle z absolut integrierbar ist, muss bei der Propagation des Pulses im Medium gegebenenfalls eine Dämpfung berücksichtigt werden, so dass das zeitliche Abklingverhalten hinreichend schnell erfolgt. Wegen der Eigenschaft (4.2) der Fourier-Transformierten genügt $\hat{E}(z,\omega)$ der Wellengleichung für eine monochromatische Welle mit der Frequenz ω,

$$\partial_z^2\, \hat{E}(z,\omega) + k^2(\omega)\hat{E}(z,\omega) = 0, \quad \text{mit} \quad k^2(\omega) = \frac{\omega^2}{c^2}\epsilon(\omega)\,. \tag{4.7}$$

Die allgemeine Lösung von (4.7) lautet

$$\hat{E}(z,\omega) = \hat{E}^+(\omega)\, e^{ik(\omega)z} + \hat{E}^-(\omega)\, e^{-ik(\omega)z} \tag{4.8}$$

mit ortsunabhängigen Fourierkoeffizienten $\hat{E}^\pm(\omega)$ und mit der Wellenzahl

$$k(\omega) = \frac{\omega}{c}\, n(\omega), \quad n(\omega) = \sqrt{\epsilon(\omega)}\,, \quad \Re\{n(\omega)\} > 0\,, \tag{4.9}$$

4.2 Fourier-Darstellung von Laserpulsen

wobei $n(\omega)$ den komplexen Brechungsindex des Mediums bezeichnet. Wie bei der Definition des Brechungsindexes in (3.30) wird der Zweig der Wurzelfunktion durch die Bedingung $\Re\{n(\omega)\} > 0$ festgelegt. Dieser Definition entspricht nach (3.62) auch eine Welle mit einem positiven Energiestrom. In einem dissipativen Medium ist die dissipierte Leistung (3.69) positiv. Dann gilt $\omega\Im\{\epsilon\} > 0$. Für positive Frequenzen liegt $\epsilon(\omega)$ in der oberen Hälfte der komplexen ϵ-Ebene, $k(\omega)$ entsprechend im ersten Quadranten der komplexen k-Ebene. Für negative Frequenzen gelten die allgemeinen Beziehungen

$$\epsilon(-\omega) = \epsilon^*(\omega), \qquad k(-\omega) = -k^*(\omega). \tag{4.10}$$

Die erste Beziehung folgt aus der Bedingung, dass das elektrische Feld (4.6) reell ist. Daher muss neben der komplexen Funktion $E(z,t)$ auch die konjugiert komplexe Funktion $E^*(z,t)$ eine Lösung sein. Die Fourier-Transformierte von $E^*(z,t)$ ist gemäß (4.1) $\hat{E}^*(z,-\omega)$. Diese genügt genau dann der Wellengleichung (4.7), wenn $\epsilon^*(-\omega) = \epsilon(\omega)$ gilt. Die zweite Beziehung aus (4.10) folgt hieraus mit Hilfe der Definition der Wellenzahl (4.9).

Zusammenfassend lautet die allgemeine komplexe Lösung der linearen Wellengleichung in einem homogenen Medium mit der Dielektrizitätskonstante $\epsilon(\omega)$

$$E(z,t) = E^+(z,t) + E^-(z,t), \tag{4.11a}$$

$$E^\pm(z,t) = \int_{-\infty}^{+\infty} \frac{d\omega}{2\pi} \, \hat{E}^\pm(\omega) \, e^{\pm ik(\omega)z - i\omega t}, \tag{4.11b}$$

Die reelle Lösung kann durch Realteilbildung aus der komplexen Lösung gewonnen werden,

$$\mathcal{E}(z,t) = \mathcal{E}^+(z,t) + \mathcal{E}^-(z,t), \qquad \mathcal{E}^\pm(z,t) = \Re\{E^\pm(z,t)\}. \tag{4.12}$$

Für die Fourier-Darstellung des reellen Feldes gilt unter Anwendung der Regel (5) aus Beispiel 4.2 und mit Hilfe der Relationen (4.8) und (4.10),

$$\mathcal{E}^\pm(z,t) = \int_{-\infty}^{+\infty} \frac{d\omega}{2\pi} \, \hat{\mathcal{E}}^\pm(\omega) \, e^{\pm ik(\omega)z - i\omega t}, \tag{4.13a}$$

$$\hat{\mathcal{E}}^\pm(\omega) = \frac{1}{2}\left[\hat{E}^\pm(\omega) + \hat{E}^{\pm*}(-\omega)\right]. \tag{4.13b}$$

Die Fourier-Koeffizienten der Lösung sind noch unbestimmt. Sie können so gewählt werden, dass sie an einer vorgegebenen Stelle einen vorgegebenen zeitlichen Laserpuls beschreiben. Durch die Lösung wird dieser vorgegebene Puls dann vom Anfangsort zu einer anderen Stelle im Medium propagiert. Dieses Vorgehen wird durch die nachfolgenden Randwertprobleme verdeutlicht.

4.3 Randwertprobleme*

Mit der Darstellung der Lösung als Fourier-Integral lassen sich verschiedene Randwertprobleme behandeln. Als erstes Randwertproblem betrachten wir die Pulsausbreitung in einem unbegrenzten Medium, wenn das elektrische Feld und seine Normalenableitung an einer Stelle, z.B. bei $z = 0$, vorgegeben sind. Die Randbedingungen lauten in diesem Fall

$$E(z,t)\big|_{z=0} = F(t) \quad \text{und} \quad \partial_z E(z,t)\big|_{z=0} = G(t). \tag{4.14}$$

Die Fourier-Transformation dieser Randbedingungen ergibt

$$\hat{E}(0,\omega) = \hat{E}^+(\omega) + \hat{E}^-(\omega) = \hat{F}(\omega),$$
$$\widehat{\partial_z E}(0,\omega) = ik(\omega)\left[\hat{E}^+(\omega) - \hat{E}^-(\omega)\right] = \hat{G}(\omega).$$

Hierbei bezeichnen $\hat{F}(\omega)$ und $\hat{G}(\omega)$ die Fourier-Transformierten der vorgegebenen Funktionen $F(t)$ und $G(t)$ und $\hat{E}^\pm(\omega)$ die Fourier-Koeffizienten in der allgemeinen Lösung (4.11). Für letztere erhält man

$$\hat{E}^+(\omega) = \frac{1}{2}\hat{F}(\omega) + \frac{1}{2ik(\omega)}\hat{G}(\omega), \tag{4.15a}$$

$$\hat{E}^-(\omega) = \frac{1}{2}\hat{F}(\omega) - \frac{1}{2ik(\omega)}\hat{G}(\omega). \tag{4.15b}$$

Damit ist die Lösung (4.11) vollständig durch die Randwerte (4.14) bestimmt. Im allgemeinen breitet sich der Laserpuls von der vorgegebenen Stelle $z = 0$ ausgehend in beide Raumrichtungen aus.

Als zweites Randwertproblem betrachten wir die Pulsausbreitung in einem begrenzten Medium in eine Raumrichtung. Auf der Begrenzungsfläche $z = 0$ werde innerhalb des Mediums entweder das elektrische Feld oder seine Normalenableitung vorgegeben und die Ausbreitung erfolge in den Halbraum $z > 0$. Die Randbedingung lautet in diesem Fall

$$E(z,t)\big|_{z=0} = F(t) \quad \text{oder} \quad \partial_z E(z,t)\big|_{z=0} = G(t). \tag{4.16}$$

Laserpulse, die sich nur in einer Raumrichtung ausbreiten, werden durch eine der beiden speziellen Lösungen $E^+(z,t)$ bzw. $E^-(z,t)$ definiert. Diese stellen jeweils unabhängige Lösungen für die Energieausbreitung in $+z$- bzw. in $-z$-Richtung dar. Da im vorliegenden Fall nur Wellen mit positiver Ausbreitungsrichtung vorkommen gilt $\hat{E}^-(\omega) = 0$. Mit Hilfe von (4.15) erhält man für die beiden Randbedingungen aus (4.16) jeweils die Fourierkoeffizienten

$$\hat{E}^+(\omega) = \hat{F}(\omega) \quad \text{oder} \quad \hat{E}^+(\omega) = \frac{1}{ik(\omega)}\hat{G}(\omega). \tag{4.17}$$

Bei einem begrenzten Medium muss man noch den Einfluss der Grenzfläche auf die Wellenausbreitung berücksichtigen. Im Halbraum $z < 0$ breite sich der Puls im Vakuum aus und werde an der Grenzfläche $z = 0$ teilweise reflektiert und teilweise transmittiert. An der Grenzfläche müssen E und $\partial_z E$ stetig sein. Diese Stetigkeitsbedingungen lauten

$$\hat{C}^+(\omega) + \hat{C}^-(\omega) = \hat{E}^+(\omega),$$
$$i\frac{\omega}{c}\left[\hat{C}^+(\omega) - \hat{C}^-(\omega)\right] = ik(\omega)\hat{E}^+(\omega),$$

wobei $\hat{C}^+(\omega)$, $\hat{C}^-(\omega)$, $\hat{E}^+(\omega)$ jeweils die Amplitude der einlaufenden, reflektierten und transmittierten Welle bezeichnen. Die Fourierkoeffizienten des Laserpulses im Medium ergeben sich daraus zu

$$\hat{E}^+(\omega) = \frac{2}{1+\sqrt{\epsilon(\omega)}}\,\hat{C}^+(\omega). \qquad (4.18)$$

Die Lösung des Randwertproblems erfolgt in folgenden Schritten: Zunächst wird die Fourier-Transformierte des Pulses am Anfangspunkt berechnet. Dann werden die Fourieramplituden vom Anfangspunkt zum Endpunkt propagiert und zwar gemäß (4.18) an der Oberfläche und gemäß (4.8) im Medium. Abschließend wird am Endpunkt die inverse Fourier-Transformation (4.11b) ausgeführt.

Die Pulsausbreitung in einem begrenzten Medium wurde in klassischen Arbeiten von Sommerfeld und Brillouin mit analytischen Methoden untersucht. Für numerische Auswertungen ist die Methode der schnellen Fourier-Transformation sehr geeignet. Sie wurde für alle nachfolgenden Beispiele verwendet.

4.4   Envelope und Chirp

Wir beschränken uns ab jetzt auf die Lösung $E(z,t) = E^+(z,t)$ für die Ausbreitung eines Laserpulses in der positiven z-Richtung und verzichten der Einfachheit halber auf die Angabe des $+$-Zeichens. Die charakteristische Eigenschaft eines Laserpulses ist die Modulation seiner Amplitude und Phase. Die Amplituden- und Phasenmodulation können zusammen durch eine komplexe Amplitude $E_0(z,t) = A(z,t)e^{-i\phi(z,t)}$ mit Betrag $A(z,t)$ und Phase $\phi(z,t)$ dargestellt werden. Das komplexe bzw. reelle Feld eines Laserpulses besitzt damit die Darstellung

$$E(z,t) = E_0(z,t)e^{iKz-i\Omega t}, \qquad (4.19a)$$
$$\mathcal{E}(z,t) = A(z,t)\cos(Kz - \Omega t - \phi(z,t)). \qquad (4.19b)$$

Die ebene Welle mit der Frequenz Ω und Wellenzahl K nennt man Trägerwelle. Die Wellenzahl der Trägerwelle wird im folgenden immer so gewählt, dass sie dem Realteil der Wellenzahl im Medium bei der Frequenz Ω entspricht,

$$K = \Re\{k(\Omega)\}. \qquad (4.20)$$

Das Feld oszilliert zwischen $+A(z,t)$ und $-A(z,t)$ und füllt dieses Gebiet für $\Omega \to \infty$ dicht aus. Daher wird $\pm A(z,t)$ als Einhüllende oder Envelope bezeichnet. Man kann auch die mathematische Definition der Einhüllenden einer Kurvenschar hier anwenden:

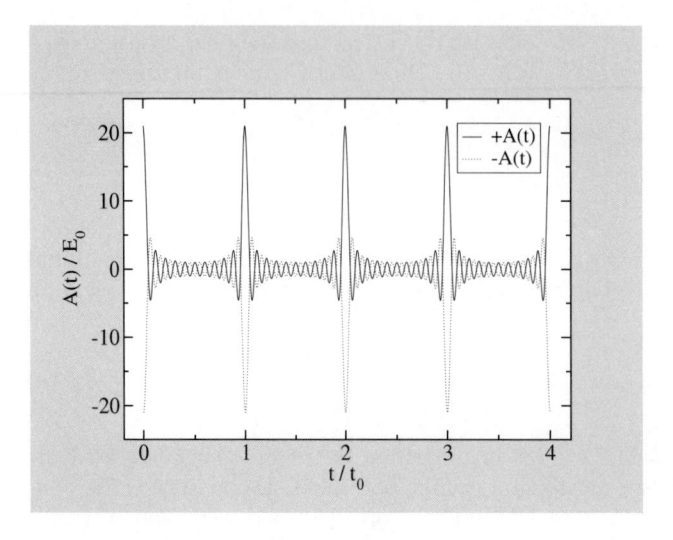

Abb. 4.1: Einhüllende eines Laserpulses der Form (4.25). Die Moden $n = 0, \pm 1, \cdots, \pm 10$ wurden jeweils mit gleicher Amplitude E_0 überlagert.

Definition 4.4

Sei $F(x, y, \alpha) = 0$ eine Kurvenschar mit dem Kurvenparameter α. Die Gleichung der Einhüllenden der Kurvenschar erhält man, indem man α aus dem Gleichungssystem

$$F(x, y, \alpha) = 0, \quad \partial_\alpha F(x, y, \alpha) = 0$$

eliminiert.

Für eine Schar von Laserpulsen mit unterschiedlichen Anfangsphasen α ist $F = y - A(x)\cos(x + \alpha)$. Die Einhüllende der Schar ergibt sich aus dieser Definition zu $y = \cos(m\pi)A(x) = \pm A(x)$, $m = 0, \pm 1, \cdots$.

Die Frequenz des Laserpulses wird durch die zeitliche Änderung der Phase an einem festen Ort definiert,

$$\Omega_c(z, t) = \partial_t(\Omega t + \phi(z, t) - Kz) = \Omega + \partial_t \phi(z, t). \tag{4.21}$$

Die langsam veränderliche Phase $\phi(z,t)$ führt hier im allgemeinen zu einer zeitabhängigen Frequenz. Die zeitliche Änderung der Frequenz,

$$\partial_t \Omega_c(z, t) = \partial_t^2 \phi(z, t) \tag{4.22}$$

wird als Frequenzmodulation oder Chirp bezeichnet. Auch wenn die Einhüllende am Anfangsort $z = 0$ reell vorgegeben wird, führt die Propagation in einem dispersiven Medium im allgemeinen zu einem gechirpten Puls. Gleichzeitig entsteht eine Streckung der Einhüllenden, da verschiedene Frequenzen mit verschiedenen Geschwindigkeiten propagieren. Bei der CPA (Chirped-Pulse-Amplification)-Methode wird dieser Effekt zur Erzeugung von Femtosekunden-Laserpulsen angewandt. Dabei wird der Laserpuls zuerst gestreckt, dann verstärkt und anschließend wieder komprimiert.

Beispiel 4.5

Als Beispiel betrachten wir einen modengekoppelten Laser, bei dem ein Laserpuls durch die Superposition von vielen Resonatormoden erzeugt wird. An einer festen Stelle $z = 0$ besitzt der Puls die Form

$$E(t) = \sum_{n=-\infty}^{\infty} E_n e^{-i\omega_n t} . \tag{4.23}$$

Die Frequenzen der einzelnen Moden sind gegenüber einer mittleren Frequenz ω um ganzzahlige Vielfache des Frequenzabstandes der Moden (1.12) verschoben

$$\omega_n = \omega + n\delta\omega, \qquad n = 0, \pm 1, \pm 2, \cdots . \tag{4.24}$$

Solch ein Spektrum wird wegen der regelmässigen Abstände auch als Frequenzkamm bezeichnet. Für $\delta\omega \ll \omega$ kann man diese Superposition als eine periodisch modulierte Trägerwelle,

$$E(t) = E_0(t) e^{-i\omega t}, \qquad E_0(t) = \sum_{n=-\infty}^{\infty} E_n e^{-in\delta\omega t} , \tag{4.25}$$

auffassen. Die Einhüllende $E_0(t)$ ist die Fourierreihe einer Funktion mit der Periode $T = 2\pi/\delta\omega = 2L/c$. Koppelt man viele Moden so erhält man eine periodische Pulsfolge, dessen Periode der Umlaufperiode im Resonator entspricht.

Abbildung 4.1 zeigt die Amplitude einer Superposition von Moden mit gleichen Amplituden $E_n = E_0$. Berücksichtigt wurden jeweils die ersten 10 Moden ober- und unterhalb der Trägerwelle. Man erkennt die ausgeprägten Interferenzmaxima bei Vielfachen der Periode T. Das reelle elektrische Feld $\mathcal{E}(t) = \Re\{E(t)\} = A(t)\cos(\omega t)$ oszilliert zwischen $+A(t)$ und $-A(t)$ mit der Frequenz ω.

4.5 Envelopengleichung

Für einen Laserpuls reicht es aus, die komplexe Amplitude $E_0(z,t)$ zu bestimmen. Durch Substitution von (4.19) in (4.11b) erhält man für die komplexe Amplitude das Fourier-Integral

$$E_0(z,t) = \int_{-\infty}^{+\infty} \frac{d\delta\omega}{2\pi} \, \hat{E}_0(\delta\omega) e^{i\delta k(\delta\omega)z - i\delta\omega t},$$

$$\hat{E}_0(\delta\omega) = \int_{-\infty}^{+\infty} dt \, E_0(0,t) \, e^{i\delta\omega t}, \tag{4.26}$$

mit

$$\delta\omega = \omega - \Omega, \quad \delta k(\delta\omega) = k(\omega) - K, \quad \hat{E}_0(\delta\omega) = \hat{E}(\omega).$$

Diese Darstellung stellt eine vollständige Beschreibung des Laserpulses durch seine komplexe Amplitude dar. An die Stelle der Frequenz ω tritt die verschobene Frequenz $\delta\omega$, an die Stelle der Wellenzahl k die verschobene Wellenzahl δk.

Für schwach dispersive Medien ist es möglich eine vereinfachte Wellengleichung für die komplexe Amplitude des Pulses anzugeben. Diese wird im folgenden als Envelopengleichung bezeichnet. Zur Herleitung der Envelopengleichung wird häufig angenommen, dass die komplexe Amplitude des Laserpulses räumlich und zeitlich langsam veränderlich ist. Man spricht deshalb von der SVA(Slowly varying amplitude)-Näherung oder SVE(Slowly varying envelope)-Näherung. Dann können die zweiten Ableitungen des Feldes in der Wellengleichung näherungsweise durch erste Ableitungen der Amplitude ersetzt werden. Wir verwenden im folgenden eine alternative Herleitung, bei der die Näherung ausschließlich im Frequenzraum durchgeführt wird. Diese Herleitung hat den Vorteil, dass man die Ortsableitung der Amplitude exakt angeben und dann sehr einfach systematisch approximieren kann.

Ausgehend von der exakten Integraldarstellung (4.26) erhält man für die Ortsableitung der komplexen Amplitude den Ausdruck

$$\partial_z E_0(z,t) = \int \frac{d\delta\omega}{2\pi} \, \hat{E}_0(\delta\omega) \, i\delta k \, e^{i\delta k z - i\delta\omega t}. \tag{4.27}$$

Stellt man nun die frequenzabhängige Wellenzahl $\delta k(\omega)$ als Taylorreihe in $\delta\omega$ dar und substituiert die Potenzen von $\delta\omega$ durch Ableitungsoperatoren gemäß $\delta\omega \to i\partial_t$, so folgt,

$$i\delta k(\omega) \, e^{-i\delta\omega t} = i \left(\sum_{m=0}^{\infty} \frac{\delta k^{(m)}(\Omega)}{m!} \delta\omega^m \right) e^{-i\delta\omega t}$$

$$= \left(\sum_{m=0}^{\infty} \frac{\delta k^{(m)}(\Omega)}{m!} i^{m+1} \partial_t^m \right) e^{-i\delta\omega t}. \tag{4.28}$$

Mit dieser Entwicklung im Integranten von (4.27) erhält man die allgemeine Envelopengleichung,

$$\partial_z E_0(z,t) = \left(\sum_{m=0}^{\infty} \frac{\delta k^{(m)}}{m!} i^{m+1} \partial_t^m \right) E_0(z,t) \, . \tag{4.29}$$

Der Gültigkeitsbereich von (4.29) wird durch den i.a. endlichen Konvergenzradius der Potenzreihe (4.28) eingeschränkt. Die spektrale Breite des Laserpulses darf diesen Konvergenzradius nicht wesentlich überschreiten. Im Vakuum bricht die Reihe für $m = 2$ ab. Der Konvergenzradius ist in diesem Fall unendlich groß und die Envelopengleichung ist unabhängig von der Pulsform exakt gültig. Im Medium besitzt $k(\omega)$ im allgemeinen Singularitäten, z.B. Polstellen bei Resonanzfrequenzen ($\epsilon \to \infty$) und Wurzelsingularitäten

4.5 Envelopengleichung

bei Nullstellen ($\epsilon \to 0$) der Dielektrizitätsfunktion. In den entsprechenden Frequenzbereichen ist die Entwicklung (4.29) dann nicht oder nur sehr eingeschränkt anwendbar.

Im Grenzfall schwacher Dispersion kann die Reihenentwicklung in (4.29) meist bereits nach den ersten drei Summanden abgebrochen werden,

$$\partial_z E_0 = i\delta k\, E_0 - \delta k'\, \partial_t E_0 - \frac{i}{2}\, \delta k''\, \partial_t^2 E_0. \tag{4.30}$$

Die komplexen Koeffizienten sind jeweils bei der Trägerfrequenz auszuwerten, wobei die Definition (4.20) der Wellenzahl der Trägerwelle zu beachten ist,

$$\begin{aligned}
\delta k &= k_r(\Omega) + i k_i(\Omega) - K = i k_i(\Omega), \\
\delta k' &= k_r'(\Omega) + i k_i'(\Omega), \\
\delta k'' &= k_r''(\Omega) + i k_i''(\Omega).
\end{aligned} \tag{4.31}$$

Der Koeffizient k_r' ist der Kehrwert der Gruppengeschwindigkeit,

$$V_g = \left.\frac{d\omega(k)}{dk}\right|_{k=K} = \frac{1}{\left.\frac{dk_r(\omega)}{d\omega}\right|_{\omega=\Omega}} = \frac{1}{k_r'}. \tag{4.32}$$

Ein Puls der sich mit der Gruppengeschwindigkeit ausbreitet erreicht den Ort z nach der Laufzeit z/V_g. Daher ist es zweckmässig neue Koordinaten

$$\xi = z, \qquad \eta = t - z/V_g \tag{4.33}$$

einzuführen. Die partiellen Ableitungen der Funktion $E_0(z,t) = E_0(\xi, \eta + \xi/V_g)$ transformieren sich gemäß

$$\partial_\xi E_0 = \partial_z E_0 + \frac{1}{V_g}\partial_t E_0, \quad \partial_\eta E_0 = \partial_t E_0. \tag{4.34}$$

Für Medien mit schwacher Dispersion erhält man damit die Envelopengleichung,

$$\partial_\xi E_0 = -k_i E_0 - i k_i'\, \partial_\eta E_0 - \frac{i}{2} k_r''\, \partial_\eta^2 E_0 + \frac{1}{2} k_i''\, \partial_\eta^2 E_0. \tag{4.35}$$

Die Envelopengleichung (4.35) ist eine parabolische Differentialgleichung vom selben Typ wie die Schrödingergleichung, die Wärmeleitungsgleichung oder die paraxiale Wellengleichung. Sie kann mit entsprechenden Methoden für parabolische Differentialgleichungen numerisch gelöst werden. Im Rahmen der linearen Optik ist die Methode der schnellen Fourier-Transformation für das vollständige Gleichungssystem (4.26) vorzuziehen, da sie bei vergleichbarem Aufwand keine Näherungen beinhaltet. Die Bedeutung der Envelopengleichung liegt vor allem darin, dass sie relativ einfach auf Medien mit nichtlinearem Brechungsindex verallgemeinert werden kann. Envelopengleichungen spielen deshalb in der nichtlinearen Optik eine wichtige Rolle.

Beispiel 4.6 *Energiesatz für fast monochromatische Wellen*

Für eine fast monochromatische Welle besitzt der Puls eine sehr kleine spektrale Breite. Vernachlässigt man in (4.35) die Terme mit k_r'', k_i' und k_i'', so folgt

$$\partial_z E_0 + \frac{1}{V_g}\partial_t E_0 = -k_i E_0.$$

Man kann aus dieser Gleichung sehr einfach den Erhaltungssatz (3.79) für die Wellenenergie ableiten. Dazu multipliziert man die Envelopengleichung mit $cn_r E_0^*/(8\pi)$, addiert die konjugiert komplexe Gleichung und erhält dann

$$\partial_t W + \partial_z I = -P_a,$$

mit

$$I = cn_r \frac{|E_0|^2}{8\pi}, \quad W = \frac{I}{V_g}, \quad P_a = \omega \epsilon_i \frac{|E_0|^2}{8\pi}.$$

Hierbei bezeichnet $n_r + in_i$ den komplexen Brechungsindex und $\epsilon_i = 2n_r n_i$ den Imaginärteil der Dielektrizitätsfunktion.

Beispiel 4.7 *Energiesatz für Pulse mit Chirp*

Für ein dissipationsfreies Medium ($k_i = 0$) reduziert sich die Envelopengleichung auf

$$\partial_z E_0 + \frac{1}{V_g}\partial_t E_0 = -\frac{i}{2} k_r'' \partial_t^2 E_0.$$

Der Energiesatz wird nun wie oben abgeleitet, wobei der zusätzliche Term auf der rechten Seite wie folgt umgeformt wird,

$$\frac{i}{2}(E_0^* \partial_t^2 E_0 - E_0 \partial_t^2 E_0^*) = \frac{i}{2}\partial_t(E_0^* \partial_t E_0 - E_0 \partial_t E_0^*)$$
$$= \partial_t(\Re\{E_0^* i \partial_t E_0\}) = \partial_t(|E_0|^2 \partial_t \phi).$$

Hierbei bezeichnet ϕ die Phase der Envelope gemäß (4.19). Es gilt nun

$$\partial_t W + \partial_z I = 0$$

mit

$$W = (k_r' + k_r'' \partial_t \phi)I, \quad I = cn_r \frac{|E_0|^2}{8\pi}.$$

Damit wird die Dispersion der Gruppengeschwindigkeit bei der Energieausbreitung berücksichtigt.

4.6 Gauß-Pulse

Als erstes Beispiel betrachten wir die Ausbreitung von Gauß-Pulsen in einem dispersiven Medium. Bei hinreichend schwacher Dispersion, kann das Fourier-Integral noch analytisch gelöst werden und man erhält nach der Propagation wieder einen gaußförmigen Puls. Bei starker Dispersion, wie sie z.B. bei sehr kurzen Pulsen mit großer spektraler Breite auftritt, ist diese Näherung i.a. nicht anwendbar. Daher wird die Ausbreitung kurzer Pulse an numerisch gelösten Beispielen dargestellt. In allen Beispielen wird als Modellsystem ein freies Elektronengas mit der Dielektrizitätskonstanten (3.4) angenommen. Hierbei wird nur der stoßfreie Fall betrachtet. In einigen Beispielen wurden jedoch aus numerischen Gründen kleine Stoßfrequenzen verwendet, um langsam abklingende Pulsanteile zu dämpfen. Diese Dämpfung hat aber nur eine geringe Auswirkung auf das Verhalten des Pulses im Pulsmaximum.

Wir betrachten das Randwertproblem (4.16) und wählen als Randbedingung an der Stelle $z = 0$ einen Gauß-Puls

$$E(0, t) = e^{-t^2/(2\tau^2)} e^{-i\Omega t}. \tag{4.36}$$

Da ein Gauß-Puls keinen Anfangs- und Endpunkt besitzt, verwenden wir die folgende zweckmäßige Definition zur Angabe der Pulslänge:

Definition 4.8: *N-Zyklen-Gauß-Puls*

Die Zahl der Schwingungszyklen N und die Breite Δt eines Gauß-Pulses der Form (4.36) seien definiert durch

$$N = \Omega\tau, \qquad \Omega\Delta t = 2\pi N. \tag{4.37}$$

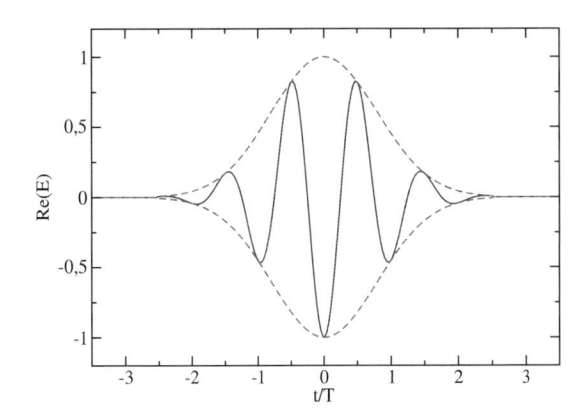

Abb. 4.2: *Gauß-Puls und Einhüllende für $N = \Omega\tau = 5$. Zeit in Einheiten der Schwingungsperiode $T = 2\pi/\Omega$.*

Entsprechend dieser Definition besitzt der Puls N Zyklen innerhalb der Pulsbreite Δt und die Feldstärke nimmt innerhalb der halben Pulsbreite um den Faktor

$$E(0, \Delta t/2) = e^{-\pi^2/2} \approx 7.2 \cdot 10^{-3}$$

ab. Als Beispiel zeigt Abb. 4.2 einen Gauß-Puls mit $N = 5$ Zyklen. Die 5 Zyklen erkennt man durch das Abzählen der Wellenlängen im Interval $-2.5 < t/T < +2.5$. Die Schwingungszyklen außerhalb der Pulsbreite Δt sind in der grafischen Darstellung kaum sichtbar.

Die Fourier-Transformierte von (4.36) ergibt sich gemäß Beispiel 4.2 und 4.3 zu

$$\hat{E}(\omega) = \sqrt{2\pi}\tau \, e^{-\frac{1}{2}\delta\omega^2\tau^2}, \qquad \delta\omega = \omega - \Omega \,. \tag{4.38}$$

Die Rücktransformation (4.11) an der Stelle z lautet damit

$$E(z,t) = \frac{\tau}{\sqrt{2\pi}} \int_{-\infty}^{+\infty} d\omega \, e^{-\frac{1}{2}\delta\omega^2\tau^2 + i(k(\omega)z - \omega t)}. \tag{4.39}$$

Wir betrachten jetzt den Fall einer ungedämpften Ausbreitung des Pulses mit einer reellen Wellenzahl $k(\omega)$. In Bereichen geringer Dispersion kann die Funktion $k(\omega)$ um das Maximum $\omega = \Omega$ der Gauß-Funktion bis zur quadratischen Ordnung entwickelt werden,

$$k(\omega) = k(\Omega) + k'(\Omega)\delta\omega + \frac{1}{2}k''(\Omega)\delta\omega^2. \tag{4.40}$$

Als Ergebnis erhält man dann am Ort z ebenfalls einen gaußförmigen Laserpuls

$$\begin{aligned} E(z,t) &= E_0(z,t) \, e^{iKz - i\Omega t}, \\ E_0(z,t) &= \frac{1}{q} \, \exp\left(-\frac{(t - z/V_g)^2}{2\tau^2 q^2}\right), \end{aligned} \tag{4.41}$$

mit

$$q = \sqrt{1 + i\frac{z}{L}}, \qquad L = \frac{\tau^2}{-k''(\Omega)}, \qquad V_g = \frac{1}{k'(\Omega)}$$

Hierbei bezeichnet $K = k(\Omega)$ die Wellenzahl der Trägerwelle, V_g die Gruppengeschwindigkeit und L eine charakteristische Propagationslänge. Für $z \gg |L|$ tritt eine Verbreiterung des Wellenpakets aufgrund der Dispersion ($k'' \neq 0$) ein. Für die Dielektrizitätskonstante eines freien Elektronengases (3.5) ist L positiv und die Pulsparameter lauten

$$V_g = cn(\Omega), \qquad L = \frac{c\Omega^3 n(\Omega)^3 \tau^2}{\omega_p^2}, \qquad n(\Omega) = \sqrt{1 - \frac{\omega_p^2}{\Omega^2}}. \tag{4.42}$$

Aus der komplexen Amplitude (4.41) ergeben sich die Einhüllende und der Chirp des Pulses zu

$$A(z,t) = \frac{1}{(1 + z^2/L^2)^{1/4}} \exp\left(-\frac{(t - z/V_g)^2}{2\tau^2(1 + z^2/L^2)}\right), \tag{4.43a}$$

$$\partial_t^2 \phi(z,t) = -\frac{1}{\tau^2} \frac{z/L}{1 + z^2/L^2}, \qquad \text{mit} \quad \partial_t \phi(z,t)\big|_{t=z/V_g} = 0. \tag{4.43b}$$

4.6 Gauß-Pulse

Das Maximum des Wellenpakets breitet sich mit der Gruppengeschwindigkeit V_g aus. Die Dispersion führt, unabhängig vom Vorzeichen von L, zu einer Verbreiterung des Wellenpakets. Der Chirp ist zeitlich konstant und für $L > 0$ negativ bzw. für $L < 0$ positiv. Die Frequenz nimmt damit linear in der Zeit ab bzw. zu. Im Vakuum gilt $\omega_p = 0$, $V_g = c$ und $L \to \infty$, so dass sich der Puls im Vakuum ohne Änderung der Pulsform und der Frequenz mit der Lichtgeschwindigkeit ausbreitet.

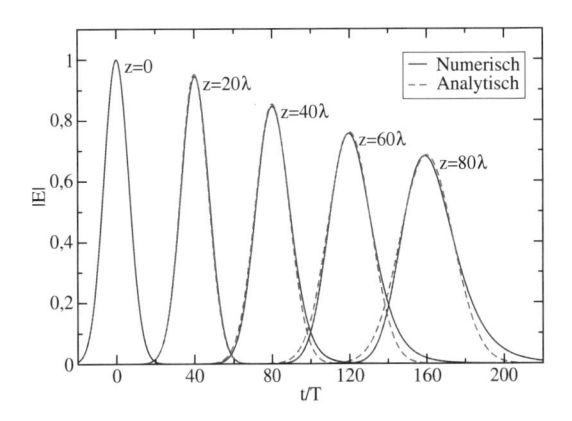

Abb. 4.3: Propagation eines langen Gauß-Pulses in einem Plasma. Vergleich der analytischen Näherungslösung (4.41) mit der vollständigen numerischen Lösung von (4.39). Parameter: $N = 40$, $\omega_p^2/\Omega^2 = 3/4$, $T = 2\pi/\Omega$, $\lambda = 2\pi/K$.

Beispiel 4.9

Abbildung 4.3 zeigt die Ausbreitung eines Gauß-Pulses mit $N = 40$ Zyklen in einem Medium mit der Dielektrizitätsfunktion (3.5) und der Dichte $n_e = 0.75\,n_c$. Nach (4.42) erhält man hier die Pulsparameter

$$\frac{V_g}{c} = n = \frac{1}{2}, \qquad L = \frac{N^2}{12\pi}\lambda \approx 42\lambda. \qquad (4.44)$$

Die Gruppengeschwindigkeit ist halb so groß wie die Lichtgeschwindigkeit. Für $z = 80\lambda$ ist $z/L \approx 2$, so dass in diesem Fall bereits eine merkliche Verbreiterung des Pulses eintritt. Dargestellt ist die Einhüllende des Pulses am Anfangsort und nach verschiedenen Propagationslängen z/λ. Die Abbildung zeigt eine sehr gute Übereinstimmung zwischen der analytischen Näherungslösung (4.41) und der vollständigen numerischen Lösung von (4.39). Insbesondere erkennt man, dass sich das Pulsmaximum mit der Gruppengeschwindigkeit ausbreitet. Es tritt jeweils zur Zeit $t = z/V_g = 2z/c = 2(z/\lambda)T$ auf.

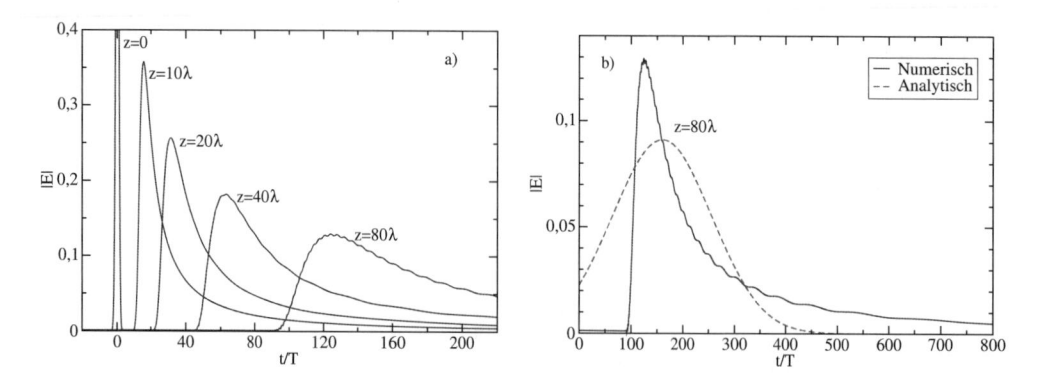

Abb. 4.4: *Propagation eines kurzen Gauß-Pulses in einem Plasma. a) Vergleich der numerischen Lösungen für verschiedene Propagationslängen z/λ. b) Vergleich von analytischer und numerischer Lösung für $z/\lambda = 80$. Parameter: $N = 5$, $\omega_p^2/\Omega^2 = 3/4$, $T = 2\pi/\Omega$, $\lambda = 2\pi/K$.*

Beispiel 4.10

Für kurze Pulse ist die Näherung (4.40) nicht ohne weiteres anwendbar. Die spektrale Breite des Pulses kann dann deutlich größer sein als der Konvergenzradius der Potenzreihenentwicklung (4.40). In Abb. 4.4 ist die Propagation eines Pulses mit $N = 5$ Zyklen dargestellt, wobei dieselben Parameter wie in (4.44) verwendet wurden. Man erkennt, dass die Dispersion des Wellenpakets nun deutlich größer ist und die Pulsform schon nach wenigen Wellenlängen von der Gauß-Form abweicht. Die Pulsform zeigt eine deutliche Asymmetrie, wobei die vordere Flanke des Pulses gestaucht, die hintere gestreckt erscheint. Die Ausbreitungsgeschwindigkeit des Maximums ist etwas größer als die Gruppengeschwindigkeit. Der Vergleich mit der gaußförmigen Näherungslösung (4.41) in Teil b) der Abbildung zeigt, dass diese nun nicht mehr anwendbar ist. Insbesondere verletzt die Näherungslösung die Bedingung, dass sich die Front des Pulses maximal mit der Lichtgeschwindigkeit ausbreitet. Die vollständige numerische Lösung erfüllt diese Bedingung aufgrund des steilen Pulsanstiegs.

4.7 Vorläufer*

Die Untersuchung der Ausbreitungsgeschwindigkeit von Licht in dielektrischen Medien geht zurück auf frühe Arbeiten von Sommerfeld und Brillouin.[1] Nach dieser Theorie besitzt ein Laserpuls in Materie unter recht allgemeinen Annahmen einen Vorläufer, der exakt mit der Lichtgeschwindigkeit propagiert. Liegt der Pulsanfang exakt bei $t = 0$,

---

[1] A. Sommerfeld, Ann. Phys. (Leipzig) **44**, 177 (1914); L. Brillouin, ibid. **44**, 203 (1914).

4.7 Vorläufer*

so verschiebt er sich nach der Propagation um die Strecke z um die Laufzeit des Lichtes, $t_0 = z/c$. In diesem Abschnitt wird die analytische Behandlung des Sommerfeld-Vorläufers dargestellt und danach mit einer vollständigen numerischen Lösung verglichen. Bei allgemeineren Dispersionsfunktionen gibt es noch einen weiteren nach Brillouin benannten Vorläufer, auf dessen Darstellung hier aber verzichtet wird.

Der Puls werde an der Stelle $z = 0$ zur Zeit $t = 0$ eingeschaltet. Wir betrachten hier nur Pulse mit einem definierten Anfangszeitpunkt. Als Beispiel hierfür werden in den nachfolgenden numerischen Rechnungen $\sin^2$-Pulse verwendet. Für das Verhalten des Vorläufers ist das kurze Zeitintervall nach dem Einschalten maßgeblich. In diesem Zeitinterval besitze der Puls das asymptotische Verhalten

$$\mathcal{E}(0, t) = a \frac{t^m}{m!}, \qquad t \to 0. \tag{4.45}$$

Dem Kurzzeitverhalten des Pulses entspricht bei endlichem Produkt $x = \omega t$ das Hochfrequenzverhalten der Fourier-Transformierten

$$\hat{\mathcal{E}}(\omega) = a \left(\frac{i}{\omega}\right)^{m+1}, \qquad \omega \to \infty. \tag{4.46}$$

Wir zeigen zuerst, dass (4.46) aus (4.45) folgt:

$$\begin{aligned}
\hat{\mathcal{E}}(\omega) &= \int_{-\infty}^{+\infty} dt \, \mathcal{E}(0,t) e^{i\omega t} = \int_{0}^{+\infty} dt \, \mathcal{E}(0,t) e^{i\omega t} \\
&= \int_{0}^{\infty} \frac{dx}{\omega} \, \mathcal{E}(0, \frac{x}{\omega}) e^{ix} = \frac{1}{\omega^{m+1}} \int_{0}^{\infty} dx \, a \frac{x^m}{m!} e^{ix} \\
&= \frac{a}{m! \omega^{m+1}} \left[-ix^m e^{ix} \Big|_0^\infty + im \int_0^\infty dt \, x^{m-1} e^{ix} \right] \\
&= \frac{a}{m! \omega^{m+1}} i^m m! \left[-i e^{ix} \Big|_0^\infty \right] = a \left(\frac{i}{\omega}\right)^{m+1}.
\end{aligned} \tag{4.47}$$

Wegen $\mathcal{E}(0,t) = 0$ für $t < 0$ kann die Integration auf die Halbachse $t > 0$ eingeschränkt werden. Das resultierende Integral konvergiert in der oberen komplexen ω-Ebene. In der zweiten Zeile wird der Integrand für große Frequenzen durch (4.45) ersetzt. Das verbleibende Integral kann durch partielle Integrationen ausgewertet werden. Dabei verschwinden die Randterme an der oberen Grenze $x = \infty + i\varepsilon$ mit einem kleinen positiven Imaginärteil ε, der dem Konvergenzgebiet $\Im(\omega) > 0$ der Fourier-Transformierten entspricht.

Der Vollständigkeit halber zeigen wir auch wie umgekehrt (4.45) aus (4.46) folgt:

$$\mathcal{E}(0,t) = \int_{-\infty}^{+\infty} \frac{d\omega}{2\pi} \hat{\mathcal{E}}(\omega) e^{-i\omega t} = \oint_\gamma \frac{d\omega}{2\pi} a \left(\frac{i}{\omega}\right)^{m+1} e^{-i\omega t}$$

$$= \frac{a}{2\pi} i^{m+1} (-2\pi i) \operatorname*{Res}_{\omega=0} \left(\frac{1}{\omega^{m+1}} e^{-i\omega t}\right)$$

$$= \frac{a}{2\pi} i^{m+1} (-2\pi i) \frac{(-it)^m}{m!} = a \frac{t^m}{m!}. \qquad (4.48)$$

Das Integral entlang der reellen Achse kann in einen Halbkreis in der oberen Halbebene mit Radius $|\omega| \to \infty$ deformiert und durch einen Halbkreis in der unteren Halbebene zu einem vollen Kreis (γ) ergänzt werden. Dieser Weg umläuft den Ursprung im mathematisch negativen Sinn, d.h. die Windungszahl von γ ist -1. Auf diesem Integrationsweg ist die Hochfrequenznäherung (4.46) anwendbar. Das verbleibende Integral besitzt eine Polstelle der Ordnung $m+1$ bei $\omega = 0$ und wird mit dem Residuensatz ausgewertet.

Nach der Propagation um die Strecke z wird der Laserpuls durch das Fourier-Integral

$$\mathcal{E}(z,t) = \int_{-\infty}^{+\infty} \frac{d\omega}{2\pi} \hat{\mathcal{E}}(\omega) e^{ik(\omega)z - i\omega t} \qquad (4.49)$$

dargestellt. Zur Auswertung wird auch hier der Integrationsweg durch den unendlich großen Kreis γ ersetzt. Die Wellenzahl (4.9) mit der Dielektrizitätsfunktion (3.4) besitzt für hohe Frequenzen die Entwicklung

$$k(\omega)z = \omega t_0 - \frac{\xi}{\omega}, \qquad t_0 = \frac{z}{c}, \qquad \xi = \frac{1}{2}\omega_p^2 t_0. \qquad (4.50)$$

Substituiert man

$$\omega = i\sqrt{\frac{\xi}{t - t_0}} e^{i\theta}, \qquad x = 2\sqrt{\xi(t - t_0)},$$

so folgt aus (4.49) mit (4.46) und (4.50)

$$\mathcal{E}(z,t) = \frac{a}{2\pi} \int_\pi^{-\pi} d\theta\, (i\omega) \left(\frac{1}{-i\omega}\right)^{m+1} e^{ix\sin\theta}$$

$$= \frac{a}{2\pi} \left(\frac{t - t_0}{\xi}\right)^{m/2} \int_{-\pi}^{+\pi} d\theta\, e^{i(x\sin\theta - m\theta)}$$

$$= a \left(\frac{t - t_0}{\xi}\right)^{m/2} \frac{1}{\pi} \int_0^{+\pi} d\theta\, \cos(x\sin\theta - m\theta).$$

4.7 Vorläufer*

Im ersten Schritt wurde die Richtung des Integrationswegs umgekehrt und ω im Integranden eingesetzt. Im zweiten Schritt wurde ausgenutzt, dass der Realteil des Integranden eine gerade, der Imaginärteil eine ungerade Funktion ist. Mit der Integraldarstellung der Besselfunktion,

$$J_m(x) = \frac{1}{\pi} \int_0^{+\pi} d\theta \cos(x \sin\theta - m\theta), \qquad (4.51)$$

erhält man für den Vorläufer des Pulses das Ergebnis,

$$\mathcal{E}(z,t) = a \left(\frac{t-t_0}{\xi}\right)^{m/2} J_m(2\sqrt{\xi(t-t_0)}), \qquad t > t_0. \qquad (4.52)$$

Zur Illustration des Vorläufers sind Gauß-Pulse nicht anwendbar, da sie nicht um den Anfangszeitpunkt $t \to -\infty$ entwickelbar sind. Wir wählen einen Puls, der sowohl eine exakt definierte Länge als auch eine langsam veränderliche Einhüllende besitzt:

Definition 4.11: *N-Zyklen-Sin²-Puls*

Ein Sin²-Puls mit einer ganzzahligen Anzahl N von Zyklen wird definiert durch,

$$\mathcal{E}(0,t) = \begin{cases} -\sin^2(\frac{\Omega t}{2N})\sin(\Omega t) & 0 < \Omega t < 2\pi N \\ 0 & \text{sonst} \end{cases}. \qquad (4.53)$$

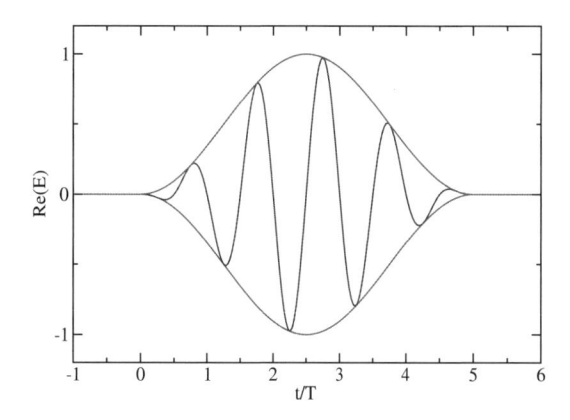

Abb. 4.5: *Sin²-Puls und Einhüllende für $N = 5$ Zyklen. Zeit in Einheiten der Schwingungsperiode $T = 2\pi/\Omega$.*

Der Puls verschwindet für $t < 0$. Für $t > 0$ erhält man durch eine Taylorentwicklung von (4.53) das asymptotische Verhalten

$$\mathcal{E}(0,t) = a\frac{t^m}{m!}, \qquad a = 3!\frac{-\Omega^3}{(2N)^2} = -\frac{3}{2}\frac{\Omega^3}{N^2}, \qquad m = 3. \qquad (4.54)$$

Die entsprechende Form des Vorläufers lautet,

$$\mathcal{E}(z,t) = -\frac{3}{2N^2}\left(\frac{t'}{z'}\right)^{3/2} J_3(2\sqrt{z't'}), \qquad (4.55)$$

mit den dimensionslosen Variablen

$$z' = \frac{1}{2}\frac{\omega_p^2}{\Omega^2}Kz, \quad t' = \Omega(t - t_0).$$

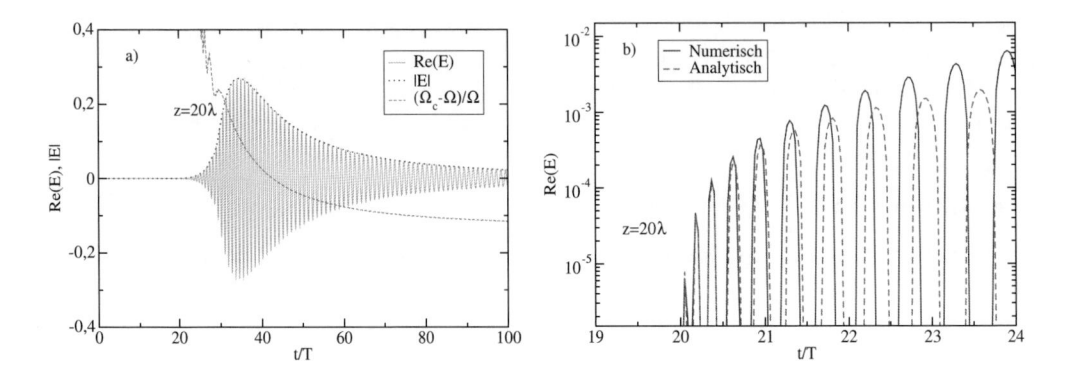

Abb. 4.6: *Propagation eines Sin^2-Pulses mit 5 Zyklen. a) Welle $\Re(E)$, Einhüllende $|E|$ und Frequenzverschiebung $(\Omega_c - \Omega)/\Omega$ nach einer Propagationslänge von $z = 20\lambda$. b) Vergleich von analytischer und numerischer Lösung für den Vorläufer des Pulses. Parameter: $\omega_p^2/\Omega^2 = 3/4$, $\nu/\Omega = 0.002$, $T = 2\pi/\Omega$, $\lambda = 2\pi/K$.*

Beispiel 4.12

In Abb. 4.6 ist die Pulsausbreitung eines Sin^2-Pulses mit 5 Zyklen dargestellt. In Teil a) sieht man den gesamten Pulsverlauf nach einer Propagationslänge von $z = 20\lambda$. Gezeigt werden die Welle, die Einhüllende und die durch den Chirp hervorgerufene Frequenzänderung. Die Frequenz nimmt im Pulsverlauf ab, d.h. der Chirp ist wie in (4.43) negativ. Am Pulsanfang treten die höchsten Frequenzen auf, die die höchsten Gruppengeschwindigkeiten besitzen. Der Pulsanfang ist in Teil b) vergrößert dargestellt und mit der analytischen Lösung (4.55) verglichen. Der Puls nähert sich hier asymptotisch für $t \to t_0$ dem Vorläufer an, dessen Fußpunkt $t_0 = 20T$ genau der Laufzeit des Lichtes mit der Vakuumlichtgeschwindigkeit c entspricht.

4.8 Tunneln von Laserpulsen

Ist die Plasmadichte n_e größer als die kritische Dichte n_c so spricht man von einem überdichten, im umgekehrten Fall von einem unterdichten Medium. Im folgenden wird die Pulsausbreitung im überdichten Medium untersucht. Obwohl ein überdichtes Medium im Prinzip undurchlässig ist, gibt es eine partielle Transmission durch dünne Schichten aufgrund des Tunneleffekts und aufgrund der hohen Frequenzanteile im Spektrum des Laserpulses.

Die Dielektrizitätskonstante (3.5) eines stoßfreien Plasmas ist im unterdichten Plasma größer, im überdichten Plasma kleiner als Null. Die Wellenzahl (4.9) einer monochromatischen Welle nimmt daher mit wachsender Dichte ab und geht bei der kritischen Dichte gegen Null. Im überdichten Bereich wird sie rein imaginär und man erhält dann anstelle einer fortschreitenden eine exponentiell abklingende Welle,

$$E(z,t) \propto e^{-\kappa z} e^{-i\Omega t}, \qquad \kappa = \frac{\omega_p}{c}\sqrt{1 - \frac{\Omega^2}{\omega_p^2}} \ . \tag{4.56}$$

Das Eindringen des Feldes an der Oberfläche eines undurchlässigen Mediums bezeichnet man als Skin-Effekt, die charakteristische Eindringtiefe als Skin-Tiefe,

$$d_S = \kappa^{-1}, \qquad d_S \approx \frac{c}{\omega_p} \qquad \text{für} \quad n_e \gg n_c. \tag{4.57}$$

Eine Welle kann eine überdichte Schicht der Dicke $d \lesssim d_S$ teilweise durchdringen. Diesen Effekt bezeichnet man als Tunneleffekt.

Beispiel 4.13

Die Abbildungen 4.7 und 4.8 zeigen Beispiele der Pulsausbreitung im überdichten Medium. Ist $n_e = n_c$, so erhält man einen langgezogenen Puls, da die Gruppengeschwindigkeit gegen Null geht. Mit zunehmender Dichte wird der Puls stark gedämpft und gleichzeitig auch stark moduliert, da niederfrequente Anteile stärker abklingen als hochfrequente. Bei der Dichte $n_e = 10 n_c$ erkennt man jeweils zwei kurze Pulse, die zeitlich genau mit dem Eintreffen des Anfangs und des Endes des Laserpulses korreliert sind und daher als Vorläufer bzw. Nachläufer angesehen werden können. Innerhalb der hier gezeigten kurzen Propagationslängen bewegen sich die Vorläufer auch im überdichten Plasma mit der Lichtgeschwindigkeit.

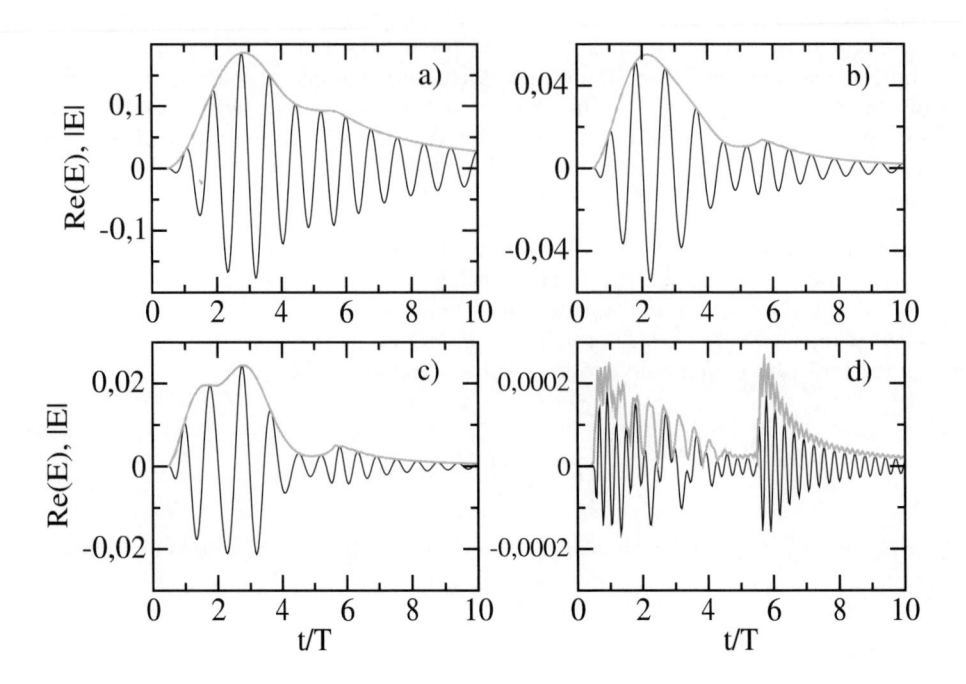

Abb. 4.7: Sin^2-Pulse mit 5 Zyklen nach der Propagations über die Länge $z = 0.5\lambda$ in einem überdichten Medium. a) $n_e/n_c = 1.5$, b) $n_e/n_c = 2$, c) $n_e/n_c = 2.5$, d) $n_e/n_c = 10$.

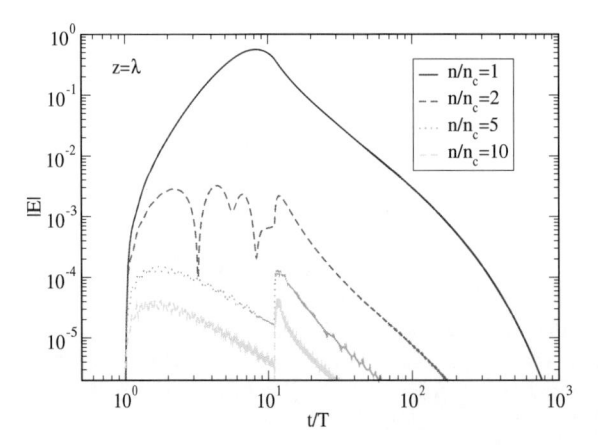

Abb. 4.8: Doppellogarithmische Darstellung der Einhüllenden eines Sin^2-Pulses mit 10 Zyklen nach der Propagation über die Länge $z = \lambda$ in einem überdichten Medium.

Aufgaben

4.1 Für die Einhüllende eines Laserpulses gelte die allgemeine Envelopengleichung (4.29) der linearen Optik und es sei

$$\lim_{t \to \pm\infty} \partial_t^m E_0(z,t) = 0$$

für beliebige z und für alle $m = 0, 1, 2, \cdots$. Welches Propagationsgesetz gilt dann für die Größe

$$\Theta(z) = \int_{-\infty}^{+\infty} dt \, E_0(z,t) \, .$$

Diese Größe ist proportional zu der in (13.43) definierten Pulsfläche. Wann ist die Pulsfläche erhalten, $\Theta(z) =$ const.?

4.2 Zeigen Sie, dass die Pulsfläche eines Gauß-Pulses in einem nichtdissipativen linearen Medium erhalten ist. Verwenden Sie hierzu die Definition der Pulsfläche aus Aufgabe 4.1 mit der Einhüllenden aus (4.41).

4.3 Berechnen Sie für Gauß-Pulse explizit die Fourier-Transformierte (4.38) des Pulses im Punkt $z = 0$ und die inverse Fourier-Transformation (4.39) nach der Propagation im Punkt z. Hinweis: Formen Sie die auftretenden Integrale durch quadratische Ergänzung in Gauß-Integrale um und werten Sie diese aus.

5 Lichtstrahlen und Resonatormoden

- Geometrische Optik
- Eikonalgleichung
- Strahlgleichungen
- Paraxiale Strahlen und Strahltransfermatrizen
- Laserresonatoren und Stabilitätskriterien
- Gauß-Strahl
- Paraxiale Wellengleichung

5.1 Geometrische Optik

Im Rahmen der geometrischen Optik wird die Lichtausbreitung durch Lichtstrahlen beschrieben. Der Übergang von der Wellenoptik zur geometrischen Optik kann im Grenzfall kleiner Wellenlängen durch den Eikonalansatz vollzogen werden. Dieser Ansatz führt zur Eikonalgleichung für die Wellenflächen und zu den Strahlgleichungen der geometrischen Optik.

Eine ebene Welle besitzt eine konstante Amplitude und einen konstanten Wellenvektor. Der Wellenvektor steht senkrecht zu den Flächen konstanter Phase. Als Verallgemeinerung einer ebenen Welle kann man eine Welle betrachten, die die Eigenschaften der ebenen Welle an jedem Raumpunkt nur lokal, d.h. in einem Gebiet von der Größenordnung einiger Wellenlängen, besitzt. Über größere Distanzen verändern sich jedoch die Amplitude und der Wellenvektor. Für eine solche nichtebene Welle machen wir den Ansatz,

$$\boldsymbol{E}(\boldsymbol{r}, t) = \boldsymbol{A}(\boldsymbol{r})\, e^{i\phi(\boldsymbol{r}) - i\omega t}, \tag{5.1}$$

wobei hier eine monochromatische Zeitabhängigkeit gewählt wird und $\boldsymbol{A}(\boldsymbol{r})$ eine schwach veränderliche Amplitude darstellt. Die Phase $\phi(\boldsymbol{r})$ wird als Eikonal bezeichnet. Die Änderung der Phase kann lokal durch

$$d\phi = \boldsymbol{\nabla}\phi(\boldsymbol{r}) \cdot d\boldsymbol{r} = \boldsymbol{k}(\boldsymbol{r}) \cdot d\boldsymbol{r} \tag{5.2}$$

angegeben werden. Entlang einer Kurve C mit dem Anfangspunkt $\boldsymbol{r}_1$ und Endpunkt $\boldsymbol{r}_2$ ändert sich das Eikonal gemäß

$$\phi(\boldsymbol{r}_2) - \phi(\boldsymbol{r}_1) = \int_C \boldsymbol{k}(\boldsymbol{r}) \cdot d\boldsymbol{r} \tag{5.3}$$

Der lokale Wellenvektor

$$\boldsymbol{k}(\boldsymbol{r}) = \boldsymbol{\nabla}\phi(\boldsymbol{r}) \tag{5.4}$$

wird als Gradient des Eikonals definiert und ist daher immer senkrecht zu den Flächen konstanter Phase, den Wellenflächen, orientiert. Seine räumliche Änderung wird ebenfalls als schwach angenommen. Die Feldlinien an das Richtungsfeld der Wellenvektoren stellen die Lichtstrahlen der geometrischen Optik dar.

Setzt man den Eikonal-Ansatz in die Wellengleichung (3.8) ein, so erhält man in den zweiten Ableitungen Terme der Ordnung $O(k^2)$, die auch bei einer exakten ebenen Welle auftreten. Zusätzlich gibt es auch Terme der Ordnungen $O(k)$ oder $O(1)$, die Ableitungen der Amplitude oder des Wellenvektors enthalten. Im Grenzfall kleiner Wellenlängen bzw. großer Wellenzahlen kann man diese Zusatzterme aber vernachlässigen. Für transversale Wellen mit $\boldsymbol{k} \cdot \boldsymbol{A} = 0$ erhält man dann wie in (3.29), (3.30) die Eikonalgleichung der geometrischen Optik

$$(\boldsymbol{\nabla}\phi)^2 = k_0^2 n^2(\boldsymbol{r}). \tag{5.5}$$

Hierbei bezeichnet $n(\boldsymbol{r})$ den Brechungsindex. Die Anwendbarkeit der geometrischen Optik setzt voraus, dass der Brechungsindex ebenfalls nur schwach ortsabhängig ist.

Die Eikonalgleichung ist eine partielle Differentialgleichung erster Ordnung. Sie bestimmt eine Lösung zu dem folgenden Randwertproblem. Seien

$$\phi(\boldsymbol{r})\big|_{\boldsymbol{r}=\boldsymbol{r}_0(u,v)} = \phi_0(\boldsymbol{r}_0) \tag{5.6}$$

vorgegebene Randwerte für das Eikonal auf einer Fläche $\boldsymbol{r} = \boldsymbol{r}_0(u,v)$. Dann bestimmt die Eikonalgleichung (5.5) die Lösung für das Eikonal in dem Raumgebiet, das von dem von der Fläche ausgehenden Strahlenbündel durchquert wird. Dies wird im folgenden anhand des Charakteristikenverfahrens für die partielle Differentialgleichung (5.5) näher erklärt.

Die Eikonalgleichung ist vom selben Typ wie die Hamilton-Jacobi-Gleichung,

$$H(\partial_{\boldsymbol{q}}S, \boldsymbol{q}) = E \tag{5.7}$$

für ein konservatives System mit der Hamilton-Funktion $H(\boldsymbol{p}, \boldsymbol{q})$ in der klassischen Mechanik. Das Eikonal entspricht hier der Wirkung S und der Wellenvektor (5.4) dem Impuls $\boldsymbol{p} = \partial_{\boldsymbol{q}}S$.

Im folgenden werden die Strahlgleichungen der geometrischen Optik hergeleitet. Ein Strahl ist eine Raumkurve $\boldsymbol{r} = \boldsymbol{r}(s)$, deren Tangente in jedem Punkt der Kurve tangential zum lokalen Wellenvektor $\boldsymbol{k}(s) = k(s)\boldsymbol{t}(s)$ gerichtet ist. Hierbei bezeichnet k

5.1 Geometrische Optik

den Betrag und t die Richtung des Wellenvektors. Wählt man als Kurvenparameter die Bogenlänge s, so kann diese Bedingung in der Form

$$\frac{d\bm{r}}{ds} = \frac{\bm{k}}{k} = \bm{t}, \tag{5.8}$$

angegeben werden. Man benötigt nun noch eine Gleichung für die Änderung des Wellenvektors entlang des Strahls. Hierzu setzen wir (5.4) in die Eikonalgleichung (5.5) ein. Die Eikonalgleichung legt nur den Betrag des Wellenvektors fest. Sie kann daher in der Form

$$D(\bm{k}, \bm{r}) = k - k_0 n(\bm{r}) = 0, \tag{5.9}$$

angegeben werden. Man bezeichnet $D(\bm{k}, \bm{r}) = 0$ als die lokale Dispersionsrelation, da sie die Funktion $k = k(\omega, \bm{r})$ bestimmt. Betrachtet man nun einen Strahl, der von einem beliebigen Punkt $\bm{r}$ ausgeht und in eine beliebige Richtung $\bm{t}$ gerichtet ist, so muss entlang dieses Strahls die Dispersionsrelation (5.9) erfüllt sein, d.h. es gilt

$$\frac{dD}{ds} = \frac{\partial D}{\partial \bm{k}} \cdot \frac{d\bm{k}}{ds} + \frac{\partial D}{\partial \bm{r}} \cdot \frac{d\bm{r}}{ds} = \bm{t} \cdot \left(\frac{d\bm{k}}{ds} - k_0 \bm{\nabla} n(\bm{r}) \right) = 0 \tag{5.10}$$

Hierbei wurde (5.8) und

$$\frac{\partial D}{\partial \bm{k}} = \frac{\partial k}{\partial \bm{k}} = \frac{\bm{k}}{k}, \qquad \frac{\partial D}{\partial \bm{r}} = -k_0 \bm{\nabla} n(\bm{r})$$

verwendet. Da $\bm{t}$ beliebig ist, muss der Klammerausdruck in (5.10) der Nullvektor sein. Damit können die Strahlgleichungen in einer Form zusammengefasst werden, die analog zu den Hamilton-Bewegungsgleichungen der Mechanik ist,

$$\frac{d\bm{r}}{ds} = \partial_{\bm{k}} D(\bm{k}, \bm{r}) = \frac{\bm{k}}{k}, \tag{5.11a}$$

$$\frac{d\bm{k}}{ds} = -\partial_{\bm{r}} D(\bm{k}, \bm{r}) = k_0 \bm{\nabla} n(\bm{r}). \tag{5.11b}$$

Sie bestimmen die Kurve im Phasenraum $(\bm{k}, \bm{r})$. Alternativ kann man eine Strahlgleichung für die Kurve im Ortsraum angeben, indem man den Wellenvektor aus (5.11) eliminiert. Mit der Richtungsableitung

$$\frac{d}{ds} = \frac{d\bm{r}}{ds} \cdot \bm{\nabla} = \bm{t} \cdot \bm{\nabla}$$

und unter Verwendung von (5.9) folgt

$$\frac{d^2\bm{r}}{ds^2} = \frac{d\bm{t}}{ds} = \frac{1}{k}\frac{d\bm{k}}{ds} + \bm{k}\frac{d}{ds}\left(\frac{1}{k}\right) = \frac{k_0}{k}\bm{\nabla} n(\bm{r}) - \frac{\bm{k}}{k^2}\bm{t} \cdot \bm{\nabla} k$$
$$= \frac{\bm{\nabla}_\perp n(\bm{r})}{n(\bm{r})}. \tag{5.12}$$

Hierbei bezeichnet

$$\boldsymbol{\nabla}_\perp n = \boldsymbol{\nabla} n - \boldsymbol{t}\,(\boldsymbol{t}\cdot\boldsymbol{\nabla} n)$$

die Komponente des Brechungsindexgradienten senkrecht zur Strahlrichtung $\boldsymbol{t}$. Der lokale Krümmungsradius R und der Hauptnormaleneinheitsvektor $\boldsymbol{N}$ einer Raumkurve werden nach den Frenet-Formeln definiert durch

$$\frac{d\boldsymbol{t}}{ds} = \frac{\boldsymbol{N}}{R}, \qquad \boldsymbol{N}\cdot\boldsymbol{N} = 1. \tag{5.13}$$

Der Vektor $\boldsymbol{N}$ zeigt von einem Punkt der Kurve zum lokalen Krümmungsmittelpunkt. Durch Vergleich mit (5.12) sieht man, dass die Strahlen in Richtung des Brechungsindexgradienten $\boldsymbol{\nabla}_\perp n$ gebrochen werden. Der lokale Krümmungsradius des Strahles ist die Gradientenlänge

$$R = \frac{n}{|\boldsymbol{\nabla}_\perp n|}. \tag{5.14}$$

Gleichung (5.12) lässt sich auch ohne Bezug auf die Dispersionsrelation allein aufgrund der Wirbelfreiheit des Wellenvektors (5.4) herleiten. Setzt man $\boldsymbol{k} = k\boldsymbol{t}$ und fordert $\boldsymbol{\nabla}\times\boldsymbol{k} = 0$ so folgt

$$\begin{aligned}0 &= \boldsymbol{t}\times(\boldsymbol{\nabla}\times\boldsymbol{k}) = \boldsymbol{t}\times(\boldsymbol{\nabla} k\times\boldsymbol{t} + k\boldsymbol{\nabla}\times\boldsymbol{t}) \\ &= \boldsymbol{\nabla} k - \boldsymbol{t}(\boldsymbol{t}\cdot\boldsymbol{\nabla} k) + \frac{1}{2}k\boldsymbol{\nabla} t^2 - k\boldsymbol{t}\cdot\boldsymbol{\nabla}\boldsymbol{t} \\ &= \boldsymbol{\nabla}_\perp k - k\frac{d\boldsymbol{t}}{ds}\ .\end{aligned} \tag{5.15}$$

Damit wird die Richtungsänderung entlang des Strahls durch die Komponente des Gradienten der Wellenzahl senkrecht zur Strahlrichtung bestimmt. Setzt man in dieses Ergebnis die Dispersionsrelation ein, so erhält man wieder (5.12).

Zur vollständigen Bestimmung des Wellenfeldes (5.1) müssen noch das Eikonal $\phi(s)$ und die Amplitude $\boldsymbol{A}(s)$ entlang der Strahlen berechnet werden. Für das Eikonal gilt die Gleichung

$$\frac{d\phi}{ds} = \boldsymbol{t}\cdot\boldsymbol{\nabla}\phi = \boldsymbol{t}\cdot\boldsymbol{k} = k(s). \tag{5.16}$$

Gleichung (5.16) bildet zusammen mit den Strahlgleichungen (5.11) ein System gewöhnlicher Differentialgleichungen.

Das Randwertproblem für das Eikonal wird wie folgt behandelt. Zuerst werden die Gleichungen (5.11) und (5.16) für alle Punkte der gegebenen Randfläche $\boldsymbol{r} = \boldsymbol{r}_0(u,v)$ gelöst. Als Anfangswerte für $s = 0$ setzt man

$$\begin{aligned}\boldsymbol{r}(0) &= \boldsymbol{r}_0(u,v), \\ \boldsymbol{k}_\|(0) &= \boldsymbol{\nabla}\phi_0(\boldsymbol{r}_0), \qquad k_\perp(0) = \sqrt{k_0^2 n^2(\boldsymbol{r}_0) - k_\|^2}, \\ \phi(0) &= \phi_0(\boldsymbol{r}_0).\end{aligned}$$

5.1 Geometrische Optik

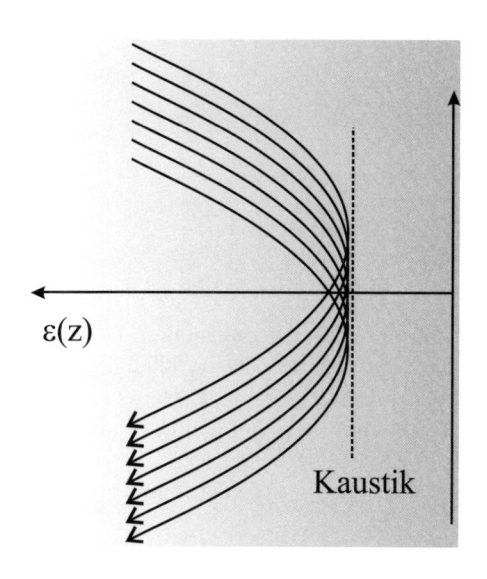

Abb. 5.1: *Kaustik bei der Reflexion eines Strahlenbündels in einem inhomogenen Medium mit einer Dielektrizitätsfunktion $\epsilon(z)$. Jeder Strahl breitet sich entlang einer parabelförmigen Kurve aus. Die Einhüllende der Kurvenschar bildet die Kaustik. Die geometrische Optik beschreibt das Wellenfeld entlang der Strahlen außerhalb des Gebiets der Kaustik. Im Bereich der Kaustik muss die Wellenoptik angewandt werden.*

Hierbei bezeichnet $k_\parallel$ die Tangential- und $k_\perp$ die Normalkomponente des Wellenvektors bezüglich der Oberfläche. Damit erhält man eine zweiparametrige Kurvenschar $\boldsymbol{r} = \boldsymbol{r}(u,v,s)$, $\boldsymbol{k} = \boldsymbol{k}(u,v,s)$, $\phi = \phi(u,v,s)$ mit den Scharparametern u, v und dem Kurvenparameter s. Durch Elimination der drei Parameter u, v, s mit Hilfe der drei Koordinaten der Bahnkurven $\boldsymbol{r} = \boldsymbol{r}(u,v,s)$ erhält man die Lösung $\boldsymbol{k} = \boldsymbol{k}(\boldsymbol{r})$ und $\phi = \phi(\boldsymbol{r})$.

Aus dieser Konstruktion wird deutlich, dass sich die Lösung der geometrischen Optik maximal bis zu einer Kaustik fortsetzen lässt. Die Kaustik wird durch die Schnittpunkte benachbarter Lichtstrahlen gebildet. Auf einer Kaustik verlaufen alle Strahlen eines Lichtbündels tangential. Als Beispiel zeigt Abb. 5.1 eine Kaustik, die bei der Reflexion eines Strahlenbündels auftritt. Das Lichtfeld in der Umgebung einer Kaustik zeigt eine starke Intensitätsüberhöhung und muss mit der vollständigen Wellenoptik beschrieben werden. In Abschnitt 6.3 wird das Verhalten der Welle bei der Reflexion im Bereich der Kaustik näher behandelt.

Die Eikonalgleichung (5.5) macht noch keine Aussage über die Ortsabhängigkeit der Amplitude $A(\boldsymbol{r})$ im Eikonal-Ansatz (5.1). Um diese Ortsabhängigkeit zu bestimmen, muss die Entwicklung in dem Parameter k^{-1} eine Ordnung weiter geführt werden. In dieser Näherung führt die transversale Komponente der allgemeinen Wellengleichung (3.8) auf die skalare Wellengleichung (Helmholtz-Gleichung)

$$\Delta E + k_0^2 n^2 E = 0. \tag{5.17}$$

Durch Differentiation des Ansatzes (5.1) folgt

$$\nabla E = [i\boldsymbol{k}A + \nabla A]\,e^{i\phi}, \tag{5.18a}$$

$$\Delta E = [\;\underbrace{-k^2 A}_{O(k^2)}\; + \underbrace{2i\boldsymbol{k}\cdot\nabla A + i(\nabla\cdot\boldsymbol{k})A}_{O(k)} + \underbrace{\Delta A}_{O(1)}\;]e^{i\phi}. \tag{5.18b}$$

In Gleichung (5.18b) ist die Größenordnung der einzelnen Terme angegeben. Der erste Term der Ordnung $O(k^2)$ ergibt zusammen mit dem letzten Term der Wellengleichung (5.17) die Eikonalgleichung. Der letzte Term der Ordnung $O(1)$ wird weiterhin vernachlässigt. Die Terme der Ordnung $O(k)$ bestimmen dann die Amplitude gemäß,

$$2\boldsymbol{k}\cdot\nabla A + (\nabla\cdot\boldsymbol{k})A = 0. \tag{5.19}$$

Man kann diese Gleichung gemeinsam mit den Strahlgleichungen und der Eikonalgleichung entlang der Strahlen lösen,

$$\frac{dA}{ds} = -\frac{1}{2k}(\nabla\cdot\boldsymbol{k})A. \tag{5.20}$$

Multipliziert man (5.19) mit A so ergibt sich der Erhaltungssatz,

$$\nabla\cdot(\boldsymbol{k}A^2) = 0. \tag{5.21}$$

Für reelle Strahlgleichungen sind das Eikonal und die Amplitude jeweils reell. Dann gilt $A^2 = |E|^2$ und $\boldsymbol{k}A^2$ ist damit proportional zur Energiestromdichte (3.62). Nach (5.21) ändert sich deshalb die Amplitude der Welle so, dass die Energiestromdichte divergenzfrei bleibt. Betrachtet man z.B. den Energiefluß eines Strahlenbündels durch eine Querschnittsfläche senkrecht zu den Strahlen an zwei verschiedenen Stellen 1 und 2, so gilt

$$\int dS_1\; kA^2 = \int dS_2\; kA^2. \tag{5.22}$$

Die Amplitude variiert wie $A \propto 1/\sqrt{kS}$ wobei S die charakteristische Querschnittsfläche des Strahls bezeichnet.

> **Zusammenfassung 5.1** *Grundgleichungen der geometrischen Optik*
>
> Eikonal-Ansatz:
>
> $$\boldsymbol{E} = A(\boldsymbol{r})\boldsymbol{e}\, e^{i\phi(\boldsymbol{r})-i\omega t}, \qquad \boldsymbol{k} = \boldsymbol{\nabla}\phi, \qquad \boldsymbol{k}\cdot\boldsymbol{e} = 0.$$
>
> Dispersionsrelation (Vakuumwellenzahl k_0, Brechungsindex $n(\boldsymbol{r})$):
>
> $$k = k_0 n(\boldsymbol{r}).$$
>
> Lichtstrahl $\boldsymbol{r} = \boldsymbol{r}(s)$ und Wellenvektor $\boldsymbol{k} = \boldsymbol{k}(s)$ (Bogenlänge s):
>
> $$\frac{d\boldsymbol{r}}{ds} = \frac{\boldsymbol{k}}{k}, \qquad \frac{d\boldsymbol{k}}{ds} = k_0 \boldsymbol{\nabla} n(\boldsymbol{r}).$$
>
> Eikonal und Amplitude:
>
> $$\frac{d\phi}{ds} = k, \qquad \frac{dA}{ds} = -\frac{1}{2k}(\boldsymbol{\nabla}\cdot\boldsymbol{k})A.$$

5.2 Paraxiale Strahlen

Die geometrische Optik kann im Rahmen der paraxialen Näherung mit der Methode der Strahltransfermatrizen behandelt werden. Diese Methode ist z.B. für optische Linsensysteme und Laserresonatoren anwendbar. Den Übergang von den Strahlgleichungen zu Strahltransfermatrizen illustrieren wir zunächst am Beispiel einer Glasfaser mit einem radialen Brechungsindexgradienten. Licht kann in Glasfasern mit einem Kerndurchmesser von etwa 50μm als paraxialer Strahl über große Entfernungen transportiert werden. Daran anschließend wird die Methode der Strahltransfermatrizen allgemein eingeführt.

Die paraxiale Näherung basiert auf den folgenden Voraussetzungen:

Strahlebene: Jeder Strahl breitet sich in einer Ebene, der Strahlebene aus.

Optische Achse: In der Strahlebene verlaufen die Strahlen nahezu parallel zu einer Achse, der optische Achse.

Axiale Symmetrie: Die Abbildungseigenschaften sind invariant gegenüber Drehungen der Strahlebene um die optische Achse.

Paraxiale Strahlen können durch eine radiale Koordinate r, eine axiale Koordinate z und die entsprechenden Komponenten k_r, k_z des Wellenvektors angegeben werden. Um die gesamte Strahlebene darzustellen, wird r hier als kartesische Koordinate mit positiven Werten in der oberen und negativen Werten in der unteren Halbebene definiert.

Für die Ausbreitung des Strahls in der Strahlebene lauten die Gleichungen der geometrischen Optik,

$$\frac{dr}{ds} = \frac{k_r}{k}, \qquad \frac{dz}{ds} = \frac{k_z}{k}, \qquad (5.23a)$$

$$\frac{dk_r}{ds} = k_0 \frac{\partial n(r,z)}{\partial r}, \qquad \frac{dk_z}{ds} = k_0 \frac{\partial n(r,z)}{\partial z}. \qquad (5.23b)$$

Der Strahl bilde mit der optischen Achse den Winkel θ. Für paraxiale Strahlen ist $\theta \ll 1$, so dass näherungsweise,

$$k_r/k = \sin\theta \approx \theta, \qquad k_z/k = \cos\theta \approx 1, \qquad (5.24)$$

gilt. Diese Gleichungen bestimmen die axialen Variablen $z = z_0 + s$ und $k_z = k$. Für die verbleibenden radialen Variablen vereinfachen sich die Strahlgleichungen zu

$$\frac{dr}{dz} = \theta, \qquad \frac{d\theta}{dz} = -\partial_r U(r,z), \qquad \text{mit} \qquad U(r,z) = -\ln n(r,z). \qquad (5.25)$$

In Analogie zur Mechanik beschreiben diese Gleichungen die Propagation von $r(z)$ entlang der Strahlachse durch eine Bewegungsgleichung mit einem Potential $U(r,z)$. Wie in der Hamilton-Mechanik kann gezeigt werden, dass ein Flächenelement des Phasenraums $\Delta r \Delta \theta$ bei der Propagation der Strahlen erhalten bleibt. Die Fokussierung eines Strahlenbündels ist also immer mit einer Vergrößerung der Strahldivergenz verbunden.

Wir wenden diese Gleichungen nun auf eine Glasfaser an, die ein radiales Brechungsindexprofil mit einem Maximum auf der optischen Achse besitzt. Dem Maximum des Brechungsindexes entspricht ein Minimum des Potentials. Entwickelt man das Potential um das Minimum bei $r = 0$ bis zur quadratischen Ordnung mit der Randbedingung $\partial_r n(r,z)\big|_{r=0} = 0$, so folgt das lineare Gleichungssystem

$$\frac{dr}{dz} = \theta, \qquad \frac{d\theta}{dz} = -\frac{r}{\sigma^2(z)}, \qquad (5.26)$$

mit

$$\frac{1}{\sigma^2(z)} = \partial_r^2 U(r,z)\big|_{r=0} = -\frac{\partial_r^2 n}{n}\bigg|_{r=0}.$$

Da das Brechungsindexprofil auf der Achse ein Maximum besitzt, ist $\sigma^2 > 0$. Der Strahl breitet sich daher oszillierend entlang der Faser aus. Im Rahmen der linearen Strahlgleichungen ist die Superposition von zwei Strahlen wieder ein Strahl und die Periode der Oszillation ist unabhängig von der Amplitude.

Beispiel 5.2 *Gradientenfaser mit Gauß-Profil*

Für ein Gauß-Profil, $n = n_0 e^{-r^2/2\sigma^2}$, ist die lineare Form der paraxialen Strahlgleichungen (5.26) exakt gültig.

5.2 Paraxiale Strahlen

Die Strahlgleichungen (5.26) propagieren den Strahl entlang der optischen Achse und bilden dabei den Anfangszustand vom Ort z_1 linear auf den Endzustand am Ort z_2 ab.

Zur Verallgemeinerung dieses Beispiels können für paraxiale Strahlen die folgenden Abbildungsregeln angegeben werden. Strahlen werden durch einen zweikomponentigen Strahlvektor,

$$\boldsymbol{x} = \begin{pmatrix} r \\ \theta \end{pmatrix}, \tag{5.27}$$

dargestellt. Ein lineares optisches Element bildet den Strahlvektor vom Anfangszustand 1 auf den Endzustand 2 mit einer Matrix ab,

$$\boldsymbol{x}_2 = \boldsymbol{M} \cdot \boldsymbol{x}_1, \qquad \boldsymbol{M} = \begin{pmatrix} A & B \\ C & D \end{pmatrix}. \tag{5.28}$$

Die Matrix $\boldsymbol{M}$ wird Strahltransfermatrix, oder nach ihren vier Elementen $ABCD$-Matrix genannt. Die Spalten der Matrix repräsentieren die speziellen Endzustände, die man erhält, wenn man als Anfangszustände die Einheitsvektoren für den Strahlvektor verwendet,

$$\begin{pmatrix} A \\ C \end{pmatrix} = \boldsymbol{M} \cdot \begin{pmatrix} 1 \\ 0 \end{pmatrix}, \qquad \begin{pmatrix} B \\ D \end{pmatrix} = \boldsymbol{M} \cdot \begin{pmatrix} 0 \\ 1 \end{pmatrix}. \tag{5.29}$$

Ein allgemeiner Endzustand ist nach (5.28) eine Linearkombination dieser speziellen Endzustände. Bei der Abbildung transformiert sich das Phasenraumvolumen gemäß,

$$dr_2 d\theta_2 = \det|\boldsymbol{M}| \, dr_1 d\theta_1. \tag{5.30}$$

Für optische Elemente, die das Phasenraumvolumen erhalten, ist die Determinante der Strahlmatrix eins.

Kennt man für die einzelnen optischen Elemente $1, 2, 3, \cdots, n$ eines optischen Systems jeweils ihre Transfermatrizen $\boldsymbol{M}_1, \boldsymbol{M}_2, \boldsymbol{M}_3, \cdots, \boldsymbol{M}_n$, so lassen sich die Abbildungseigenschaften des Gesamtsystems durch die Produktmatrix

$$\boldsymbol{M} = \boldsymbol{M}_n \cdots \boldsymbol{M}_3 \cdot \boldsymbol{M}_2 \cdot \boldsymbol{M}_1 \tag{5.31}$$

angeben. Im folgenden werden noch die Strahltransfermatrizen für die freie Propagation eines Strahls im Vakuum, die Abbildung eines Strahls durch eine dünne Linse und die Reflexion eines Strahls an einem sphärischen Spiegel abgeleitet.

Freie Propagation: Als erstes Beispiel betrachten wir die freie Propagation eines Lichtstrahls über die Strecke $L = z_2 - z_1$ (Abb. 5.2). Da der Wellenvektor hierbei konstant bleibt gilt,

$$\theta_2 = \theta_1, \quad r_2 = r_1 + \theta_1 L. \tag{5.32}$$

In Matrixform lautet die Abbildung

$$\begin{pmatrix} r_2 \\ \theta_2 \end{pmatrix} = \boldsymbol{M}_L \cdot \begin{pmatrix} r_1 \\ \theta_1 \end{pmatrix}, \quad \text{mit} \quad \boldsymbol{M}_L = \begin{pmatrix} 1 & L \\ 0 & 1 \end{pmatrix}. \tag{5.33}$$

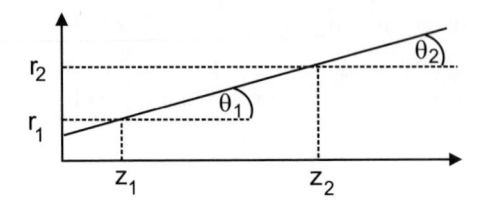

Abb. 5.2: Propagation eines Lichtstrahls von z_1 nach z_2.

Dünne Linse: Bei der Abbildung des Lichtstrahls durch eine dünne Linse (Abb. 5.3) gelten die Beziehungen

$$r_2 = r_1 , \quad \theta_1 = \frac{r_1}{d_1} , \quad \theta_2 = -\frac{r_2}{d_2} = \theta_1 - \frac{r_1}{f} , \quad \frac{1}{f} = \frac{1}{d_1} + \frac{1}{d_2} , \quad (5.34)$$

wobei f als die Brennweite der Linse bezeichnet wird. Der Winkel θ wird negativ gezählt, wenn r in Strahlrichtung abnimmt. Die Abbildung lautet

$$\begin{pmatrix} r_2 \\ \theta_2 \end{pmatrix} = \boldsymbol{M}_f \cdot \begin{pmatrix} r_1 \\ \theta_1 \end{pmatrix} , \quad \text{mit} \quad \boldsymbol{M}_f = \begin{pmatrix} 1 & 0 \\ -\frac{1}{f} & 1 \end{pmatrix} . \quad (5.35)$$

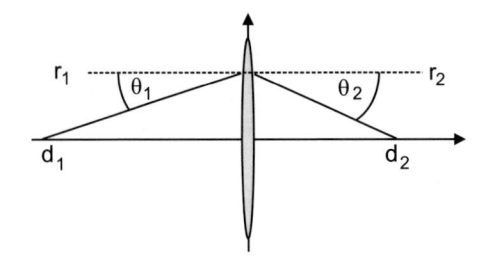

Abb. 5.3: Propagation eines Lichtstrahls durch eine dünne Linse.

Sphärischer Spiegel: Bei der in Abb. (5.4) gezeigten Reflexion an einem sphärischen Spiegel mit Radius R gelten folgende Beziehungen. Der Abstand des Strahls von der Achse bleibt erhalten: $r_2 = r_1$. Der Zusammenhang zwischen den Winkeln θ_1 und θ_2 lässt sich leicht aus Abb.(5.5) ablesen. Für einen konkav gekrümmten Spiegel gilt

$$\delta = \beta - \theta_1, \quad \theta_2 = -(\theta_1 + 2\delta). \quad (5.36)$$

Hierbei bezeichnet δ den Einfallswinkel des Strahls bezüglich der Normalen zur Spiegeloberfläche im Reflexionspunkt und β den Steigungswinkel der Normalen bezüglich der optischen Achse. Der Winkel θ_1 des einfallenden Strahls ist positiv, da der Abstand r entlang des Strahls zunimmt. Umgekehrt ist der Winkel θ_2

5.2 Paraxiale Strahlen

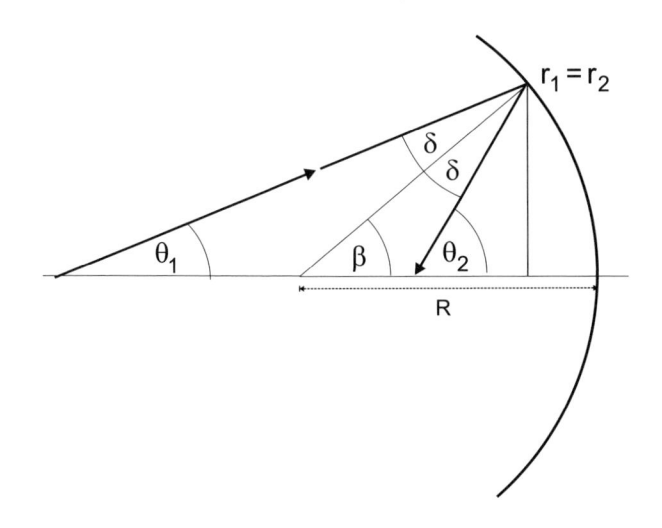

Abb. 5.4: Reflexion eines Lichtstrahls an einem sphärischen Hohlspiegel (R: Krümmungsradius, $r_{1,2}$: Abstand des Reflexionspunktes von der optischen Achse, δ: Einfallswinkel, β Steigungswinkel der Normalen, $\theta_{1,2}$: Steigungswinkel der Strahlen vor und nach der Reflexion).

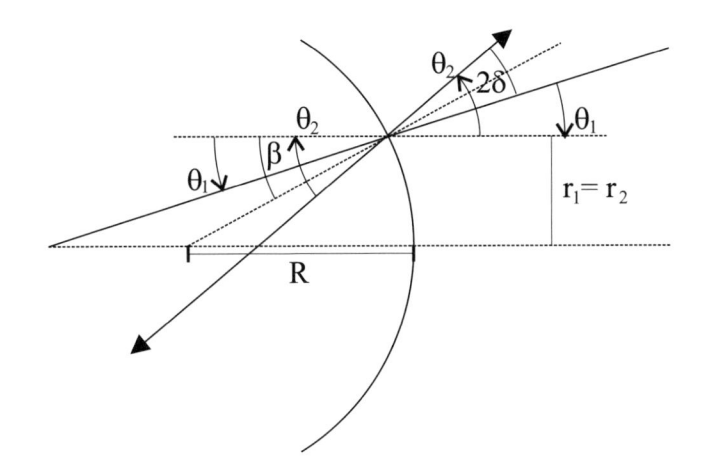

Abb. 5.5: Reflexion am konkaven (links) und konvexen (rechts) sphärischen Spiegel. Positive Winkel sind im mathematisch positiven Sinn, negative im mathematisch negativen Sinn eingetragen. Beim Übergang vom konkaven zum konvexen Spiegel ändern sich die Vorzeichen der Winkel θ_1 und θ_2.

negativ, da r hier in Strahlrichtung abnimmt. Eliminiert man δ aus (5.36) und setzt in paraxialer Näherung $\beta \approx r_1/R$, so folgt

$$\theta_2 = -2r_1/R + \theta_1. \tag{5.37}$$

Parallel einfallende Strahlen schneiden sich nach der Reflexion am Hohlspiegel auf der optischen Achse im Brennpunkt. Die Brennweite f bezeichnet den Abstand zwischen Spiegel und Brennpunkt. Zur Bestimmung der Brennweite betrachten wir noch den Spezialfall eines parallel zur optischen Achse einfallenden Strahls. In diesem Fall ist $\theta_1 = 0$ und $|\theta_2| = 2r_1/R = r_1/f$. Daraus ergibt sich die Brennweite $f = R/2$.

Für einen konvex gekrümmten Spiegel gilt ein analoger Zusammenhang. Wie man an Abb. (5.5) erkennt, ändern sich beim Übergang von der konkaven (linken) zur konvexen (rechten) Seite des Spiegels nur die Vorzeichen, $\theta_1 \to -\theta_1$ und $\theta_2 \to -\theta_2$. Entsprechend erhält man für den konvexen Spiegel das Abbildungsgesetz

$$\theta_2 = 2r_1/R + \theta_1. \tag{5.38}$$

Beide Fälle kann man in der Matrixschreibweise

$$\begin{pmatrix} r_2 \\ \theta_2 \end{pmatrix} = \boldsymbol{M}_R \cdot \begin{pmatrix} r_1 \\ \theta_1 \end{pmatrix}, \quad \boldsymbol{M}_R = \begin{pmatrix} 1 & 0 \\ -\frac{2}{R} & 1 \end{pmatrix}. \tag{5.39}$$

zusammenfassen, wobei im konkaven Fall $R > 0$ und im konvexen Fall $R < 0$ gesetzt wird.

Zusammenfassung 5.3 *Strahltransfermatrizen*

Abbildung des Strahlvektors (r: Abstand, θ Steigungswinkel):

$$\boldsymbol{x}_2 = \boldsymbol{M} \cdot \boldsymbol{x}_1, \quad \boldsymbol{M} = \begin{pmatrix} A & B \\ C & D \end{pmatrix}, \quad \boldsymbol{x} = \begin{pmatrix} r \\ \theta \end{pmatrix}.$$

Erhaltung des Phasenraumvolumens $dr d\theta$:

$$\det|\boldsymbol{M}| = 1.$$

ABCD-Matrizen einfacher optischer Elemente:

Propagation über Strecke L: $\quad \boldsymbol{M}_L = \begin{pmatrix} 1 & L \\ 0 & 1 \end{pmatrix},$

Dünne Linse mit Brennweite f: $\quad \boldsymbol{M}_f = \begin{pmatrix} 1 & 0 \\ -\frac{1}{f} & 1 \end{pmatrix},$

Sphärischer Spiegel mit Radius R:
$R > 0$: konkav, $R < 0$: konvex $\quad \boldsymbol{M}_R = \begin{pmatrix} 1 & 0 \\ -\frac{2}{R} & 1 \end{pmatrix}.$

5.3 Laserresonatoren

Ein optischer Resonator ist ein räumlich begrenztes System, in dem sich stehende Lichtwellen, sogenannte Moden, anregen lassen. Beim Laser wird der optische Resonator auch als Laserresonator bezeichnet. Bei Resonatoren gibt es folgende Unterscheidungsmerkmale:

Aktive und passive Resonatoren: Ein aktiver Resonator enthält ein aktives Medium zur Verstärkung der Mode, ein passiver Resonator ist leer. Die Modenstruktur des passiven Resonators ist oft schon eine gute Näherung für die Modenstruktur des aktiven Resonators.

Offene und geschlossene Resonatoren: Ein geschlossener Resonator wird durch eine geschlossene, ein offener durch eine offene Oberfläche begrenzt. Laserresonatoren sind gewöhnlich offene, nur in einer Raumrichtung begrenzte Resonatoren.

Stabile und instabile Resonatoren: Ein Resonator ist stabil, wenn nahezu achsenparalle Lichtstrahlen auch nach beliebig vielen Umläufen nicht aus dem Resonator austreten können. Andernfalls heißt der Resonator instabil.

In diesem Abschnitt wird ein passiver, offener Resonator mit zwei gegenüberliegenden sphärischen Spiegeln (Abb. 5.6) betrachtet. Im Rahmen der paraxialen Näherung werden mit der Methode der Strahlmatrizen Kriterien für die Stabilität eines allgemeinen sphärischen Resonators hergeleitet.

Die Parameter des Resonators sind die Resonatorlänge L sowie die Krümmungsradien R_1 und R_2 der Endspiegel. Die Spiegel können konkav, konvex oder eben sein. Im ersten Fall wird der Krümmungsradius in der Strahltransfermatrix (5.39) positiv im zweiten Fall negativ gewählt. Ein ebener Spiegel kann als Grenzfall eines gekrümmten Spiegels mit unendlich großem Krümmungsradius angesehen werden. Resonatoren mit zwei planparallelen Spiegeln sind für die Praxis wenig geeignet. Sie werden instabil, wenn die Spiegelflächen nur leicht gegeneinander gekippt sind. Daher besitzen die meisten Laserresonatoren mindestens einen gekrümmten Spiegel.

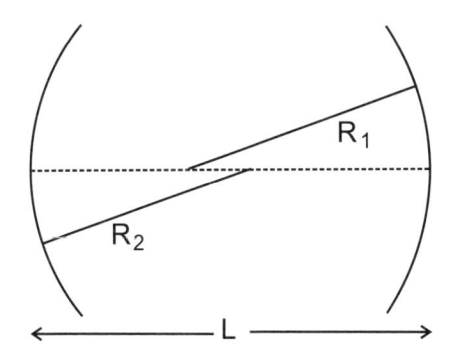

Abb. 5.6: *Resonator mit sphärisch konkav gekrümmten Spiegeln.*

Stabile Resonatoren begünstigen die Verstärkung der Moden durch ein aktives Medium, da der Strahl viele Umläufe im Resonator zurücklegen kann. Bei Lasermedien mit genügend hoher Verstärkung kommen aber auch instabile Resonatoren zum Einsatz. Sie haben den Vorteil, dass das aktive Medium über ein größeres Modenvolumen ausgenutzt werden kann und Beschädigungen der Optik durch eine zu große Strahlfokussierung vermieden werden. Der Strahlquerschnitt wird hierbei durch die kleinere Spiegelfläche bestimmt. Die Strahlauskopplung erfolgt über den Rand des kleineren Spiegels.

Zur Untersuchung der Stabilität des Resonators betrachten wir die Abbildung des Strahlvektors eines paraxialen Strahls, wenn der Strahl einen Umlauf im Resonator zurücklegt. Ausgehend vom Spiegel 1 wird der Strahl über die Länge L propagiert, vom Spiegel 2 reflektiert, über die Länge L zurückpropagiert und dann vom Spiegel 1 zur Ausgangsposition zurückreflektiert. Die Strahltransfermatrix für einen Umlauf ergibt sich aus dem Produkt

$$\boldsymbol{M} = \boldsymbol{M}_{R_1} \cdot \boldsymbol{M}_L \cdot \boldsymbol{M}_{R_2} \cdot \boldsymbol{M}_L, \tag{5.40}$$

wobei $\boldsymbol{M}_L$ die Matrix (5.33) für die Propagation und $\boldsymbol{M}_R$ die Matrix (5.39) für die Reflexion an einem sphärischen Spiegel mit Radius R darstellt. Die ABCD-Elemente der Produktmatrix $\boldsymbol{M}$ sind

$$A = 1 - \frac{2L}{R_2}, \tag{5.41a}$$

$$B = 2L - \frac{2L^2}{R_2}, \tag{5.41b}$$

$$C = \frac{4L}{R_1 R_2} - \frac{2}{R_1} - \frac{2}{R_2}, \tag{5.41c}$$

$$D = 1 - \frac{2L}{R_2} - \frac{4L}{R_1} + \frac{4L^2}{R_1 R_2}. \tag{5.41d}$$

Die Eigenvektoren der Matrix $\boldsymbol{M}$ bilden eine Basis zur Darstellung eines beliebigen Strahlvektors. Es genügt daher, die Abbildungseigenschaften der Eigenvektoren zu untersuchen. Die Eigenvektoren $\boldsymbol{a}$ und Eigenwerte λ der Matrix $\boldsymbol{M}$ werden durch die Eigenwertgleichung

$$\boldsymbol{M} \cdot \boldsymbol{a} = \lambda \boldsymbol{a}. \tag{5.42}$$

definiert. Die Eigenwerte werden durch die Lösbarkeitsbedingung,

$$\det \begin{vmatrix} A - \lambda & B \\ C & D - \lambda \end{vmatrix} = \lambda^2 - (\mathrm{Sp}\boldsymbol{M})\lambda + \det |\boldsymbol{M}| = 0, \tag{5.43}$$

von (5.42) bestimmt, wobei $\mathrm{Sp}\boldsymbol{M} = A + D$ die Spur der Matrix bezeichnet. Für die Determinante gilt, $\det |\boldsymbol{M}| = 1$, da für jedes einzelne Element in (5.40) die Determinante gleich 1 ist. Die Abbildungen sind also alle flächentreu. Die Lösung der quadratischen

5.3 Laserresonatoren

Gleichung ergibt die beiden Eigenwerte

$$\lambda_{1,2} = \frac{\operatorname{Sp}\boldsymbol{M}}{2} \pm \sqrt{\left(\frac{\operatorname{Sp}\boldsymbol{M}}{2}\right)^2 - 1}. \tag{5.44}$$

Das Produkt der beiden Eigenwerte erfüllt die Beziehung

$$\lambda_1 \lambda_2 = \det|\boldsymbol{M}| = 1. \tag{5.45}$$

In (5.44) kann man in Abhängigkeit von der Diskriminante zwei Fälle unterscheiden. Für $|\operatorname{Sp}\boldsymbol{M}| < 2$ sind die beiden Eigenwerte konjugiert komplex zueinander und haben den Betrag $|\lambda_{1,2}| = \sqrt{\lambda_1 \lambda_2} = 1$. Für $|\operatorname{Sp}\boldsymbol{M}| > 2$ sind beide Eigenwerte reell und positiv, wobei eine Lösung größer, die andere kleiner als 1 ist.

Die Eigenwerte bestimmen die Stabilität des Resonators. Für N Umläufe im Resonator lautet die Strahltransfermatrix

$$\boldsymbol{M}_N = \underbrace{\boldsymbol{M} \cdot \boldsymbol{M} \cdots \boldsymbol{M}}_{N-mal} = \boldsymbol{M}^N. \tag{5.46}$$

Die Matrix $\boldsymbol{M}_N$ besitzt die Eigenwerte $\lambda_N = \lambda^N$, wobei λ die Eigenwerte von $\boldsymbol{M}$ bezeichnet. Ist $|\operatorname{Sp}\boldsymbol{M}| > 2$, so gibt es einen Eigenwert mit $|\lambda| > 1$. Dann gibt es Strahlvektoren, deren Norm sich bei jedem Umlauf vergrößert. Genauer sind dies alle Vektoren, die nicht orthogonal zu dem zu λ gehörigen Eigenvektor sind. Bei allgemeinen Anfangsbedingungen gibt es also Strahlen, die den Resonator verlassen. Der Resonator ist instabil. Ist $|\operatorname{Sp}\boldsymbol{M}| < 2$ so gilt für beide Eigenwerte $|\lambda| = 1$. Dann bleibt die Norm aller Strahlvektoren auch nach beliebig vielen Umläufen beschränkt. Der Resonator ist stabil. Der Grenzfall $|\operatorname{Sp}\boldsymbol{M}| = 2$, muss noch gesondert untersucht werden, da das Eigenwertproblem hier keine vollständige Lösung liefert.

Das Kriterium für die Stabilität des Resonators

$$|\operatorname{Sp}\boldsymbol{M}| < 2 \tag{5.47}$$

kann mit Hilfe der Spiegelparameter

$$g_{1,2} = 1 - \frac{L}{R_{1,2}} \tag{5.48}$$

einfach angegeben und interpretiert werden. Mit Hilfe von (5.41) findet man

$$\begin{aligned}
\operatorname{Sp}\boldsymbol{M} &= A + D = 1 - \frac{2L}{R_2} + 1 - \frac{2L}{R_2} - \frac{4L}{R_1} + \frac{4L^2}{R_1 R_2} \\
&= 2 + 4\left(-\frac{L}{R_1} - \frac{L}{R_2} + \frac{L^2}{R_1 R_2}\right) \\
&= 2 + 4(g_1 g_2 - 1) = 4 g_1 g_2 - 2.
\end{aligned} \tag{5.49}$$

Setzt man (5.49) in (5.47) ein, so erhält man das Stabilitätskriterium in Abhängigkeit von den Spiegelparametern,

$$\begin{aligned} & -2 < 4g_1g_2 - 2 < 2 \\ \Longleftrightarrow \quad & 0 < 4g_1g_2 < 4 \\ \Longleftrightarrow \quad & 0 < g_1g_2 < 1 \ . \end{aligned} \tag{5.50}$$

Die Bedingung $g_1g_2 < 0$ oder $g_1g_2 > 1$ führt zur Instabilität des Resonators. Der erste Fall $g_1g_2 < 0$ tritt ein, wenn genau ein Spiegelparameter negativ ist. Die Bedingung $g < 0$ bedeutet, daß der zugehörige Radius positiv und kleiner als die Resonatorlänge ist, $0 < R < L$. Der Krümmungsmittelpunkt des ersten Spiegels liegt dann innerhalb, der des zweiten Spiegels entsprechend außerhalb des Resonators (Abb. 5.7). Dies ergibt die einfache Regel:

Satz 5.1 *Instabile Resonatoren mit $g_1g_2 < 0$*

Liegt der Krümmungsmittelpunkt eines Spiegels innerhalb, der des anderen außerhalb des Resonators, so ist der Resonator instabil.

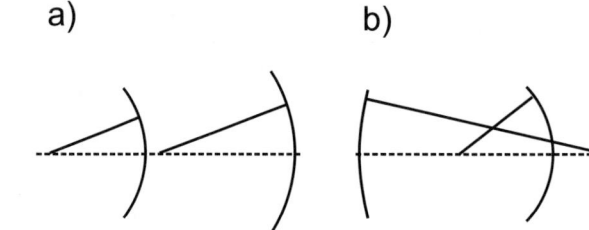

Abb. 5.7: *Instabile Resonatoren mit einem Krümmungsmittelpunkt innerhalb und einem außerhalb des Resonators. a) $R_1R_2 < 0$, b) $R_1R_2 > 0$.*

Der zweite Fall für instabile Resonatoren, $g_1g_2 > 1$, ergibt

$$\begin{aligned} g_1g_2 & = 1 - \frac{L}{R_1} - \frac{L}{R_2} + \frac{L^2}{R_1R_2} > 1 \\ \Longleftrightarrow \quad & \frac{L}{R_1R_2}\left[L - (R_1 + R_2)\right] > 0 \\ \Longleftrightarrow \quad & \begin{cases} L > R_1 + R_2 \ ; & \text{für} \quad R_1R_2 > 0 \\ R_2 > L + |R_1| \ ; & \text{für} \quad R_1 < 0, \ R_2 > 0 \\ R_1 > L + |R_2| \ ; & \text{für} \quad R_1 > 0, \ R_2 < 0 \end{cases} \end{aligned} \tag{5.51}$$

Die hierbei auftretenden Fälle (Abb. 5.8) lassen sich durch folgende Regel zusammenfassen:

5.3 Laserresonatoren

Satz 5.2 *Instabile Resonatoren mit $g_1 g_2 > 1$*

Bei gleichartig gekrümmten Spiegeln $R_1 R_2 > 0$ ist der Resonator instabil, falls die Reihenfolge der Krümmungsmittelpunkte auf der z-Achse der Reihenfolge der Spiegel entspricht. Bei ungleichartig gekrümmten Spiegeln $R_1 R_2 < 0$ ist der Resonator instabil, falls die Reihenfolge der Krümmungsmittelpunkte auf der z-Achse gegenüber der Reihenfolge der Spiegel vertauscht ist.

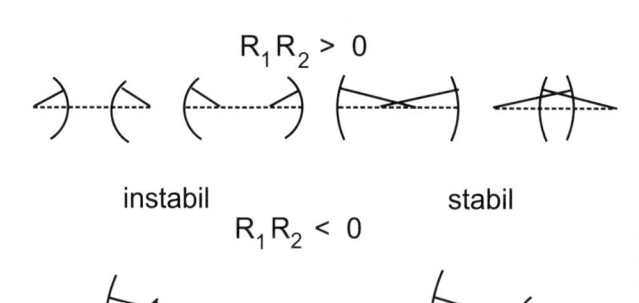

Abb. 5.8: *Beispiele von stabilen und instabilen Resonatoren, bei denen beide Krümmungsmittelpunkte innerhalb oder außerhalb des Resonators liegen.*

Wir betrachten abschließend noch die Grenze des Stabilitätsbereichs. Bei der unteren Grenze $g_1 g_2 = 0$ gilt für mindestens einen der beiden Spiegelparameter $g = 0$ und damit $R = L$. Der Krümmungsmittelpunkt dieses Spiegels liegt dann genau am anderen Resonatorende, der Brennpunkt in der Resonatormitte. Gilt für beide Spiegelparameter $g_1 = g_2 = 0$, so haben die Spiegel einen gemeinsamen Brennpunkt in der Resonatormitte. Dieser Resonator wird als symmetrisch konvokal bezeichnet. An der oberen Grenze des Stabilitätsbereichs, $g_1 g_2 = 1$, folgt aus $g_1 g_2 = 1$ entweder $R_1 = R_2 = \infty$ oder bei endlichen Radien, $L = R_1 + R_2$. Im ersten Fall ist der Resonator eben, im zweiten Fall konzentrisch, da die Mittelpunkte der beiden Spiegelsphären zusammenfallen. Für $R_1 = R_2 = L/2$ ist der Resonator symmetrisch konzentrisch.

In diesen beiden Grenzfällen besitzt die Strahltransfermatrix für N-Umläufe die einfache Form,

$$\boldsymbol{M}_N = c_N \boldsymbol{M} - c_{N-1} \boldsymbol{I}, \qquad N \geq 2, \tag{5.52}$$

mit

$$c_N = \begin{cases} N & \mathrm{Sp}\boldsymbol{M} = +2 \\ (-1)^{N-1} N & \mathrm{Sp}\boldsymbol{M} = -2 \end{cases} \tag{5.53}$$

Die Norm des Strahlvektors wächst hier linear mit der Zahl der Umläufe an. Die entsprechenden Resonatoren sind dann ebenfalls instabil, allerdings ist das Wachstum nicht exponentiell.

Die Form (5.52) der Strahltransfermatrix kann man durch Induktion beweisen. Für $N = 2$ ergibt eine direkte Berechnung mit $\det \boldsymbol{M} = 1$ und $\mathrm{Sp}\boldsymbol{M} = \pm 2$ jeweils,

$$\boldsymbol{M}_2 = c_2 \boldsymbol{M} - c_1 \boldsymbol{I}, \qquad c_2 = \pm 2, \qquad c_1 = 1. \tag{5.54}$$

Es gelte nun (5.52) für ein beliebiges N. Dann folgt für $N+1$,

$$\begin{aligned}
\boldsymbol{M}_{N+1} &= \boldsymbol{M} \cdot \boldsymbol{M}_N = \boldsymbol{M} \cdot (c_N \boldsymbol{M} - c_{N-1}\boldsymbol{I}) \\
&= c_N \boldsymbol{M}_2 - c_{N-1}\boldsymbol{M} = (\pm 2c_N - c_{N-1})\boldsymbol{M} - c_N\boldsymbol{I}.
\end{aligned} \tag{5.55}$$

Damit findet man für die Koeffizienten die Rekursionsformel

$$c_{N+1} = \pm 2c_N - c_{N-1}.$$

Mit den Anfangswerten aus (5.54) erhält man daraus (5.53).

5.4 Gauß-Strahlen

Eine vollständige Bestimmung der Resonatormoden erfordert im allgemeinen die Lösung von Eigenwertproblemen für die Wellengleichung oder die Anwendung der Beugungstheorie. Für den symmetrisch konvokalen Resonator lassen sich die Moden noch analytisch angeben. Die Grundmode ist ein Strahl mit einem axialsymmetrischen gaußförmigen radialen Intensitätsprofil.

Im folgenden bestimmen wir das Wellenfeld eines solchen Gauß-Strahls in einem homogenen Medium mit einem reellen Brechungsindex durch die Anwendung der Strahlgleichungen der geometrischen Optik. Obwohl die mit dem endlichen Strahlquerschnitt verbundenen Beugungserscheinungen streng genommen außerhalb des Anwendungsbereichs der geometrischen Optik liegen, kann der Eikonal-Ansatz auch hier noch erfolgreich angewandt werden, wenn man komplexe Lösungen für die Strahlgleichungen zulässt. Die Lichtstrahlen haben dann zwar keine geometrische Bedeutung, aber zur Bestimmung des Wellenfeldes ist die Methode genauso anwendbar. Die ABCD-Abbildungsgesetze für Lichtstrahlen lassen sich dann auch in einfacher Weise auf Gauß-Strahlen übertragen.

Ein Lichtstrahl breite sich in der z-Richtung mit der Wellenzahl $k = 2\pi/\lambda$ aus. In der Ebene $z = 0$ sei das elektrische Feld des Strahls durch ein axialsymmetrisches Gaußprofil

$$E(r,0) = A e^{-r^2/w_0^2} \tag{5.56}$$

vorgegeben. Der Strahlradius w_0 ist die charakteristische Inhomogenitätslänge. Im Gültigkeitsbereich der geometrischen Optik muss die Inhomogenitätslänge groß gegenüber der Lichtwellenlänge gewählt werden, d.h.

$$w_0 \gg \lambda. \tag{5.57}$$

Gesucht ist das Strahlprofil $E(r,z)$ in einem beliebigen Punkt z der Strahlachse. Für einen Strahl durch den Anfangspunkt $z = 0$, $r = r_0$ besitzt das Eikonal den Anfangswert $\phi = \phi_0(r_0) = i\, r_0^2/w_0^2$. Die Strahlgleichungen mit den zugehörigen Anfangsbedingungen

5.4 Gauß-Strahlen

sind

$$\frac{dr}{ds} = \frac{k_r}{k} \; ; \quad r(0) = r_0,$$

$$\frac{dz}{ds} = \frac{k_z}{k} \; ; \quad z(0) = 0,$$

$$\frac{dk_r}{ds} = 0 \; ; \quad k_r(0) = \partial_{r_0}\Phi_0(r_0) = k\frac{r_0}{q_0},$$

$$\frac{dk_z}{ds} = 0 \; ; \quad k_z(0) = \sqrt{k^2 - k_r(0)^2} = k\sqrt{1 - \frac{r_0^2}{q_0^2}},$$

$$\frac{d\phi}{ds} = k \; ; \quad \phi(0) = \phi_0(r_0) = k\frac{r_0^2}{2q_0},$$

wobei $q_0 = -ikw_0^2/2$ gesetzt wurde. Die Ortsabhängigkeit des Wellenvektors ergibt sich hier aus den Anfangsbedingungen. Der Brechungsindex wird als konstant vorausgesetzt. Die Lösung dieser Gleichungen

$$k_r = k\frac{r_0}{q_0}, \quad k_z = k\sqrt{1 - \frac{r_0^2}{q_0^2}},$$

$$r = r_0 + \frac{r_0}{q_0}s = \frac{r_0}{q_0}(q_0 + s), \quad z = \sqrt{1 - \frac{r_0^2}{q_0^2}}\, s, \qquad (5.58)$$

$$\phi = \frac{k}{2}\frac{r_0^2}{q_0} + ks.$$

ist komplexwertig. Die Kurven $r(s), k(s)$ besitzen daher keine einfache geometrische Interpretation, sie können aber genauso wie reelle Strahlen zur Berechnung des Eikonals angewandt werden. Für $r_0/|q_0| \ll 1$, kann s näherungsweise durch die Beziehung

$$s \approx z(1 + \frac{r_0^2}{2q_0^2}) \qquad (5.59)$$

ersetzt werden. Durch Elimination der Parameter s und r_0 erhält man für das Eikonal eines Gauß-Strahls

$$\phi = \frac{k}{2}\frac{r_0^2}{q_0} + kz(1 + \frac{r_0^2}{2q_0^2}) = kz + k\frac{r_0^2}{2q_0^2}\, q = k\left(z + \frac{r^2}{2q}\right), \qquad (5.60)$$

mit dem Strahlparameter

$$q(z) = q_0 + z. \qquad (5.61)$$

Die Propagation des Eikonals wurde damit auf eine einfache Propagation des Strahlparameters von q_0 nach $q(z)$ zurückgeführt. Der Strahlparameter bestimmt die Krümmung der Wellenfronten und den Strahlradius. Hierzu setzt man

$$\frac{1}{q} = \frac{1}{q_0 + z} = \frac{z}{z_R^2 + z^2} + i\frac{z_R}{z_R^2 + z^2} = \frac{1}{R} + i\frac{2}{kw^2}, \tag{5.62}$$

mit

$$R = z(1 + z_R^2/z^2), \quad w = w_0\sqrt{1 + z^2/z_R^2},$$
$$z_R = |q_0| = kw_0^2/2 = \pi w_0^2/\lambda. \tag{5.63}$$

Für das elektrische Feld ergibt sich der Ausdruck

$$E(z,r) = A e^{ik(z + \frac{r^2}{2R})} e^{-\frac{r^2}{w^2}}. \tag{5.64}$$

Die Wellenfronten sind durch die Gleichung $z = z_0 - r^2/(2R)$ definiert. Sie besitzen den Krümmungsradius R. Der Strahlradius wird durch w definiert. Im Abstand $r = w$ von der Achse ist der Betrag des Feldes um den Faktor e^{-1} abgefallen. Der Strahlradius wächst im Fernfeld gemäß $w(z) = w_0 z/z_R$ an. Der Divergenzwinkel des asymptotischen Strahls relativ zur z-Achse ist

$$\theta = \arctan\left(\frac{w_0}{z_R}\right) = \arctan\left(\frac{\lambda}{\pi w_0}\right). \tag{5.65}$$

Die Strahldivergenz ist beugungsbestimmt, d.h. sie ist von der gleichen Größenordnung wie beim Einfall einer ebenen Welle auf eine Blende mit Radius w_0. Die Asymptoten $w(z \to 0) = w_0$ und $w(z \to \infty) = w_0 z/z_R$ schneiden sich im Punkt $z = z_R$. Die charakteristische Länge z_R des Gauß-Strahls heißt Rayleigh-Länge. Die Länge $2z_R$ wird als Fokuslänge bezeichnet (Abb. 5.9).

Wir berechnen noch die Amplitude A des Gauß-Strahls aus der nächsthöheren Ordnung der Entwicklung gemäß (5.20). Mit (5.58) erhält man für den Wellenvektor in führender Ordnung in dem kleinen Parameter $r_0/|q_0|$

$$k_z = k, \qquad k_r = k\frac{r}{q}. \tag{5.66}$$

Damit gilt

$$\nabla \cdot \mathbf{k} = \partial_z k_z + \frac{1}{r}\partial_r(r k_r) \approx \frac{1}{r}\partial_r \frac{kr^2}{q} = \frac{2k}{q} \tag{5.67}$$

und man erhält mit $s \approx z$ aus (5.20) die Amplitudengleichung

$$\partial_z A = -\frac{A}{q}. \tag{5.68}$$

5.4 Gauß-Strahlen

Mit dem Randwert $A(z=0) = A_0$ ergibt sich die Lösung

$$A(z) = \frac{q_0}{q}A_0 = \frac{1}{1+iz/z_R}A_0 = \frac{w_0}{w}A_0 e^{-i\varphi}, \qquad (5.69)$$

wobei $\varphi = \arctan(z/z_R)$ die Phase der komplexen Zahl $1 + iz/z_R$ bezeichnet. Man erkennt, dass auch hier die Propagation durch den Strahlparameter q bestimmt wird. Die Formeln (5.60) für das Eikonal und (5.69) für die Amplitude stellen die allgemein bekannten Propagationsgesetze für Gauß-Strahlen entlang der Ausbreitungsrichtung dar.

Die Propagationsgesetze lassen sich für beliebige ABCD-Abbildungsgesetze optischer Elemente verallgemeinern. Diese lauten für einen Strahl mit dem Achsenabstand r und dem Divergenzwinkel θ

$$\begin{pmatrix} r \\ \theta \end{pmatrix} = \begin{pmatrix} A & B \\ C & D \end{pmatrix} \cdot \begin{pmatrix} r_0 \\ \theta_0 \end{pmatrix}. \qquad (5.70)$$

Der komplexe Divergenzwinkel eines Gauß-Strahls ist nach (5.66) $\theta = k_r/k = r/q$. Nimmt man an, dass das optische Element für komplexe θ dieselbe Abbildungsmatrix besitzt, so folgt

$$r = Ar_0 + B\theta_0, \qquad \theta = Cr_0 + D\theta_0. \qquad (5.71)$$

Nach der Abbildung besitzt der Gauß-Strahl dann den Strahlparameter

$$q = \frac{r}{\theta} = \frac{Ar_0 + B\theta_0}{Cr_0 + D\theta_0} = \frac{Aq_0 + B}{Cq_0 + D}, \qquad q_0 = \frac{r_0}{\theta_0}. \qquad (5.72)$$

Von praktischem Interesse ist noch die Intensitätsverteilung im Fokus eines Gauß-Strahls. Da im vorliegenden Fall das Eikonal komplex ist, muss die Intensität mit dem gesamten Feld $E = Ae^{i\phi}$ nach (3.62) berechnet werden. Man erhält die Intensitätsverteilung

$$I(r,z) = I_0\left(\frac{w_0}{w}\right)^2 e^{-2\frac{r^2}{w^2}}, \qquad I_0 = \frac{cn_r}{8\pi}|A_0|^2. \qquad (5.73)$$

In Abb. 5.10 sind Linien konstanter Intensität in der r, z Ebene dargestellt. Auf der Strahlachse wird die Intensitätsverteilung durch eine Lorentz-Kurve,

$$I(0,z) = I_0 \frac{z_R^2}{z_R^2 + z^2} \qquad (5.74)$$

bestimmt. Im Punkt $z = z_R$ der Strahlachse ist die Intensität auf $I_0/2$ abgefallen. In radialer Richtung besitzt der Strahl überall ein Gauß-Profil. Bei der Propagation ändert sich jedoch der Strahlradius. Die Intensitätsabnahme in Strahlrichtung gewährt die Erhaltung des Energiestroms durch die wachsende Querschnittsfläche des Strahls,

$$P = \int_{r=0}^{+\infty} I(r,z)\, 2\pi r\, dr = I_0 \left(\frac{w_0}{w}\right)^2 \pi \int_0^{+\infty} e^{-2\frac{r^2}{w^2}}\, dr^2 = \frac{\pi}{2} w_0^2 I_0. \qquad (5.75)$$

Die Leistung P ist unabhängig von z und damit bei der Propagation entlang der Strahlachse erhalten.

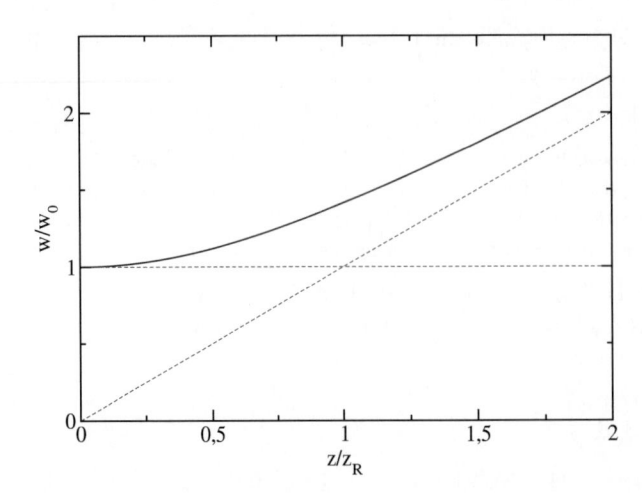

Abb. 5.9: *Strahlradius $w(z)$ eines Gauß-Strahls. Die Asymptoten $w = w_0$ für $z \to 0$ und $w(z) = w_0 z/z_R$ für $z \to \infty$ schneiden sich bei der Rayleigh-Länge $z = z_R$.*

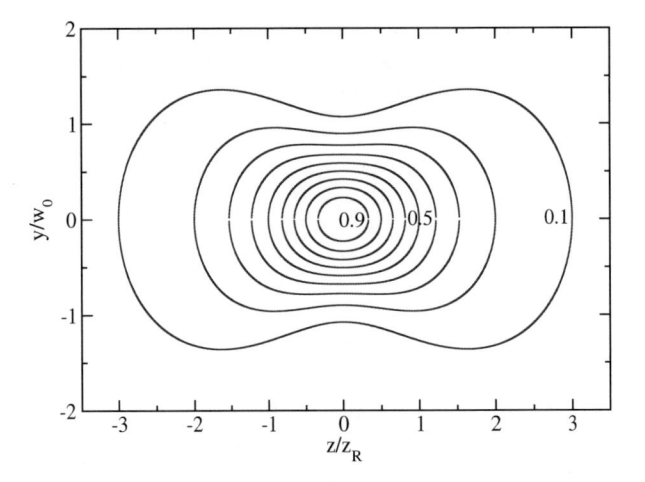

Abb. 5.10: *Intensitätsverteilung eines Gauß-Strahls. Die Höhenlinien entsprechen den Werten $I/I_0 = 0.1, 0.2, \cdots, 0.9$. Die Linie für $I/I_0 = 0.5$ schneidet die z-Achse im Punkt $z = z_R$.*

Zusammenfassung 5.4 *Gauß-Strahl mit Wellenzahl $k = 2\pi/\lambda$ und minimalem Strahlradius w_0.*

Elektrisches Feld:

$$E(r,z) = A_0 \frac{q_0}{q} e^{ik\left(z + \frac{r^2}{2q}\right)} = A_0 \frac{w_0}{w} e^{ik(z + \frac{r^2}{2R}) - i\varphi - \frac{r^2}{w^2}}.$$

Intensität und Leistung

$$I(z,r) = I_0 \left(\frac{w_0}{w}\right)^2 e^{-2\frac{r^2}{w^2}}, \qquad P = \frac{1}{2}\pi w_0^2 I_0.$$

Strahlparameter:

$$q = q_0 + z, \qquad q_0 = -iz_R, \qquad \frac{1}{q} = \frac{1}{R} + i\frac{2}{kw^2}.$$

Strahlradius und Krümmungsradius der Wellenfronten:

$$w = w_0\sqrt{1 + \frac{z}{z_R}}, \qquad R = z\left(1 + \frac{z_R^2}{z^2}\right).$$

Phasenänderung relativ zum Eikonal und Rayleigh-Länge:

$$\varphi = \arctan\left(\frac{z}{z_R}\right), \qquad z_R = \frac{\pi w_0^2}{\lambda}.$$

Abbildung des Strahlparameters mit ABCD-Matrizen

$$q = \frac{Aq_0 + B}{Cq_0 + D}.$$

5.5 Paraxiale Wellengleichung

Gauß-Strahlen sind Strahlen mit einer kleinen durch Beugung bestimmten Strahldivergenz. Strahlen mit kleiner Strahldivergenz werden allgemein als paraxial bezeichnet, da sie sich nahezu parallel zur Strahlachse ausbreiten. Für paraxiale Strahlen kann eine reduzierte Wellengleichung, die paraxiale Wellengleichung hergeleitet werden. Die paraxiale Wellengleichung dient oft als Grundgleichung zur Berechnung von Resonatormoden. Der Gauß-Strahl ist eine spezielle Lösung der paraxialen Wellengleichung.

Das elektrische Feld eines paraxialen Strahls wird durch den Ansatz

$$E(\boldsymbol{r},t) = E_0(\boldsymbol{r})e^{i(kz - \omega t)} \tag{5.76}$$

mit einer langsam veränderlichen Amplitude $E_0(\boldsymbol{r})$ dargestellt. Die Wellenzahl sei $k = k_0 n$, so daß der Ansatz bei konstanter Amplitude die Wellengleichung erfüllt. Bildet man die zweite Ableitung nach z, so erhält man die Terme

$$\partial_z^2 E = \left(-k^2 E_0 + 2ik\partial_z E_0 + \partial_z^2 E_0\right) e^{i(kz - \omega t)}. \tag{5.77}$$

Die Lösung für den Gauß-Strahl zeigt, daß die Ableitungen der Amplitude folgende charakteristischen Größenordnungen besitzen:

$$\partial_r \sim \frac{1}{w_0}, \quad \partial_z \sim \frac{1}{z_R}. \tag{5.78}$$

wobei $w_0/z_R = 2/kw_0 = \lambda/\pi w_0$ einen kleinen Parameter darstellt. Vergleicht man die z-Ableitungen in (5.77) mit der Ableitung $\partial_r^2 E_0$ unter Verwendung von (5.78) so findet man

$$\frac{k\partial_z}{\partial_r^2} \sim \frac{kw_0^2}{z_R} \sim O(1), \quad \frac{\partial_z^2}{\partial_r^2} \sim \frac{w_0^2}{z_R^2} \sim O(\frac{1}{k^2 w_0^2}). \tag{5.79}$$

Die zweite Ableitung $\partial_z^2 E_0$ kann daher vernachlässigt werden. Die skalare Wellengleichung (5.17) reduziert sich damit auf

$$2ik\partial_z E_0 + \Delta_\perp E_0 = 0, \tag{5.80}$$

wobei $\Delta_\perp = \partial_x^2 + \partial_y^2$ den Laplace-Operator in der Ebene senkrecht zur Strahlachse bezeichnet. Die paraxiale Wellengleichung (5.80) besitzt die Form einer zeitabhängigen Schrödinger-Gleichung. Der Zeitentwicklung der Wellenfunktion entspricht hierbei die Propagation der Feldamplitude entlang der z-Achse.

Der Gauß-Strahl ist eine exakte Lösung der paraxialen Wellengleichung. Nach (5.64) und (5.69) findet man für die einzelnen Ableitungen eines Gauß-Strahls die Ausdrücke

$$\partial_x E_0 = i\frac{kx}{q} E_0, \quad \partial_x^2 E_0 = \left(\frac{ik}{q} - \frac{k^2 x^2}{q^2}\right) E_0 \quad \Delta_\perp E_0 = \left(\frac{2ik}{q} - \frac{k^2 r^2}{q^2}\right) E_0$$

$$\partial_z E_0 = \left(\frac{\partial_z A}{A} - \frac{ikr^2}{2q^2}\right) E_0 = -\left(\frac{1}{q} + \frac{r^2 ik}{2q^2}\right) E_0.$$

Diese erfüllen die paraxiale Wellengleichung (5.80).

Der Gauß-Strahl ist die Grundmode eines Resonators mit sphärischen Spiegeln. Höhere Moden kann man berechnen, indem man das Strahlprofil in der Ebene $z = 0$ in beiden Koordinatenrichtungen nach Hermite-Polynomen $H_n(\xi)$ entwickelt. Als Ergebnis erhält man für diese Moden die Felder,

$$E_{mn} = H_m\left(\sqrt{2}\frac{x}{w}\right) H_n\left(\sqrt{2}\frac{y}{w}\right) e^{-i(m+n)\varphi} E_{00}, \tag{5.81}$$

wobei die Grundmode E_{00} die Lösung (5.64), (5.69) für den Gauß-Strahl darstellt. Diese Hermite-Moden besitzen m Knoten in x-Richtung und n Knoten in y-Richtung.

Aufgaben

5.1 Ein eben geschichtetes Medium besitze die Dielektrizitätszahl $\epsilon(z)$, so dass $k^2(z) = k_0^2 \epsilon(z)$. Betrachten Sie für dieses Medium die Strahlgleichungen für die y-z-Ebene:

$$\frac{dy}{ds} = \frac{k_y}{k}, \qquad \frac{dz}{ds} = \frac{k_z}{k},$$

$$\frac{dk_y}{ds} = 0, \qquad \frac{dk_z}{ds} = \frac{dk(z)}{dz}.$$

a) Lösen Sie die Strahlgleichungen und bestimmen Sie y, k_y und k_z in Abhängigkeit von z. Eliminieren Sie dazu den Kurvenparameter s durch die z-Koordinate.
b) Zeigen Sie, dass die Strahlen für eine lineare Funktion $\epsilon = -z/L$ mit $-L < z < 0$ parabelförmig sind.

5.2 Berechnen Sie mit den Ergebnissen der Aufgabe 5.1
a) aus

$$\frac{d\phi}{ds} = k$$

die Phase ϕ in Abhängigkeit von z. Zeigen Sie, dass sich $\phi = \int k_z \, dz + k_y y$ ergibt.
b) aus

$$\frac{dA}{ds} = -\frac{1}{2k} \frac{dk_z}{dz} A$$

die Amplitude A in Abhängigkeit von k_z.

5.3 Berechnen Sie mit den ABCD-Matrizen

$$M_L = \begin{pmatrix} 1 & L \\ 0 & 1 \end{pmatrix}, \qquad M_R = \begin{pmatrix} 1 & 0 \\ -\frac{2}{R} & 1 \end{pmatrix}$$

die Strahltransfermatrix

$$M = M_{R_1} \cdot M_L \cdot M_{R_2} \cdot M_L$$

für die Propagation in einem Resonator und verifizieren Sie das Ergebnis (5.41). Berechnen Sie auch die Determinante von M.

5.4 Betrachten Sie die Strahltransfermatrix für die Propagation in einem Resonator für den Grenzfall $|\mathrm{Sp} M| = 2$. Zeigen Sie: Für eine Matrix

$$M = \begin{pmatrix} A & B \\ C & D \end{pmatrix}$$

mit $\det M = 1$ und $\mathrm{Sp} M = \pm 2$ gilt für die N-malige Anwendung von M,

$$M_N = M^N = c_N M - c_{N-1} I.$$

a) Betrachten Sie zunächst den Fall $N = 2$ und bestimmen Sie explizit c_2 und c_1. Drücken Sie dazu M_2 durch A, B, C und D aus und verwenden Sie die Eigenschaften $\det M = 1$ und $\mathrm{Sp}\, M = \pm 2$.

b) Die Aussage gelte nun für ein beliebiges N. Untersuchen Sie damit die Gültigkeit für $N + 1$ und geben Sie eine Rekursionsformel für c_{N+1} an.

c) Zeigen Sie: Aus der Rekursionsformel ergibt sich $c_N = N$ für $\mathrm{Sp}\, M = 2$ und $c_N = (-1)^{N-1} N$ für $\mathrm{Sp}\, M = -2$. Was bedeutet dieses Ergebnis für die Stabilität des Resonators in dem betrachteten Grenzfall?

5.5 Überprüfen Sie das ABCD-Gesetz (5.72) eines Gauß-Strahls am Beispiel der freien Propagation mit der Strahltransfermatrix (5.33).

6 Inhomogene Medien

- Schräger Einfall von s- und p-polarisiertem Licht
- Wellenausbreitung im schwach inhomogenen Medium
- WKB-Näherung
- Reflexion von s-polarisiertem Licht
- Stokes-Gleichung und Airy-Funktionen
- Reflexion von p-polarisiertem Licht
- Resonanzabsorption
- Reflexion und Brechung an Grenzflächen
- Fresnel-Formeln
- Transmission dünner Schichten
- Fabry-Pérot-Interferometer

In einem inhomogenen Medium ist der Brechungsindex ortsabhängig. An Inhomogenitäten können Lichtstrahlen gebrochen oder reflektiert werden. Außerdem können mit abnehmender Gruppengeschwindigkeit lokale Feldüberhöhungen auftreten. Unter bestimmten Bedingungen können an Inhomogenitäten auch Ladungsdichteschwankungen angeregt werden. Im folgenden wird die Reflexion einer elektromagnetischen Welle an einer ebenen Oberfläche im Detail untersucht. Dabei werden unterschiedliche Einfallswinkel, Polarisationsrichtungen und Brechungsindexprofile betrachtet. Die Methoden zur Lösung der Wellengleichung sind auch für andere Probleme, z.B. die Lösung der Schrödingergleichung in der Quantenmechanik anwendbar.

6.1 Eben geschichtete Medien

Beim Einfall einer Lichtwelle auf eine ebene Oberfläche liegt eine Geometrie vor, bei der sich die Dielektrizitätsfunktion in Richtung der Oberflächennormalen n ändert und in den dazu senkrechten Ebenen jeweils konstant ist. Man spricht dann von einem eben geschichteten Medium. Wählt man die Normalenrichtung der Oberfläche entlang der

z-Achse, so ergibt sich folgender Verlauf der Dielektrizitätsfunktion

$$\epsilon = \begin{cases} \epsilon_1 & \text{für} \quad z < z_1 \\ \epsilon(z) & \text{für} \quad z_1 < z < z_2 \\ \epsilon_2 & \text{für} \quad z > z_2 \end{cases} . \tag{6.1}$$

Im linken und rechten Halbraum wird jeweils ein homogenes Medium mit reellen und positiven Dielektrizitätskonstanten $\epsilon_{1,2}$ angenommen. In der inhomogenen Zwischenschicht $z_1 < z < z_2$ ist $\epsilon(z)$ eine i.a. komplexwertige Funktion (Abb. 6.1). Trifft eine Lichtwelle aus dem linken Halbraum $z < z_1$ auf die Schicht, so wird sie von der Schicht teilweise reflektiert, absorbiert und transmittiert. Im linken Halbraum $z < z_1$ wird daher eine einfallende (e) und eine reflektierte (r), im rechten Halbraum $z > z_2$ nur eine transmittierte (t) Lichtwelle angenommen.

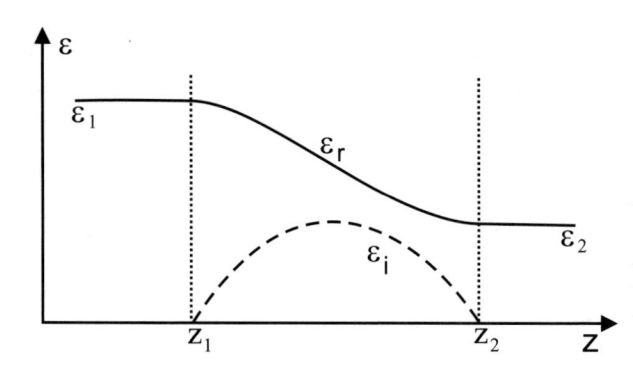

Abb. 6.1: *Dielektrizitätsfunktion einer inhomogenen ebenen Schicht zwischen zwei homogenen Medien mit den Dielektrizitätskonstanten ϵ_1 und ϵ_2.*

Definition 6.1: *Einfallswinkel, Einfallsebene*

Fällt ein Lichtstrahl (eine ebene Welle) auf eine ebene Oberfläche, so bezeichnet man den Winkel, den der Lichtstrahl (der Wellenvektor) mit der Oberflächennormalen einschließt als den Einfallswinkel θ. Man unterscheidet senkrechten ($\theta = 0$) und schrägen ($\theta \neq 0$) Einfall. Bei schrägem Einfall wird durch die Ausbreitungsrichtung der einfallenden Lichtwelle ($\boldsymbol{t}$) und die Oberflächennormale ($\boldsymbol{n}$) eine Ebene aufgespannt, die als Einfallsebene bezeichnet wird.

Wählt man ein Koordinatensystem, dessen x-Achse senkrecht zur Einfallsebene gerichtet ist, so können die Felder beim schrägen Einfall einer ebenen Welle durch den folgenden Ansatz beschrieben werden,

$$\boldsymbol{E} = \boldsymbol{E}_0(z) e^{i(k_y y - \omega t)} \;, \quad \boldsymbol{B} = \boldsymbol{B}_0(z) e^{i(k_y y - \omega t)}. \tag{6.2}$$

6.1 Eben geschichtete Medien

Die Transversalkomponente k_y des Wellenvektors wird durch den Einfallswinkel θ_1 und die Wellenzahl $k_1 = k_0 n_1$ im Medium 1 festgelegt,

$$k_y = k_1 \sin\theta_1 \tag{6.3}$$

Wir verwenden dafür auch die Bezeichnungen

$$k_y = k_0 \eta, \quad \eta = n_1 \sin\theta_1, \quad n_1 = \sqrt{\epsilon_1}. \tag{6.4}$$

Da das Medium in der y-Richtung homogen ist, genügt in dieser Richtung ein einfacher Exponentialansatz. In der Inhomogenitätsrichtung müssen geeignete Lösungen der Wellengleichung erst bestimmt werden.

Setzt man den Ansatz (6.2) in die Maxwellgleichungen (3.6) ein, so ergeben sich die folgenden Gleichungen. Die x-Komponente von (3.6a) und die y und z Komponenten von (3.6b) ergeben ein Gleichungssystem für die Feldkomponenten E_x, B_y, B_z,

$$-ik_0 \epsilon E_x = ik_y B_z - \partial_z B_y \tag{6.5a}$$
$$ik_0 B_y = \partial_z E_x \tag{6.5b}$$
$$k_0 B_z = -k_y E_x. \tag{6.5c}$$

Die x-Komponente von (3.6b) und die y und z Komponenten von (3.6a), ergeben ein Gleichungssystem für B_x, E_y, E_z,

$$ik_0 B_x = ik_y E_z - \partial_z E_y \tag{6.6a}$$
$$-ik_0 \epsilon E_y = \partial_z B_x \tag{6.6b}$$
$$k_0 \epsilon E_z = k_y B_x \tag{6.6c}$$

Diese beiden Gleichungssysteme sind nicht miteinander gekoppelt. Wellen der beiden Polarisationsrichtungen breiten sich also unabhängig voneinander aus. Sie werden als s-, und p-Polarisation bezeichnet (Abb. 6.2).

Definition 6.2: *s, p-Polarisation*

Die Polarisationsrichtung des elektrischen Feldes senkrecht zur Einfallsebene ($E_y = E_z = 0$) heißt s-Polarisation, parallel zur Einfallsebene ($E_x = 0$) p-Polarisation.

Eliminiert man im ersten Gleichungssystem B_y und B_z, im zweiten E_y und E_z, so erhält man mit (6.4) jeweils eine eindimensionale Wellengleichung für die zur Einfallsebene senkrechte Feldkomponente,

$$s\text{-Polarisation:} \quad E_x'' + k_0^2(\epsilon - \eta^2)E_x = 0, \tag{6.7a}$$

$$p\text{-Polarisation:} \quad B_x'' - \frac{\epsilon'}{\epsilon} B_x' + k_0^2(\epsilon - \eta^2)B_x = 0. \tag{6.7b}$$

Abb. 6.2: *Schräger Einfall auf ein eben geschichtetes Medium. Die Inhomomgenitätsrichtung $\nabla\epsilon$ und der Wellenvektor $\boldsymbol{k}$ bilden die Einfallsebene. Bei s-Polarisation ist das elektrische Feld senkrecht (links), bei p-Polarisation parallel (rechts) zur Einfallsebene gerichtet.*

Bei p-Polarisation tritt in der Wellengleichung ein zusätzlicher Term $\propto \epsilon'/\epsilon$ auf. Er beschreibt die Möglichkeit der Anregung elektrostatischer Schwingungen. Die Ladungsdichte ist nach der Maxwellgleichung (3.7) proportional zu

$$\boldsymbol{\nabla} \cdot \boldsymbol{E} = -\frac{\boldsymbol{E} \cdot \boldsymbol{\nabla}\epsilon}{\epsilon} \ . \tag{6.8}$$

Durch die Komponente des elektrischen Feldes in Richtung des Gradienten der Dielektrizitätsfunktion werden Ladungsdichteschwankungen angeregt. Für $\epsilon \to 0$ ist diese Anregung resonant, da in diesem Fall longitudinale elektrostatische Moden existieren. Die resultierende Absorption der Lichtwelle wird als Resonanzabsorption bezeichnet. Die Resonanzabsorption einer p-polarisierten Lichtwelle beim schrägem Einfall auf ein inhomogenes Medium wird in Abschnitt (6.4) behandelt. Bei senkrechtem Einfall und bei s-Polarisation steht das elektrische Feld immer senkrecht zur Inhomogenitätsrichtung, so dass die Ladungsdichte verschwindet.

6.2 WKB-Näherung*

Für schwach inhomogene Medien können Lösungen der Wellengleichungen im Rahmen der WKB-Näherung bestimmt werden.[1] Die WKB-Näherung ist eine allgemeine Methode zur näherungsweisen Lösung von linearen Differentialgleichungen mit schwach veränderlichen Koeffizienten. In der Quantenmechanik ist auch die Bezeichnung quasiklassische Näherung gebräuchlich, da sie u.a. auf die Bohr-Sommerfeld-Quantisierungsbedingungen führt. Die WKB-Näherung wurde bereits zur Herleitung der Gleichungen der geometrischen Optik angewandt. Im folgenden wird der allgemeinere Fall eines hermiteschen linearen Differentialoperators n-ter Ordnung mit schwach veränderlichen Koeffizienten behandelt. Für hermitesche Operatoren lässt sich die WKB-Lösung in geschlossener Form angeben.

---
[1] G. Wentzel, Z. Physik **38**, 518 (1926), H.A. Kramers, Z. Physik **39**, 828 (1926), L. Brillouin, Comptes Rendus de l'Academie des Sciences **183**, 24 (1926).

6.2 WKB-Näherung*

Wir betrachten eine gewöhnliche lineare Differentialgleichung n-ter Ordnung für eine Funktion $y(z)$,

$$Ly = 0, \qquad L = \sum_{m=1}^{n} a_m(z) \frac{d^m}{dz^m} \ . \tag{6.9}$$

Der zu L adjungierte Operator L^+ und die sogenannte bilineare Konkomitante $J(u,v)$ werden durch die Identität

$$v^*(Lu) - (L^+v)^*u = \frac{dJ(u,v)}{dz} \tag{6.10}$$

definiert. Diese Identität erhält man durch fortgesetzte Anwendung der Produktregel

$$va\frac{du}{dz} - (-1)\frac{d(av)}{dz}u = \frac{d(auv)}{dz} \tag{6.11}$$

auf die einzelnen Summanden des Operators bis alle Ableitungen von der Funktion u auf die Funktion v übertragen wurden. Dabei ergibt sich auf der rechten Seite ein totales Differential. Der adjungierte Operator besitzt die Form

$$L^+y = \sum_{m=0}^{n} (-1)^m \frac{d^m}{dz^m}(a_m y) \ . \tag{6.12}$$

Der Ausdruck für J wird im folgenden nicht benötigt.

Wir betrachten im folgenden hermitesche Operatoren, die durch $L = L^+$ definiert sind. Die Koeffizienten eines hermiteschen Differentialoperators müssen bestimmte Bedingungen erfüllen. Für reelle konstante Koeffizienten gilt z.B.

$$L^+y = \sum_{m=0}^{n} (-1)^m a_m \frac{d^m y}{dz^m} \ . \tag{6.13}$$

Der Operator ist nur dann hermitesch falls für beliebige Funktionen, z.B. die Potenzfunktionen $u = z^n$, die Bedingung $Lu = L^+u$ erfüllt wird. Daher müssen die Koeffizienten ungeradzahliger Ableitungen verschwinden, $a_m = 0$ für ungerade m. Ein hermitescher Differentialoperator mit reellen konstanten Koeffizienten besitzt also nur geradzahlige Ableitungen.

Die Koeffizienten $a_m(z)$ seinen nun reell und schwach veränderlich. Wir wollen für diesen Fall die Form der ungeradzahligen Koeffizienten eines hermiteschen Operators bestimmen. Ist k eine charakteristische Wellenzahl der Lösung und L eine charakteristische Gradientenlänge der Koeffizienten, dann ist $\varepsilon = 1/kL$ ein kleiner Parameter. Im folgenden wird angenommen, dass die Ableitungen einer schwach veränderlichen Funktion $f(z)$ die Größenordnung

$$\frac{f^{(m)}}{k^m f} = O(\varepsilon^m) \tag{6.14}$$

besitzen. Nach der Leibniz-Formel besitzt der adjungierte Operator (6.12) bis zur Ordnung $O(\varepsilon)$ die Form

$$L^+ y = \sum_{m=0}^{n} (-1)^m \left(a_m \frac{d^m y}{dz^m} + m \frac{da_m}{dz} \frac{d^{m-1} y}{dz^{m-1}} \right) + O(\varepsilon^2)$$

$$= \sum_{m=0}^{n} (-1)^m \left(a_m + (m+1) \frac{da_{m+1}}{dz} \right) \frac{d^m y}{dz^m} + O(\varepsilon^2) \qquad (6.15)$$

Der Operator ist nun hermitesch, $L = L^+$, falls die ungeradzahligen Ableitungen bis zur Ordnung $O(\varepsilon)$ die Koeffizienten

$$a_m = \frac{m+1}{2} \frac{da_{m+1}}{dz}, \qquad m \text{ ungerade}, \qquad (6.16)$$

besitzen. Die ungeradzahligen Koeffizienten sind also erste Ableitungen der jeweils nächsthöheren geradzahligen Koeffizienten. Trennt man in der Summe geradzahlige und ungeradzahlige Ableitungen, so folgt für Hermitesche Operatoren die Darstellung $L = L_0 + L_1$ mit

$$L_0 = \sum_{m=0}^{n/2} a_{2m} \frac{d^{2m}}{dz^{2m}}, \qquad L_1 = \sum_{m=0}^{n/2} \frac{2m}{2} \frac{da_{2m}}{dz} \frac{d^{2m-1}}{dz^{2m-1}}. \qquad (6.17)$$

Im folgenden setzen wir voraus, dass L hermitesch ist und die Darstellung (6.17) besitzt.

Für konstante Koeffizienten ist die Lösung der Differentialgleichung (6.9) bekannt,

$$y = y_0 e^{ik(z-z_0)}, \qquad P(k) = 0, \qquad P(k) = \sum_{m=0}^{n/2} a_{2m} (ik)^{2m}. \qquad (6.18)$$

Dies sind ebene Wellen mit konstanter Amplitude und konstanter Wellenzahl. Die Wellenzahlen k werden durch die Nullstellen des charakteristischen Polynoms $P(k)$ bestimmt, das aus den Koeffizienten des Operators L_0 gebildet wird.

Wenn die Koeffizienten schwach ortsabhängig sind, sich also über eine Wellenlänge nur schwach ändern, bleibt die Lösung für konstante Koeffizienten näherungsweise lokal gültig. Die Amplitude und die Wellenzahl werden sich aber über Distanzen von der Größenordnung der Gradientenlänge L ändern. Daher wählt man für die WKB-Lösung einen Ansatz

$$y(z) = y_0 \exp\left(i \int_{z_0}^{z} k(z) dz \right), \qquad k(z) = k_0(z) + k_1(z) + \cdots, \qquad (6.19)$$

wobei $k(z)$ langsam veränderlich ist und nach Potenzen von ε entwickelt wird. Hierbei ist $k_i(z) = O(\varepsilon^i)$. Die WKB-Näherung besteht in einer Entwicklung der Ableitungen

6.2 WKB-Näherung*

von (6.19) nach dem kleinen Parameter ε. Für die erste und zweite Ableitung erhält man

$$\frac{dy}{dz} = iky, \qquad \frac{d^2y}{dz^2} = (ik)^2 y + \frac{d(ik)}{dz}y \qquad (6.20)$$

Für höhere Ableitungen gelte bis zur Ordnung $O(\varepsilon)$,

$$\frac{d^m y}{dz^m} = (ik)^m y + c_m (ik)^{m-2} \frac{d(ik)}{dz} y + O(\varepsilon^2), \qquad (6.21)$$

mit noch unbestimmten Koeffizienten c_m. Diese Formel gilt für $m = 1$ mit $c_1 = 0$ und für $m = 2$ mit $c_2 = 1$. Durch Induktion findet man für $m + 1$ den Koeffizienten $c_{m+1} = c_m + m$. Diese Rekursionsformel ergibt

$$c_m = 1 + 2 + \cdots + (m-1) = \frac{m(m-1)}{2}. \qquad (6.22)$$

Mit (6.21), (6.22) findet man für die m-te Ableitung des Ansatzes (6.19) bis zur Ordnung $O(\varepsilon)$

$$\frac{d^m y}{dz^m} = (ik_0)^m y + m(ik_1)(ik_0)^{m-1} y + \frac{m(m-1)}{2}(ik_0)^{m-2}\frac{dik_0}{dz} y. \qquad (6.23)$$

Mit diesem Ergebnis kann die Differentialgleichung, ähnlich wie im homogenen Fall, durch eine Polynomgleichung ersetzt werde. Dazu definieren wir das charakteristische Polynom des gesamten Operators L durch

$$Q(k,z) = \sum_{m=0}^{n} a_m(z)(ik)^m \qquad (6.24)$$

und eine Aufspaltung gemäß (6.17) in $Q(k,z) = P(k,z) + p(k,z)$, mit

$$P(k,z) = \sum_{m=0}^{n/2} a_{2m}(z)(ik)^{2m},$$

$$p(k,z) = \sum_{m=0}^{n/2} \frac{2m}{2}\frac{da_{2m}}{dz}(ik)^{2m-1} = -\frac{i}{2}\partial^2_{zk} P(k,z). \qquad (6.25)$$

Hierbei ist $P(k,z)$ das charakteristische Polynom des homogenen Mediums und $p(k,z)$ eine Gradientenkorrektur erster Ordnung für hermitesche Operatoren. Diese kann, wie angegeben, durch die gemischte zweite Ableitung von $P(k,z)$ dargestellt werden.

Setzt man die Ableitungen (6.23) in die Differentialgleichung (6.9) ein, so lassen sich die Terme von (6.23) durch die Polynome Q, $\partial_k Q$ und $\partial_k^2 Q$ ausdrücken,

$$Q(k_0) + \partial_k Q(k_0) k_1 - \frac{i}{2}\partial_k^2 Q(k_0)\frac{dk_0}{dz} = 0. \qquad (6.26)$$

Substituiert man Q durch $P+p$ und vernachlässigt Terme der Ordnung $O(\varepsilon^2)$ so erhält man eine entsprechende Gleichung mit dem Polynom P,

$$P + (\partial_k P)k_1 - \frac{i}{2}\partial_k^2 P \frac{dk_0}{dz} - \frac{i}{2}\partial_{zk}^2 P = 0. \tag{6.27}$$

Ist $k = k(z)$ eine Funktion von z, so gilt die Identität

$$\frac{d}{dz}\left(\partial_k P(k(z),z)\right) = (\partial_k^2 P)\frac{dk}{dz} + \partial_{zk}^2 P. \tag{6.28}$$

Damit lautet (6.27)

$$P + (\partial_k P)k_1 - \frac{i}{2}\frac{d}{dz}\left(\partial_k P\right) = 0. \tag{6.29}$$

Da ε beliebig ist, müssen die Terme jeder Ordnung separat verschwinden. Die Ordnung $O(1)$ bestimmt die möglichen Wellenzahlen als Nullstellen des charakteristischen Polynoms,

$$P(k,z) = 0. \tag{6.30}$$

Zur Vereinfachung der Notation wird die führende Ordnung k_0 der Wellenzahl einfach wieder mit k bezeichnet. Die Wellenzahlen werden also genauso wie im homogenen Fall berechnet. Da die Koeffizienten jetzt aber ortsabhängig sind, ergeben sich lokale Wellenzahlen $k = k(z)$. Jede einfache Nullstelle des charakteristischen Polynoms stellt als Funktion von z einen Lösungszweig dar. Die Bedingung für die eindeutige lokale Auflösbarkeit der impliziten Funktion (6.30) nach k ist $\partial_k P \neq 0$. Ist $P = \partial_k P = 0$, so spricht man von einem Verzweigungspunkt. In der Umgebung eines Verzweigungspunktes verliert die WKB-Näherung ihre Gültigkeit.

Die Ordnung $O(\varepsilon)$ der Gleichung (6.29) bestimmt

$$k_1 = \frac{i}{2}\frac{1}{\partial_k P}\frac{d(\partial_k P)}{dz} = i\frac{d}{dz}\ln\sqrt{\partial_k P}. \tag{6.31}$$

Für reelle Wellenzahlen ist dieser Ausdruck rein imaginär und stellt dann eine reine Amplitudenmodulation dar. Durch Einsetzen von (6.31) in (6.19) findet man die WKB-Lösung

$$y = y_0\sqrt{\frac{\partial_k P(k(z_0),z_0)}{\partial_k P(k(z),z)}}\exp\left(i\int_{z_0}^{z}dz'\,k(z')\right). \tag{6.32}$$

Zusammenfassung 6.3 WKB-Methode

Entwicklungsparameter: $\varepsilon = \frac{1}{kL}$ (k: Wellenzahl, L: Gradientenlänge).

Hermitescher Differentialoperator mit Gradienten der Ordnung $O(\varepsilon)$:

$$L = \sum_{m=0}^{n/2} a_{2m} \frac{d^{2m}}{dz^{2m}} + \frac{2m}{2} \frac{da_{2m}}{dz} \frac{d^{2m-1}}{dz^{2m-1}}.$$

Charakteristisches Polynom:

$$P(k,z) = \sum_{m=0}^{n/2} a_{2m}(z)(ik)^{2m}.$$

Lokale Wellenzahlen: $P(k,z) = 0, \quad \partial_k P(k,z) \neq 0 \quad \Rightarrow \quad k = k(z).$

WKB-Lösung:

$$y(z) = y_0 \sqrt{\frac{\partial_k P(k(z_0), z_0)}{\partial_k P(k(z), z)}} \exp\left(i \int_{z_0}^{z} dz' k(z')\right).$$

Beispiel 6.4 WKB-Lösung für s-Polarisation

Wellengleichung:

$$E_x'' + k_0^2(\epsilon(z) - \eta^2)E_x = 0.$$

Charakteristisches Polynom:

$$P(k_z, z) = -k_z^2 + k_0^2(\epsilon(z) - \eta^2), \quad \partial_k P(k_z, z) = -2k_z.$$

Lokale Wellenzahl:

$$k_z = k_0 \sqrt{\epsilon(z) - \eta^2}.$$

WKB-Lösung:

$$E_x(z) = E_x(z_0) \sqrt{\frac{k_z(z_0)}{k_z(z)}} \exp\left(i \int_{z_0}^{z} k_z(z') dz'\right).$$

Beispiel 6.5 *WKB-Lösung für p-Polarisation*

Wellengleichung:

$$B_x'' - \frac{\epsilon'}{\epsilon}B_x' + k_0^2(\epsilon(z) - \eta^2)B_x = 0.$$

Hermitesche Form: $B_x = \epsilon y$,

$$\epsilon y'' + \epsilon' y' + k_0^2(\epsilon(z) - \eta^2)\epsilon y + O(\varepsilon^2) = 0.$$

Charakteristisches Polynom:

$$P(k_z, z) = \epsilon[-k_z^2 + k_0^2(\epsilon(z) - \eta^2)], \qquad \partial_k P(k_z, z) = -2\epsilon k_z.$$

Lokale Wellenzahl:

$$k_z = k_0\sqrt{\epsilon(z) - \eta^2}.$$

WKB-Lösung:

$$\frac{B_x(z)}{B_x(z_0)} = \frac{\epsilon(z)}{\epsilon(z_0)}\frac{y}{y_0} = \sqrt{\frac{\epsilon(z)k_z(z_0)}{\epsilon(z_0)k_z(z)}} \, \exp\left(i\int_{z_0}^{z} k_z(z')dz'\right).$$

6.3 Stokes-Gleichung*

Im Rahmen der WKB-Näherung breitet sich eine Welle im inhomogenen Medium reflexionsfrei aus. In diesem Abschnitt soll die Reflexion der Welle untersucht werden. Dazu betrachten wir zunächst die einfachere Wellengleichung für eine s-polarisierte Welle. Am Umkehrpunkt der Welle sei das Medium langsam veränderlich, so dass die Dielektrizitätsfunktion über einen Bereich von einigen lokalen Wellenlängen durch eine lineare Funktion approximiert werden kann. Die Lösung der Wellengleichung für ein lineares Profil in der Nähe eines Umkehrpunktes ist für die Behandlung der Reflexion von grundsätzlicher Bedeutung. Die entsprechende Differentialgleichung ist als Stokes-Gleichung (Stokes, 1857) bekannt. In der Quantenmechanik beschreibt die Stokes-Gleichung stationäre Lösungen der Schrödinger-Gleichung für ein Teilchen in einem konstanten Kraftfeld bzw. in einem linear veränderlichen Potential. Lösungen der Gleichung sind die Airy-Funktionen $Ai(x)$ und $Bi(x)$ (Airy 1838, 1849). Bei der Reflexion bildet sich eine stehende Welle aus, deren Eigenschaften durch die Airy-Funktion $Ai(x)$ beschrieben werden. Ausgehend von der Stokes-Gleichung werden in diesem Abschnitt Integraldarstellungen der Airy-Funktionen hergeleitet und es werden deren asymptotische Eigenschaften untersucht. Die Feldverteilung der stehenden Welle im Bereich des Umkehrpunktes wird hergeleitet.

Nach Beispiel (6.4) besitzt der lokale Wellenvektor die z-Komponente $k_z = k_0\sqrt{\epsilon(z) - \eta^2}$.

6.3 Stokes-Gleichung* 117

Fällt die Welle im Vakuum, d.h. für $\epsilon = 1$, unter dem Einfallswinkel θ ein, so gilt $\cos\theta = \sqrt{1-\eta^2}$, $\sin\theta = \eta$. Damit ist die Konstante η durch den Einfallswinkel bestimmt. Eine Nullstelle von $k_z(z)$ wird als Umkehrpunkt bezeichnet. Am Umkehrpunkt z_u gilt

$$\epsilon(z_u) = \sin^2\theta. \tag{6.33}$$

Für $\epsilon > \sin^2\theta$ ist die Wellenzahl reell, für $\epsilon < \sin^2\theta$ imaginär. Die Welle kann sich nur im Bereich reeller Werte von k_z ausbreiten. Am Umkehrpunkt gilt nach Beispiel (6.4) auch $\partial_k P = 0$. Der Umkehrpunkt ist daher ein Verzweigungspunkt, an dem die WKB-Näherung ihre Gültigkeit verliert. Die beiden Zweige sind hierbei die Wellenzahlen $+k_z(z)$ und $-k_z(z)$ der einfallenden und reflektierten Welle.

Beispiel 6.6 *Reflexion an einem überdichten Plasma*

Die Dielektrizitätsfunktion (3.5) eines Plasmas besitzt eine Nullstelle an der kritischen Dichte n_c, bei der die Plasmafrequenz gleich der Lichtfrequenz ist. Plasmadichten unterhalb der kritischen Dichte heißen unterdicht, oberhalb der kritischen Dichte überdicht.

Eine elektromagnetische Welle kann sich maximal bis zur kritischen Dichte ausbreiten. Dies ist z.B. der Grund für die Reflexion von langwelligen Radiowellen an der Ionosphäre, so dass diese einen Empfänger an einer weit vom Sender entfernten Stelle auf der Erdkugel erreichen können.

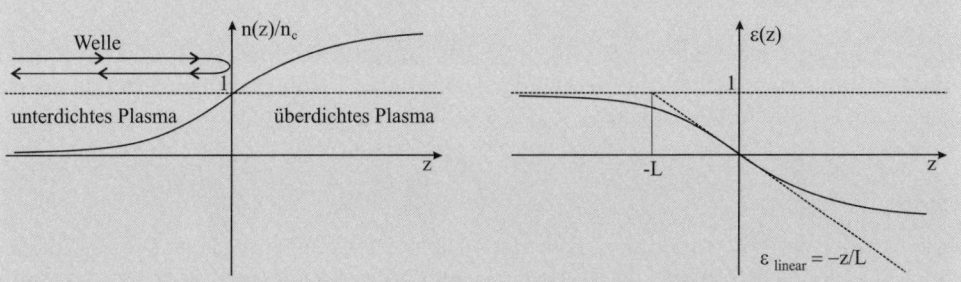

Elektronendichte, Dielektrizitätsfunktion und deren lineare Approximation an der kritischen Dichte beim Übergang vom unterdichten zum überdichten Plasma.

Entwickelt man die Dielektrizitätsfunktion $\epsilon(z)$ um den Umkehrpunkt $z = z_u$ bis zur linearen Ordnung, so ergibt sich ein lineares Profil

$$\epsilon(z) - \sin^2\theta - \frac{z-z_u}{L}, \quad \text{mit} \quad \epsilon'(z_u) = -\frac{1}{L}. \tag{6.34}$$

Mit der Dielektrizitätsfunktion (6.34) kann die Wellengleichung für s-Polarisation (6.7a) in der Form

$$E''(\xi) - \xi E(\xi) = 0 \tag{6.35}$$

geschrieben werden, wobei

$$\xi = (k_0 L)^{2/3} \frac{z - z_0}{L} \tag{6.36}$$

als dimensionslose unabhängige Variable gewählt wurde. Die Differentialgleichung (6.35) ist die Normalform der Stokes-Gleichung.

Ein Lösungsansatz für (6.35) sollte die Möglichkeit komplexer Wellenzahlen berücksichtigen, da die Wellenzahl beim Durchgang durch den Umkehrpunkt reelle und imaginäre Werte annimmt. Ein solcher relativ allgemeiner Ansatz ist ein Kurvenintegral

$$E(\xi) = \int_\gamma dk \; \varphi(k) e^{ik\xi}, \tag{6.37}$$

wobei der Integrationsweg γ eine noch näher zu bestimmende Kurve in der komplexen k-Ebene darstellt. Die Endpunkte der Kurve sollen im Unendlichen liegen und zwar jeweils in einem Gebiet der k-Ebene, in dem der Integrand verschwindet. Mit diesem Ansatz erhält man

$$E''(\xi) = \int_\gamma (-k^2) \varphi(k) e^{ik\xi},$$

$$\xi E(\xi) = \int_\gamma \varphi(k)(-i)\frac{d}{dk} e^{ik\xi} = \int_\gamma i\frac{d\varphi(k)}{dk} e^{ik\xi}.$$

In der zweiten Gleichung wurde eine partielle Integration durchgeführt. Der Beitrag von den Rändern verschwindet gemäß der Definition des Integrationsweges. Damit der Ansatz (6.37) die Wellengleichung (6.35) erfüllt, ist es hinreichend,

$$i\frac{d\varphi}{dk} + k^2 \varphi = 0, \tag{6.38}$$

zu fordern. Durch die Integraltransformation folgt also eine einfachere Differentialgleichung für die Transformierte $\varphi(k)$, deren Lösung unmittelbar angegeben werden kann,

$$\varphi(k) = C \; e^{i\frac{k^3}{3}}, \qquad C = \text{const.} \tag{6.39}$$

Die möglichen Integrationswege werden durch das Konvergenzverhalten des Kurvenintegrals im Unendlichen bestimmt. Setzt man $k = re^{i\phi}$ so erhält man für $r \to \infty$ die Konvergenzbedingung

$$\Re\left\{ikz + i\frac{k^3}{3}\right\} \to -\frac{r^3}{3} \sin(3\phi) < 0. \tag{6.40}$$

Die Bedingung $\sin(3\phi) > 0$ wird genau dann erfüllt, wenn ϕ in einem der drei Sektoren,

$$\frac{2n}{3}\pi < \phi < \frac{2n+1}{3}\pi, \qquad n = 0, 1, 2, \tag{6.41}$$

6.3 Stokes-Gleichung*

liegt. Wie in Abb. 6.3 gezeigt, kann man diese Sektoren durch drei Integrationswege γ_1, γ_2 und γ_3 miteinander verbinden. Da das Integral über einen geschlossenen Weg Null ergibt, genügt es zwei Wege zu wählen, die dann den zwei linear unabhängigen Lösungen der Stokes-Gleichung entsprechen. Mit den Integrationswegen γ_1 und $\gamma_2 + \gamma_3$ sowie einer speziellen Wahl der Integrationskonstante C erhält man als Lösungen die Integraldarstellung der Airy-Funktionen,

$$Ai(\xi) = \frac{1}{2\pi} \int_{\gamma_1} dk \; e^{ik\xi + i\frac{k^3}{3}}, \tag{6.42a}$$

$$Bi(\xi) = \frac{i}{2\pi} \int_{\gamma_2} dk \; e^{ik\xi + i\frac{k^3}{3}} + \frac{i}{2\pi} \int_{\gamma_3} dk \; e^{ik\xi + i\frac{k^3}{3}}. \tag{6.42b}$$

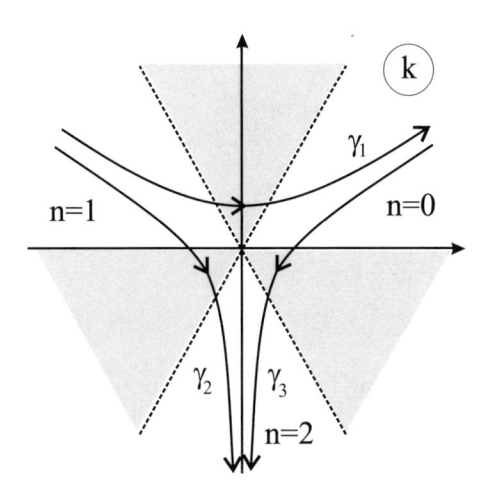

Abb. 6.3: *Konvergenzgebiete (6.41) und mögliche Integrationswege für das Kurvenintegral (6.37) in der komplexen k-Ebene. Der Integrationsweg γ_1 definiert die Airy-Funktion $Ai(\xi)$, der Weg $\gamma_2 + \gamma_3$ die Airy-Funktion $Bi(\xi)$. Wegen $I_{\gamma_2} = I_{\gamma_1} + I_{\gamma_3}$ genügt es zwei unabhängige Wege zu wählen.*

Die Integrale lassen sich für $|\xi| \gg 1$ asymptotisch mit der Sattelpunktsmethode auswerten. Zur Erläuterung der Sattelpunktsmethode schreiben wir das Integral in der allgemeinen Form

$$I_\gamma = \int_\gamma dk \; e^{S(k)}. \tag{6.43}$$

Die Funktion $S(k)$ besitze an der Stelle $k = k_s$ einen Sattelpunkt. In der Umgebung des Sattelpunktes besitzt die Funktion $S(k)$ die Entwicklung

$$S(k) = a - b\tau^2, \tag{6.44}$$

mit

$$a = S(k_s), \qquad S'(k_s) = 0, \qquad b = -\frac{1}{2}S''(k_s), \qquad \tau = k - k_s.$$

Der Sattelpunkt wird entlang eines Weges steilster Neigung γ_s überquert. Setzt man

$$b = |b|e^{i\beta}, \qquad \tau = te^{i\alpha}, \qquad b\tau^2 = |b|t^2 e^{i(\alpha+2\beta)}, \qquad 2\alpha + \beta = 2\pi n,$$

so ist die Richtung des Weges am Sattelpunkt

$$\alpha = -\frac{\beta}{2} + n\pi. \tag{6.45}$$

Entsprechend der Orientierung des globalen Integrationsweges ist am Sattel $n = 0$ oder $n = 1$ zu wählen. Der Beitrag des Sattelpunkts zum Integral ergibt dann,

$$I_{\gamma_s} = e^a \int_{\gamma_s} d\tau\, e^{-b\tau^2} = e^a e^{i\alpha} \int_{-\infty}^{+\infty} dt\, e^{-|b|t^2} = \sqrt{\frac{\pi}{|b|}}\, e^a e^{i\alpha}. \tag{6.46}$$

Zur Auswertung der Airy-Integrale (6.42) mit der Sattelpunktsmethode setzen wir

$$S(k) = ik\xi + i\frac{k^3}{3} \tag{6.47}$$

und berechnen die Ableitungen

$$S'(k) = i(\xi + k^2), \qquad S''(k) = 2ik.$$

Die Bedingung $S'(k) = 0$ bestimmt die beiden Sattelpunkte

$$k_s = \pm\sqrt{-\xi}. \tag{6.48}$$

Die Lage der Sattelpunkte und die Wege steilster Neigung durch die Sattelpunkte sind in Abb. 6.4 dargestellt. Die Entwicklungskoeffizienten aus (6.44) ergeben sich zu,

$$a = ik_s(\xi + \frac{k_s^2}{3}) = ik_s\frac{2}{3}\xi = \mp\frac{2}{3}i(-\xi)^{3/2}, \qquad b = -ik_s = \mp i\sqrt{-\xi}. \tag{6.49}$$

Damit lassen sich die asymptotischen Entwicklungen der Airy-Funktionen auf beiden Seiten des Umkehrpunktes angeben. Zur Vereinfachung der Notation setzen wir im folgenden

$$\zeta = \frac{2}{3}|\xi|^{3/2}, \qquad A = \frac{1}{\sqrt{\pi}|\xi|^{1/4}}. \tag{6.50}$$

Im Fall $\xi \gg 1$ gilt für die beiden Sattelpunkte jeweils

$$k_{s,1} = i\sqrt{\xi}, \qquad a = -\zeta, \qquad b = \sqrt{\xi}, \qquad \alpha = 0, \tag{6.51}$$

$$k_{s,2} = -i\sqrt{\xi}, \qquad a = +\zeta, \qquad b = -\sqrt{\xi}, \qquad \alpha = -\pi/2. \tag{6.52}$$

Die Sattelpunkte liegen auf der imaginären Achse. Der Integrationsweg γ_1 kann so gewählt werden, dass er nur den Sattel $k_{s,1}$ auf der positiven imaginären Achse passiert.

6.3 Stokes-Gleichung*

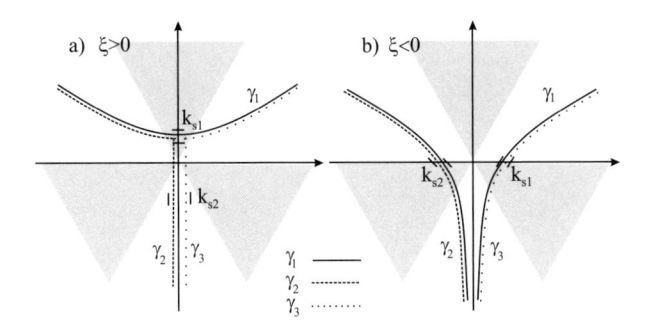

Abb. 6.4: Sattelpunkte und Wege steilster Neigung durch die Sattelpunkte für a) positive und b) negative Werte von ξ.

Die Integrationswege $\gamma_{2,3}$ passieren dagegen beide auch den Sattel $k_{s,2}$ auf der negativen imaginären Achse. Der Beitrag von $k_{s,1}$ ist gegenüber dem Beitrag von $k_{s,2}$ exponentiell klein und kann daher bei den Wegen $\gamma_{2,3}$ vernachlässigt werden. Damit ergeben sich für die Airy-Funktionen für $\xi \gg 1$ die asymptotischen Darstellungen

$$Ai = \frac{1}{2\pi}\frac{\sqrt{\pi}}{\xi^{1/4}} e^{-\zeta} = \frac{1}{2} A\, e^{-\zeta}, \tag{6.53a}$$

$$Bi = 2\frac{i}{2\pi}\frac{\sqrt{\pi}}{\xi^{1/4}} e^{\zeta} e^{-i\frac{\pi}{2}} = A\, e^{\zeta}. \tag{6.53b}$$

Im Fall $\xi \ll -1$ erhält man zwei Sattelpunkte auf der reellen Achse,

$$k_{s,1} = \sqrt{-\xi}, \quad a = -i\zeta, \quad b = -i\sqrt{-\xi}, \quad \alpha = -\frac{3\pi}{4}, \tag{6.54}$$

$$k_{s,2} = -\sqrt{-\xi}, \quad a = i\zeta, \quad b = i\sqrt{-\xi}, \quad \alpha = -\frac{\pi}{4}. \tag{6.55}$$

Die Beiträge dieser Sattelpunkte zu Kurvenintegralen entlang der Wege $\gamma_{2,3}$ sind,

$$I_{\gamma_2,\gamma_3} = \frac{\sqrt{\pi}}{(-\xi)^{1/4}} e^{\pm i\zeta}(\pm 1) e^{-i\frac{\pi}{4}}. \tag{6.56}$$

Die Beiträge sind hier von der gleichen Größenordnung und gehen daher additiv in die Kurvenintegrale $I_{\gamma_1} = I_{\gamma_2} - I_{\gamma_3}$ bzw. $I_{\gamma_2} + I_{\gamma_3}$ ein. Somit erhält man für $\xi \ll -1$ die asymptotischen Darstellungen

$$Ai = \frac{1}{2\pi}(I_{\gamma_2} - I_{\gamma_3}) = A\, \cos\left(\zeta - \frac{\pi}{4}\right) = A\, \sin\left(\zeta + \frac{\pi}{4}\right), \tag{6.57a}$$

$$Bi = \frac{i}{2\pi}(I_{\gamma_2} + I_{\gamma_3}) = -A\, \sin\left(\zeta - \frac{\pi}{4}\right) = A\, \cos\left(\zeta + \frac{\pi}{4}\right). \tag{6.57b}$$

In Abb. 6.5 sind die Airy-Funktionen dargestellt und mit den asymptotischen Lösungen für $\xi \gg 1$ und $\xi \ll -1$ verglichen. Die asymptotische Entwicklung für $\xi \ll -1$ ist

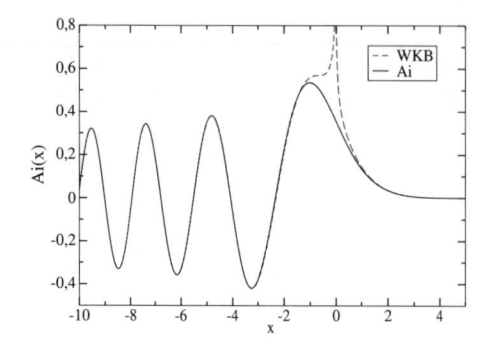

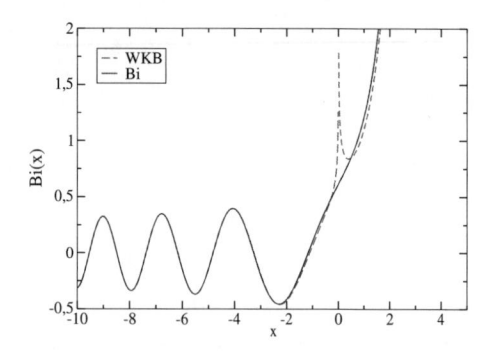

Abb. 6.5: *Die Airy-Funktionen Ai(x) und Bi(x). Für $x < 0$ sind die Funktionen oszillierend und gegeneinander um $\pi/2$ phasenverschoben. Für $x > 0$ klingt Ai(x) exponentiell ab, Bi(x) steigt exponentiell an. Die Airy-Funktionen sind exakte Lösungen der Stokes Gleichung. Die WKB-Lösung ist nur asymptotisch gültig. Am Umkehrpunkt $x = 0$ besitzen die Airy-Funktionen einen Wendepunkt, die WKB-Lösungen divergieren.*

bis etwa zum letzten Wellenmaximum vor dem Umkehrpunkt anwendbar. Am Umkehrpunkt besitzen die Airy-Funktionen gemäß der Stokes-Gleichung einen Wendepunkt, die asymptotischen Lösungen divergieren dort.

Die allgemeine Lösung der Stokes Gleichung kann als eine Linearkombination der Airy-Funktionen geschrieben werden,

$$E(\xi) = C Ai(\xi) + D Bi(\xi). \tag{6.58}$$

Die Integrationskonstanten C und D können durch die Randbedingungen für $z \to \pm\infty$ bestimmt werden. Bei Einstrahlung einer Welle von $z \to -\infty$ muss die Welle für $z \to +\infty$ abklingen. Diese Randbedingung wird nur von der Airy-Funktion Ai erfüllt. Somit muss $D = 0$ gesetzt werden. Für $z \to -\infty$ besteht die Lösung aus einer einlaufenden Welle mit Amplitude E_0 und einer reflektierten Welle mit Amplitude E_1. Diese asymptotische Lösung besitzt in WKB-Näherung die Form,

$$E(z) = \frac{1}{(\epsilon - \eta^2)^{1/4}} \left(E_0 e^{i\phi} + E_1 e^{-i\phi} \right). \tag{6.59}$$

mit

$$\phi = k_0 \int_0^z dz' \sqrt{\epsilon(z') - \eta^2}.$$

In einer Umgebung des Umkehrpunktes, die hinreichend groß ist, dass die WKB-Näherung gilt, aber noch hinreichend klein, dass die Dielektrizitätsfunktion linear approxi-

6.3 Stokes-Gleichung*

miert werden kann, folgt für das WKB-Eikonal und die WKB-Amplitude

$$\phi = k_0 \int_0^z dz' \sqrt{-z'/L} = -\int_0^{-\xi} d(-\xi')\sqrt{-\xi'} = -\zeta,$$

$$\frac{1}{(\epsilon - \eta^2)^{1/4}} = \frac{1}{\left(\frac{-z}{L}\right)^{1/4}} = \frac{(k_0 L)^{1/6}}{(-\xi)^{1/4}}.$$

Durch Koeffizientenvergleich zwischen der WKB-Lösung (6.59) und der exakten Lösung (6.58) mit der asymptotischen Entwicklung (6.57a) erhält man die Bedingungen

$$(k_0 L)^{1/6} E_0 = \frac{C}{2\sqrt{\pi}} e^{i\pi/4}, \qquad (k_0 L)^{1/6} E_1 = \frac{C}{2\sqrt{\pi}} e^{-i\pi/4}. \tag{6.60}$$

Daraus folgt,

$$C = 2\sqrt{\pi}(k_0 L)^{1/6} e^{-i\pi/4} E_0, \qquad E_1 = -iE_0. \tag{6.61}$$

Da das Medium dissipationsfrei und undurchlässig ist, besitzt die reflektierte Welle dieselbe Amplitude wie die einlaufende Welle, sie erleidet bei der Reflexion aber einen Phasensprung von $\pi/2$. Die Lösung

$$E(\xi) = 2\sqrt{\pi}(k_0 L)^{1/6} E_0 e^{-i\pi/4} Ai(\xi) \tag{6.62}$$

stellt eine stehende Welle dar, deren Wellenlänge und Amplitude zum Umkehrpunkt hin zunimmt. Wir geben noch Skalierungsgesetze für die Amplitude und die Wellenlänge am Umkehrpunkt an. Die Airy-Funktion besitzt ein Maximum $Ai \approx 0.53$ bei $\xi \approx -1$. Nach (6.62) verhält sich die maximale Feldamplitude zur Vakuumamplitude wie

$$\left|\frac{E_{max}}{E_0}\right|^2 = 0.53^2 \cdot 4 \cdot \pi (k_0 L)^{1/3} \approx 3.6 \cdot (k_0 L)^{1/3}. \tag{6.63}$$

Die lokale Wellenlänge am Umkehrpunkt kann mit der Bedingung $\zeta \approx 2\pi$ für eine Periode der WKB-Phase abgeschätzt werden. Mit Hilfe von (6.36) findet man daraus für das Verhältnis von der maximaler Wellenlänge λ_{max} zur Vakuumwellenlänge λ_0

$$\frac{\lambda_{max}}{\lambda_0} = \frac{(3\pi)^{2/3}}{2\pi} (k_0 L)^{1/3} \approx 0.71 \cdot (k_0 L)^{1/3}. \tag{6.64}$$

Bei der Einstrahlung mit intensiven Lasern kann es bei der kritischen Dichte zu hohen Energiedichten kommen. Der daraus resultierende Lichtdruck kann Änderungen des Dichteprofils auf der Skala einer Lichtwellenlänge hervorrufen. Dabei auftretende Wellenphänomene, wie z.B. Solitonen und Kavitonen, werden oft im Rahmen von Wellengleichungen vom Typ der nichtlinearen Schrödinger-Gleichung beschrieben.

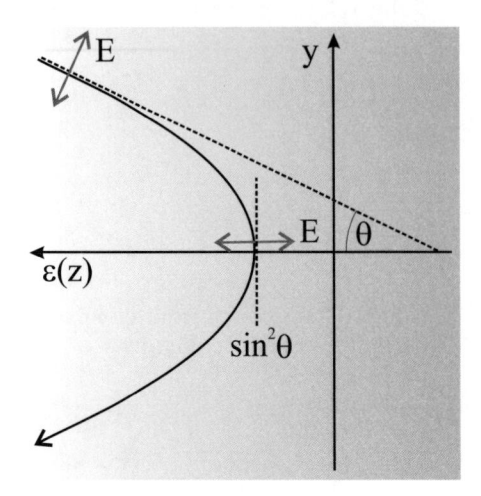

Abb. 6.6: *Schräger Einfall einer p-polarisierten Welle unter dem Winkel θ auf ein Medium mit einer Dielektrizitätsfunktion $\epsilon(z)$. Am Umkehrpunkt des Strahls ($\epsilon = \sin^2 \theta$) ist das elektrische Feld parallel bzw. antiparallel zum Gradienten der Dielektrizitätsfunktion gerichtet. Die Welle kann vom Umkehrpunkt zum Resonanzpunkt ($\epsilon = 0$) tunneln und dort longitudinale Schwingungen anregen.*

6.4 Resonanzabsorption

Beim schrägen Einfall einer p-polarisierten Welle wird die Welle nicht nur, wie bei s-Polarisation, reflektiert, sondern kann auch noch teilweise durch eine resonante Anregung elektrostatischer Moden absorbiert werden. Diesen Vorgang bezeichnet man als Resonanzabsorption. Die absorbierte Leistung ist normalerweise proportional zum Imaginärteil der Dielektrizitätsfunktion ϵ_i. Die nichtresonante Absorption ist also bei hinreichend kleinen ϵ_i vernachlässigbar. An der Resonanzstelle ist die absorbierte Leistung aber über einen kleinen Bereich der Größenordnung ϵ_i umgekehrt proportional zu ϵ_i, so dass sich insgesamt ein von ϵ_i unabhängiges Absorptionsvermögen ergibt. Resonanzabsorption spielt bei der Absorption von intensiver Laserstrahlung in Hochtemperaturplasmen eine wichtige Rolle, da die nichtresonante Absorption dort mit zunehmender Temperatur stark abnimmt.

Beim Einfall einer elektromagnetischen Welle auf ein inhomogenes Medium kommt es zur Resonanz, wenn die Frequenz ω der Welle mit der Frequenz ω_{es} einer elektrostatischen Mode übereinstimmt. Nach (3.24) werden die Frequenzen der elektrostatischen Moden durch die Bedingung $\epsilon(\omega_{es}, z) = 0$ bestimmt. An einer Resonanzstelle gilt damit auch $\epsilon(\omega, z) = 0$, d.h. die Dielektrizitätsfunktion besitzt bei der festen Wellenfrequenz als Funktion des Ortes eine Nullstelle. In einem Plasma mit der Dielektrizitätsfunktion (3.5) verschwindet die Dielektrizitätsfunktion an der kritischen Dichte. Bei dieser Dichte werden Plasmaschwingungen mit der Frequenz der einlaufenden Lichtwelle angeregt.

Zur Anregung elektrostatischer Moden ist nach (6.8) eine Komponente des elektrischen Feldes in Richtung des Gradienten der Dielektrizitätsfunktion erforderlich. Eine entsprechende Geometrie liegt beim schrägen Einfall von p-polarisiertem Licht vor (Abb. 6.6). Am Umkehrpunkt des Strahls ist das transversale Feld der p-polarisierten Welle nahezu parallel zur Inhomogenitätsrichtung. Vom Umkehrpunkt $\epsilon = \sin^2 \theta$ aus kann die Welle zur Resonanzstelle $\epsilon = 0$ tunneln und dort, falls die beiden Punkte nicht zu weit

6.4 Resonanzabsorption

voneinander entfernt sind, elektrostatische Moden anregen. Bei senkrechtem Einfall und bei s-Polarisation ist keine Ankopplung möglich, da das elektrische Feld keine Normalkomponente besitzt. Mit wachsendem Einfallswinkel entfernt sich der Umkehrpunkt vom Resonanzpunkt. Bei großen Winkeln und streifendem Einfall ist die Absorption daher exponentiell klein. Das Maximum der Resonanzabsorption erhält man bei einem mittleren Einfallswinkel.

Im Bereich der Resonanz kann man die Wellengleichung für p-Polarisation durch eine vereinfachte Differentialgleichung approximieren. Wie bei der Reflexion von s-polarisiertem Licht, ist es zweckmäßig, die Dielektrizitätsfunktion durch eine lineare Funktion,

$$\epsilon = -\frac{z}{L} + i\varepsilon, \tag{6.65}$$

zu ersetzen. Hierbei wurde $\epsilon(z)$ um die Resonanzstelle $z = 0$ entwickelt. Der Imaginärteil ε wird als konstant und beliebig klein angenommen. Dann ist der nichtresonante Beitrag zur Absorption gegenüber der Resonanzabsorption vernachlässigbar klein. Durch Einführung der Variablen

$$\xi = (k_0 L)^{2/3} \left(\frac{z}{L} - i\varepsilon\right), \qquad q = (k_0 L)^{2/3} \sin^2\theta, \tag{6.66}$$

kann die Wellengleichung (6.7b) in der Nähe der Resonanz auf die Normalform

$$B_x''(\xi) - \frac{1}{\xi} B_x'(\xi) - (\xi + q) B_x(\xi) = 0 \tag{6.67}$$

gebracht werden. Am Resonanzpunkt $\xi = 0$ ist der Koeffizient der ersten Ableitung singulär. Am Umkehrpunkt $\xi = -q$ besitzt der Koeffizient von B_x eine Nullstelle. An dieser Darstellung erkennt man bereits, dass die Lösung für vorgegebene Randbedingungen nur noch von dem dimensionslosen Parameter q abhängt, der den Abstand der Resonanz vom Umkehrpunkt angibt.

Die Resonanz tritt nur innerhalb einer kleinen Umgebung der Größenordnung $O(\varepsilon)$ von $\xi = 0$ auf. Es ist daher möglich das Absorptionsvermögen durch die lokalen Felder an der Resonanzstelle auszudrücken. Nach der allgemeinen Formel (3.70) ist die von einer monochromatischen Welle dissipierte Leistungsdichte

$$P(z) = \omega\varepsilon\frac{|E|^2}{8\pi}. \tag{6.68}$$

In der Nähe der Resonanz ist das elektrische Feld näherungsweise longitudinal und kann mit (6.6c) durch das Magnetfeld ausgedrückt werden,

$$E \approx E_z = \frac{\sin\theta B_x}{\epsilon}. \tag{6.69}$$

Mit (6.65), (6.68) und (6.69) erhält man

$$P(z) = \frac{\omega}{8} \sin^2\theta |B_x|^2 \, S(z/L), \tag{6.70}$$

mit

$$S(u) = \frac{1}{\pi} \frac{\varepsilon}{u^2 + \varepsilon^2}. \tag{6.71}$$

Das Magnetfeld ändert sich nur langsam über die Resonanzstelle. Die Breite und Höhe der Resonanz wird daher durch eine Lorentz-Kurve $S(u)$ beschrieben. Für $\varepsilon \to 0$ ist die Resonanz nur schwach gedämpft. In diesem Fall ist $S(u)$ eine Darstellung der Delta-Funktion. Die gesamte pro Flächeneinheit dissipierte Leistung erhält man durch Integration von (6.70) über die z-Koordinate,

$$Q = \frac{\omega L}{8} \sin^2 \theta \int_{-\infty}^{+\infty} du\ S(u)|B_x|^2 = \frac{\omega L}{8} \sin^2 \theta |B_x(0)|^2 \ . \tag{6.72}$$

Zur Definition des Absorptionsvermögens benötigt man noch den Energiestrom der einlaufenden Welle, der in Richtung der Flächennormalen pro Flächeneinheit hindurchtritt. Nach (3.62) erhält man hierfür

$$S_z = \frac{c}{8\pi} \cos\theta |E_0|^2. \tag{6.73}$$

Das Absorptionsvermögen ist das Verhältnis der absorbierten zur einfallenden Leistung,

$$A = \frac{Q}{S_z} = \pi k_0 L \frac{\sin^2 \theta}{\cos \theta} \left|\frac{B_x(0)}{E_0}\right|^2 . \tag{6.74}$$

Zur Demonstration des Grundprinzips der Resonanzabsorption beschränken wir uns jetzt bei der Berechnung des Magnetfeldes auf den leicht lösbaren Grenzfall kleiner Einfallswinkel. Bei kleinen Einfallswinkeln, kann man im Nenner $\cos\theta \approx 1$ setzen und das Magnetfeld für senkrechten Einfall ($q = 0$) auswerten. Das Magnetfeld genügt dann der Wellengleichung

$$B_x''(\xi) - \frac{1}{\xi} B_x'(\xi) - \xi B_x(\xi) = 0 \ . \tag{6.75}$$

Die Lösung folgt aus der Lösung für s-polarisiertes Licht, da beim senkrechten Einfall kein Unterschied zwischen den beiden Polaristionsrichtungen vorliegt. Für senkrechten Einfall gilt $E_z = 0$, $E_y = E$. Mit der Grundgleichung (6.6a) und der Lösung für s-Polarisation (6.62) erhält man,

$$B_x(\xi) = \frac{i}{(k_0 L)^{1/3}} E'(\xi) = \frac{2\sqrt{\pi}}{(k_0 L)^{1/6}} E_0 e^{+i\pi/4} Ai'(\xi). \tag{6.76}$$

Das Magnetfeld der Welle ist proportional zu der in Abb. 6.7 gezeigten Ableitung der Airy-Funktion $Ai(\xi)$. An der Resonanzstelle $\xi = 0$ gilt

$$\left|\frac{B_x(0)}{E_0}\right|^2 = \frac{4\pi\ Ai'(0)^2}{(k_0 L)^{1/3}}, \quad Ai'(0) = -\frac{1}{3^{1/3}\Gamma(1/3)} = -0.2588 \ . \tag{6.77}$$

6.4 Resonanzabsorption

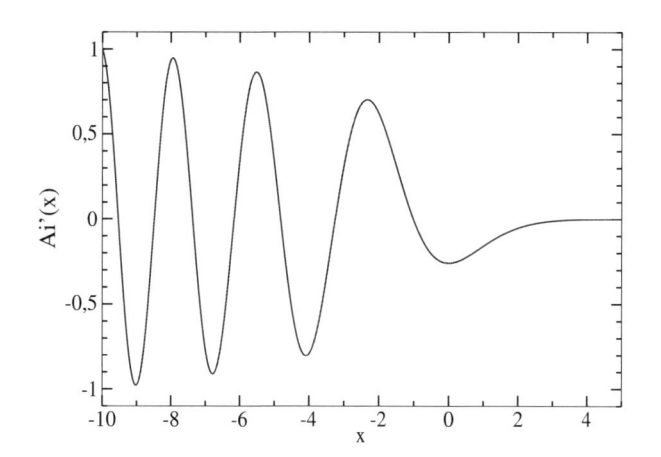

Abb. 6.7: *Bei senkrechtem Einfall einer Welle auf ein Medium mit der linearen Dielektrizitätskonstante (6.65) ist das Magnetfeld der Welle proportional zur Ableitung $Ai'(x)$ der Airy-Funktion $Ai(x)$. An der Resonanzstelle $x = 0$ besitzt das Magnetfeld ein lokales Extremum.*

Man kann auch direkt zeigen, dass die Ableitungen $Ai'(\xi)$, $Bi'(\xi)$ der Airy-Funktionen zwei linear unabhängige Lösungen der Wellengleichung (6.75) darstellen. Die Airy-Funktionen sind Lösungen der Stokes-Gleichung (6.35). Für jede Lösung $E(\xi)$ der Stokes-Gleichung erfüllt $B_x = E'(\xi)$ die Gleichungen

$$B'_x = E'' = \xi E, \qquad B''_x = E + \xi E' = \frac{1}{\xi} B'_x + \xi B_x. \tag{6.78}$$

An der Gleichung für die erste Ableitung erkennt man, dass das Magnetfeld am Resonanzpunkt $\xi = 0$ ein Extremum besitzt. Die zweite Gleichung ist identisch mit (6.75).

Mit (6.74) und (6.77) findet man für den schrägen Einfall einer p-polarisierten Welle bei kleinen Einfallswinkeln das Absorptionsvermögen

$$A = (k_0 L)^{2/3} \sin^2 \theta \; 4\pi^2 |Ai'(0)|^2 \approx 2.64 \cdot q \, . \tag{6.79}$$

Damit wurde die gesuchte Funktion $A(q)$ in linearer Ordnung in q bestimmt. Bei großen q-Werten findet man für die Funktion $A(q)$ asymptotisch einen exponentiellen Abfall,

$$A(q) \approx 2 e^{-(4/3) q^{3/2}}. \tag{6.80}$$

Dieser ergibt sich aus der WKB-Lösung (6.60) für das Tunneln von $|B_x|^2$ vom Umkehrpunkt $\xi = -q$ zur Resonanzstelle $\xi = 0$. Der Vorfaktor 2 folgt aus einer genaueren analytischen Behandlung dieses Grenzfalls.

Der Verlauf der Absorptionskurve für beliebige q kann durch eine numerische Lösung der vollständigen Wellengleichung (6.67) berechnet werden. Hierzu gibt man Anfangsbedingungen der abklingenden Welle rechts von der Resonanzstelle vor und integriert die Differentialgleichung in Richtung der negativen z-Achse bis in den Bereich der asymptotischen Lösung links vom Umkehrpunkt. Dort kann man aus den Funktionswerten

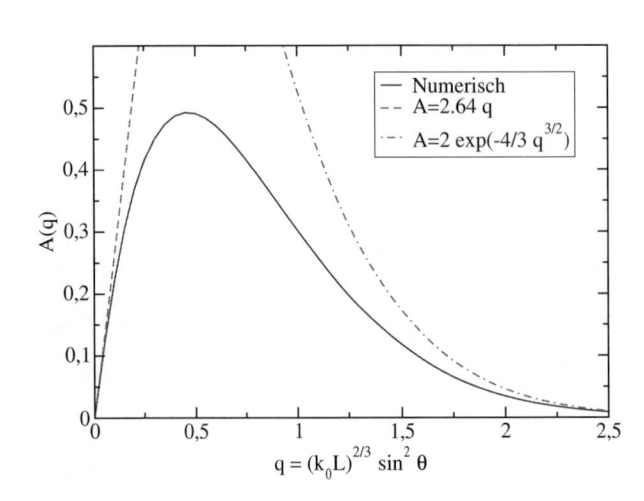

Abb. 6.8: *Resonanzabsorption beim schrägen Einfall einer p-polarisierten Welle mit Vakuumwellenzahl k_0 unter dem Winkel θ auf ein inhomogenes Medium mit der Gradientenlänge L. Das Absorptionsvermögen A hängt nur vom Parameter $q = (k_0 L)^{2/3} \sin^2 \theta$ ab. Die Abbildung zeigt die numerisch berechnete Absorptionskurve $A(q)$ und deren Asymptoten für $q \to 0$ und $q \to \infty$. Das Absorptionsmaximum $A \approx 0.5$ tritt für $q \approx 0.5$ auf.*

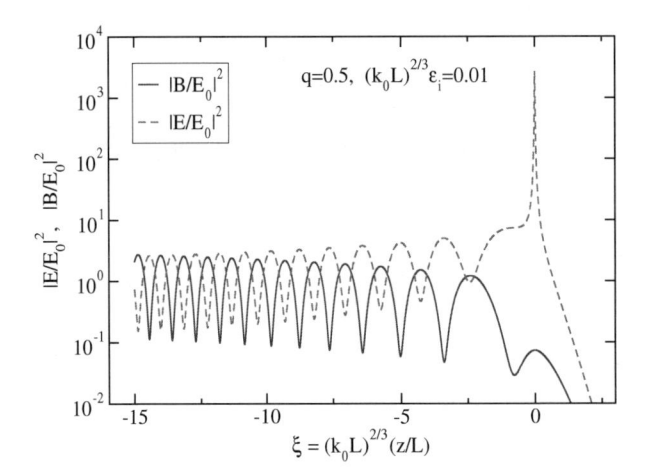

Abb. 6.9: *Feldverteilung des elektrischen und magnetischen Feldes im Bereich maximaler Absorption ($q = 0.5$). Die Feldamplituden $|E|^2 = |E_y|^2 + |E_z|^2$ und $|B|^2 = |B_x|^2$ wurden auf die Amplitude E_0 der einlaufenden Welle bei $\xi = -15$ normiert. Man erkennt deutlich das große elektrostatische Feld an der Resonanzstelle $\xi = 0$, das durch eine kleine Tunnelamplitude des Magnetfeldes angeregt wird.*

B und B' die Amplituden der einlaufenden und reflektierten Wellen ermitteln und aus deren Verhältnis das Absorptionsvermögen berechnen. In Abb. 6.8 ist die numerisch berechnete Absorptionskurve $A(q)$ dargestellt. Die Kurve besitzt ein Maximum $A \approx 0.5$ bei $q \approx 0.5$. Bei kleinen und großen q-Werten nähert sie sich jeweils den Asymptoten (6.79) und (6.80) an.

In Abb. 6.9 sind die Betragsquadrate der Amplituden des elektrischen und magnetischen Feldes als Funktion des Ortes für die Parameter $q = 0.5$ und $(k_0 L)^{2/3} \epsilon_i = 0.01$ dargestellt. Zur besseren Veranschaulichung der unterschiedlichen Größenordnungen des elektrischen und magnetischen Feldes an der Resonanzstelle sind die Feldamplituden logarithmisch aufgetragen. Die Wellenstruktur kommt durch die Interferenz der einlaufenden und reflektierten Welle zustande. In den Maxima wird die Summe, in den Minima die Differenz der Amplituden der beiden Wellen vom Gesamtfeld angenommen. Der Anteil der reflektierten Welle bestimmt die Modulationstiefe der Interferenzstruktur. Qualitativ ähnlich wie beim senkrechten Einfall in Abb. 6.7 nimmt das Magnetfeld im Medium in Ausbreitungsrichtung ab und besitzt an der Resonanz ein breites Maximum. Die elektrische Feldamplitude nimmt dagegen zu und mündet an der Resonanzstelle in ein sehr schmales Maximum, das dem Resonanzfeld nach (6.69) entspricht. Im Bereich der Resonanz ändert sich das elektrische Feld so stark, dass die in Kapitel 3.1 angenommene lokale Beziehung zwischen der Polarisation und dem elektrischen Feld verletzt sein kann. Im Plasma führen nichtlokale Effekte in der Polarisation zu einer Ausbreitung der elektrostatischen Mode als Welle. Dadurch wird die singuläre Form des Resonanzfeldes vermieden. Die Absorptionskurve bleibt jedoch weitgehend unbeeinflusst.

6.5 Fresnel-Formeln

Bisher wurde angenommen, dass sich die Eigenschaften des Mediums über eine lokale Wellenlänge nur wenig ändern. Im folgenden wird der entgegengesetzte Grenzfall betrachtet. Das Medium ändere sich nun nur innerhalb einer dünnen ebenen Schicht, deren Dicke klein ist gegenüber der Wellenlänge. In diesem Fall kann man die Dicke der Übergangsschicht ganz vernachlässigen und die Grenzfläche als Unstetigkeit behandeln. An einer ebenen Grenzfläche erfüllen die Felder gewisse Stetigkeitsbedingungen. Unter Verwendung der Stetigkeitsbedingungen an der Grenzfläche und der Wellenlösungen in den angrenzenden Halbräumen können die Intensitätsverhältnisse der an der Grenzfläche ein- und auslaufenden Wellen angegeben werden. Die entsprechenden Gesetze werden als Fresnel-Formeln bezeichnet. Ein System aus zwei parallelen ebenen Grenzflächen mit hohen Reflexionsvermögen beschreibt ein Fabry-Pérot-Interferometer, dessen Eigenschaften analog untersucht werden können.

Zuerst werden die Stetigkeitsbedingungen an einer ebenen Grenzfläche abgeleitet. Dazu betrachten wir eine dünne Übergangsschicht zwischen zwei homogenen Medien mit den Dielektrizitätskonstanten ϵ_1 und ϵ_2. Innerhalb der Schicht variiere die Dielektrizitätskonstante stetig von ϵ_1 nach ϵ_2. Ohne große Beschränkung der Allgemeinheit kann innerhalb der Schicht ein lineares Profil angenommen werden. Die resultierende Dielektrizitätsfunktion ist

$$\epsilon(z) = \begin{cases} \epsilon_1 & z < -\Delta/2 \\ \frac{\epsilon_1+\epsilon_2}{2} - \frac{z}{L}, \qquad L = \frac{\Delta}{\epsilon_1-\epsilon_2} & |z| < \Delta/2 \\ \epsilon_2 & z > \Delta/2 \end{cases} . \qquad (6.81)$$

Wir betrachten zuerst den Fall der s-Polarisation und integrieren die Wellengleichung

(6.7a) über die Schicht unter der Annahme, dass E_x stetig und beschränkt ist,

$$E'_x(z)\big|_{-\Delta/2}^{+\Delta/2} = -k_0^2 \int_{-\Delta/2}^{+\Delta/2} dz\, \epsilon(z) E_x(z)$$
$$= -k_0^2 E_x(0)\epsilon(0)\Delta + O(\Delta^2) \,. \tag{6.82}$$

Hierbei wurde der Integrand um $z = 0$ entwickelt und nur die führende Ordnung in Δ berücksichtigt. Im Grenzfall $\Delta \to 0$ verschwindet die rechte Seite, so dass das elektrische Feld und seine Ableitung an der Grenzfläche stetig sind. Wir schreiben dieses Ergebnis in der folgenden Form:

Definition 6.7: *Sprungbedingung an einer Diskontinuität*

Der Sprung einer Funktion $f(z)$ an einer Unstetigkeitsstelle $z = 0$ wird definiert durch

$$[f] = \lim_{\Delta \to 0}\{f(\Delta/2) - f(-\Delta/2)\}. \tag{6.83}$$

Die Sprungbedingungen für s-Polarisation lauten damit

$$[E_x] = 0, \qquad [E'_x] = 0. \tag{6.84}$$

Für p-Polarisation können entsprechend Sprungbedingungen für das Magnetfeld und seine Ableitung hergeleitet werden. Dazu ist es notwendig die entsprechende Wellengleichung (6.7b) zuerst so umzuformen, dass die ersten beiden Terme zusammen als Ableitung einer Stammfunktion geschrieben werden können. Dies erreicht man durch Division der Gleichung durch ϵ. Man erhält

$$\left(\frac{B'_x}{\epsilon}\right)' = -k_0^2 \frac{\epsilon - \eta^2}{\epsilon} B_x \,. \tag{6.85}$$

Die Integration über die Schicht ergibt

$$\frac{B'_x}{\epsilon}\bigg|_{-\Delta/2}^{+\Delta/2} = -k_0^2 \int_{-\Delta/2}^{+\Delta/2} dz\, B_x + k_0^2 \eta^2 \int_{-\Delta/2}^{+\Delta/2} dz\, \frac{B_x}{\epsilon} \,. \tag{6.86}$$

Nimmt man an, dass das Magnetfeld stetig und beschränkt bleibt, so kann es durch $B_x(0)$ ersetzt werden. Im zweiten Integral tritt für $\epsilon = 0$ eine Singularität auf. Daher ist es notwendig dieses Integral explizit auszuführen. Die Integration ergibt,

$$\frac{B'_x}{\epsilon}\bigg|_{-\Delta/2}^{+\Delta/2} = k_0^2 B_x(0) \left\{-\Delta + \eta^2 L \left(\ln\left|\frac{\epsilon_1}{\epsilon_2}\right| + i \arg\frac{\epsilon_1}{\epsilon_2}\right)\right\} \,. \tag{6.87}$$

6.5 Fresnel-Formeln

Der erste Term der rechten Seite verschwindet wieder für dünne Schichten $\Delta \to 0$. Beim zweiten Term braucht man die etwas restriktivere Bedingung steiler Gradienten $L = \Delta/(\epsilon_1 - \epsilon_2) \to 0$. Die notwendige Schichtdicke wird hier auch durch die Sprunghöhe des Profils begrenzt. Unter diesen Voraussetzungen gelten für p-Polarisation die Sprungbedingungen

$$[B_x] = 0, \qquad \left[\frac{B'_x}{\epsilon}\right] = 0 \ . \tag{6.88}$$

Zum Vergleich der Absorption bei flachen und steilen Gradienten ist es instruktiv den Sprung des Poynting-Vektors an der Grenzfläche zu berechnen. Nach dem Energiesatz (3.79) gibt der Sprung des zeitgemittelten Poynting-Vektors die in der Schicht dissipierte Leistung an,

$$[<S_z>] = -\lim_{\Delta \to 0} \int_{-\Delta/2}^{+\Delta/2} dz P \ . \tag{6.89}$$

Für p-Polarisation gilt mit (6.6b)

$$<S_z> = \frac{c}{4\pi} < (\boldsymbol{\mathcal{E}} \times \boldsymbol{\mathcal{B}})_z > = -\frac{c}{8\pi}\Re\{E_y B_x^*\} = \frac{c}{8\pi}\Re\{\frac{B'_x}{ik_0\epsilon}B_x^*\}. \tag{6.90}$$

Der Sprung des Poyntingvektors wird durch den Sprung von E_y bestimmt, der mit (6.87) berechnet werden kann,

$$[<S_z>] = \frac{c}{8\pi}k_0|B_x(0)|^2\eta^2 L \ \arg\left(\frac{\epsilon_1}{\epsilon_2}\right). \tag{6.91}$$

Ist $\epsilon_1 > 0$, $\epsilon_2 < 0$ und der Imaginärteil von ϵ beliebig klein und positiv, so gilt $\arg(\epsilon_1) = 0$, $\arg(\epsilon_2) = \pi$ und $\arg(\epsilon_1/\epsilon_2) = -\pi$. Der Einfallswinkel im Medium 1 und der Einfallswinkel im Vakuum sind durch die Beziehung $\eta = \sqrt{\epsilon_1}\sin\theta_1 = \sin\theta_0$ miteinander verknüpft. Damit folgt

$$[<S_z>] = -\frac{\omega L}{8}\sin^2\theta_0|B_x(0)|^2 = -Q, \tag{6.92}$$

in Übereinstimmung mit der an der Resonanzstelle absorbierten Leistung (6.72). Die Stetigkeitsbedingungen (6.88) für Grenzflächen gelten im Grenzfall $L \to 0$. In diesem Fall folgt aus (6.92) auch die Stetigkeit des Poynting-Vektors,

$$[<S_z>] = 0 \ , \tag{6.93}$$

und damit die Vernachlässigung der Absorption innerhalb der Grenzschicht. Diese kann dann nur in den angrenzenden Medien auftreten.

Wir betrachten nun die Reflexion einer Welle an einer ebenen Grenzfläche $z = 0$ zwischen zwei homogenen Medien. Die einfallende Welle treffe von links kommend unter dem Einfallswinkel θ auf die Grenzfläche $z = 0$. Im Halbraum $z < 0$ sei das Medium vollständig transparent mit einer reellen und positiven Dielektrizitätskonstanten ϵ_1. Das Medium im Halbraum $z > 0$ besitze eine beliebige komplexe Dielektrizitätskonstante ϵ_2. Entsprechend dem Lösungsansatz aus (6.2) können alle Wellen mit derselben Frequenz ω und derselben Tangentialkomponente des Wellenvektors $k_y = k_0 \eta$, $\eta = \sqrt{\epsilon_1} \sin \theta_1$ angesetzt werden.

Wir untersuchen zuerst den Fall einer s-polarisierten Welle. Die Lösung der Wellengleichung (6.7a) in den beiden Halbräumen lautet,

$$E_x = \begin{cases} A e^{ik_{z,1}z} + B e^{-ik_{z,1}z} & z < 0 \\ C e^{ik_{z,2}z} & z > 0 \end{cases} \quad (6.94)$$

mit

$$k_{z,1} = k_0 \sqrt{\epsilon_1 - \eta^2} = k_0 \sqrt{\epsilon_1} \cos \theta_1, \quad (6.95a)$$

$$k_{z,2} = k_0 \sqrt{\epsilon_2 - \eta^2} = k_0 \sqrt{\epsilon_2 - \epsilon_1 \sin^2 \theta_1}. \quad (6.95b)$$

An der Grenzfläche gilt das Reflexionsgesetz für die reflektierte Welle und das Brechungsgesetz für die in ein transparentes Medium transmittierte Welle. Die Wellenvektoren der einfallenden und der reflektierten Welle besitzen dieselbe y-Komponente und denselben Betrag. Daher ist der Einfallswinkel gleich dem Ausfallswinkel,

$$\sin \theta_{1,A} = \sin \theta_{1,B} = \frac{k_y}{k_1}. \quad (6.96)$$

Dies bezeichnet man als Reflexionsgesetz. Die Wellenvektoren der einfallenden und transmittierten Welle besitzen dieselbe y-Komponente aber einen unterschiedlichen Betrag $k_{1,2} = k_0 n_{1,2}$. Beim Übergang vom Medium 1 in ein Medium 2 mit reellem Brechungsindex ändert sich daher der Winkel gemäß dem Brechungsgesetz

$$n_1 \sin \theta_{1,A} = n_2 \sin \theta_{2,C}. \quad (6.97)$$

Wir bestimmen nun die Amplituden der Wellen mit den Sprungbedingungen (6.84). Wertet man diese Sprungbedingungen mit dem Wellenansatz (6.94) an der Grenzfläche $z = 0$ aus, so folgt

$$A + B = C, \qquad k_{z,1}(A - B) = k_{z,2} C. \quad (6.98)$$

Ist die Amplitude A der einlaufenden Welle vorgegeben, so erhält man für die reflektierte und transmittierte Welle jeweils die Amplitude

$$B = \frac{k_{z,1} - k_{z,2}}{k_{z,1} + k_{z,2}} A, \qquad C = \frac{2 k_{z,1}}{k_{z,1} + k_{z,2}} A. \quad (6.99)$$

Damit ist die Lösung im gesamten Raum vollständig bestimmt.

6.5 Fresnel-Formeln

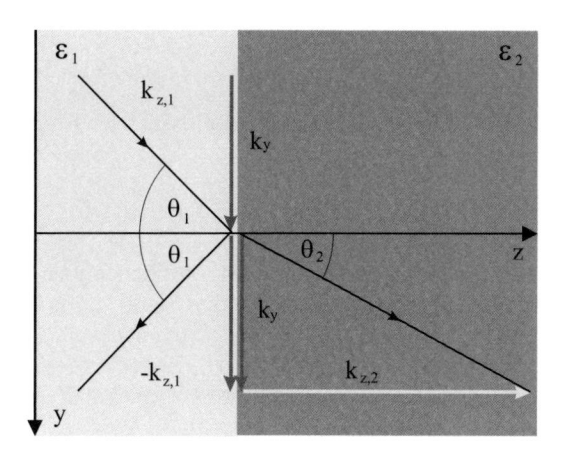

Abb. 6.10: *Reflexion und Brechung einer elektromagnetischen Welle an einer ebenen Grenzfläche zwischen zwei homogenen Medien mit den Dielektrizitätskonstanten $\epsilon_{1,2}$. Die Tangentialkomponente des Wellenvektors, k_y, ist an der Grenzfläche stetig.*

Zur Berechnung der Intensitätsverhältnisse der einzelnen Wellen benötigt man die Energiestromdichte in den beiden Medien. Für eine ebene Welle mit der Amplitude E ist die z-Komponente der zeitgemittelten Energiestromdichte nach (3.62) und (6.95)

$$<S_z(E)> = \frac{c}{8\pi}\Re\{\frac{k_z}{k_0}\}|E|^2. \tag{6.100}$$

Diese Form des Energiestroms ist im linken Halbraum nicht unmittelbar anwendbar, da dort eine Superposition von zwei Wellen vorliegt. Die Energiestromdichte kann jedoch mit dem Gesamtfeld beider Wellen wie folgt berechnet werden. Ausgehend vom zeitgemittelten Poynting-Vektor erhält man mit den Feldkomponenten einer s-polarisierten Welle (6.5) den Ausdruck

$$<S_z> = \frac{c}{4\pi}<(\boldsymbol{\mathcal{E}} \times \boldsymbol{\mathcal{B}})_z> = \frac{c}{8\pi}\Re\{E_x^* B_y\} = \frac{c}{8\pi}\Re\{E_x^* \frac{1}{ik_0}E_x'\} \ . \tag{6.101}$$

Verwendet man im linken Halbraum für E_x die Lösung (6.94), so folgt

$$\begin{aligned}<S_{z,1}> &= \frac{c}{8\pi k_0}\Re\{k_{z,1}(A+B)^*(A-B)\} \\ &= \frac{c}{8\pi k_0}\Re\{k_{z,1}(|A|^2 - |B|^2 + AB^* - A^*B)\} \\ &= \frac{c}{8\pi k_0}\left[\Re\{k_{z,1}\}(|A|^2 - |B|^2) - 2\Im\{k_{z,1}\}\Im\{AB^*\}\right] \ . \end{aligned} \tag{6.102}$$

Nach Voraussetzung ist das Medium im linken Halbraum transparent und $k_{z,1}$ ist daher reell. Damit entfällt in (6.102) der zweite Term und der Energiestrom kann als Summe der Energieströme der beiden Wellen geschrieben werden. In einem Medium, in dem $k_{z,1}$ rein imaginär ist, können sich Wellen durch Tunneln ausbreiten. Der Energiestrom in einer Tunnelregion ist durch den zweiten Term also das Produkt der Tunnelamplituden bestimmt. Im folgenden betrachten wir aber nur den Fall, dass $k_{z,1}$ reell ist.

Die Stetigkeitsbedingung (6.93) für den Energiestrom lautet damit

$$< S_z(A) > + < S_z(B) > = < S_z(C) > . \tag{6.103}$$

Das Reflexions- und Transmissionsvermögen der Grenzfläche wird anhand der Energiestromdichten der Wellen in folgender Weise definiert.

Definition 6.8: *Reflexions- und Transmissionsvermögen*

Die Energiestromdichten der einzelnen Wellen in Richtung der Oberflächennormalen seien $< S_z(A) >$ für die einlaufende, $< S_z(B) >$ für die reflektierte und $< S_z(C) >$ für die transmittierte Welle. Die Normalenkomponenten des Wellenvektors seien $\pm k_{z,1}$ für die einlaufende bzw. reflektierte und $k_{z,2}$ für die transmittierte Welle. Dann definiert man das Reflexionsvermögen R und Transmissionsvermögen T durch

$$R = \left| \frac{< S_z(B) >}{< S_z(A) >} \right| = \left| \frac{B}{A} \right|^2 ,$$

$$T = \left| \frac{< S_z(C) >}{< S_z(A) >} \right| = \frac{\Re\{k_{z,2}\}}{\Re\{k_{z,1}\}} \left| \frac{C}{A} \right|^2 .$$

Die reflektierte Welle breitet sich im gleichen Medium wie die einlaufende Welle aus. Daher haben beide Wellen dieselbe Ausbreitungsgeschwindigkeit und das Reflexionsvermögen hängt nur vom Amplitudenverhältnis ab. Die transmittierte Welle und die einlaufende Welle breiten sich in unterschiedlichen Medien mit unterschiedlichen Ausbreitungsgeschwindigkeiten aus. Das Transmissionsvermögen ist daher zusätzlich proportional zu dem Faktor $\Re\{k_{z,2}\}/\Re\{k_{z,1}\}$. Die Energiestromerhaltung (6.103) an der Grenzfläche lautet mit diesen Definitionen

$$R + T = 1. \tag{6.104}$$

Das Reflexions- und Transmissionsvermögen kann mit (6.99) durch die Dielektrizitätskonstanten der beiden Medien und den Einfallswinkel ausgedrückt werden. Man erhält damit die Fresnel-Formeln für s-Polarisation:

$$R_s = \left| \frac{k_{z,1} - k_{z,2}}{k_{z,1} + k_{z,2}} \right|^2 , \qquad T_s = \frac{\Re\{k_{z,2}\}}{\Re\{k_{z,1}\}} \frac{4|k_{z,1}|^2}{|k_{z,1} + k_{z,2}|^2} . \tag{6.105}$$

Die Reflexion einer p-polarisierten Welle kann analog behandelt werden. Man muss dazu lediglich in den Formeln die Substitutionen $E_x \to B_x$ und $E'_x \to B'_x/\epsilon$ vornehmen. In den Fresnel-Formeln ist dementsprechend lediglich k_z durch k_z/ϵ zu ersetzen. Damit lauten die Fresnel-Formeln für p-Polarisation

$$R_p = \left| \frac{\epsilon_2 k_{z,1} - \epsilon_1 k_{z,2}}{\epsilon_2 k_{z,1} + \epsilon_1 k_{z,2}} \right|^2 , \qquad T_p = \frac{\Re\{k_{z,2}/\epsilon_2\}}{\Re\{k_{z,1}/\epsilon_1\}} \frac{4|\epsilon_2 k_{z,1}|^2}{|\epsilon_2 k_{z,1} + \epsilon_1 k_{z,2}|^2} . \tag{6.106}$$

6.5 Fresnel-Formeln

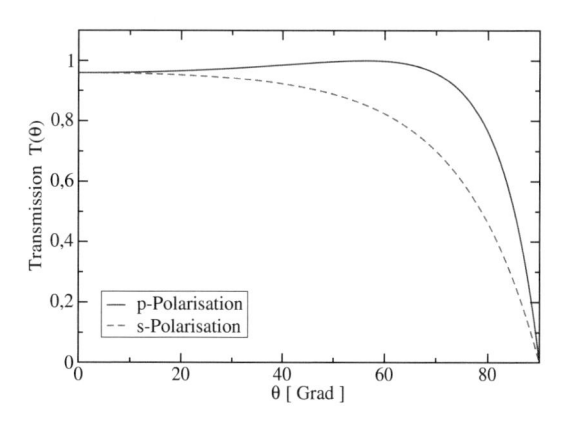

Abb. 6.11: *Transmissionsvermögen $T = 1 - R$ einer Glasoberfläche für s- und p-polarisiertes Licht als Funktion des Einfallswinkels θ. Der Brechungsindex von Glas im optischen Spektralbereich wurde zu $n = 1.5$ angenommen. P-polarisiertes Licht wird beim Brewster-Winkel $\theta \approx 56°$ vollständig transmittiert.*

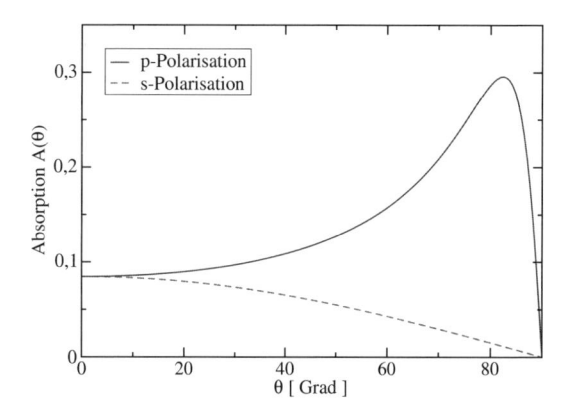

Abb. 6.12: *Absorptionsvermögen $A = 1 - R$ einer Alumminiumoberfläche für s- und p-polarisiertes Licht als Funktion des Einfallswinkels θ. Der Brechungsindex von Al wurde zu $n=1.3+i7.5$ für $\hbar\omega = 2$ eV angenommen. Das Absorptionsvermögen von p-polarisiertem Licht besitzt ein Maximum bei einem relativ großen Einfallswinkel. Aufgrund des Imaginärteils im Brechungsindex ist die Reflektivität gegenüber Abb. 6.11 stark erhöht.*

Für viele Materialien kennt man die optischen Konstanten und kann die Fresnel-Formeln dann, wie in Abb. 6.11 für ein transparentes und in Abb. 6.12 für ein absorbierendes Medium gezeigt, numerisch lösen. In den nachfolgenden Sonderfällen ergeben sich aus den Fresnel-Formeln besonders einfache Ergebnisse.

Senkrechter Einfall: Bei senkrechtem Einfall folgt für beide Polarisationsrichtungen

$$R_s = R_p = \left| \frac{\sqrt{\epsilon_1} - \sqrt{\epsilon_2}}{\sqrt{\epsilon_1} + \sqrt{\epsilon_2}} \right|^2. \tag{6.107}$$

Dieses Ergebnis ergibt sich aus (6.105) und (6.106) indem man für $\theta_1 = 0°$ die Wellenzahlen $k_{z,1} = k_0\sqrt{\epsilon_1}$ und $k_{z,2} = k_0\sqrt{\epsilon_2}$ einsetzt und im Falle von (6.106) Zähler und Nenner jeweils durch $k_{z,1}k_{z,2}$ dividiert.

Streifender Einfall: Für $\theta_1 = 90°$ ist $k_{z,1} = 0$. Damit erhält man immer vollständige Reflexion, $R_s = R_p = 1$.

Einfall unter 45°: Bei einem Einfall unter dem Winkel $\theta_1 = 45°$ besteht zwischen dem Reflexionsvermögen für s- und p-Polarisation immer der einfache Zusammenhang

$$R_p = R_s^2. \tag{6.108}$$

Unabhängig von den optischen Eigenschaften des Mediums gilt bei diesem Einfallswinkel also immer $R_p < R_s$, falls nicht der Spezialfall vollständiger Reflexion $R_s = R_p = 1$ oder vollständiger Transmission $R_s = R_p = 0$ vorliegt.

Zum Beweis dieser Aussage kann man R_p und R_s^2 in der folgenden Form schreiben

$$R_p = \left| \frac{k_2^2 \cos^2 \theta_1 - k_{z,1} k_{z,2}}{k_2^2 \cos^2 \theta_1 + k_{z,1} k_{z,2}} \right|^2,$$

$$R_s^2 = \left| \frac{k_{z,1}^2 + k_{z,2}^2 - 2 k_{z,1} k_{z,2}}{k_{z,1}^2 + k_{z,2}^2 + 2 k_{z,1} k_{z,2}} \right|^2$$

$$= \left| \frac{k_2^2 + k_1^2 (\cos^2 \theta_1 - \sin^2 \theta_1) - 2 k_{z,1} k_{z,2}}{k_2^2 + k_1^2 (\cos^2 \theta_1 - \sin^2 \theta_1) + 2 k_{z,1} k_{z,2}} \right|^2,$$

wobei $k_{1,2}^2 = k_0^2 \epsilon_{1,2}$ gesetzt wurde. Für $\theta_1 = 45°$ ist $\cos^2 \theta_1 = \sin^2 \theta_1 = 1/2$ und damit $R_p = R_s^2$.

Totalreflexion: Beim Einfall auf ein transparentes optisch dünneres Medium ($\epsilon_2 < \epsilon_1$) tritt für Einfallswinkel mit $\sin \theta_1 \geq n_2/n_1$ Totalreflexion auf. Der Grenzwinkel für Totalreflexion ist

$$\theta_T = \arcsin(n_2/n_1).$$

Nach dem Brechungsgesetz (6.97) wird der Strahl beim Durchgang durch die Grenzfläche von der Normalenrichtung weggebrochen. Für $\sin \theta_1 = n_2/n_1$ wird der Austrittswinkel $\theta_2 = 90°$ erreicht. Der Strahl kann dann nicht mehr in das Medium eindringen. Für diesen Grenzwinkel ist $k_{z,2}$ null, für noch größere Einfallswinkel rein imaginär. In den Fresnel-Formeln besitzen der Zähler und Nenner dann denselben Betrag, so dass $R_s = R_p = 1$ gilt.

Brewster-Winkel: Trifft p-polarisiertes Licht unter dem Brewster-Winkel

$$\theta_B = \arctan\left(\frac{n_2}{n_1}\right) \tag{6.109}$$

auf die Oberfläche eines transparenten Mediums so wird es vollständig transmittiert. Dabei steht die Richtung des reflektierten Strahls senkrecht zur Richtung des transmittierten Strahls. In diesem Fall können die von der transmittierten Welle angeregten Dipole keine Strahlung in Richtung der reflektierten Welle emittieren.

6.5 Fresnel-Formeln

Die Eigenschaften des Brewster-Winkels können aus der Fresnel-Formel für p-Polarisation (6.106) hergeleitet werden. Der Reflexionskoeffizient verschwindet für

$$\epsilon_2 k_{z,1} = \epsilon_1 k_{z,2}. \tag{6.110}$$

Wir substituieren die Wellenzahlen gemäß (6.95), quadrieren (6.110) und lösen die Gleichung nach dem Parameter η^2 auf

$$\epsilon_2^2(\epsilon_1 - \eta^2) = \epsilon_1^2(\epsilon_2 - \eta^2), \qquad \eta^2 = \epsilon_1 \sin^2 \theta_1 = \frac{\epsilon_1 \epsilon_2}{\epsilon_1 + \epsilon_2}. \tag{6.111}$$

Damit gelten für den Einfallswinkel die Beziehungen

$$\sin^2 \theta_1 = \frac{\epsilon_2}{\epsilon_1 + \epsilon_2}, \qquad \cos^2 \theta_1 = \frac{\epsilon_1}{\epsilon_1 + \epsilon_2}, \qquad \tan \theta_1 = \frac{n_2}{n_1}. \tag{6.112}$$

Die letzte Gleichung bestimmt den Brewster-Winkel gemäß (6.109). Für die Richtung des transmittierten Strahls gilt nach dem Brechungsgesetz

$$\sin \theta_2 = \frac{n_1}{n_2} \sin \theta_1 = \frac{\sin \theta_1}{\tan \theta_1} = \cos \theta_1. \tag{6.113}$$

Damit bilden die Richtungen des transmittierten und reflektierten Strahls einen rechten Winkel, $\theta_1 + \theta_2 = \pi/2$.

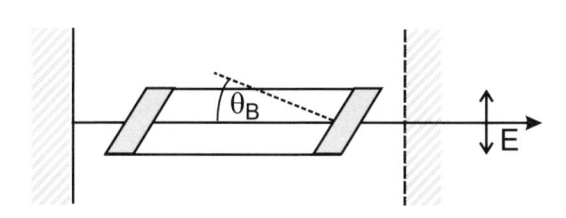

Abb. 6.13: *Schematische Darstellung eines Laserresonators mit Brewsterfenstern innerhalb des Resonators. Die Oberflächennormalen der Fenster sind unter dem Brewsterwinkel θ_B gegen die Strahlachse geneigt. Der austretende Lichtstrahl ist p-polarisiert. Der elektrische Feldvektor E liegt in der Zeichenebene.*

Beispiel 6.9 *Brewster-Winkel(Glas/Luft)*

Der Brechungsindex von Luft ist $n_L \approx 1.0003$, der von optischen Gläsern $n_G \approx 1.5$. Nach (6.109) ist der Brewster-Winkel für eine Luft/Glas-Grenzfläche $\theta_B \approx 56°$. In einem Laserresonator werden optische Fenster oft, wie in Abb. 6.13 gezeigt, unter dem Brewsterwinkel gegen die optische Achse geneigt. Bei jedem Umlauf des Strahls im Resonator wird ein Teil des s-polarisierten Lichtes reflektiert, während p-polarisiertes Licht keine Reflexionsverluste erleidet. Der nach vielen Umläufen austretende und verstärkte Laserstrahl ist dann nahezu linear polarisiert.

Als ein weiteres Beispiel zur Lösung der Wellengleichung mit Grenzflächen betrachten wir eine homogene Schicht endlicher Dicke in einem umgebenden dielektrischen Medium. Die Dielektrizitätsfunktion dieses Schichtsystems ist gegeben durch

$$\epsilon(z) = \begin{cases} \epsilon_1 & z < 0 \\ \epsilon_2 & 0 < z < d \\ \epsilon_1 & z > d \end{cases}, \qquad (6.114)$$

wobei wir uns auf den Fall transparenter Medien mit $\epsilon_{1,2} > 0$ beschränken. Auf die Schicht falle von links eine s-polarisierte Welle ein. Es wird sich zeigen, dass das Transmissionsvermögen einer solchen Schicht in sehr sensitiver Weise von der Schichtdicke abhängt.

Auch diese Aufgabe kann zunächst abschnittsweise gelöst werden, indem man die Lösungen der Wellengleichung in den einzelnen homogenen Schichten angibt,

$$E(z) = \begin{cases} Ae^{ik_{z,1}z} + Be^{-ik_{z,1}z} & z < 0 \\ Fe^{ik_{z,2}z} + Ge^{-ik_{z,2}z} & 0 < z < d \\ Ce^{ik_{z,1}z} & z > d \end{cases}, \qquad (6.115)$$

Hierbei sind die Wellenzahlen $k_{z,1}$ und $k_{z,2}$ in den beiden Medien wie in (6.95) definiert. Die Stetigkeitsbedingungen (6.84) an den Grenzflächen $z = 0$ und $z = d$ ergeben 4 Gleichungen für die Amplituden B, C, F und G,

$$\begin{aligned} & A + B = F + G, \\ & k_1(A - B) = k_2(F - G), \\ & \\ & C = Fe^{ik_{z,2}d} + Ge^{-ik_{z,2}d}, \\ & k_1 C = k_2(Fe^{ik_{z,2}d} - Ge^{-ik_{z,2}d}). \end{aligned} \qquad (6.116)$$

Zur Bestimmung des Transmissionsvermögens ist es zunächst erforderlich die beiden Amplituden aus der Zwischenschicht zu eliminieren. Dazu lösen wir die beiden letzten Gleichungen nach F und G auf,

$$F = \frac{k_{z,2} + k_{z,1}}{2k_{z,2}} C e^{-ik_{z,2}d}, \qquad (6.117)$$

$$G = \frac{k_{z,2} - k_{z,1}}{2k_{z,2}} C e^{ik_{z,2}d}. \qquad (6.118)$$

Aus den ersten beiden Gleichungen in (6.116) erhält man für A den Ausdruck

$$A = \frac{k_{z,2} + k_{z,1}}{2k_{z,1}} F + \frac{k_{z,1} - k_{z,2}}{2k_{z,1}} G. \qquad (6.119)$$

Setzt man nun (6.117) in (6.119) ein, so erhält man den gesuchten Zusammenhang zwischen der Amplitude A der einlaufenden und der Amplitude C der auslaufenden

6.5 Fresnel-Formeln

Welle,

$$\frac{A}{C} = \frac{(k_{z,1} + k_{z,2})^2}{4k_{z,1}k_{z,2}} e^{-ik_{z,2}d} - \frac{(k_{z,1} - k_{z,2})^2}{4k_{z,1}k_{z,2}} e^{ik_{z,2}d} . \tag{6.120}$$

Unter Verwendung des Reflexions- und Transmissionsvermögen (6.105) der Grenzflächen erhält man für den Kehrwert von (6.120)

$$\frac{C}{A} = \frac{Te^{ik_{z,2}d}}{1 - Re^{2ik_{z,2}d}} . \tag{6.121}$$

Dieses Ergebnis erlaubt eine anschauliche Interpretation im Rahmen der geometrischen Optik. Der Zähler stellt genau die Amplitude dar, die man durch eine Propagation der Amplitude A durch die erste Grenzfläche, die Schicht und danach die zweite Grenzfläche erhält,

$$C_0 = \frac{2k_{z,2}}{k_{z,1} + k_{z,2}} e^{ik_{z,2}d} \frac{2k_{z,1}}{k_{z,1} + k_{z,2}} A = Te^{ik_{z,2}d} A. \tag{6.122}$$

Hierbei wurde für die transmittierte Amplitude (6.99) verwendet, wobei die Indizes der Medien bei der zweiten Grenzfläche vertauscht sind. Den verbleibenden Bruch kann man als geometrische Reihe darstellen,

$$\frac{1}{1 - Re^{2ik_{z,2}d}} = \sum_{n=0}^{\infty} Z^n, \qquad Z = Re^{2ik_{z,2}d} . \tag{6.123}$$

Die Amplitude C ist demnach eine Superposition von unendlich vielen Einzelamplituden $C_n = Z^n C_0$, die jeweils einem zusätzlichen n-maligen Umlauf des Strahls in der Schicht einsprechen. Bei einem Umlauf ändert sich die Amplitude um den Faktor

$$Z = \frac{k_{z,2} - k_{z,1}}{k_{z,1} + k_{z,2}} e^{ik_{z,2}d} \frac{k_{z,2} - k_{z,1}}{k_{z,1} + k_{z,2}} e^{ik_{z,2}d} = Re^{i2k_{z,2}d}. \tag{6.124}$$

Hierbei wird die Amplitude zweimal reflektiert und zweimal über die Schicht propagiert. Die reflektierte Amplitude wird durch (6.99) bestimmt, wobei die Welle an beiden Grenzflächen aus dem Medium 2 kommt und am Medium 1 reflektiert wird.

Bei hohen Reflexionsvermögen, $R \to 1$, tragen sehr vielen Teilwellen zur Summe bei. Im allgemeinen besitzen diese beliebige Phasen und löschen sich dann durch destruktive Interferenz aus. Eine konstruktive Interferenz der Teilwellen tritt nur auf, falls ihr Phasenunterschied ein ganzzahliges Vielfaches von 2π ist. Dieser Fall entspricht der Bedingung

$$k_{z,2}d = m \cdot \pi \qquad \text{für} \qquad m = 1, 2, 3, \cdots . \tag{6.125}$$

Eine hohe Reflektivität erfordert entweder $k_{z,2} \ll k_{z,1}$ oder $k_{z,2} \gg k_{z,1}$. In diesen Grenzfällen erhält man aus (6.115) und (6.117) für die Lösung in der Zwischenschicht

$$\frac{E(z)}{C} = \begin{cases} i\frac{k_{z,1}}{k_{z,2}} \sin[k_{z,2}(z-d)] & k_{z,2} \ll k_{z,1} \\ \cos[k_{z,2}(z-d)] & k_{z,2} \gg k_{z,1} \end{cases} . \tag{6.126}$$

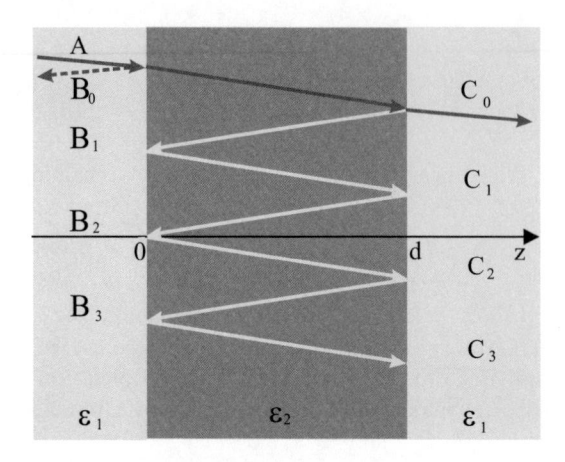

Abb. 6.14: *Strahlengang in einem Fabry-Pérot-Interferometer. Der einfallende Strahl A wird in Teilstrahlen C_n mit einer Phasendifferenz von $2k_{z,2}d \cdot n$ aufgespaltet. Ist $k_{z,2}d = m \cdot \pi$, dann interferieren die Amplituden rechts (C_n) konstruktiv, links (B_n) destruktiv. Man erhält ein Transmissionsmaximum.*

Dies sind gerade die Moden eines optischen Resonators zu den Randbedingungen $E(0) = E(d) = 0$ bzw. $|E(0)| = E(d) = 1$. Dieses Beispiel zeigt, wie sich in einem Resonator durch die Einstrahlung einer fortschreitenden Welle und deren mehrfache Reflexion an den Grenzflächen eine stationäre Mode ausbildet. Im ersten Fall besitzt die Mode an den Grenzflächen Nullstellen. Eine endliche Transmission erfordert hier eine unendlich große Amplitude der Mode.

Die Randbedingungen $E(0) = E(d) = 0$ kann man durch ein sogenanntes Fabry-Pérot-Interferometer realisieren. Dieses besteht aus zwei teildurchlässigen planparallelen Spiegeln hoher Reflektivität. Wegen der hohen Frequenzselektivität der Transmission dienen Fabry-Pérot-Interferometer als Interferenzfilter. Ein Fabry-Pérot-Interferometer kann z.B. wie ein Brewster-Fenster (Abb. (6.13)) schräg zur optischen Achse in einen Laserresonator eingebracht werden, so dass nur eine Resonatormode transmittiert wird und alle anderen aus dem Resonator reflektiert werden. Man erhält dann die Verstärkung einer einzelnen longitudinalen Mode.

Zur Bildung des Betragsquadrates von (6.121) benötigt man noch die Nebenrechnung,

$$\begin{aligned}|1 - Re^{2i\phi}|^2 &= (1 - Re^{2i\phi})(1 - Re^{-2i\phi}) \\ &= 1 + R^2 - R(e^{2i\phi} + e^{-2i\phi}) \\ &= 1 + R^2 - R[(e^{i\phi} - e^{-i\phi})^2 + 2] \\ &= (1 - R)^2 + 4R\sin^2\phi.\end{aligned} \quad (6.127)$$

Setzt man $F = 4R/(1-R)^2$, $\phi = k_{z,2}d$ und $T = 1 - R$ dann kann das Transmissionsvermögen der gesamten Schicht in der Form

$$T_{ges} = \left|\frac{C}{A}\right|^2 = \frac{1}{1 + F\sin^2\phi} \quad (6.128)$$

angegeben werden. Unter der Bedingung (6.125) für konstruktive Interferenz tritt voll-

6.5 Fresnel-Formeln

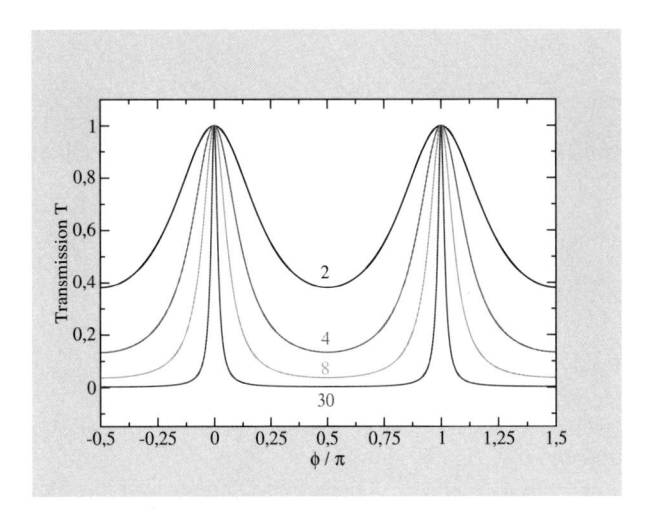

Abb. 6.15: *Transmissionsvermögen eines Fabry-Pérot-Interferometers als Funktion der Phase nach (6.128). Die Kurven entsprechen den angegebenen Werten der Finesse $\mathcal{F}$.*

ständige Transmission ein. Die Durchlässigkeit ist für $R \to 1$ auf eine kleine Umgebung der Resonanzstellen beschränkt.

Die Güte eines Interferenzfilters wird durch die Finesse charakterisiert. Darunter versteht man das Verhältnis des Abstandes benachbarter Transmissionsmaxima zur Halbwertsbreite. Die Halbwertsbreite der Resonanz ist etwa $\Delta\phi \approx 2/\sqrt{F}$, der Abstand der Maxima ist π. Damit ergibt sich für die Finesse die Definition

$$\mathcal{F} = \frac{\pi\sqrt{R}}{1-R} \,. \tag{6.129}$$

Abbildung 6.15 zeigt das Transmissionsspektrum eines Fabry-Pérot-Interferometers für verschiedene Werte der Finesse.

Aufgaben

6.1 Die inhomogene Stokes-Gleichung

$$w'' - zw = -\frac{1}{\pi}$$

ist eine Erweiterung der Stokes-Gleichung um einen Quellterm. Sie besitzt Lösungen, die am Umkehrpunkt $z = 0$ angeregt werden und sich von dort aus in den linken Halbraum ausbreiten. Lösen Sie die Gleichung unter den Randbedingungen, dass $w(z)$ für $z \to -\infty$ eine auslaufende Welle, $w(z) \sim \exp{(i\frac{2}{3}|x|^{\frac{3}{2}})}$, und für $x \to \infty$ eine abklingende Welle beschreibt. Verwenden Sie dazu die Airy-Funktionen $A_i(z)$ und $B_i(z)$ (mit dem bekannten asymptotischen Verhalten (6.53), (6.57)) als Lösungen für die homogene Gleichung und die Funktion $G_i(z)$ mit dem asymptotischen Verhalten

$$G_i(z) = \frac{1}{\sqrt{\pi}} \frac{1}{|z|^{\frac{1}{4}}} \cos\left(\frac{2}{3}|z|^{\frac{3}{2}} + \frac{\pi}{4}\right) \qquad z \to -\infty,$$

$$G_i(z) = \frac{1}{\pi}\frac{1}{z} \qquad z \to \infty,$$

als Lösung für die inhomogene Gleichung.

6.2 Die Ausbreitung einer Lichtwelle in einem inhomogenen Medium mit einer langsam veränderlichen Suszeptibilität $\chi \ll 1$ genügt der Wellengleichung

$$E''(z) + k_0^2(1 + 4\pi\chi(z))E(z) = 0.$$

a) Geben Sie Lösung in WKB-Näherung an.
b) Betrachten Sie nun die SVE-Näherung (Slowly-varying-envelope):

$$E(z) = A(z)e^{ik_0 z}, \qquad E''(z) \approx 2ik_0 A'(z)e^{ik_0 z} - k_0^2 E.$$

Welcher Term wurde in der zweiten Ableitung vernachlässigt? Bestimmen Sie $A(z)$ in dieser Näherung und vergleichen Sie das Ergebnis mit a).
c) Die SVE-Näherung kann auch auf nichtlineare Gleichungen angewandt werden. Wählen Sie das Beispiel

$$\chi(z) = \frac{g}{4\pi i k_0}\frac{1}{(1 + A^2(z)/A_m^2)}$$

mit reellen Konstanten g, A_m. Bestimmen Sie die Umkehrfunktion $z = z(A)$ und betrachten Sie die Grenzfälle $A \to 0$ und $A \to \infty$.

6.3 Zeigen Sie: Die Dielektrizitätsfunktion (3.4) eines Plasmas kann für eine kleine und zur Elektronendichte proportionale Stoßfrequenz in der Form

$$\varepsilon = 1 - \frac{\omega_p^2}{\omega^2} + i\frac{\nu_c}{\omega}\frac{\omega_p^4}{\omega^4}, \qquad \nu_c \ll \omega$$

angegeben werden. Hierbei bezeichnet ν_c die Stoßfrequenz bei der kritischen Dichte.

6.4 Eine Lichtwelle falle senkrecht auf eine überdichte Plasmaschicht mit der Dielektrizitätsfunktion aus Aufgabe 6.2 ein. Innerhalb einer Oberflächengrenzschicht steige die Elektronendichte linear an, so dass

$$\frac{\omega_p^2}{\omega^2} = 1 + \frac{z}{L}\,\theta(z+L)$$

gilt. Bei der Ausbreitung der Welle im Plasma klingt die Amplitude wegen der Stoßabsorption exponentiell ab. Berechnen Sie das Reflexionsvermögen $R = I_r/I_e$ der Schicht. Verwenden Sie die WKB-Näherung,

$$E(z) = A(z)\exp i\int_0^z k(z)\,dz.$$

um die Intensität I_r der reflektierten Welle aus der Intensität der I_e der einlaufenden Welle zu bestimmen. Führen Sie die Integration über den Lichtweg von der Vakuumgrenzfläche $z = -L$ zum Umkehrpunkt $z = 0$ und wieder zurück aus.

Zusammenfassung 6.10 *Reflexion und Brechung an Grenzflächen*

Dielektrizitätskonstante und Brechungsindex:

$$\epsilon(z) = \begin{cases} \epsilon_1 & z<0 \\ \epsilon_2 & z>0 \end{cases} \quad \begin{array}{l} \epsilon_1 \text{ reell und positiv} \\ \epsilon_2 \text{ i.A. komplex} \end{array}, \quad n_{1,2} = \sqrt{\epsilon_{1,2}}.$$

Wellenvektor: $k_y = k_0 n_1 \sin\theta_1$, $\quad k_{z,1} = k_0 n_1 \cos\theta_1$, $\quad k_{z,2} = k_0 \sqrt{\epsilon_2 - \epsilon_1 \sin^2\theta_1}$.

Reflexions- und Brechungsgesetz: $\quad \theta_{1,A} = \theta_{1,B}, \quad n_1 \sin\theta_{1,A} = n_2 \sin\theta_{2,C}$.

Sprungbedingungen für s- und p-Polarisation: $[E_x] = [E'_x] = 0, \quad [B_x] = [B'_x/\epsilon] = 0$.

Energieerhaltung: $\quad [<S_z>] = 0$.

Reflexionsvermögen:

$$R = \begin{cases} \left|\dfrac{k_{z,1}-k_{z,2}}{k_{z,1}+k_{z,2}}\right|^2 & \text{s-Polarisation} \\[2ex] \left|\dfrac{\epsilon_2 k_{z,1}-\epsilon_1 k_{z,2}}{\epsilon_2 k_{z,1}+\epsilon_1 k_{z,2}}\right|^2 & \text{p-Polarisation} \\[2ex] \left|\dfrac{n_1-n_2}{n_1+n_2}\right|^2 & \text{senkrechter Einfall} \end{cases}.$$

Transmissionsvermögen: $\quad T = 1 - R$.

Totalreflexion und Brewster-Winkel: $\quad \sin\theta_T = \tan\theta_B = n_2/n_1$.

Transmissionsvermögen dünner Schichten (Medium 2 mit Dicke d):

$T = \dfrac{1}{1+F\sin^2\phi}, \qquad F = \dfrac{4R}{(1-R)^2}, \qquad \phi = k_{z,2} d$.

7 Klassisches Lorentz-Modell

- Polarisation
- Dispersion
- Absorption
- Streuung
- Natürliche Linienbreite
- Stoßverbreiterung
- Dopplerverbreiterung

Die elektrischen und optischen Eigenschaften von Materie wurden bereits vor der Formulierung der Quantenmechanik Ende des 19. und Anfang des 20. Jahrhunderts mit klassischen Modellvorstellungen untersucht. Im Mittelpunkt dieser Arbeiten steht die Elektronenhypothese, nach der Elektronen in allen materiellen Körpern in einer großen Zahl vorkommen und durch ihre Verteilung und Bewegung die makroskopische Polarisation des Mediums bestimmen. Die Verbindung der Elektrodynamik mit den klassischen Bewegungsgleichungen der Elektronen bildete einen Schwerpunkt der Arbeiten von H. A. Lorentz. Besondere Bekanntheit haben das Lorentz-Modell freier Elektronen in der kinetischen Gastheorie und das Lorentz-Modell gebundener Elektronen in der Optik erlangt. Letzteres kann im Prinzip optische Eigenschaften, wie Dispersion, Absorption und Linienbreite mikroskopisch erklären. Das Lorentz-Modell ist auch deshalb von Bedeutung, weil es eine anschauliche physikalische Interpretation der entsprechenden Ergebnisse in der Quantenmechanik erlaubt.

7.1 Polarisierbarkeit

In einem Dielektrikum sind die Elektronen an feste Positionen gebunden. Durch das elektrische Feld des Lichts werden sie zu Schwingungen um ihre Ruhelage angeregt. Um die ungeordnete Bewegung der Elektronen zu eliminieren wird nur die mittlere Auslenkung vieler Elektronen betrachtet, wobei über ein makroskopisch kleines aber mikroskopisch hinreichend großes Volumen gemittelt wird. Das Lorentz-Modell postuliert für die Auslenkung x eines Elektrons mit Ladung q und Masse m aus der Gleichgewichtslage die Schwingungsgleichung eines harmonischen Oszillators,

$$\frac{d^2\boldsymbol{x}}{dt^2} + 2\beta\frac{d\boldsymbol{x}}{dt} + \omega_0^2 \boldsymbol{x} = \frac{q}{m}\boldsymbol{\mathcal{E}}(t) \ . \tag{7.1}$$

Auf die ausgelenkten Elektronen wirkt eine Rückstellkraft, die in harmonischer Näherung durch $-m\omega_0^2\boldsymbol{x}$ dargestellt wird. Um auch die Relaxation der Störung ins Gleichgewicht zu berücksichtigen, wird die Reibungskraft $-2\beta m\dot{\boldsymbol{x}}$ eingeführt, die proportional zur Geschwindigkeit und dieser entgegengerichtet ist. Die Koeffizienten ω_0 und β stellen phänomenologische Konstanten dar. Hierbei bezeichnet ω_0 die Eigenfrequenz eines Oszillators mit der Federkonstanten $f = m\omega_0^2$.

Als formale Grenzfälle enthält das Lorentz-Modell das Drude-Modell freier Elektronen in Festkörpern und das Debye-Modell molekularer Dipole in Flüssigkeiten. Obwohl die physikalischen Voraussetzungen der Modelle i.a. verschieden sind, werden in den jeweiligen Grenzfällen dieselben dielektrischen Eigenschaften beschrieben.

Im Drude-Modell wird die Wechselwirkung der Elektronen eines freien Elektronengases durch Stöße mit einer Stoßfrequenz $1/\tau$ beschrieben. Die klassische Bewegungsgleichung für die mittlere Impulsänderung enthält dann eine Reibungskraft,

$$\frac{d\boldsymbol{p}}{dt} = -\frac{\boldsymbol{p}}{\tau} + q\boldsymbol{\mathcal{E}}(t). \tag{7.2}$$

Im Lorentz-Modell entspricht dies einer Vernachlässigung der Rückstellkraft und der Substitution $2\beta = 1/\tau$.

Das Debye-Modell beschreibt z.B. die Ausrichtung der permanenten Dipole von Molekülen in einem elektrischen Feld. Im thermischen Gleichgewicht sei das mittlere Dipolmoment $\boldsymbol{d}_0 = \alpha_0 \boldsymbol{\mathcal{E}}$. Im Nichtgleichgewicht relaxiert das Dipolmoments $\boldsymbol{d}$ innerhalb einer charakteristischen Relaxationszeit τ gegen den Gleichgewichtswert $\boldsymbol{d}_0$. Das Debye-Modelle beschreibt die Relaxation durch die Bewegungsgleichung,

$$\frac{d\boldsymbol{d}}{dt} = -\frac{1}{\tau}\left(\boldsymbol{d} - \alpha_0 \boldsymbol{\mathcal{E}}(t)\right), \tag{7.3}$$

die einer exponentiellen Relaxation ins Gleichgewicht entspricht. Das Debye-Modell ergibt sich aus dem Lorentz-Modell, indem man dort die Trägheitskraft vernachlässigt, das Dipolmoment $\boldsymbol{d} = q\boldsymbol{x}$ definiert und $2\beta = \omega_0^2\tau$, $\alpha_0 = q^2/(m\omega_0^2)$ setzt.

Wir kommen nun zurück auf das allgemeine Lorentz-Modell (7.1) und berechnen damit die Polarisierbarkeit des Ladungssystems. Dazu werden das elektrische Feld und die Auslenkung, wie in (3.13), durch komplexe Variablen dargestellt,

$$\boldsymbol{\mathcal{E}}(t) = \Re\{E(t)\boldsymbol{e}\}, \qquad \boldsymbol{x}(t) = \Re\{X(t)\boldsymbol{e}\}. \tag{7.4}$$

Die komplexen Größen genügen derselben Schwingungsgleichung,

$$\ddot{X} + 2\beta\dot{X} + \omega_0^2 X = \frac{q}{m}E(t). \tag{7.5}$$

Die allgemeine Lösung der linearen Differentialgleichung besteht aus der allgemeinen Lösung der homogenen Gleichung und einer speziellen Lösung der inhomogenen Gleichung. Die Lösungen der homogenen Differentialgleichung sind gedämpft und wir nehmen daher an, dass diese innerhalb einer kurzen Einschaltphase abklingen. Es verbleibt

7.1 Polarisierbarkeit

dann, unabhängig von den speziellen Anfangsbedingungen, diejenige spezielle Lösung der inhomogenen Gleichung, die eine erzwungene Schwingung mit der Frequenz der anregenden Welle darstellt,

$$E(t) = E_0 e^{-i\omega t}, \qquad X(t) = X_0 e^{-i\omega t}. \tag{7.6}$$

Mit diesem Ansatz erhält man

$$X = \frac{q/m}{\omega_0^2 - \omega^2 - 2i\omega\beta}\, E. \tag{7.7}$$

Die Auslenkung des Elektrons aus dem Gleichgewicht bestimmt das induzierte Dipolmoment und die Polarisierbarkeit.

Definition 7.1: *Polarisierbarkeit*

Die Polarisierbarkeit $\alpha(\omega)$ bezeichnet die i.a. komplexe Proportionalitätskonstante zwischen dem induzierten Dipolmoment $\boldsymbol{d} = qX\boldsymbol{e}$ und dem anregenden elektrischen Feld $\boldsymbol{E} = E\boldsymbol{e}$ einer Schwingung mit der Frequenz ω,

$$\boldsymbol{d} = \alpha(\omega)\boldsymbol{E}. \tag{7.8}$$

Multipliziert man (7.7) mit q, so ergibt sich die Polarisierbarkeit im Lorentz-Modell zu

$$\alpha(\omega) = \frac{q^2/m}{\omega_0^2 - \omega^2 - 2i\omega\beta}\,. \tag{7.9}$$

Sind im Medium pro Volumeneinheit n_e Dipole vorhanden, so erhält man eine makroskopische Polarisation $\boldsymbol{P} = n_e \boldsymbol{d}$. Daraus ergibt sich nach der Definition (3.2) eine elektrische Suszeptibilität $\chi = n_e \alpha(\omega)$ und nach (3.3) die Dielektrizitätsfunktion

$$\epsilon = 1 + 4\pi\chi = 1 + \frac{\omega_p^2}{\omega_0^2 - \omega^2 - 2i\omega\beta}\,, \tag{7.10}$$

wobei ω_p die Plasmafrequenz aus (3.4) bezeichnet. Die Aufteilung der komplexwertigen Dielektrizitätsfunktion $\epsilon = \epsilon_r + i\epsilon_i$ in ihren Real- und Imaginärteil ergibt

$$\epsilon_r = 1 + \frac{\omega_p^2(\omega_0^2 - \omega^2)}{(\omega_0^2 - \omega^2)^2 + 4\omega^2\beta^2}, \tag{7.11a}$$

$$\epsilon_i = \frac{2\omega_p^2\omega\beta}{(\omega_0^2 - \omega^2)^2 + 4\omega^2\beta^2}. \tag{7.11b}$$

Damit wurde die frequenzabhängige Dielektrizitätsfunktion im Rahmen des Lorentz-Modells hergeleitet. Sie wird im folgenden Abschnitt 7.2 genauer untersucht.

Eine einfache Erweiterung des Lorentz-Modells ergibt sich aus der Annahme, dass im elektrischen Feld mehrere verschiedene Oszillatoren angeregt werden können. Sei f_j der

Bruchteil der Oszillatoren mit einer Eigenfrequenz ω_j und einer Dämpfungskonstanten β_j. Unter der Annahme, dass diese unabhängige Schwingungen ausführen, erhält man als Verallgemeinerung von (7.8), (7.7) die Mittelwerte,

$$\boldsymbol{d} = \sum_j f_j \boldsymbol{d}_j, \qquad \alpha = \sum_j f_j \alpha_j. \tag{7.12}$$

Die Gewichte f_j werden auch als Oszillatorstärken bezeichnet und erfüllen die Normierungsbedingung

$$\sum_j f_j = 1. \tag{7.13}$$

Die Dielektrizitätsfunktion des Lorentz-Modells für mehrere Oszillatoren ist dementsprechend

$$\epsilon = 1 + \omega_p^2 \sum_j \frac{f_j}{\omega_j^2 - \omega^2 - 2i\omega\beta_j}. \tag{7.14}$$

Eine weitere Verallgemeinerung des Modells besteht in der Berücksichtigung von Lokalfeldeffekten in dichten Medien. Der Zusammenhang (7.10) zwischen der Dielektrizitätsfunktion und der Suszeptibilität ist nur in hinreichend verdünnten Systemen gültig. In dichten Medien, wie z.B. Flüssigkeiten, muss man das mittlere elektrische Feld im Medium $\boldsymbol{E}$ vom lokalen elektrischen Feld $\boldsymbol{E}_L$ am Ort des Dipols unterscheiden. Die Polarisierbarkeit und die daraus resultierende Polarisation des Mediums wird also durch das lokale Feld definiert. In einem isotropen Medium entspricht das lokale Feld, dem Feld im Innern eines sphärischen Hohlraums. Entnimmt man einem homogen polarisierten Medium eine homogen polarisierte Kugel, so kann man das lokale Feld in dem sphärischen Hohlraum leicht angeben. Nach dem Superpositionsprinzip gilt

$$\boldsymbol{E} = \boldsymbol{E}_L + \boldsymbol{E}_K, \qquad \boldsymbol{E}_K = -\frac{4\pi}{3}\boldsymbol{P}, \tag{7.15}$$

wobei $\boldsymbol{E}_K$ das aus der Elekrostatik bekannte Feld einer homogen polarisierten Kugel bezeichnet. Berechnet man die Polarisation im lokalen Feld,

$$\boldsymbol{P} = n_e \alpha \boldsymbol{E}_L = n_e \alpha (\boldsymbol{E} + \frac{4\pi}{3}\boldsymbol{P}), \tag{7.16}$$

so erhält man für die Suszeptibilität im mittleren Feld

$$\boldsymbol{P} = \chi \boldsymbol{E}, \qquad \chi = \frac{n_e \alpha}{1 - \frac{4\pi}{3} n_e \alpha}. \tag{7.17}$$

Umgekehrt kann man auch die Polarisierbarkeit des Teilchens durch die Suszeptibilität bzw. die Dielektrizitätskonstante $\epsilon = 1 + 4\pi\chi$ ausdrücken,

$$\frac{4\pi}{3} n_e \alpha = \frac{4\pi\chi/3}{1 + 4\pi\chi/3} = \frac{\epsilon - 1}{\epsilon + 2}. \tag{7.18}$$

Diese Beziehung ist als Clausius-Mossotti-Gleichung (R. Clausius, O.-F. Mossotti) und Lorentz-Lorenz-Formel (H.A. Lorentz, L. Lorenz) bekannt. Setzt man im Nenner $\epsilon \approx 1$, so erhält man wieder die Dielektrizitätsfunktion $\epsilon = 1 + 4\pi n_e \alpha$ ohne Berücksichtigung der Lokalfeldkorrektur.

7.2 Dispersion

Eine charakteristische Eigenschaft des Lorentz-Modells ist die Frequenzabhängigkeit der Dielektrizitätsfunktion. Abgesehen von dem i.a. kleinen Reibungsterm wird die Frequenzabhängigkeit durch die Berücksichtigung der Trägheit der Elektronen in der Bewegungsgleichung (7.1) verursacht. Das Lorentz-Modell beinhaltet damit eine Erweiterung der aus der Elektrostatik bekannten frequenzunabhängigen Dielektrizitätskonstanten.

Die Frequenzabhängigkeit der Dielektrizitätsfunktion und des zugehörigen Brechungsindexes $n = \sqrt{\epsilon}$ wird als Dispersion bezeichnet. Die Dispersion bewirkt, dass die Ausbreitungsgeschwindigkeit, z.B. die Phasengeschwindigkeit $v_{ph} = c/n$, einer Lichtwelle frequenzabhängig ist. Ebenso werden Lichtstrahlen an einer Grenzfläche entsprechend dem Brechungsgesetz (6.97) unterschiedlich stark gebrochen, so dass dabei ein Spektrum entsteht. Zur Untersuchung der Dispersion im Lorentz-Modell wird nun die Dielektrizitätsfunktion (7.14) in drei Frequenzbereichen betrachtet.

Kleine Frequenzen ($\omega \ll \omega_j$): Bei kleinen Frequenzen ist der Brechungsindex größer als 1 und es tritt nur normale Dispersion ($dn/d\lambda < 0$) auf. Dieses Verhalten wird gewöhnlich bei der Lichtausbreitung in transparenten Medien beobachtet.

In diesem Frequenzbereich kann die Dämpfung meist vernachlässigt ($\beta_j \ll \omega$) und die Dielektrizitätsfunktion in den kleinen Parametern $\omega^2/\omega_j^2 \ll 1$ entwickelt werden. Man erhält dann

$$\epsilon(\omega) - 1 = \omega_p^2 \sum_j \frac{f_j}{\omega_j^2} \frac{1}{1 - \omega^2/\omega_j^2} \approx a(1 + b\omega^2) \tag{7.19}$$

mit den Entwicklungskoeffizienten

$$a = \omega_p^2 \sum_j \frac{f_j}{\omega_j^2}, \qquad b = \frac{\sum_j \frac{f_j}{\omega_j^4}}{\sum_j \frac{f_j}{\omega_j^2}} \ .$$

Der Koeffizient a bestimmt die statische Dielektrizitätskonstante, für den Grenzfall $\omega \to 0$. Die Beiträge der einzelnen Oszillatoren zu a sind alle positiv, so dass sich im statischen Fall eine Dielektrizitätskonstante $\epsilon(0) > 1$ ergibt. Dies entspricht der Erfahrung, dass die Kapazität eines Plattenkondensators bei konstanter Spannung durch das Einschieben eines Dielektrikums erhöht wird. Der Koeffizient b ist ebenfalls positiv. Daher nimmt die Dielektrizitätsfunktion bei kleinen Frequenzen quadratisch mit der Frequenz zu. Dieses Verhalten, wird bei den meisten transparenten Materialien im optischen Frequenzbereich beobachtet und als normale Dispersion bezeichnet. Bei der Brechung werden die roten Strahlen am schwächsten, die blauen am stärksten gebrochen, da einer Zunahme des Brechungsindexes n nach (6.97) eine Abnahme des Winkels θ zwischen der Strahlrichtung und der Oberflächennormale entspricht.

Die Dispersion kann auch durch die Wellenlängenabhängigkeit des Brechungsindexes ausgedrückt werden. Die normale Dispersion entspricht einer negativen Ableitung

$$\frac{dn}{d\lambda} < 0. \tag{7.20}$$

Die Funktion $n(\lambda)$ besitzt häufig die allgemeine Form,

$$n(\lambda) - 1 = A\left(1 + \frac{B}{\lambda^2}\right) \tag{7.21}$$

mit Parametern A und B. Diese Dispersionsbeziehung ist als Cauchy-Formel bekannt. Eine äquivalente Formel wurde von Cauchy für die Phasengeschwindigkeit von Wellen in elastischen Medien im Jahr 1830 abgeleitet und zur Erklärung der Dispersion von Licht herangezogen. Für ein Lorentz-Medium mit $a \ll 1$ gilt für den Brechungsindex bei kleinen Frequenzen

$$n = \sqrt{1 + a(1 + b\omega^2)} \approx 1 + \frac{a}{2}(1 + b\omega^2). \tag{7.22}$$

Mit $\omega = 2\pi c/\lambda$, $\omega_j = 2\pi c/\lambda_j$ und $\omega_p = 2\pi c/\lambda_p$ erhält man für $n(\lambda)$ die Cauchy-Formel mit den Ausdrücken

$$A = \frac{1}{2\lambda_p^2} \sum_j f_j \lambda_j^2, \qquad B = \frac{\sum_j f_j \lambda_j^4}{\sum_j f_j \lambda_j^2}.$$

Bei hinreichend kleinen Frequenzen kann auch der entgegengesetzte Grenzfall starker Dämpfung auftreten. Betrachtet man hier die Dielektrizitätsfunktion (7.10) eines Oszillators, so ergibt sich für $\omega \ll \beta$ die Dielektrizitätsfunktion des Debye-Modells,

$$\epsilon(\omega) = \epsilon_\infty + \frac{\epsilon_s - \epsilon_\infty}{1 - i\omega\tau}, \tag{7.23}$$

mit den Konstanten

$$\epsilon_s = \epsilon(0) = 1 + \frac{\omega_p^2}{\omega_0^2}, \qquad \epsilon_\infty = \epsilon(\infty) = 1, \qquad 2\beta = \omega_0^2 \tau. \tag{7.24}$$

Große Frequenzen ($\omega \gg \omega_j$): Bei großen Frequenzen ist der Brechungsindex kleiner als 1 und es tritt nur normale Dispersion ($dn/d\lambda < 0$) auf. Diese Näherung gilt für freie Elektronen z.B. in Plasmen oder Festkörpern.

Die Hochfrequenznäherung entspricht einem Übergang von gebundenen zu freien Elektronen, da die harmonische Rückstellkraft in der Schwingungsgleichung (7.1) nun vernachlässigt wird. In Übereinstimmung mit dieser Annahme werden auch die unterschiedlichen Dämpfungskonstanten durch eine Stoßfrequenz $\nu = 1/\tau$ ersetzt. In dieser Näherung reduziert sich die Dielektrizitätsfunktion (7.14) auf die Form,

$$\epsilon(\omega) = 1 - \frac{\omega_p^2}{\omega^2 + i\nu\omega}, \qquad \nu = 1/\tau = 2\beta_j . \tag{7.25}$$

Die Summation über die Oszillatorstärken im Zähler wurde mit Hilfe von (7.13) ausgeführt. Das Resultat ist die bereits in (3.4) eingeführte Dielektrizitätsfunktion eines

7.2 Dispersion

Plasmas mit der Stoßfrequenz ν bzw. diejenige des Drude-Modells (7.2). Betrachtet man der Einfachheit halber nur den Fall $\nu = 0$, so besitzt die Dielektrizitätskonstante eine Nullstelle bei der Plasmafrequenz. Nur oberhalb der Plasmafrequenz, d.h. für $\omega > \omega_p$ ist Wellenausbreitung möglich. Auch in diesem Frequenzbereich liegt normale Dispersion vor. Im Grenzfall $\omega \to \infty$ nähert sich die Dielektrizitätsfunktion asymptotisch dem Vakuumwert $\epsilon = 1$. Dementsprechend wird Materie für hinreichend hohe Frequenzen, z.B. im Röntgenbereich, für Strahlung durchlässig.

Resonanzfrequenzen ($|\omega - \omega_j|/\beta_j = O(1)$)**:** Die resonante Anregung tritt nur in einem kleinen Frequenzbereich um eine Resonanzstelle auf. Sie ist mit anomaler Dispersion ($dn/d\lambda > 0$) und einem Absorptionsmaximum verbunden.

Ist die anregende Frequenz nahe einer der Oszillatorfrequenzen so wird die Polarisierbarkeit dieses Oszillators sehr viel größer als die der restlichen Oszillatoren. Daher kann man sich ohne große Einschränkung auf die Dielektrizitätsfunktion (7.10) eines einzelnen Oszillators beschränken. Für $\beta = 0$ ist die Dielektrizitätsfunktion reell. Sie besitzt dann eine Polstelle bei $\omega = \omega_0$ und eine Nullstelle bei

$$\omega_c = \sqrt{\omega_0^2 + \omega_p^2} \,. \tag{7.26}$$

Die Nullstelle ist eine Hybridfrequenz aus der Eigenfrequenz des Oszillators und der Plasmafrequenz, wobei die größere der beiden Frequenzen für die Lage der Nullstelle maßgeblich ist. In dem Frequenzbereich zwischen der Polstelle und der Nullstelle ist $\epsilon < 0$, so dass das Medium dort undurchlässig ist.

Bei endlicher Dämpfung kann man die Dielektrizitätsfunktion nahe der Resonanzstelle mit der Näherung

$$\omega_0^2 - \omega^2 = (\omega_0 + \omega)(\omega_0 - \omega) \approx 2\omega_0(\omega_0 - \omega) \tag{7.27}$$

auswerten und erhält damit

$$\epsilon = 1 + \frac{\omega_p^2}{2\omega_0} \frac{1}{\omega_0 - \omega - i\beta}. \tag{7.28}$$

Die Polstelle $\omega = \omega_0 - i\beta$ ist nun ins komplexe verschoben. Definiert man die Differenzfrequenz $\Delta = \omega_0 - \omega$ und den Parameter $p = \omega_p^2/(2\omega_0)$, so ergibt sich für den Real- und Imaginärteil von ϵ,

$$\epsilon_r = 1 + p \frac{\Delta}{\Delta^2 + \beta^2}, \qquad \epsilon_i = p \frac{\beta}{\Delta^2 + \beta^2}. \tag{7.29}$$

Der Realteil der Dielektrizitätskonstante besitzt unterhalb von der Resonanzstelle ($\Delta > 0$) ein Maximum, oberhalb davon ($\Delta < 0$) ein Minimum. Zwischen diesen Extrema liegt ein Frequenzbereich mit anomaler Dispersion, d.h. ϵ_r nimmt mit wachsender Frequenz ab. Der Imaginärteil ϵ_i besitzt ein schmales Maximum bei der Resonanzfrequenz ($\Delta = 0$).

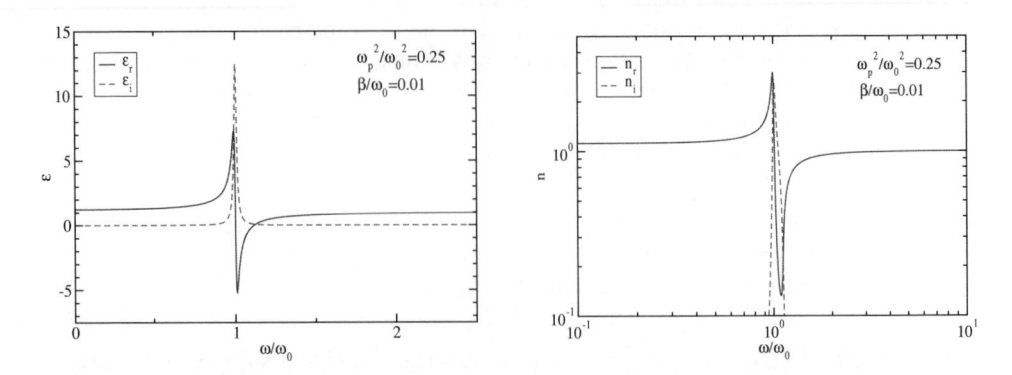

Abb. 7.1: *Dielektrizitätsfunktion und Brechungsindex eines Lorentz-Mediums mit einer Resonanzfrequenz ω_0 und einer Plasmafrequenz $\omega_p < \omega_0$.*

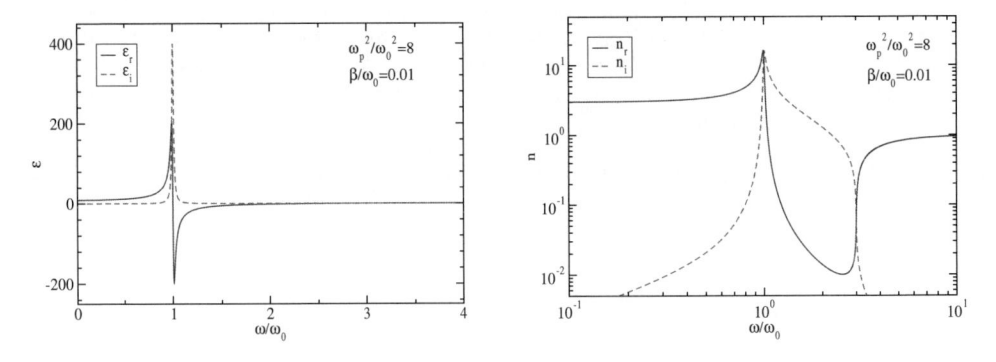

Abb. 7.2: *Dielektrizitätsfunktion und Brechungsindex eines Lorentz-Mediums mit einer Resonanzfrequenz ω_0 und einer Plasmafrequenz $\omega_p > \omega_0$.*

Beispiel 7.2

Die Abbildungen 7.1 und 7.2 zeigen numerische Auswertungen der vollständigen Dielektrizitätsfunktion (7.10) und des dazugehörigen Brechungsindexes für kleine und große Elektronendichten. Im ersten Fall (oben) erkennt man ein schmales Frequenzband anomaler Dispersion und hoher Absorption nahe der Resonanzfrequenz und die umgebenden Bereiche normaler Dispersion mit geringer Absorption. Im zweiten Fall (unten) ergibt sich ein breiter undurchlässiger Frequenzbereich zwischen der Resonanzstelle ω_0 und der Nullstelle $\omega_c \approx 3\omega_0$ der Dielektrizitätsfunktion.

7.3 Anregung des ungedämpften Oszillators

Wir wenden uns der Frage zu, welche Energie ein harmonischer Oszillator aus dem anregenden Feld aufnimmt bzw. an dieses abgibt. Wegen der Analogie zur quantenmechanischen Behandlung der Anregung von Atomen behandeln wir zuerst den Fall des ungedämpften Oszillators. Diese Näherung gilt für Wechselwirkungszeiten, die wesentlich kleiner sind als die Relaxationszeit β^{-1}.

Auch in diesem Fall ist es vorteilhaft eine komplexe Amplitude der Schwingung einzuführen. Diese soll aber nun so gewählt werden, dass ihr Betrag die Energie des Systems festlegt. Der ungedämpfte freie Oszillator mit Impuls $p = mv$ und Auslenkung x besitzt die Hamilton-Funktion

$$H = \frac{p^2}{2m} + \frac{1}{2}m\omega_0^2 x^2. \tag{7.30}$$

Mit der Methode der kanonischen Transformationen kann man zunächst eine Transformation zu Wirkungs-Winkelvariablen (J, φ) vornehmen. Die Hamiltonfunktion lautet dann $H = \omega_0 J$ wobei J als Wirkung bezeichnet wird. Die Hamilton-Funktion ist unabhängig vom Winkel φ. Die Hamiltonschen Bewegungsgleichungen behalten bei dieser Transformation ihre Form bei, d.h. es gilt

$$\dot{J} = -\frac{\partial H}{\partial \varphi} = 0, \qquad \dot{\varphi} = \frac{\partial H}{\partial J} = \omega_0 \ . \tag{7.31}$$

Die Lösung ist $J = \text{const}$ und $\varphi = \omega_0 t + \varphi_0$. Die Bewegung im Phasenraum J, φ beschreibt eine Kreisbahn, die durch eine komplexe Zahl $z = re^{-i\varphi}$ mit Radius $r = \sqrt{J}$ dargestellt werden kann. Das Betragsquadrat von z ist proportional zur Energie

$$|z|^2 = J = \frac{H}{\omega_0} = \frac{p^2}{2m\omega_0} + \frac{1}{2}m\omega_0 x^2. \tag{7.32}$$

Da φ eine beliebige konstante Phase φ_0 besitzt, kann man ohne Einschränkung den Realteil von z proportional zu x und den Imaginärteil proportional zu p wählen. Dann erhält man mit (7.32) die Transformationsgleichungen

$$z = \sqrt{\frac{m\omega_0}{2}}x + i\frac{1}{\sqrt{2m\omega_0}}p, \tag{7.33}$$

$$x = \sqrt{\frac{2}{m\omega_0}}\Re\{z\}, \qquad p = \sqrt{2m\omega_0}\Im\{z\}.$$

Wir betrachten nun die Anregung des Oszillators im elektrischen Feld. Die Bewegungsgleichungen des ungedämpften angeregten harmonischen Oszillators lauten

$$\dot{x} = \frac{p}{m}, \qquad \dot{p} = -m\omega_0^2 x + q\mathcal{E}(t) \ . \tag{7.34}$$

Dieses Gleichungssystem lässt sich zu einer Gleichung für z zusammenfassen. Die Berechnung von $\dot{z}$ ergibt mit (7.33) und (7.34)

$$\dot{z} + i\omega_0 z = i\frac{q}{\sqrt{2m\omega_0}}\mathcal{E}(t). \tag{7.35}$$

Nach der mathematischen Methode der Variation der Konstanten kann die Lösung dieser Gleichung in der Form

$$z = C(t)e^{-i\omega_0 t} \tag{7.36}$$

angesetzt werden. Ohne anregendes Feld ist die Amplitude C konstant. Mit anregendem Feld erhält man für $C(t)$ die Bestimmungsgleichung

$$\dot{C} = i\frac{q}{\sqrt{2m\omega_0}}\mathcal{E}(t)e^{i\omega_0 t}. \tag{7.37}$$

Diese lässt sich durch Integration lösen und man erhält

$$z(t) = \left(\frac{iq}{\sqrt{2m\omega_0}}\int^t dt'\mathcal{E}(t')e^{i\omega_0 t'}\right)e^{-i\omega_0 t}. \tag{7.38}$$

Wählt man nun eine harmonische Anregung mit der Frequenz ω,

$$\mathcal{E}(t) = \mathcal{E}_0 \cos(\omega t) = \frac{\mathcal{E}_0}{2}\left(e^{i\omega t} + e^{-i\omega t}\right), \tag{7.39}$$

so erhält man für die Lösung

$$z(t) = C_0 e^{-i\omega_0 t} + C_1 e^{-i\omega t} + C_2 e^{i\omega t} \tag{7.40}$$

mit einer beliebigen komplexen Integrationskonstanten C_0 und den Konstanten

$$C_1 = \frac{q}{\sqrt{2m\omega_0}}\frac{\mathcal{E}_0}{2\Delta}, \qquad \Delta = \omega_0 - \omega, \tag{7.41}$$

$$C_2 = \frac{q}{\sqrt{2m\omega_0}}\frac{\mathcal{E}_0}{2\Sigma}, \qquad \Sigma = \omega_0 + \omega. \tag{7.42}$$

In dieser Form wird die Bewegung des harmonischen Oszillators als Superposition von drei komplexen Amplituden dargestellt, die jeweils mit den Frequenzen ω_0, $+\omega$ und $-\omega$ in der komplexen Ebene umlaufen. Durch destruktive und konstruktive Interferenz der Teilamplituden durchläuft die Energie als Funktion der Zeit Minima und Maxima. Einer Energiezunahme des Oszillators entspricht Strahlungsabsorption, einer Energieabnahme Strahlungsemission.

In diesem Modell lassen sich die Absorptions- und Emissionsraten leicht berechnen. Da Absorption verstärkt nahe einer Resonanzstelle auftritt, verwenden wir die Näherung $|\Delta| \ll \Sigma$. Die kleine Abweichung Δ der anregenden Frequenz von der Eigenfrequenz des Oszillators wird als Verstimmung bezeichnet. Vernachlässigt man damit die Amplitude C_2 in (7.40), so interferieren nur die ersten beiden Teilamplituden,

$$z(t) = C_0 e^{-i\omega_0 t} + C_1 e^{-i\omega t}. \tag{7.43}$$

Zur Bestimmung der Absorptionsrate wählen wir als Anfangsbedingung zur Zeit $t = 0$ den Zustand minimaler Energie $z = 0$. In diesem Fall ist die Amplitude der Eigenschwingung gerade entgegengesetzt gleich der Amplitude der erzwungenen Schwingung,

$$C_0 = -C_1. \tag{7.44}$$

7.3 Anregung des ungedämpften Oszillators

Mit der Anfangsbedingung (7.44) erhält man aus (7.43)

$$z(t) = C_1(e^{-i\omega t} - e^{-i\omega_0 t}) = C_1\, e^{-i\Sigma t/2}\, (e^{i\Delta t/2} - e^{-i\Delta t/2})$$
$$= 2iC_1\, e^{-i\Sigma t/2}\, \sin(\Delta t/2). \tag{7.45}$$

Die Auslenkung des Oszillators,

$$x = \sqrt{\frac{2}{m\omega_0}}\, \Re\{z\} = \frac{q\mathcal{E}_0}{m\omega_0 \Delta}\, \sin(\Sigma t/2)\sin(\Delta t/2), \tag{7.46}$$

zeigt das charakteristische Verhalten einer Schwebung. Der schnellen Schwingung mit der Frequenz $\Sigma/2 \approx \omega_0$ ist hier eine langsame Modulation der Amplitude mit einer durch die Verstimmung bestimmten Periode $T_\Delta = 2\pi/\Delta$ überlagert. Die Energie wird durch das Betragsquadrat der komplexen Amplitude bestimmt,

$$W = \omega_0 |z|^2 = \frac{q^2 \mathcal{E}_0^2}{2m}\, \frac{\sin^2(\Delta t/2)}{\Delta^2}. \tag{7.47}$$

Die Energie oszilliert ebenfalls mit der Periode T_Δ. Dies sieht man auch unter Verwendung des Additionstheorems,

$$\sin^2(\Delta_{nm} t/2) = \frac{1}{2}\left(1 - \cos(\Delta_{nm} t)\right). \tag{7.48}$$

Die Energieänderung wird durch die anwachsende Phasenverschiebung $|\Delta|t$ zwischen der Eigenschwingung und der erzwungenen Schwingung hervorgerufen. Bei der Phasenverschiebung $|\Delta|t = \pi$ sind beide Schwingungen in Phase und die Amplituden addieren sich dann konstruktiv zur Maximalamplitude $2C_1$.

Wählt man als Anfangsbedingung zur Zeit $t = 0$ die Amplitude $C_0 = C_1$, so befindet sich der Oszillator im Zustand maximaler Energie. Die entsprechende Lösung lautet

$$W = \frac{q^2 \mathcal{E}_0^2}{2m}\, \frac{\cos^2(\Delta t/2)}{\Delta^2}. \tag{7.49}$$

Der Oszillator gibt nun zunächst seine Energie durch Emission ab, bis bei der Phasenverschiebung $|\Delta|t = \pi$ die minimale Energie $W = 0$ erreicht wird. Die Summe aus den Energien (7.47) und (7.49) ist zeitlich konstant. Die Absorptionsrate des ersten ist gleich der Emissionsrate des zweiten Oszillators. Dies zeigt, dass zu dem Absorptionsprozess ein inverser Emissionsprozess existiert.

Die Frequenzabhängigkeit der absorbierten Energie (7.47) besitzt die Form,

$$W = \frac{q^2 \mathcal{E}_0^2}{8m}\, t\, S(\nu - \nu_0, t). \tag{7.50}$$

Hierbei ist

$$S(\nu - \nu_0, t) = t\, \text{sinc}^2[\pi(\nu - \nu_0)t]. \tag{7.51}$$

eine zeitabhängige Linienformfunktion, die über die Kardinalsinusfunktion definiert ist. Dieselbe Funktion tritt auch bei der quantenmechanischen Behandlung der Energieabsorption von Atomen in periodischen Feldern auf (Kap.12.7).

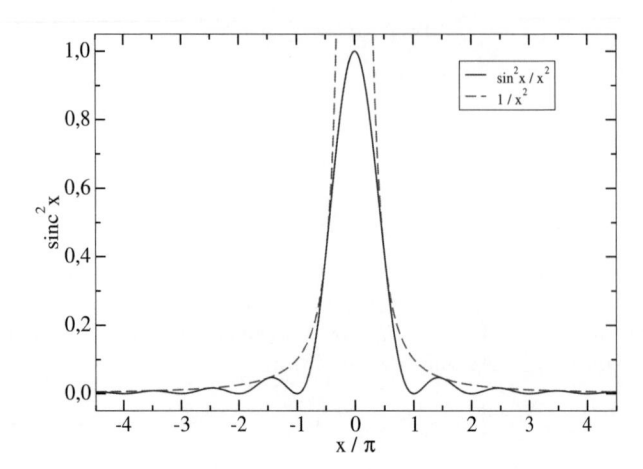

Abb. 7.3: Darstellung der Funktion $\text{sinc}^2(x)$. Sie besitzt bei $x = 0$ den Grenzwert 1 und wird für $x \neq 0$ durch $1/x^2$ nach oben begrenzt.

Definition 7.3: *Kardinalsinus (Sinus cardinalis)*

Die Funktion

$$\text{sinc}(x) = \frac{\sin x}{x} \tag{7.52}$$

wird als Kardinalsinus (Sinus cardinalis) bezeichnet. Für $x \to 0$ besitzt die Funktion den Grenzwert $\text{sinc}(0) = 1$. Das Quadrat $\text{sinc}^2(x)$ ist immer kleiner als $1/x^2$, so dass die Höhe der Maxima für $|x| \gg 1$ rasch abfällt (Abb. 7.3).

Die Linienformfunktion (7.51) ist auf eins normiert,

$$\int_{-\infty}^{+\infty} d\nu \, S(\nu - \nu_0, t) = \frac{1}{\pi} \int_{-\infty}^{+\infty} dx \, \text{sinc}^2(x) = 1. \tag{7.53}$$

Diese Normierung ist für alle t gültig. Für $t \to \infty$ nimmt das Maximum $S(0) = t$ unbeschränkt zu. An jeder anderen Stelle $\nu \neq \nu_0$ nimmt die Funktion aber proportional zu t^{-1} ab. Daher erhält man asymptotisch für große Zeiten eine Darstellung der Deltafunktion,

$$\lim_{t \to \infty} S(\nu - \nu_0, t) = \delta(\nu - \nu_0). \tag{7.54}$$

Die Anregung des Oszillators mit einer festen Frequenz führt zu einer periodischen Energieänderung. Dies entspricht noch nicht der gängigen Vorstellung einer Energieänderung mit einer konstanten Rate. Man gelangt jedoch zu konstanten Raten, indem man den Oszillator in einem Strahlungsfeld mit folgenden Eigenschaften betrachtet:

7.3 Anregung des ungedämpften Oszillators

Inkohärenz: In einem inkohärenten Strahlungsfeld haben die Moden zufällige Phasen. Daher addieren sich die Betragsquadrate der Modenamplituden im Ensemblemittel. Dementsprechend können die Energien der von den einzelnen Moden induzierten Dipole einfach addiert werden.

Isotropie: In einem isotropen Feld hängt die Amplitude der Moden nicht von der Polarisations- und Ausbreitungsrichtung ab. Die Energie der von den einzelnen Moden induzierten Dipole ist dann nur noch von der Frequenz abhängig.

Kontinuierliches Spektrum: In einem breitbandigen kontinuierlichen Spektrum kann die Summation über Moden durch eine Integration über die Frequenzen ersetzt werden.

Das Standardbeispiel eines solchen Strahlungsfeldes bildet die Wärmestrahlung. Wir berechnen zunächst die Gesamtenergie der von den Moden induzierten Oszillatoren,

$$W_g = \sum_s W_s(\nu_s). \tag{7.55}$$

Hierbei ist $W_s(\nu_s)$ die Energie des Oszillators, der von der Mode s angeregt wird. Wegen der Isotropie des Strahlungsfeldes hängt W_s nur von der Frequenz der Mode ab. Liegen die Frequenzen hinreichend dicht, so kann man mit der bekannten Modendichte im Volumen V

$$\mathcal{N}(\nu) = \frac{1}{V} \sum_n \delta(\nu - \nu_n) = 8\pi \frac{\nu^2}{c^3} \tag{7.56}$$

zu einem Integral übergehen

$$W_g = \int d\nu \, \mathcal{N}(\nu) W(\nu) V. \tag{7.57}$$

Unter Verwendung von (7.50) für $W(\nu)$ folgt

$$W_g = \frac{\pi q^2}{m} t \int_{-\infty}^{+\infty} d\nu \, u(\nu) \, S(\nu - \nu_0, t). \tag{7.58}$$

Hierbei bezeichnet

$$u(\nu) = \mathcal{N}(\nu) \frac{\mathcal{E}_0^2(\nu)}{8\pi} V \tag{7.59}$$

die spektrale Energiedichte des Strahlungsfeldes. Asymptotisch für große Zeiten erhält man mit der Ersetzung (7.54)

$$W_g = \frac{\pi q^2}{m} u(\nu_0) \, t \, . \tag{7.60}$$

Da das Integral über die Linienformfunktion für alle Zeiten den Wert eins besitzt, verbleibt nach der Integration nur noch eine lineare Zeitabhängigkeit. Die von den Oszillatoren aufgenommene bzw. abgegebene Leistung ist damit,

$$p_{os} = \frac{dW}{dt} = \frac{\pi q^2}{m} u(\nu_0) \ . \tag{7.61}$$

Diese Rate ist in derselben Form auch für den quantenmechanischen harmonischen Oszillator gültig (Abschnitt 11.7). Sie ist proportional zur spektralen Energiedichte der einfallenden Strahlung bei der Eigenfrequenz des Systems und besitzt somit genau die Form der von Einstein postulierten Rate für die Absorption und die induzierte Emission.

Zur genauen Definition der Absorptions- und Emissionsrate der Strahlung ist noch eine zusätzliche Überlegung erforderlich. Bisher waren wir davon ausgegangen, dass der Dipol in der Richtung des Polarisationsvektors e der Mode ausgerichtet ist. Tatsächlich besitzt ein Elektron in der Umgebung des Atomkerns in jedem Punkt eine gewisse Aufenthaltswahrscheinlichkeit. Die Richtung e' des entsprechenden Dipolmoments ist von diesem Punkt zum Atomkern gerichtet. In der Richtung dieses Dipols wirkt dann nur die Komponente $Ee \cdot e'$ des elektrischen Feldes. Die dazu senkrechte Komponente übt ein Drehmoment aus, dessen Auswirkung auf die Schwingungen vernachlässigt wird. Die Energie des Dipols ist damit um den Faktor $|e \cdot e'|^2$ reduziert. Unter der Annahme einer sphärisch symmetrischen Aufenthaltswahrscheinlichkeit sind alle Dipolrichtungen gleich wahrscheinlich. Mittelt man den Korrekturfaktor, wie nachfolgend dargestellt, über alle Raumrichtungen, so erhält man im Mittel die Energieänderungsrate

$$P_{os} = \frac{1}{3} p_{os} = \frac{\pi q^2}{3m} u(\nu_0) \ . \tag{7.62}$$

Die Raten für die Abstrahlung von Atomen sind, wie in diesem einfachen Modell gezeigt, gegenüber der Rate eines klassischen Oszillators, um einen gewissen Faktor reduziert. Dieser Faktor wird als Oszillatorstärke bezeichnet. Die Berechnung der Oszillatorstärke zeigt die Grenzen des Lorentz-Modells auf. Die Kopplungskonstante des gemittelten Dipolmoments an das elektrische Feld hängt davon ab, unter welchen Bedingungen über die einzelnen räumlich verteilten Dipole in einem Atom gemittelt wird. Deshalb kann die Oszillatorstärke erst im Rahmen einer quantenmechanischen Behandlung richtig berechnet werden (Abschnitt 12.8).

Mittelung über e': Aufgrund der sphärischen Symmetrie des Elektronenzustandes kann man für jede Mode über alle Dipolrichtungen mitteln. Wählt man e in z-Richtung so folgt für den Mittelwert von $|e \cdot e'|^2 = \cos^2 \theta = u^2$,

$$\frac{1}{4\pi} \int d\Omega \, u^2 = \frac{2\pi}{4\pi} \int_{-1}^{+1} du \, u^2 = \frac{1}{2} \frac{2}{3} = \frac{1}{3} \ . \tag{7.63}$$

Mittelung über e: Aufgrund der Isotropie des Strahlungsfeldes kann man auch bei einer festen Dipolrichtung $e' = e_z$ über die Polarisationsrichtungen der einlaufenden Wellen mitteln. Hierzu betrachten wir zwei orthogonale Polarisationsvektoren

e_α in der Ebene senkrecht zur Ausbreitungsrichtung t. Da diese drei Vektoren eine Orthonormalbasis bilden, gilt

$$\sum_\alpha |e' \cdot e_\alpha|^2 + |e' \cdot t|^2 = 1. \tag{7.64}$$

Die Summe über die Polarisationsvektoren führt damit zu der Winkelabhängigkeit

$$\sum_\alpha |e' \cdot e_\alpha|^2 = 1 - \cos^2\theta = \sin^2\theta . \tag{7.65}$$

Damit ergibt die Mittelung über die Polarisations- und Ausbreitungsrichtungen,

$$\frac{1}{4\pi} \int d\Omega \, \frac{1}{2} \sum_\alpha |e' \cdot e_\alpha|^2 = \frac{1}{8\pi} \, 2\pi \int_0^\pi d\theta \, \sin^3\theta = \frac{1}{3}. \tag{7.66}$$

mit dem Integral

$$\int_0^\pi d\theta \sin^3\theta = \int_{-1}^{+1} du \, (1 - u^2) = 2 - \frac{2}{3} = \frac{4}{3} . \tag{7.67}$$

Beide Arten der Mittelung führen somit zum gleichen Ergebnis.

7.4 Anregung des gedämpften Oszillators

Zum Vergleich betrachten wir jetzt noch den gedämpften harmonischen Oszillator. Ist die Wechselwirkungszeit mit dem Lichtpuls sehr viel größer als die Relaxationszeit, so klingen die Eigenschwingungen aufgrund der Reibungskraft rasch ab und es stellt sich als stationärer Zustand die erzwungene Schwingung (7.7) ein. Die Absorptionsrate muss dann für den stationären Zustand berechnet werden. Im Rahmen dieses Modells wird die Frequenzabhängigkeit der absorbierten Energie berechnet und durch eine Linienformfunktion, einen Wirkungsquerschnitt sowie einen Absorptionskoeffizienten charakterisiert.

Durch Multiplikation der Bewegungsgleichung mit $\dot{x}$ erhält man für den angeregten gedämpften Oszillator Energiesatz,

$$\frac{dW}{dt} + 2\beta m \dot{x}^2 = q\mathcal{E}\dot{x}. \tag{7.68}$$

Hierbei bezeichnet W die durch die Hamilton-Funktion (7.30) definierte Energie des freien ungedämpften Systems. Im stationären Zustand bleibt die mittlere Energie des Oszillators konstant. Die mittlere Energie kann nach (3.15b) mit der komplexen Amplitude (7.7) berechnet werden. Mit der nahe der Resonanzstelle gültigen Näherung (7.27) vereinfacht sich (7.7) zu

$$X = \frac{q}{2m\omega_0} \frac{E}{\Delta - i\beta}. \tag{7.69}$$

Damit folgt für die mittlere Oszillatorenergie

$$\begin{aligned} W &= \frac{1}{4}m(|\dot{X}|^2 + \omega_0^2|X|^2) = \frac{1}{2}m\omega_0^2|X|^2 \\ &= \frac{q^2\mathcal{E}_0^2}{8m}\frac{1}{\Delta^2+\beta^2} \\ &= \frac{q^2\mathcal{E}_0^2}{8m}\frac{1}{2\beta}L(\nu-\nu_0). \end{aligned} \qquad (7.70)$$

Hierbei bezeichnet $L(\nu-\nu_0)$ die Lorentz-Funktion (1.24), deren Breite hier durch $\delta\nu = \beta/(2\pi)$ definiert ist. Würde man das Anfangswertproblem wie in (7.44) mit Dämpfung behandeln, so würde die Energie der Eigenschwingung des Oszillators mit der Zeitkonstante $1/(2\beta)$ exponentiell abfallen. Daher erwartet man eine Sättigung der Energie (7.50) nach der Zeit $t = 1/(2\beta)$. Durch Vergleich von (7.50) und (7.70) sieht man, dass die Energien nach dieser Zeit tatsächlich bis auf unterschiedliche Linienformfaktoren übereinstimmen.

Da die mittlere Energie konstant ist, wird die mittlere absorbierte Leistung nun vollständig durch die Reibungskraft dissipiert. Daher berechnet man die Absorptionsrate am einfachsten über die Dissipationsrate in (7.68),

$$\begin{aligned} p_{os}(\nu) &= 2\beta m \frac{1}{2}\omega_0^2|X|^2 \\ &= 2\beta W = \frac{q^2\mathcal{E}_0^2}{8m}L(\nu-\nu_0). \end{aligned} \qquad (7.71)$$

Ersetzt man die Lorentz-Funktion für kleine Dämpfung, d.h. für den Grenzfall $\delta\nu \to 0$, durch die Deltafunktion und integriert über die Frequenzen eines breitbandigen Strahlungsfeldes, so erhält man

$$p_{os} = \frac{\pi q^2}{m} u(\nu_0). \qquad (7.72)$$

Da die Absorption von breitbandiger Strahlung unabhängig ist von der speziellen Art der atomaren Linienformfunktion erhält man hier dasselbe Ergebnis wie im ungedämpften Fall.

Wir betrachten nun noch den Wirkungsquerschnitt für die Absorption der einfallenden Strahlung. Fällt Strahlung der Intensität I auf einen Oszillator und wird dabei pro Zeiteinheit die Energie $p_{os}(\nu)$ absorbiert, so definiert man den Wirkungsquerschnitt für Absorption σ_a durch

$$p_{os} = \sigma_a I, \qquad I = cn_r\frac{\mathcal{E}_0^2}{8\pi}. \qquad (7.73)$$

Hierbei sind p_{os}, I und $\mathcal{E}_0^2$ durch die mittleren Felder im Medium definiert. In transparenten Medien kann man aber häufig näherungsweise die Vakuumwerte einsetzen und

7.4 Anregung des gedämpften Oszillators

den Brechungsindex durch $n_r = 1$ ersetzen. Durch Vergleich von (7.73) mit (7.71) erhält man für das Lorentz-Modell den Wirkungsquerschnitt,

$$\sigma_a = \sigma_0 \, L(\nu - \nu_0), \qquad \sigma_0 = \frac{\pi q^2}{mcn_r} = 2.65 \times 10^{-2} \frac{1}{n_r} [\text{cm}^2/\text{sec}]. \tag{7.74}$$

In einem Medium mit einer Dipoldichte n_e ist die gesamte im Zeitmittel absorbierte Leistungsdichte

$$P_a = n_e p_{os} = n_e \sigma_a I. \tag{7.75}$$

Damit erhält man für den Absorptionskoeffizienten (3.71) den Ausdruck

$$a = n_e \sigma_a = n_e \sigma_0 \, L(\nu - \nu_0). \tag{7.76}$$

Es sei noch bemerkt, dass die absorbierte Leistungsdichte auch direkt über die Definition

$$P_a = n_e < q\mathcal{E}\dot{x}> = n_e \frac{1}{2} \Re\{-i\omega q X E^*\} = \frac{n_e \omega \alpha_i}{2} |E|^2$$
$$= \omega \, 4\pi n_e \alpha_i \frac{\mathcal{E}_0^2}{8\pi} = \frac{\omega \epsilon_i}{cn_r} I \tag{7.77}$$

berechnet werden kann. Man beachte, dass die dissipierte Leistung (7.71) durch $\beta|\alpha|^2$, die absorbierte Leistung (7.77) aber durch $\alpha_i = \Im\{\alpha\}$ bestimmt wird. Im stationären Zustand ist die dissipierte gleich der absorbierten Leistung. Dies sieht man explizit, indem man den Absorptionskoeffizienten gemäß (7.77) mit dem Imaginärteil (7.29) der Dielektrizitätskonstante berechnet,

$$a = \frac{\omega \epsilon_i}{cn_r} = \frac{\omega}{cn_r} \frac{\omega_p^2}{2\omega_0} \frac{\beta}{\Delta^2 + \beta^2}$$
$$= \frac{4\pi q^2 n_e}{2mcn_r} \frac{1}{2\pi} \frac{\delta\nu}{(\nu-\nu_0)^2 + \delta\nu^2} = n_e \sigma_0 \, L(\nu - \nu_0). \tag{7.78}$$

Die Anwendung des Lorentz-Modells auf die Absorptionsspektren von Gasen erklärt im Prinzip das Auftreten einzelner Absorptionslinien. Im Spektrum der Sonne beobachtet man z.B. zahlreiche dunkle Absorptionslinien, die nach ihrem Entdecker als Fraunhofer-Linien bezeichnet werden. Sie entstehen beim Durchgang des Sonnenlichts durch die Atmosphäre der Sonne. Besonders markant sind die Fraunhofer D-Linien, zwei benachbarte Absorptionslinien von Natriumdampf im gelben Spektralbereich bei 5890 und 5896 Å. Auch das Lorentzprofil stimmt häufig mit dem Profil der gemessenen Spektrallinien überein. Da die Dämpfungskonstante jedoch stark von verschiedenen Parametern wie Druck und Temperatur abhängig ist, definiert man besser den integrierten Absorptionsquerschnitt σ_0 als Maß der Absorptionsstärke einer Linie. Nach dem Lorentz-Modell müsste σ_0 einen materialunabhängigen universellen Wert besitzen. Experimente zeigen jedoch, dass der frequenzintegrierte Wirkungsquerschnitt nur größenordnungsmäßig mit dem theoretischen Wert übereinstimmt und insbesondere für die einzelnen Spektrallinien eines Gases unterschiedlich groß ist. Historisch hatte man daher zunächst gemäß (7.12) für jede Eigenfrequenz ν_j einen Korrekturfaktor f_j, die Oszillatorstärke des Überganges, eingeführt. Damit wurden die gemessenen Werte $\sigma_{j,exp} = f_j \sigma_0$ an das Lorentz-Modell angepasst. Das Lorentz-Modell bot jedoch keine Berechnungsmöglichkeit dieser empirischen Parameter. Erst im Rahmen der Quantenmechanik konnten die Oszillatorstärken theoretisch begründet und damit auch quantitativ bestimmt werden.

7.5 Dipolstrahlung

Das Lorentz-Modell beschreibt die Dynamik der Ladungen in Atomen oder Molekülen durch ein Dipolmoment. Unter geeigneten Annahmen kann auch die Abstrahlung der Ladungen durch das Dipolmoment ausgedrückt werden. Damit kann z.B. die Lichtstreuung an einzelnen Atomen oder Molekülen im Rahmen des Lorentz-Modells behandelt werden. In diesem Abschnitt werden die Formeln für die Dipolstrahlung einer Ladungsverteilung zusammengefasst und im folgenden Abschnitt zur Berechnung der Lichtstreuung im Rahmen des Lorentz-Modells angewandt.

Die Abstrahlung einer räumlich begrenzten Quellverteilung kann mit Hilfe der retardierten Potentiale

$$\phi(\boldsymbol{r},t) = \int d^3r' \, \frac{\tau(\boldsymbol{r}',t')}{R}, \tag{7.79a}$$

$$\boldsymbol{A}(\boldsymbol{r},t) = \frac{1}{c} \int d^3r' \, \frac{\boldsymbol{j}(\boldsymbol{r}',t')}{R} \tag{7.79b}$$

berechnet werden. Hierbei wird $\boldsymbol{r}$ als Aufpunkt, $\boldsymbol{r}'$ als Quellpunkt bezeichnet und $\boldsymbol{R} = \boldsymbol{r} - \boldsymbol{r}'$ stellt den vom Quellpunkt zum Aufpunkt gerichteten Verbindungsvektor dar (Abb. 7.4). Das Feld im Aufpunkt $\boldsymbol{r}$ zur Zeit t wird durch die Ladungen in den Quellpunkten $\boldsymbol{r}'$ zur retardierten Zeit t' bestimmt. Die Retardierung entspricht der Laufzeit des Lichts $t - t' = R/c$ vom Quellpunkt zum Aufpunkt. Die retardierte Zeit ist demnach $t' = t - R/c$. Wie aus der Elektrodynamik bekannt ist, stellen die retardierten Potentiale eine Integraldarstellung der Lösung der allgemeinen Feldgleichungen (2.19) für die auslaufenden Wellen dar.

Die retardierten Potentiale lassen sich in großen Abständen von der Quelle einfach auswerten. Um die Voraussetzungen einer solchen Näherung genauer angeben zu können, legen wir den Koordinatenursprung ins Zentrum der Quellverteilung und entwickeln die Funktion $R = |\boldsymbol{r} - \boldsymbol{r}'|$ nach $\boldsymbol{r}'$ um die Stelle $\boldsymbol{r}$ bis zur ersten Ordnung. Mit dem Einheitsvektor $\boldsymbol{t} = \boldsymbol{r}/r$ in Richtung des Aufpunktes erhält man

$$R^2 = r^2 - 2\boldsymbol{r} \cdot \boldsymbol{r}' + r'^2 \approx r^2 \left(1 - 2\frac{\boldsymbol{t} \cdot \boldsymbol{r}'}{r}\right), \qquad R \approx r - \boldsymbol{t} \cdot \boldsymbol{r}'. \tag{7.80}$$

Eine Vernachlässigung des Terms erster Ordnung erfordert in der Regel die Voraussetzungen $r \gg a$ und $\lambda \gg a$, wobei a die typische Ausdehnung der Quelle und λ die

7.5 Dipolstrahlung

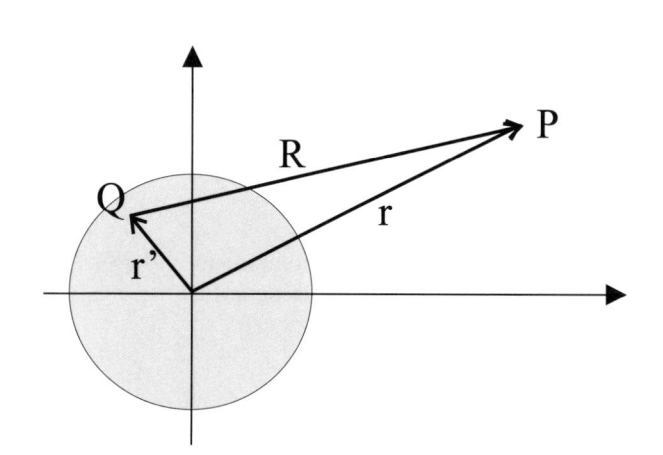

Abb. 7.4: *Aufpunkt P am Ort r, Quellpunkt Q am Ort r' und Verbindungsvektor $R = r - r'$ vom Quellpunkt zum Aufpunkt. Das retardierte Potential im Aufpunkt ist eine Superposition der Felder, die zu einem früheren Zeitpunkt von den Ladungen der Quellverteilung (grau) emittiert wurden. Der Quellpunkt Q besitzt den räumlichen Abstand $|r - r'| = R$ und den zeitlichen Abstand $t - t' = R/c$ vom Aufpunkt.*

Wellenlänge der emittierten Strahlung bezeichnet. Aufgrund der ersten Bedingung kann man im Nenner von (7.79) R durch r ersetzen. Aufgrund der zweiten Bedingung kann man auch in allen Quellpunkten dieselbe Retardierung $R/c \approx r/c$ annehmen, denn die Gangunterschiede für die einzelnen Quellpunkte, $t \cdot r'$, sind dann kleiner als eine Lichtwellenlänge.

Wir betrachten nun das retardierte Vektorpotential (7.79) in der Näherung $R \approx r$ und erhalten

$$A(r,t) = \frac{1}{cr} \int d^3r' \; j(r', t - r/c) \,. \tag{7.81}$$

Das verbleibende Volumenintegral kann durch das Dipolmoment,

$$d(t) = \int d^3r \; r \; \tau(r,t) \,, \tag{7.82}$$

der zugehörigen Ladungsdichte $\tau(r,t)$ ausgedrückt werden. Hierzu betrachtet man das erste Moment der Kontinuitätsgleichung,

$$\begin{aligned} 0 &= \int d^3r \; r \left[\partial_t \tau(r,t) + \boldsymbol{\nabla} \cdot j(r,t) \right] \\ &= \frac{d}{dt} \left(\int d^3r \; r \; \tau(r,t) \right) - \int d^3r \; j(r,t) \cdot \boldsymbol{\nabla} r \\ &= \dot{d}(t) - \int d^3r \; j(r,t) \,. \end{aligned} \tag{7.83}$$

In der zweiten Zeile wurde im ersten Term die Zeitableitung mit der Volumenintegration vertauscht und im zweiten Term eine partielle Integration ausgeführt, wobei an der

Oberfläche des Volumens $j_i x_k \to 0$ vorausgesetzt wurde. Der Punkt bezeichnet die Zeitableitung. Damit findet man für das Vektorpotential der Dipolstrahlung das Ergebnis

$$\boldsymbol{A}(\boldsymbol{r},t) = \frac{1}{cr}\, \dot{\boldsymbol{d}}\,\Big|_{t'=t-r/c} \,. \tag{7.84}$$

Zur weiteren Berechnung der Felder werden für die räumlichen Ableitungen die Größenordnungen

$$\frac{1}{r^{-1}} \frac{\partial r^{-1}}{\partial x_i} = O(r^{-1}), \qquad \frac{1}{\dot{d}_j} \frac{\partial \dot{d}_j}{\partial x_i} = O(\lambda^{-1}) \tag{7.85}$$

vorausgesetzt. Dann genügt es wegen $r \gg \lambda$ nur das Dipolmoment mit der schnell veränderlichen Phase abzuleiten. Damit erhält man für das Magnetfeld

$$\begin{aligned}\boldsymbol{B} &= \frac{1}{cr}\boldsymbol{\nabla} \times \dot{\boldsymbol{d}}(t-r/c) = \frac{1}{cr}\,\boldsymbol{\nabla}\left(\frac{-r}{c}\right) \times \ddot{\boldsymbol{d}}(t-r/c) \\ &= \frac{1}{c^2 r}\ddot{\boldsymbol{d}}(t-r/c) \times \boldsymbol{t}\,.\end{aligned} \tag{7.86}$$

Die Berechnung des elektrischen Feldes kann direkt über die Maxwell-Gleichungen erfolgen. Dann benötigt man kein skalares Potential bzw. keine spezielle Eichung des Vektorpotentials. Man erhält zunächst

$$\begin{aligned}\boldsymbol{\nabla} \times \boldsymbol{B} &= \frac{1}{c^2 r}\boldsymbol{\nabla} \times (\ddot{\boldsymbol{d}}(t-r/c) \times \boldsymbol{t}) \\ &= \frac{1}{c^2 r}\boldsymbol{\nabla}\left(\frac{-r}{c}\right) \times (\dddot{\boldsymbol{d}}(t-r/c) \times \boldsymbol{t}) \\ &= \frac{1}{c^3 r}(\dddot{\boldsymbol{d}}(t-r/c) \times \boldsymbol{t}) \times \boldsymbol{t},\end{aligned} \tag{7.87}$$

und damit über die Maxwell-Gleichung (2.1a) das elektrische Feld,

$$\boldsymbol{E} = \frac{1}{c^2 r}(\ddot{\boldsymbol{d}}(t-r/c) \times \boldsymbol{t}) \times \boldsymbol{t} = \boldsymbol{B} \times \boldsymbol{t}. \tag{7.88}$$

Die Strahlungsfelder (7.86) und (7.88) werden durch die Beschleunigung des Dipolmoments hervorgerufen. In die Herleitung gehen keine Annahmen darüber ein, ob das mittlere Dipolmoment klassisch oder quantenmechanisch berechnet wird. Daher können die Formeln in gleicher Weise auf die Abstrahlung von klassischen Systemen und Quantensystemen angewandt werden.

Wir betrachten nun die abgestrahlte Leistung und verwenden wieder die kursive Notation (3.13) für die physikalischen reellen Felder. Für den Poynting-Vektor des Strahlungsfeldes findet man mit (7.88) und wegen $\boldsymbol{t} \cdot \mathcal{B} = 0$

$$\mathcal{S} = \frac{c}{4\pi}\,\mathcal{E} \times \mathcal{B} = \frac{c}{4\pi}(\mathcal{B} \times \boldsymbol{t}) \times \mathcal{B} = \frac{c}{4\pi}\mathcal{B}^2 \boldsymbol{t}. \tag{7.89}$$

7.6 Lichtstreuung

Er ist vom Streuzentrum radial nach außen gerichtet. Die Intensität der Streuwelle nimmt quadratisch mit dem Abstand r vom Koordinatenursprung ab. Die durch ein Flächenelement $df = r^2 d\Omega = r^2 \sin\theta d\theta d\phi$ einer Kugel abgestrahlte mittlere Leistung ist,

$$dP_s = c\frac{<\mathcal{B}^2>}{4\pi}r^2 d\Omega = \frac{<\ddot{d}^2>}{c^3}\frac{\sin^2\theta d\Omega}{4\pi}. \tag{7.90}$$

Hier wurde ein Koordinatensystem gewählt, dessen z-Achse entlang dem Dipol $\boldsymbol{d} = d\boldsymbol{e}_z$ gerichtet ist und mit dem Ausbreitungsvektor $\boldsymbol{t}$ den Winkel θ bildet. Die Dipolstrahlung besitzt in der durch $\boldsymbol{d}$ und $\boldsymbol{t}$ aufgespannten Ebene eine charakteristische Winkelverteilung $\propto \sin^2\theta$. In Achsrichtung erfolgt keine Ausstrahlung, senkrecht zur Achse hingegen ist die Ausstrahlung maximal. Außerdem ist die Strahlung axialsymmetrisch bezüglich der Dipolachse, d.h. unabhängig vom Winkel ϕ.

Die gesamte ausgestrahlte Leistung ergibt sich durch Integration über den Raumwinkel. Mit dem Integral

$$\int_0^\pi d\theta \sin^3\theta = \int_{-1}^{+1} d\cos\theta\,(1-\cos^2\theta) = 2 - \frac{2}{3} = \frac{4}{3}, \tag{7.91}$$

findet man

$$P_s = \frac{4}{3}\frac{2\pi}{4\pi}\frac{<\ddot{d}^2>}{c^3} = \frac{2}{3}\frac{<\ddot{d}^2>}{c^3}. \tag{7.92}$$

7.6 Lichtstreuung

Neben der Dispersion und der Absorption von Licht kann in einem Medium Lichtstreuung auftreten. Dabei unterscheidet man die elastische Streuung, bei der die einfallende Welle und die Streuwelle gleiche Frequenzen besitzen, und die inelastische Streuung, bei der die Frequenz der Streuwelle verschieden ist von der Frequenz der einfallenden Welle. Außerdem ist für die Streutheorie die Größe der streuenden Teilchen im Vergleich zur Wellenlänge des Lichtes wesentlich.

Im folgenden wird die als Rayleigh-Streuung bekannte elastische Streuung an einzelnen unabhängigen Dipolen der Größe $d \ll \lambda$ betrachtet.

Bei der Streuung einer elektromagnetischen Welle an einem Dipol ist das von der Welle induzierte Dipolmoment $\boldsymbol{d} = \alpha \boldsymbol{E}$ in die Formel für die Dipolstrahlung einzusetzen. Unter Verwendung von

$$<\ddot{d}^2> = \frac{\omega^4}{2}|\alpha|^2 \boldsymbol{E}\cdot\boldsymbol{E}^* = \frac{\omega^4}{2}|\alpha|^2 \frac{8\pi}{c}I$$

ergibt sich für die gesamte an einem Dipol gestreute Leistung

$$P = \sigma_s I, \tag{7.93}$$

mit dem Wirkungsquerschnitt für die Lichtstreuung

$$\sigma_s = \frac{8\pi}{3} \left(\frac{\omega}{c}\right)^4 |\alpha|^2. \tag{7.94}$$

Die Polarisierbarkeit ist im allgemeinen frequenzabhängig. Bei niedrigen Frequenzen kann man näherungsweise die statische Polarisierbarkeit aus (7.19) verwenden und erhält dann eine starke Zunahme der Streuung mit wachsenden Frequenzen: $\sigma_s \sim \omega^4$. Die stärkere Streuung von blauem gegenüber rotem Licht ist z.B. die Ursache für die blaue Farbe des Himmels und das rote Licht bei Sonnenuntergang. Bei Sonnenuntergang ist der Lichtweg durch die Atmosphäre verlängert, da die Strahlen in horizontaler statt in vertikaler Richtung einfallen. Dadurch wird die Transmission für das stärker gestreute blaue Licht vermindert.

Bei hohen Frequenzen kann die Polarisierbarkeit für freie Elektronen eingesetzt werden. Für ein Streuzentrum aus Z Dipolen folgt aus (7.9)

$$\alpha = -\frac{q^2 Z}{m\omega^2}\ .$$

Dieser Grenzfall wird als Thomson-Streuung bezeichnet und besitzt den Streuquerschnitt

$$\sigma_s = \frac{8\pi}{3} Z^2 r_0^2, \qquad r_0 = \frac{q^2}{mc^2} = 2.82 \times 10^{-13} \text{cm}. \tag{7.95}$$

Die Länge r_0 bezeichnet den klassischen Elektronenradius, bei dem die elektrostatische Energie q^2/r_0 des Elektrons gleich groß ist wie die Energie seiner Ruhemasse, mc^2.

Der Wirkungsquerschnitt (7.94) kennzeichnet die Streuung an einem einzelnen Streuzentrum. In einem Gas mit n_s Streuzentren pro Volumeneinheit müssen die einzelnen Streuwellen aufsummiert werden. Nimmt man eine zufällige Verteilung der Streuzentren an, so ist die gesamte gestreute Intensität gleich der Summe der Intensitäten der einzelnen Streuprozesse. Die gesamte gestreute Leistungsdichte ist damit

$$P_s = a_s I, \qquad a_s = n_s \sigma_s\ . \tag{7.96}$$

Drückt man die Suszeptibilität $\chi = n_s \alpha$ noch mit (3.3) durch die Dielektrizitätskonstante bzw. den Brechungsindex des Mediums aus, so gilt

$$n_s |\alpha|^2 = \frac{|\chi|^2}{n_s} = \frac{1}{n_s} \frac{|\epsilon - 1|^2}{(4\pi)^2} = \frac{1}{n_s} \frac{|n^2 - 1|^2}{(4\pi)^2}. \tag{7.97}$$

Daraus folgt

$$a_s = \frac{1}{6\pi n_s} \frac{\omega^4}{c^4} |n^2 - 1|^2\ . \tag{7.98}$$

Man bezeichnet a_s als den Extinktionskoeffizienten für Streuung. Er bestimmt die Abnahme der Intensität der einfallenden Welle durch Streuung. Absorption und Streuung werden unter dem Oberbegriff Extinktion zusammengefaßt. Der Absorptionskoeffizient wird daher auch als Extinktionskoeffizient für Absorption bezeichnet.

7.7 Strahlungsdämpfung

Eine Berücksichtigung der Strahlungsrückwirkung auf die Bewegung ist klassisch nur näherungsweise möglich. Ein einfaches phänomenologisches Modell der Strahlungsdämpfung besteht in der Einführung einer Reibungskraft, die so gewählt wird, dass die durch die Reibungskraft im Mittel dissipierte Leistung der mittleren abgestrahlten Leistung entspricht.

Zur Bestimmung der entsprechenden Reibungskonstante im Lorentz-Modell gehen wir von dem stationären Zustand des angeregten und gedämpften Oszillators aus. Im stationären Zustand gilt für die Mittelwerte über eine Schwingungsperiode

$$<\ddot{x}^2> = \frac{1}{2}\omega^4|X|^2 = \omega^4 <x^2>, \tag{7.99a}$$

$$<\dot{x}^2> = \frac{1}{2}\omega^2|X|^2 = \omega^2 <x^2> . \tag{7.99b}$$

Die mittlere abgestrahlte und dissipierte Leistung können damit wie folgt ausgedrückt werden

$$P_s = \frac{2}{3}\frac{q^2}{c^3}\omega^4 <x^2>, \tag{7.100a}$$

$$D_s = 2\beta_s\, m\omega^2 <x^2>, \tag{7.100b}$$

wobei der Index s für den hier betrachteten Fall der Abstrahlung steht. Die Forderung, dass beide Größen gleich sind, $P_s = D_s$, bestimmt die Dämpfungskonstante zu

$$2\beta_s = \frac{2}{3}\frac{q^2\omega^2}{mc^3}. \tag{7.101}$$

Bei resonanter Anregung gilt für die Energie

$$E = \frac{1}{2}m(\omega^2 + \omega_0^2) <x^2> \approx m\omega^2 <x^2> . \tag{7.102}$$

Mit diesen Ausdrücken lässt sich der Energiesatz in der Form eines exponentiellen Zerfallsgesetzes angeben,

$$\frac{dE}{dt} = -D_s = -2\beta_s\, E. \tag{7.103}$$

Die klassische Lebensdauer der Schwingung ist demnach $\tau_s = 1/(2\beta_s)$. Die Lorentz-Linienformfunktion besitzt die Linienbreite (FWHM) $\Delta\nu_s = 2\beta_s/(2\pi)$.

> **Beispiel 7.4** *Klassische Strahlungsdämpfung*
>
> Die Auswertung der Formeln für ein Elektron mit der Schwingungsfrequenz $\nu = 5 \times 10^{14}$ Hz ergibt die Zahlenwerte:
>
> Dämpfung   : $2\beta_s = 6 \times 10^7$ Hz
> Lebensdauer : $\tau = 16$ ns
> Linienbreite : $\Delta\nu_s = 9.8$ MHz

In der Quantenmechanik wird die Lebensdauer eines angeregten Niveaus durch spontane Emission begrenzt. Befinden sich N Atome im angeregten Zustand 2, so ist die Übergangsrate in einen tieferliegenden Zustand 1 aufgrund spontaner Emission

$$\frac{d}{dt} N = -A_{21} N, \tag{7.104}$$

Die atomare Konstante A_{21} wird als Einsteinscher A-Koeffizient bezeichnet. Die Anzahl der Atome im angeregten Zustand nimmt demnach exponentiell ab,

$$N(t) = N(0) \exp(-t/\tau_{21}), \qquad \tau_{21} = 1/A_{21}, \tag{7.105}$$

wobei der Kehrwert des A-Koeffizienten die Lebensdauer τ_{21} des Übergangs bestimmt. Typische Lebensdauern angeregter atomarer Niveaus liegen im Bereich 1 – 100 ns. Die zugehörige Linienbreite wird als natürliche Linienbreite bezeichnet. Die spontane Emission einzelner Photonen ist ein rein quantenmechanisches Phänomen und kann für einen bestimmten atomaren Übergang nur quantenmechanisch berechnet werden.

7.8 Druckverbreiterung

Die natürliche Linienbreite kann durch die Wechselwirkung oder Bewegung der Atome verbreitert sein. Bei der Breite einer Spektrallinie unterscheidet man die homogene und die inhomogene Linienverbreiterung. Im homogenen Fall besitzen alle Atome des Mediums dieselbe Linienform. Die Breite der homogenen Linie ergibt sich aus der endlichen Lebensdauer des angeregten Niveaus. Beispiele sind die durch spontane Emission bestimmte natürliche Linienbreite oder die durch Stöße bestimmte Druckverbreiterung. Im inhomogenen Fall besitzen die Atome des Mediums unterschiedliche Resonanzlinien. Die Breite der inhomogenen Linie ergibt sich aus einer Vielzahl verschiedener Resonanzfrequenzen der beteiligten Atome. Beispiele hierfür sind die Dopplerverbreiterung in Gasen oder die Starkverbreiterung in Festkörpern, die durch örtlich inhomogene Kristallfelder hervorgerufen wird.

In Gasen wird die Lebensdauer eines angeregten Zustandes häufig durch Stöße zwischen den Gasteilchen begrenzt, was zu einer Stoßverbreiterung der Spektrallinien führt. Da die Stoßfrequenz mit der Dichte der Gasteilchen und damit mit dem Gasdruck zunimmt, spricht man auch von Druckverbreiterung. Die Stoßverbreiterung wird vorwiegend durch elastische Stöße bestimmt, da diese bei größeren Stoßparametern auftreten und damit häufiger zu erwarten sind.

7.8 Druckverbreiterung

Im klassischen Bild bewirken elastische Stöße zufällige Richtungsänderungen der Dipolmomente. Nimmt man an, daß zu jedem Zeitpunkt t' sehr viele Atome stoßen, so kann die mittlere Auslenkung und die mittlere Geschwindigkeit dieser Dipole unmittelbar nach dem Stoß gleich Null gesetzt werden. Mit diesen Anfangsbedingungen kann eine Bewegungsgleichung für das mittlere Dipolmoment aller Atome hergeleitet werden, die eine effektive Reibungskraft enthält.

Zwischen zwei aufeinanderfolgenden Stößen gilt für das Dipolmoment $\boldsymbol{d}$ im elektrischen Feld $\boldsymbol{E}$ die stoßfreie Bewegungsgleichung

$$\ddot{\boldsymbol{d}} + \omega_0^2 \boldsymbol{d} = \frac{q^2}{m} \boldsymbol{E}. \tag{7.106}$$

Sie kann als ein System von zwei Differentialgleichungen 1. Ordnung

$$\dot{\boldsymbol{y}} = \boldsymbol{a} \cdot \boldsymbol{y} + \boldsymbol{b}, \tag{7.107}$$

$$\boldsymbol{a} = \begin{pmatrix} 0 & 1 \\ -\omega_0^2 & 0 \end{pmatrix}, \quad \boldsymbol{b} = \begin{pmatrix} 0 \\ \frac{q^2 \boldsymbol{E}}{m} \end{pmatrix}, \quad \boldsymbol{y} = \begin{pmatrix} \boldsymbol{d} \\ \dot{\boldsymbol{d}} \end{pmatrix}.$$

dargestellt werden. Sei $<\boldsymbol{y}(t,t')>$ der Mittelwert des Vektors $\boldsymbol{y}$ bezüglich derjenigen Teilchen, deren letzter Stoß zur Zeit t' stattfand und die sich danach bis zur Zeit $t > t'$ stoßfrei bewegen. Aufgrund der zufälligen Richtungs- und Geschwindigkeitsänderungen beim Stoß wird für diesen Mittelwert die Anfangsbedingung

$$<\boldsymbol{y}(t',t')> = 0, \tag{7.108}$$

angenommen. Dieses Ensemblemittel genügt ebenfalls der stoßfreien Bewegungsgleichung (7.107), da die linearen Operationen mit der Mittelwertbildung vertauscht werden können, wie z.B.

$$\frac{d}{dt} <\boldsymbol{y}(t,t')> \ = \ \frac{d}{dt} \frac{1}{N_{t'}} \sum_i \boldsymbol{y}_i = \frac{1}{N_{t'}} \sum_i \frac{d}{dt} \boldsymbol{y}_i. \tag{7.109}$$

Die Summation erstreckt sich über die zur Zeit t' stoßenden Teilchen, deren Anzahl mit $N_{t'}$ bezeichnet wird.

Das mittlere Dipolmoment aller Atome $<\boldsymbol{y}(t)>$ erhält man, indem man $<\boldsymbol{y}(t,t')>$ über alle Stoßzeiten $t' < t$ mittelt,

$$<\boldsymbol{y}(t)> = \int_{-\infty}^{t} <\boldsymbol{y}(t,t')> \, df(t,t'). \tag{7.110}$$

Hierbei bezeichnet $f(t,t')$ den Bruchteil der Atome, die sich im Zeitintervall $t > t'$ stoßfrei bewegen und $df(t,t')$ den Bruchteil der Atome, deren letzter Stoß im Zeitinterval zwischen t' und $t' + dt'$ liegt. Für diese Stoßzahl machen wir den Ansatz

$$df(t,t') = f(t,t') \frac{dt'}{\tau_c}. \tag{7.111}$$

Hierbei werden Korrelationen zwischen den Teilchen vernachlässigt und es wird angenommen, dass die Stoßwahrscheinlichkeit über ein Zeitintervall τ_c gleichverteilt ist. Das Zeitintervall τ_c wird als die mittlere freie Flugzeit bezeichnet. Sie kann durch den Wirkungsquerschnitt σ_c, die Relativgeschwingigkeit v und die Dichte n der stoßenden Teilchen ausgedrückt werden. Wenn man fordert, daß das stoßfreie Volumen genau ein Teilchen enthält, $n\sigma_c v \tau_c = 1$, so folgt die Beziehung

$$\tau_c^{-1} = n\sigma_c v. \tag{7.112}$$

Mit der Anfangsbedingung $f(t,t) = 1$ folgt aus (7.111) eine exponentielle Abnahme der stoßfreien Atome als Funktion des Zeitintervalls $t - t'$,

$$f(t,t') = \exp\left(-\frac{t-t'}{\tau_c}\right). \tag{7.113}$$

Differenziert man (7.110) nach der Zeit, so folgt

$$\frac{d<\boldsymbol{y}(t)>}{dt} = \frac{1}{\tau_c} f(t,t) <\boldsymbol{y}(t,t)>$$

$$+ \int_{t'=-\infty}^{t} <\boldsymbol{y}(t,t')> \frac{-1}{\tau_c} df(t,t') + \int_{t'=-\infty}^{t} \frac{d<\boldsymbol{y}(t,t')>}{dt} df(t,t')$$

$$= -\frac{1}{\tau_c} <\boldsymbol{y}(t)> + \int_{t'=-\infty}^{t} (\boldsymbol{a}\cdot <\boldsymbol{y}(t,t')> +\boldsymbol{b}) \; df(t,t')$$

$$= -\frac{1}{\tau_c} <\boldsymbol{y}(t)> +\boldsymbol{a}\cdot <\boldsymbol{y}(t)> +\boldsymbol{b}. \tag{7.114}$$

Hierbei wurden die Anfangsbedingung (7.108) und die Bewegungsgleichung (7.107) des stoßfreien Dipols verwendet. Man erkennt, dass die Dynamik des Mittelwertes $<\boldsymbol{y}(t)>$ gegenüber der stoßfreien Dynamik des Einzelsystems einen zusätzlichen Term enthält, der die Relaxation ins Gleichgewicht $<\boldsymbol{y}(t)>=0$ mit der Stoßrate $1/\tau_c$ beschreibt. Die irreversible Dynamik ist eine Folge des Stoßzahlansatzes (7.111).

Die beiden Gleichungen des Gleichungssystems (7.114) lauten einzeln

$$\frac{d}{dt} <\boldsymbol{d}> = -\beta_1 <\boldsymbol{d}> + <\dot{\boldsymbol{d}}>,$$

$$\frac{d}{dt} <\dot{\boldsymbol{d}}> = -\beta_2 <\dot{\boldsymbol{d}}> -\omega_0^2 <\boldsymbol{d}> +\frac{q^2}{m}\boldsymbol{E}(t). \tag{7.115}$$

In Verallgemeinerung von (7.114) wurden hier verschiedene Relaxationsraten β_1 und β_2 für das Dipolmoment und seine Ableitung zugelassen. Eliminiert man daraus die Variable

$$<\dot{\boldsymbol{d}}> = \frac{d}{dt} <\boldsymbol{d}> +\beta_1 <\boldsymbol{d}>, \tag{7.116}$$

so erhält man für das mittlere Dipolmoment die Bewegungsgleichung

$$\frac{d^2}{dt^2}<\mathbf{d}> +(\beta_1+\beta_2)\frac{d}{dt}<\mathbf{d}> +(\omega_0^2+\beta_1\beta_2)<\mathbf{d}> = \frac{q^2}{m}\mathbf{E}(t) \ . \quad (7.117)$$

Dieses Ergebnis zeigt, dass die Wirkung elastischer Stöße im Mittel durch eine Reibungskraft und eine Frequenzverschiebung ausgedrückt werden kann. Verschwindet eine der beiden Relaxationsraten, z.B. $\beta_1 = 0$, so tritt nur eine Reibungskraft mit dem Koeffizienten β_2 und keine Frequenzverschiebung auf. Sind beide Relaxationsraten gleich $\beta_1 = \beta_2 = \beta$, so ergibt sich die Reibungskonstante 2β und die Frequenzverschiebung β^2. Unter Vernachlässigung der i.A. kleinen Frequenzverschiebung führt die Druckverbreiterung wie in (7.70) zu einer Lorentz-Funktion mit der FWHM-Linienbreite $\Delta\nu_c = (\beta_1+\beta_2)/(2\pi)$.

Beispiel 7.5

Druckverbreiterung in einem CO_2 Gas bei der Temperatur $T = 300$ K und dem Druck $p = 760$ Torr.

n : $n = p/(k_B T) \approx 2.44 \times 10^{19}$ cm^{-3}, $\quad k_B$: Boltzmann-Konstante

σ_c : $\sigma_c \approx \pi d^2 \approx 5,03 \times 10^{-15}$ cm^2, Moleküldurchmesser: $d \approx 4$Å

v : $v \approx v_T = \sqrt{3k_B T/\mu} \approx 5.8 \times 10^4$ cm/s
Reduzierte Masse: $\mu = (12 + 2 \times 16)m_p/2 \approx 3,68 \times 10^{-26}$ kg
m_p: Masse des Protons

$\Delta\nu_c$: $\Delta\nu_c = 1/(\pi\tau_c) \approx 2.3$ GHz

---

7.9 Doppler-Verbreiterung

Die thermische Bewegung der Atome eines Gases bewirkt eine inhomogene Linienverbreiterung durch den Doppler-Effekt. Die Verbreiterung der Linie wird durch die Geschwindigkeitsverteilung der Atome des Gases bestimmt.

Eine Welle, die sich im Laborsystem mit der Frequenz $\omega = ck$ ausbreitet, besitzt in einem mit der Geschwindigkeit v bewegten Bezugssystem die Frequenz

$$\omega' = \omega - kv = \omega\left(1 - \frac{v}{c}\right) . \quad (7.118)$$

Umgekehrt besitzt ein Atom mit Geschwindigkeit v und Eigenfrequenz ω_0 im Laborsystem die Resonanzfrequenz

$$\omega = \omega_0\left(1 + \frac{v}{c}\right), \quad \nu = \nu_0\left(1 + \frac{v}{c}\right) . \quad (7.119)$$

Im thermischen Gleichgewicht bei einer Temperatur T ist die Anzahl der Teilchen der Masse M mit Geschwindigkeiten im Intervall zwischen v und $v+dv$ durch die Maxwell-

Verteilung

$$df = \sqrt{\frac{M}{2\pi k_B T}} \exp\left(-\frac{Mv^2}{2k_B T}\right) dv \qquad (7.120)$$

gegeben. Aus der Verteilung der Geschwindigkeiten $f(v)$ ergibt sich die Verteilung der Resonanzfrequenzen $S(\nu)$, indem man die Geschwindigkeiten durch die entsprechenden Frequenzen (7.119) ausdrückt und in (7.120) substituiert:

$$v = \frac{c}{\nu_0}(\nu - \nu_0), \qquad dv = \frac{c}{\nu_0}d\nu, \qquad f(v)dv = S(\nu)d\nu$$

$$S(\nu) = \frac{c}{\nu_0}\sqrt{\frac{M}{2\pi k_B T}} \exp\left(-\frac{Mc^2}{2k_B T}\frac{(\nu - \nu_0)^2}{\nu_0^2}\right). \qquad (7.121)$$

Die Linienformfunktion $S(\nu)$ ist auf 1 normiert. Die FWHM-Linienbreite $\Delta\nu_D$ ergibt sich aus der Bedingung

$$S(\nu_0 + \Delta\nu_D/2) = S(\nu_0)/2, \qquad \exp\left(-\frac{Mc^2}{2k_B T}\frac{\Delta\nu_D^2}{(2\nu_0)^2}\right) = \frac{1}{2}, \qquad (7.122)$$

zu

$$\Delta\nu_D = 2\frac{\nu_0}{c}\sqrt{2k_B T \ln 2/M}. \qquad (7.123)$$

Beispiel 7.6

Doppler-Verbreiterung in einem CO_2 Gas bei der Temperatur T = 300 K.

λ : $c/\nu_0 = \lambda = 10.6\ \mu m$
M : $M = (12 + 2 \times 16)m_p \approx 7.4 \times 10^{-26}$ kg
$\Delta\nu_D$: $\Delta\nu_D \approx 53$ MHz

Die obigen Beispiele zeigen, daß die Druckverbreiterung in CO_2 bei Zimmertemperatur und Atmosphärendruck wesentlich größer ist als die Doppler-Verbreiterung. Das Doppler-Regime kann aber dann erreicht werden, wenn geringere Gasdichten mit größeren freien Weglängen $\lambda_f = v\tau_c$ und Laser mit kleineren Lichtwellenlängen $\lambda = c/\nu_0$ betrachtet werden. Aus der Skalierung der Druckverbreiterung $\Delta\nu_c \sim \tau_c^{-1}$ und der Doppler-Verbreiterung $\Delta\nu_D \sim v/\lambda$ folgt die Abschätzung

$$\frac{\Delta\nu_D}{\Delta\nu_c} \sim \frac{\lambda_f}{\lambda}. \qquad (7.124)$$

Im Doppler-Regime ist also die freie Weglänge groß gegenüber der Lichtwellenlänge.

Aufgaben

7.1 Betrachten Sie ein Rosinenkuchenmodell für einen Atomcluster in einem Laserfeld. Durch den Laser werden die Atome Z-fach ionisiert und es entsteht ein Plasma. Die Ionen (Kuchen) werden als feste homogen geladene Kugel mit der Ionendichte n_i und dem Radius R beschrieben. Die punktförmigen Elektronen (Rosinen) seien innerhalb der Ionenkugel frei beweglich ohne diese verlassen zu können.
a) Berechnen Sie das Feld der homogen geladenen Ionenkugel ohne Elektronen.
b) Geben Sie die Bewegungsgleichung für das i-te Elektron im Feld der Ionenkugel, dem Coulomb-Feld der übrigen Elektronen und einem zeitabhängigen homogenen Laserfeld $\boldsymbol{E}_L(t)$ an.
c) Leiten Sie die Bewegungsgleichung für das mittlere Dipolmoment

$$\boldsymbol{d} = \frac{1}{N} \sum_{i=1}^{N} q \boldsymbol{r}_i \qquad \text{(Ladung } q\text{, Ort: } \boldsymbol{r}_i\text{, Teilchenzahl } N\text{)}$$

der Elektronen her. Beachten Sie dabei das Actio-Reactio-Gesetz für die paarweisen Wechselwirkungen der Elektronen. Bestimmen Sie damit die Polarisierbarkeit des Clusters im Laserfeld. Vergleichen Sie das Ergebnis mit dem Lorentz-Modell.

7.2 Eine zirkular polarisierte Lichtwelle mit der Frequenz ω breite sich in einem freien Elektronengas mit der Dichte n_e parallel zu einem konstanten äußeren Magnetfeld $\boldsymbol{B}_0$ aus. Die linearisierte Schwingungsgleichung eines Elektrons lautet

$$m\ddot{\boldsymbol{r}} = q\boldsymbol{E} + \frac{q}{c}\dot{\boldsymbol{r}} \times \boldsymbol{B}_0,$$

mit

$$\boldsymbol{E} = E_0 \boldsymbol{e}^{\pm} e^{-i\omega t}, \qquad \boldsymbol{B} = B_0 \boldsymbol{e}_z, \qquad \boldsymbol{e}^{\pm} = \frac{1}{\sqrt{2}}(\boldsymbol{e}_x \pm \boldsymbol{e}_y).$$

Bestimmen Sie die Dielektrizitätsfunktion $\epsilon(\omega)$ und diskutieren Sie deren Frequenzabhängigkeit.

7.3 Berechnen Sie die Kraftwirkung auf gebundene Elektronen im schwach inhomogenen elektrischen Feld. Betrachten Sie dazu die Bewegungsgleichung

$$m\ddot{x} + m\omega_0^2(x - x_0) = qE(x,t)$$

und setzen Sie $x(t) = x_0(t) + \xi(t)$. Dabei beschreibe $\xi(t)$ die schnelle Bewegung durch die Zeitabhängigkeit des elektrischen Feldes und $x_0(t)$ die langsame Bewegung durch die schwache räumliche Inhomogenität. Anleitung:
a) Entwickeln Sie die Bewegungsgleichung bis zur linearen Ordnung in ξ.
b) Bestimmen Sie die Lösung für ξ aus den Termen erster Ordnung $O(E(x_0,t))$ der Differentialgleichung. Verwenden Sie das Ergebnis um die Kraft in der Differentialgleichung für x_0 auf die Form $F \sim \partial_x |E|^2$ zu bringen (mitteln Sie dazu über die schnelle Oszillation). Wie lautet der Proportionalitätsfaktor?
c) Betrachten Sie die Grenzfälle $\omega = 0$ und $\omega \to \infty$. Welches Potential besitzt die Kraft im Grenzfall $\omega \to \infty$? (Hinweis: Die Rechnung wurde der Einfachheit halber für $B = 0$ durchgeführt. Das Ergebnis gilt jedoch auch für $B \neq 0$.)

7.4 Berechnen Sie klassisch die Abstrahlung eines harmonisch gebundenen Elektrons.
a) Lösen Sie die Schwingungsgleichung

$$\ddot{x} + \omega_0^2 x = 0$$

für ein Elektron (Masse m, Ladung q) mit der Energie E und der Schwingungsamplitude x_0.
b) Berechnen Sie die mittlere abgestrahlte Leistung $P = \frac{2}{3}q^2 \langle \dot{v}^2 \rangle / c^3$ der ungedämpften Bewegung.
c) Wie groß ist die Energieverlustrate $r = P/E$?

7.5 Die Abstrahlung eines Elektrons in einem Wasserstoffatom soll im Rahmen des Bohrschen Atommodells abgeschätzt werden. Das Elektron bewege sich auf einer Bohrschen Kreisbahn mit dem Radius $r = n^2 \hbar^2/(mq^2)$ und der Geschwindigkeit $v = q^2/(n\hbar)$ (n: Hauptquantenzahl, q: Ladung, m: Masse des Elektrons).
a) Berechnen Sie die Kreisfrequenz $\omega = v/r$, die Beschleunigung $a = \omega^2 r$ und die Gesamtenergie $E_n = mv^2/2 - q^2/r$ des Elektrons.
b) Berechnen Sie die abgestrahlte Leistung

$$P = \frac{2}{3}\frac{q^2\,a^2}{c^3}.$$

c) Geben Sie im Rahmen dieses Modells die Energieverlustrate $A = P/(E_n - E_1)$ des Atoms an und drücken Sie das Ergebnis in Abhängigkeit von der Feinstrukturkonstanten $\alpha = q^2/(\hbar c)$ und der Winkelgeschwindigkeit ω aus.

7.6 Man bestimme den Streuquerschnitt $d\sigma/d\Omega$ für die Streuung einer unpolarisierten, ebenen elektromagnetischen Welle der Frequenz ω an einem freien Elektron.

7.7 Bestimmen Sie den Streuquerschnitt $d\sigma/d\Omega$ für die Streuung einer elliptisch polarisierten elektromagnetischen Welle an einem freien Elektron. Das elektrische Feld der Welle habe die Form

$$\boldsymbol{E} = \boldsymbol{A}\cos(\omega t + \phi) + \boldsymbol{B}\sin(\omega t + \phi),$$

wobei $\boldsymbol{A}$ und $\boldsymbol{B}$ zueinander orthogonale Vektoren sind.

7.8 Bestimmen Sie die in einen Raumwinkel $d\Omega$ abgestrahlte Leistung dP eines Dipols $\boldsymbol{d}$, der in einer Ebene mit konstanter Winkelgeschwindigkeit rotiert,

$$\boldsymbol{d} = \boldsymbol{d_0}(\cos\omega t, \sin\omega t, 0).$$

Zeigen Sie, dass die emittierte Strahlung i.a. elliptisch polarisiert ist.

7.9 Sei $\mathcal{E}(t)$ das elektrische Feld eines Laserpulses, der für $t \to \pm\infty$ verschwindet. Die Fourier-Transformation und ihre Umkehrung seien für $\mathcal{E}(t)$ definiert durch

$$\tilde{\mathcal{E}}(\nu) = \lim_{T\to\infty}\frac{1}{T}\int_{-T/2}^{T/2} dt\,\mathcal{E}(t)e^{2\pi i\nu t}, \qquad \mathcal{E}(t) = \int_{-\infty}^{\infty} d\nu\,\tilde{\mathcal{E}}(\nu)e^{-2\pi i\nu t}.$$

7.9 Doppler-Verbreiterung

Zeigen Sie: Für die Energiedichte $w(t)$ des Pulses gilt

$$\overline{w} = \lim_{T\to\infty} \frac{1}{T} \int_{-T/2}^{T/2} dt\ w(t) = \int_0^\infty d\nu\ \frac{1}{2\pi} \left|\tilde{\mathcal{E}}(\nu)\right|^2.$$

Hierbei definiert $u(\nu) = \left|\tilde{\mathcal{E}}(\nu)\right|^2/(2\pi)$ die spektrale Energiedichte des Pulses. Setzt man $\tilde{\mathcal{E}} = E/2$ so folgt $u = |E|^2/(8\pi)$. Dies ist der bekannte Ausdruck für eine monochromatische Welle mit komplexer Amplitude E. Anleitung:
a) Zeigen Sie für zwei Funktionen $f(t)$, $g(t)$ mit Fourier-Transformierten $\tilde{f}(\nu)$, $\tilde{g}(\nu)$

$$\overline{fg} = \int_{-\infty}^{\infty} d\nu\ \tilde{g}(\nu)\tilde{f}(-\nu).$$

b) Zeigen Sie für zwei reelle Funktionen $f(t)$, $g(t)$

$$\overline{fg} = \int_0^\infty d\nu\ 2\mathrm{Re}\left\{\tilde{f}(\nu)\tilde{g}^*(\nu)\right\}.$$

c) Wenden Sie dieses Ergebnis auf $w(t)$ an.

7.10 Berechnen Sie klassisch die mittlere absorbierte Leistung eines harmonisch gebundenen Elektrons in einem Laserpuls mit dem elektrischen Feld $\mathcal{E}(t)$. Anleitung:
a) Lösen Sie die Bewegungsgleichung

$$\ddot{z} + 2(2\pi\lambda)\dot{z} + (2\pi\nu_0)^2 z = \frac{q}{m}\mathcal{E}(t)$$

durch Fourier-Transformation. Sie benötigen nur die Lösung für die erzwungene Schwingung.
b) Berechnen Sie die mittlere absorbierte Leistung gemäß Aufgabe 7.9 b):

$$\overline{P} = q\overline{E\dot{z}} = \int_0^\infty d\nu\ 2q\mathrm{Re}\left\{\dot{\tilde{z}}\tilde{E}^*\right\}.$$

Verwenden Sie hierzu die Resonanznäherung $\nu_0^2 - \nu^2 \approx 2\nu_0(\nu_0 - \nu)$ und betrachten Sie den Grenzfall

$$\lim_{\lambda\to 0} \frac{1}{\pi} \frac{\lambda}{(\nu-\nu_0)^2 + \lambda^2} = \delta(\nu - \nu_0).$$

c) Drücken Sie das Ergebnis mit der spektralen Energiedichte $u(\nu)$ aus Aufgabe 7.9 aus.

8 Hamilton-Mechanik elektrischer Ladungen

- Hamilton-Prinzip
- Lagrange-Funktion
- Kanonischer Impuls
- Hamilton-Funktion
- Hamilton-Bewegungsgleichungen
- Teilchenbewegung im ebenen Laserpuls
- Schwingungs- und Driftbewegung

Der Übergang von der klassischen Mechanik zur Quantenmechanik kann im Rahmen der Hamilton-Mechanik vollzogen werden. Daher wird zunächst die klassische Lagrange- und Hamilton-Funktion einer Ladung im elektromagnetischen Feld eingeführt. Als Anwendung der klassischen Hamilton-Gleichungen behandeln wir die relativistische Bewegung einer Ladung in einem ebenen Laserpuls. Dieses Beispiel illustriert in analytisch lösbarer Form die Wechselwirkung intensiver Laserfelder mit freien Elektronen.

8.1 Hamilton-Prinzip

Die Bewegungsgleichung eines Teilchens lässt sich bekanntlich aus dem Hamilton-Prinzip der kleinsten Wirkung herleiten. Die Wirkung wird durch das Integral

$$S[\bm{r}(t)] = \int_{t_1}^{t_2} dt \; \mathcal{L}(\bm{r}(t), \bm{v}(t), t) \;, \qquad \text{mit} \qquad \bm{v}(t) = \frac{d\bm{r}(t)}{dt} \;. \tag{8.1}$$

definiert, wobei der Integrand die Lagrange-Funktion $\mathcal{L}(\bm{r}, \bm{v}, t)$ des Teilchens bezeichnet. Die Wirkung ist ein Funktional der Teilchenbahn $\bm{r}(t)$. Nach dem Hamilton-Prinzip ist die Wirkung entlang der tatsächlichen Bahn des Teilchens zwischen einem vorgegebenen Anfangspunkt $\bm{r}_1 = \bm{r}(t_1)$ und Endpunkt $\bm{r}_2 = \bm{r}(t_2)$ stationär. Bei beliebigen virtuellen Verrückungen der tatsächlichen Bahn, $\bm{r} \to \bm{r} + \delta\bm{r}$, bei festgehaltenen Endpunkten

$\delta \boldsymbol{r}(t_{1,2}) = 0$, gilt also,

$$\delta S = S[\boldsymbol{r}(t) + \delta \boldsymbol{r}] - S[\boldsymbol{r}(t)] = 0. \tag{8.2}$$

Durch Anwendung der Variationsrechnung folgt aus dem Hamilton-Variationsprinzip die Bewegungsgleichung des Teilchens in Form der Euler-Lagrange-Gleichungen

$$\frac{d}{dt}\left(\frac{\partial \mathcal{L}}{\partial v_i}\right) = \left(\frac{\partial \mathcal{L}}{\partial x_i}\right), \quad i = 1, 2, 3. \tag{8.3}$$

Die Lagrange-Funktion kann oft schon aufgrund von Symmetrieforderungen, wie z.B. der Invarianz der Wirkung gegenüber Lorentz-Transformationen, angegeben werden. Die Bewegung des Teilchens in der vierdimensionalen Raumzeit wird durch einen Vierervektor $x^\mu(t) = (ct, \boldsymbol{r}(t))$ dargestellt. Zum Auffinden der Lagrange-Funktion genügt es eine Bahn zwischen zwei infinitesimal benachbarten Punkten mit dem Abstandsvektor dx^μ zu betrachten. Für ein freies Teilchen kann die Wirkung nicht vom Anfangspunkt x^μ abhängen. Die einzige verfügbare Lorentz-Invariante ist das mit der Lorentz-Metrik

$$\eta_{\mu\nu} = \begin{pmatrix} -1 & 0 & 0 & 0 \\ 0 & 1 & 0 & 0 \\ 0 & 0 & 1 & 0 \\ 0 & 0 & 0 & 1 \end{pmatrix} \tag{8.4}$$

berechnete Abstandsquadrat

$$ds^2 = \sum_{\mu,\nu} \eta_{\mu\nu} dx^\mu dx^\nu = d\boldsymbol{r}^2 - c^2 dt^2. \tag{8.5}$$

Setzt man $ds^2 = -c^2 d\tau^2$ und $d\boldsymbol{r} = \boldsymbol{v} dt$ so erhält man das Lorentz-invariante Eigenzeitintervall

$$d\tau = \sqrt{1 - \frac{v^2}{c^2}} dt. \tag{8.6}$$

Es definiert das Zeitintervall in einem Koordinatensystem, in dem das Teilchen ruht. Die Wirkung eines freien Teilchens mit der Masse m kann proportional zum Eigenzeitintervall angesetzt werden. Mit einer geeignet gewählten Proportionalitätskonstanten erhält man dann den Ausdruck

$$S_m = -mc^2(\tau_2 - \tau_1) = -mc^2 \int_{t_1}^{t_2} dt \sqrt{1 - \frac{v^2}{c^2}}. \tag{8.7}$$

Durch Vergleich mit (8.1) findet man die zugehörige Lagrange-Funktion,

$$\mathcal{L}_m = -mc^2 \sqrt{1 - \frac{v^2}{c^2}}. \tag{8.8}$$

8.1 Hamilton-Prinzip

Die Wechselwirkung der Ladung q mit dem elektromagnetischen Feld kann durch eine zum Viererpotential $A^\mu = (\phi, \boldsymbol{A})$ proportionale Wirkung dargestellt werden. Aus dem Abstandsvektor dx^μ und dem Viererpotential A^μ lässt sich ein Skalar,

$$\sum_{\mu,\nu} \eta_{\mu\nu} dx^\mu A^\nu = -cdt\phi + d\boldsymbol{r} \cdot \boldsymbol{A} = -cdt(\phi - \frac{1}{c}\boldsymbol{v} \cdot \boldsymbol{A}), \tag{8.9}$$

bilden. Mit einer Proportionalitätskonstanten q/c lautet der entsprechende Beitrag zur Wirkung bzw. zur Lagrange-Funktion,

$$S_q = \int_{t_1}^{t_2} dt \mathcal{L}_q, \qquad \mathcal{L}_q = -q(\phi - \frac{1}{c}\boldsymbol{v} \cdot \boldsymbol{A}). \tag{8.10}$$

Diese Form der Kopplung an das elektromagnetische Potential erfüllt auch die Forderung der Eichinvarianz. Bei einer Eichtransformation der Potentiale gemäß (2.20) mit einer Funktion $f(\boldsymbol{r}, t)$ transformiert sich die Lagrange-Funktion (8.10) wie

$$\mathcal{L}'_q = \mathcal{L}_q + \frac{q}{c}(\partial_t f + \boldsymbol{v} \cdot \boldsymbol{\nabla} f) = \mathcal{L}_q + \frac{q}{c} \frac{df(\boldsymbol{r}(t), t)}{dt}. \tag{8.11}$$

Die transformierte Lagrange-Funktion unterscheidet sich von der ursprünglichen durch die totale Zeitableitung der Funktion qf/c. Nach dem Hamilton-Prinzip bleiben bei dieser Transformation die Euler-Lagrange-Gleichungen invariant. Die Transformation (8.11) wird dementsprechend als Eichtransformation der Lagrange-Funktion bezeichnet.

Die Proportionalitätskonstanten in (8.7) und (8.10) wurden so gewählt, dass die Lagrange-Funktion im nichtrelativistischen elektrostatischen Grenzfall bis auf eine Konstante die bekannte Form

$$\mathcal{L}_{nr,es} = T - U, \qquad T = \frac{1}{2}mv^2, \qquad U = q\phi, \tag{8.12}$$

mit der kinetischen Energie T und der elektrostatischen potentiellen Energie U annimmt. Insgesamt erhält man für die Lagrange-Funktion also den folgenden Ausdruck.

Definition 8.1: *Lagrange-Funktion einer elektrischen Ladung*

Die Lagrange-Funktion eines Teilchens mit der Masse m und der Ladung q in einem elektromagnetischen Feld mit dem skalaren Potential ϕ und dem Vektorpotential $\boldsymbol{A}$ ist

$$\mathcal{L} = \mathcal{L}_m + \mathcal{L}_q = -mc^2\sqrt{1 - \frac{v^2}{c^2}} - q(\phi - \frac{1}{c}\boldsymbol{v} \cdot \boldsymbol{A}). \tag{8.13}$$

Für ein System von Punktladungen ist die Lagrange-Funktion gleich der Summe der Lagrange-Funktionen der einzelnen Ladungen. Im folgenden werden fast ausschließlich Einelektronensysteme behandelt und wir verzichten daher auf die Angabe der Summation.

8.2 Bewegungsgleichungen

Die Euler-Lagrange-Gleichungen der Lagrange-Funktion (8.13) stellen die Bewegungsgleichungen einer Ladung in einem elektromagnetischen Feld dar. Diese Gleichungen lassen sich auf die bekannte Bewegungsgleichung (2.35) mit der Lorentz-Kraft (2.32) zurückführen. Zur Herleitung der Bewegungsgleichung ist es zweckmässig zwischen dem kanonischen und dem kinematischen Impuls des Teilchens zu unterscheiden.

Definition 8.2: *Kanonischer und kinematischer Impuls*

Der kanonische Impuls einer Ladung in einem elektromagnetischen Feld wird durch die Lagrangefunktion (8.13) gemäß

$$\boldsymbol{P} = \frac{\partial \mathcal{L}}{\partial \boldsymbol{v}} = m\gamma \boldsymbol{v} + \frac{q}{c}\boldsymbol{A} \tag{8.14}$$

definiert. Der kinematische Impuls ist die Größe

$$\boldsymbol{p} = m\gamma \boldsymbol{v} = \boldsymbol{P} - \frac{q}{c}\boldsymbol{A} \, . \tag{8.15}$$

Die Änderung des kinematischen Impulses wird durch die Lorentz-Kraft in der Bewegungsgleichung (2.35) bestimmt. Da die Lorentz-Kraft durch die eichinvarianten elektrischen und magnetischen Felder definiert wird, ist auch der kinematische Impuls eichinvariant. Demgegenüber ist der kanonische Impuls von der Wahl der Eichung der Potentiale abhängig.

Die Euler-Lagrange-Gleichungen (8.3) bestimmen die Änderung des kanonischen Impulses gemäß

$$\frac{d\boldsymbol{P}}{dt} = \frac{\partial \mathcal{L}}{\partial \boldsymbol{r}} = -q\boldsymbol{\nabla}\phi + \frac{q}{c}\boldsymbol{\nabla}(\boldsymbol{v}\cdot\boldsymbol{A}). \tag{8.16}$$

Mit (8.16) und (8.15) erhält man für die Änderung des kinematischen Impulses die bekannte Bewegungsgleichung (2.35)

$$\begin{aligned}\frac{d\boldsymbol{p}}{dt} &= \frac{d\boldsymbol{P}}{dt} - \frac{q}{c}\left(\partial_t \boldsymbol{A} + \boldsymbol{v}\cdot\boldsymbol{\nabla}\boldsymbol{A}\right) \\ &= q\left(-\boldsymbol{\nabla}\phi - \frac{1}{c}\partial_t\boldsymbol{A}\right) + \frac{q}{c}\boldsymbol{v}\times(\boldsymbol{\nabla}\times\boldsymbol{A}) \\ &= q(\boldsymbol{E} + \frac{1}{c}\boldsymbol{v}\times\boldsymbol{B}).\end{aligned} \tag{8.17}$$

Von der Lagrange-Mechanik kommt man zur Hamilton-Mechanik, indem man anstelle der Geschwindigkeit den kanonischen Impuls als unabhängige Variable eingeführt. Die Hamilton-Funktion $H(\boldsymbol{P}, \boldsymbol{r}, t)$ ergibt sich aus der Lagrange-Funktion $\mathcal{L}(\boldsymbol{r}, \boldsymbol{v}, t)$ durch die Legendre-Transformation

$$H = \boldsymbol{P}\cdot\boldsymbol{v} - \mathcal{L}(\boldsymbol{r}, \boldsymbol{v}, t). \tag{8.18}$$

8.2 Bewegungsgleichungen

Aus dem totalen Differential der Hamilton-Funktion

$$dH = \frac{\partial H}{\partial \boldsymbol{P}}d\boldsymbol{P} + \frac{\partial H}{\partial \boldsymbol{r}}d\boldsymbol{r} + \frac{\partial H}{\partial t}dt = \boldsymbol{v} \cdot d\boldsymbol{P} - \frac{\partial \mathcal{L}}{\partial \boldsymbol{r}}d\boldsymbol{r} - \frac{\partial \mathcal{L}}{\partial t}dt \qquad (8.19)$$

ergeben sich die Hamilton-Bewegungsgleichungen,

$$\frac{d\boldsymbol{r}}{dt} = \frac{\partial H}{\partial \boldsymbol{P}}, \qquad (8.20a)$$

$$\frac{d\boldsymbol{P}}{dt} = -\frac{\partial H}{\partial \boldsymbol{r}}, \qquad (8.20b)$$

$$\frac{dH}{dt} = \frac{\partial H}{\partial t}. \qquad (8.20c)$$

Um die Hamilton-Funktion einer Ladung im elektromagnetischen Feld zu bestimmen verwenden wir die Transformation (8.18) mit der Lagrange-Funktion (8.13). Ersetzt man darin zunächst den kanonischen Impuls durch die Teilchengeschwindigkeit, so ergibt sich die relativistische Energie

$$\begin{aligned} H &= (m\gamma\boldsymbol{v} + \frac{q}{c}\boldsymbol{A}) \cdot \boldsymbol{v} + mc^2\sqrt{1 - \frac{v^2}{c^2}} + q(\phi - \frac{1}{c}\boldsymbol{v} \cdot \boldsymbol{A}) \\ &= m\gamma v^2 + mc^2\sqrt{1 - \frac{v^2}{c^2}} + q\phi \\ &= mc^2\gamma + q\phi. \end{aligned} \qquad (8.21)$$

Drückt man nun γ mit (2.34) zunächst durch den kinematischen Impuls und dann mit (8.15) durch den kanonischen Impuls aus, so erhält man die Hamilton-Funktion in der folgenden Form.

Definition 8.3: *Hamilton-Funktion einer elektrischen Ladung*

Die Hamilton-Funktion eines Teilchens mit Masse m, Ladung q und dem kanonischen Impuls $\boldsymbol{P}$ in einem elektromagnetischen Feld mit dem skalaren Potential ϕ und dem Vektorpotential $\boldsymbol{A}$ ist

$$H = \sqrt{m^2c^4 + c^2(\boldsymbol{P} - \frac{q}{c}\boldsymbol{A})^2} + q\phi. \qquad (8.22)$$

Im nichtrelativistischen Grenzfall reduziert sich die Hamilton-Funktion auf

$$H_{nr} = \frac{(\boldsymbol{P} - \frac{q}{c}\boldsymbol{A})^2}{2m} + q\phi, \qquad (8.23)$$

wobei die konstante Ruheenergie mc^2 weggelassen wurde.

8.3 Teilchenbewegung in einer elektromagnetischen Welle*

Als Anwendung der klassischen Hamiltonfunktion behandeln wir die relativistische Bewegung einer Ladung im Feld einer ebenen elektromagnetischen Welle. Mit intensiven Laserpulsen können Elektronen bis zu relativistischen Energien beschleunigt werden. Dabei tritt neben dem elektrischen Feld auch das magnetische Feld der Lorentz-Kraft in Erscheinung und bewirkt eine Drift in der Ausbreitungrichtung der Lichtwelle. Die Bewegung eines Elektrons in einer elektromagnetischen Welle ist z.B. für die weitergehende Analyse der nichtlinearen Compton-Streuung von prinzipieller Bedeutung. Im Rahmen der Hamilton-Mechanik findet man leicht Erhaltungsgrößen, die eine Integration der Bewegungsgleichungen besonders einfach machen.

Das elektromagnetische Feld im Vakuum kann durch ein Vektorpotential beschrieben werden. Für eine ebene Welle, die sich in der positiven x-Richtung ausbreitet, lautet die allgemeine Lösung der Vakuum-Maxwell-Gleichungen

$$\boldsymbol{A} = \boldsymbol{A}(\varphi), \qquad \varphi = \omega t - kx, \qquad \omega = ck, \qquad \boldsymbol{A} \cdot \boldsymbol{e}_x = 0. \tag{8.24}$$

Das elektrische Feld eines Laserpulses kann in der Form $\boldsymbol{E}(\varphi) = \boldsymbol{E}_0(\varphi) \cos\varphi$ mit einer beliebigen Einhüllenden $\boldsymbol{E}_0(\varphi)$ gewählt werden. Zu einem vorgegebenen elektrischen Feld $\boldsymbol{E}(\varphi) = -\partial_t \boldsymbol{A}/c$ berechnet sich das Vektorpotential gemäß

$$\boldsymbol{A}(\varphi) = -\frac{c}{\omega} \int_{-\infty}^{\varphi} d\varphi' \, \boldsymbol{E}(\varphi'). \tag{8.25}$$

Anschaulich stellt $-\boldsymbol{A}/c$ das an einem festen Ort über das Zeitintervall $-\infty < t' < t$ integrierte elektrische Feld eines Laserpulses dar.

Die Hamilton-Funktion (8.22) ist ebenfalls nur eine Funktion der Phase, $H = H(\varphi)$. Daher reduzieren sich die Hamilton-Gleichungen (8.20b) und (8.20c) auf,

$$\frac{d\boldsymbol{P}_\perp}{dt} = 0, \tag{8.26a}$$

$$\frac{dP_\parallel}{dt} = -\frac{dH}{d\varphi}\frac{\partial\varphi}{\partial x} = \frac{dH}{d\varphi}\,k, \tag{8.26b}$$

$$\frac{dH}{dt} = \frac{dH}{d\varphi}\frac{\partial\varphi}{\partial t} = \frac{dH}{d\varphi}\,\omega, \tag{8.26c}$$

wobei $\parallel$ die zur Ausbreitungsrichtung parallele und $\perp$ die transversale Komponente bezeichnet. Da die Hamilton-Funktion nicht von den Koordinaten in der Ebene senkrecht zur Ausbreitungsrichtung abhängt, ist der transversale kanonische Impuls erhalten,

$$\boldsymbol{P}_\perp = const. \tag{8.27}$$

Definiert man die dimensionslosen Größen,

$$\boldsymbol{\Pi} = \frac{\boldsymbol{p}}{mc}, \qquad \boldsymbol{a} = \frac{q\boldsymbol{A}}{mc^2}, \qquad \boldsymbol{a}_K = \frac{\boldsymbol{P}_\perp}{mc}, \tag{8.28}$$

8.3 Teilchenbewegung in einer elektromagnetischen Welle*

so erhält man für die Transversalkomponente des kinematischen Impulses

$$\mathbf{\Pi}_\perp = \mathbf{a}_K - \mathbf{a}. \tag{8.29}$$

Aus der Parallelkomponente des kanonischen Impulses und der Energie kann man nach (8.26) eine weitere Erhaltungsgröße

$$H - cP_\parallel = const \tag{8.30}$$

bilden. Diese Erhaltungsgröße ist eine Folge der Tatsache, dass die Energie in den Koordinaten $x' = x - ct$, $t' = t$ stationär ist,

$$\begin{aligned}
\partial_{t'} H\big|_{x'} &= \partial_t H\big|_{x=const} + c\partial_x H\big|_{t=const} \\
&= \frac{dH}{dt} - c\frac{dP_\parallel}{dt} \\
&= \frac{d}{dt}\left(H - cP_\parallel\right) = 0.
\end{aligned} \tag{8.31}$$

Die Umformungen bestehen im einzelnen aus einer Transformation ins Laborsystem, einer Ersetzung der partiellen durch totale Ableitungen entlang der Teilchenbahn und einer Zusammenfassung der Terme zur Erhaltungsgröße (8.30).

Da das skalare Potential zu Null gewählt wurde gilt nach (8.21), $H = mc^2\gamma$. Außerdem gilt $P_\parallel = p_\parallel = mc\Pi_\parallel$, da das Vektorpotential keine Parallelkomponente besitzt. Damit erhält man aus (8.30)

$$\gamma - \Pi_\parallel = \gamma_K, \quad \text{mit} \quad \gamma = \sqrt{1 + \Pi_\parallel^2 + \Pi_\perp^2}, \tag{8.32}$$

und mit einer beliebigen Konstanten γ_K. Diese Beziehung bestimmt die Longitudinalkomponente des kinematischen Impulses und die Energie gemäß

$$\Pi_\parallel = \frac{1}{2\gamma_K}\left(1 - \gamma_K^2 + \Pi_\perp^2\right), \tag{8.33}$$

$$\gamma = \frac{1}{2\gamma_K}\left(1 + \gamma_K^2 + \Pi_\perp^2\right). \tag{8.34}$$

Aufgrund der Erhaltungsgröße (8.32) besitzt die Lichtwelle auch im Ruhesystem des Teilchens eine einfache Phasenabhängigkeit. Die Lichtwelle besitzt im Laborsystem die Frequenz ω und den Wellenvektor $\mathbf{k} = k\mathbf{e}_x$. Im momentanen Ruhesystem des Teilchens ergibt sich die Frequenz der Lichtwelle durch die Lorentz-Transformation

$$\Omega = \gamma(\omega - v_\parallel k) = \omega(\gamma - \frac{p_\parallel}{mc}) = \omega\gamma_K. \tag{8.35}$$

Das Frequenzverhältnis Ω/ω ist gemäß (8.32) konstant. Die Wellenzahl im Ruhesystem ist aufgrund der Dispersionsrelation einer Lichtwelle im Vakuum $K = \Omega/c$. Die Phase φ der Welle lässt sich nun einfach im momentanen Ruhesystem angeben. In diesem

System sind die Vierergeschwindigkeit $u^\mu = (c, 0, 0, 0)$ und der Viererwellenvektor $k^\mu = (K, K, 0, 0)$ jeweils konstant. Die Zeit ist die Eigenzeit τ. Damit erhält man für die Phase der Welle gemessen im Ruhesystem des Teilchens den Ausdruck

$$\varphi = -\int d\tau \sum_{\mu,\nu} \eta_{\mu\nu} k^\mu u^\nu = \Omega \tau. \tag{8.36}$$

Wir bestimmen nun noch die Bahn des Teilchens mit der verbleibenden Hamilton-Gleichung (8.20a). Diese Gleichung ist äquivalent zur Definition des kinematischen Impulses (8.15). Es ist zweckmäßig die Bahn durch eine Parameterdarstellung $\boldsymbol{r} = \boldsymbol{r}(\varphi)$ anzugeben, wobei die Phase φ als Kurvenparameter gewählt wird. Mit Hilfe von (8.6) und (8.36) findet man die Ableitungsregel

$$\gamma \frac{d\boldsymbol{r}}{dt} = \frac{d\boldsymbol{r}}{d\tau} = \frac{d\varphi}{d\tau} \frac{d\boldsymbol{r}}{d\varphi} = \Omega \frac{d\boldsymbol{r}}{d\varphi}. \tag{8.37}$$

Substituiert man (8.37) in (8.15) so folgt

$$\frac{d\,k\boldsymbol{r}}{d\varphi} = \frac{1}{\gamma_K} \boldsymbol{\Pi}(\varphi), \tag{8.38}$$

wobei $k = \omega/c$ die Wellenzahl, γ_K das Frequenzverhältnis aus (8.35) und $\boldsymbol{\Pi}$ den dimensionslosen kinematischen Impuls nach (8.29) und (8.33) darstellt. Die Bahnkurve lässt sich daraus durch Integration bestimmen. Mit der Anfangsbedingung $\boldsymbol{r}(0) = 0$ erhält man die Lösung

$$k\boldsymbol{r}(\varphi) = \frac{1}{\gamma_K} \int_0^\varphi d\varphi'\, \boldsymbol{\Pi}(\varphi'). \tag{8.39}$$

8.4 Oszillation um das Schwingungszentrum

Als Beispiel betrachten wir die Bewegung einer Ladung in einer linear polarisierten monochromatischen Welle mit einem Vektorpotential

$$\boldsymbol{a} = -a_0 \cos(\varphi)\, \boldsymbol{e}_y \tag{8.40}$$

in Richtung der y-Achse. Zunächst bestimmen wir die Bahnkurve in einem bewegten Intertialsystem S', in dem das Schwingungszentrum ruht. Zur Unterscheidung vom Laborsystem S werden hier alle Größen mit einem Strich gekennzeichnet. In S' ist die Bewegung periodisch. Daher verschwindet der mittlere Impuls,

$$<\boldsymbol{\Pi}'> = 0. \tag{8.41}$$

Diese Bedingung bestimmt die Integrationskonstanten. Durch Mittelung der Transversalkomponente (8.29) und der Longitudinalkomponente in (8.33) folgt

$$\boldsymbol{a}'_K = 0, \qquad \gamma'_K = \sqrt{1 + <\Pi'^2_\perp>} = \sqrt{1 + \frac{1}{2} a_0^2}. \tag{8.42}$$

8.4 Oszillation um das Schwingungszentrum

In S' ist die Konstante γ'_K nach (8.32) und (8.41) auch gleich der mittleren Energie

$$<\gamma'> = \gamma'_K. \tag{8.43}$$

Mit diesen Integrationskonstanten erhält man die Ausdrücke

$$\boldsymbol{\Pi}_\perp = -\boldsymbol{a} = \boldsymbol{a}_0 \cos\varphi, \tag{8.44a}$$

$$\Pi'_\parallel = \frac{1}{2<\gamma'>}\left(\Pi_\perp^2 - <\Pi_\perp^2>\right)$$

$$= \frac{a_0^2}{4<\gamma'>}\cos(2\varphi), \tag{8.44b}$$

$$\gamma' = \frac{1}{2<\gamma'>}(2 + <\Pi_\perp^2> + \Pi_\perp^2)$$

$$= \frac{1}{<\gamma'>}\left(1 + \frac{a_0^2}{2} + \frac{a_0^2}{4}\cos(2\varphi)\right). \tag{8.44c}$$

Hierbei wurde die Beziehung

$$\cos^2\varphi = \frac{1}{2}(1 + \cos(2\varphi)) \tag{8.45}$$

verwendet. Die Integration der Bahngleichungen (8.38) ergibt damit

$$k'y' = \frac{a_0}{<\gamma'>}\sin\varphi, \tag{8.46a}$$

$$k'x' = \frac{1}{8}\left(\frac{a_0}{<\gamma'>}\right)^2 \sin(2\varphi). \tag{8.46b}$$

Die Schwingungsbewegung in der y-Richtung ist proportional zum elektrischen Feld. Durch diese Bewegung ergibt sich im Magnetfeld der Welle eine Lorentz-Kraft in x-Richtung, die quadratisch von den Feldern abhängt und daher eine Schwingung mit der doppelten Frequenz hervorruft. Die resultierende Bahnkurve hat die Form einer langgestreckten Acht (Abb. 8.1).

Es ist zu beachten, dass die Ortskoordinaten hier mit der Wellenzahl $k' = \omega'/c$ im System S' normiert wurden. Die Lichtwelle besitzt im Laborsystem aufgrund des Doppler-Effektes eine kleinere Wellenlänge bzw. größere Wellenzahl, die noch zu bestimmen ist. Im ultrarelativistischen Grenzfall, $a_0 \gg 1$, sind die so normierten Amplituden beschränkt und erreichen asymptotisch die Werte,

$$k'x'_0 = \frac{1}{4}, \qquad k'y'_0 = \sqrt{2}, \qquad \frac{x'_0}{y'_0} = \frac{1}{4\sqrt{2}} \approx 0,18. \tag{8.47}$$

Die Amplitude x'_0 ist also immer sehr viel kleiner als die Amplitude y'_0.

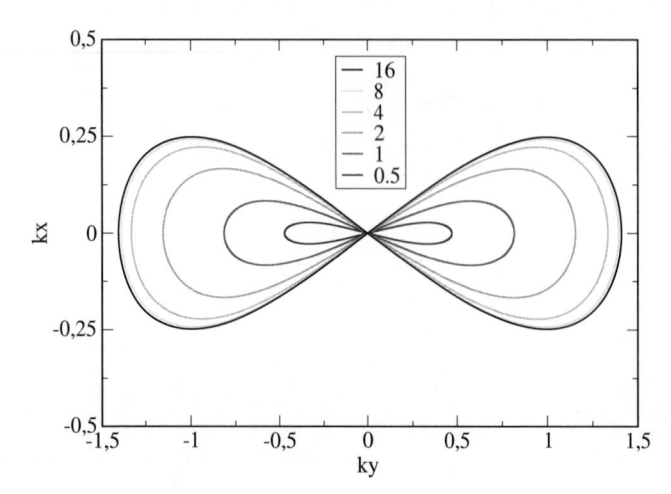

Abb. 8.1: Periodische Teilchenbahn im Ruhesystem S' des Schwingungszentrums für verschiedenen Werte der dimensionslosen Feldamplitude a_0 nach (8.46). Im nichtrelativistischen Grenzfall ist die Schwingung vorwiegend transversal mit einer zu a_0 proportionalen Amplitude. Im ultrarelativistischen Grenzfall ergibt sich asymptotisch eine achtförmige Bahn mit den Amplituden aus (8.47).

8.5 Drift des Schwingungszentrums

Im Laborsystem S kommt zur Schwingung der Ladung um das Schwingungszentrum noch eine Drift des Schwingungszentrums hinzu. Von besonderem Interesse ist die longitudinale Drift, da sie die Wirkung des Lichtdrucks auf die Ladung demonstriert. Wir betrachten daher nun den Fall, bei dem das Teilchen vor dem Eintreffen des Laserpulses im Laborsystem ruht, $\mathbf{\Pi}(-\infty) = 0$. Diese Anfangsbedingung bestimmt die Integrationskonstanten im Laborsystem zu

$$\boldsymbol{a}_K = 0, \qquad \gamma_K = 1. \tag{8.48}$$

Damit erhält man aus (8.29) und (8.33) eine besonders einfache Form der Lösung,

$$\mathbf{\Pi}_\perp = -\boldsymbol{a}, \qquad \Pi_\parallel = \gamma - 1 = \frac{1}{2}\Pi_\perp^2 = \frac{a_0^2}{4}(1 + \cos(2\varphi)). \tag{8.49}$$

Der Puls werde für $\varphi < 0$ eingeschaltet und besitze für $\varphi > 0$ wieder die Form (8.40). Wir beschränken uns zunächst auf den Fall, in dem keine Drift in der transversalen Richtung auftritt, $<\mathbf{\Pi}_\perp> = <\boldsymbol{a}> = 0$. Dann ist die Konstante $\boldsymbol{a}_K = 0$ auch für $\varphi > 0$ gültig und die Integration der Bewegungsgleichungen für $\varphi > 0$ ergibt,

$$ky = a_0 \sin\varphi, \tag{8.50a}$$

$$kx = \frac{a_0^2}{4}\left[\varphi + \frac{1}{2}\sin(2\varphi)\right]. \tag{8.50b}$$

Im Vergleich zu (8.46) besitzt die x-Komponente nun einen Driftterm, der linear mit der Phase bzw. mit der Zeit anwächst. Dadurch wird die achtförmige Bahn auseinandergezogen (Abb. 8.2). An den Nullstellen von $\Pi_\parallel$ bzw. den Extrema von y treten jeweils

8.5 Drift des Schwingungszentrums

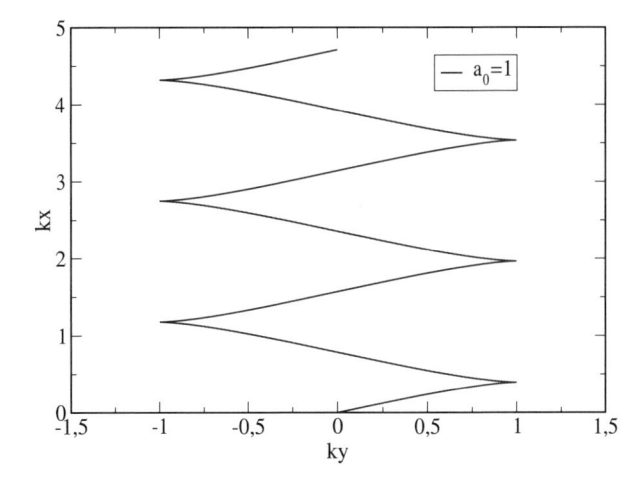

Abb. 8.2: Teilchenbahn im Laborsystem S nach (8.50) für $a_0 = 1$. Neben der transversalen Schwingung mit der Amplitude a_0 bewirkt die Lorentz-Kraft auch eine Drift in der Ausbreitungsrichtung der Welle. Dadurch wird die achtförmige Bahn auseinandergezogen. An den Umkehrpunkten treten Spitzen mit einer horizontalen Tangente der Bahnkurve auf.

Spitzen auf, bei denen die Bahnkurve $x = x(y)$ eine horizontale Tangente besitzt. Außerdem sind die Koordinaten nun mit der Wellenzahl k im Laborsystem normiert. Im Laborsystem wächst die transversale Schwingungsamplitude proportional, die longitudinale quadratisch mit a_0 an.

Zum Vergleich der Lösung (8.50) im Laborsystem S und der Lösung (8.46) im Ruhesystem des Schwingungszentrums S' bestimmen wir die Lorentz-Transformation zwischen diesen Bezugssystemen. Da sich das Bezugssystem S' nur in longitudinaler Richtung bewegt, bleibt der transversale Impuls erhalten. Außerdem ist die Phase der Welle eine Lorentz-Invariante. Es transformieren sich aber der longitudinale Impuls, die Energie und die Lichtfrequenz. Sei v_0 die Geschwindigkeit von S' in S. Der longitudinale Impuls in S' ergibt sich aus $\Pi_\parallel$ und γ in S mit Hilfe der Lorentz-Transformation

$$\Pi'_\parallel = \gamma_0 \left(\Pi_\parallel - \beta_0 \gamma \right), \qquad \beta_0 = \frac{v_0}{c}, \qquad \gamma_0 = \frac{1}{\sqrt{1 - \beta_0^2}}. \qquad (8.51)$$

In S' verschwindet der mittlere Impuls gemäß (8.41). Mit dieser Bedingung findet man

$$\beta_0 = \frac{<\Pi_\parallel>}{<\gamma>}. \qquad (8.52)$$

Die Mittelwerte können mit (8.41) berechnet werden,

$$<\gamma> = 1 + <\Pi_\parallel>, \qquad <\Pi_\parallel> = \frac{1}{4} a_0^2. \qquad (8.53)$$

Damit erhält man für die Geschwindigkeit des Bezugssystems S'

$$v_0 = c \, \frac{\frac{1}{4} a_0^2}{1 + \frac{1}{4} a_0^2}. \qquad (8.54)$$

Mit einer einfachen Zwischenrechnung folgt auch

$$\gamma_0 = \frac{1+ <\Pi_\parallel>}{<\gamma'>}, \quad \gamma_0\beta_0 = \frac{<\Pi_\parallel>}{<\gamma'>}, \quad \gamma_0(1-\beta_0) = \frac{1}{<\gamma'>}, \quad (8.55)$$

wobei $<\gamma'>$ die mittlere Energie (8.43) in S' bezeichnet. Damit kann nun gezeigt werden, dass die Lorentz-Transformation des Impulses und der Energie tatsächlich auf die im System S' berechnete Lösung (8.44) führt,

$$\begin{aligned}\Pi'_\parallel &= \gamma_0\left(\Pi_\parallel - \beta_0\gamma\right) = -\gamma_0\beta_0 + \gamma_0(1-\beta_0)\Pi_\parallel \\ &= \frac{1}{2<\gamma'>}(a^2 - <a^2>), \end{aligned} \quad (8.56)$$

$$\begin{aligned}\gamma' &= \gamma_0(\gamma - \beta_0\Pi_\parallel) = \gamma_0 + \gamma_0(1-\beta_0)\Pi_\parallel \\ &= \frac{1}{2<\gamma'>}(2+ <a^2> +a^2). \end{aligned} \quad (8.57)$$

Die Wellenzahl k bzw. die Frequenz $\omega = ck$ des Lichtes transformiert sich beim Übergang von S nach S' wie

$$k' = \gamma_0(k - v_0\omega) = k\gamma_0(1-\beta_0) = \frac{k}{<\gamma'>}. \quad (8.58)$$

Dies erklärt den zusätzlichen Faktor $<\gamma'>^{-1}$ in den Schwingungsamplituden (8.46) in S' im Vergleich zu den Schwingungsamplituden (8.50) in S.

Abschließend betrachten wir noch den Fall, dass auch in transversaler Richtung Energie und Impuls auf das Teilchen übertragen wird. Trifft ein Laserpuls zur Zeit t_i auf eine ruhende Ladung, so lautet die Anfangsbedingung

$$\left.\mathbf{\Pi}\right|_{t=t_i} = 0. \quad (8.59)$$

Bei der Ladung kann es sich um ein freies Teilchen unmittelbar vor der Wechselwirkung mit dem Laserpuls oder auch um ein gebundenes Teilchen, das zur Zeit t_i instantan freigesetzt wird, handeln. Den Anfangsbedingungen entsprechen die Konstanten

$$\mathbf{a}_K = \mathbf{a}_i, \quad \gamma_K = 1, \quad (8.60)$$

wobei $\mathbf{a}_i = \mathbf{a}(\varphi_i)$ das dimensionslose Vektorpotential zum Anfangszeitpunkt t_i darstellt. Die Lösung für den Impuls und die Energie des Teilchens lautet in diesem Fall,

$$\mathbf{\Pi}_\perp = \mathbf{a}_i - \mathbf{a}(\varphi), \quad \Pi_\parallel = \frac{1}{2}\Pi_\perp^2, \quad \gamma = 1 + \frac{1}{2}\Pi_\perp^2. \quad (8.61)$$

Besitzt das Vektorpotential am Ende des Laserpulses die Amplitude $\mathbf{a}_f$, so wird der gesamte Energie- und Impulsübertrag durch die Größe

$$\mathbf{\Pi}_{\perp,f} = \mathbf{a}_i - \mathbf{a}_f \quad (8.62)$$

bestimmt. Mit der Definition des Vektorpotentials aus (8.25) kann man das folgende Kriterium für den Energieübertrag angeben:

8.5 Drift des Schwingungszentrums

Satz 8.1 *Energieübertrag auf freies Elektron*

Ein ebener Laserpuls, der sich in einer Raumrichtung im Vakuum ausbreitet, überträgt auf eine anfänglich ruhende Ladung genau dann Energie und Impuls, wenn das elektrische Feld im Wechselwirkungszeitintervall $t_i < t < t_f$ im Mittel ungleich null ist.

Bei einem Laserpuls mit einer langsam veränderlichen Einhüllenden gilt in guter Näherung $\boldsymbol{a}(\pm\infty) = 0$. Um Energie zu übertragen, muss das Teilchen hier im Puls mit $\boldsymbol{a}_i \neq 0$ freigesetzt werden. Solche Bedingungen liegen z.B. bei der Ionisation von Atomen im Laserfeld für die freigesetzten Photoelektronen vor. Der maximale Energieübertrag ergibt sich, wenn die Freisetzung im Maximum des Vektorpotentials stattfindet. Mit den Konstanten $\boldsymbol{a}_i = \boldsymbol{a}_0$, $\boldsymbol{a}_f = 0$ besitzt das Teilchen nach der Wechselwirkung mit dem Laserpuls den Impuls und die Energie

$$\boldsymbol{\Pi}_{\perp,f} = \boldsymbol{a}_0, \qquad \Pi_{\parallel,f} = \frac{2U_p}{mc^2}, \qquad \gamma_f = 1 + \Pi_{\parallel,f} \qquad (8.63)$$

mit

$$U_p = mc^2(<\gamma> -1) = \frac{1}{4}mc^2 \boldsymbol{a}_0^2 \ .$$

Die über die Schwingungsperiode gemittelte kinetische Energie der Ladung wird als ponderomotorisches Potential U_p bezeichnet. Auf ein Teilchen, das im Laserpuls freigesetzt wird und danach nur mit dem Laserpuls wechselwirkt, kann maximal die kinetische Energie $2U_p$ übertragen werden.

Bei der Wechselwirkung mit sehr kurzen Laserpulsen kann man aufgrund der Asymmetrie der positiven und negativen Halbwellen des Feldes ebenfalls Energie übertragen. Die Übertragung ist i.A. dann maximal, wenn das Maximum der Trägerwelle im Maximum der Einhüllenden angenommen wird. Mit $\boldsymbol{a}_i = 0$ und $\boldsymbol{a}_f \neq 0$ erhält man einen vom Pulsverlauf abhängigen Energie- und Impulsübertrag.

9 Grundlagen der Quantenmechanik

- Grundpostulate der Quantenmechanik
- Schrödinger-Gleichung
- Zeitentwicklungsoperator
- Schrödinger- und Heisenberg-Bild
- Wechselwirkungsbild
- Ehrenfest-Theorem

In der Optik werden die Materialeigenschaften makroskopisch durch die Polarisation des Mediums beschrieben. Die Polarisation ist die Folge der Ladungsverschiebungen, die durch die Lichtwelle in den einzelnen Atomen induziert werden. Eine mikroskopische Theorie der Polarisation erfordert i.a. eine quantenmechanische Behandlung. Daher werden im folgenden die Grundlagen der Quantenmechanik zusammengefasst.

9.1 Grundpostulate der Quantenmechanik*

Zur Erklärung der spektralen Energiedichte des Strahlungsfelds im thermischen Gleichgewicht wurde von Max Planck die Quantenhypothese des Lichts eingeführt (vgl.(1.15)). Diese Hypothese bildete den Ausgangspunkt der Quantenmechanik. In der Folge wurden bei vielen physikalischen Systemen (Atomspektren, Photoelektronen, Elektronenspin) diskrete Messwerte beobachtet. Alle diese Beobachtungen konnten schließlich im Rahmen der Quantenmechanik durch ein einheitliches mathematisches Modell erklärt werden. In diesem Abschnitt werden die wichtigsten Grundpostulate der nichtrelativistischen Quantenmechanik zusammengefasst. Sie ordnen jeweils den im Experiment beobachtbaren Größen entsprechende Größen im Kalkül der Quantenmechanik zu.

Erstes Postulat (Quantenzustand): Der physikalische Zustand eines Quantensystems wird durch einen Zustandsvektor $|\psi\rangle$ dargestellt. Der Zustandsvektor ist ein Element eines abstrakten Raumes, der die Struktur eines Hilbert-Raumes besitzt.

Ein Hilbert-Raum ist ein vollständiger Vektorraum über einem komplexen Zahlenkörper in dem zwischen jeweils zwei Elementen $|\phi\rangle$ und $|\psi\rangle$ ein Skalarprodukt

$$\langle\phi|\psi\rangle \tag{9.1}$$

definiert ist. Nach Dirac fasst man das Skalarprodukt (Bracket) als Anwendung eines Bra-Vektors $\langle\phi|$ auf einen Ket-Vektor $|\psi\rangle$ auf. Der Bra $\langle\phi|$ ordnet dem Ket $|\psi\rangle$ die durch das Skalarprodukt definierte Zahl $\langle\phi|\psi\rangle$ zu. Solche Abbildungen werden in der Mathematik als lineare Funktionale bezeichnet. Da zu jedem Vektor $|\phi\rangle$ ein entsprechendes lineares Funktional $\langle\phi|$ existiert, bilden letztere die Elemente des sogenannten Dualraums. Das Skalarprodukt induziert auch die Norm,

$$\|\psi\| = \sqrt{\langle\psi|\psi\rangle}. \tag{9.2}$$

Die Vollständigkeit des Raumes verlangt, dass jede Cauchy-Folge bezüglich der Norm gegen ein Element des Hilbert-Raums konvergiert. Daher kann man Zustandsvektoren nach vollständigen Orthonormalsystemen entwickeln. Sei

$$\{|n\rangle\}, \qquad n = 1, 2, 3, \cdots, \qquad \langle n|m\rangle = \delta_{nm} \tag{9.3}$$

ein vollständiges Orthonormalsystem von Vektoren, die jeweils auf eins normiert und paarweise orthogonal zueinander sind. Die Entwicklung von $|\psi\rangle$ nach dieser Basis lautet

$$|\psi\rangle = \sum_n |n\rangle\langle n|\psi\rangle, \tag{9.4}$$

wobei $\psi_n = \langle n|\psi\rangle$ die Entwicklungskoeffizienten von $|\psi\rangle$ bezüglich der Basiszustände $|n\rangle$ darstellen. Die Summe konvergiert im Sinne der Norm

$$\left\| |\psi\rangle - \sum_n |n\rangle\langle n|\psi\rangle \right\|^2 = \|\psi\|^2 - \sum_n |\langle n|\psi\rangle|^2 \to 0. \tag{9.5}$$

Die Vollständigkeit der Basis wird durch die Relation

$$\sum_n |n\rangle\langle n| = \mathsf{I} \tag{9.6}$$

ausgedrückt, wobei I den Einheitsoperator bezeichnet.

Zweites Postulat (Observable): Die Messgrößen eines Systems werden als Observablen bezeichnet. Jeder Observablen wird ein hermitescher Operator zugeordnet.

Ein Operator A ist eine lineare Abbildung, die einem Vektor $|\psi\rangle$ einen neuen Vektor $|\phi\rangle$ zuordnet,

$$|\phi\rangle = \mathsf{A}|\psi\rangle. \tag{9.7}$$

9.1 Grundpostulate der Quantenmechanik*

Analog zu der Entwicklung (9.4) des Zustandsvektors können auch Operatoren nach vollständigen Basissystemen entwickelt werden,

$$\mathsf{A} = \sum_{n,m} |m\rangle\langle m|\mathsf{A}|n\rangle\langle n|. \tag{9.8}$$

Die Entwicklungskoeffizienten $A_{mn} = \langle m|\mathsf{A}|n\rangle$ bilden die Matrixdarstellung des Operators A bezüglich der Basiszustände.

Die Abbildung (9.7) zwischen den Elementen des Vektorraums induziert eine Abbildung zwischen den entsprechenden Elementen im Dualraum. Diese definiert den adjungierten Operator:

Definition 9.1: *Adjungierter Operator*

Sei A ein Operator der jedem Ket $|\psi\rangle$ einen Ket

$$|\psi'\rangle = \mathsf{A}|\psi\rangle, \tag{9.9}$$

des Vektorraumes zuordnet. Dann definiert man den adjungierten Operator A^+ durch die Abbildung

$$\langle\psi'| = \langle\psi|\mathsf{A}^+. \tag{9.10}$$

der zugehörigen Elemente im Dualraum.

Man verwendet hier die Schreibweise, dass der ursprüngliche Operator links, der adjungierte Operator rechts von dem Element steht, das er definitionsgemäß abbildet. Die Matrixelemente des adjungierten Operators können in der folgenden Weise angegeben werden. Mit $|\alpha\rangle = \mathsf{A}|m\rangle$ und $\langle\alpha| = \langle m|\mathsf{A}^+$ folgt für die Matrixelemente des adjungierten Operators bezüglich der Basis (9.3)

$$\langle m|\mathsf{A}^+|n\rangle = \langle\alpha|n\rangle = \langle n|\alpha\rangle^* = \langle n|\mathsf{A}|m\rangle^*. \tag{9.11}$$

Die Matrix des adjungierten Operators A^+ ist also das konjugiert komplexe der transponierten Matrix des Operators A.

Von besonderem Interesse sind in der Quantenmechanik unitäre und hermitesche Operatoren. Diese sind dadurch definiert, dass der adjungierte Operator spezielle Eigenschaften besitzt.

Definition 9.2: *Unitärer Operator*

Ein Operator U heißt unitär, falls der adjungierte Operator U^+ gleich dem inversen Operator U^{-1} ist. Hierfür schreibt man

$$\mathsf{U}^+\mathsf{U} = \mathsf{I}. \tag{9.12}$$

Bei der Abbildung durch einen unitären Operator bleiben Skalarprodukte invariant,

$$\langle\phi'|\psi'\rangle = \langle\phi|U^+U|\psi\rangle = \langle\phi|\psi\rangle. \tag{9.13}$$

Inbesondere wird eine Orthonormalbasis bei einer unitären Transformation wieder in eine Orthonormalbasis abgebildet.

Definition 9.3: *Hermitescher Operator*

Ein Operator A heißt hermitesch, falls der adjungierte Operator mit dem Operator selbst zusammenfällt,

$$A^+ = A. \tag{9.14}$$

Bei der Abbildung durch einen hermiteschen Operator gilt für Skalarprodukte die Relation

$$\langle \phi' | \psi \rangle = \langle \phi | A^+ | \psi \rangle = \langle \phi | A | \psi \rangle = \langle \phi | \psi' \rangle. \tag{9.15}$$

Drittes Postulat (Messwerte): Den Messwerten einer Observablen entsprechen die Eigenwerte des zugeordneten hermiteschen Operators.

Hermitesche Operatoren können besonders einfach durch ihre Eigenvektoren und Eigenwerte dargestellt werden. Ein Vektor $|a\rangle$ ist ein Eigenvektor des Operators A zum Eigenwert a, falls

$$A|a\rangle = a|a\rangle. \tag{9.16}$$

Ein Eigenvektor wird also auf sich selbst abgebildet und mit einem Skalar multipliziert. Ein Vielfaches eines Eigenvektors ist ebenfalls ein Eigenvektor. Die Eigenvektoren sind daher nur bis auf einen konstanten Faktor bestimmt.

Für hermitesche Operatoren sind alle Eigenwerte reell und die Eigenvektoren zu verschiedenen Eigenwerten sind orthogonal zueinander. Dies folgt aus der Eigenschaft, (9.15), wenn man diese auf zwei Eigenvektoren $|a\rangle$ und $|b\rangle$ zu den Eigenwerten a und b anwendet,

$$\langle a' | b \rangle - \langle a | b' \rangle = (a^* - b)\langle a | b \rangle = 0. \tag{9.17}$$

Betrachtet man den Spezialfall $a = b$, so folgt daraus $a^* = a$. Dies zeigt, dass alle Eigenwerte reell sind. Wählt man nun zwei verschiedene reelle Eigenwerte $a \neq b$, so gilt auch $a^* \neq b$ und damit $\langle a | b \rangle = 0$. Die Eigenvektoren zu verschiedenen Eigenwerten sind also orthogonal.

Gibt es zu einem Eigenwert mehrere linear unabhängige Eigenvektoren $\{|a,s\rangle\}$, $s = 1, \cdots, g$, so heißt der Eigenwert g-fach entartet. Ohne Einschränkung kann man die Vektoren $\{|a,s\rangle\}$ orthonormal zueinander wählen,

$$\langle a, s | a', s' \rangle = \delta_{aa'} \delta_{ss'}. \tag{9.18}$$

Hierzu nimmt man im Unterraum eines entarteten Eigenwerts eine Orthonormalisierung von beliebigen g linear unabhängigen Eigenvektoren vor. In dem Orthonormalsystem der Eigenvektoren besitzt der Operator die Diagonaldarstellung

$$A = \sum_{a,s} |a,s\rangle a \langle a,s| \quad \text{mit} \quad \langle a', s' | A | a, s \rangle = a\, \delta_{aa'} \delta_{ss'}. \tag{9.19}$$

Bei jeder Einzelmessung von A erhält man also immer eine der Zahlen a.

9.1 Grundpostulate der Quantenmechanik*

Viertes Postulat (Projektionswahrscheinlichkeit): Die Wahrscheinlichkeit bei der Messung der Observablen A den Messwert a zu erhalten ist

$$p(a) = \sum_s |\langle a,s | \psi \rangle|^2 . \tag{9.20}$$

Misst man die Observable A an einem Ensemble von Systemen, die sich alle im gleichen Quantenzustand $|\psi\rangle$ befinden, so entspricht dem Mittelwert dieser Messungen in der Quantenmechanik der Erwartungswert

$$<\mathsf{A}> = \langle \psi | \mathsf{A} | \psi \rangle. \tag{9.21}$$

Ein Maß für die Abweichung vom Mittelwert ist die Standardabweichung

$$\Delta A = <(\mathsf{A}-<\mathsf{A}>)^2> = <\mathsf{A}^2> - (<\mathsf{A}>)^2. \tag{9.22}$$

Entwickelt man den Zustand nach der Basis der Eigenzustände von A, so erhält man für den Erwartungswert den Ausdruck

$$<\mathsf{A}> = \langle \psi | \mathsf{A} | \psi \rangle = \sum_{a,s} a \, |\langle a,s | \psi \rangle|^2 = \sum_a a \, p(a). \tag{9.23}$$

Die Summe der Wahrscheinlichkeiten über alle möglichen Messwerte konvergiert aufgrund der Vollständigkeit der Basis (9.5) gegen,

$$\sum_a p(a) = \sum_{a,s} |\langle a,s | \psi \rangle|^2 = \langle \psi | \psi \rangle. \tag{9.24}$$

Entsprechend der Wahrscheinlichkeitkeitsinterpretation (9.20) wählt man für den Zustandsvektor die Normierung

$$\|\psi\|^2 = \langle \psi | \psi \rangle = 1. \tag{9.25}$$

Fünftes Postulat (Messung): Nach einer Messung des Messwertes a befindet sich das System mit Sicherheit in einem Eigenzustand zum Eigenwert a. Einer Messung der Observablen A entspricht daher definitionsgemäß eine Projektion des Zustandsvektors auf den Unterraum der zum Eigenwert a gehörigen Eigenvektoren

$$|\psi\rangle \to \frac{1}{\sqrt{p(a)}} \sum_s |a,s\rangle\langle a,s | \psi \rangle. \tag{9.26}$$

Der Zustandsvektor nach der Messung wurde wieder gemäß (9.25) normiert.

Beispiel 9.4 *Zweiniveausystem*

Ein besonders einfaches Beispiel ist ein Zweiniveausystem, dessen Hilbertraum durch nur zwei Zustände $|1\rangle$ und $|2\rangle$ aufgespannt wird. Solche Systeme werden im folgenden häufig verwendet um elektronische Übergänge zwischen zwei festen Energieniveaus eines Atoms zu beschreiben. Wählt man die Zustände orthonormal, d.h. $\langle 1|1\rangle = \langle 2|2\rangle = 1$, $\langle 1|2\rangle = 0$ so kann man einen allgemeinen Quantenzustand durch die Linearkombination

$$|\psi\rangle = c_1|1\rangle + c_2|2\rangle, \tag{9.27}$$

mit den Koeffizienten

$$c_1 = \langle 1|\psi\rangle, \qquad c_2 = \langle 2|\psi\rangle \tag{9.28}$$

darstellen. Man bezeichnet die Koeffizienten als die Projektionsamplituden des Zustandes auf die Basisvektoren. Misst man an einem Ensemble von Systemen im Zustand $|\psi\rangle$ die Wahrscheinlichkeit, dass es sich im Zustand $|1\rangle$ oder $|2\rangle$ befindet, so erhält man dafür jeweils die Projektionswahrscheinlichkeit,

$$p_1 = |\langle 1|\psi\rangle|^2, \qquad p_2 = |\langle 2|\psi\rangle|^2. \tag{9.29}$$

Man misst also nicht den Zustandsvektor selbst, sondern nur die Betragsquadrate der komplexen Projektionsamplituden. Obwohl das Quantensystem durch den Zustandsvektor vollständig und deterministisch beschrieben wird, kann das Ergebnis einer Messung i.a. nur durch eine Wahrscheinlichkeitsaussage vorhergesagt werden.

9.2 Zeitentwicklung von Quantensystemen

Die Grundgleichung der Quantenmechanik ist die Schrödinger-Gleichung. Sie bestimmt die Zeitentwicklung des Zustandsvektors,

$$i\hbar \frac{d}{dt}|\psi(t)\rangle = \mathsf{H}|\psi(t)\rangle. \tag{9.30}$$

Der Operator H ist hermitesch und stellt den Operator für die Gesamtenergie des Quantensystems dar. Er wird als Hamilton-Operator bezeichnet. Im klassischen Grenzfall entspricht dem Hamilton-Operator die Hamilton-Funktion. Für die Zeitentwicklung des Zustandsvektors nach der Schrödinger-Gleichung gelten die folgenden allgemeinen Prinzipien:

Determinismus: Die Schrödinger-Gleichung beschreibt die Zeitentwicklung durch ein Differentialgleichungssystem erster Ordnung für den Zustandsvektor. Der Zustand $|\psi(t)\rangle$ zur Zeit t wird eindeutig durch den Anfangszustand $|\psi(t_0)\rangle$ zur Zeit t_0 bestimmt. Die Zeitentwicklung des Quantenzustandes ist vollständig deterministisch.

9.2 Zeitentwicklung von Quantensystemen

Superpositionsprinzip: Da die Schrödinger-Gleichung linear ist gilt das Superpositionsprinzip. Seien $|\psi_{1,2}(t)\rangle$ zwei Lösungen zu den Anfangsbedingungen $|\psi_{1,2}(t_0)\rangle$. Dann ist die Linearkombination $|\psi(t)\rangle = c_1|\psi_1(t)\rangle + c_2|\psi_2(t)\rangle$ mit beliebigen konstanten Koeffizienten $c_{1,2}$ eine Lösung zu den Anfangsbedingungen $|\psi(t_0)\rangle = c_1|\psi_1(t_0)\rangle + c_2|\psi_2(t_0)\rangle$.

Erhaltung der Norm: Wegen der Hermitizität des Hamilton-Operators bleibt die Norm des Zustandsvektors erhalten. Die Normierungsbedingung $\|\psi\| = 1$ ist also in Involution mit der Schrödinger-Gleichung. Die Erhaltung der Norm folgt aus

$$i\hbar \frac{d}{dt}\langle\psi|\psi\rangle = -\left[-i\hbar\frac{d}{dt}\langle\psi|\right]|\psi\rangle + \langle\psi|\left[i\hbar\frac{d}{dt}|\psi\rangle\right]$$
$$= -[\langle\psi|\mathsf{H}^+]|\psi\rangle + \langle\psi|[\mathsf{H}|\psi\rangle]$$
$$= -\langle\psi|\mathsf{H}|\psi\rangle + \langle\psi|\mathsf{H}|\psi\rangle = 0. \tag{9.31}$$

Genauso zeigt man, dass das Skalarprodukt zwischen zwei beliebigen Zustandsvektoren bei der Zeitentwicklung invariant bleibt, $\frac{d}{dt}\langle\phi|\psi\rangle = 0$.

Wegen der Linearität der Schrödinger-Gleichung wird die Zeitentwicklung des Zustandsvektors auch häufig durch einen Operator dargestellt,

$$|\psi(t)\rangle = \mathsf{U}(t,t_0)|\psi(t_0)\rangle. \tag{9.32}$$

Der Zeitentwicklungsoperator $\mathsf{U}(t,t_0)$ besitzt die allgemeinen Eigenschaften einer einparametrigen unitären Gruppe,

$$\mathsf{U}(t_2,t_0) = \mathsf{U}(t_2,t_1)\mathsf{U}(t_1,t_0), \tag{9.33a}$$
$$\mathsf{I} = \mathsf{U}(t_0,t_0), \tag{9.33b}$$
$$\mathsf{I} = \mathsf{U}(t_0,t_1)\mathsf{U}(t_1,t_0), \tag{9.33c}$$
$$\mathsf{I} = \mathsf{U}^+(t_1,t_0)\mathsf{U}(t_1,t_0). \tag{9.33d}$$

Der Zustand zur Zeit t_2 wird nach (9.33a) durch den Zustand zu einer beliebigen Anfangszeit t_1 eindeutig bestimmt. Der Einheitsoperator (9.33b) entspricht einer Zeitentwicklung mit der Zeitspanne null. Nach (9.33c) ist die Zeitentwicklung reversibel und man erhält den Umkehroperator durch eine Vertauschung der Anfangs- und Endzeiten. Außerdem ist der Zeitentwicklungsoperator unitär, (9.33d). Diese Eigenschaft garantiert die Invarianz des Skalarproduktes zweier Zustandsvektoren und insbesondere die der Norm eines Zustandsvektors bei der Zeitentwicklung.

Setzt man den Zustand (9.32) in die Schrödinger-Gleichung (9.30) ein und lässt auf beiden Seiten den beliebigen Anfangszustand weg, so erhält man für den Zeitentwicklungsoperator die Entwicklungsgleichung,

$$i\hbar\frac{d}{dt}\mathsf{U}(t,t_0) = \mathsf{H}\mathsf{U}(t,t_0). \tag{9.34}$$

Mit Hilfe des Zeitentwicklungsoperators lassen sich die Übergangswahrscheinlichkeiten zwischen beliebigen Anfangs- und Endzuständen nach der Regel (9.20) angeben:

Definition 9.5: *Übergangsamplitude und Übergangswahrscheinlichkeit*

Die Amplitude für einen Übergang von einem Anfangszustand $|\,i\,\rangle$ zur Zeit t_0 in einen Endzustand $|\,f\,\rangle$ zur Zeit t ist

$$C_{fi} = \langle\,f\,|\,\psi(t)\,\rangle = \langle\,f\,|\mathsf{U}(t,t_0)|\,i\,\rangle\,. \tag{9.35}$$

Die Übergangswahrscheinlichkeit ist das Betragsquadrat der Übergangsamplitude

$$P_{fi} = |C_{fi}|^2 = |\langle\,f\,|\mathsf{U}(t,t_0)|\,i\,\rangle|^2\,. \tag{9.36}$$

Konservative Systeme besitzen einen zeitunabhängigen Hamilton-Operator. Nichtkonservative Systeme mit zeitabhängigem Hamiltonoperator werden später im Rahmen der zeitabhängigen Störungsrechnung betrachtet. Für einen zeitunabhängigen Hamilton-Operator lässt sich der Zeitentwicklungsoperator explizit in der Form

$$\mathsf{U}(t,t_0) = e^{-\frac{i}{\hbar}\mathsf{H}(t-t_0)} \tag{9.37}$$

angeben. Operatorfunktionen wie (9.37) werden allgemein durch ihre Potenzreihenentwicklung definiert. Der n-ten Potenz A^n eines Operators entspricht hierbei die n-fache Anwendung des Operators A. Zur Herleitung des Ausdrucks (9.37) kann man von einer Potenzreihenentwicklung von $U(t,t_0)$ um $t=t_0$ ausgehen,

$$\mathsf{U}(t,t_0) = \sum_{n=0}^{\infty} \frac{1}{n!} \frac{d^n \mathsf{U}}{dt^n}\bigg|_{t=t_0} (t-t_0)^n. \tag{9.38}$$

Für die n-te Ableitung von $\mathsf{U}(t,t_0)$ an der Stelle $t=t_0$ folgt mit (9.34) und (9.33b)

$$\frac{d^n \mathsf{U}}{dt^n}\bigg|_{t=t_0} = \frac{1}{(i\hbar)^n}\mathsf{H}^n \mathsf{U}(t_0,t_0) = \left(\frac{-i}{\hbar}\mathsf{H}\right)^n. \tag{9.39}$$

Mit den Koeffizienten (9.39) stellt (9.38) die Potenzreihe der Exponentialfunktion (9.37) dar.

Die Zeitentwicklung eines allgemeinen Zustandsvektors ist besonders einfach, wenn man diesen in der Basis der Eigenzustände des Hamilton-Operators darstellt. Die Eigenwertgleichung

$$\mathsf{H}|\,n,s\,\rangle = E_n|\,n,s\,\rangle \tag{9.40}$$

wird als die zeitunabhängige Schrödinger-Gleichung bezeichnet. Die Lösung des Eigenwertproblems bestimmt ein vollständiges Orthonormalsystem von Eigenvektoren $\{|\,n,s\,\rangle\}$ mit den Eigenwerten E_n. Der Index n nummeriert Eigenvektoren verschiedener Eigenwerte, der Index s Eigenvektoren im Unterraum entarteter Eigenwerte. Die Eigenvektoren zum Hamilton-Operator besitzen eine besonders einfache Zeitabhängigkeit. Für einen Anfangszustand $|\,\psi_n(t_0)\,\rangle = |\,n,s\,\rangle$ ergibt die Anwendung des Zeitentwicklungsoperators,

$$|\,\psi_n(t)\,\rangle = \mathsf{U}(t,t_0)|\,\psi_n(t_0)\,\rangle = e^{-\frac{i}{\hbar}E_n(t-t_0)}|\,\psi_n(t_0)\,\rangle. \tag{9.41}$$

Die Zeitentwicklung besteht hier nur in der Multiplikation mit einem Phasenfaktor. Der Erwartungswert einer beliebigen Observablen A ist dann zeitunabhängig,

$$\langle A \rangle = \langle \psi_n(t) | A | \psi_n(t) \rangle = \langle \psi_n(t_0) | A | \psi_n(t_0) \rangle. \tag{9.42}$$

Daher bezeichnet man die Eigenzustände des Hamilton-Operators auch als stationäre Zustände. In der Basis dieser Eigenzustände folgt für den Zeitentwicklungsoperator die Darstellung

$$U = \sum_{n,s} |n,s\rangle e^{-\frac{i}{\hbar}E_n(t-t_0)} \langle n,s|. \tag{9.43}$$

Die Zeitentwicklung eines beliebigen Zustandsvektors ergibt sich damit als eine Superposition stationärer Zustände

$$|\psi(t)\rangle = \sum_{n,s} e^{-\frac{i}{\hbar}E_n(t-t_0)} |n,s\rangle \langle n,s|\psi(t_0)\rangle. \tag{9.44}$$

Die Entwicklungskoeffizienten $\langle n,s|\psi(t_0)\rangle$ sind zeitlich konstant und durch den Anfangszustand bestimmt.

9.3 Ortsdarstellung und Wellenmechanik

Der Ort r eines Teilchens ist eine Observable, die quantenmechanisch durch den Ortsoperator $\mathbf{R}$ repräsentiert wird. Genau genommen wird für jede kartesische Koordinate ein Operator definiert,

$$r = \sum_i x_i e_i \quad \rightarrow \quad \mathbf{R} = \sum_i X_i e_i. \tag{9.45}$$

Vereinfachend verwenden wir auch die Notation x, y, z für die Koordinaten und X, Y, Z für die entsprechenden Operatoren. Nach einer Ortsmessung befindet sich ein Teilchen in einem Eigenzustand $|r\rangle$ des Ortsoperators, dessen Eigenwerte die Koordinaten des Teilchens angeben,

$$X_i |r\rangle = x_i |r\rangle. \tag{9.46}$$

Diese Gleichungen für die Koordinaten lassen sich durch eine Eigenwertgleichung für den Ortsvektor zusammenfassen

$$\mathbf{R}|r\rangle = r|r\rangle. \tag{9.47}$$

Die Eigenzustände $\{|r\rangle\}$ des Ortsoperators bilden ein vollständiges Basissystem, jedoch ist diese Basis nicht mehr diskret wie in (9.3) sondern kontinuierlich. Daher müssen die bisherigen Summationen über die Basiszustände durch Integrationen ersetzt werden. An die Stelle der Vollständigkeitsrelation (9.6) tritt

$$\int d^3r \,|\,\boldsymbol{r}\,\rangle\langle\,\boldsymbol{r}\,| = \mathsf{I}\,. \tag{9.48}$$

Die Entwicklung eines allgemeinen Zustandsvektors nach der Basis lautet damit

$$|\,\psi(t)\,\rangle = \int d^3r \,|\,\boldsymbol{r}\,\rangle\langle\,\boldsymbol{r}\,|\,\psi(t)\,\rangle\,. \tag{9.49}$$

Auch die Orthonormalitätsbedingung erfordert eine Präzisierung. Multipliziert man die Entwicklung (9.49) mit dem Bra $\langle\,\boldsymbol{r}'\,|$, so muss sich auf beiden Seiten das Skalarprodukt $\langle\,\boldsymbol{r}'\,|\,\psi\,\rangle$ ergeben. Daher muss die Orthonormalitätsbedingung (9.3) bei einer kontinuierlichen Basis durch

$$\langle\,\boldsymbol{r}'\,|\,\boldsymbol{r}\,\rangle = \delta(\boldsymbol{r}' - \boldsymbol{r}) \tag{9.50}$$

ersetzt werden.

Nach (9.49) kann der Zustandsvektor $|\,\psi\,\rangle$ durch die Entwicklungskoeffizienten $\langle\,\boldsymbol{r}\,|\,\psi(t)\,\rangle$ bezüglich der Ortsbasis dargestellt werden. Die Entwicklungskoeffizienten sind eine Funktion des Ortsvektors, die als die Wellenfunktion

$$\psi(\boldsymbol{r},t) = \langle\,\boldsymbol{r}\,|\,\psi(t)\,\rangle \tag{9.51}$$

des Teilchens bezeichnet wird. Nach der allgemeinen Regel über Projektionswahrscheinlichkeiten gibt

$$dp(\boldsymbol{r},t) = |\psi(\boldsymbol{r},t)|^2 \, d^3r \tag{9.52}$$

die Wahrscheinlichkeit an das Teilchen zur Zeit t im Volumenelement d^3r am Ort $\boldsymbol{r}$ zu finden.

Um in der Ortsdarstellung rechnen zu können, muss auch die Ortsdarstellung der Operatoren bekannt sein. Am einfachsten ist die Darstellung des Ortsoperators selbst. Da der Ortsoperator hermitesch ist, gilt für beliebige Zustandsvektoren $|\,\psi\,\rangle$

$$\langle\,\boldsymbol{r}\,|\mathbf{R}|\,\psi\,\rangle = \boldsymbol{r}\,\langle\,\boldsymbol{r}\,|\,\psi\,\rangle. \tag{9.53}$$

Mit der Notation (9.51) kann man die Wirkung des Ortsoperators auf die Wellenfunktion in der Form

$$[\mathbf{R}\psi](\boldsymbol{r},t) = \boldsymbol{r}\,\psi(\boldsymbol{r},t), \tag{9.54}$$

angeben. Der Ortsoperator geht hierbei in einen Multiplikationsoperator über. Genauso kann eine beliebige Funktion $\mathrm{f}(\mathbf{R})$ des Ortsoperators durch einen Multiplikationsoperator mit der gewöhnlichen Funktion $f(\boldsymbol{r})$ dargestellt werden,

$$[\mathrm{f}(\mathbf{R})\psi](\boldsymbol{r},t) = f(\boldsymbol{r})\,\psi(\boldsymbol{r},t). \tag{9.55}$$

9.3 Ortsdarstellung und Wellenmechanik

Beispiel 9.6 *Operator für die Teilchendichte*

Der Operator $\mathsf{n} = \delta(\mathbf{R} - \mathbf{r}\mathsf{I})$ ist ein Beispiel für einen Operator, der eine Funktion des Ortsoperators darstellt. Der Erwartungswert dieses Operators kann durch Einschieben des Einheitsoperators (9.48) in der Ortsdarstellung ausgewertet werden. Als Ergebnis erhält man die Wahrscheinlichkeitsdichte am Ort $\boldsymbol{r}$,

$$\langle \psi | \mathsf{n} | \psi \rangle = \int d^3 r' \, \psi(\boldsymbol{r}',t)^* \delta(\boldsymbol{r}' - \boldsymbol{r}) \psi(\boldsymbol{r}',t) = |\psi(\boldsymbol{r},t)|^2.$$

Eine weitere wichtige Observable ist der Impuls $\boldsymbol{p}$ des Teilchens. Dieser Observablen wird, analog zu (9.45), der Impulsoperator $\mathbf{P}$ zugeordnet,

$$\boldsymbol{p} = \sum_i p_i \boldsymbol{e}_i \quad \to \quad \mathbf{P} = \sum_i \mathsf{P}_i \boldsymbol{e}_i \,. \tag{9.56}$$

Der Impulsoperator definiert ebenfalls ein vollständiges Basissystem durch die Eigenwertgleichung

$$\mathbf{P} | \boldsymbol{p} \rangle = \boldsymbol{p} | \boldsymbol{p} \rangle. \tag{9.57}$$

Im Zustand $|\boldsymbol{p}\rangle$ besitzt das Teilchen den definierten Impuls $\boldsymbol{p}$.

Der Zusammenhang zwischen den Impuls- und Ortszuständen wird durch die Hypothese von de Broglie hergestellt. Nach de Broglie kann ein Teilchen mit dem Impuls $\boldsymbol{p}$ durch eine ebene Welle mit dem Wellenvektor $\boldsymbol{k} = \boldsymbol{p}/\hbar$ beschrieben werden. Daher besitzt die Wellenfunktion der Impulseigenzustände die Form

$$\langle \boldsymbol{r} | \boldsymbol{p} \rangle = A e^{i\boldsymbol{p}\cdot\boldsymbol{r}/\hbar}, \qquad A = \frac{1}{(2\pi\hbar)^{3/2}}. \tag{9.58}$$

Die Amplitude A der ebenen Welle wurde so gewählt, dass die Impulseigenzustände die Vollständigkeitsrelation

$$\int d^3p \, \langle \boldsymbol{r} | \boldsymbol{p} \rangle \langle \boldsymbol{p} | \boldsymbol{r}' \rangle = \frac{1}{(2\pi\hbar)^3} \int d^3p \, e^{i\boldsymbol{p}\cdot(\boldsymbol{r}-\boldsymbol{r}')/\hbar} = \delta(\boldsymbol{r} - \boldsymbol{r}') \tag{9.59}$$

erfüllen. Ausgehend von diesem Ansatz kann die Ortsdarstellung des Impulsoperators einfach berechnet werden. Für einen beliebigen Zustandsvektor $|\psi\rangle$ gilt

$$\begin{aligned}
\langle \boldsymbol{r} | \mathbf{P} | \psi \rangle &= \int d^3p \, \langle \boldsymbol{r} | \boldsymbol{p} \rangle \langle \boldsymbol{p} | \mathbf{P} | \psi \rangle \\
&= \int d^3p \, \langle \boldsymbol{r} | \boldsymbol{p} \rangle \, \boldsymbol{p} \langle \boldsymbol{p} | \psi \rangle \\
&= \frac{\hbar}{i} \nabla \int d^3p \, \langle \boldsymbol{r} | \boldsymbol{p} \rangle \langle \boldsymbol{p} | \psi \rangle \\
&= \frac{\hbar}{i} \nabla \langle \boldsymbol{r} | \psi \rangle.
\end{aligned} \tag{9.60}$$

Damit kann der Impulsoperator in der Ortsdarstellung durch einen Ableitungsoperator ersetzt werden,

$$[\mathbf{P}\psi](\mathbf{r},t) = -i\hbar \boldsymbol{\nabla} \psi(\mathbf{r},t). \tag{9.61}$$

Die Bewegung eines Teilchens im Ortsraum wird durch einen Hamiltonoperator H = H(**P**, **R**) beschrieben. Die Schrödinger-Gleichung für den Zustandsvektor kann nun einfach in der Ortsdarstellung angegeben werden, indem man (9.30) von links mit $\langle \mathbf{r}|$ multipliziert,

$$i\hbar\, \partial_t \langle \mathbf{r}|\psi\rangle = \langle \mathbf{r}|\mathsf{H}|\psi\rangle. \tag{9.62}$$

Beim Übergang zur Ortsdarstellung werden die Operatoren **R**, **P** und H jeweils durch

$$\mathbf{R} \to \mathbf{r}, \qquad \mathbf{P} \to -i\hbar \boldsymbol{\nabla}, \qquad \mathsf{H}(\mathbf{P},\mathbf{R}) \to \mathsf{H}(-i\hbar\boldsymbol{\nabla},\mathbf{r}) \tag{9.63}$$

ersetzt. Häufig werden wir die Operatoren in der Ortsdarstellung mit diesen Ausdrücken gleichsetzen, anstatt die genaue Darstellungsschreibweise aus (9.53) oder (9.60) zu verwenden.

Die Anwendung der Substitutionsregel (9.63) führt zur Schrödinger-Gleichung für die Wellenfunktion des Teilchens

$$i\hbar\, \partial_t \psi(\mathbf{r},t) = \mathsf{H}(-i\hbar\boldsymbol{\nabla},\mathbf{r})\, \psi(\mathbf{r},t). \tag{9.64}$$

Sie bildet die Grundlage der Wellenmechanik, die ein Teilchen durch seine Wellenfunktion beschreibt. Betrachtet man eine Masse m in einem Potential $V(\mathbf{r},t)$ so lautet der Hamiltonoperator $\mathsf{H} = \mathbf{P}^2/2m + V(\mathbf{R},t)$ und die Schrödinger-Gleichung

$$i\hbar\, \partial_t \psi(\mathbf{r},t) = \left[-\frac{\hbar^2}{2m}\Delta + V(\mathbf{r},t) \right] \psi(\mathbf{r},t). \tag{9.65}$$

Die Zeitentwicklung der Wellenfunktion kann alternativ auch durch die Ortsdarstellung der Gleichung (9.32) in der Form

$$\psi(\mathbf{r},t) = \int d^3 r_0\, G(\mathbf{r},t;\mathbf{r}_0,t_0)\psi(\mathbf{r}_0,t_0) \tag{9.66}$$

angegeben werden. Der Integralkern

$$G(\mathbf{r},t;\mathbf{r}_0,t_0) = \langle \mathbf{r}|\mathsf{U}(t,t_0)|\mathbf{r}_0\rangle \tag{9.67}$$

wird als Propagator bezeichnet. Er stellt eine Übergangsamplitude von einem Anfangspunkt $\mathbf{r}_0$ zur Zeit t_0 zu einem Endpunkt $\mathbf{r}$ zur Zeit t dar. Nach R.P. Feynman kann diese Übergangsamplitude auch durch ein Pfadintegral über alle möglichen Wege zwischen den Endpunkten berechnet werden. Die Pfadintegralmethode erlaubt eine zur Schrödinger-Gleichung äquivalente unabhängige Formulierung der Quantenmechanik.

9.4 Vertauschungsrelationen

Ein wichtiger Unterschied zur klassischen Physik besteht darin, dass für Operatoren in der Quantenmechanik i.a. kein Kommutativgesetz gilt. Das Ergebnis der Hintereinanderausführung zweier Operatoren ist in der Regel von ihrer Reihenfolge abhängig. Der Unterschied wird durch den Kommutator bestimmt.

Definition 9.7: *Kommutator*

Für zwei beliebige Operatoren A und B definiert man den Kommutator durch

$$[\mathsf{A}, \mathsf{B}] = \mathsf{AB} - \mathsf{BA}. \tag{9.68}$$

Ein Beispiel nichtkommutativer Operatoren sind der Orts- und Impulsoperator. Eine Berechnung des Kommutators von **R** und **P** in der Ortsdarstellung ergibt,

$$\begin{aligned}\langle\, \boldsymbol{r}\, |[\mathsf{X}_i, \mathsf{P}_j]|\, \psi\, \rangle &= -i\hbar\, x_i \frac{\partial}{\partial x_j} \psi(\boldsymbol{r},t) + i\hbar\, \frac{\partial}{\partial x_j}(x_i \psi(\boldsymbol{r},t)) \\ &= i\hbar \delta_{ij}\, \langle\, \boldsymbol{r}\, |\, \psi\, \rangle.\end{aligned} \tag{9.69}$$

Darstellungsunabhängig lautet diese Beziehung

$$[\mathsf{X}_i, \mathsf{P}_j] = i\hbar \delta_{ij} \mathsf{I}. \tag{9.70}$$

Sie wird als Heisenberg-Vertauschungsrelation bezeichnet.

Die Observablen nicht kommutierender Operatoren sind i.a. nicht gleichzeitig beliebig genau messbar. Aus der Quantenmechanik ist bekannt, dass die Standardabweichungen hermitescher Operatoren im Quantenzustand $|\psi\rangle$ der Unschärferelation

$$\Delta A \Delta B \geq \frac{1}{2} |\langle\, \psi\, |[A, B]|\, \psi\, \rangle| \tag{9.71}$$

genügen. Für die Orts- und Impulsoperatoren folgt aus (9.70) die Heisenberg-Unschärferelation,

$$\Delta \mathsf{X}_i \Delta \mathsf{P}_j \geq \frac{\hbar}{2} \delta_{ij}. \tag{9.72}$$

Weitere wichtige Vertauschungsrelationen zeigt das Beispiel 9.8. Häufig werden auch die als Campbell-Baker-Hausdorff-Theorem bekannten Formeln, Satz (9.1), für Exponentialfunktionen von nichtkommutativen Operatoren angewandt. Beweise hierzu findet man in Lehrbüchern der Quantenmechanik.

Beispiel 9.8 *Vertauschungsrelationen für Orts- und Impulsoperatoren. Operatorfunktionen sind durch ihre Potenzreihe definiert. Die Ableitungen einer Operatorfunktion* f(X) *werden genauso berechnet wie die Ableitungen einer normalen Funktion* $f(x)$.

(1) $[\mathsf{X}_i, \mathsf{P}_j] = i\hbar \delta_{ij}\,\mathsf{I}$,

(2) $[\mathsf{P}_i, \mathsf{X}_j^n] = -i\hbar n X_i^{n-1} \delta_{ij}$,

(3) $[\mathsf{P}_i, \mathsf{f}(\mathbf{R})] = -i\hbar \frac{\partial \mathsf{f}(\mathbf{R})}{\partial \mathsf{X}_i}$,

(4) $\mathbf{P} \cdot \mathbf{A}(\mathbf{R}) - \mathbf{A}(\mathbf{R}) \cdot \mathbf{P} = -i\hbar \boldsymbol{\nabla} \cdot \mathbf{A}(\mathbf{R})$,

(5) $[\mathsf{P}_i^2, \mathsf{f}(\mathbf{R})] = [\mathsf{P}_i, \mathsf{f}(\mathbf{R})]\mathsf{P}_i + \mathsf{P}_i[\mathsf{P}_i, \mathsf{f}(\mathbf{R})]$,

(6) $[\mathsf{X}_i, \mathsf{f}(\mathbf{P})] = i\hbar \frac{\partial \mathsf{f}(\mathbf{P})}{\partial \mathsf{P}_i}$.

Satz 9.1 *Campbell-Baker-Hausdorff-Theorem*

Die Exponentialfunktion eines Operators ist durch ihre Potentzreihendarstellung definiert. Für zwei Operatoren A und B gilt dann allgemein die Formel

$$e^{\mathsf{B}} \mathsf{A} e^{-\mathsf{B}} = \mathsf{A} + [\mathsf{B}, \mathsf{A}] + \frac{1}{2!}[\mathsf{B},[\mathsf{B}, \mathsf{A}]] + \frac{1}{3!}[\mathsf{B},[\mathsf{B},[\mathsf{B}, \mathsf{A}]]] + \cdots \qquad (9.73)$$

Vertauscht der Kommutator C = [A, B] mit beiden Operatoren, [A, C] = [B, C] = 0, so gelten außerdem die Gleichungen

$$e^{\mathsf{A}+\mathsf{B}} = e^{\mathsf{A}} e^{\mathsf{B}} e^{-\mathsf{C}/2}, \qquad e^{\mathsf{A}} e^{\mathsf{B}} = e^{\mathsf{B}} e^{\mathsf{A}} e^{\mathsf{C}}. \qquad (9.74)$$

9.5 Schrödinger- und Heisenberg-Bild

Bisher wurde die Zeitentwicklung des Quantensystems durch den Zustandsvektor beschrieben. Oft wird ein anderer Standpunkt eingenommen, bei dem an Stelle des Zustandsvektors die Observablen als zeitabhängig angenommen werden. Da bei einer Messung nur die Erwartungswerte von Observablen beobachtet werden, sind beide Standpunkte gleichwertig. Man unterscheidet sie in der folgenden Weise:

Schrödinger-Bild: Die Zeitabhängigkeit des Quantensystems wird durch zeitabhängige Zustandsvektoren $|\psi_S(t)\rangle$ und zeitunabhängige Observablen A_S beschrieben.

9.5 Schrödinger- und Heisenberg-Bild

Heisenberg-Bild: Die Zeitabhängigkeit des Quantensystems wird durch zeitabhängige Observablen $\mathsf{A}_H(t)$ und zeitunabhängige Zustandsvektoren $|\psi_H\rangle$ beschrieben.

Bei der Annahme zeitunabhängiger Operatoren im Schrödinger-Bild geht man von einem abgeschlossenen Quantensystem aus. In einem nicht abgeschlossenen System können auch die Observablen im Schrödinger-Bild durch die externe Einwirkung zeitabhängig sein. Die beiden Bilder können durch eine unitäre Transformation des Zustandsraumes ineinander überführt werden. Hierzu definiert man den Zustandsvektor und den Operator im Heisenberg-Bild jeweils durch

$$|\psi_H\rangle = \mathsf{U}^+(t,t_0)|\psi_S(t)\rangle,$$
$$\mathsf{A}_H(t) = \mathsf{U}^+(t,t_0)\mathsf{A}_S\mathsf{U}(t,t_0), \quad (9.75)$$

wobei $U^+(t,t_0) = U(t_0,t)$ den Zeitentwicklungsoperator vom Zeitpunkt t zurück zum Anfangszeitpunkt t_0 bezeichnet. Der Zustandsvektor im Heisenberg-Bild entspricht dann dem Anfangszustand im Schrödingerbild,

$$\begin{aligned}|\psi_H\rangle &= \mathsf{U}^+(t,t_0)|\psi_S(t)\rangle \\ &= \mathsf{U}^+(t,t_0)\mathsf{U}(t,t_0)|\psi_S(t_0)\rangle = |\psi_S(t_0)\rangle.\end{aligned} \quad (9.76)$$

Mit den Definitionen (9.75) sind die in den beiden Bildern berechneten Erwartungswerte einer Observablen A identisch,

$$\begin{aligned}\langle \mathsf{A}\rangle &= \langle\psi_S(t)|\mathsf{A}_S|\psi_S(t)\rangle \\ &= \langle\psi_S(t_0)|\mathsf{U}^+\mathsf{A}_S\mathsf{U}|\psi_S(t_0)\rangle \\ &= \langle\psi_H|\mathsf{A}_H(t)|\psi_H\rangle.\end{aligned} \quad (9.77)$$

Die Operatoren im Heisenberg-Bild genügen der Heisenberg-Bewegungsgleichung,

$$\frac{d\mathsf{A}_H}{dt} = \frac{1}{i\hbar}[\mathsf{A}_H,\mathsf{H}_H] + \frac{\partial\mathsf{A}_H}{\partial t}. \quad (9.78)$$

Hierbei bezeichnet die eckige Klammer den Kommutator und die partielle Ableitung bezieht sich auf eine explizite Zeitabhängigkeit des Schrödinger-Operators,

$$\frac{\partial\mathsf{A}_H}{\partial t} = \mathsf{U}^+\frac{\partial\mathsf{A}_S}{\partial t}\mathsf{U}.$$

Die Heisenberg-Bewegungsgleichung folgt unmittelbar aus der Definition des Operators in (9.75). Unter Beachtung der Schrödinger-Gleichung gilt

$$\begin{aligned}
\frac{d\mathsf{A}_H(t)}{dt} &= \frac{d\mathsf{U}^+}{dt}(\mathsf{A}_S\mathsf{U}) + (\mathsf{U}^+\mathsf{A}_S)\frac{d\mathsf{U}}{dt} + \mathsf{U}^+\frac{\partial \mathsf{A}_S}{\partial t}\mathsf{U} \\
&= -\frac{1}{i\hbar}\mathsf{U}^+\mathsf{H}_S(\mathsf{A}_S\mathsf{U}) + (\mathsf{U}^+\mathsf{A}_S)\frac{1}{i\hbar}\mathsf{H}_S\mathsf{U} + \mathsf{U}^+\frac{\partial \mathsf{A}_S}{\partial t}\mathsf{U} \\
&= -\frac{1}{i\hbar}\mathsf{H}_H\mathsf{A}_H(t) + \frac{1}{i\hbar}\mathsf{A}_H(t)\mathsf{H}_H + \frac{\partial \mathsf{A}_H}{\partial t} \\
&= \frac{1}{i\hbar}[\mathsf{A}_H(t), \mathsf{H}_H] + \frac{\partial \mathsf{A}_H}{\partial t}.
\end{aligned} \qquad (9.79)$$

Hierbei wurde zuerst die Produktregel angewandt, dann die Schrödinger-Gleichung (9.34) verwendet und schließlich noch der Einheitsoperator $\mathsf{U}^+\mathsf{U} = \mathsf{U}\mathsf{U}^+ = \mathsf{I}$ zwischen A_S und H_S eingefügt.

Die Heisenberg-Bewegungsgleichung ist äquivalent zur Schrödinger-Gleichung und besitzt dieselbe Struktur wie die Bewegungsgleichung einer Observablen $A(p, q, t)$ in der klassischen Hamilton-Mechanik,

$$\begin{aligned}
\frac{dA}{dt} &= \frac{\partial A}{\partial p}\frac{dp}{dt} + \frac{\partial A}{\partial q}\frac{dq}{dt} + \frac{\partial A}{\partial t} \\
&= -\frac{\partial A}{\partial p}\frac{\partial H}{\partial q} + \frac{\partial A}{\partial q}\frac{\partial H}{\partial p} + \frac{\partial A}{\partial t} \\
&= \{A, H\} + \frac{\partial A}{\partial t}.
\end{aligned} \qquad (9.80)$$

Hierbei bezeichnet

$$\{A(q,p), B(q,p)\} = \frac{\partial A}{\partial q}\frac{\partial B}{\partial p} - \frac{\partial A}{\partial p}\frac{\partial B}{\partial q}$$

die Poisson-Klammer der Observablen A und B. Beim Übergang zur Quantenmechanik werden die Observablen durch Operatoren und die Poisson-Klammern durch Kommutatoren ersetzt,

$$\{A, B\} \quad \rightarrow \quad \frac{1}{i\hbar}[\mathsf{A}, \mathsf{B}]. \qquad (9.81)$$

Diese Regel kann auf beliebige Operatorfunktionen von q und p angewandt werden. Setzt man $A = q$, $B = p$ so ergibt sich für die Operatoren der kanonischen Variablen die Heisenberg-Vertauschungsrelation,

$$\{q, p\} = 1 \quad \rightarrow \quad [\mathsf{q}, \mathsf{p}] = i\hbar\,\mathsf{I}\,. \qquad (9.82)$$

Man beachte, dass hierbei eine Quantisierung der kanonischen Variablen erfolgt. Im elektromagnetischen Feld muss man z.B. zwischen dem kanonischen und kinematischen Impuls eines Teilchens unterscheiden. Nur der kanonische Impuls wird durch den entsprechenden Impulsoperator ersetzt.

9.5 Schrödinger- und Heisenberg-Bild

Zusammenfassung 9.9 *Zeitentwicklung von Quantensystemen*

Quantensystem mit Hamiltonoperator H

Zeitentwicklung des Zustandsvektors $|\psi(t)\rangle$ im Schrödinger-Bild:

$$i\hbar \frac{d}{dt} |\psi(t)\rangle = \mathsf{H} |\psi(t)\rangle.$$

Zeitentwicklungsoperator $\mathsf{U}(t, t_0)$:

$$|\psi(t)\rangle = \mathsf{U}(t, t_0)|\psi(t_0)\rangle, \qquad i\hbar \frac{d}{dt} \mathsf{U}(t, t_0) = \mathsf{H}\mathsf{U}(t, t_0).$$

Zeitentwicklung einer Observablen $\mathsf{A}_H(t) = \mathsf{U}^+ \mathsf{A} \mathsf{U}$ im Heisenberg-Bild:

$$\frac{d\mathsf{A}_H}{dt} = \frac{1}{i\hbar}[\mathsf{A}_H, \mathsf{H}_H] + \frac{\partial \mathsf{A}_H}{\partial t}, \qquad \mathsf{H}_H = \mathsf{U}^+ \mathsf{H} \mathsf{U}, \qquad \frac{\partial \mathsf{A}_H}{\partial t} = \mathsf{U}^+ \frac{\partial \mathsf{A}}{\partial t} \mathsf{U}.$$

Propagator $G(\mathbf{r}, t; \mathbf{r}_0, t_0)$ für die Wellenfunktion $\psi(\mathbf{r}, t)$:

$$\psi(\mathbf{r}, t) = \langle \mathbf{r} | \psi(t)\rangle, \qquad G(\mathbf{r}, t; \mathbf{r}_0, t_0) = \langle \mathbf{r} | \mathsf{U}(t, t_0) | \mathbf{r}_0 \rangle,$$

$$\psi(\mathbf{r}, t) = \int d^3 r_0 \, G(\mathbf{r}, t; \mathbf{r}_0, t_0) \psi(\mathbf{r}_0, t_0).$$

Schrödingergleichung für die Wellenfunktion $\psi(\mathbf{r}, t)$:

$$i\hbar \, \partial_t \psi(\mathbf{r}, t) = \mathsf{H}(-i\hbar \boldsymbol{\nabla}, \mathbf{r}, t) \, \psi(\mathbf{r}, t), \qquad \mathsf{H} = \mathsf{H}(\mathbf{P}, \mathbf{R}, t).$$

Konservative Quantensysteme ($\partial_t \mathsf{H} = 0$):

Stationäre Zustände und zeitunabhängige Schrödinger-Gleichung:

$$|\psi_n(t)\rangle = e^{-\frac{i}{\hbar} E_n (t - t_0)} |n, s\rangle, \qquad \mathsf{H} |n, s\rangle = E_n |n, s\rangle.$$

Zeitentwicklungsoperator und Propagator:

$$\mathsf{U}(t, t_0) = e^{-\frac{i}{\hbar} \mathsf{H}(t - t_0)} = \sum_{n,s} |n, s\rangle e^{-\frac{i}{\hbar} E_n (t - t_0)} \langle n, s|.$$

$$G(\mathbf{r}, t; \mathbf{r}_0, t_0) = \sum_{n,s} \langle \mathbf{r} | n, s\rangle e^{-\frac{i}{\hbar} E_n (t - t_0)} \langle n, s | \mathbf{r}_0 \rangle.$$

9.6 Wechselwirkungsbild

Die Wechselwirkung eines Quantensystems mit einer äußeren Störung wird oft im Wechselwirkungsbild beschrieben. Der Hamilton-Operator ist hier eine Summe $\mathsf{H} = \mathsf{H}_0 + \mathsf{H}_1$ aus dem Hamilton-Operator des ungestörten Systems H_0 und dem der Störung H_1. Die Zustände und Operatoren im Wechselwirkungsbild werden durch eine unitäre Transformation mit dem Zeitentwicklungsoperator U_0 des ungestörten Systems definiert

$$|\psi_I(t)\rangle = \mathsf{U}_0^+ |\psi_S(t)\rangle, \qquad \mathsf{A}_I(t) = \mathsf{U}_0^+ \mathsf{A}_S \mathsf{U}_0. \tag{9.83}$$

Der Zeitentwicklungsoperator U_0 und der dazu adjungierte Operator U_0^+ erfüllen definitionsgemäß die Entwicklungsgleichungen

$$i\hbar\partial_t \mathsf{U}_0 = \mathsf{H}_0 \mathsf{U}_0, \qquad i\hbar\partial_t \mathsf{U}_0^+ = -\mathsf{U}_0^+ \mathsf{H}_0, \tag{9.84}$$

mit dem ungestörten Anteil des Hamilton-Operators H_0. In der Regel kann vorausgesetzt werden, dass die Zeitentwicklung dieses ungestörten Problems bekannt ist. Bei Anwesenheit einer Störung ist der Zustandsvektor $|\psi_I(t)\rangle$ nun nicht mehr zeitunabhängig. Für seine Zeitentwicklung gilt

$$\begin{aligned}i\hbar\partial_t |\psi_I(t)\rangle &= (i\hbar\partial_t \mathsf{U}_0^+)|\psi_S(t)\rangle + \mathsf{U}_0^+ (i\hbar\partial_t |\psi_S(t)\rangle) \\ &= -\mathsf{U}_0^+ \mathsf{H}_0 |\psi_S(t)\rangle + \mathsf{U}_0^+ (\mathsf{H}_0 + \mathsf{H}_1)|\psi_S(t)\rangle \\ &= \mathsf{U}_0^+ \mathsf{H}_1 \mathsf{U}_0 |\psi_I(t)\rangle. \end{aligned} \tag{9.85}$$

Damit erhält man im Wechselwirkungsbild die Schrödinger-Gleichung,

$$i\hbar\partial_t |\psi_I(t)\rangle = \mathsf{H}_I |\psi_I(t)\rangle, \tag{9.86}$$

mit dem Hamilton-Operator,

$$\mathsf{H}_I = \mathsf{U}_0^+ \mathsf{H}_1 \mathsf{U}_0. \tag{9.87}$$

Die Zeitentwicklung der Zustände im Wechselwirkungsbild kann auch durch einen Zeitentwicklungsoperator $\mathsf{U}_I(t)$ dargestellt werden,

$$|\psi_I(t)\rangle = \mathsf{U}_I(t) |\psi_I(0)\rangle \tag{9.88}$$

Da $|\psi_I(0)\rangle$ einen zeitunabhängigen Anfangszustand bezeichnet, erfüllt der Zeitentwicklungsoperator ebenfalls die Schrödingergleichung

$$i\hbar\partial_t \mathsf{U}_I = \mathsf{H}_I \mathsf{U}_I. \tag{9.89}$$

Wir vergleichen nun noch die Zeitentwicklungsoperatoren im Wechselwirkungs- und im Schrödinger-Bild. Da zum Anfangszeitpunkt $\mathsf{U}_0 = \mathsf{I}$ gilt, ist der Anfangszustand in beiden Bildern identisch, $|\psi_I(0)\rangle = |\psi_S(0)\rangle$. Der Zeitentwicklungsoperator im Schrödingerbild $\mathsf{U}_S(t)$ ergibt sich wegen $|\psi_S(t)\rangle = \mathsf{U}_0(t)|\psi_I(t)\rangle = \mathsf{U}_0(t)\mathsf{U}_I(t)|\psi_I(0)\rangle$ zu

$$\mathsf{U}_S(t) = \mathsf{U}_0(t)\mathsf{U}_I(t). \tag{9.90}$$

9.6 Wechselwirkungsbild

Zusammenfassung 9.10 *Wechselwirkungsbild*

Zeitentwicklung im ungestörten System (Hamilton-Operator: H_0):

$$|\psi_S^{(0)}(t)\rangle = \mathsf{U}_0(t)|\psi_S(0)\rangle, \qquad i\hbar\partial_t \mathsf{U}_0 = \mathsf{H}_0 \mathsf{U}_0 \;.$$

Transformation ins Wechselwirkungsbild (Zustandsvektor: $|\psi\rangle$, Operator: A):

$$|\psi_I\rangle = U_0^+|\psi_S\rangle, \qquad \mathsf{A}_I = U_0^+ \mathsf{A}_S U_0 \;.$$

Hamilton-Operator im Wechselwirkungsbild (Störung: H_1):

$$\mathsf{H}_I = \mathsf{U}_0^+ \mathsf{H}_1 \mathsf{U}_0 \;.$$

Zeitentwicklung im Wechselwirkungsbild:

$$|\psi_I(t)\rangle = U_I(t)|\psi_I(0)\rangle, \qquad i\hbar\partial_t \mathsf{U}_I = \mathsf{H}_I \mathsf{U}_I \;.$$

Zeitentwicklung im Schrödingerbild:

$$|\psi_S(t)\rangle = \mathsf{U}_S(t)|\psi_S(0)\rangle \qquad \mathsf{U}_S = \mathsf{U}_0 \mathsf{U}_I \;.$$

Abbildung vom ungestörten ins gestörte System:

$$|\psi_S(t)\rangle = \hat{\mathsf{U}}_S(t)|\psi_S^{(0)}(t)\rangle \qquad \hat{\mathsf{U}}_S = \mathsf{U}_0 \mathsf{U}_I \mathsf{U}_0^+, \qquad \;.$$

Hierbei beschreibt $\mathsf{U}_I(t)$ die Zeitentwicklung des Anfangszustandes im Wechselwirkungsbild und $\mathsf{U}_0(t)$ die zeitabhängige unitäre Transformation des Zustandsvektors vom Wechselwirkungsbild ins Schrödinger-Bild. In Abwesenheit einer Störung, $\mathsf{H}_I = 0$, gilt $\mathsf{U}_I(t) = \mathsf{I}$ und $\mathsf{U}_S(t) = \mathsf{U}_0(t)$. Im Wechselwirkungsbild findet dann keine Zeitentwicklung statt, im Schrödinger-Bild wird sie hier ausschließlich durch die Basistransformation beschrieben. Man kann leicht verifizieren, dass der Zeitentwicklungsoperator (9.90) die Schrödinger-Gleichung (9.34) erfüllt,

$$\begin{aligned} i\hbar\partial_t \mathsf{U}_S &= (i\hbar\partial_t \mathsf{U}_0)\mathsf{U}_I + \mathsf{U}_0(i\hbar\partial_t \mathsf{U}_I) \\ &= \mathsf{H}_0 \mathsf{U}_0 \mathsf{U}_I + \mathsf{U}_0 \mathsf{H}_I \mathsf{U}_I \\ &= (\mathsf{H}_0 + \mathsf{H}_1)\mathsf{U}_0 \mathsf{U}_I = \mathsf{H}\mathsf{U}_S \;. \end{aligned} \qquad (9.91)$$

Einen weiteren Operator erhält man durch die Abbildung des Zeitentwicklungsoperators $\mathsf{U}_I(t)$ ins Schrödinger-Bild

$$\hat{\mathsf{U}}_S(t) = \mathsf{U}_0(t)\mathsf{U}_I(t)\mathsf{U}_0^+(t) \;. \qquad (9.92)$$

Dies ist kein Zeitentwicklungsoperator, seine Bedeutung ergibt sich jedoch mit der Definition (9.90) aus der Identität

$$|\psi_S(t)\rangle = \mathsf{U}_S(t)\mathsf{U}_0^+(t)\mathsf{U}_0(t)|\psi_S(0)\rangle = \hat{\mathsf{U}}_S(t)|\psi_S^{(0)}(t)\rangle. \qquad (9.93)$$

Hierbei bezeichnet $|\psi_S^{(0)}(t)\rangle = \mathsf{U}_0(t)|\psi_S(0)\rangle$ die Zeitentwicklung des Anfangszustands im ungestörten System. Der Operator $\hat{\mathsf{U}}_S(t)$ bildet also den zeitabhängigen ungestörten Zustand auf den zeitabhängigen gestörten Zustand ab.

Das Wechselwirkungsbild ist für die Störungstheorie besonders zweckmäßig, da der Zustandsvektor im ungestörten Fall konstant bleibt. Die Vorgehensweise ist hier analog zur Methode der Variation der Konstanten bei der Lösung von Differentialgleichungen. Bei dieser Methode werden die Integrationskonstanten der Lösung der homogenen Gleichung als neue Variablen für die Lösung der inhomogenen Gleichung verwendet.

9.7 Ehrenfest-Theorem

Die Erwartungswerte des Orts- und Impulsoperators beschreiben die mittlere Bewegung des Teilchens. Die Bewegungsgleichungen dieser Erwartungswerte haben eine gewisse Ähnlichkeit mit den klassischen Bewegungsgleichungen. Für die Bewegung eines Teilchens in einem Potential mit dem Hamiltonoperator (9.65) gilt das Ehrenfest-Theorem,

$$\frac{d}{dt}\langle \mathbf{R}\rangle = \frac{1}{m}\langle \mathbf{P}\rangle, \qquad \frac{d}{dt}\langle \mathbf{P}\rangle = \langle \boldsymbol{F}(\mathbf{R})\rangle, \qquad (9.94)$$

wobei der Operator der Kraft durch die Operatorfunktion,

$$\boldsymbol{F}(\mathbf{R}) = -\boldsymbol{\nabla}V(\boldsymbol{r})\big|_{\boldsymbol{r}=\mathbf{R}} \qquad (9.95)$$

definiert wird. Im allgemeinen kann der Erwartungswert der Kraft nicht oder nur näherungsweise durch die Kraft am mittleren Ort des Teilchens,

$$\langle \boldsymbol{F}(\mathbf{R})\rangle \neq \boldsymbol{F}(\langle \mathbf{R}\rangle), \qquad (9.96)$$

ausgedrückt werden. Darin besteht der Unterschied zur klassischen Bewegungsgleichung. Nur in den Spezialfällen einer konstanten oder einer linear vom Ort abhängigen Kraft genügen die Erwartungswerte exakt den klassischen Bewegungsgleichungen.

Die Herleitung des Ehrenfest-Theorems (9.94) ist im Heisenberg-Bild besonders einfach. Die zeitabhängigen Operatoren genügen der Heisenberg-Bewegungsgleichung

$$\frac{d}{dt}\mathbf{R} = \frac{1}{i\hbar}\,[\mathbf{R},\mathsf{H}] = \frac{1}{i\hbar}\,[\mathbf{R},\frac{\mathsf{P}^2}{2m}],$$
$$\frac{d}{dt}\mathbf{P} = \frac{1}{i\hbar}\,[\mathbf{P},\mathsf{H}] = \frac{1}{i\hbar}\,[\mathbf{P},V(\mathbf{R})].$$

Mit Hilfe der Kommutatorregeln aus Beispiel (9.8) findet man

$$\frac{1}{i\hbar}\,[\mathsf{X}_i,\frac{\mathsf{P}^2}{2m}] = \frac{\mathsf{P}_i}{m}, \qquad \frac{1}{i\hbar}\,[\mathsf{P}_i,V(\mathsf{R})] = -\frac{\partial V(\mathsf{R})}{\partial \mathsf{X}_i}. \qquad (9.97)$$

Da die Zustände im Heisenberg-Bild zeitunabhängig sind, kann man auf beiden Seite der Bewegungsgleichung die Erwartungswerte bilden und auf der linken Seite die Zeitableitung mit der Bildung des Erwartungswertes vertauschen. Dann erhält man das angegebene Ehrenfest-Theorem.

10 Semiklassische Licht-Materie-Wechselwirkung

- Quantensysteme im elektromagnetischen Feld
- Eichtransformationen
- Dipolnäherung
- Volkov-Zustände
- Kramers-Henneberger-Bezugssystem

Bei hinreichend großen Photonenzahlen kann das elektromagnetische Feld noch durch die klassischen Feldstärken beschrieben werden. Die quantenmechanische Beschreibung der Ladungen in einem klassischen elektromagnetischen Feld wird als semiklassische Theorie bezeichnet. Im Rahmen der semiklassischen Theorie kann die Absorption und die induzierte Emission von Licht durch Atome behandelt werden. Die semiklassische Beschreibung der Wechselwirkung von Licht mit Materie bildet somit eine wichtige Grundlage der Lasertheorie. Die Schrödinger-Gleichung für elektrische Ladungen im klassischen elektromagnetischen Feld wird eingeführt. Die Wechselwirkung mit dem elektromagnetischen Feld kann in der Dipolnäherung durch die Längen- oder Geschwindigkeitseichung beschrieben werden. Außerdem erweist sich die Transformation in ein oszillierendes beschleunigtes Bezugssystem, das Kramers-Henneberger-System, oft als vorteilhaft. Für Elektronen in zeitabhängigen Feldern bilden Volkov-Zustände ein vollständiges Basissystem im Zustandsraum.

10.1 Quantensysteme im klassischen Strahlungsfeld

In diesem Abschnitt soll die semiklassische Theorie der Wechselwirkung von Licht mit Materie eingeführt werden. Sie bildet die Grundlage der semiklassischen Theorie des Lasers. Sie beschreibt die Ladungen quantenmechanisch durch einen Zustandsvektor im Hilbertraum, das elektromagnetische Feld aber klassisch durch Felder im Ortsraum.

Die Atome bestehen aus einem positiv geladenen Atomkern und einer negativ geladenen Elektronenhülle. Wegen der größeren Masse der Kerne kann man diese oft als fest betrachten, so dass es genügt, die Dynamik der Elektronen zu behandeln. Außerdem ist ein Modell unabhängiger Elektronen, die sich jeweils in einem effektiven Potential bewegen schon ausreichend um das Prinzip der Absorption und Emission von Laserlicht durch Atome zu verstehen.

Nach Niels Bohr sind die Energiezustände des Elektrons im Atom quantisiert und ein Übergang eines Elektrons aus einem höheren Energieniveau E_2 in ein tieferes Energieniveau E_1 ist mit der Abstrahlung eines Photons mit der Energie $h\nu = E_2 - E_1$ verbunden. Umgekehrt wird ein Photon derselben Frequenz absorbiert, wenn das Elektron vom tieferen in den höheren Energiezustand übergeht. Daher erfordert eine Theorie der Emission und Absorption von Licht in der Regel eine quantenmechanische Behandlung des Elektrons.

Das Strahlungsfeld besteht aus Moden, die mit unterschiedlichen Photonenzahlen besetzt sein können. Da Laserlicht durch induzierte Emission erzeugt wird, sind die Photonenzahlen pro Mode meist sehr groß. Bei großen Photonenzahlen kann man das Strahlungsfeld in der Regel immer noch gut durch die klassischen Feldstärken beschreiben. Eine Quantisierung des Strahlungsfeldes wird erst dann notwendig, wenn Prozesse mit einzelnen Photonen oder mit kleinen Fluktuationen der Photonenzahl betrachtet werden sollen.

Die spektrale Energiedichte eines Strahlungsfeldes mit einer Besetzung von einem Photon pro Mode ist nach (1.8) und (1.28)

$$u(\nu) = 8\pi \frac{\nu^2}{c^3} h\nu. \tag{10.1}$$

Die spektrale Strahldichte einer "semiklassischen" Strahlungsquelle muß daher die Bedingung

$$L(\nu) = \frac{1}{4\pi} c\rho(\nu) \gg L_{min} = 2h \frac{\nu^3}{c^2} \tag{10.2}$$

erfüllen. Falls Zweifel an der Gültigkeit der semiklassischen Theorie bestehen, muß diese im Einzelfall durch die Quantentheorie bestätigt oder widerlegt werden. Einige Beispiele für nicht semiklassisches Verhalten sind die spontane Emission und natürliche Linienbreite, die Selbsterregung von Laseroszillationen nahe der Laserschwelle oder die Unschärfebeziehung zwischen der Amplitude und Phase einer Lichtwelle.

Die quantenmechanische Beschreibung einer Ladung in einem elektromagnetischen Feld geht von der klassischen Hamilton-Funktion (8.23) aus. Hierbei wird das elektromagnetische Feld wie in der klassischen Hamilton-Mechanik durch die Potentiale $\boldsymbol{A} = \boldsymbol{A}(\boldsymbol{r},t)$ und $\phi = \phi(\boldsymbol{r},t)$ dargestellt. Beim Übergang zur Quantenmechanik wird der Ortsvektor durch einen Ortsoperator $\mathbf{R}$ und der Impulsvektor durch einen Impulsoperator $\mathbf{P}$ ersetzt. Die Orts- und Impulsoperatoren erfüllen die Heisenberg-Vertauschungsrelation (9.70). Da die Orts- und Impulsoperatoren nicht vertauschbar sind, muss man bei Produkten dieser Operatoren ihre Reihenfolge beachten. Mit der Substitution (9.45) erhält man aus der Hamilton-Funktion den Hamilton-Operator

$$\mathsf{H} = \frac{(\mathbf{P} - \frac{q}{c}\boldsymbol{A}(\mathbf{R},t))^2}{2m} + q\phi(\mathbf{R},t). \tag{10.3}$$

10.1 Quantensysteme im klassischen Strahlungsfeld

und damit die Schrödinger-Gleichung

$$i\hbar \frac{\partial}{\partial t} |\psi(t)\rangle = \left[\frac{(\mathbf{P} - \frac{q}{c}\mathbf{A}(\mathbf{R},t))^2}{2m} + q\phi(\mathbf{R},t) \right] |\psi(t)\rangle . \tag{10.4}$$

Die Schrödinger-Gleichung mit elektromagnetischem Feld ergibt sich formal durch die Operator-Substitution

$$\mathbf{P} \;\to\; \mathbf{P} - \frac{q}{c}\mathbf{A}(\mathbf{R},t), \qquad i\hbar\partial_t \;\to\; i\hbar\partial_t - q\phi(\mathbf{R},t) . \tag{10.5}$$

Im Fall des Hamiltonoperators (10.3) wird die Reihenfolge der Operatoren so festgelegt, dass der Operator hermitesch ist. Dies entspricht einer symmetrischen Kombination der gemischten Terme,

$$\left(\mathbf{P} - \frac{q}{c}\mathbf{A}\right)^2 = \mathsf{P}^2 - \frac{q}{c}\left[\mathbf{P}\cdot\mathbf{A}(\mathbf{R},t) + \mathbf{A}(\mathbf{R},t)\cdot\mathbf{P}\right] + \left(\frac{q\mathbf{A}}{c}\right)^2 . \tag{10.6}$$

Durch Anwendung der Vertauschungsrelation (4) aus Beispiel 9.8 kann man den Hamilton-Operator auch in der folgenden Form angeben,

$$\mathsf{H} = \frac{\mathsf{P}^2}{2m} - \frac{q}{mc}\mathbf{A}(\mathbf{R},t)\cdot\mathbf{P} + \frac{i\hbar q}{2mc}(\boldsymbol{\nabla}\cdot\mathbf{A}) + \frac{1}{2m}\left(\frac{q\mathbf{A}}{c}\right)^2 + q\phi, \tag{10.7}$$

wobei der Nabla-Operator in dem Divergenzterm nur auf das Vektorpotential wirkt. In der Coulomb-Eichung (2.21a) ist das Vektorpotential divergenzfrei. Dies bedeutet, dass die Reihenfolge der Faktoren der Produkte in (10.6) in der Coulomb-Eichung beliebig ist, obwohl die Operatoren $\mathbf{P}$ und $\mathbf{R}$ nicht vertauschbar sind.

Beim Übergang zur Ortsdarstellung erhält man die Schrödinger-Gleichung (9.64) für die Wellenfunktion $\psi(\mathbf{r},t)$. Hierbei sind die Operatoren in der Ortsdarstellung (9.63) einzusetzen. Der entsprechende Hamilton-Operator lautet,

$$\begin{aligned}\mathsf{H} &= \frac{(-i\hbar\boldsymbol{\nabla} - \frac{q}{c}\mathbf{A}(\mathbf{r},t))^2}{2m} + q\phi(\mathbf{r},t) \\ &= -\frac{\hbar^2}{2m}\Delta + i\frac{\hbar q}{mc}\mathbf{A}\cdot\boldsymbol{\nabla} + i\frac{\hbar q}{2mc}(\boldsymbol{\nabla}\cdot\mathbf{A}) + \frac{1}{2m}\left(\frac{q\mathbf{A}}{c}\right)^2 + q\phi. \end{aligned} \tag{10.8}$$

Hierbei sind die Potentiale $\mathbf{A} = \mathbf{A}(\mathbf{r},t)$ und $\phi = (\mathbf{r},t)$ gewöhnliche Funktionen der Koordinaten und der Zeit.

Der Hamilton-Operator (10.8) beschreibt ganz allgemein die Zeitentwicklung der Wellenfunktion einer Ladung im elektromagnetischen Feld und gilt z.B. genauso für ein statisches elektrisches Feld, ein statisches Magnetfeld oder ein zeitabhängiges Strahlungsfeld. Vernachlässigt wurde jedoch der Spin der Ladung, dessen magnetisches Moment an das Magnetfeld koppeln kann. Diese Ankopplung wird durch die Pauli-Gleichung beschrieben. Ebenfalls vernachlässigt sind relativistische Effekte bei großen Geschwindigkeiten bzw. Energien, die durch die Dirac-Gleichung beschrieben werden. Die Wechselwirkung mit dem elektromagnetischen Feld wird durch die Potentiale ausgedrückt.

Dies ist ein bemerkenswerter Unterschied zur klassischen Mechanik, bei der die Wechselwirkung in Form der Lorentz-Kraft durch die elektrischen und magnetischen Felder angegeben wird.

10.2 Potentiale in der Quantenmechanik

Um die Wirkung der Potentiale auf die Wellenfunktion näher aufzeigen zu können, schreiben wir die Schrödinger-Gleichung in der äquivalenten Form,

$$\begin{aligned}
i\hbar \left[\frac{\partial_t \psi}{\psi} + \frac{i}{\hbar}q\phi\right] &= \frac{1}{2m}\left[\frac{1}{\psi}\left(\mathbf{P} - \frac{q}{c}\mathbf{A}\right)\psi\right] \cdot \left[\frac{1}{\psi}\left(\mathbf{P} - \frac{q}{c}\mathbf{A}\right)\psi\right] \\
&= \frac{-\hbar^2}{2m}\left[\frac{\boldsymbol{\nabla}\psi}{\psi} - \frac{i}{\hbar}\frac{q}{c}\mathbf{A}\right] \cdot \left[\frac{\boldsymbol{\nabla}\psi}{\psi} - \frac{i}{\hbar}\frac{q}{c}\mathbf{A}\right] \\
&\quad + \frac{-\hbar^2}{2m}\boldsymbol{\nabla} \cdot \left[\frac{\boldsymbol{\nabla}\psi}{\psi} - \frac{i}{\hbar}\frac{q}{c}\mathbf{A}\right].
\end{aligned} \quad (10.9)$$

Im ersten Schritt wurde durch ψ dividiert und zwischen den beiden Impulsoperatoren mit ψ erweitert, im zweiten Schritt wurde die Differentiation nach der Produktregel ausgeführt, so dass die Gradienten nur noch auf die unmittelbar nachfolgende Wellenfunktion wirken und ein zusätzlicher Divergenzterm auftritt. Wir betrachten nun die Änderung der Wellenfunktion beim Einschalten des Feldes. Sei ψ die Wellenfunktion ohne und ψ' die Wellenfunktion mit Feld. Dann besteht die Wirkung des elektromagnetischen Feldes in der Änderung der logarithmischen Ableitungen der Wellenfunktion,

$$\frac{\partial_t \psi}{\psi} = \frac{\partial_t \psi'}{\psi'} + \frac{i}{\hbar}q\phi, \qquad \frac{\boldsymbol{\nabla}\psi}{\psi} = \frac{\boldsymbol{\nabla}\psi'}{\psi'} - \frac{i}{\hbar}\frac{q}{c}\mathbf{A}. \quad (10.10)$$

Während die Substitutionsregel (10.5) die Wirkung des Feldes auf die Operatoren angibt, bestimmt (10.10) unmittelbar die Wirkung des Feldes auf die Ableitungen der Wellenfunktion. Da die Änderungen der logarithmischen Ableitungen rein imaginär sind, werden durch die elektromagnetischen Potentiale lokale Phasenänderungen der Wellenfunktion hervorgerufen.

Mit der Eigenschaft (10.10) lässt sich der Einfluss des Feldes auf die Übergangsamplitude zwischen zwei Punkten entlang eines vorgegebenen Weges bestimmen. Zunächst betrachten wir einen Übergang von einem Punkt $(t, \boldsymbol{r})$ zu einem infinitesimal benachbarten Punkt $(t + dt, \boldsymbol{r} + d\boldsymbol{r})$. Die entsprechenden Änderungen der Wellenfunktion mit und ohne Feld können jeweils durch eine lineare Approximation angegeben werden,

$$d\psi' = \boldsymbol{\nabla}\psi' \cdot d\boldsymbol{r} + \partial_t \psi' dt, \qquad d\psi = \boldsymbol{\nabla}\psi \cdot d\boldsymbol{r} + \partial_t \psi dt.$$

Unter Verwendung der Substitution (10.10) erhält man,

$$\frac{d\psi'}{\psi'} = \frac{d\psi}{\psi} + \frac{i}{\hbar}\left[\frac{q}{c}\mathbf{A} \cdot d\boldsymbol{r} - q\phi dt\right]. \quad (10.11)$$

10.2 Potentiale in der Quantenmechanik

Der Unterschied der logarithmischen Ableitungen ist bis auf den Faktor $i/\hbar$ gleich der Änderung der Wirkung (8.10) entlang des Wegelements. Integriert man die Beziehung (10.11) entlang eines endlichen Weges C, vom Anfangspunkt $(t_0, \boldsymbol{r}_0)$ zum Endpunkt $(t, \boldsymbol{r})$, so folgt,

$$\langle \boldsymbol{r}, t \,|\, \boldsymbol{r}_0, t_0 \rangle' = \langle \boldsymbol{r}, t \,|\, \boldsymbol{r}_0, t_0 \rangle \exp\left(\frac{i}{\hbar} S\right), \tag{10.12}$$

Hierbei bezeichnen

$$\langle \boldsymbol{r}, t \,|\, \boldsymbol{r}_0, t_0 \rangle' = \frac{\psi'(\boldsymbol{r}, t)}{\psi'(\boldsymbol{r}_0, t_0)}, \qquad \langle \boldsymbol{r}, t \,|\, \boldsymbol{r}_0, t_0 \rangle = \frac{\psi(\boldsymbol{r}, t)}{\psi(\boldsymbol{r}_0, t_0)}$$

die Übergangsamplituden mit und ohne Feld und

$$S = \int_C \left[\frac{q}{c}\boldsymbol{A} \cdot d\boldsymbol{r} - q\phi\, dt\right]$$

die Wirkung entlang des Weges C. Die Übergangsamplituden werden durch die Potentiale des elektromagnetischen Feldes mit einem Phasenfaktor modifiziert. Diese einfache Regel für die Übergangsamplituden entspricht der Substitutionsregel (10.5) der Operatoren in der Schrödingergleichung.

Im allgemeinen ist die Übergangsamplitude zwischen zwei Punkten wegabhängig. Einer Lösung der Schrödingergleichung für den Propagator von einem Anfangs- zu einem Endpunkt entspricht nach der Pfadintegralmethode die Summe der Übergangsamplituden über alle möglichen Wege. Die Notwendigkeit der Summation kann man an einem einfachen diskreten Modell der Schrödinger-Gleichung verstehen. Sei ψ_j^n die Wellenfunktion an einem diskreten Ort x_j zu einer diskreten Zeit t^n. Anstelle der Differentialgleichung betrachten wir nun die Differenzengleichung

$$\psi_j^{n+1} = a\psi_{j-1}^n + b\psi_j^n + c\psi_{j+1}^n \,. \tag{10.13}$$

für die Wellenfunktion nach einem Zeitschritt. Die Koeffizienten können durch eine Diskretisierung der Ableitungen in der Schrödinger-Gleichung berechnet und als Übergangsamplituden entlang der jeweiligen infinitesimalen Wegelemente aufgefasst werden. Typisch an dem Modell ist, dass es zu einem Punkt Übergangsamplituden von mehreren benachbarten Punkten aus gibt. Als Anfangsbedingung zur Zeit t^n sei die Wellenfunktion am Punkt x_j gleich 1 und sonst null. Dann erhält man in den ersten beiden Zeitschritten die Werte,

$$\psi_{j-1}^{n+1} = a, \qquad \psi_j^{n+1} = b, \qquad \psi_{j+1}^{n+1} = c,$$

$$\psi_{j-1}^{n+2} = ab + ba, \qquad \psi_j^{n+2} = ac + bb + ca, \qquad \psi_{j+1}^{n+2} = cb + bc,$$

$$\psi_{j-2}^{n+2} = aa, \qquad \psi_{j+2}^{n+2} = cc.$$

Durch Vergleich mit Abb. 10.1 sieht man, dass die gesamte Übergangsamplitude jeweils aus der Summe der Amplituden der möglichen Wege besteht. Im Rahmen der Pfadintegralmethode von Feynman wird gezeigt, dass diese Regel für die Schrödinger-Gleichung allgemein gültig ist.

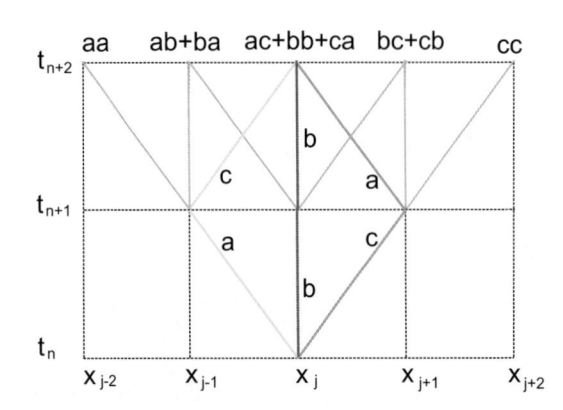

Abb. 10.1: *Diskretes Modell der Schrödinger-Gleichung. Zur Zeit t_n ist die Wellenfunktion nur am Punkt x_j ungleich null. Im jedem Zeitschritt gibt es nichtverschwindende Übergangsamplituden (a, b, c) zum selben Punkt und zu den Nachbarpunkten. Nach zwei Zeitschritten erhält man zum Punkt x_j, die Übergangsamplitude ac + bb + ca. Diese Amplitude entspricht der Summe der Übergangsamplituden der möglichen Wege vom Anfangspunkt zum Endpunkt.*

Wir betrachten nun ein einfaches Beispiel für eine beobachtbare Phasenverschiebung der Wellenfunktion im Magnetfeld. Ohne Einschränkung kann das skalare Potential null gesetzt werden. Die Ladung bewege sich, wie in Abb.10.2 dargestellt, in einem Drahtring vom Punkt P zum Punkt Q. Entlang der beiden möglichen Wege von P nach Q gilt für die Änderung der Wellenfunktion jeweils (10.11) bzw. in integrierter Form

$$\psi'_{1,2} = \psi_{1,2} e^{iS_{1,2}/\hbar}, \qquad S_{1,2} = \frac{q}{c} \int_{1,2} d\boldsymbol{r} \cdot \boldsymbol{A}, \tag{10.14}$$

wobei die Indizes 1 und 2 die beiden Wege bezeichnen. Die gesamte Amplitude im Punkt B ergibt sich als Überlagerung der beiden Amplituden ψ'_1 und ψ'_2. Mit einem Interferenzexperiment kann die relative Phase der beiden Amplituden nachgewiesen werden. Diese relative Phase wird durch das Einschalten des Magnetfeldes um

$$\Delta\varphi = \frac{1}{\hbar}(S_2 - S_1) = \frac{q}{\hbar c} \oint d\boldsymbol{r} \cdot \boldsymbol{A} = \frac{q}{\hbar c} \int d\boldsymbol{f} \cdot \boldsymbol{B} \tag{10.15}$$

geändert. Hierbei wurde das Umlaufintegral des Vektorpotentials entlang des Ringes mit dem Satz von Stokes in ein Integral des Magnetfeldes $\boldsymbol{B} = \nabla \times \boldsymbol{A}$ über die eingeschlossene Fläche umgewandelt. Es kommt also zu einer Phasenverschiebung, wenn durch die vom Drahtring eingeschlossene Querschnittsfläche ein magnetischer Fluss hindurchtritt. Diese Phasenänderung wird als Aharonov-Bohm-Effekt bezeichnet. Sie tritt auch dann auf, wenn der gesamte magnetische Fluss nur innerhalb des Kreisringes hindurchtritt und das Magnetfeld am Ort des Kreisringes überall verschwindet. Will man die Beeinflussung der Ladung durch eine Nahwirkung erklären, so steht dafür nur das Vektorpotential zur Verfügung. Klassisch würde man keine Beeinflussung erwarten, da mit dem Magnetfeld auch die Lorentzkraft entlang des gesamten Weges verschwindet.

10.2 Potentiale in der Quantenmechanik

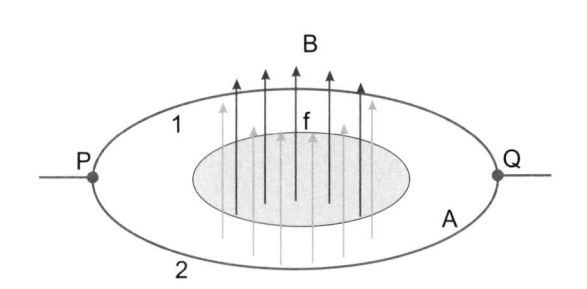

Abb. 10.2: *Aharonov-Bohm-Effekt: Ein homogenes Magnetfeld innerhalb eines Zylinders wird außerhalb des Zylinders von einem azimuthalen Vektorpotential umschlossen. Das Vektorpotential bewirkt auf den Wegen 1 und 2 von P nach Q entlang einer Leiterschleife die beobachtbare relative Phase (10.15).*

Der Aharonov-Bohm-Effekt zeigt somit, die eigenständige Bedeutung des Vektorpotentials in der Quantenmechanik.

Der Aharonov-Bohm-Effekt hat eine gewisse Analogie zum Galileischen Trägheitsprinzip in der klassischen Mechanik. Im kräftefreien Zustand ist ein Teilchen entweder in Ruhe oder bewegt sich mit konstanter Geschwindigkeit. Eine Bewegung mit konstanter Geschwindigkeit ist ohne Krafteinwirkung möglich. Nur die Impulsänderung wird durch Kräfte verursacht. Analog kann in der Quantenmechanik ohne Krafteinwirkung ein rotationsfreies Vektorpotential vorliegen. Die zeitliche Änderung der Phase (10.15) erfordert aber eine Krafteinwirkung. Mit dem Induktionsgesetz (2.7b) erhält man für die Phasenänderung

$$\frac{d}{dt}\Delta\varphi = \frac{q}{\hbar c}\frac{d}{dt}\int d\boldsymbol{f}\cdot\boldsymbol{B} = -\frac{q}{\hbar}\oint d\boldsymbol{r}\cdot\boldsymbol{E}. \tag{10.16}$$

Sie wird durch die Spannung bestimmt, die entlang des Drahtringes induziert wird.

Wir betrachten jetzt noch den Spezialfall, in dem das Wirkungsintegral in (10.12) wegunabhängig ist. In diesem Fall existiert eine Funktion $f(\boldsymbol{r},t)$ mit der Eigenschaft,

$$df(\boldsymbol{r},t) = \boldsymbol{A}\cdot d\boldsymbol{r} - c\phi dt. \tag{10.17}$$

Dann erfüllen die Potentiale gerade die Bedingung für eine Eichtransformation,

$$\boldsymbol{A} = \boldsymbol{\nabla}f, \qquad \phi = -\frac{1}{c}\partial_t f. \tag{10.18}$$

Diese Eichfelder erzeugen keine elektrischen und magnetischen Felder und sollten daher auch keine beobachtbaren physikalischen Auswirkungen auf die Wellenfunktion besitzen. Tatsächlich ist die Phasenänderung der Übergangsamplitude hier nur vom Endpunkt des Weges abhängig. Für eine Superposition von zwei beliebigen Lösungen der Schrödinger-Gleichung gilt deshalb immer,

$$\psi_1' + \psi_2' = \psi_1 e^{iS/\hbar} + \psi_2 e^{iS/\hbar} = (\psi_1 + \psi_2)e^{iS/\hbar}. \tag{10.19}$$

Die Phase $S/\hbar$ ist für alle Lösungen dieselbe. Eine solche absolute Phase ist prinzipiell nicht beobachtbar.

In der klassischen Mechanik führt eine Eichtransformation der Potentiale nach (8.11) zu einer Eichtransformation der Lagrange-Funktion. Dieser entspricht in der Hamilton-Mechanik bekanntlich eine kanonische Transformation der Variablen. Bei kanonischen Transformationen bleiben die Hamilton-Bewegungsgleichungen forminvariant. Eichabhängig ist lediglich die Koordinatenwahl.

In der Quantenmechanik gibt es eine analoge Eigenschaft der Schrödinger-Gleichung. Die Schrödinger-Gleichung bleibt forminvariant, wenn gleichzeitig mit einer Eichtransformation der Potentiale eine unitäre Transformation

$$\psi' = U\psi, \qquad U = \exp\left(i\frac{q}{\hbar c}f\right), \tag{10.20}$$

der Wellenfunktion durchgeführt wird. Hierbei bezeichnet $f(\mathbf{r},t)$ die Erzeugende der Eichtransformation gemäß (2.20). Zum Beweis der Forminvarianz der Schrödingergleichung schreiben wir diese in der Form

$$\mathsf{L}\psi = 0, \qquad \mathsf{L} = \mathsf{T} - \frac{1}{2m}\mathsf{p}^2,$$
$$\mathsf{p} = -i\hbar\boldsymbol{\nabla} - \frac{q}{c}\boldsymbol{A}, \qquad \mathsf{T} = i\hbar\partial_t - q\phi. \tag{10.21}$$

Die transformierte Gleichung lautet

$$\mathsf{L}'\psi' = 0, \qquad \mathsf{L}' = \mathsf{T}' - \frac{1}{2m}\mathsf{p}'^2$$
$$\mathsf{p}' = U\mathsf{p}U^+, \qquad \mathsf{T}' = U\mathsf{T}U^+. \tag{10.22}$$

Es genügt also zu zeigen, dass die Operatoren p und T forminvariant sind. Hierzu benötigt man die leicht zu berechnenden Kommutatoren,

$$[\mathsf{p}, U^+] = -U^+\frac{q}{c}(\boldsymbol{\nabla}f), \qquad [\mathsf{T}, U^+] = U^+\frac{q}{c}(\partial_t f). \tag{10.23}$$

Damit folgt,

$$\mathsf{p}' = U(U^+\mathsf{p} + [\mathsf{p}, U^+]) = \mathsf{p} - \frac{q}{c}(\boldsymbol{\nabla}f) = -i\hbar\boldsymbol{\nabla} - \frac{q}{c}\boldsymbol{A}',$$
$$\mathsf{T}' = U(U^+\mathsf{T} + [\mathsf{T}, U^+]) = \mathsf{T} + \frac{q}{c}(\partial_t f) = i\hbar\partial_t - q\phi'. \tag{10.24}$$

Die Potentiale $\boldsymbol{A}'$ und ϕ' sind hierbei durch die Eichtransformation (2.20) definiert. Die gestrichenen Operatoren sind forminvariant, da sie sich mit den gestrichenen Potentialen in der gleichen Form wie die ungestrichenen Größen ausdrücken lassen.

10.3 Impuls- und Energiesatz*

Die Forminvarianz der Operatoren **p** und T ist auch aus physikalischen Gründen zu erwarten. Der Operator **p** entspricht dem kinematischen Impuls, der Operator T der kinetischen Energie des Teilchens. In der klassischen Mechanik werden diese Größen unmittelbar durch die eichinvarianten elektrischen und magnetischen Felder bestimmt. In der Quantenmechanik können die Bewegungsgleichungen dieser Operatoren im Heisenberg-Bild in einer analogen eichinvarianten Form geschrieben werden,

$$\frac{d\mathbf{p}}{dt} = q\mathbf{E}(\mathbf{R},t) + \frac{q}{2mc}\left[\mathbf{p}\times\mathbf{B}(\mathbf{R},t) - \mathbf{B}(\mathbf{R},t)\times\mathbf{p}\right], \quad (10.25\text{a})$$

$$\frac{d\mathsf{T}}{dt} = \frac{q}{2m}\left[\mathbf{E}(\mathbf{R},t)\cdot\mathbf{p} + \mathbf{p}\cdot\mathbf{E}(\mathbf{R},t)\right]. \quad (10.25\text{b})$$

Die quadratischen Terme in diesen Gleichungen treten in symmetrischer Form auf, da die Operatoren hermitesch sind. Zur Herleitung der ersten Gleichung (10.25a) setzen wir

$$\frac{d\mathbf{p}}{dt} = \frac{d\mathbf{P}}{dt} - \frac{q}{c}\frac{d\mathbf{A}}{dt}. \quad (10.26)$$

Die Zeitableitungen können jeweils mit der Heisenberg-Bewegungsgleichung berechnet werden. Für den ersten Summanden folgt,

$$\frac{d\mathsf{P}_i}{dt} = \frac{1}{i\hbar}[\mathsf{P}_i,\mathsf{H}] = -\frac{\partial\mathsf{H}}{\partial\mathsf{X}_i} = -\frac{1}{2m}\sum_j\left[\mathsf{p}_j\frac{\partial\mathsf{p}_j}{\partial\mathsf{X}_i} + \frac{\partial\mathsf{p}_j}{\partial\mathsf{X}_i}\mathsf{p}_j\right] - q\frac{\partial\phi}{\partial\mathsf{X}_i}$$

$$= \frac{q}{2mc}\sum_j\left[\mathsf{p}_j\frac{\partial\mathsf{A}_j}{\partial\mathsf{X}_i} + \frac{\partial\mathsf{A}_j}{\partial\mathsf{X}_i}\mathsf{p}_j\right] - q\frac{\partial\phi}{\partial\mathsf{X}_i} \quad (10.27)$$

Der zweite Summand ergibt

$$\frac{d\mathsf{A}_i}{dt} = \frac{1}{i\hbar}[\mathsf{A}_i,\mathsf{H}] + \partial_t\mathsf{A}_i = \frac{1}{2i\hbar m}\sum_j[\mathsf{A}_i,\mathsf{p}_j^2] + \partial_t\mathsf{A}_i$$

$$= \frac{1}{2i\hbar m}\sum_j\left(\mathsf{p}_j[\mathsf{A}_i,\mathsf{p}_j] + [\mathsf{A}_i,\mathsf{p}_j]\mathsf{p}_j\right) + \partial_t\mathsf{A}_i$$

$$= \frac{1}{2m}\sum_j\left(\mathsf{p}_j\frac{\partial\mathsf{A}_i}{\partial\mathsf{X}_j} + \frac{\partial\mathsf{A}_i}{\partial\mathsf{X}_j}\mathsf{p}_j\right) + \partial_t\mathsf{A}_i. \quad (10.28)$$

Durch Berücksichtigung der Felddefinitionen (2.17) und (2.18) lassen sich diese Terme zu (10.25a) zusammenfassen.

Zur Herleitung der zweiten Gleichung (10.25b) berechnen wir,

$$\frac{d\mathsf{T}}{dt} = \frac{d\mathsf{H}}{dt} - q\frac{d\phi}{dt}. \quad (10.29)$$

Die Heisenberg-Bewegungsgleichung für die Hamilton-Funktion ergibt

$$\frac{d\mathsf{H}}{dt} = \frac{\partial \mathsf{H}}{\partial t} = \frac{1}{2m}\sum_j \left[\mathsf{p}_j \frac{\partial \mathsf{p}_j}{\partial t} + \frac{\partial \mathsf{p}_j}{\partial t}\mathsf{p}_j\right] + q\partial_t\phi$$

$$= -\frac{q}{2mc}\sum_j \left[\mathsf{p}_j \frac{\partial \mathsf{A}_j}{\partial t} + \frac{\partial \mathsf{A}_j}{\partial t}\mathsf{p}_j\right] + q\partial_t\phi. \quad (10.30)$$

Für die Änderung des skalaren Potentials folgt wie in (10.28),

$$\frac{d\phi}{dt} = \frac{1}{2m}\sum_j \left(\mathsf{p}_j \frac{\partial \phi}{\partial \mathsf{X}_j} + \frac{\partial \phi}{\partial \mathsf{X}_j}\mathsf{p}_j\right) + \partial_t\phi. \quad (10.31)$$

Mit diesen Nebenrechnungen ergibt sich der Energiesatz aus (10.25b).

Aus den Operatorgleichungen (10.25) ergeben sich entsprechende Gleichungen für die Erwartungswerte der Operatoren. Bildet man die Erwartungswerte der Operatoren nach der Definition (9.21) so folgt unter Berücksichtigung der Zeitunabhängigkeit des Zustandsvektors im Heisenberg-Bild,

$$\frac{d<\mathbf{p}>}{dt} = q\langle\psi|\boldsymbol{E}(\mathbf{R},t)|\psi\rangle$$
$$+\frac{q}{2mc}\langle\psi|\mathbf{p}\times\boldsymbol{B}(\mathbf{R},t) - \boldsymbol{B}(\mathbf{R},t)\times\mathbf{p}|\psi\rangle \quad (10.32a)$$

$$\frac{d<\mathsf{T}>}{dt} = \frac{q}{2m}\langle\psi|\boldsymbol{E}(\mathbf{R},t)\cdot\mathbf{p} + \mathbf{p}\cdot\boldsymbol{E}(\mathbf{R},t)|\psi\rangle. \quad (10.32b)$$

Berechnet man das Matrixelement im Energiesatz in der Ortsdarstellung, so ergibt sich der aus dem Poynting-Theorem der Elektrodynamik bekannte Ausdruck für die absorbierte Leistung,

$$\frac{d<\mathsf{T}>}{dt} = \frac{q}{2m}\int d^3r \; [\psi^*\boldsymbol{E}\cdot\mathbf{p}\psi + \psi^*\mathbf{p}\cdot\boldsymbol{E}\psi]$$
$$= \frac{q}{2m}\int d^3r \; \boldsymbol{E}\cdot\left[\psi^*(-i\hbar\boldsymbol{\nabla})\psi - \psi(-i\hbar\boldsymbol{\nabla})\psi^* - 2\frac{q}{c}\boldsymbol{A}|\psi|^2\right]$$
$$= \int d^3r \; \boldsymbol{j}\cdot\boldsymbol{E} \quad (10.33)$$

mit

$$\boldsymbol{j} = \frac{q\hbar}{m}\Im\{\psi^*\boldsymbol{\nabla}\psi\} - \frac{q^2}{mc}\boldsymbol{A}|\psi|^2.$$

Hierbei bezeichnet $\boldsymbol{j}$ die quantenmechanisch berechnete elektrische Stromdichte. Man kann leicht zeigen, dass für jede Lösung ψ der Schrödinger-Gleichung, die Stromdichte $\boldsymbol{j}$ und die Ladungsdichte $\tau = q|\psi|^2$ die Kontinuitätsgleichung für die Ladungserhaltung (2.41a) erfüllen.

10.4 Dipolnäherung

Die Wechselwirkung von Licht mit Atomen kann oft im Rahmen der Dipolnäherung beschrieben werden. Bei dieser Näherung wird angenommen, dass die Auslenkung der Elektronen durch die elektromagnetische Welle klein ist im Vergleich zur Wellenlänge des Lichtes. Da die Felder nur von der Phase $\omega t - kx$ abhängen, ersetzt man in der Dipolnäherung die Phase durch ωt. Die Näherung $k\Delta x \ll \omega \Delta t$ ist dann auch gleichwertig mit der Bedingung, dass die Teilchengeschwindigkeit klein ist im Vergleich zur Lichtgeschwindigkeit, $v = \Delta x/\Delta t \ll \omega/k = c$. Unter diesen Voraussetzungen kann die allgemeine Lorentzkraft einer elektromagnetischen Welle auf eine Ladung durch ein zeitabhängiges elektrisches Feld ersetzt werden,

$$\boldsymbol{F} = q(\boldsymbol{E}(\boldsymbol{r},t) + \frac{1}{c}\boldsymbol{v} \times \boldsymbol{B}(\boldsymbol{r},t)) \approx q\boldsymbol{E}(0,t). \tag{10.34}$$

Der Name Dipolnäherung rührt daher, dass die resultierende Kraft aus dem Potential eines Dipols $\boldsymbol{d} = q\boldsymbol{r}$ im elektrischen Feld $\boldsymbol{E}(t)$ abgeleitet werden kann,

$$\boldsymbol{F} = -\boldsymbol{\nabla} U, \quad U = -\boldsymbol{d} \cdot \boldsymbol{E}(t). \tag{10.35}$$

In der Dipolnäherung genügt es die elektromagnetische Welle durch ein zeitabhängiges elektrisches Feld zu ersetzen. Die zugehörige Schrödinger-Gleichung findet man, indem man das zeitabhängige elektrische Feld aus geeigneten Potentialen ableitet. Zwei Eichungen sind hierbei besonders zweckmässig. Im ersten Fall wird das elektrische Feld aus einem skalaren Potential abgeleitet. Die Potentiale werden hierbei durch

$$\phi = -\boldsymbol{r} \cdot \boldsymbol{E}(t), \quad \boldsymbol{A} = 0, \tag{10.36}$$

festgelegt. Das Vektorpotential kann null gesetzt werden, da die Ankopplung an das Magnetfeld vernachlässigt wird. Mit dieser Wahl der Potentiale vereinfacht sich die Schrödinger-Gleichung zu

$$i\hbar\,\partial_t\psi(\boldsymbol{r},t) = \left[-\frac{\hbar^2}{2m}\Delta + q\phi_A(\boldsymbol{r}) - q\boldsymbol{r}\cdot\boldsymbol{E}(t)\right]\psi(\boldsymbol{r},t). \tag{10.37}$$

Hier bezeichnet $\phi_A(\boldsymbol{r})$ ein zusätzliches statisches Potential, z.B. das Coulomb-Potential des Atomkerns. Diese Wahl der Potentiale wird als die Längeneichung bezeichnet, da die Wechselwirkungsenergie hier vom Ortsoperator abhängt. Die Längeneichung hat die vorteilhafte Eigenschaft, dass der kanonische Impuls identisch ist mit dem physikalischen kinematischen Impuls.

Im zweiten Fall wählt man die Potentiale so, dass das elektrische Feld aus dem Vektorpotential abgeleitet wird und das skalare Potential nur eine geeignete zeitabhängige Verschiebung des Energienullpunkts bewirkt,

$$q\phi' = -\frac{1}{2m}\left(\frac{qA'}{c}\right)^2, \quad \boldsymbol{A}' = -c\int dt\,\boldsymbol{E}(t). \tag{10.38}$$

Die Potentiale (10.38) folgen aus (10.36) durch eine Eichtransformation mit der erzeugenden Funktion

$$f = -c \int dt \left(\boldsymbol{r} \cdot \boldsymbol{E}(t) - \frac{1}{2mq} \left(\frac{qA'}{c} \right)^2 \right). \tag{10.39}$$

Explizit lautet diese Eichtransformation,

$$\phi' = \phi - \frac{1}{c}\partial_t f = -\frac{1}{2mq}\left(\frac{qA'}{c}\right)^2,$$

$$\boldsymbol{A}' = \boldsymbol{A} + \boldsymbol{\nabla} f = -c \int dt \boldsymbol{E}(t).$$

Um die Schrödinger-Gleichung mit den neuen Potentialen anzugeben, muss die Wellenfunktion entsprechend transformiert werden. Die unitäre Transformation (10.20) lautet in diesem Fall

$$\psi' = \exp\left(\frac{iq}{\hbar c}\boldsymbol{A}'(t)\cdot\boldsymbol{r} + \frac{i}{\hbar}\frac{1}{2m}\int dt \left(\frac{qA'}{c}\right)^2\right)\psi. \tag{10.40}$$

Die klassische Elektronenschwingung im elektrischen Feld besitzt den Impuls $\boldsymbol{p}_{os} = -(q/c)\boldsymbol{A}$ und die Energie $W_{os} = p_{os}^2/2m$. Mit diesen Größen lautet die Beziehung (10.40),

$$\psi = \exp\left[\frac{i}{\hbar}\left(\boldsymbol{p}_{os}\cdot\boldsymbol{r} - \int dt\, W_{os}\right)\right]\psi', \tag{10.41}$$

d.h. die Wellenfunktion ψ' beschreibt den Impuls und die Energie des Teilchens relativ zur Schwingungsbewegung. Nach der Umeichung der Potentiale und der Transformation der Wellenfunktion besitzt die Schrödinger-Gleichung wie in (10.20) wieder ihre Normalform,

$$i\hbar\,\partial_t \psi'(\boldsymbol{r},t) = \left[-\frac{\hbar^2}{2m}\Delta + q\phi'_A(\boldsymbol{r}) + i\frac{\hbar q}{mc}\boldsymbol{A}'\cdot\boldsymbol{\nabla}\right]\psi'(\boldsymbol{r},t). \tag{10.42}$$

Da das Vektorpotential aus (10.38) ortsunabhängig ist, erfüllt es auch die Coulomb-Eichung $\boldsymbol{\nabla}\cdot\boldsymbol{A}' = 0$. Daher entfällt der entsprechende Term aus (10.8). Außerdem wird der im Vektorpotential quadratische Term durch das skalare Potential (10.38) aufgehoben. Der verbleibende Wechselwirkungsterm mit dem Vektorpotential besitzt die Form $\boldsymbol{v}_{os}\cdot\boldsymbol{P}$, wobei $\boldsymbol{v}_{os} = \boldsymbol{p}_{os}/m$ die Oszillationsgeschwindigkeit bezeichnet. Diese Eichung wird als Geschwindigkeitseichung bezeichnet. Die Schrödinger-Gleichungen in der Längen- und Geschwindigkeitseichung sind völlig äquivalent zueinander. Man beachte aber, dass der Wechsel der Eichung nicht nur eine Transformation des Hamilton-Operators sondern auch eine Transformation der Wellenfunktion beinhaltet. Insbesondere muss man bei Anfangswertproblemen beachten, dass sich die Anfangswellenfunktionen in den beiden Eichungen bei eingeschaltetem Vektorpotential gemäß (10.40) unterscheiden.

10.5 Volkov-Zustände

Wir betrachten zunächst die Bewegung einer Ladung in einem zeitabhängigen elektrischen Feld in Abwesenheit eines Bindungspotentials, d.h. für den Fall $\phi'_A = 0$. Dieser Fall ist leicht exakt lösbar. In der Geschwindigkeitseichung vertauscht dann der Hamiltonoperator mit dem Impulsoperator. Daher gibt es in dieser Eichung zu beiden Operatoren ein gemeinsames System von Eigenzuständen,

$$\mathbf{P}\psi'_{\mathbf{k}} = \hbar \mathbf{k}\, \psi'_{\mathbf{k}}, \qquad \mathsf{H}'\psi'_{\mathbf{k}} = \frac{1}{2m}\left(\hbar^2 k^2 + 2\hbar \mathbf{k} \cdot \mathbf{p}_{os}\right)\psi'_{\mathbf{k}}. \tag{10.43}$$

Unter Verwendung der Ortsdarstellung des Impulsoperators und der Schrödinger-Gleichung ergibt sich für diese Eigenzustände die Form

$$\psi'_{\mathbf{k}} = A\exp\left[i\mathbf{k}\cdot\mathbf{r} - \frac{i}{\hbar}\int dt\, \frac{\hbar^2 k^2 + 2\hbar \mathbf{k}\cdot\mathbf{p}_{os}}{2m}\right]. \tag{10.44}$$

Transformiert man diese Zustände mit (10.41) in die Längeneichung, so erhält man das einfache Ergebnis

$$\psi_{\mathbf{p}} = A\,\exp\frac{i}{\hbar}\left[\mathbf{p}(t)\cdot\mathbf{r} - \int dt\, W(t)\right] \tag{10.45}$$

mit

$$\mathbf{p}(t) = \hbar\mathbf{k} + \mathbf{p}_{os}(t), \qquad W(t) = \frac{p^2(t)}{2m}\,. \tag{10.46}$$

Diese Zustände werden als Volkov-Zustände bezeichnet. Sie entsprechen den Impulseigenzuständen eines freien Teilchens, wobei hier Impuls und Energie jeweils durch die zeitabhängigen klassischen Größen im Feld zu ersetzten sind. Die Volkov-Zustände für die verschiedenen Wellenvektoren $\mathbf{k}$ bilden ein vollständiges Basissystem für die Wellenfunktion eines Teilchens im zeitabhängigen Feld. Allgemeiner gibt es auch entsprechende Lösungen der relativistischen Dirac-Gleichung, die auch als Volkov-Zustände bezeichnet werden.

10.6 Kramers-Henneberger-System

Die Wechselwirkung mit einem homogenen zeitabhängigen elektrischen Feld kann in der Längeneichung und in der Geschwindigkeitseichung angegeben werden. Dem Übergang von der Längen- zur Geschwindigkeitseichung entspricht nach (10.41) eine unitäre Transformation, welche den Oszillationsimpuls separiert. Man kann eine weitere unitäre Transformation der Wellenfunktion angeben, die auch im Ortsraum in das oszillierende System überführt.

Die Wirkung eines räumlich homogenen elektrischen Feldes auf ein Teilchen mit der spezifischen Ladung q/m ist äquivalent zu einer Trägheitskraft in einem beschleunigten Bezugssystem. Daher kann man die Wirkung des elektrischen Feldes durch eine

Koordinatentransformation in ein beschleunigtes Bezugssystem beschreiben. Dieses Bezugssystem wird als Kramers-Henneberger-System (KH-System) bezeichnet.[1]

Sei

$$\boldsymbol{u} = \boldsymbol{r} - \boldsymbol{\xi}(t) \tag{10.47}$$

die Koordinatentransformation in ein Koordinatensystem, dessen Ursprung sich bei $\boldsymbol{r} = \boldsymbol{\xi}(t)$ befindet. Die klassische Bewegungsgleichung der Ladung unter Einwirkung einer beliebigen Kraft $\boldsymbol{F}(\boldsymbol{r},t)$ in einem zeitabhängigen elektrischen Feld $\boldsymbol{\mathcal{E}}(t)$ lautet

$$m\ddot{\boldsymbol{r}} = \boldsymbol{F}(\boldsymbol{r},t) + q\boldsymbol{\mathcal{E}}(t). \tag{10.48}$$

Das KH-System ist das Ruhesystem der im elektrischen Feld beschleunigten Ladung. Daher genügt $\boldsymbol{\xi}(t)$ der Bewegungsgleichung,

$$m\ddot{\boldsymbol{\xi}} = q\boldsymbol{\mathcal{E}}(t). \tag{10.49}$$

Für die Bewegung im beschleunigten Bezugssystem folgt,

$$m\ddot{\boldsymbol{u}} = \boldsymbol{F}(\boldsymbol{u} + \boldsymbol{\xi}(t), t). \tag{10.50}$$

Durch die Trägheitskraft $-m\ddot{\boldsymbol{\xi}}$ im beschleunigten Bezugssystem wird die Kraftwirkung $q\boldsymbol{\mathcal{E}}(t)$ des elektrischen Feldes aufgehoben. Dafür bewegt sich nun der Ursprung $\boldsymbol{r} = 0$ des Kraftfeldes in der entgegengesetzten Richtung, $\boldsymbol{u} = -\boldsymbol{\xi}(t)$. Im kräftefreien Fall $\boldsymbol{F}(\boldsymbol{r},t) = 0$ kann die Wirkung des elektrischen Feldes vollständig eliminiert werden und man erhält im beschleunigten Bezugssystem die Bewegungsgleichung des freien Teilchens, $m\ddot{\boldsymbol{u}} = 0$.

Die Elimination des elektrischen Feldes ist analog zur Elimination eines homogenen Gravitationsfeldes beim Äquivalenzprinzip von Einstein. Bei der Gravitation ist die entsprechende Koordinatentransformation in das freifallende Bezugssystem wegen der Äquivalenz von träger und schwerer Masse unabhängig von der Teilchensorte, während sie bei (10.49) von der spezifischen Ladung des Teilchens abhängt.

Die Volkov-Zustände können im KH-System ganz entsprechend als ebene Wellen des freien Teilchens angegeben werden. Ausgehend von der Wellenfunktion (10.44) in der Geschwindigkeitseichung erhält man mit

$$\boldsymbol{\xi}(t) = \int dt\, \frac{\boldsymbol{p}_{os}(t)}{m}, \qquad W_k = \frac{\hbar^2 k^2}{2m}, \tag{10.51}$$

die Darstellung

$$\psi'_{\boldsymbol{k}}(\boldsymbol{r},t) = A\exp\left[i\boldsymbol{k}\cdot(\boldsymbol{r}-\boldsymbol{\xi}(t)) - \frac{i}{\hbar}W_k t\right]. \tag{10.52}$$

Durch die Transformation

$$\boldsymbol{u} = \boldsymbol{r} - \boldsymbol{\xi}, \qquad \phi_{\boldsymbol{k}}(\boldsymbol{u},t) = \psi'_{\boldsymbol{k}}(\boldsymbol{u}+\boldsymbol{\xi},t), \tag{10.53}$$

---

[1]H. A. Kramers, Collected Scientific Papers, S. 262, North-Holland, Amsterdam, (1956), W. C. Henneberger, Phys. Rev. Lett. **21**, 838 (1968).

10.6 Kramers-Henneberger-System

in das Kramers-Henneberger-System folgt

$$\phi_{\bm{k}}(\bm{u},t) = A\,\exp\left[i\bm{k}\cdot\bm{u} - \frac{i}{\hbar}W_k t\right]\,. \tag{10.54}$$

Dies ist die Wellenfunktion eines freien Teilchens mit dem konstanten Impuls $\hbar\bm{k}$ und der zugehörigen Energie W_k.

Allgemein wird die Transformation ins KH-System durch eine Koordinatentransformation

$$\bm{u} = \bm{u}(\bm{r},t) = \bm{r} - \bm{\xi}(t), \qquad \tau = \tau(\bm{r},t) = t \tag{10.55}$$

beschrieben. Dabei transformieren sich die partiellen Ableitungen gemäß,

$$\frac{\partial}{\partial x_i} = \sum_j \frac{\partial u_j}{\partial x_i}\frac{\partial}{\partial u_j} + \frac{\partial \tau}{\partial x_i}\frac{\partial}{\partial \tau} = \frac{\partial}{\partial u_i},$$

$$\frac{\partial}{\partial t} = \sum_j \frac{\partial u_j}{\partial t}\frac{\partial}{\partial u_j} + \frac{\partial \tau}{\partial t}\frac{\partial}{\partial \tau} = -\sum_j \frac{p_{os,j}}{m}\frac{\partial}{\partial u_j} + \frac{\partial}{\partial \tau}.$$

Unter Verwendung dieser Transformation erhält man für ein beliebiges Bindungspotential $\phi'_A(\bm{r})$ aus der Schrödinger-Gleichung (10.42) in der Geschwindigkeitseichung die Schrödinger-Gleichung im KH-System für die Wellenfunktion $\phi(\bm{u},\tau) = \psi'(\bm{u}+\bm{\xi},\tau)$,

$$i\hbar\,\partial_\tau \phi(\bm{u},\tau) = \left[-\frac{\hbar^2}{2m}\Delta + q\phi'_A(\bm{u}+\bm{\xi}(\tau))\right]\phi(\bm{u},\tau), \tag{10.56}$$

wobei

$$\Delta = \sum_j \frac{\partial^2}{\partial u_j^2}$$

den Laplace-Operator bezüglich der neuen Ortskoordinaten bezeichnet. Die Wechselwirkung mit dem elektrischen Feld wird hier durch ein bewegtes Potential beschrieben. Dieses entspricht dem bewegten Kraftfeld in der klassischen Bewegungsgleichung (10.50).

Die Transformation ins KH-System besteht in einer Translation um den Vektor $\bm{\xi}(t)$. Eine solche Translation kann auch als unitäre Transformation dargestellt werden. Den Translationsoperator erhält man durch eine Taylorentwicklung,

$$\phi(\bm{u},\tau) = \psi'(\bm{u}+\bm{\xi},\tau) = \sum_n \frac{1}{n!}(\bm{\xi}\cdot\bm{\nabla})^n \psi'(\bm{u},\tau)$$

$$= \exp(\frac{i}{\hbar}\bm{\xi}\cdot\bm{P})\,\psi'(\bm{u},\tau). \tag{10.57}$$

Kennt man die Wellenfunktion $\phi(\boldsymbol{u}, \tau)$ im KH-System durch Lösung der Schrödinger-Gleichung (10.56), so erhält man die Wellenfunktion in der Geschwindigkeits- bzw. Längeneichung durch einfache unitäre Transformationen,

$$\psi'(\boldsymbol{r},t) = \exp(-\frac{i}{\hbar}\boldsymbol{\xi} \cdot \mathbf{P})\,\phi(\boldsymbol{r},t) = \phi(\boldsymbol{r} - \boldsymbol{\xi}, t),$$

$$\psi(\boldsymbol{r},t) = \exp\left[\frac{i}{\hbar}\left(\boldsymbol{p}_{os} \cdot \boldsymbol{r} - \int dt\, W_{os}\right)\right]\psi'(\boldsymbol{r},t). \tag{10.58}$$

Aufgaben

10.1 Zeigen Sie, dass die Volkov-Wellenfunktionen (10.45),

$$\psi_p(x,t) = A\,\exp\left(\frac{i}{\hbar}p(t)x - \frac{i}{\hbar}\int^t W(t')dt'\right),$$

Lösungen der Schrödingergleichung für eine Ladung q in einem elektrischen Feld $\mathcal{E}(t)$ darstellen. Verifizieren Sie den Lösungsansatz durch Einsetzen in die Schrödinger-Gleichung in der Längeneichung. Welche Eigenschaften müssen die Funktionen $p(t)$ und $W(t)$ hierzu erfüllen?

10.2 Ein Elektron in einem zeitabhängigen elektrischen Feld besitze im KH-System am Ort $\boldsymbol{r}$ zur Zeit t die Aufenthaltswahrscheinlichkeitsdichte

$$p_{KH}(\boldsymbol{r},t) = |\phi(\boldsymbol{r},t)|^2.$$

Geben Sie die Aufenthaltswahrscheinlichkeitsdichte $p_L(\boldsymbol{r},t)$ im Laborsystem an. Zeigen Sie, dass die Wirkung des elektrischen Feldes in einer starren zeitabhängigen Verschiebung der Aufenthaltswahrscheinlichkeit des freien Elektrons besteht.

10.3 Auf ein freies Teilchen mit der Ladung q und dem Impuls $\hbar\boldsymbol{k}$ wirkt im Zeitintervall $0 < t < \tau$ ein konstantes elektrisches Feld. Bestimmen Sie die klassische Bewegung $\boldsymbol{\xi}(t)$ des Teilchens. Geben Sie die Wellenfunktion des Teilchens im Laborsystem vor und nach der Wechselwirkung an. Ändert sich a) die Amplitude, b) die Phase der Wellenfunktion?

10.4 Die Wellenfunktion eines Teilchens sei eine Superposition aus einem gebundenen stationären Zustand $\psi_b = A_0 \cos(k_0 x)e^{-i\omega_0 t}$ und einem freien Volkov-Zustand ψ_p in einem elektrischen Feld $\mathcal{E}(t) = \mathcal{E}_0 \sin(\omega t)$. Der Volkov-Zustand habe die Form (10.45) mit einer Amplitude A_1 und einem Impuls $p = k_1 + p_{os}$. Solche Superpositionen ergeben sich im Prinzip bei der Ionisation von Atomen in starken Laserfeldern. Berechnen Sie die Aufenthaltswahrscheinlichkeitsdichte. Gilt noch die Aussage aus Aufgabe 10.2? Welchen Abstand haben benachbarte Interferenzmaxima? Bei welcher Phase der klassischen Schwingungsbewegung ist der Abstand jeweils maximal bzw. minimal?

10.6 Kramers-Henneberger-System

10.5 Ein Wasserstoffatom befinde sich im Grundzustand. Zur Zeit $t = 0$ wird ein elektrisches Feld $\mathcal{E}(t) = -(1/c)\partial_t A(t)$ mit dem Vektorpotential $A(t) = A_0 \cos(\omega t)$ angelegt. Sie besitzen ein Computerprogramm, welches die Zeitentwicklung der Wellenfunktion in der Geschwindigkeitseichung löst. Welchen Anfangszustand $\psi'_0(\boldsymbol{r})$ müssen Sie zur Zeit $t = 0$ vorgeben?

10.6 Begründen Sie die Behauptung: Ein angeregter harmonischer Oszillator bleibt auch im KH-System ein angeregter harmonischer Oszillator. Welche Form besitzt die Anregung im KH-System?

11 Quantenmechanisches Lorentz-Modell

- Harmonischer Oszillator
- Besetzungszahlzustände
- Klassisches mikrokanonisches Ensemble
- Kohärente Zustände
- Verschiebungsoperator
- Angeregter harmonischer Oszillator
- Polarisierbarkeit und Energieabsorption
- Spontane Emission

Das klassische Lorentz-Modell beschreibt die Wechselwirkung von Licht mit Materie durch klassische harmonische Oszillatoren. Wir betrachten nun das entsprechende quantenmechanische Modell, bei dem der klassische Oszillator durch den quantenmechanischen Oszillator ersetzt wird. Im Rahmen der semiklassischen Näherung aus Abschnitt 10.1 wird das anregende Feld aber weiterhin als klassisch behandelt.

Zunächst werden die Grundlagen der Quantisierung des harmonischen Oszillators zusammengefasst. Dann werden kohärente Zustände eingeführt, die die klassische Schwingungsbewegung mit den minimal notwendigen quantenmechanischen Unschärfen beschreiben. Danach wird das quantenmechanische Lorentz-Modell, also der angeregte quantenmechanische Oszillator, betrachtet. Mit den Eigenschaften eines Verschiebungsoperators wird der Zeitentwicklungsoperator hergeleitet und es wird gezeigt, dass sich ein aus dem Grundzustand angeregter Oszillator immer in einem kohärenten Zustand befindet.

Der harmonische Oszillator ist ein wichtiges Modellsystem, dem insbesondere auch in der Quantenoptik eine zentrale Rolle zukommt. Bei der Quantisierung des Strahlungsfeldes werden die Amplituden der einzelnen Moden durch harmonische Oszillatoren ersetzt. In diesem Zusammenhang wurden die kohärenten Zustände in grundlegenden Arbeiten von R.J. Glauber zur Kohärenz der Strahlung eingeführt.[1]

---

[1] R.J. Glauber, Phys. Rev. Lett. **10**, 84 (1963), Phys. Rev. **130**, 2529 (1963), Phys. Rev. **131**, 2766 (1963).

11.1 Harmonischer Oszillator

Der harmonische Oszillator mit der klassischen Hamilton-Funktion (7.30) besitzt in der Quantenmechanik den Hamiltonoperator

$$\mathsf{H} = \frac{\mathsf{P}^2}{2m} + \frac{1}{2}m\omega_0^2 \mathsf{X}^2. \tag{11.1}$$

Der Impulsoperator P und der Ortoperator X erfüllen die kanonische Vertauschungsrelation (9.70), wobei hier nur eine Raumdimension betrachtet wird. Es ist hilfreich mit Hilfe der Konstanten m, ω_0 und $\hbar$ zu den dimensionslosen Operatoren

$$\tilde{\mathsf{X}} = \sqrt{\frac{m\omega_0}{\hbar}}\, \mathsf{X}, \qquad \tilde{\mathsf{P}} = \sqrt{\frac{1}{m\hbar\omega_0}}\, \mathsf{P}, \qquad \tilde{\mathsf{H}} = \frac{1}{\hbar\omega_0}\, \mathsf{H} \tag{11.2}$$

überzugehen. Damit folgt die dimensionslose Darstellung,

$$\tilde{\mathsf{H}} = \frac{1}{2}\left(\tilde{\mathsf{P}}^2 + \tilde{\mathsf{X}}^2\right), \qquad [\tilde{\mathsf{X}}, \tilde{\mathsf{P}}] = i\mathsf{I}\,. \tag{11.3}$$

Eine weitere Vereinfachung ergibt sich durch Einführung der Operatoren

$$\mathsf{a} = \frac{1}{\sqrt{2}}\left(\tilde{\mathsf{X}} + i\tilde{\mathsf{P}}\right), \qquad \mathsf{a}^+ = \frac{1}{\sqrt{2}}\left(\tilde{\mathsf{X}} - i\tilde{\mathsf{P}}\right). \tag{11.4}$$

Diese Operatoren sind nicht hermitesch. Der zu a adjungierte Operator ist der Operator a^+. Die Umkehrung dieser Transformation lautet

$$\tilde{\mathsf{X}} = \frac{1}{\sqrt{2}}\left(\mathsf{a}^+ + \mathsf{a}\right), \qquad \tilde{\mathsf{P}} = \frac{i}{\sqrt{2}}\left(\mathsf{a}^+ - \mathsf{a}\right). \tag{11.5}$$

Die Eigenschaften der Operatoren a und a^+ werden im folgenden hergeleitet und dann zur Berechnung des Energiespektrums angewandt. Im klassischen System entspricht dem Operator a die komplexe Amplitude $z/\sqrt{\hbar}$, wobei z durch die Transformation der klassischen Variablen in (7.33) definiert wird.

11.2 Stationäre Zustände

Ersetzt man in (11.3) die Operatoren $\tilde{\mathsf{X}}$ und $\tilde{\mathsf{P}}$ durch a und a^+, so folgt

$$\tilde{\mathsf{H}} = \mathsf{N} + \frac{1}{2}, \qquad \mathsf{N} = \mathsf{a}^+\mathsf{a}, \qquad [\mathsf{a}, \mathsf{a}^+] = \mathsf{I}\,. \tag{11.6}$$

Diese Beziehungen ergeben sich unmittelbar durch die Berechnung der Produkte

$$\mathsf{a}^+\mathsf{a} = \frac{1}{2}(\tilde{\mathsf{X}} - i\tilde{\mathsf{P}})(\tilde{\mathsf{X}} + i\tilde{\mathsf{P}}) = \tilde{\mathsf{H}} + \frac{i}{2}[\tilde{\mathsf{X}}, \tilde{\mathsf{P}}] = \tilde{\mathsf{H}} - \frac{1}{2},$$

$$\mathsf{a}\mathsf{a}^+ = \frac{1}{2}(\tilde{\mathsf{X}} + i\tilde{\mathsf{P}})(\tilde{\mathsf{X}} - i\tilde{\mathsf{P}}) = \tilde{\mathsf{H}} - \frac{i}{2}[\tilde{\mathsf{X}}, \tilde{\mathsf{P}}] = \tilde{\mathsf{H}} + \frac{1}{2}.$$

11.2 Stationäre Zustände

Die Operatoren $\tilde{\mathsf{H}}$ und N besitzen ein gemeinsames System von Eigenzuständen,

$$\mathsf{N}|\,n\,\rangle = n|\,n\,\rangle, \qquad \tilde{\mathsf{H}}|\,n\,\rangle = \tilde{E}_n|\,n\,\rangle, \qquad \tilde{E}_n = n + \frac{1}{2}. \tag{11.7}$$

Dieses Eigenwertproblem bestimmt die stationären Zustände des harmonischen Oszillators.

Wir untersuchen nun die Wirkung der Operatoren a und a^+ auf die Eigenzustände $|\,n\,\rangle$. Dazu berechnen wir zuerst die Kommutatoren,

$$[\mathsf{N},\mathsf{a}] = (\mathsf{a}^+\mathsf{a})\mathsf{a} - \mathsf{a}(\mathsf{a}^+\mathsf{a}) = (\mathsf{a}^+\mathsf{a} - \mathsf{a}\mathsf{a}^+)\mathsf{a} = -[\mathsf{a},\mathsf{a}^+]\mathsf{a} = -\mathsf{a}, \tag{11.8}$$

$$[\mathsf{N},\mathsf{a}^+] = (\mathsf{a}^+\mathsf{a})\mathsf{a}^+ - \mathsf{a}^+(\mathsf{a}^+\mathsf{a}) = \mathsf{a}^+(\mathsf{a}\mathsf{a}^+ - \mathsf{a}^+\mathsf{a}) = \mathsf{a}^+[\mathsf{a},\mathsf{a}^+] = \mathsf{a}^+. \tag{11.9}$$

Damit läßt sich zeigen, daß der Vektor $\mathsf{a}|\,n\,\rangle$ ein Eigenzustand zu N mit dem Eigenwert $n-1$ ist,

$$\mathsf{N}\mathsf{a}|\,n\,\rangle = (\mathsf{a}\mathsf{N} - \mathsf{a})|\,n\,\rangle = (n-1)\mathsf{a}|\,n\,\rangle\,.$$

Ebenso folgt, daß $\mathsf{a}^+|\,n\,\rangle$ ein Eigenzustand zu N mit dem Eigenwert $n+1$ ist,

$$\mathsf{N}\mathsf{a}^+|\,n\,\rangle = (\mathsf{a}^+\mathsf{N} + \mathsf{a}^+)|\,n\,\rangle = (n+1)\mathsf{a}^+|\,n\,\rangle\,.$$

Wegen dieser Eigenschaft nennt man a Absteige- oder Vernichtungsoperator und a^+ Aufsteige- oder Erzeugungsoperator. Beide Operatoren werden auch als Leiteroperatoren bezeichnet.

Die möglichen Eigenwerte n werden dadurch eingeschränkt, dass die Eigenvektoren, die man durch mehrfache Anwendung des Absteigeoperators a erhält, alle normierbar sein müssen. Für die Norm des Zustandes $|\,\psi\,\rangle = \mathsf{a}|\,n\,\rangle$ gilt,

$$\langle\,\psi\,|\,\psi\,\rangle = \langle\,n\,|\mathsf{a}^+\mathsf{a}|\,n\,\rangle = n\langle\,n\,|\,n\,\rangle \geq 0.$$

Daher ist n entweder positiv oder Null. Für $n = 0$ ist $|\,\psi\,\rangle$ der Nullvektor, d.h. es gilt

$$\mathsf{a}|\,0\,\rangle = 0. \tag{11.10}$$

Ausgehend von einem beliebigen positiven n könnte man durch p-malige Anwendung von a einen Eigenvektor zu einem negativen Eigenwert $n - p < 0$ erhalten. Dies wäre im Widerspruch zur Normierbarkeitsbedingung $n - p > 0$. Daher kann n nur eine nichtnegative ganze Zahl sein. Die Folge der Eigenvektoren bricht dann ab, da für $n - p = 0$ die Bedingung (11.10) gilt. Die Eigenwerte des Harmonischen Oszillators sind daher

$$E_n = \hbar\omega_0\left(n + \frac{1}{2}\right), \qquad n = 0, 1, 2, 3\cdots\,. \tag{11.11}$$

Dem Zustand $|\,0\,\rangle$ mit der Quantenzahl $n = 0$ entspricht die niedrigste Energie $E_0 = \hbar\omega_0/2$. Er wird Grundzustand genannt. Die Energien der angeregten Zustände erhält man durch Addition eines ganzzahligen Vielfaches der Energie $\hbar\omega_0$ (Abb. 11.1).

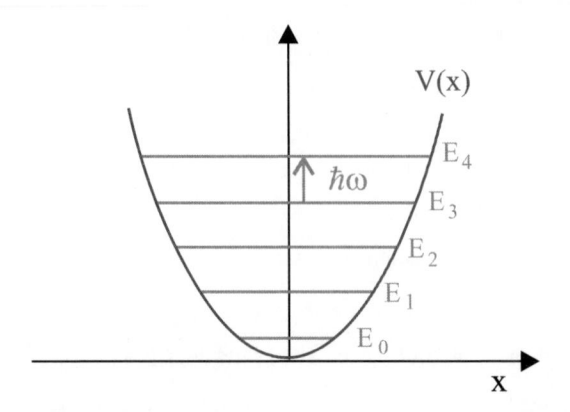

Abb. 11.1: *Oszillatorpotential und Energieniveaus der stationären Zustände. Im Grundzustand besitzt der Oszillator die Energie $\hbar\omega_0/2$. Die Energieniveaus der angeregten Zustände sind äquidistant um jeweils $\hbar\omega_0$ nach oben verschoben.*

Die diskreten Zustände $|n\rangle$ können auf 1 normiert werden. Die Wirkung der Auf- und Absteigeoperatoren auf diese normierten Zustände ist dann

$$\mathsf{a}|n\rangle = \sqrt{n}\,|n-1\rangle, \qquad \mathsf{a}^+|n\rangle = \sqrt{n+1}\,|n+1\rangle\,. \tag{11.12}$$

Die Faktoren auf der rechten Seite sind so gewählt, dass sich die richtige Norm für diese Zustände ergibt,

$$\langle n|\mathsf{a}^+\mathsf{a}|n\rangle = n, \qquad \langle n|\mathsf{a}\mathsf{a}^+|n\rangle = \langle n|\mathsf{a}^+\mathsf{a}+1|n\rangle = n+1.$$

Die Matrixdarstellung der Auf- und Absteigeoperatoren bezüglich der Energieeigenzustände ist

$$\langle m|\mathsf{a}^+|n\rangle = \sqrt{n+1}\,\delta_{m,n+1}, \qquad \langle m|\mathsf{a}|n\rangle = \sqrt{n}\,\delta_{m,n-1}. \tag{11.13}$$

Ausgehend vom Grundzustand können alle Zustände durch die mehrfache Anwendung des Aufsteigeoperators erzeugt werden,

$$\begin{aligned}|1\rangle &= \mathsf{a}^+|0\rangle, \\ |2\rangle &= \frac{1}{\sqrt{2}}\mathsf{a}^+|1\rangle = \frac{1}{\sqrt{2}}(\mathsf{a}^+)^2|0\rangle, \\ |n\rangle &= \frac{1}{\sqrt{n!}}(\mathsf{a}^+)^n|0\rangle.\end{aligned} \tag{11.14}$$

Die Wellenfunktionen der stationären Zustände des harmonischen Oszillators erhält man aus den Zustandsvektoren $|n\rangle$ durch den Übergang zur Ortsdarstellung. Bevor dieser

11.2 Stationäre Zustände

Darstellungswechsel unten durchgeführt wird, fassen wir das Ergebnis zusammen. Die Wellenfunktion zum Energieeigenwert $\tilde{E}_n = n + 1/2$ besitzt die Form,

$$\tilde{\psi}_n(\tilde{x}) = \langle\, \tilde{x} \,|\, n \,\rangle = \frac{1}{\sqrt{\sqrt{\pi}\, 2^n n!}}\, H_n(\tilde{x})\, \exp(-\frac{\tilde{x}^2}{2})\,. \tag{11.15}$$

Sie ist proportional zum Produkt einer Gauß-Funktion mit dem Hermiteschen Polynom n-ter Ordnung $H_n(\tilde{x})$. Die Hermiteschen Polynome der 4 niedrigsten Ordnungen sind z.B.,

$$H_0 = 1, \qquad H_1 = 2\tilde{x}, \qquad H_2 = 4\tilde{x}^2 - 2, \qquad H_3 = 8\tilde{x}^3 - 12\tilde{x}\,.$$

Das n-te Polynom besitzt n reelle Nullstellen und die Symmetrieeigenschaft,

$$H_n(-\tilde{x}) = (-1)^n\, H_n(\tilde{x})\,.$$

Daher hat die Wellenfunktion im n-ten Zustand genau n Knoten. Die definierenden Eigenschaften der Hermiteschen Polynome werden im folgenden abgeleitet. Die Aufenthaltswahrscheinlichkeit für die Zustände $n = 0$, $n = 1$, und $n = 10$ zeigt Abb. 11.2. Im Grundzustand besitzt die Aufenthaltswahrscheinlichkeit ein Maximum bei $\tilde{x} = 0$. Bei den höher angeregten Zuständen liegen die höchsten Maxima außerhalb des Ursprungs. Die Aufenthaltswahrscheinlichkeit steigt im Mittel vom Ursprung bis zu den Umkehrpunkten der klassischen Schwingung an.

Kehrt man zu den ursprünglichen dimensionsbehafteten Größen zurück, so lautet die Lösung des Eigenwertproblems des harmonischen Oszillators,

$$E_n = \hbar\omega_0 \tilde{E}_n = \hbar\omega_0 \left(n + \frac{1}{2}\right),$$

$$\psi_n(x) = \left(\frac{m\omega_0}{\hbar}\right)^{1/4} \tilde{\psi}_n\left(\sqrt{\frac{m\omega_0}{\hbar}}\, x\right),$$

mit den Quantenzahlen $n = 0, 1, 2, 3, \cdots$. Hierbei wurde verwendet, dass die Aufenthaltswahrscheinlichkeit $|\psi_n|^2 dx = |\tilde{\psi}_n|^2 d\tilde{x}$ als dimensionslose Größe invariant ist.

Zur Herleitung von (11.15) beginnen wir mit dem Grundzustand. Der Zustandsvektor $|\,0\,\rangle$ wird durch (11.10) definiert. Multipliziert man diese Gleichung von links mit $\langle\,\tilde{x}\,|$ und verwendet die Definition des Absteigeoperators (11.4), so folgt eine Bestimmungsgleichung für die Orstdarstellung $\tilde{\psi}_0(\tilde{x}) = \langle\,\tilde{x}\,|\,0\,\rangle$ des Grundzustandes,

$$\langle\,\tilde{x}\,|\mathsf{a}|\,0\,\rangle = \frac{1}{\sqrt{2}}\left(\langle\,\tilde{x}\,|\tilde{\mathsf{X}} + i\tilde{\mathsf{P}}|\,0\,\rangle\right) = \frac{1}{\sqrt{2}}\left(\tilde{x} + \frac{d}{d\tilde{x}}\right)\tilde{\psi}_0(\tilde{x}) = 0\,.$$

Die Integration dieser Gleichung ergibt

$$\int \frac{d\tilde{\psi}_0}{\tilde{\psi}_0} = -\int d\tilde{x}\,\tilde{x}, \qquad \log\tilde{\psi}_0 = -\frac{1}{2}\tilde{x}^2 + const, \qquad \tilde{\psi}_0 = c\exp(-\frac{1}{2}\tilde{x}^2).$$

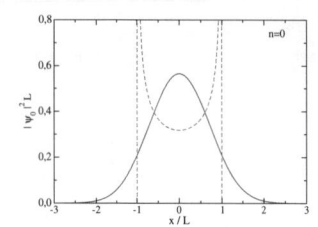

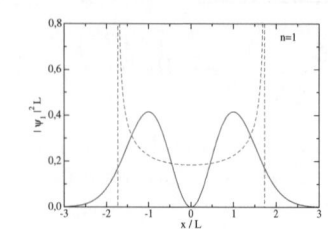

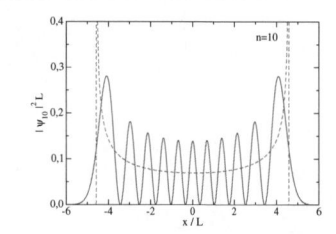

Abb. 11.2: *Aufenthaltswahrscheinlichkeitsdichten $|\psi_n(x)|^2$ für die Oszillatorzustände $n = 0$, $n = 1$ und $n = 10$. Zum Vergleich sind die klassischen Aufenthaltswahrscheinlichkeitsdichten (11.24) ebenfalls eingezeichnet, die an den Umkehrpunkten jeweils vertikale Asymptoten besitzen. Die Längeneinheit ist $L = \sqrt{\hbar/m\omega_0}$.*

Die Integrationskonstante c kann reell gewählt und durch Normierung bestimmt werden,

$$\int_{-\infty}^{+\infty} d\tilde{x}\, |\tilde{\psi}_0|^2 = c^2 \int_{-\infty}^{+\infty} d\tilde{x}\, \exp(-\tilde{x}^2) = c^2 \sqrt{\pi} = 1.$$

Die Wellenfunktion des Grundzustandes ist somit die Gauß-Funktion,

$$\tilde{\psi}_0(\tilde{x}) = \frac{1}{\pi^{1/4}} \exp(-\frac{\tilde{x}^2}{2}) \,. \tag{11.16}$$

Der erste angeregte Zustand wird durch $|1\rangle = \mathsf{a}^+|0\rangle$ definiert. Die Ortsdarstellung dieser Gleichung ergibt die Wellenfunktion

$$\tilde{\psi}_1 = \langle \tilde{x} | 1 \rangle = \langle \tilde{x} | \mathsf{a}^+ | 0 \rangle = \frac{1}{\sqrt{2}} \langle \tilde{x} | \left(\tilde{\mathsf{X}} - i\tilde{\mathsf{P}}\right) | 0 \rangle$$

$$= \frac{1}{\sqrt{2}} \left(\tilde{x} - \frac{d}{d\tilde{x}}\right) \tilde{\psi}_0 = \frac{1}{\sqrt{2}}\, 2\tilde{x}\, \tilde{\psi}_0. \tag{11.17}$$

Dieses Verfahren kann fortgesetzt werden. Wir zeigen nun, dass die Wellenfunktion des n-ten stationären Zustandes die Form

$$\tilde{\psi}_n = \frac{1}{\sqrt{2^n n!}}\, H_n(\tilde{x})\, \tilde{\psi}_0 \tag{11.18}$$

besitzt. Für die Wellenfunktion des $(n+1)$-ten stationären Zustandes gilt

$$\tilde{\psi}_{n+1} = \langle \tilde{x} | n+1 \rangle = \frac{1}{\sqrt{n+1}} \langle \tilde{x} | \mathsf{a}^+ | n \rangle$$

$$= \frac{1}{\sqrt{n+1}} \frac{1}{\sqrt{2}} \left(\tilde{x} - \frac{d}{d\tilde{x}}\right) \tilde{\psi}_n. \tag{11.19}$$

11.2 Stationäre Zustände

Mit dem Lösungsansatz (11.18) und mit der Operatoridentität

$$\tilde{x} - \frac{d}{d\tilde{x}} = -e^{\tilde{x}^2/2} \frac{d}{d\tilde{x}} e^{-\tilde{x}^2/2}$$

ergibt (11.19)

$$H_{n+1} = e^{\tilde{x}^2/2} \left(\tilde{x} - \frac{d}{d\tilde{x}} \right) \left(e^{-\tilde{x}^2/2} H_n \right) = -e^{\tilde{x}^2} \frac{d}{d\tilde{x}} \left(e^{-\tilde{x}^2} H_n \right).$$

Die Lösung dieser Rekursionsformel zu der Anfangsbedingung $H_0 = 1$ ist,

$$H_n = \left(-e^{\tilde{x}^2} \frac{d}{d\tilde{x}} e^{-\tilde{x}^2} \right)^n = (-1)^n \, e^{\tilde{x}^2} \frac{d^n}{d\tilde{x}^n} e^{-\tilde{x}^2}. \tag{11.20}$$

Dies ist eine allgemeine Darstellung der Hermiteschen Polynome.

Die Hermiteschen Polynome besitzen eine Orthogonalitätseigenschaft, die aus der Orthogonalität der normierten Eigenfunktionen folgt,

$$\langle n | m \rangle = \int_{-\infty}^{+\infty} d\tilde{x} \langle n | \tilde{x} \rangle \langle \tilde{x} | m \rangle$$

$$= \frac{1}{2^n n! \sqrt{\pi}} \int_{-\infty}^{+\infty} d\tilde{x} \, e^{-\tilde{x}^2} H_n H_m = \delta_{nm},$$

$$\Rightarrow \int_{-\infty}^{+\infty} d\tilde{x} \, e^{-\tilde{x}^2} H_n H_m = 2^n n! \sqrt{\pi} \, \delta_{nm}.$$

Befindet sich ein harmonischer Oszillator in einen stationären Zustand $|n\rangle$, so ergeben sich aus den Eigenschaften der Auf- und Absteigeoperatoren die Erwartungswerte,

$$\langle \tilde{\mathsf{X}} \rangle = \frac{1}{\sqrt{2}} \langle n | \mathsf{a}^+ + \mathsf{a} | n \rangle = 0,$$

$$\langle \tilde{\mathsf{P}} \rangle = \frac{i}{\sqrt{2}} \langle n | \mathsf{a}^+ - \mathsf{a} | n \rangle = 0,$$

$$\langle \tilde{\mathsf{X}}^2 \rangle = \frac{1}{2} \langle n | (\mathsf{a}^+ + \mathsf{a})^2 | n \rangle = \langle n | \frac{\mathsf{a}^+ \mathsf{a} + \mathsf{a}\mathsf{a}^+}{2} | n \rangle$$

$$= \langle n | \frac{2\mathsf{a}^+ \mathsf{a} + 1}{2} | n \rangle = n + \frac{1}{2},$$

$$\langle \tilde{\mathsf{P}}^2 \rangle = \frac{-1}{2} \langle n | (\mathsf{a}^+ - \mathsf{a})^2 | n \rangle = \langle n | \frac{\mathsf{a}^+ \mathsf{a} + \mathsf{a}\mathsf{a}^+}{2} | n \rangle$$

$$= \langle n | \frac{2\mathsf{a}^+ \mathsf{a} + 1}{2} | n \rangle = n + \frac{1}{2}. \tag{11.21}$$

Zusammenfassend gilt in einem stationären Zustand,

$$\langle \tilde{\mathsf{X}} \rangle = \langle \tilde{\mathsf{P}} \rangle = 0, \qquad \langle \frac{\tilde{\mathsf{X}}^2}{2} \rangle = \langle \frac{\tilde{\mathsf{P}}^2}{2} \rangle = \frac{1}{2}\tilde{E}_n,$$

$$\Delta\tilde{\mathsf{X}} = \Delta\tilde{\mathsf{P}} = \sqrt{\tilde{E}_n}, \qquad \Delta\mathsf{X}\Delta\mathsf{P} = \frac{E_n}{\omega_0}. \tag{11.22}$$

Die Erwartungswerte von Ort und Impuls verschwinden, die Erwartungswerte der kinetischen und potentiellen Energien sind gleichverteilt und jeweils gleich der halben Gesamtenergie. Die entsprechenden Orts- und Impulsunschärfen folgen daraus gemäß Definition (9.22). Dasselbe Ergebnis würde man von einem Ensemble von klassischen Oszillatoren mit zufällig verteilten Phasen erwarten, das im folgenden Abschnitt genauer betrachtet wird.

11.3 Klassisches mikrokanonisches Ensemble

Die quantenmechanische Aufenthaltswahrscheinlichkeit soll jetzt noch mit der entsprechenden klassischen Aufenthaltswahrscheinlichkeit verglichen werden. Dazu betrachten wir ein mikrokanonisches Ensemble von klassischen Teilchen, die alle dieselbe Energie $\tilde{E}_n$ besitzen aber ansonsten zufällig im Phasenraum verteilt sind. Dieses Ensemble besitzt die Wahrscheinlichkeitsdichte

$$w(\tilde{p}, \tilde{x}) = \frac{1}{Z}\,\delta(\tilde{E}_n - \frac{1}{2}[\tilde{p}^2 + \tilde{x}^2]),$$

wobei Z eine Normierungskonstante darstellt. Die Normierung der Wahrscheinlichkeit auf eins ergibt

$$Z = \int d\tilde{p}\,d\tilde{x}\; \delta(\tilde{E}_n - \frac{1}{2}[\tilde{p}^2 + \tilde{x}^2])$$

$$= \int_0^{2\pi} d\varphi \int_0^{\infty} d\left(\frac{r^2}{2}\right) \delta\left(\tilde{E}_0 - \frac{r^2}{2}\right) = 2\pi\,. \tag{11.23}$$

Zur Integration wurden die kartesischen Koordinaten $\tilde{x}, \tilde{p}$ durch Polarkoordinaten r, φ ersetzt. Die Normierungskonstante zeigt, dass die Phasen der Oszillatoren zufällig im Intervall $[0, 2\pi]$ verteilt sind.

Die Wahrscheinlichkeitsdichte $W(\tilde{x})$ im Ortsraum erhält man durch Integration über den Impulsraum,

$$W(\tilde{x}) = \int_{-\infty}^{+\infty} d\tilde{p}\; w(\tilde{p}, \tilde{x}) = \frac{1}{\pi}\int_0^{\infty} d\tilde{p}\; \delta(\tilde{E}_n - \frac{1}{2}[\tilde{p}^2 + \tilde{x}^2])$$

$$= \frac{1}{\pi}\int_0^{\infty} d\tilde{E}\; \frac{\delta(\tilde{E}_n - \tilde{E})}{\sqrt{2\tilde{E} - \tilde{x}^2}} = \frac{1}{\pi\sqrt{2\tilde{E}_n - \tilde{x}^2}}\,. \tag{11.24}$$

Hierbei wurde die Integrationsvariable $\tilde{p}$ durch $\tilde{E} = (\tilde{p}^2 + \tilde{x}^2)/2$ substituiert. Die klassische Aufenthaltswahrscheinlichkeitsdichte besitzt ein Minimum bei $\tilde{x} = 0$ und Asymptoten an den Umkehrpunkten $\tilde{x} = \pm\sqrt{2\tilde{E}_n} = \pm\sqrt{2n+1}$. Abbildung (11.2) zeigt den Vergleich der quantenmechanischen und der klassischen Wahrscheinlichkeitsdichten für $n = 0$, $n = 1$ und $n = 10$.

11.4 Kohärente Zustände

Stationäre Zustände sind zur Beschreibung der Grundzustandseigenschaften von Atomen oder Festkörpern besonders ausgezeichnet. Systeme im Grundzustand befinden sich definitionsgemäß in einem stationären Zustand. Bei angeregten Systemen spielen dagegen zeitabhängige Zustände eine wichtige Rolle, die durch ihre Anfangsbedingungen bestimmt sind. Von besonderem Interesse sind quasiklassische Zustände deren Erwartungswerte die klassische Bewegung eines Teilchens approximieren und dabei im Phasenraum minimale quantenmechanische Unschärfen besitzen. Solche Zustände werden als kohärente Zustände bezeichnet. Im folgenden werden die kohärenten Zustände des harmonischen Oszillators untersucht. Diese Zustände wurden schon von Schrödinger diskutiert. In der Quantenoptik erlangten sie ihre heutige Bedeutung durch die zu Beginn des Kapitels zitierten Arbeiten von R.J. Glauber.

Der Unterschied zwischen einem stationären Zustand $|\,n\,\rangle$ und einem kohärenten Zustand $|\,\alpha\,\rangle$ des harmonischen Oszillators wird besonders deutlich, wenn man die Erwartungswerte der Operatoren a und $\mathsf{a}^+\mathsf{a}$ miteinander vergleicht. Für den stationären Zustand gilt

$$\langle\,\mathsf{a}\,\rangle = \langle\,n\,|\mathsf{a}|\,n\,\rangle = 0, \qquad \langle\,\mathsf{a}^+\mathsf{a}\,\rangle = \langle\,n\,|\mathsf{a}^+\mathsf{a}|\,n\,\rangle = n\,.$$

Aufgrund der Definition (11.4) der Operatoren a und a^+ sollten diese Erwartungswerte im klassischen Grenzfall in die komplexe Amplitude α der Schwingung und deren Betragsquadrat $|\alpha|^2$ übergehen. Dies ist aber für den stationären Zustand offensichtlich nicht der Fall. Daher stellt sich die Frage ob es Zustände gibt, die die gewünschte Eigenschaft

$$\langle\,\mathsf{a}\,\rangle = \langle\,\alpha\,|\mathsf{a}|\,\alpha\,\rangle = \alpha, \qquad \langle\,\mathsf{a}^+\mathsf{a}\,\rangle = \langle\,\alpha\,|\mathsf{a}^+\mathsf{a}|\,\alpha\,\rangle = |\alpha|^2 \qquad (11.25)$$

besitzen. Aus dieser Forderung kann man eine einfache Definition der kohärenten Zustände ableiten. Setzt man $|\,\beta\,\rangle = \mathsf{a}|\,\alpha\,\rangle$ und $\langle\,\alpha\,|\,\alpha\,\rangle = 1$, dann folgt aus (11.25)

$$\langle\,\mathsf{a}^+\mathsf{a}\,\rangle - |\langle\,\mathsf{a}\,\rangle|^2 = \langle\,\alpha\,|\,\alpha\,\rangle\langle\,\beta\,|\,\beta\,\rangle - |\langle\,\alpha\,|\,\beta\,\rangle|^2 = 0.$$

Nach der Schwarzschen Ungleichung ist dieser Ausdruck genau dann Null, wenn die Vektoren $|\,\alpha\,\rangle$ und $|\,\beta\,\rangle$ linear abhängig sind. Der Zustand $|\,\alpha\,\rangle$ ist daher ein Eigenzustand des Absteigeoperators a zum Eigenwert α. Da der Operator a nicht hermitesch ist, sind die Eigenwerte α komplex. Diese Eigenschaft des Zustands $|\,\alpha\,\rangle$ wird als Definition des kohärenten Zustands verwendet.

Definition 11.1: *Kohärenter Zustand*

Ein kohärenter Zustand $|\alpha\rangle$ des harmonischen Oszillators ist ein Eigenzustand des Absteigeoperators a zum komplexen Eigenwert α,

$$\mathsf{a}|\alpha\rangle = \alpha|\alpha\rangle. \tag{11.26}$$

Von vorn herein ist noch nicht sicher, dass die Eigenwertgleichung (11.26) wirklich Lösungen besitzt. Eine explizite Lösung der Eigenwertgleichung kann man jedoch sowohl in der Energiedarstellung als auch in der Ortsdarstellung gewinnen. Wir beginnen mit der Energiedarstellung,

$$\sum_{m=0}^{\infty} \langle n|\mathsf{a}|m\rangle \langle m|\alpha\rangle = \alpha \langle n|\alpha\rangle$$
$$\sqrt{n+1}\langle n+1|\alpha\rangle = \alpha \langle n|\alpha\rangle$$
$$\langle n|\alpha\rangle = \frac{\alpha}{\sqrt{n}} \langle n-1|\alpha\rangle$$
$$= \frac{\alpha^n}{\sqrt{n!}} \langle 0|\alpha\rangle.$$

Die Normierungsbedingung für $|\alpha\rangle$ ergibt

$$\langle \alpha|\alpha\rangle = \sum_{n=0}^{\infty} \langle \alpha|n\rangle\langle n|\alpha\rangle = |\langle 0|\alpha\rangle|^2 \sum_{n=0}^{\infty} \frac{|\alpha|^{2n}}{n!}$$
$$= |\langle 0|\alpha\rangle|^2 \, e^{|\alpha|^2} = 1.$$

Wählt man die Normierungskonstante reell, so erhält man,

$$|\alpha\rangle = e^{-|\alpha|^2/2} \sum_{n=0}^{\infty} \frac{\alpha^n}{\sqrt{n!}} |n\rangle. \tag{11.27}$$

Dies ist die Darstellung des kohärenten Zustands $|\alpha\rangle$ in der Basis der stationären Zustände $\{|n\rangle\}$.

Befindet sich ein harmonischer Oszillator in einem kohärenten Zustand, so ist die Quantenzahl n und damit auch die Energie unscharf. Tatsächlich ist die Projektionsamplitude von $|\alpha\rangle$ auf einen beliebigen stationären Zustand $|n\rangle$ für $\alpha \neq 0$ immer ungleich null,

$$\langle n|\alpha\rangle = e^{-|\alpha|^2/2} \frac{\alpha^n}{\sqrt{n!}}. \tag{11.28}$$

Bei einer Messung der Energie des Oszillators im kohärenten Zustand $|\alpha\rangle$ tritt der Energieeigenwert E_n folglich mit der Wahrscheinlichkeit

11.4 Kohärente Zustände

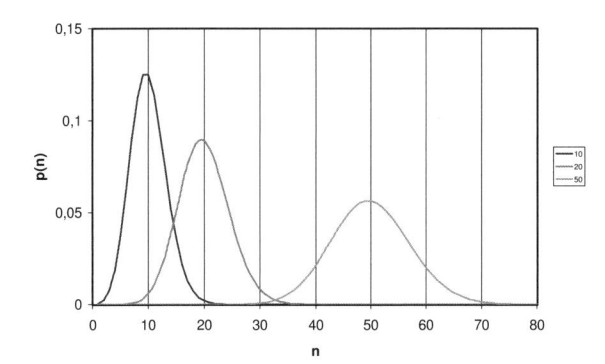

Abb. 11.3: Poisson-Verteilung zu den Mittelwerten $\overline{n} = 10$, 20 und 50. Die Breite der Verteilung ist $\Delta n = \sqrt{\overline{n}}$. Die relative Breite $\Delta n/\overline{n}$ nimmt mit wachsendem $\overline{n}$ ab.

$$p_n = |\langle n \,|\, \alpha \rangle|^2 = e^{-|\alpha|^2} \frac{|\alpha|^{2n}}{n!} = \frac{\overline{n}^n e^{-\overline{n}}}{n!}, \tag{11.29}$$

auf. Dies ist eine Poisson-Verteilung der Quantenzahlen n mit dem Parameter $\overline{n} = |\alpha|^2$ (Abb.11.3). Der Parameter $|\alpha|^2$ bestimmt den Mittelwert $\overline{n}$ der Messwerte n einer Poissonverteilung,

$$\overline{n} = \sum_{n=0}^{\infty} n p_n = |\alpha|^2 e^{-|\alpha|^2} \sum_{n=1}^{\infty} \frac{|\alpha|^{2(n-1)}}{(n-1)!} = |\alpha|^2. \tag{11.30}$$

Um ein Maß der Energieunschärfe zu finden, berechnen wir das mittlere Schwankungsquadrat Δn^2,

$$\overline{n} = \langle \mathsf{a}^+ \mathsf{a} \rangle = |\alpha|^2,$$
$$\Delta n^2 = \langle \mathsf{a}^+ \mathsf{a} \mathsf{a}^+ \mathsf{a} \rangle - \langle \mathsf{a}^+ \mathsf{a} \rangle^2 = \langle \mathsf{a}^+ (\mathsf{a}^+ \mathsf{a} + 1) \mathsf{a} \rangle - \langle \mathsf{a}^+ \mathsf{a} \rangle^2 = |\alpha|^2.$$

Die relative Schwankung um den Mittelwert ist

$$\frac{\Delta n}{\overline{n}} = \frac{1}{\sqrt{\overline{n}}}. \tag{11.31}$$

Im Grenzfall großer Quantenzahlen wird die relative Energieunschärfe sehr klein, so dass man solche Zustände hinreichend genau durch ihre mittlere Energie beschreiben kann.

Die Zeitentwicklung der kohärenten Zustände kann ebenfalls aus der Darstellung (11.27) abgelesen werden. Mit der bekannten Zeitabhängigkeit der stationären Zustände folgt

$$|\alpha(t)\rangle = e^{-|\alpha(0)|^2/2} \sum_{n=0}^{\infty} \frac{\alpha(0)^n \, e^{-i(n+1/2)\omega_0 t}}{\sqrt{n!}} \, |n\rangle$$
$$= e^{-i\omega_0 t/2} |\alpha(0)e^{-i\omega_0 t}\rangle . \qquad (11.32)$$

Der kohärente Zustand $|\alpha(t)\rangle$ genügt zur Zeit t der Eigenwertgleichung

$$\mathsf{a}|\alpha(t)\rangle = \alpha(t)|\alpha(t)\rangle \qquad (11.33)$$

mit dem zeitabhängigen Eigenwert

$$\alpha(t) = \alpha(0)e^{-i\omega_0 t}. \qquad (11.34)$$

Der komplexe Eigenwert besitzt also dieselbe Zeitabhängigkeit wie die klassische komplexe Amplitude der Schwingung. Damit lässt sich die Zeitentwicklung der Erwartungswerte in einem kohärenten Zustand angeben. Setzt man $\alpha(0) = \alpha_0 \, e^{i\varphi}$ mit einer reellen Amplitude α_0 so folgt,

$$\begin{aligned}
\langle \mathsf{a} \rangle &= \langle \alpha |\mathsf{a}| \alpha \rangle = \alpha = \alpha_0 e^{-i(\omega_0 t - \varphi)}, \\
\langle \tilde{\mathsf{X}} \rangle &= \tfrac{1}{\sqrt{2}} \langle \alpha |\mathsf{a}^+ + \mathsf{a}| \alpha \rangle = \tfrac{1}{\sqrt{2}} (\alpha^* + \alpha) = \sqrt{2}\alpha_0 \cos(\omega_0 t - \varphi), \\
\langle \tilde{\mathsf{P}} \rangle &= \tfrac{i}{\sqrt{2}} \langle \alpha |\mathsf{a}^+ - \mathsf{a}| \alpha \rangle = \tfrac{i}{\sqrt{2}} (\alpha^* - \alpha) = -\sqrt{2}\alpha_0 \sin(\omega_0 t - \varphi) , \\
\langle \tilde{\mathsf{H}} \rangle &= \langle \alpha |\mathsf{a}^+\mathsf{a} + \tfrac{1}{2}| \alpha \rangle = |\alpha|^2 + \tfrac{1}{2} .
\end{aligned} \qquad (11.35)$$

Diese Erwartungswerte verhalten sich genauso, wie die entsprechenden Variablen eines klassischen harmonischen Oszillators. Die Energie ist jedoch gegenüber der klassischen Energie um die endliche Grundzustandsenergie (Nullpunktsschwingung) verschoben. Für große Quantenzahlen erhält man aber auch hier näherungsweise die klassische Beziehung $\langle \tilde{\mathsf{H}} \rangle = |\alpha|^2$.

Die Eigenwertgleichung der kohärenten Zustände kann auch in der Ortsdarstellung gelöst werden. Man erhält so eine Bestimmungsgleichung für die Wellenfunktion $\tilde{\psi}_\alpha(\tilde{x}) = \langle \tilde{x} | \alpha \rangle$ der kohärenten Zustände:

$$\langle \tilde{x} |\mathsf{a}| \alpha \rangle = \alpha \langle \tilde{x} | \alpha \rangle,$$
$$\frac{1}{\sqrt{2}} \left(\tilde{x} + \frac{d}{d\tilde{x}} \right) \tilde{\psi}_\alpha = \frac{1}{\sqrt{2}} \left(\langle \tilde{\mathsf{X}} \rangle + i \langle \tilde{\mathsf{P}} \rangle \right) \tilde{\psi}_\alpha .$$

In der zweiten Zeile wurde a durch die Orts- und Impulsoperatoren und $\alpha = \langle \alpha |\mathsf{a}| \alpha \rangle$ durch deren Erwartungswerte substituiert. Die Integration und anschließende Normierung ergibt die Wellenfunktion

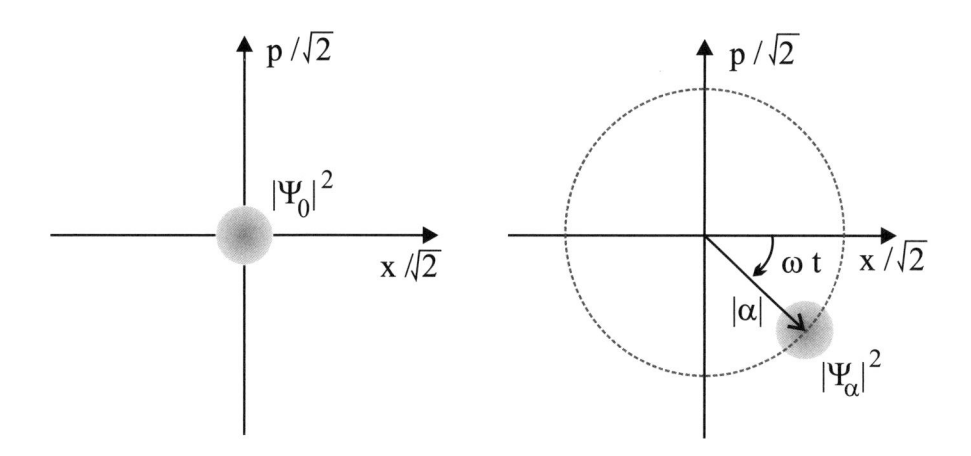

Abb. 11.4: *Schematischer Vergleich der Phasenraumaufenthaltswahrscheinlichkeit des harmonischen Oszillators für den Grundzustand ψ_0 und den kohärenten Zustand ψ_α mit der klassischen Schwingungsamplitude $\alpha = |\alpha|e^{-i\omega_0 t}$.*

$$\tilde{\psi}_\alpha = \frac{1}{\pi^{1/4}} \exp\left(i\langle \tilde{\mathsf{P}} \rangle \tilde{x} - \frac{1}{2}(\tilde{x} - \langle \tilde{\mathsf{X}} \rangle)^2\right). \tag{11.36}$$

Das schwingende Teilchen wird hier durch die an den Ort $\langle \tilde{\mathsf{X}} \rangle$ verschobene Wellenfunktion des Grundzustandes beschrieben. Das Maximum des Wellenpaketes führt die klassische Schwingungsbewegung aus. Die zugehörigen Orts- und Impulsschwankungen lassen sich leicht wie in (11.21) berechnen. Sie sind zeitunabhängig und erfüllen die Bedingung minimaler Unschärfe,

$$\Delta\tilde{\mathsf{X}} = \Delta\tilde{\mathsf{P}} = \frac{1}{\sqrt{2}}, \qquad \Delta\mathsf{X}\Delta\mathsf{P} = \frac{\hbar}{2}. \tag{11.37}$$

Die kohärenten Zustände des harmonischen Oszillators stellen somit ein instruktives Beispiel dafür dar, wie die Bewegung eines klassischen Teilchens im Grenzfall hoher Quantenzahlen aus der Quantenmechanik abgeleitet werden kann.

11.5 Verschiebungsoperator

Die stationären Zustände lassen sich aus dem Grundzustand durch die mehrfache Anwendung des Aufsteigeoperators gemäß (11.14) erzeugen. Für kohärente Zustände gibt es einen analogen Operator, den Verschiebungsoperator, der eine Verschiebung des komplexen Eigenwerts eines kohärenten Zustandes bewirkt.

Definition 11.2: *Verschiebungsoperator*

Sei α eine komplexe Zahl. Der Verschiebungsoperator $\mathsf{D}(\alpha)$ wird definiert durch

$$\mathsf{D}(\alpha) = e^{\alpha \mathsf{a}^+ - \alpha^* \mathsf{a}}. \tag{11.38}$$

Adjungierter Verschiebungsoperator: Man erhält den zum Verschiebungsoperator adjungierten Operator durch die Ersetzung von α durch $-\alpha$,

$$\mathsf{D}^+(\alpha) = \mathsf{D}(-\alpha). \tag{11.39}$$

Beweis: Sei $\mathsf{A}(\alpha) = \alpha \mathsf{a}^+ - \alpha^* \mathsf{a}$ der Operator im Exponent der Exponentialfunktion. Dann gilt

$$\mathsf{D}^+(\alpha) = e^{\mathsf{A}^+(\alpha)} = e^{-\mathsf{A}(\alpha)} = e^{\mathsf{A}(-\alpha)} = \mathsf{D}(-\alpha). \tag{11.40}$$

Unitarität des Verschiebungsoperators: Der Verschiebungsoperator ist unitär und damit auch umkehrbar,

$$\mathsf{D}^+(\alpha)\mathsf{D}(\alpha) = \mathsf{I}, \qquad \mathsf{D}^{-1}(\alpha) = \mathsf{D}^+(\alpha) = \mathsf{D}(-\alpha). \tag{11.41}$$

Beweis: Verwendet man die Campbell-Baker-Hausdorff-Formel (9.74) mit $\mathsf{A} = \alpha \mathsf{a}^+ - \alpha^* \mathsf{a}$, $\mathsf{B} = -\mathsf{A}$, $\mathsf{C} = 0$ so folgt,

$$\mathsf{D}^+(\alpha)\mathsf{D}(\alpha) = e^{-\mathsf{A}} e^{\mathsf{A}} = e^{-\mathsf{A}+\mathsf{A}} = \mathsf{I}. \tag{11.42}$$

Verschiebung des Grundzustands: Durch die Anwendung des Verschiebungsoperators auf den Grundzustand $|0\rangle$ entsteht der kohärente Zustand $|\alpha\rangle$. Da der Grundzustand auch ein kohärenter Zustand ist, bewirkt der Operator die Verschiebung des komplexen Parameters von 0 nach α.

$$\mathsf{D}(\alpha)|0\rangle = |\alpha\rangle. \tag{11.43}$$

Beweis:

$$\begin{aligned}
\mathsf{D}(\alpha)|0\rangle &= e^{\alpha \mathsf{a}^+ - \alpha^* \mathsf{a}}|0\rangle \\
&= e^{\alpha \mathsf{a}^+} e^{-\alpha^* \mathsf{a}} e^{-|\alpha|^2/2}|0\rangle \\
&= e^{-|\alpha|^2/2} e^{\alpha \mathsf{a}^+} \sum_{n=0}^{\infty} \frac{(-\alpha^* \mathsf{a})^n}{n!}|0\rangle = e^{-|\alpha|^2/2} e^{\alpha \mathsf{a}^+}|0\rangle \\
&= e^{-|\alpha|^2/2} \sum_{n=0}^{\infty} \frac{(\alpha \mathsf{a}^+)^n}{n!}|0\rangle \\
&= e^{-|\alpha|^2/2} \sum_{n=0}^{\infty} \frac{\alpha^n}{\sqrt{n!}}|n\rangle = |\alpha\rangle.
\end{aligned} \tag{11.44}$$

Zuerst wird die Campbell-Baker-Hausdorff-Formel (9.74) mit $A = \alpha a^+$, $B = -\alpha^* a$, $C = |\alpha|^2$ angewandt, danach wird ausgenutzt, dass die Anwendung des Vernichtungsoperators auf den Grundzustand null ergibt. Mit den Darstellungen (11.14) und (11.27) erhält man als Ergebnis den Zustand $|\alpha\rangle$.

Verschiebung des Absteigeoperators: Durch die unitäre Transformation mit dem Verschiebungsoperator wird der Absteigeoperator a um αI verschoben,

$$D^+(\alpha) a D(\alpha) = a + \alpha I. \tag{11.45}$$

Beweis: Dies folgt unmittelbar aus dem Campbell-Baker-Hausdorff-Theorem (9.73) mit den Operatoren $A = a$, $B = -(\alpha a^+ - \alpha^* a)$ und dem Kommutator $[B, A] = -\alpha[a^+, a] = \alpha I$.

Additivität der Verschiebungen: Einer Verschiebung um β gefolgt von einer Verschiebung um α entspricht bis auf einen Phasenfaktor eine einmalige Verschiebung um $\alpha + \beta$,

$$D(\alpha) D(\beta) = D(\alpha + \beta) e^{i \Im\{\alpha\beta^*\}}. \tag{11.46}$$

Beweis: Setzt man $A = \alpha a^+ - \alpha^* a$ und $B = \beta a^+ - \beta^* a$, so folgt für den Kommutator

$$C = [A, B] = -\alpha\beta^*[a^+, a] - \alpha^*\beta[a^+, a] = 2i\Im\{\alpha\beta^*\}. \tag{11.47}$$

Damit ergibt die Campbell-Baker-Hausdorff-Formel (9.74)

$$D(\alpha) D(\beta) = e^A e^B = e^{A+B} e^{C/2} = D(\alpha + \beta) e^{i\Im\{\alpha\beta^*\}}. \tag{11.48}$$

11.6 Angeregter harmonischer Oszillator

Wir betrachten nun die semiklassische Form des Lorentz-Modells bei dem ein quantenmechanischer Oszillator durch ein klassisches zeitabhängiges Feld angeregt wird. Zunächst wird mit Hilfe des Ehrenfest-Theorems gezeigt, dass der Ortserwartungswert die klassische Bewegungsgleichung erfüllt. Danach wird allgemeiner die Zeitentwicklung eines Quantenzustandes im Rahmen der Schrödinger-Gleichung untersucht. Es wird gezeigt, dass die Wechselwirkung des Oszillators mit dem elektrischen Feld einen kohärenten Zustand in einen kohärenten Zustand überführt. In einem kohärenten Zustand ist die Energieaufnahme des quantenmechanischen Oszillators exakt gleich der Energieaufnahme des klassischen Oszillators.

Wir betrachten nun die Zeitentwicklung des Erwartungswertes des Ortsoperators. Für diesen gilt nach dem Ehrenfest-Theorem (9.94) die Bewegungsgleichung

$$m \frac{d^2}{dt^2} \langle X \rangle = \langle F(X, t) \rangle = -m\omega_0^2 \langle X \rangle + q\mathcal{E}(t). \tag{11.49}$$

Der erste Teil der Kraft F ist linear, der zweite unabhängig vom Ortsoperator. In diesem speziellen Fall genügt der Ortserwartungswert also exakt der klassischen Bewegungsgleichung. Zur Berechnung der Polarisierbarkeit muss man in der klassischen Herleitung lediglich die Ortskoordinate durch den Ortserwartungswert ersetzen. Damit ist die klassische Formel (7.9) für die Polarisierbarkeit auch im semiklassischen Fall gültig. Es gibt keine Quantenkorrekturen zum Lorentz-Modell der Polarisierbarkeit. Wir werden aber später sehen, dass die quantenmechanische Berechnung der Polarisierbarkeit realer Atome Korrekturen zum Lorentz-Modell aufweist bzw. eine Bestimmung der darin enthaltenen freien Parameter erlaubt.

Wir untersuchen nun die Zeitentwicklung des angeregten harmonischen Oszillators. Der Hamilton-Operator lautet

$$\mathsf{H} = \mathsf{H}_0 + \mathsf{H}_1, \qquad \mathsf{H}_0 = \frac{\mathsf{P}^2}{2m} + \frac{1}{2}m\omega_0^2\mathsf{X}^2, \qquad \mathsf{H}_1 = -q\mathsf{X}\mathcal{E}(t), \tag{11.50}$$

wobei H_0 den Hamilton-Operator des ungestörten Oszillators und H_1 die Wechselwirkung mit einem klassischen zeitabhängigen elektrischen Feld in der Längeneichung beschreibt. Da die Quantenzustände des ungestörten Oszillators bereits bekannt sind, ist es vorteilhaft das Wechselwirkungsbild zu verwenden. Im Wechselwirkungsbild gilt die Schrödinger-Gleichung (9.86)

$$i\hbar\partial_t|\psi_I\rangle = \mathsf{H}_I|\psi_I\rangle, \tag{11.51}$$

wobei der Quantenzustand und der Hamilton-Operator durch unitäre Transformationen

$$|\psi_I\rangle = \mathsf{U}_0^+|\psi\rangle, \qquad \mathsf{H}_I = \mathsf{U}_0^+\mathsf{H}_1\mathsf{U}_0, \qquad \mathsf{U}_0 = e^{-i\mathsf{H}_0 t/\hbar} \tag{11.52}$$

mit dem Zeitentwicklungsoperator U_0 des ungestörten Systems definiert sind.

Im folgenden werden auch die Auf- und Absteigeoperatoren im Wechselwirkungsbild benötigt,

$$\mathsf{a}_I = \mathsf{U}_0^+\mathsf{a}\mathsf{U}_0, \qquad \mathsf{a}_I^+ = \mathsf{U}_0^+\mathsf{a}^+\mathsf{U}_0. \tag{11.53}$$

Die Zeitabhängigkeit dieser Operatoren kann elementar mit Hilfe von Vertauschungsrelationen berechnet werden. Setzt man $\mathsf{H}_0 = \hbar\omega_0(\mathsf{N} + 1/2)$, so folgt

$$\mathsf{a}_I = e^{i\omega_0 t\mathsf{N}}\mathsf{a}e^{-i\omega_0 t\mathsf{N}}, \qquad \mathsf{a}_I^+ = e^{i\omega_0 t\mathsf{N}}\mathsf{a}^+e^{-i\omega_0 t\mathsf{N}}. \tag{11.54}$$

Durch n-malige Anwendung der Vertauschungsrelationen in (11.8) ergeben sich die Formeln,

$$\mathsf{N}^n\mathsf{a} = \mathsf{N}^{(n-1)}\mathsf{a}(\mathsf{N} - \mathsf{I}) = \mathsf{a}(\mathsf{N} - \mathsf{I})^n, \tag{11.55a}$$
$$\mathsf{N}^n\mathsf{a}^+ = \mathsf{N}^{(n-1)}\mathsf{a}^+(\mathsf{N} + \mathsf{I}) = \mathsf{a}^+(\mathsf{N} + \mathsf{I})^n. \tag{11.55b}$$

Wendet man diese in (11.54) auf jeden Term in der Potenzreihe der linken Exponentialfunktion an, so ergibt sich nach dem Vorziehen des Operators a bzw. a^+ wieder eine Exponentialfunktion bei der N durch $\mathsf{N} \mp \mathsf{I}$ ersetzt ist. Damit gilt

$$\mathsf{a}_I = \mathsf{a}\, e^{i\omega_0 t(\mathsf{N}-\mathsf{I})}e^{-i\omega_0 t\mathsf{N}} = \mathsf{a}\, e^{-i\omega_0 t}, \tag{11.56a}$$
$$\mathsf{a}_I^+ = \mathsf{a}^+\, e^{i\omega_0 t(\mathsf{N}+\mathsf{I})}e^{-i\omega_0 t\mathsf{N}} = \mathsf{a}^+\, e^{+i\omega_0 t}. \tag{11.56b}$$

11.6 Angeregter harmonischer Oszillator

Nach (11.34) besitzen diese Operatoren dieselbe Zeitabhängigkeit wie die komplexen Amplituden α und α^* der ungestörten Schwingung.

Zur Integration der Schrödinger-Gleichung (11.51) betrachten wir zunächst ein infinitesimales Zeitintervall Δt, in welchem der Hamilton-Operator als zeitunabhängig approximiert werden kann. Für dieses Zeitintervall ist der Zeitentwicklungsoperator

$$\Delta \mathsf{U}_I = e^{-\frac{i}{\hbar}\mathsf{H}_I \Delta t}. \tag{11.57}$$

Ersetzt man den Ortsoperator in H_I durch die Auf- und Absteigeoperatoren gemäß der Transformation (11.2), (11.5), so folgt für den Exponenten die Darstellung

$$\begin{aligned}-\frac{i}{\hbar}\mathsf{H}_I \Delta t &= (-\frac{i}{\hbar})(-q\mathcal{E})\,\mathsf{U}_0^+ \mathsf{X} \mathsf{U}_0\,\Delta t \\ &= \frac{iq\mathcal{E}}{\sqrt{2m\hbar\omega_0}}\,(\mathsf{a}^+ e^{i\omega_0 t} + \mathsf{a} e^{-i\omega_0 t})\,\Delta t \\ &= \Delta\alpha\,\mathsf{a}^+ - \Delta\alpha^* \mathsf{a}, \end{aligned} \tag{11.58}$$

mit

$$\frac{\Delta\alpha}{\Delta t} = \frac{iq\mathcal{E}\,e^{i\omega_0 t}}{\sqrt{2m\hbar\omega_0}}\,.$$

Damit kann der Zeitentwicklungsoperator (11.57) in der Form eines Verschiebungsoperators mit dem Argument $\Delta\alpha$ ausgedrückt werden,

$$\Delta\mathsf{U}_I = \mathsf{D}(\Delta\alpha). \tag{11.59}$$

Die infinitesimale Verschiebung ist die Änderung einer komplexen Amplitude $\alpha(t)$, der im klassischen Lorentz-Modell Gleichung (7.37) entspricht.

Die Integration der Schrödinger-Gleichung (11.51) kann nun mit Hilfe der Regel (11.46) für Produkte von Verschiebungsoperatoren durchgeführt werden. Hierzu wird das endliche Zeitintervall in hinreichend kleine Zeitintervalle $[t_j, t_j + \Delta t]$, $j = 1, \cdots, J$ unterteilt, in denen jeweils eine Verschiebung um $\Delta\alpha_j$ erfolgt. Dann ist der Zeitentwicklungsoperator für das endliche Zeitintervall

$$\mathsf{U}_I = \prod_{j=1}^{J} \mathsf{D}(\Delta\alpha_j)\,. \tag{11.60}$$

Nach (11.46) sind die Verschiebungen aufeinander folgender Verschiebungsoperationen additiv. Bis auf eine Phase φ ist der Zeitentwicklungsoperator für das endliche Intervall dann auch ein Verschiebungsoperator,

$$\mathsf{U}_I = \mathsf{D}(\sum_{j=1}^{J}\Delta\alpha_j)\,e^{i\varphi}\,. \tag{11.61}$$

Die genaue Form der Phase φ wird für die Berechnung von Erwartungswerten nicht benötigt. Im Grenzfall $J \to \infty$ kann die Summe durch ein Integral ersetzt werden und man erhält das Ergebnis

$$\mathsf{U}_I = \mathsf{D}(\alpha)e^{i\varphi}, \tag{11.62}$$

mit dem komplexen Verschiebungsparameter

$$\alpha = \int_0^t dt' \frac{\Delta\alpha(t')}{\Delta t} = \frac{iq}{\sqrt{2m\hbar\omega_0}} \int_0^t dt' \, \mathcal{E}(t') \, e^{i\omega_0 t'}. \tag{11.63}$$

Der Zeitentwicklungsoperator im Wechselwirkungsbild ist also bis auf eine Phase φ ein Verschiebungsoperator.

Wir betrachten nun die Anregung eines harmonischen Oszillators, der sich vor der Wechselwirkung, zur Zeit $t = 0$, in einem kohärenten Zustand mit der komplexen Amplitude β befindet,

$$|\psi_I(0)\rangle = |\beta\rangle. \tag{11.64}$$

Dieser Zustand kann durch eine Verschiebung des Grundzustandes erzeugt werden

$$|\beta\rangle = \mathsf{D}(\beta)|0\rangle. \tag{11.65}$$

Die Entwicklung des Zustandsvektors im Wechselwirkungsbild ergibt mit (11.46),

$$\begin{aligned} |\psi_I(t)\rangle &= \mathsf{U}_I|\psi_I(0)\rangle = \mathsf{D}(\alpha)\mathsf{D}(\beta)|0\rangle \, e^{i\varphi} \\ &= |\alpha+\beta\rangle e^{i\varphi+i\Im\{\alpha\beta^*\}}. \end{aligned} \tag{11.66}$$

Die Zeitentwicklung im Schrödingerbild wird durch den Zeitentwicklungsoperator (9.90) bestimmt. Sie kann wie in (11.32) durch eine Entwicklung des kohärenten Zustandes nach stationären Zuständen berechnet werden,

$$|\psi_S(t)\rangle = \mathsf{U}_0|\psi_I(t)\rangle = |\gamma\rangle e^{i\varphi+i\Im\{\alpha\beta^*\}-i\omega_0 t/2}, \tag{11.67}$$

mit

$$\gamma = (\alpha+\beta)e^{-i\omega_0 t}. \tag{11.68}$$

Die Anregung eines kohärenten Zustandes führt also wieder zu einem kohärenten Zustand. Da auch der Grundzustand ein kohärenter Zustand ist, führt die Anregung aus dem Grundzustand ebenfalls zu einem kohärenten Zustand. Der komplexe Parameter γ kann mit der klassischen Schwingungsamplitude identifiziert werden. Ein Vergleich der klassischen Amplitude z aus (7.38) mit (11.63) und (11.68) ergibt die exakte Proportionalität $z(t) = \sqrt{\hbar}\,\gamma(t)$.

Wir bestimmen nun noch die Energie des angeregten Oszillators. Der Erwartungswert der Energie im kohärenten Zustand (11.67) ist

$$W = \langle\gamma|\mathsf{H}_0|\gamma\rangle = \hbar\omega_0(\langle\gamma|\mathsf{a}^+\mathsf{a}|\gamma\rangle + \frac{1}{2}) = \hbar\omega_0(|\gamma|^2 + \frac{1}{2}). \tag{11.69}$$

11.6 Angeregter harmonischer Oszillator

In einem kohärenten Zustand sind die Niveaus gemäß der Poisson-Verteilung (11.29) besetzt. Die mittlere Besetzungszahl ist $\bar{n} = |\gamma|^2$. Daher beschreibt der erste Summand die mittlere Anregungsenergie und der zweite Summand den Beitrag der Grundzustandsenergie. Bei der Absorption von Strahlung in einem kohärenten Zustand ist die absorbierte Energie

$$\Delta W = W(t) - W(0) = \hbar\omega_0(|\gamma(t)|^2 - |\beta|^2)$$
$$= \hbar\omega_0(|\alpha|^2 + \alpha\beta^* + \beta\alpha^*). \tag{11.70}$$

Sie ist unabhängig von der Grundzustandsenergie und gleich der Energieänderung des klassischen Oszillators mit der Amplitude $z(t) = \sqrt{\hbar}\,\gamma$ und dem Anfangswert $z(0) = \sqrt{\hbar}\,\beta$. Daher bleiben die mit dem klassischen Lorentz-Modell hergeleiteten Emissions- und Absorptionsraten exakt gültig.

Etwas allgemeiner kann man auch den Energieerwartungswert bei der Anregung eines beliebigen Ausgangszustandes angeben. Dazu betrachten wir zunächst die Zeitentwicklung des Operators $\mathsf{N} = \mathsf{a}^+\mathsf{a}$ im Heisenberg-Bild,

$$\mathsf{N}_H = \mathsf{U}^+\mathsf{N}\mathsf{U} = \mathsf{U}_I^+\mathsf{U}_0^+\mathsf{N}\mathsf{U}_0\mathsf{U}_I = \mathsf{U}_I^+\mathsf{N}\mathsf{U}_I = \mathsf{D}^+(\alpha)\mathsf{N}\mathsf{D}(\alpha). \tag{11.71}$$

Durch Anwendung des Campbell-Baker-Hausdorff-Theorems (9.73) mit

$$\mathsf{A} = \mathsf{N}, \qquad \mathsf{B} = -\alpha\mathsf{a}^+ + \alpha^*\mathsf{a}, \tag{11.72}$$

$$[\mathsf{B},\mathsf{A}] = \alpha\mathsf{a}^+ + \alpha^*\mathsf{a}, \qquad [\mathsf{B},[\mathsf{B},\mathsf{A}]] = 2|\alpha|^2,$$

folgt

$$\mathsf{N}_H = \mathsf{N} + \alpha\mathsf{a}^+ + \alpha^*\mathsf{a} + |\alpha|^2. \tag{11.73}$$

Im Heisenberg-Bild werden Erwartungswerte mit den Anfangszuständen berechnet. Der Erwartungswert der Energieänderung für einen beliebigen Anfangszustand $|\psi_0\rangle$ ist damit

$$\Delta W(t) = \langle\psi_0|\hbar\omega_0(\mathsf{N}_H - \mathsf{N})|\psi_0\rangle = \hbar\omega_0(|\alpha|^2 + \alpha b^* + \alpha^* b)$$
$$= \hbar\omega_0(|\alpha + b|^2 - |b|^2). \tag{11.74}$$

mit $b = \langle\psi_0|\mathsf{a}|\psi_0\rangle$. Bei einem kohärenten Anfangszustand ist $b = \beta$ und man erhält dann wieder das Ergebnis (11.70). Bei stationären Anfangszuständen ist $b = 0$. In diesem Fall verschwindet aber auch die klassische Anfangsamplitude, $z(0) = 0$, da die Erwartungswerte des Ortes und Impulses nach (11.22) null sind. Somit ist auch die Energieänderung bei der Anregung eines stationären Zustandes klassisch obwohl hier i.A. keine Poisson-Verteilung der Besetzungszahlen vorliegt.

Die hier beschriebene Methode zur Lösung des klassisch angeregten quantenmechanischen Oszillators wurde ursprünglich von R.J. Glauber im Rahmen der Quantenoptik eingeführt. In diesem Zusammenhang wurde gezeigt, dass eine klassische Stromdichte kohärente Zustände des quantisierten Strahlungsfeldes erzeugt (Abschnitt 17.4). Das semiklassische Lorentz-Modell zeigt umgekehrt, dass ein harmonisch gebundenes Elektron durch ein klassisches elektromagnetisches Feld in einen kohärenten Quantenzustand angeregt wird.

11.7 Einsteinsche Ratengleichungen des harmonischen Oszillators

Zum Abschluss vergleichen wir noch die von einem harmonischen Oszillator absorbierte und emittierte Leistung mit den Einsteinschen Übergangsraten aus Abschnitt 1.2. Als Anfangszustand betrachten wir den n-ten stationären Zustand des Oszillators und berechnen damit die absorbierte bzw. emittierte Leistung aufgrund der Übergänge in die benachbarten Zustände $n-1$ und $n+1$. Bei hinreichend schwacher Anregung sind die Übergangswahrscheinlichkeiten in andere Zustände vernachlässigbar klein.

Wir geben zunächst die Einstein-Koeffizienten (1.20), (1.33) für den harmonischen Oszillator an. Setzt man die Übergangsfrequenzen benachbarter Niveaus gleich der Oszillatorfrequenz $\omega_0 = 2\pi\nu_0$, so erhält man für den Übergang von $n \to n\pm 1$ die Ausdrücke,

$$B_{n,n\pm 1} = \frac{2\pi}{3} \frac{|\mathsf{d}_{n,n\pm 1}|^2}{\hbar^2} , \tag{11.75a}$$

$$A_{n,n\pm 1} = 8\pi \frac{\nu_0^2}{c^3} h\nu_0 B_{n,n\pm 1} = \frac{4}{3} \frac{\omega_0^3}{c^3} \frac{|\mathsf{d}_{n,n\pm 1}|^2}{\hbar} . \tag{11.75b}$$

Der Dipoloperator $\mathsf{d} = q\mathsf{X}$ kann durch den Ortsoperator X und dieser nach (11.5) durch die Leiteroperatoren des harmonischen Oszillators ausgedrückt werden. Zum Vergleich mit den klassischen Raten ist es vorteilhaft, das Quadrat des Dipolmatrixelements durch die Schwankungsquadrate des Dipolmoments auszudrücken. Mit Hilfe der Auf- und Absteigeoperatoren des harmonischen Oszillators lassen sich diese Matrixelemente leicht berechnen und man findet den Zusammenhang

$$|\mathsf{d}_{n,n\pm 1}|^2 = \frac{1}{2}\left(\mathsf{d}_{n,n}^2 \pm \mathsf{d}_{0,0}^2\right) \tag{11.76}$$

mit

$$\mathsf{d}_{n,n}^2 = \langle n|\mathsf{d}^2|n\rangle = \frac{q^2\hbar}{2m\omega_0}(2n+1), \qquad \mathsf{d}_{0,0}^2 = \langle 0|\mathsf{d}^2|0\rangle = \frac{q^2\hbar}{2m\omega_0}.$$

Wird der Oszillator aus dem n-ten stationären Zustand heraus angeregt, so ändert sich seine Energie aufgrund der Übergänge in die Nachbarniveaus. Die absorbierte Leistung ergibt sich aus der Absorptionsrate für den Übergang $n \to n+1$ und der induzierten

11.7 Einsteinsche Ratengleichungen des harmonischen Oszillators

Emissionsrate für den Übergang $n \to n-1$ mit (11.75) und (11.76) zu,

$$P_{os} = \hbar\omega_0(B_{n,n+1} - B_{n,n-1})u(\nu_0)$$
$$= \frac{2\pi\omega_0}{3\hbar}\,\mathsf{d}_{0,0}^2\,u(\nu_0) = \frac{\pi q^2}{3m}\,u(\nu_0). \tag{11.77}$$

Das Ergebnis ist identisch mit der klassischen Formel (7.62). Dies war zu erwarten, da in (11.74) bereits allgemein gezeigt wurde, dass die Energieänderung aus einem stationären Zustand heraus klassisch ist. Man beachte auch, dass die absorbierte Leistung unabhängig ist von der Energie des Ausgangszustandes. Sie wird nur durch den Grundzustandserwartungswert $\mathsf{d}_{0,0}^2$ bestimmt. Der zustandsabhängige Erwartungswert $\mathsf{d}_{n,n}^2$ fällt aus der Energiebilanz (11.77) heraus.

Wir betrachten nun noch die spontane Emission des harmonischen Oszillators und die daraus resultierende abgestrahlte Leistung

$$P_S = \hbar\omega_0 A_{n,n-1} = \frac{4}{3}\frac{\omega_0^4}{c^3}|\mathsf{d}_{n,n-1}|^2 = \frac{2}{3}\frac{\omega_0^4}{c^3}\left(\mathsf{d}_{n,n}^2 - \mathsf{d}_{0,0}^2\right). \tag{11.78}$$

Die spontane Emissionsrate hängt somit vom Ausgangszustand ab und verschwindet im Grundzustand. Die Auswertung der Formel (11.78) mit den Matrixelementen aus (11.76) ergibt das Ergebnis

$$P_S = \frac{2}{3}\frac{q^2\omega_0^2}{mc^3}\,\Delta E, \qquad \Delta E = E_n - E_0 = n\hbar\omega_0. \tag{11.79}$$

Die Energieverlustrate des harmonischen Oszillators $P_S/\Delta E$ aufgrund der spontanen Emission ist identisch mit der Energieverlustrate (7.101) aufgrund der klassischen Strahlungsdämpfung.

Vergleicht man den Ausdruck (11.78) mit der Formel (7.92) für die klassische Dipolstrahlung, so ergibt sich das Korrespondenzprinzip,

$$\mathsf{d}_{n,n}^2 - \mathsf{d}_{0,0}^2 = 2|\mathsf{d}_{n,n-1}|^2 \quad \longleftrightarrow \quad <d^2>_{klassisch}. \tag{11.80}$$

Aufgaben

11.1 a) Lösen Sie die Eigenwertgleichung für die kohärenten Zustände in der Ortsdarstellung und verifizieren Sie das Ergebnis (11.36).
b) Bestimmen Sie die Ortsdarstellung auch mit Hilfe der Energiedarstellung (11.27).
Hinweis:

$$e^{-t^2+2t\xi} = \sum_{n=0}^{\infty}\frac{1}{n!}H_n(\xi)t^n\;.$$

11.2 Die kohärenten Zustände

$$|\alpha\rangle = e^{-|\alpha|^2/2}\sum_{n=0}^{\infty}\frac{\alpha^n}{\sqrt{n!}}|n\rangle$$

zu verschiedenen komplexen Zahlen α bilden ein nichtorthogonales vollständiges Basissystem. Zeigen Sie hierzu

$$|\langle\alpha|\beta\rangle|^2 = e^{-|\alpha-\beta|^2},$$

$$\frac{1}{\pi}\int|\alpha\rangle\langle\alpha|d^2\alpha = 1, \quad d^2\alpha = d\mathrm{Re}(\alpha)d\mathrm{Im}(\alpha).$$

Verwenden Sie die angegebene Besetzungszahldarstellung und integrieren Sie in Polarkoordinaten: $\alpha = re^{i\varphi}$. Hinweis:

$$2\int_0^\infty dr\, r^{2n+1} e^{-r^2} = n!.$$

11.3 Ein harmonischer Oszillator mit Hamilton-Operator $H_0 = \hbar\omega_0(a^+ a + 1/2)$ befinde sich in einem kohärenten Zustand $|\alpha\rangle$. Berechnen Sie den Energieerwartungswert $W = \langle\alpha|H_0|\alpha\rangle$ a) mit der Eigenwertgleichung (11.26) und b) mit der Energiedarstellung (11.27) des kohärenten Zustands.

11.4 Ein harmonisch gebundenes Elektron befinde sich zur Zeit $t = 0$ im Grundzustand und werde für $t > 0$ durch ein Laserfeld $\mathcal{E}(t) = \mathcal{E}_0 \cos(\omega t)$ angeregt. Der Quantenzustand im Laserfeld ist ein kohärenter Zustand $|\gamma(t)\rangle$. Geben Sie $\gamma(t)$ als Integral über die elektrische Feldstärke an und werten Sie $\gamma(t)$ für kleine Verstimmungen $\Delta = \omega_0 - \omega$ näherungsweise aus. Drücken Sie $|\gamma(t)|^2$ wie in (7.50) mit der sinc-Funktion aus.

11.5 Ein Elektron befinde sich wie in Aufgabe 11.4 in einem kohärenten Zustand $|\gamma(t)\rangle$.
a) Wie groß ist die Besetzungswahrscheinlichkeit p_0 des Grundzustands?
b) Wie groß ist die Besetzungswahrscheinlichkeit p_1 des ersten angeregten Zustands?
c) Zeigen Sie, dass für $|\gamma(t)|^2 \ll 1$ die Gesamtwahrscheinlichkeit $p_0 + p_1$ erhalten ist. In diesem Grenzfall genügt es also, die Anregung zwischen zwei stationären Zuständen zu beschreiben.
d) Wie groß kann p_1 bei beliebigem $|\gamma(t)|^2$ maximal sein?
e) Wie groß ist die Übergangswahrscheinlichkeit p_{10} für einen Übergang von 0 nach 1, wenn p_0 die Wahrscheinlichkeit im Zustand 0 ist? Wie groß sind die entsprechenden Übergangswahrscheinlichkeiten in die höheren angeregten Zustände?

11.6 Der Hamilton-Operator eines harmonischen Oszillators der Ladung $-e$ in einem konstanten elektrischen Feld F lautet

$$H = \frac{p^2}{2m} + \frac{1}{2}m\omega_0^2 x^2 + eFx.$$

a) Behandeln Sie den Term eFx störungstheoretisch und bestimmen Sie die Energieeigenwerte in 2. Ordnung Störungstheorie.
b) Wie lautet die exakte Lösung für die Energieeigenwerte?

12 Schwache Anregung von Atomen im Laserfeld

- Störungstheorie
- Periodische Störung
- Plötzliche und adiabatische Änderung
- Kramers-Heisenberg Streuformel
- Oszillatorstärken
- Übergangswahrscheinlichkeit
- Einstein-Koeffizienten

In vielen Fällen kann die Wechselwirkung von Atomen mit Strahlung als kleine Störung im Rahmen der zeitabhängigen Störungstheorie behandelt werden. Durch die Störung werden Übergänge zwischen den stationären Zuständen des Atoms hervorrufen. Der Gültigkeitsbereich der Störungstheorie wird durch die Intensität der Strahlung aber auch durch die Verstimmung zwischen der Übergangsfrequenz des Atoms und der Laserfrequenz begrenzt. Wir beschränken uns hier auf den Fall kleiner Lichtintensitäten und nichtresonanter Anregungen, so dass die Störungstheorie anwendbar ist.

12.1 Zeitabhängige Störungstheorie

Die zeitabhängige Störungstheorie ist eine Methode zur näherungsweisen Lösung der zeitabhängigen Schrödingergleichung. Sie ist vorteilhaft, wenn der Hamiltonoperator zeitabhängig ist und in der Form

$$\mathsf{H}(t) = \mathsf{H}_0 + \epsilon \mathsf{H}_1, \tag{12.1}$$

in einen ungestörten Anteil H_0 und eine kleine Störung $\epsilon \mathsf{H}_1$ aufgeteilt werden kann. Hierbei ist ϵ ein kleiner Parameter, der die Größenordnung der Störung angibt. Die Zeitentwicklung des ungestörten Systems wird durch einen Zeitentwicklungsoperators U_0 bestimmt, der als bekannt vorausgesetzt wird. Meist ist H_0 zeitunabhängig, die Störung H_1 zeitabhängig. Dies ist jedoch keine notwendige Voraussetzung der Störungsrechnung.

> **Beispiel 12.1**
>
> Der Hamiltonoperators eines Elektrons in einem Potential $V(\mathbf{r})$ und einem zeitabhängigen elektrischen Feld $\boldsymbol{\mathcal{E}}(t)$ ist
>
> $$\mathsf{H}(t) = \frac{\mathsf{p}^2}{2m} + V(\mathbf{R}) - \mathbf{d}\cdot\boldsymbol{\mathcal{E}}(t). \tag{12.2}$$
>
> Abhänging von der relativen Größenordnung der Energien kann es zweckmässig sein $-\mathbf{d}\cdot\boldsymbol{\mathcal{E}}(t)$ oder $V(\mathbf{R})$ als Störung zu wählen. Im ersten Fall ist dann H_1 im zweiten H_0 zeitabhängig.

Es ist vorteilhaft, die Störungsrechnung in dem in Kap. 9.6 eingeführten Wechselwirkungsbild durchzuführen. Hier genügt der Zeitentwicklungsoperator der Schrödinger-Gleichung

$$i\hbar\,\partial_t \mathsf{U}_I(t,t_0) = \epsilon \mathsf{H}_I(t)\mathsf{U}_I(t,t_0), \qquad \text{mit} \qquad \mathsf{U}_I(t_0,t_0) = \mathsf{I}. \tag{12.3}$$

Im Rahmen der Störungstheorie wird $\mathsf{U}_I(t,t_0)$ durch eine Potenzreihenentwicklung nach dem kleinen Parameter ϵ dargestellt,

$$\mathsf{U}_I(t,t_0) = \sum_{k=0}^{\infty} \mathsf{U}_I^{(k)}(t,t_0)\epsilon^k . \tag{12.4}$$

Setzt man (12.4) in (12.3) ein, dividiert durch $i\hbar$ und fasst die Terme mit den gleichen Ordnungen der Potenzen von ϵ zusammen, so folgt

$$\partial_t \mathsf{U}_I^{(0)}\epsilon^0 + \sum_{k=1}^{\infty}\left[\partial_t \mathsf{U}_I^{(k)} - \frac{1}{i\hbar}\mathsf{H}_I\mathsf{U}_I^{(k-1)}\right]\epsilon^k = 0 . \tag{12.5}$$

Damit diese Potenzreihe, als Funktion von ϵ, identisch verschwindet, müssen ihre Koeffizienten null sein,

$$\partial_t \mathsf{U}_I^{(0)} = 0, \qquad k = 0,$$
$$\partial_t \mathsf{U}_I^{(k)} - \frac{1}{i\hbar}\mathsf{H}_I\mathsf{U}_I^{(k-1)} = 0, \qquad k = 1,2,3,\cdots$$

Diese Gleichungen bestimmen sukzessive die verschiedenen Ordnungen der Lösung. Bis zur zweiten Ordnung gilt z.B.,

$$\mathsf{U}_I(t,t_0) = I + \frac{\epsilon}{i\hbar}\int_{t_0}^{t} dt'\mathsf{H}_I(t')$$
$$+ \left(\frac{\epsilon}{i\hbar}\right)^2 \int_{t_0}^{t} dt'\mathsf{H}_I(t')\int_{t_0}^{t'} dt''\mathsf{H}_I(t'') + O(\epsilon^3) . \tag{12.6}$$

12.1 Zeitabhängige Störungstheorie

Im Ergebnis (12.6) kann man ohne Einschränkung $\epsilon = 1$ setzen. Da ϵ nur im Produkt $\epsilon \mathsf{H}_I$ auftritt, entspricht dies nur einer Umdefinition des Hamiltonoperators $\epsilon \mathsf{H}_I \to \mathsf{H}_I$. Wir betrachten im folgenden nur Übergänge erster Ordnung, die durch den zweiten Summanden auf der rechten Seite induziert werden. Die Reihenentwicklung des Zeitentwicklungsoperators wird als Dyson-Reihe bezeichnet. Methoden aus der Feld- und Vielteilchentheorie erlauben eine systematische Auswertung von Beiträgen höherer Ordnung, z.B. durch die Einführung zeitgeordneter Produkte und die Verwendung von Feynman-Diagrammen.

Das ungestörte System besitze nun einen zeitunabhängigen Hamiltonoperator H_0. Die zeitunabhängige Schrödingergleichung

$$\mathsf{H}_0 |m\rangle = \hbar \omega_m |m\rangle \tag{12.7}$$

bestimmt die Eigenvektoren $|m\rangle$ von H_0 und deren zugehörige Eigenwerte $\hbar \omega_m$. Die Eigenvektoren eines hermiteschen Operators können immer so gewählt werden, dass sie orthogonal zueinander und auf eins normiert sind. Diese Orthonormalbasis,

$$\{|m\rangle\}, \quad \langle m|n\rangle = \delta_{mn}, \tag{12.8}$$

wird im folgenden als gegeben vorausgesetzt. Die Eigenvektoren stellen stationäre Zustände dar, deren Zeitabhängigkeit durch den Zeitentwicklungsoperator U_0 des ungestörten Systems bestimmt wird,

$$|\psi_n(t)\rangle = \mathsf{U}_0 |n\rangle = e^{-i\mathsf{H}_0 t/\hbar} |n\rangle = e^{-i\omega_n t} |n\rangle. \tag{12.9}$$

Die Zeitentwicklung des Zustandsvektors wird im Wechselwirkungsbild durch (9.88) dargestellt. Im Rahmen der Störungstheorie betrachtet man gewöhnlich die Darstellung dieser Gleichung in der Basis der ungestörten stationären Zustände,

$$\langle n|\psi_I(t)\rangle = \sum_m \langle n|\mathsf{U}_I(t)|m\rangle \langle m|\psi_I(0)\rangle. \tag{12.10}$$

Definition 12.2: *Übergangsamplitude*

Die Übergangsamplitude des Übergangs vom Zustand $|m\rangle$ zur Zeit $t=0$ zum Zustand $|n\rangle$ zur Zeit t ist das Matrixelement

$$C_{nm} = \langle n|\mathsf{U}_I(t)|m\rangle. \tag{12.11}$$

Definition 12.3: *Übergangswahrscheinlichkeit*

Die Übergangswahrscheinlichkeit ist das Betragsquadrat der Übergangsamplitude

$$P_{nm} = |\langle n|\mathsf{U}_I(t)|m\rangle|^2. \tag{12.12}$$

Ohne Störung treten keine Übergänge zwischen stationären Zuständen auf. In diesem Fall gilt $\mathsf{U}_I(t) = \mathsf{I}$ und damit $\langle n | \mathsf{U}_I(t) | m \rangle = \delta_{nm}$.

Die (12.10) entsprechende Entwicklungsgleichung im Schrödingerbild (9.93) besitzt die Darstellung,

$$\langle n | \psi_S(t) \rangle = \sum_m \langle n | \hat{\mathsf{U}}_S(t) | m \rangle \langle m | \psi_S^{(0)}(t) \rangle. \tag{12.13}$$

Die Übergangsamplitude im Schrödingerbild definieren wir durch das Matrixelement des Operators (9.92) für einen Übergang vom ungestörten zum gestörten Zustand,

$$\hat{C}_{nm} = \langle n | \hat{\mathsf{U}}_S(t) | m \rangle = \langle n | \mathsf{U}_0 \mathsf{U}_I(t) \mathsf{U}_0^+ | m \rangle = C_{nm} e^{-i\omega_{nm} t} \tag{12.14}$$

Die Übergangswahrscheinlichkeit ist dieselbe wie im Wechselwirkungsbild, da sich die entsprechenden Amplituden nur um einen Phasenfaktor unterscheiden.

12.2 Monochromatische Störung

Um die Wechselwirkung eines Atoms mit einer Lichtwelle zu untersuchen, betrachten wir zuerst eine Störung mit einer monochromatischen Zeitabhängigkeit

$$\mathsf{H}_1(t) = \mathsf{M} e^{-i\omega t} f(t). \tag{12.15}$$

Hierbei bezeichnet M einen zeitunabhängigen Operator und $f(t)$ eine Funktion, die während des Einschaltens der Störung von 0 auf 1 ansteigt. Da die Anfangsbedingungen meist nur für das ungestörte System bekannt sind, ist es zweckmässig den Einschaltvorgang im Rahmen der Störungstheorie mitzubehandeln. Wird die Störung zur Zeit $t = 0$ instantan eingeschaltet, so ist $f(t)$ die Stufenfunktion $\theta(t)$. Im folgenden wird der etwas allgemeinere Ansatz

$$f(t) = \begin{cases} e^{\gamma t} & \text{für} \quad t < 0 \\ 1 & \text{für} \quad t > 0 \end{cases} \tag{12.16}$$

gewählt. Der Anfangszeitpunkt t_0 der Störungsrechung wird nach $-\infty$ verschoben. Die Störung wächst dann für $t < 0$ mit einer Rate γ exponentiell an und erreicht für $t = 0$ ihre volle Stärke. Damit lassen sich sowohl langsame ($\gamma \to 0$) als auch schnelle ($\gamma \to \infty$) Einschaltvorgänge darstellen. Beim langsamen Einschalten ändert sich der Quantenzustand adiabatisch. Wird die Störung langsam ein- und ausgeschaltet, so befindet sich das System nach der Wechselwirkung wieder im gleichen Quantenzustand. Bei einer plötzlichen Änderung werden dagegen Übergänge in andere Quantenzustände angeregt. Das System befindet sich dann nach der Störung in einem anderen Quantenzustand und hat dabei Energie aufgenommen oder abgegeben.

Der Anfangszustand des Systems zur Zeit $t_0 \to -\infty$ sei ein stationärer Zustand $| m \rangle$. Nach Einschalten der Störung ist der Quantenzustand des Systems dann i.a. eine Superposition von stationären Zuständen $| n \rangle$. Die Übergangsamplitude von $| m \rangle$ nach

12.2 Monochromatische Störung

$|n\rangle$ kann mit Hilfe der zeitabhängigen Störungsrechnung (12.6) berechnet werden. In erster Ordnung Störungsrechnung gilt,

$$\begin{aligned}\langle n|\mathsf{U}_I|m\rangle &= \delta_{nm} + \frac{1}{i\hbar}\int_{t_0}^t dt'\,\langle n|\mathsf{H}_I(t')|m\rangle \\ &= \delta_{nm} + \frac{1}{i\hbar}\int_{t_0}^t dt'\,\langle n|\mathsf{U}_0^+\mathsf{H}_1(t')\mathsf{U}_0|m\rangle \\ &= \delta_{nm} + \frac{\mathsf{M}_{nm}}{i\hbar}\int_{-\infty}^t dt'\,e^{i\Delta_{nm}t'}f(t')\end{aligned}$$

mit

$$\mathsf{M}_{nm} = \langle n|\mathsf{M}|m\rangle, \qquad \Delta_{nm} = \omega_{nm} - \omega, \qquad \omega_{nm} = \omega_n - \omega_m.$$

Die Frequenz Δ_{nm} bezeichnet die Verstimmung zwischen der Übergangsfrequenz ω_{nm} des Atoms und der anregenden Frequenz ω. Die Auswertung des Integrals in (12.17) mit dem exponentiellen Einschaltvorgang (12.16) ergibt für Zeiten $t > 0$,

$$\begin{aligned}\int_{-\infty}^t dt'\,e^{i\Delta_{nm}t'}f(t') &= \int_{-\infty}^0 dt'\,e^{(\gamma+i\Delta_{nm})t'} + \int_0^t dt'\,e^{i\Delta_{nm}t'} \\ &= \frac{1}{\gamma+i\Delta_{nm}} + \frac{1}{i\Delta_{nm}}\left(e^{i\Delta_{nm}t}-1\right) \\ &= \frac{1}{i\Delta_{nm}}\left(e^{i\Delta_{nm}t} - \frac{\gamma}{\gamma+i\Delta_{nm}}\right).\end{aligned} \tag{12.17}$$

Damit erhält man die Übergangsamplitude

$$\langle n|\mathsf{U}_I|m\rangle = \delta_{nm} - \frac{\mathsf{M}_{nm}}{\hbar\Delta_{nm}}\left(e^{i\Delta_{nm}t} - \frac{\gamma}{\gamma+i\Delta_{nm}}\right). \tag{12.18}$$

Sie oszilliert mit der Frequenz Δ_{nm} der Verstimmung. Bei kleiner Verstimmung ändert sich die Amplitude nur langsam und wächst auf große Werte an. Im Rahmen der Störungsrechnung bleibt das Ergebnis allerdings nur für $|\mathsf{M}_{nm}| \ll \hbar|\Delta_{nm}|$ gültig.

Wir betrachten nun die beiden wichtigen Grenzfälle einer adiabatisch und einer plötzlich eingeschalteten Störung. Der konstante Anteil der Übergangsamplitude hängt von dem dimensionslosen Verhältnis γ/Δ_{nm} ab. Im adiabatischen Fall ist $\gamma \ll |\Delta_{nm}|$ und man erhält dann die Übergangsamplitude

$$\langle n|\mathsf{U}_I|m\rangle = \delta_{nm} - \mathsf{M}_{nm}\frac{e^{i\Delta_{nm}t}}{\hbar\Delta_{nm}}. \tag{12.19}$$

Umgekehrt ist beim plötzlichen Einschalten $\gamma \gg |\Delta_{nm}|$. Dann enthält die Übergangsamplitude eine zusätzliche für die Erfüllung der Anfangsbedingung zur Zeit $t = 0$ erforderliche Konstante,

$$\langle n|\mathsf{U}_I|m\rangle = \delta_{nm} - \mathsf{M}_{nm}\frac{e^{i\Delta_{nm}t}-1}{\hbar\Delta_{nm}}. \tag{12.20}$$

Es ist zu beachten, dass auch bei langen Laserpulsen, deren Amplitude sich nur über viele Wellenlängen ändert, $\gamma \ll \omega$, ein plötzliches Einschalten vorliegen kann, sofern nur die wesentlich schwächere Bedingung $\gamma \gg |\Delta_{nm}|$ erfüllt wird. Die typische Zeitskala ist die Periode der Verstimmung. Langsames Einschalten liegt daher üblicherweise bei nichtresonanter, schnelles Einschalten bei resonanter Anregung vor.

Wir wenden dieses Ergebnis nun auf die Wechselwirkung eines Atoms mit einem Laserfeld an und berechnen damit die Polarisierbarkeit (bei langsamem Einschalten) sowie die Übergangsraten für die Absorption und die induzierte Emission (bei schnellem Einschalten).

Zusammenfassung 12.4 *Übergangsamplitude für monochromatische Störung*

Monochromatische Störung:

$$\mathsf{H}_1(t) = \mathsf{M} e^{-i\omega t}\, f(t).$$

Einschaltvorgang:

$$f(t) = \begin{cases} e^{\gamma t} & \text{für} \quad t < 0 \\ 1 & \text{für} \quad t > 0 \end{cases}.$$

Übergangsamplitude von m nach n nach adiabatischem Einschalten ($t > 0$, $\gamma \ll |\Delta_{nm}|$):

$$\langle n|\mathsf{U}_I|m\rangle = \delta_{nm} - \mathsf{M}_{nm}\, \frac{e^{i\Delta_{nm} t}}{\hbar \Delta_{nm}}.$$

Übergangsamplitude von m nach n nach plötzlichem Einschalten ($t > 0$, $\gamma \gg |\Delta_{nm}|$):

$$\langle n|\mathsf{U}_I|m\rangle = \delta_{nm} - \mathsf{M}_{nm}\, \frac{e^{i\Delta_{nm} t} - 1}{\hbar \Delta_{nm}}.$$

12.3 Kramers-Heisenberg Streuformel

Von Kramers und Heisenberg wurde die Abstrahlung eines Atoms in einem Strahlungsfeld im Rahmen des Bohrschen Korrespondenzprinzips behandelt.[1] Es wurde gezeigt, dass die Abstrahlung des Atoms der Abstrahlung harmonischer Oszillatoren entspricht, deren Amplituden durch die Matrixelemente des Dipoloperators bestimmt werden. Im Rahmen der zeitabhängigen Störungsrechnung kann die Streuformel von Kramers und Heisenberg ohne Bezugnahme auf das historische Korrespondenzprinzip direkt aus der Zeitentwicklung des Quantenzustandes im Strahlungsfeld abgeleitet werden.

Das Kramers-Heisenberg-Modell der Abstrahlung von Atomen basiert auf der aus der

---

[1] H. A. Kramers, W. Heisenberg, Z. Phys. **31**, 681 (1925).

12.3 Kramers-Heisenberg Streuformel

Elektrodynamik bekannten Formel für die Dipolstrahlung. In der semiklassischen Näherung ist für das Dipolmoment der quantenmechanische Erwartungswert des Dipoloperators einzusetzen. Wir beschreiben die Zeitentwicklung im Heisenberg-Bild, so dass der Quantenzustand zeitunabhängig und der Dipoloperator zeitabhängig ist. Das Atom sei vor der Wechselwirkung in einem angeregten Zustand, der allgemein als eine Superposition von stationären Zuständen angegeben werden kann,

$$|\psi\rangle = \sum_n c_m |m\rangle. \tag{12.21}$$

Der Erwartungswert des Dipoloperators $\mathbf{d}(t)$ besitzt dann die allgemeine Form

$$\langle \mathbf{d} \rangle = \sum_{m,n} c_n^* c_m \mathbf{d}_{nm}(t), \tag{12.22}$$

mit der hermiteschen Matrix

$$\mathbf{d}_{nm}(t) = \langle n | \mathbf{d}(t) | m \rangle. \tag{12.23}$$

Die Doppelsumme kann in die Summanden mit $n = m$ und $n \neq m$ aufgeteilt werden,

$$\langle \mathbf{d} \rangle = \sum_n |c_n|^2 \mathbf{d}_{nn}(t) + \sum_{m<n} \Re\{2 c_n^* c_m \mathbf{d}_{nm}(t)\}. \tag{12.24}$$

Die Zeitabhängigkeit der Matrixelemente des Dipoloperators bestimmt demnach die Abstrahlung des atomaren Dipols.

Wir betrachten zunächst die Dipol-Matrixelemente in Abwesenheit eines Strahlungsfeldes. Mit dem ungestörten Zeitentwicklungsoperator $\mathsf{U}_0 = e^{-i\mathsf{H}_0 t}$ besitzen die Matrixelemente die Zeitabhängigkeit

$$\mathbf{d}_{nm}^{(0)}(t) = \langle n | \mathsf{U}_0^+ \mathbf{d} \mathsf{U}_0 | m \rangle = \langle n | \mathbf{d} | m \rangle e^{i\omega_{nm}t}. \tag{12.25}$$

Die Summanden mit $m = n$ sind zeitunabhängig und beschreiben statische Dipolmomente des Atoms, die zu keiner Abstrahlung führen. Ist der Hamilton-Operator invariant gegenüber einer Raumspiegelung (Inversionssymmetrie), so besitzen die stationären Zustände eine definierte gerade oder ungerade Parität. Wegen der ungeraden Parität des Dipoloperators verschwinden dann alle Diagonalelemente $\mathbf{d}_{nn}$ des Dipoloperators. Atome mit Inversionssymmetrie besitzen daher kein statisches Dipolmoment.

Die Summanden mit $m \neq n$ entsprechen zeitabhängigen Dipolmomenten, die mit den Übergangsfrequenzen des Atoms schwingen. Für die Dipolmatrixelemente gibt es allgemeine Auswahlregeln, die die Zahl der erlaubten Übergänge einschränken. Bei sphärischer Symmetrie des Atompotentials besitzen die stationären Zustände die Form

$$\psi_n(r,\theta,\phi) = R_{nl}(r) Y_l^m(\theta,\phi). \tag{12.26}$$

Aufgrund der Orthogonalitätseigenschaften der Kugelflächenfunktionen $Y_l^m(\theta,\phi)$ ergeben sich für elektrische Dipolübergänge zwischen diesen stationären Zuständen die Auswahlregeln,

$$\Delta l = \pm 1, \qquad \Delta m = -1, 0, +1. \tag{12.27}$$

Wir berechnen nun die Dipolmatrixelemente im Strahlungsfeld in der ersten Ordnung Störungstheorie. Das Atom befinde sich in einem monochromatischen Strahlungsfeld

$$\mathcal{E}(t) = \Re\{\boldsymbol{E}(t)\} = \frac{1}{2}\left[\boldsymbol{E}(t) + \boldsymbol{E}^*(t)\right], \qquad \boldsymbol{E}(t) = \boldsymbol{E}_0(\omega)e^{-i\omega t}. \qquad (12.28)$$

Die Ankopplung des Atoms an das Strahlungsfeld wird in Dipolnäherung und Längeneichung durch den Hamiltonoperator (12.2) beschrieben. Bei hinreichend kleinen Feldstärken besteht die Störung in der Dipolwechselwirkungsenergie

$$\mathsf{H}_1(t) = -\mathbf{d} \cdot \mathcal{E}(t) = -\frac{\mathbf{d}}{2} \cdot (\boldsymbol{E} + \boldsymbol{E}^*). \qquad (12.29)$$

Die beiden Summanden des Wechselwirkungsoperators besitzen jeweils die Form einer monochromatischen Störung (12.15), wobei im ersten Summanden $\mathsf{M} = -\mathbf{d} \cdot \boldsymbol{E}_0/2$ zu setzen ist. Der zweite Summand kann als eine monochromatische Welle mit der Frequenz $-\omega$ und der Amplitude $\boldsymbol{E}_0(-\omega) = \boldsymbol{E}_0^*(\omega)$ angesehen werden. Damit besteht die Anregung nun aus zwei monochromatischen Wellen mit den Frequenzen ω und $-\omega$. Zur Berechnung der Übergangsamplitude gehen wir von einer nichtresonanten Anregung durch einen hinreichend langen Laserpuls aus, so dass die adiabatische Näherung anwendbar ist. Das Ergebnis (12.19) lässt sich für den vorliegenden Fall leicht verallgemeinern, indem man den Term mit der negativen Frequenz hinzuaddiert,

$$\langle n|\mathsf{U}_I|m\rangle = \delta_{nm} + \frac{\mathbf{d}_{nm}}{2\hbar} \cdot \left[\frac{\boldsymbol{E}}{\omega_{nm} - \omega} + \frac{\boldsymbol{E}^*}{\omega_{nm} + \omega}\right] e^{i\omega_{nm}t}. \qquad (12.30)$$

Mit diesen Übergangsamplituden berechnen wir nun die Matrixelemente des Dipoloperators im Strahlungsfeld. Mit dem Zeitentwicklungsoperator (9.90) erhält man die Zeitentwicklung des Dipoloperators in der Form

$$\mathbf{d}(t) = \mathsf{U}_I^+ \mathbf{d}_I \mathsf{U}_I, \qquad \mathbf{d}_I = \mathsf{U}_0^+ \mathbf{d} \mathsf{U}_0. \qquad (12.31)$$

In erster Ordnung Störungstheorie ist $\mathsf{U}_I = \mathsf{I} + \mathsf{U}_I^{(1)}$ und somit

$$\mathbf{d}(t) = \mathbf{d}_I + \mathbf{d}_I \mathsf{U}_I^{(1)} + \mathsf{U}_I^{+(1)} \mathbf{d}_I. \qquad (12.32)$$

Die Operatoren der beiden letzten Summanden sind zueinander adjungiert, so dass der Gesamtoperator hermitesch ist. Das gesuchte Matrixelement dieses Operators in der Basis der stationären Zustände ist

$$\langle n|\mathbf{d}(t)|m\rangle = \langle n|\mathbf{d}_I|m\rangle$$
$$+ \sum_k \langle n|\mathbf{d}_I|k\rangle\langle k|\mathsf{U}_I^{(1)}|m\rangle + \mathrm{adj}. \qquad (12.33)$$

Den nicht ausgeschriebenen adjungierten Term erhält man, indem man in der Summe n mit m vertauscht und den konjugiert komplexen Ausdruck bildet. Der erste Term beschreibt das Dipolmatrixelement des ungestörten Atoms, das bereits oben beschrieben

12.3 Kramers-Heisenberg Streuformel

wurde. Von besonderem Interesse sind die folgenden beiden Terme. Sie stellen die durch die Störung induzierte Änderung des Dipolmatrixelements dar. Im folgenden betrachten wir nur noch diese Störung und setzen

$$\mathbf{d}_{nm} = \langle n|\mathbf{d}(t)|m\rangle - \langle n|\mathbf{d}_I|m\rangle$$
$$= \sum_k \langle n|\mathbf{d}_I|k\rangle\langle k|\mathsf{U}_I^{(1)}|m\rangle + \text{adj.} \qquad (12.34)$$

Setzt man nun die erste Ordnung des Zeitentwicklungsoperators gemäß (12.30) ein, so erhält man,

$$\mathbf{d}_{nm} = \frac{1}{2\hbar}\left(\sum_k \frac{\mathbf{d}_{nk}\mathbf{d}_{km}\cdot\mathbf{E}_0}{\omega_{km}-\omega}\right)e^{i(\omega_{nm}-\omega)t} +$$
$$\frac{1}{2\hbar}\left(\sum_k \frac{\mathbf{d}_{nk}\mathbf{d}_{km}\cdot\mathbf{E}_0^*}{\omega_{km}+\omega}\right)e^{i(\omega_{nm}+\omega)t} + \text{adj.} \qquad (12.35)$$

Fasst man noch die Terme mit derselben Frequenzabhängigkeit zusammen so folgt die Darstellung,

$$\mathbf{d}_{nm} = \mathbf{D}_{nm}e^{i(\omega_{nm}-\omega)t} + \mathbf{D}_{nm}^+ e^{i(\omega_{nm}+\omega)t}. \qquad (12.36)$$

Die Matrixelemente $\mathbf{D}_{nm}$ werden als Kramers-Heisenberg-Matrixelemente bezeichnet, die dazu adjungierten Matrixelemente sind $\mathbf{D}_{nm}^+ = \mathbf{D}_{mn}^*$. Setzt man

$$\mathbf{D}_{nm} = \frac{1}{2}\boldsymbol{\alpha}_{nm}\cdot\mathbf{E}_0 \qquad (12.37)$$

so ergeben sich für die Tensoren $\boldsymbol{\alpha}_{nm}$ die Ausdrücke

$$\boldsymbol{\alpha}_{nm} = \frac{1}{\hbar}\left(\sum_k \frac{\mathbf{d}_{nk}\otimes\mathbf{d}_{km}}{\omega_{km}-\omega} + \frac{\mathbf{d}_{km}\otimes\mathbf{d}_{nk}}{\omega_{kn}+\omega}\right)$$

Hierbei bezeichnet $\mathbf{a}\otimes\mathbf{b}$ das dyadische Produkt der Vektoren $\mathbf{a}$ und $\mathbf{b}$. Die Tensoren bilden den positiven Frequenzanteil des elektrischen Feldvektors der monochromatischen Welle (12.28) auf die Kramers-Heisenberg-Matrixelemente ab.

Die Kramers-Heisenberg-Matrixelemente bestimmen die Abstrahlung eines Atoms in einem Strahlungsfeld in der folgenden Weise. Setzt man (12.36) in (12.24) ein, so erhält man für den Erwartungswert des Dipolmoments den Ausdruck

$$\langle\mathbf{d}\rangle = \Re\left\{\sum_n |c_n|^2\, 2\mathbf{D}_{nn}e^{-i\omega t}\right\}$$
$$+ \Re\left\{\sum_{m<n} c_n^* c_m\, 2\mathbf{D}_{nm}e^{i(\omega_{nm}-\omega)t}\right\}$$
$$+ \Re\left\{\sum_{m<n} c_n^* c_m\, 2\mathbf{D}_{nm}^+ e^{i(\omega_{nm}+\omega)t}\right\}. \qquad (12.38)$$

Die Abstrahlung des Atoms ist somit identisch zu der Abstrahlung von klassischen Dipolen mit den Frequenzen ω und $\omega \pm \omega_{nm}$, deren komplexe Amplituden jeweils zu den Kramers-Heisenberg-Matrixelementen proportional sind.

Zusammenfassung 12.5 *Kramers-Heisenberg Streuformel*

Elektrisches Feld einer monochromatischen Lichtwelle:

$$\boldsymbol{E} = \boldsymbol{E}_0^+ e^{-i\omega t} + c.c., \qquad \boldsymbol{E}_0^+ = \frac{1}{2}\boldsymbol{E}_0.$$

Frequenz der Abstrahlung des Atoms beim Übergangs vom Anfangszustand $|m\rangle$ zum Endzustand $|n\rangle$:

$$\omega' = \omega - \omega_{nm}.$$

Kramers-Heisenberg-Matrixelement für die Richtung und Stärke des komplexen Dipolmoments:

$$\boldsymbol{D}_{nm} = \frac{1}{\hbar}\left(\sum_k \frac{\boldsymbol{d}_{nk}(\boldsymbol{d}_{km}\cdot\boldsymbol{E}_0^+)}{\omega_{km}-\omega} + \frac{\boldsymbol{d}_{km}(\boldsymbol{d}_{nk}\cdot\boldsymbol{E}_0^+)}{\omega_{kn}+\omega}\right).$$

12.4 Polarisierbarkeit und Dispersion

Die Dispersion einer Welle im Medium wird durch die kohärente Streuung bestimmt. Wir bezeichnen die Streuung als kohärent, wenn die gestreute Welle bezüglich der Frequenz und der Polarisation mit der einlaufenden Welle übereinstimmt. Man benötigt hierzu die Komponente des induzierten Dipols in Richtung des Polarisationsvektor $\boldsymbol{e}$ der einlaufenden Welle. Das Atom sei vor der Wechselwirkung mit dem Strahlungsfeld in einem stationären Zustand $|m\rangle$ und werde durch die Wechselwirkung adiabatisch angeregt. Nach (12.38) erhält man dann mit den Entwicklungskoeffizienten $c_n = \delta_{mn}$ den Ausdruck

$$d_\parallel = \boldsymbol{e}\cdot\langle\boldsymbol{d}\rangle = \boldsymbol{e}\cdot\Re\{2\boldsymbol{D}_{mm}e^{-i\omega t}\} = \Re\{\boldsymbol{e}\cdot\boldsymbol{\alpha}_{mm}\cdot\boldsymbol{e}\,E\}. \tag{12.39}$$

Die Polarisierbarkeit $\alpha(\omega)$ wurde in (7.8) für das von einer monochromatischen Welle induzierte komplexe Dipolmoment eingeführt. Mit dieser Definition gilt,

$$\begin{aligned}\alpha &= \boldsymbol{e}\cdot\boldsymbol{\alpha}_{mm}\cdot\boldsymbol{e} \\ &= \sum_k \frac{|\boldsymbol{e}\cdot\boldsymbol{d}_{km}|^2}{\hbar}\left(\frac{1}{\omega_{km}-\omega}+\frac{1}{\omega_{km}+\omega}\right) \\ &= \sum_k \frac{|\boldsymbol{e}\cdot\boldsymbol{d}_{km}|^2}{\hbar}\frac{2\omega_{km}}{\omega_{km}^2-\omega^2}.\end{aligned} \tag{12.40}$$

12.4 Polarisierbarkeit und Dispersion

Zum Vergleich mit dem klassischen Lorentz-Modell ersetzen wir den Dipoloperator durch den Ortsoperator, $\mathbf{d} = q\mathbf{R}$, und schreiben die Polarisierbarkeit in der Form

$$\alpha = \frac{q^2}{m_e} \sum_k \frac{f_{mk}}{\omega_{km}^2 - \omega^2}. \tag{12.41}$$

Hierbei bezeichnet m_e die Masse der Ladung q und

$$f_{mk} = \frac{2m_e \, \omega_{km}}{\hbar} \, |\mathbf{e} \cdot \mathbf{R}_{km}|^2.$$

Dies ist die Polarisierbarkeit im Rahmen eines Lorentz-Modells ungedämpfter Oszillatoren mit den Eigenfrequenzen ω_{km} und den Oszillatorstärken f_{mk}. Die Quantentheorie bestätigt somit nachträglich die Gültigkeit des Lorentz-Modells und erlaubt eine genaue Definition der darin enthaltenen atomaren Konstanten f_{mk} und ω_{km}. Analog zum klassischen Fall bestimmt die Dielektrizitätsfunktion (7.14) die Dispersion des Mediums.

Beispiel 12.6 *Oszillatorstärken des harmonischen Oszillators*

Der harmonische Oszillator werde in Polarisationsrichtung ausgelenkt und besitze die Oszillatorfrequenz ω_0. Gemäß (11.13) sind die einzigen nichtverschwindenden Übergangsmatrixelemente des Ortsoperators (11.5) in der Basis der stationären Zustände

$$\mathsf{X}_{m+1,m} = \sqrt{\frac{\hbar(m+1)}{2m_e\omega_0}}, \qquad \mathsf{X}_{m-1,m} = \sqrt{\frac{\hbar m}{2m_e\omega_0}}.$$

Die Oszillatorstärken dieser Übergänge ergeben sich zu $f_{m,m+1} = m+1$ und $f_{m,m-1} = -m$, die Übergangsfrequenzen sind $\omega_{m+1,m} = \omega_0$ und $\omega_{m-1,m} = -\omega_0$. Die nach der quantenmechanischen Störungstheorie berechnete Polarisierbarkeit ist demnach

$$\alpha = \frac{q^2}{m_e} \left[\frac{m+1}{\omega_0^2 - \omega^2} + \frac{-m}{(-\omega_0)^2 - \omega^2} \right] = \frac{q^2}{m_e} \frac{1}{\omega_0^2 - \omega^2},$$

in vollständiger Übereinstimmung mit der Polarisierbarkeit des klassischen harmonischen Oszillators.

Wir geben nun einige der Eigenschaften der quantenmechanischen Oszillatorstärken an. Im klassischen Lorentz-Modell wurden die Oszillatorstärken als Wahrscheinlichkeiten für die Anregung der einzelnen Oszillatoren gedeutet. Ihre Werte konnten jedoch nur experimentell bestimmt werden. In der Quantenmechanik sind die Oszillatorstärken berechenbar. Überraschenderweise können sie auch negative Werte annehmen. Das Vorzeichen der Oszillatorstärke f_{mk} ist dasselbe wie das der Übergangsfrequenz $\omega_{km} = \omega_k - \omega_m$. Beim Übergang in ein höheres Energieniveau ($k > m$) ist die Oszillatorstärke positiv, beim Übergang in ein niedrigeres Energieniveau ($k < m$) negativ. Das Vorzeichen der Oszillatorstärke bestimmt das Frequenzverhalten der Polarisierbarkeit in der Nähe der zugehörigen Übergangsfrequenz. Bei einer positiven Oszillatorstärke besitzt die Polarisierbarkeit vor der Übergangsfrequenz ein Maximum, nach der Übergangsfrequenz ein Minimum (Abb. 7.1). Bei einer negativen Oszillatorstärke ist der Verlauf umgekehrt. Man bezeichnet dies als negative Brechung.

Die Summe der klassischen Oszillatorstärken ist eins. Diese Eigenschaft bestimmt das Hochfrequenzverhalten der Dielektrizitätsfunktion gemäß (7.25). Tatsächlich gilt auch für die quantenmechanischen Oszillatorstärken,

$$\sum_k f_{mk} = 1. \tag{12.42}$$

Diese Beziehung wird als Thomas-Reich-Kuhn-Summenregel oder f-Summenregel bezeichnet. Bei der Anwendung der Summenregel muss man beachten, dass alle möglichen Übergänge berücksichtigt werden müssen. Dies schließt auch Übergänge ins Kontinuum mit ein.

Zum Beweis der Summenregel wählen wir den Einheitsvektor e entlang der z-Achse. Unter Verwendung der Eigenwertgleichung (12.7) und der Vollständigkeit der stationären Zustände gilt

$$\sum_k \hbar\omega_k Z_{mk} Z_{km} = \langle m | ZH_0Z | m \rangle$$
$$\sum_k \hbar\omega_m Z_{mk} Z_{km} = \langle m | H_0 Z^2 | m \rangle = \langle m | Z^2 H_0 | m \rangle. \tag{12.43}$$

Unter Verwendung der Vertauschungsrelationen aus Beispiel 9.8 folgt damit,

$$\begin{aligned}
\sum_k f_{mk} &= \frac{2m}{\hbar^2} \left[\langle m | ZH_0Z | m \rangle - \frac{1}{2} (\langle m | H_0 Z^2 + Z^2 H_0 | m \rangle) \right] \\
&= -\frac{m}{\hbar^2} \langle m | [H_0, Z]Z + Z[Z, H_0] | m \rangle \\
&= -\frac{m}{\hbar^2} \langle m | -i\hbar \frac{P_z}{m} Z + i\hbar Z \frac{P_z}{m} | m \rangle \\
&= \frac{-i}{\hbar} \langle m | [Z, P_z] | m \rangle = 1.
\end{aligned} \tag{12.44}$$

12.5 Rayleigh-Streuung

Wir betrachten nun die als Rayleigh-Streuung bekannte elastische Lichtstreuung an gebundenen Elektronen. Der totale Wirkungsquerschnitt wurde bereits im Rahmen des klassischen Lorentz-Modells hergeleitet. Wir berechnen nun den differentiellen Wirkungsquerschnitt für die Streuung in eine beliebige Raumrichtung nach der quantenmechanischen Störungstheorie.

Ein Atom wird im Feld einer elektromagnetischen Welle polarisiert. Dabei erzeugt das induzierte Dipolmoment eine Streuwelle. Wir betrachten wieder als Ausgangszustand des ungestörten Atoms den stationären Quantenzustand $|m\rangle$. Im Unterschied zum vorigen Abschnitt betrachten wir nun die Abstrahlung in eine beliebige Raumrichtung.

12.5 Rayleigh-Streuung

Die von einem klassischen Dipol $d(t)$ in den Raumwinkel $d\Omega$ in die Richtung des Einheitsvektors t' abgestrahlte Leistung ist nach (7.90)

$$dP = \frac{\overline{(\ddot{d} \times t')^2}}{4\pi c^3} \, d\Omega \,. \tag{12.45}$$

Der Querstrich über dem Zähler kennzeichnet den zeitlichen Mittelwert über eine Schwingungsperiode. Wir ersetzen zunächst den Richtungsvektor t' durch den Polarisationsvektor e' der auslaufenden Welle. Der Polarisationsvektor besitzt die Richtung $e' = b' \times t'$, wobei der Einheitsvektor b' die Richtung des Magnetfeldes und damit gemäß (7.87) auch die Richtung des Vektors $\ddot{d} \times t'$ angibt. Mit

$$e' \cdot \ddot{d} = (b' \times t') \cdot \ddot{d} = b' \cdot (t' \times \ddot{d}) = -|\ddot{d} \times t'|. \tag{12.46}$$

ergibt sich die abgestrahlte Leistung in der Form,

$$dP = \frac{\overline{(e' \cdot \ddot{d})^2}}{4\pi c^3} \, d\Omega \,. \tag{12.47}$$

Analog zu (12.39) ist der Erwartungswert des Dipolmoments in Richtung des Polarisationsvektors e',

$$e' \cdot <\mathbf{d}> = \Re\{e' \cdot \boldsymbol{\alpha}_{mm} \cdot e \, E\}. \tag{12.48}$$

Die Zeitmittelung in (12.47) ergibt mit der Regel (3.15b)

$$\overline{(e' \cdot <\mathbf{d}>)^2} = \frac{1}{2}\omega^4 \, |e' \cdot \boldsymbol{\alpha}_{mm} \cdot e|^2 \, |E|^2. \tag{12.49}$$

Der differentielle Wirkungsquerschnitt für die Streuung einer einfallenden Lichtwelle der Intensität $I = c|E|^2/(8\pi)$ in den Raumwinkel $d\Omega$ ist damit

$$d\sigma = \frac{dP}{I} = \frac{\omega^4}{c^4} \, |e' \cdot \boldsymbol{\alpha}_{mm} \cdot e|^2 \, d\Omega \,. \tag{12.50}$$

Das Matrixelement $e' \cdot \boldsymbol{\alpha}_{mm} \cdot e$ wird durch den Tensor (12.38) definiert.

Wird die Störungsrechnung in der Geschwindigkeitseichung durchgeführt, so erhält man anstelle der Matrixelemente des Dipoloperators entsprechende Matrixelemente des Impulsoperators. Der Wirkungsquerschnitt besitzt dann die alternative Form,

$$d\sigma = r_0^2 |M|^2 \, d\Omega. \tag{12.51}$$

Hierbei bezeichnet $r_0 = q^2/(mc^2)$ den klassischen Elektronenradius und M das Matrix-Element

$$M = e' \cdot e - \frac{1}{m\hbar} \sum_k \frac{e' \cdot \mathbf{P}_{km}\mathbf{P}_{mk} \cdot e}{\omega_{km} + \omega} + \frac{e' \cdot \mathbf{P}_{mk}\mathbf{P}_{km} \cdot e}{\omega_{km} - \omega} \,. \tag{12.52}$$

Es ist dimensionslos, so dass r_0^2 die typische Größenordnung des Wirkungsquerschnitts außerhalb einer Resonanzstelle angibt. Nahe einer Resonanz ist der Wirkungsquerschnitt stark überhöht, was als Resonanzfluoreszenz bezeichnet wird.

Die Äquivalenz der Formeln (12.51) und (12.50) für den Wirkungsquerschnitt ergibt sich aus folgenden Umformungen

$$\begin{aligned}
\omega^2 \boldsymbol{\alpha}_{mm} &= \frac{1}{\hbar}\sum_k \frac{(\omega^2-\omega_{km}^2)\mathbf{d}_{mk}\otimes\mathbf{d}_{km}}{\omega_{km}-\omega} + \frac{(\omega^2-\omega_{km}^2)\mathbf{d}_{km}\otimes\mathbf{d}_{mk}}{\omega_{km}+\omega} \\
&\quad + \frac{1}{\hbar}\sum_k \frac{\omega_{km}^2 \mathbf{d}_{mk}\otimes\mathbf{d}_{km}}{\omega_{km}-\omega} + \frac{\omega_{km}^2\mathbf{d}_{km}\otimes\mathbf{d}_{mk}}{\omega_{km}+\omega} \\
&= \frac{1}{\hbar}\sum_k -(\omega+\omega_{km})\mathbf{d}_{mk}\otimes\mathbf{d}_{km} + (\omega-\omega_{km})\mathbf{d}_{km}\otimes\mathbf{d}_{mk} \\
&\quad + \frac{1}{\hbar}\sum_k \frac{\omega_{km}^2\mathbf{d}_{mk}\otimes\mathbf{d}_{km}}{\omega_{km}-\omega} + \frac{\omega_{km}^2\mathbf{d}_{km}\otimes\mathbf{d}_{nk}}{\omega_{km}+\omega}\,. \tag{12.53}
\end{aligned}$$

Die beiden zu ω proportionalen Beiträge verschwinden, da die Komponenten des Dipoloperators miteinander kommutieren,

$$\sum_k \mathsf{d}_{i,km}\mathsf{d}_{j,mk} - \mathsf{d}_{i,mk}\mathsf{d}_{j,km} = \langle m\,|[\mathsf{d}_j,\mathsf{d}_i]|\,m\rangle = 0. \tag{12.54}$$

Die beiden zu ω_{km} proportionalen Beiträge können analog zur Summenregel (12.42) für die Oszillatorstärken ausgewertet werden,

$$\frac{1}{\hbar}\sum_k \omega_{km}\mathsf{d}_{i,mk}\mathsf{d}_{j,km} = \frac{q^2}{2m}\delta_{ij}. \tag{12.55}$$

Die verbleibenden Dipolmatrixelemente können durch die Matrixelemente des Impulsoperators dargestellt werden,

$$\omega_{km}\mathsf{d}_{i,km} = \frac{q}{\hbar}\langle k\,|[\mathsf{H}_0,\mathsf{X}_i]|\,m\rangle = -i\frac{q}{m}\mathsf{P}_{i,km}. \tag{12.56}$$

Durch Substitution der Ausdrücke (12.54)-(12.56) in (12.53) erhält man (12.51).

12.6 Raman-Streuung

Bei der Rayleigh-Streuung besitzt die Streuwelle dieselbe Frequenz wie die einfallende Lichtwelle. Diese Streuung wird als elastisch bezeichnet, da die Photonenenergie $\hbar\omega$ beim Streuprozess keine Änderung erfährt. Das mittlere Dipolmoment besitzt nach (12.38) i.a. aber auch Anteile mit den Schwingungsfrequenzen $\omega_s = \omega - \omega_{nm}$ und $\omega_a = \omega + \omega_{nm}$, deren Amplituden durch die nichtdiagonalen Kramers-Heisenberg-Matrixelemente bestimmt werden. Die inelastische Streuung mit den Frequenzen ω_s und ω_a wird als Raman-Streuung bezeichnet. Sie wurde zuerst von C.V. Raman zu Beginn der zwanziger Jahre des 20. Jahrhunderts bei Untersuchungen zur Lichtstreuung an verschiedenen Materialien beobachtet. Die Strahlung mit der niedrigeren Frequenz ω_s wird als Stokes-, die mit der höheren Frequenz ω_a als Anti-Stokes-Strahlung bezeichnet. Die Stokes-Strahlung tritt auf, wenn das Atom bei der Streuung vom einem

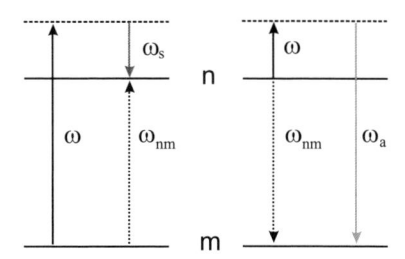

Abb. 12.1: *Raman-Effekt. Bei der Absorption eines einfallenden Photons der Frequenz ω wird Stokes-Strahlung der Frequenz $\omega_s = \omega - \omega_{nm}$ emittiert, wenn das Atom vom Niveau m in das Niveau n übergeht (links). Umgekehrt wird Anti-Stokes-Strahlung der Frequenz $\omega_a = \omega + \omega_{nm}$ emittiert, wenn das Atom vom Niveau n in das Niveau m übergeht (rechts).*

tieferen Niveau m in ein höheres Niveau n übergeht und dabei die Anregungsenergie $\hbar\omega_{nm}$ absorbiert. Die Anti-Stokes-Strahlung entspricht umgekehrt einem Übergang vom höheren Niveau n ins tiefere Niveau m unter Abgabe der Übergangsenergie an das Photon. Da das höhere Niveau im thermischen Gleichgewicht eine um den Boltzmannfaktor $e^{-\hbar\omega_{nm}/k_B T}$ geringere Besetzung aufweist, ist das Signal der Anti-Stokes-Strahlung gewöhnlich sehr viel kleiner als das der Stokes-Strahlung.

In erster Ordnung Störungstheorie tritt der Raman-Effekt nur auf, wenn in der nullten Ordnung ein zeitabhängiges Dipolmoment des ungestörten Atoms vorliegt. Dazu ist im Ausgangszustand die Besetzung von mindestens zwei stationären Zuständen notwendig, z.B.

$$|\psi\rangle = c_m|m\rangle + c_n|n\rangle, \qquad n > m. \tag{12.57}$$

Der Raman-Effekt und verwandte 2-Photonen Übergänge wurden allgemeiner von M. Göppert-Mayer im Rahmen der Störungstheorie zweiter Ordnung behandelt. Die Raman-Streuung wird heute in der nichtlinearen Optik als 4-Wellen Mischprozess beschrieben und stellt eine wichtige spektroskopische Methode dar, die u.a. für die Bestimmung von Molekülspektren breite Anwendung findet. Neben der spontanen Raman-Streuung gibt es die stimulierte Raman-Streuung. Die stimulierte Anti-Stokes-Raman-Streuung ist eine wichtige Methode zur Erzeugung kurzwelliger Laserstrahlung im UV Spektralbereich.

12.7 Übergänge im Strahlungsfeld einer Mode

Im Rahmen der adiabatischen Näherung ist die Übergangsamplitude proportional zum anregenden Feld. Wird das Feld auch adiabatisch ausgeschaltet, so kehrt das Atom in den Ausgangszustand zurück. Die Energieänderungen des Atoms sind dann reversibel und verschwinden bei einer Mittelung über die Lichtperiode. Die resultierende Polarisierbarkeit (12.41) ist reell und beschreibt somit nur die Dispersion aber keine Absorption.

Die Emission und Absorption von Licht durch Atome wurde zuerst von P.A.M. Dirac im

Rahmen der zeitabhängigen Störungstheorie behandelt. Im Gegensatz zur adiabatischen Näherung wird hier ein Anfangswertproblems mit einem schnellen Einschaltvorgang betrachtet. In einem hinreichend breitbandigen Strahlungsfeld gibt es immer Frequenzanteile, die die adiabatische Näherung (12.19) verletzen und somit zur Energieabsorption führen. Diese Methode wurde auch bereits zur Berechnung der Energieänderungen des klassischen ungedämpften harmonischen Oszillators in Abschnitt 7.3 angewandt.

Die Energieänderungen eines Atoms im Strahlungsfeld sollen nun nicht mehr indirekt über die Abstrahlung sondern unmittelbar durch den Erwartungswert der Energie des Atoms berechnet werden. Das Atom sei zur Zeit $t = 0$ im stationären Quantenzustand $|m\rangle$ und werde danach durch das Strahlungsfeld in den Zustand $|\psi_I\rangle = \mathsf{U}_I|m\rangle$ angeregt. Wir berechnen den Energieerwartungswert des Hamilton-Operators H_0 des Atoms im Wechselwirkungsbild. Der Hamilton-Operator H_0 bleibt bei der Transformation ins Wechselwirkungsbild invariant,

$$\mathsf{H}_{0I} = \mathsf{U}_0^+ \mathsf{H}_0 \mathsf{U}_0 = \mathsf{U}_0^+ \mathsf{U}_0 \mathsf{H}_0 = \mathsf{H}_0 \ . \tag{12.58}$$

Damit erhält man für den Energieerwartungswert

$$W = \langle \psi_I | \mathsf{H}_0 | \psi_I \rangle = \sum_n E_n |\langle n | \psi_I \rangle|^2 = \sum_n E_n P_{nm}. \tag{12.59}$$

wobei $P_{nm} = |\langle n | \mathsf{U}_I | m \rangle|^2$ für $n \neq m$ die Übergangswahrscheinlichkeit für den Übergang vom Zustand $|m\rangle$ zu einem anderen stationären Zustand $|n\rangle$ und E_n den Energieeigenwert bezeichnet. Die Wahrscheinlichkeit P_{mm} ist die Besetzungswahrscheinlichkeit des Ausgangszustandes. Eine Aufteilung der Summe in die Terme $n \neq m$ und $n = m$ ergibt

$$W = E_m P_{mm} + \sum_{n \neq m} E_n P_{nm}. \tag{12.60}$$

Aufgrund der Unitarität des Zeitentwicklungsoperators erfüllt die Übergangswahrscheinlichkeit die allgemeine Bedingung

$$\langle m | \mathsf{U}^+ \mathsf{U} | m \rangle = \sum_n P_{nm} = P_{mm} + \sum_{n \neq m} P_{nm} = 1 \ . \tag{12.61}$$

Eliminiert man die Besetzungswahrscheinlichkeit P_{mm} des m-ten Zustandes aus (12.60) mit Hilfe von (12.61), so ergibt sich

$$W = E_m + \sum_{n \neq m} W_{nm}, \qquad W_{nm} = (E_n - E_m) P_{nm} \ . \tag{12.62}$$

Die mittlere Energie besteht hier aus der Anfangsenergie E_m und der Summe aller Energieänderungen W_{nm} aufgrund der Übergänge in andere Energiezustände $n \neq m$. Die Energieänderung W_{nm} bei einem Übergang $m \to n$ ist das Produkt der Übergangsenergie $\hbar\omega_{nm} = E_n - E_m$ mit der Übergangswahrscheinlichkeit P_{nm}. Damit wurden die Energieänderungen des Atoms durch die Übergangswahrscheinlichkeiten P_{nm} und

12.7 Übergänge im Strahlungsfeld einer Mode

die als bekannt vorausgesetzten Energieeigenwerte E_n ausgedrückt. Es genügt also die Übergangswahrscheinlichkeiten im Strahlungsfeld zu berechnen. Dies wird nun im Rahmen der Störungstheorie durchgeführt.

Die Wechselwirkung des Atoms mit einem monochromatischen Strahlungsfeld wird wieder durch den Hamilton-Operator (12.29) beschrieben. Für einen plötzlichen Einschaltvorgang besitzt die Übergangsamplitude die Form (12.20). Wie in (12.30) erhält man durch die Addition des negativen Frequenzanteils das Ergebnis

$$C_{nm} = \delta_{mn} + \frac{\mathbf{d}_{nm}}{2} \cdot \left[\boldsymbol{E}_0 \frac{e^{i\Delta_{nm}t} - 1}{\hbar \Delta_{nm}} + \boldsymbol{E}_0^* \frac{e^{i\Sigma_{nm}t} - 1}{\hbar \Sigma_{nm}} \right] , \qquad (12.63)$$

mit $\Delta_{nm} = \omega_{nm} - \omega$ und $\Sigma_{nm} = \omega_{nm} + \omega$. Die Übergangsamplituden sind besonders groß, wenn einer der Nenner klein wird. Die entsprechenden Resonanzbedingungen kann man auch als Energieunschärfen deuten, wenn man dem Strahlungsfeld die Energiequanten $\hbar\omega$ des Photons zuordnet. Beim Übergang von einem tieferen in ein höheres Energieniveau unter der Absorption eines Photons ist die Gesamtenergie im Anfangszustand $E_m + \hbar\omega$, im Endzustand E_n. Die Energieänderung ist dann $E_n - E_m - \hbar\omega = \hbar\Delta_{nm}$. Umgekehrt ist die Energieänderung beim Übergang vom höheren ins tiefere Energieniveau unter Emission eines Photons $E_n + \hbar\omega - E_m = \hbar\Sigma_{nm}$. Diese Energieunschärfen sind also in der Umgebung resonanter Übergänge besonders klein. Man beachte, dass hier noch keine Quantisierung des Strahlungsfeldes vorliegt. Die Photonenenergie ergibt sich bei Energieerhaltung aus der Übergangsenergie des Atoms.

Das Atom werde nun durch eine monochromatische Welle mit der Frequenz ω in der Nähe der Übergangsfrequenz $\omega_{nm} > 0$ so angeregt, dass die Verstimmung Δ_{nm} hinreichend klein ist. Dann kann der negative Frequenzanteil vernachlässigt werden. Setzt man

$$\mathsf{M} = -\frac{1}{2} \mathbf{d} \cdot \boldsymbol{E}_0 \qquad (12.64)$$

so erhält man die Übergangsamplitude zwischen den stationären Zuständen im Schrödinger-Bild mit (12.14) und (12.20) in der Form

$$\begin{aligned} \hat{C}_{nm} &= C_{nm} e^{-i\omega_{nm}t} \\ &= -\frac{\mathsf{M}_{nm}}{\hbar \Delta_{nm}} \left(e^{-i\omega t} - e^{-i\omega_{nm}t} \right) . \end{aligned} \qquad (12.65)$$

Diese Übergangsamplitude stellt eine Superposition einer Eigenschwingung des Atoms mit einer erzwungenen Schwingung im Strahlungsfeld dar. Sie besitzt somit genau die gleiche Zeitabhängigkeit wie die klassische komplexe Amplitude des angeregten harmonischen Oszillators in (7.45). Daher können alle dort vorgenommenen Berechnungen hier analog durchgeführt werden.

Wie im klassischen Fall kann die Superposition als eine Schwebung mit der Trägerfrequenz $\Sigma_{nm} = \omega_{nm} + \omega$ und der Modulationsfrequenz $\Delta_{nm} = \omega_{nm} - \omega$ geschrieben werden,

$$\hat{C}_{nm} = -\frac{2i\mathsf{M}_{nm}}{\hbar \Delta_{nm}} \sin\left(\frac{\Delta_{nm} t}{2}\right) e^{-i\Sigma_{nm} t/2} . \qquad (12.66)$$

Die Übergangswahrscheinlichkeit ergibt sich daraus zu

$$P_{nm} = \left|\hat{C}_{nm}\right|^2 = \left(\frac{\rho_{nm}}{\Delta_{nm}}\right)^2 \sin^2\left(\frac{\Delta_{nm}t}{2}\right). \tag{12.67}$$

Das hier definierte Matrixelement

$$\rho_{nm} = \frac{2|\mathsf{M}_{nm}|}{\hbar} = \frac{|\mathbf{d}_{nm} \cdot \mathbf{E}_0|}{\hbar}, \tag{12.68}$$

besitzt die Dimension einer Frequenz und wird Rabi-Frequenz des Übergangs genannt. Der Gültigkeitsbereich der Störungstheorie kann durch die Bedingung $\rho_{nm} \ll \Delta_{nm}$ angegeben werden. Dann ist die Übergangswahrscheinlichkeit (12.67) immer klein gegenüber eins. Bei resonanten Anregungen mit $\rho_{nm} \gg \Delta_{nm}$ oszilliert die Besetzung der Niveaus mit der Rabi-Frequenz. Dieser Fall wird im Abschnitt über Zweiniveausysteme gesondert behandelt.

Die beim Übergang $m \to n$ auftretende Energieänderung findet man mit (12.62) und (12.67),

$$W_{nm} = \hbar\omega_{nm}\rho_{nm}^2 \left(\frac{\sin\left(\frac{\Delta_{nm}t}{2}\right)}{\Delta_{nm}}\right)^2. \tag{12.69}$$

Ersetzt man die Rabi-Frequenz durch die Oszillatorstärke des Übergangs (12.41) gemäß

$$2m\hbar\omega_{nm}\rho_{nm}^2 = 2m\omega_{nm} \frac{|\mathbf{R}_{nm} \cdot \mathbf{e}|^2}{\hbar} q^2 |E_0|^2 = f_{mn} q^2 \mathcal{E}_0^2, \tag{12.70}$$

so erhält man das Ergebnis

$$W_{nm} = f_{mn} \frac{q^2 \mathcal{E}_0^2}{2m} \frac{\sin^2\left(\frac{\Delta_{nm}t}{2}\right)}{\Delta_{nm}^2}. \tag{12.71}$$

Diese Energieänderung ist das f_{mn}-fache derjenigen eines klassischen harmonischen Oszillators mit der Frequenz ω_{nm} nach (7.47). Die gesamte Energieänderung (12.62) des Atoms entspricht also genau derjenigen eines Ensembles von harmonischen Oszillatoren mit den Eigenfrequenzen ω_{nm} und den zugehörigen Oszillatorstärken f_{mn}. Damit wird das Lorentz-Modell auch für die Emission und Absorption von Licht durch Atome im Rahmen der quantenmechanischen Störungsrechnung bestätigt. Unter Emission ist hier immer die induzierte Emission zu verstehen, da eine Behandlung der spontanen Emission die Quantisierung des Strahlungsfeldes erfordert (Abschnitt 18.3).

12.8 Übergänge im Strahlungsfeld mit kontinuierlichem Spektrum

Wir bestimmen nun noch die Übergangsrate für ein inkohärentes breitbandiges und isotropes Strahlungsfeld, wie es typischerweise bei der Wärmestrahlung vorliegt. Hierbei

12.8 Übergänge im Strahlungsfeld mit kontinuierlichem Spektrum

werden die schon in der Einleitung angegebenen Schritte detailliert ausgeführt. Dazu schreiben wir die Übergangswahrscheinlichkeit (12.67) mit der atomaren Linienformfunktion (7.51) in der Form

$$P_{nm} = \frac{\rho_{nm}^2}{4} \, t \, S(\nu - \nu_{nm}, t). \tag{12.72}$$

Die Zeitabhängigkeit der Linienformfunktion wird durch die Integration über die Frequenzen des Spektrums eliminiert. Daher definieren wir die Übergangsrate für eine Mode mit der Energiedichte $w(\nu) = |E_0|^2/(8\pi)$ durch

$$r_{nm} = \frac{P_{nm}}{t} = b_{nm} \, w(\nu) \, S(\nu - \nu_{nm}, t) \tag{12.73}$$

mit einer Proportionalitätskonstanten

$$b_{nm} = 2\pi \, \frac{|\mathbf{d}_{nm} \cdot \mathbf{e}|^2}{\hbar^2}. \tag{12.74}$$

Diese Rate besitzt die in der Einleitung postulierte Form (1.19), wobei hier für $w(\nu)$ die klassische Energiedichte des Feldes einzusetzen ist.

Wir gehen nun zu einem breitbandigen Strahlungsfeld über. In einem inkohärenten Strahlungsfeld addieren sich die Übergangswahrscheinlichkeiten und damit auch die Übergangsraten der einzelnen Moden,

$$R_{nm} = \sum_{\alpha, s} r_{nm}(\alpha, s), \tag{12.75}$$

wobei α die beiden Polarisationsrichtungen und s die Wellenvektoren der Moden durchnummeriert. Bei einer hinreichend hohen Modendichte kann die Summation über s durch eine Integration ersetzt werden,

$$R_{nm} = \int d^3 k \, \mathcal{N}(\mathbf{k}) \sum_{\alpha} r_{nm}(\alpha, \mathbf{k}), \tag{12.76}$$

wobei

$$\mathcal{N}(\mathbf{k}) = \sum_s \delta(\mathbf{k} - \mathbf{k}_s) = \frac{V}{(2\pi)^3}$$

die Modendichte im $\mathbf{k}$-Raum bezeichnet. In einem isotropen unpolarisierten Strahlungsfeld ist die Energiedichte $w(\nu)$ unabhängig von der Ausbreitungs- und Polarisationsrichtung der Welle. In Kugelkoordinaten erhält man dann die Integrale

$$R_{nm} = \mathcal{N}(\mathbf{k}) \int d\Omega \sum_{\alpha} b_{nm}(\alpha, \Omega) \int dk \, k^2 \, w(\nu) S(\nu - \nu_{nm}). \tag{12.77}$$

Definiert man den gemäß (7.66) gemittelten Ratenkoeffizienten

$$B_{nm} = \frac{1}{2} \sum_{\alpha} \frac{1}{4\pi} \int d\Omega \, b_{nm}(\alpha, \Omega) = \frac{2\pi}{3} \frac{|\mathbf{d}_{nm}|^2}{\hbar^2}, \tag{12.78}$$

so erhält man

$$R_{nm} = B_{nm}\, 8\pi\, \mathcal{N}(\boldsymbol{k}) \int dk\, k^2 w(\nu) S(\nu - \nu_{nm}, t)\,. \tag{12.79}$$

Durch die Substitution $k = 2\pi\nu/c$ folgt die in (1.29) angegebene Form der Übergangsrate

$$R_{nm} = B_{nm} \int d\nu\, u(\nu) S(\nu - \nu_{nm}, t)\,, \tag{12.80}$$

mit

$$u(\nu) = \mathcal{N}(\nu) w(\nu) V, \qquad \mathcal{N}(\nu) = 8\pi\, \frac{\mathcal{N}(\boldsymbol{k})}{V}\left(\frac{2\pi}{c}\right)^3 \nu^2 = 8\pi\, \frac{\nu^2}{c^3}.$$

Hierbei bezeichnet $u(\nu)$ die spektrale Energiedichte und $\mathcal{N}(\nu)$ die Modendichte (1.8). Asymptotisch für große Zeiten kann man $S(\nu - \nu_{nm}, t)$ durch die δ-Funktion ersetzen und erhält dann das Ergebnis

$$R_{nm} = B_{nm} u(\nu_{nm})\,. \tag{12.81}$$

Die Übergangsrate ist zeitlich konstant und proportional zur spektralen Energiedichte bei der Übergangsfrequenz.

Wir vergleichen nun noch die quantenmechanische Energieänderungsrate des Atoms P_A mit der Rate p_{os} des klassischen harmonischen Oszillators in einem breitbandigen Strahlungsfeld. Mit den Formeln (7.61), (12.62), (12.81), (12.78) erhält man das Verhältnis

$$\frac{P_A}{p_{os}} = \frac{\hbar \omega_{21} B_{21} u(\nu_{21})}{\frac{\pi q^2}{m} u(\nu_{21})} = F_{21}. \tag{12.82}$$

Hierbei bezeichnet

$$F_{21} = \frac{1}{4\pi} \int d\Omega\, f_{21} = \frac{2m\omega_{21}}{\hbar} \frac{|\mathsf{d}_{21}|^2}{3q^2}.$$

die über den Raumwinkel gemittelte Oszillatorstärke aus (12.41). Die Oszillatorstärke gibt somit denjenigen Bruchteil der absorbierten Leistung eines in Polarisationsrichtung ausgerichteten klassischen harmonischen Oszillator an, der von einem Atom bei derselben Übergangsfrequenz im gleichen Strahlungsfeld absorbiert wird. Historisch wurde die Oszillatorstärke in genau dieser Weise als Korrekturfaktor zum Absorptionswirkungsquerschnitt im Lorentz-Modell eingeführt.

12.9 Übergänge im Strahlungsfeld mit diskretem Spektrum*

Durch die Integration über die Frequenzen eines kontinuierlichen Spektrums verändert sich die Besetzungsdynamik grundlegend. Für ein schmalbandiges Spektrum oszillieren

12.9 Übergänge im Strahlungsfeld mit diskretem Spektrum*

die Besetzungen der Niveaus (12.67) periodisch, für ein kontinuierliches breitbandiges Spektrum erhält man dagegen die konstante Rate (12.81), die in Verbindung mit den Ratengleichungen (1.42) zu einer Relaxation der Besetzungen in ein Gleichgewicht führt. Um den Übergang vom Einmoden- zum Vielmodenverhalten genauer untersuchen zu können, betrachten wir nun die Übergangsrate für ein Strahlungsfeld mit einem diskreten äquidistanten Spektrum. Da die Breite der Linienformfunktion (7.51) mit der Zeit abnimmt, kann sie für hinreichend große Zeiten in den Bereich des Frequenzabstandes einzelner Moden kommen. Die Kontinuumsnäherung ist dann nur noch bedingt gültig.

Bei einem diskreten Spektrum spielen zwei Zeitskalen eine Rolle. Die erste Zeitskala ist die Periode des Pulses die durch den Modenabstand definiert wird. Innerhalb einer Pulsperiode bildet sich näherungsweise eine konstante Rate aus. Am Ende einer Pulsperiode ändert sich die Rate aber in der Regel sprunghaft. Die zweite Zeitskala ist die Periode des Verstimmung, die durch den Frequenzabstand zwischen Träger- und Übergangsfrequenz definiert wird. Innerhalb dieser Periode ändert die Rate das Vorzeichen, so dass eine Halbperiode Absorption und eine Halbperiode Emission vorliegt. Mit abnehmender Verstimmung wird die Übergangsrate zunehmend durch die resonante Mode bestimmt.

Das Atom befinde sich nun in einem Strahlungsfeld, das als eine Superposition von Moden

$$E(t) = \sum_{n=-\infty}^{\infty} E_n e^{-i\omega_n t} \tag{12.83}$$

mit äquidistanten Frequenzen

$$\omega_n = \omega + n\delta\omega, \qquad n = 0, \pm 1, \pm 2, \cdots \tag{12.84}$$

dargestellt wird. Die Trägerfrequenz ω sei im Bereich der Übergangsfrequenz ω_{21} des Atoms. Durch den Frequenzabstand $\delta\omega$ wird die Pulsperiode $T_0 = 2\pi/\delta\omega$ definiert. Die Moden werden wie bisher als inkohärent angenommen, d.h. wir betrachten genauer ein Ensemble von Pulsen deren komplexe Amplituden E_n zufällige Phasen besitzen.

Zum Vergleich der Übergangsraten für ein diskretes und ein kontinuierliches Spektrum benötigt man noch die spektrale Energiedichte des Feldes. Die Energiedichte ist definiert durch die reellen elektrischen und magnetischen Felder

$$w = \frac{1}{8\pi} \left(\mathcal{E}^2 + \mathcal{B}^2 \right). \tag{12.85}$$

Mittelt man die Energiedichte über die Periode T_0 des Pulses, so erhält man

$$\bar{w} = 2 \cdot \frac{\bar{\mathcal{E}}^2}{8\pi} = \sum_n \frac{1}{8\pi} |E_n|^2, \qquad \text{mit} \qquad \bar{\mathcal{E}}^2 = \frac{1}{2} \sum_n |E_n|^2. \tag{12.86}$$

Ersetzt man die Summe über n durch ein Integral über ν,

$$\sum_n \to \int \frac{d\nu}{\delta\nu}, \tag{12.87}$$

so gilt mit $\delta\omega = 2\pi\delta\nu$,

$$\bar{w} = \int d\nu\, u(\nu), \qquad u(\nu) = \frac{1}{8\pi}\frac{|E(\nu)|^2}{\delta\nu} = \frac{1}{4}\frac{|E(\nu)|^2}{\delta\omega}. \qquad (12.88)$$

Die spektrale Energiedichte $u(\nu)$ ist also einfach gleich der Energiedichte der einzelnen Moden dividiert durch deren Frequenzabstand.

Die Übergangsrate für eine inkohärente Superposition von Moden ist gleich der Summe der Übergangsraten der einzelnen Moden. Als Beispiel betrachten wir im folgenden eine Superposition von Moden mit gleicher Amplitude, $|E_n| = |E_0|$. Dann erhält man nach (12.67) die Übergangswahrscheinlichkeit

$$P_{21} = \rho^2 \sum_{n=-\infty}^{+\infty} \frac{\sin^2(\Delta_n t/2)}{\Delta_n^2} \qquad (12.89)$$

mit

$$\rho = \frac{|\boldsymbol{d}_{21}\cdot \boldsymbol{E}_0|}{\hbar}, \qquad \Delta_n = \Delta_0 - n\,\delta\omega, \qquad \Delta_0 = \omega_{21} - \omega.$$

Die exakte zeitabhängige Rate erhält man durch die Bildung der Zeitableitung der Übergangswahrscheinlichkeit,

$$\begin{aligned} r_{21} &= \rho^2 \sum_{n=-\infty}^{+\infty} \frac{2\sin(\Delta_n t/2)\cos(\Delta_n t/2)\Delta_n/2}{\Delta_n^2} \\ &= \frac{\rho^2}{2} \sum_{n=-\infty}^{+\infty} \frac{\sin(\Delta_n t)}{\Delta_n}. \end{aligned} \qquad (12.90)$$

Die Summe in (12.90) wird bei der Kontinuumsnäherung (12.76) durch ein Integral ersetzt. Wir betrachten nun den Gültigkeitsbereich der Kontinuumsnäherung. Die Summe kann nur dann durch ein Integral ersetzt werden, wenn sich die aufeinander folgenden Summanden nur wenig ändern. Unter Verwendung der Definition von Δ_n in (12.89) erhält man für die Phasendifferenz benachbarter Moden

$$\Delta\phi = |\Delta_{n+1} - \Delta_n|t = \delta\omega t. \qquad (12.91)$$

In der ersten Periode des Laserpulses ist $0 \leq \delta\omega t < 2\pi$. Die Kontinuumsnäherung ist dann nur zu Beginn der Periode, also für $\Delta\phi = \delta\omega t \ll 2\pi$ anwendbar. Dasselbe gilt für die nachfolgenden Pulsperioden, $2\pi m \leq \delta\omega t < 2\pi(m+1)$. Daher untersuchen wir nun genauer wie sich die Rate über mehrere Pulsperioden entwickelt.

Die Übergangsrate (12.90) hängt neben der Pulsfrequenz $\delta\omega$ auch noch von der Verstimmung Δ_0 ab. Die Rate ist periodisch, wenn diese beiden Frequenzen kommensurabel sind, d.h. wenn ihr Verhältnis rational ist,

$$\frac{|\Delta_0|}{\delta\omega} = q = \frac{k}{m}, \qquad k, m = 1, 2, 3, \cdots. \qquad (12.92)$$

12.9 Übergänge im Strahlungsfeld mit diskretem Spektrum*

Innerhalb einer Periode der Übergangsrate werden dann m Pulszyklen $T_0 = 2\pi/\delta\omega$ bzw. k Verstimmungszyklen $T_\Delta = 2\pi/|\Delta_0|$ durchlaufen. Ohne Einschränkung kann Δ_0 aus einem Intervall von der Größe des Frequenzabstands gewählt werden, z.B aus $[-\delta\omega/2, +\delta\omega/2]$. Da die Rate (12.90) außerdem eine gerade Funktion von Δ_0 ist, genügt es nur negative Werte zu betrachten. Daher setzen wir $\Delta_0 = -q\,\delta\omega$ mit $0 < q < 1/2$. Im folgenden betrachten wir immer periodische Raten, deren Perioden genau einem Verstimmungszyklus entsprechen ($k = 1$ und $m = 2, 3, \cdots$).

Die Übergangsrate in einem Strahlungsfeld mit einem kontinuierlichen Spektrum und mit der Energiedichte (12.88) ist,

$$r_0 = bu(\nu) = 2\pi \frac{|\boldsymbol{d}_{21} \cdot \boldsymbol{e}|^2}{\hbar^2} u(\nu) = \frac{\pi}{2} \frac{|\boldsymbol{d}_{21} \cdot \boldsymbol{e}|^2}{\hbar^2} \frac{|E_0|^2}{\delta\omega} = \frac{\pi}{2} \frac{\rho^2}{\delta\omega}. \tag{12.93}$$

Wählt man die Rate (12.93) als Skalenfaktor für die Rate (12.90), so ergibt sich die Darstellung

$$\frac{r_{21}}{r_0} = \frac{1}{\pi} \sum_{n=-\infty}^{+\infty} \frac{\sin[(q+n)\tau]}{(q+n)}, \qquad \tau = \delta\omega\, t. \tag{12.94}$$

Das allgemeine Verhalten dieser Rate kann man gut anhand ihrer zeitlichen Ableitung,

$$\frac{\dot{r}_{21}}{r_0} = \delta\omega \frac{1}{\pi} \sum_{n=-\infty}^{+\infty} \cos[(q+n)\tau], \tag{12.95}$$

diskutieren. Summiert man viele Harmonische mit zufälligen Phasen, so ist das Ergebnis Null. Daher ist $\dot{r}_{21}$ innerhalb einer Periode $2\pi m < \tau < 2\pi(m+1)$ sehr klein oder Null. An den Stellen $\tau = 2\pi m$ besitzen alle Summanden dieselbe Phase und addieren sich. Das Vorzeichen der Summe wird durch den Faktor $\cos(2\pi mq)$ bestimmt. Daher ist die Rate (12.94) innerhalb einer Pulsperiode jeweils näherungsweise konstant und ändert sich sprunghaft zwischen zwei Perioden.

Die Summation lässt sich in den Grenzfällen $q = 1/2$ und $q = 0$ exakt ausführen. Im ersten Fall, $q = 1/2$, ist die Übergangsfrequenz zwischen zwei Modenfrequenzen zentriert, d.h. die Verstimmung ist maximal. Beachtet man, dass die Summanden ober- und unterhalb der Übergangsfrequenz dann exakt denselben Beitrag liefern, so ergibt sich die Fourierreihe einer Rechteckfunktion,

$$\begin{aligned}\frac{r_{21}}{r_0} &= \frac{4}{\pi} \sum_{n=0}^{\infty} \frac{\sin[(2n+1)(\tau/2)]}{2n+1} \\ &= \begin{cases} +1 & \text{für} \quad 0 < \tau/2 < \pi \\ -1 & \text{für} \quad \pi < \tau/2 < 2\pi. \end{cases}\end{aligned} \tag{12.96}$$

In der ersten Pulsperiode, $0 < \tau < 2\pi$, erhält man genau die Rate r_0 eines Strahlungsfeldes mit kontinuierlichem Spektrum. In der zweiten Pulsperiode, $2\pi < \tau < 4\pi$, ist die Phase gegenüber der ersten Periode um π verschoben und man erhält deshalb die negative Rate $-r_0$. Danach wiederholt sich der Vorgang periodisch. Die durch die

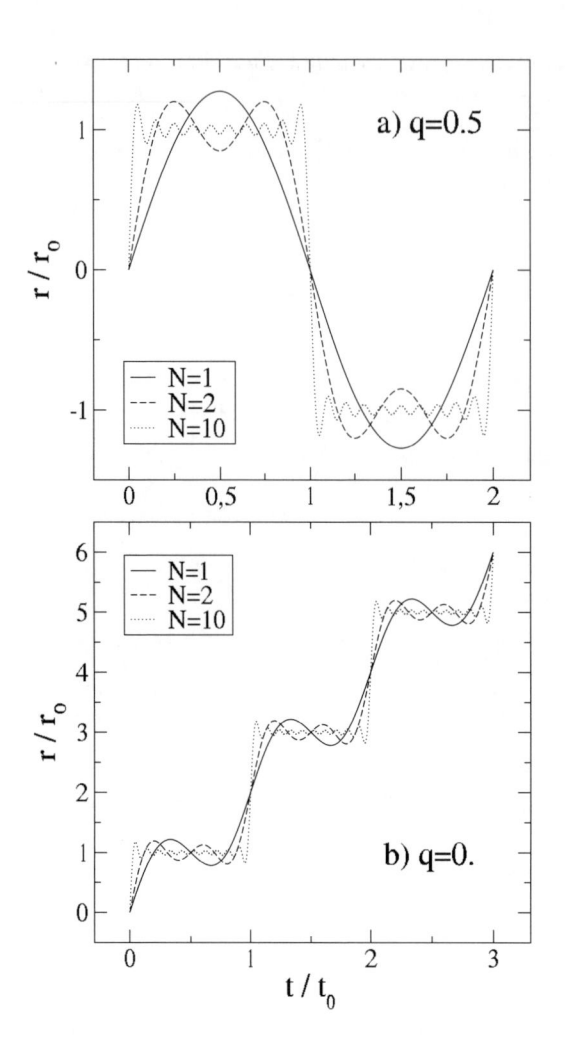

Abb. 12.2: *Übergangsraten für Felder mit jeweils N Moden oberhalb und unterhalb der Übergangsfrequenz. a) Maximale Verstimmung der Trägerwelle ($q = 1/2$): Ein Verstimmungszyklus entspricht genau 2 Pulszyklen T_0. Mit wachsender Modenzahl ergibt sich ein Übergang von einer harmonischen Funktion zu einer Rechteckfunktion mit den Stufenhöhen $\pm r_0$. b) Exakte Resonanz der Trägerwelle ($q = 0$): Der Verstimmungszyklus ist unendlich lange. Daher wächst die Rate unbegrenzt an. Mit wachsenden Modenzahlen erhält man eine Treppenfunktion der Stufenhöhe $2r_0$.*

Verstimmung hervorgerufene Phasenänderung sorgt also dafür, dass sich Absorptions- und Emissionsphasen periodisch abwechseln.

Der zweite Spezialfall $q = 0$ beschreibt eine exakt resonante Anregung durch die Trägerwelle. Im Rahmen der Störungsrechnung ist die Rate hier natürlich nur sehr eingeschränkt, d.h. für hinreichend kurze Zeiten gültig. Nimmt man die resonante Mode $n = 0$ aus der Summe und benutzt wiederum die Symmetrie der Seitenfrequenzen $\pm n$, so ergibt sich die Fourierreihe einer Sägezahnfunktion,

$$\frac{r}{r_0} = \frac{1}{\pi}\left\{\tau + 2\sum_{n=1}^{\infty}\frac{\sin(n\tau)}{n}\right\} = \frac{1}{\pi}\{\tau + [\pi - (\tau - 2\pi m)]\}$$

$$= 1 + 2m, \quad m < \frac{\tau}{2\pi} < m+1, \quad m = 0, 1, 2, \cdots. \tag{12.97}$$

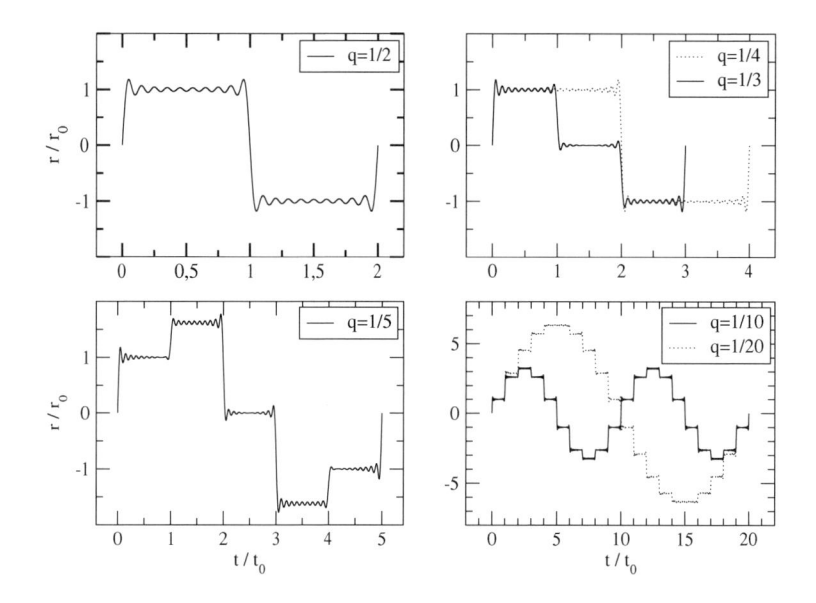

12.9 Übergänge im Strahlungsfeld mit diskretem Spektrum*

Abb. 12.3: *Übergangsrate als Funktion des Verstimmungsparameters q. Mit abnehmendem q wird der Verstimmungszyklus länger und die resonante Mode tritt hervor. Dabei wird die nichtresonante Rate r_0 deutlich überschritten.*

Hierbei bezeichnet m die Zahl der abgeschlossenen Laserpulsperioden. Innerhalb einer Periode bleibt die Rate konstant, sie springt aber am Ende der Periode um $2r_0$. Dieser Sprung entspricht exakt dem Zuwachs der resonanten Rate $r_0\tau/\pi$ über eine Periode $\tau = 2\pi$. Bei Resonanz treten im Vielmodenfall innerhalb der Pulsperiode also auch konstante Raten auf, die aber ein Vielfaches der nichtresonanten Rate r_0 erreichen können. Für große Zeiten wächst die Rate unbeschränkt an.

Bei einer endlichen Modenzahl erhält man ein qualitativ ähnliches Verhalten der Übergangsraten (Abb. 12.2). Der hauptsächliche Unterschied besteht darin, dass die Sprungstellen durch stetige Übergänge endlicher Breite ersetzt werden. Die stationären Raten werden dann nach jedem Sprung erst mit einer gewissen Verzögerungszeit erreicht.

Variiert man den Parameter q zwischen $1/2$ und 0, so kann man den Übergang vom nichtresonanten zum resonanten Verhalten untersuchen. Hierzu wurde die Übergangsrate mit jeweils 10 Moden oberhalb und unterhalb der Trägerfrequenz numerisch ausgewertet und in Abb. 12.3 dargestellt. Zwischen $q = 1/2$ und $q = 1/4$ wächst die Periode des Verstimmungszyklusses, die Rate selbst bleibt aber durch r_0 begrenzt. Für $q = 1/5$ erkennt man das Auftreten größerer Raten, für $q = 1/10$ und $q = 1/20$ tritt die harmonische Rate der resonanten Mode deutlich hervor. In (12.94) besitzt der Summand $n = 0$ den Maximalwert $r_0/(\pi q)$, in Übereinstimmung mit den Maxima der Raten in der Abbildung.

12.10 Einstein-Koeffizienten

Wie gezeigt können die Einsteinschen B-Koeffizienten mit der semiklassischen Theorie berechnet werden. Eine direkte Berechnung des A-Koeffizienten ist dagegen im Rahmen der semiklassischen Theorie nicht möglich. Hierzu ist die Quantisierung des Strahlungsfeldes erforderlich. Man kann den A-Koeffizienten jedoch mit Hilfe der Einstein-Beziehungen (1.41) aus dem B-Koeffizienten bestimmen. Für nichtentartete Energieniveaus 1 und 2 gilt dann,

$$B_{12} = B_{21} = \frac{2\pi}{3} \frac{|\mathsf{d}_{12}|^2}{\hbar^2},$$
$$A_{21} = 8\pi \frac{h\nu^3}{c^3} B_{21} = \frac{2}{\pi} \frac{\hbar\omega^3}{c^3} B_{21} = \frac{4}{3} \frac{\omega^3}{c^3} \frac{|\mathsf{d}_{12}|^2}{\hbar}. \tag{12.98}$$

Bei entarteten Energieniveaus können die Übergangsraten zunächst für jedes Paar entarteter Zustände mit den Quantenzahlen m_1 und m_2 angegeben werden,

$$\dot{N}_{m_2} = B_{m_1 m_2}\, u(\nu_{21})\, N_{m_1}, \qquad (m_1 \to m_2),$$
$$\dot{N}_{m_1} = A_{m_2 m_1}\, N_{m_2} + B_{m_2 m_1}\, u(\nu_{21})\, N_{m_2}, \qquad (m_2 \to m_1). \tag{12.99}$$

Die gesamte Übergangsrate aus einem beliebigen Anfangszustand in einen festen Endzustand ergibt sich durch Summation über alle entarteten Anfangszustände,

$$\dot{N}_{m_2} = \sum_{m_1} B_{m_1 m_2}\, u(\nu_{21})\, N_{m_1},$$
$$\dot{N}_{m_1} = \sum_{m_2} (A_{m_2 m_1} + B_{m_2 m_1}\, u(\nu_{21}))\, N_{m_2} \tag{12.100}$$

Die gesamte Übergangsrate aus einem beliebigen Anfangszustand in einen beliebigen Endzustand folgt durch Summation von (12.100) über alle entarteten Endzustände:

$$\dot{N}_2 = \sum_{m_2} \dot{N}_{m_2} = \sum_{m_1, m_2} B_{m_1 m_2}\, u(\nu_{21})\, N_{m_1},$$
$$\dot{N}_1 = \sum_{m_1} \dot{N}_{m_1} = \sum_{m_1, m_2} (A_{m_2 m_1} + B_{m_2 m_1}\, u(\nu_{21}))\, N_{m_2}. \tag{12.101}$$

Bei sphärischer Symmetrie bezeichnen $m_{1,2}$ die Richtungsquantenzahlen der Kugelflächenfunktionen. Man kann zeigen, daß das Dipolmatrixelement dann die folgende Symmetrie besitzt,

$$S_{12} = S_{21} = \sum_{m_1, m_2} |d_{m_1, m_2}|^2$$
$$= g_2 \sum_{m_1} |d_{m_1, m_2}|^2 = g_1 \sum_{m_2} |d_{m_1, m_2}|^2. \tag{12.102}$$

12.10 Einstein-Koeffizienten

Nach der Summation über die Richtungsquantenzahl m_1 ist das Betragsquadrat des Dipolmatixelementes unabhängig von m_2 und umgekehrt. S_{12} wird als die Linienstärke des Überganges bezeichnet. Verwendet man (12.102) in (12.101) so ergeben sich dieselben Ratengleichungen wie für nichtentartete Zustände. Die Einstein-Koeffizienten sind jedoch in der folgenden Weise definiert,

$$B_{12} = \sum_{m_2} B_{m_1 m_2} = \frac{2\pi}{3} \frac{S_{12}}{g_1 \hbar^2},$$

$$B_{21} = \sum_{m_1} B_{m_2 m_1} = \frac{2\pi}{3} \frac{S_{21}}{g_2 \hbar^2},$$

$$A_{21} = \sum_{m_1} A_{m_2 m_1} = \frac{4}{3} \frac{\omega^3}{c^3} \frac{S_{21}}{g_2 \hbar}. \tag{12.103}$$

Auch diese Koeffizienten genügen den Einstein-Beziehungen (1.41).

Die Oszillatorstärken (12.41) können ebenfalls über den Raumwinkel gemittelt und über entartete Zustände summiert werden. Die gemittelte Oszillatorstärke F_{12} ist proportional zum Einsteinkoeffizienten B_{12},

$$F_{12} = \frac{2m\omega_{21}}{\hbar} \frac{|\mathsf{d}_{21}|^2}{3q^2} = \frac{m\hbar\omega_{21}}{\pi q^2} B_{12}. \tag{12.104}$$

Mit (12.103) erhält man dann die summierten Oszillatorstärken

$$F_{12} = \frac{2}{3} \frac{m\omega_{21}}{q^2} \frac{S_{12}}{g_1 \hbar}. \tag{12.105}$$

Aus der Einstein-Beziehung für die B-Koeffizienten folgt für die Oszillatorstärken die Symmetrie $g_1 F_{12} = -g_2 F_{21}$. Bei den Oszillatorstärken und den Einstein-Koeffizienten verwenden wir die Konvention, dass der Anfangszustand links, der Endzustand rechts steht. Bei den Matrixelementen der Quantenmechanik ist die Reihenfolge umgekehrt.

Aufgaben

12.1 Leiten Sie mit der Polarisierbarkeit (12.41) im Grenzfall hoher Frequenzen unter Verwendung der f-Summenregel (12.42) die Dielektrizitätsfunktion freier Elektronen her,

$$\epsilon(\omega) = 1 + 4\pi n_e \alpha(\omega) = 1 - \frac{\omega_p^2}{\omega^2}, \qquad \omega_p^2 = \frac{4\pi q^2 n_e}{m}.$$

12.2 a) Berechnen Sie quantenmechanisch die Einsteinschen A- und B-Koeffizienten für einen harmonischen Oszillator. Der Ausgangszustand sei $|n\rangle$. Für die Übergänge $n \to n \pm 1$ lauten die Koeffizienten

$$A_{n,n-1} = \frac{4}{3} \frac{\omega_0^3}{c^3} \frac{|\langle n|d|n-1\rangle|^2}{\hbar}, \qquad B_{n,n\pm 1} = \frac{2\pi}{3} \frac{|\langle n|d|n\pm 1\rangle|^2}{\hbar^2}.$$

Hierbei ist ω_0 die Übergangsfrequenz und

$$d = q\sqrt{\frac{\hbar}{2m\omega_0}}\left(a + a^\dagger\right)$$

der Operator des Dipolmoments.
b) Berechnen Sie die durch spontane Emission aus dem Zustand $|n\rangle$ abgestrahlte Leistung $P = \hbar\omega_0 A_{n,n-1}$ und die Energieverlustrate $r = P/E$ mit $E = E_n - E_0$.
c) Berechnen Sie, unter Vernachlässigung der spontanen Emission, die effektiv absorbierte Leistung in einem Strahlungsfeld mit der spektralen Energiedichte $u(\nu)$ für einen festen Zustand $|n\rangle$.

12.3 Berechnen Sie die Matrix

$$\langle n'l'm'|\boldsymbol{r}|nlm\rangle$$

des Ortsoperators $\boldsymbol{r} = x\boldsymbol{e}_x + y\boldsymbol{e}_y + z\boldsymbol{e}_z$ für die stationären Zustände eines Wasserstoffatoms $|nlm\rangle$ mit den Hauptquantenzahlen $n = 1$ und $n = 2$. Welche Werte von l und m sind für $n = 1$ und $n = 2$ jeweils möglich? Welche Matrixelemente verschwinden aufgrund von Auswahlregeln? Zeigen Sie dies auch explizit durch Berechnung. Verwenden Sie die Ortsdarstellung. Drücken Sie x, y, z in Kugelkoordinaten aus und schreiben Sie den Ortsvektor in der Form $\boldsymbol{r} = r\boldsymbol{n}$ mit Radius r und Einheitsvektor $\boldsymbol{n}$. Die Wasserstoffeigenfunktionen sind:

$$\langle \boldsymbol{r}|nlm\rangle = R_{nl}(r)Y_l^m(\vartheta, \varphi),$$

$$R_{10} = 2a_B^{-3/2} e^{-r/a_B}, \qquad R_{21} = \frac{1}{\sqrt{6}} a_B^{-3/2} \frac{r}{2a_B} e^{-r/(2a_B)},$$

$$a_B = \frac{\hbar^2}{m_e q_e^2} \quad \text{(Bohrscher Radius)},$$

$$Y_0^0 = \frac{1}{\sqrt{4\pi}}, \qquad Y_1^0 = \sqrt{\frac{3}{4\pi}} \cos\vartheta, \qquad Y_1^{\pm 1} = \mp\sqrt{\frac{3}{8\pi}} \sin\vartheta e^{\pm i\varphi}.$$

12.4 Berechnen Sie die Oszillatorstärke des $1 \to 2$ Überganges in einem Wasserstoffatom. Wählen Sie ein Koordinatensystem, in dem das elektrische Feld in Richtung der Quantisierungsachse des Wasserstoffatoms (z-Richtung) zeigt. Verwenden Sie für die Oszillatorstärke den Ausdruck

$$f_{21} = \frac{2m_0}{\hbar^2}(E_2 - E_1)\sum_{l=0}^{1}\sum_{m=-l}^{l}|\langle 2,l,m|\boldsymbol{r}|1,0,0\rangle \cdot \boldsymbol{e}|^2$$

und die in Aufgabe 12.3 berechneten Matrixelemente.

Energieeigenwerte: $E_n = -\frac{1}{2n^2}\frac{q_e^2}{a_B}$, \qquad Polarisationsvektor: $\boldsymbol{e} = \boldsymbol{e}_z$.

12.5 Führen Sie die Rechnung aus Aufgabe 12.4 in einem allgemeinen Koordinatensystem durch. Zeigen Sie, dass das Ergebnis unabhängig von der Wahl des Koordinatensystems ist. Anleitung:
a) Zeigen Sie mit Hilfe von Aufgabe 12.3

$$\sum_{m=-1}^{1} \langle n_i \rangle_m^* \langle n_j \rangle_m = \frac{1}{3}\delta_{ij}, \qquad \langle n_i \rangle_m = \int d\Omega \, n_i \, Y_1^m Y_0^0 \, ; \qquad i \in \{x,y,z\}$$

b) Verwenden Sie a) um die m-Summation in der Oszillatorstärke auszuführen.

12.6 Ein Elektron befinde sich in einem starken elektrischen Feld $\mathcal{E}(t) = \mathcal{E}_0 \sin(\omega t)$ und werde von einem Ion mit dem Potential $V(\boldsymbol{x})$ gestreut. Das Potential $V(\boldsymbol{x})$ sei eine kleine Störung zum Hamiltonoperator H_0 des Elektrons im elektrischen Feld. Berechnen Sie in erster Ordnung Störungsrechnung die Übergangsrate aus einem Volkov-Zustand $|\boldsymbol{k}\rangle$ in einen Volkov-Zustand $|\boldsymbol{k}'\rangle$ für resonante Prozesse, bei denen die Energieänderung

$$\frac{\hbar^2 k'^2}{2m} - \frac{\hbar^2 k^2}{2m} = n\hbar\omega$$

ein ganzzahliges Vielfaches n der Photonenenergie $\hbar\omega$ beträgt. Anleitung:
a) Wie lautet die Schrödingergleichung für das Elektron im KH-System?
b) Wie lauten die Volkov-Zustände $|\boldsymbol{k}\rangle$ im ungestörten KH-System in der Ortsdarstellung?
c) Wie lautet die Schrödinger-Gleichung aus a) im Wechselwirkungsbild?
d) Berechnen Sie die Amplitude $\langle \boldsymbol{k}' | \psi_I \rangle$ in erster Ordnung Störungsrechnung mit der Anfangsbedingung $|\psi_I(0)\rangle = |\boldsymbol{k}\rangle$. Hierbei ist $|\psi_I\rangle$ der Zustandsvektor im Wechselwirkungsbild. Hinweis:

$$e^{iz\sin\theta} = \sum_{n=-\infty}^{+\infty} J_n(z) e^{in\theta}, \quad J_n(z): \text{Besselfunktionen } n\text{-ter Ordnung}.$$

$$J_n(z) = (-1)^n J_{-n}(z) \, .$$

e) Berechnen Sie für einen resonanten Übergang die Übergangsrate. Verwenden Sie für ein Kontinuum von Endzuständen die Näherung: $t \, \text{sinc}^2\left(\frac{\Delta t}{2}\right) \longrightarrow 2\pi\delta(\Delta)$.

12.7 Diskutieren Sie das Ergebnis aus Aufgabe 12.6 mit Hilfe der asymptotischen Darstellungen:

$$J_n^2(z) \longrightarrow \begin{cases} \frac{1}{2\pi n}\left(\frac{ez}{2n}\right)^{2n}; & n \gg z \\ \frac{2\cos^2\phi}{\pi\sqrt{z^2-n^2}}; & n \ll z, \quad (\phi: \text{Phase}) \end{cases}$$

Welcher Unterschied besteht zwischen schwachen ($z \ll 1$) und starken ($z \gg 1$) elektrischen Feldern? Wie groß ist die Energie $n\hbar\omega$, die dem Cutoff $n = z$ entspricht? Nehmen Sie hierzu vereinfachend an, dass die Anfangsenergie $\hbar^2 k^2/2m = 0$ ist.

13 Zweiniveausysteme

- Zweiniveausysteme im rotierenden Bezugssystem
- Rabi-Frequenz
- Rabi-Oszillationen und Resonanzfluoreszenz
- Bloch-Vektor
- Optisches Bloch-Modell

Bisher wurde die Wechselwirkung eines gebundenen Elektrons mit dem Strahlungsfeld nur in linearer Näherung im elektrischen Feld beschrieben. Der harmonische Oszillator ist ein lineares Modell, die Störungsrechnung wurde nur bis zur linearen Ordnung durchgeführt. In einer linearen Theorie ist die absorbierte Energie proportional zur Intensität der Welle. Die Störungstheorie hat gezeigt, dass der Wirkungsquerschnitt gegenüber dem des harmonischen Oszillators um die Oszillatorstärke modifiziert ist.

Bei resonanten Anregungen ist die störungstheoretische Behandlung nur sehr eingeschränkt anwendbar. Mit verstimmbaren Lasern lassen sich Atome relativ einfach nahezu monochromatisch bei einer Übergangsfrequenz anregen. In einem Atomstrahl kann die spontane Emission einzelner Atome andere Atome derselben Sorte resonant anregen. Ist die anregende Frequenz gleich der emittierten Frequenz, so spricht man von Resonanzfluoreszenz.

Im Rahmen des Modells eines Zweiniveausystems lassen sich resonante Übergänge ohne die Näherung kleiner Störungen genauer behandeln. In einem rotierenden Bezugssystem kann die resonante Wechselwirkung für beliebige Amplituden der anregenden Welle berechnet werden. Das optische Bloch-Modell erlaubt eine anschauliche geometrische Deutung der Dynamik eines Zweiniveausystems.

13.1 Optische Zweiniveausysteme

Der Hamilton-Operator eines Atoms in einem Strahlungsfeld mit dem elektrischen Feld $\mathcal{E}(t)$, besitzt die allgemeine Form

$$\mathsf{H} = \mathsf{H}_0 + \mathsf{H}_1, \qquad \mathsf{H}_1(t) = -\mathbf{d} \cdot \mathcal{E}(t). \tag{13.1}$$

Hierbei bezeichnet H_0 den Hamilton-Operator des Atoms ohne Strahlungsfeld und H_1 die Wechselwirkung mit dem Strahlungsfeld in der Längeneichung (10.37). Wir betrachten nun Übergänge zwischen zwei stationären Zuständen des Atoms $|a\rangle$ und $|b\rangle$ mit den Energieeigenwerten $E_a = \hbar\omega_a$ und $E_b = \hbar\omega_b$, d.h.

$$\mathsf{H}_0|a\rangle = \hbar\omega_a|a\rangle, \qquad \mathsf{H}_0|b\rangle = \hbar\omega_b|b\rangle. \tag{13.2}$$

Die Störung soll ausschließlich Übergänge zwischen diesen beiden Zuständen anregen, Übergänge in andere Zustände des Atoms oder ins Kontinuum werden vernachlässigt. Wegen der Beschränkung auf zwei Zustände bzw. Eigenwerte spricht man von einem Zweizustandssystem oder Zweiniveausystem.

Ohne Einschränkung der Allgemeinheit kann der Nullpunkt der Energie durch $E_a + E_b = 0$ festgelegt werden. Die beiden Energien lassen sich dann einfach durch die Übergangsenergie der Niveaus, $E_{ab} = E_a - E_b = \hbar\omega_0$ ausdrücken,

$$\begin{aligned} E_a &= \frac{1}{2}(E_a + E_b + E_{ab}) = +\frac{\hbar\omega_0}{2}, \\ E_b &= \frac{1}{2}(E_a + E_b - E_{ab}) = -\frac{\hbar\omega_0}{2}. \end{aligned} \tag{13.3}$$

Hierbei verwenden wir die bei Zweiniveausystemen gängige Konvention, dass der erste Index a die größere, der zweite Index b die kleinere Energie bezeichnet.

Die beiden Zustände bilden eine Basis eines zweidimensionalen Hilbert-Raums. Die Entwicklung des Zustandsvektor nach dieser Basis lautet

$$|\psi\rangle = c_a|a\rangle + c_b|b\rangle, \tag{13.4}$$

mit den Entwicklungskoeffozienten $c_a = \langle a|\psi\rangle$ und $c_b = \langle b|\psi\rangle$. Die Zustandsvektoren können als zweikomponentige Spaltenvektoren dargestellt werden. Diese werden als Spinore bezeichnet. Den Zuständen $|a\rangle, |b\rangle$ und $|\psi\rangle$ entsprechen jeweils die Darstellungen

$$|a\rangle \leftrightarrow \begin{pmatrix} 1 \\ 0 \end{pmatrix}, \qquad |b\rangle \leftrightarrow \begin{pmatrix} 0 \\ 1 \end{pmatrix}, \qquad |\psi\rangle \leftrightarrow \begin{pmatrix} c_1 \\ c_2 \end{pmatrix}. \tag{13.5}$$

Im folgenden wird die Inversionssymmetrie des Hamiltonoperators H_0 bei einer Raumspiegelung vorausgesetzt, so dass der Dipoloperator in (13.1) aufgrund der ungeraden Parität des Ortsoperators keine Diagonalelemente besitzt. Dann wird der Hamiltonoperator bezüglich der Basis (13.5) durch die 2×2-Matrix

$$\mathsf{H} \leftrightarrow \begin{pmatrix} E_a & -\mathbf{d}_{ab} \cdot \mathcal{E} \\ -\mathbf{d}_{ba} \cdot \mathcal{E} & E_b \end{pmatrix} \tag{13.6}$$

dargestellt. Wegen der besonderen Wahl des Energienullpunktes in (13.3) ist die Matrix spurfrei.

Damit lautet die Schrödinger-Gleichung für das Zweiniveausystem

$$i\hbar \begin{pmatrix} \dot{c}_a \\ \dot{c}_b \end{pmatrix} = \begin{pmatrix} E_a & -\mathbf{d}_{ab} \cdot \mathcal{E} \\ -\mathbf{d}_{ba} \cdot \mathcal{E} & E_b \end{pmatrix} \cdot \begin{pmatrix} c_a \\ c_b \end{pmatrix}. \tag{13.7}$$

13.1 Optische Zweiniveausysteme

Für ein monochromatisches Strahlungsfeld besitzen die Nichtdiagonalelemente die Form

$$\mathbf{d}_{ab} \cdot \mathcal{E} = \frac{\hbar}{2}(\mathrm{R}_{ab}e^{-i\omega t} + \mathrm{R}_{ab}^{+}e^{i\omega t}),$$
$$\mathbf{d}_{ba} \cdot \mathcal{E} = \frac{\hbar}{2}(\mathrm{R}_{ab}e^{-i\omega t} + \mathrm{R}_{ab}^{+}e^{i\omega t})^{*}, \qquad (13.8)$$

mit

$$\mathrm{R} = \frac{\mathbf{d} \cdot \boldsymbol{E}_0}{\hbar}, \qquad \mathcal{E} = \Re\{\boldsymbol{E}_0 e^{-i\omega t}\}.$$

Wegen der zeitabhängigen Koeffizienten (13.8) ist die Lösung des Gleichungssystems (13.7) i.A. kompliziert. Durch einen Übergang in ein rotierendes Bezugssystem kann man jedoch erreichen, dass der resonante Teil der Störung zeitunabhängig wird und der nichtresonante Anteil vernachlässigt werden kann. Diese Näherung wird in der englischen Literatur als "rotating wave approximation" (RWA) bezeichnet. Durch die RWA wird das Problem eines Zweiniveausystems mit zeitabhängiger Störung auf das einfach lösbare Modell eines Zweiniveausystems mit zeitunabhängiger Störung zurückgeführt.

Drehungen des Zustandsvektors: Aus der Quantenmechanik ist bekannt, dass sich ein Spinor bei einer Drehung um eine Drehachse in Richtung des Einheitsvektors $\boldsymbol{e}$ um den Winkel φ mit der Matrix

$$\mathsf{D}(\boldsymbol{e}, \varphi) = \exp\left(\frac{-i\boldsymbol{\sigma}\cdot\boldsymbol{e}\varphi}{2}\right) = \mathsf{I}\cos\left(\frac{\varphi}{2}\right) - i\boldsymbol{e}\cdot\boldsymbol{\sigma}\sin\left(\frac{\varphi}{2}\right) \qquad (13.9)$$

transformiert. Hierbei bezeichnet $\boldsymbol{\sigma} = \sigma_1 \boldsymbol{e}_1 + \sigma_2 \boldsymbol{e}_2 + \sigma_3 \boldsymbol{e}_3$ einen Operator, dessen Komponenten durch die Pauli-Matrizen definiert sind,

$$\sigma_1 = \begin{pmatrix} 0 & 1 \\ 1 & 0 \end{pmatrix}, \qquad \sigma_2 = \begin{pmatrix} 0 & -i \\ i & 0 \end{pmatrix}, \qquad \sigma_3 = \begin{pmatrix} 1 & 0 \\ 0 & -1 \end{pmatrix}. \qquad (13.10)$$

Häufig verwendete Eigenschaften der Pauli-Matrizen sind die Beziehungen für deren Kommutator und Antikommutator,

$$[\sigma_i, \sigma_j] = 2i\epsilon_{ijk}\sigma_k, \qquad \{\sigma_i, \sigma_j\} = \sigma_i\sigma_j + \sigma_j\sigma_i = 2\delta_{ij}\mathsf{I}. \qquad (13.11)$$

Hier bezeichnet ϵ_{ijk} den Epsilon- und δ_{ij} den Deltatensor.

Die Drehmatrix (13.9) beschreibt eine aktive Drehung des physikalischen Systems. Wir betrachten nun speziell ein Bezugssystem, das um die 3-Achse mit der Winkelgeschwindigkeit φ rotiert. Im rotierenden Bezugssystem wird das physikalische System um den Winkel $-\varphi$ gedreht. Die zugehörige Transformation ist

$$\mathsf{D}(\boldsymbol{e}_z, -\varphi) = \mathsf{I}\cos\left(\frac{\varphi}{2}\right) + i\sigma_3\sin\left(\frac{\varphi}{2}\right) = \begin{pmatrix} e^{i\varphi/2} & 0 \\ 0 & e^{-i\varphi/2} \end{pmatrix}. \qquad (13.12)$$

Im rotierenden System ergeben sich für den Spinor die neuen Komponenten

$$C_a = c_a e^{i\varphi/2}, \qquad C_b = c_b e^{-i\varphi/2}. \tag{13.13}$$

Die Besetzungen der einzelnen Niveaus bleiben dabei invariant, $|C_i|^2 = |c_i|^2$. Die relative Phase der beiden Amplituden ändert sich um $\varphi_a - \varphi_b = \varphi$. Im rotierenden System ergibt sich anstelle von (13.7) das Gleichungssystem

$$i\hbar \dot{C}_a = \frac{\hbar}{2}(\omega_0 - \dot{\varphi})C_a - \mathbf{d}_{ab} \cdot \mathcal{E}\ e^{i\varphi} C_b, \tag{13.14a}$$

$$i\hbar \dot{C}_b = \frac{\hbar}{2}(-\omega_0 + \dot{\varphi})C_b - [\mathbf{d}_{ab} \cdot \mathcal{E}\ e^{i\varphi}]^* C_a. \tag{13.14b}$$

Die Transformation ist ähnlich zur Transformation ins Wechselwirkungsbild. Diese würde man mit der speziellen Wahl $\dot{\varphi} = \omega_0$ erhalten, bei der die Energieeigenwerte des ungestörten Systems auf Null gesetzt werden.

Definition 13.1: *Verstimmung und Rabi-Frequenz*

Die Verstimmung Δ der Anregungsfrequenz ω gegenüber der Übergangsfrequenz ω_0 und die Rabi-Frequenz ρ des Zweiniveausystems werden definiert durch

$$\Delta = \omega_0 - \omega, \qquad , \qquad \rho = |\mathsf{R}_{ab}| = \frac{|\mathbf{d}_{ab} \cdot \boldsymbol{E}_0|}{\hbar}. \tag{13.15}$$

Bei Spinsystemen gibt es analoge Größen. Die Rabi-Frequenz ist nach I. Rabi für dessen grundlegende Arbeiten zur Kernspinresonanz benannt. Die komplexe Zahl $\mathsf{R}_{ab} = \rho\, e^{-i\phi}$ kann in der Polardarstellung durch die Rabi-Frequenz und eine Phase ϕ angegeben werden.

Den Drehwinkel φ bestimmen wir nun durch die Forderungen, dass der erste Term der Wechselwirkung (13.8) im rotierenden System zeitunabhängig und reell wird,

$$\mathsf{R}_{ab} e^{-i\omega t}\, e^{i\varphi} = \rho e^{i(\varphi - \omega t - \phi)} = \rho. \tag{13.16}$$

Damit gilt für den Drehwinkel und die Winkelgeschwindigkeit

$$\varphi = \omega t + \phi, \qquad \dot{\varphi} = \omega. \tag{13.17}$$

Der zweite Term in der Störung (13.8) ändert sich mit der Frequenz $\omega + \dot{\varphi} = 2\omega$. Dieser nichtresonante Beitrag führt nur zu kleinen schnellveränderlichen Änderungen der Amplituden. Die RWA besteht in der Vernachlässigung dieses Anteils. Eine entsprechende Näherung wurde bei der Störungsrechnung im Anschluss an (12.63) verwendet. Im Rahmen der RWA erhält man für das optische Zweiniveausystem die Schrödinger-Gleichung

$$i\hbar \begin{pmatrix} \dot{C}_a \\ \dot{C}_b \end{pmatrix} = \frac{\hbar}{2} \begin{pmatrix} \Delta & -\rho \\ -\rho & -\Delta \end{pmatrix} \cdot \begin{pmatrix} C_a \\ C_b \end{pmatrix}. \tag{13.18}$$

Der Hamilton-Operator wird nun durch die Verstimmung und die Rabi-Frequenz ausgedrückt. Die Verstimmung bestimmt die Energieeigenwerte des ungestörten Systems, die Rabi-Frequenz bestimmt die Stärke der Störung. Die Gültigkeit der RWA erfordert, dass die Verstimmung und die Rabi-Frequenz klein sind gegenüber der Anregungsfrequenz.

13.1 Optische Zweiniveausysteme

Geometrische Darstellung: Zweiniveausysteme mit einem spurfreien hermiteschen Hamilton-Operator können geometrisch in einem dreidimensionalen Raum dargestellt werden. Der Hamilton-Operator eines solchen Systems lässt sich immer als Linearkombination der Pauli-Matrizen,

$$\mathsf{H} = \sum_i h_i \sigma_i = \boldsymbol{h} \cdot \boldsymbol{\sigma}, \tag{13.19}$$

mit drei reellen Koeffizienten h_i angeben. Diese Koeffizienten können als Komponenten eines Vektors $\boldsymbol{h} = \sum_i h_i \boldsymbol{e}_i$ aufgefasst werden. Die Basis dieses Vektorraumes wird entsprechend den Indizes der Pauli-Matrizen mit $\{\boldsymbol{e}_1, \boldsymbol{e}_2, \boldsymbol{e}_3\}$ bezeichnet. Permanente Dipole besitzen einen Dipoloperator $\mathbf{d} \propto \boldsymbol{\sigma}$. In diesem Fall kann der Vektorraum mit dem physikalischen Raum identifiziert werden. Bei induzierten Dipolen hat der Vektorraum nur eine abstrakte Bedeutung.

Der Hamilton-Operator der Schrödinger-Gleichung (13.18) im rotierenden Bezugssystem kann in der folgenden Weise durch die Pauli-Matrizen dargestellt werden,

$$\mathsf{H} = -\frac{\hbar \rho}{2}\sigma_1 + \frac{\hbar \Delta}{2}\sigma_3 = -\frac{\hbar}{2}\boldsymbol{\Omega} \cdot \boldsymbol{\sigma}. \tag{13.20}$$

Die Koeffizienten dieser Darstellung lassen sich durch den Vektor

$$\boldsymbol{\Omega} = \rho \boldsymbol{e}_1 - \Delta \boldsymbol{e}_3 = \Omega \boldsymbol{n} \tag{13.21}$$

zusammenfassen, dessen Betrag Ω und Richtung $\boldsymbol{n}$ durch

$$\Omega = \sqrt{\Delta^2 + \rho^2}, \qquad \boldsymbol{n} = \frac{\rho \boldsymbol{e}_1 - \Delta \boldsymbol{e}_3}{\Omega}$$

gegeben sind. Die Richtung $\boldsymbol{n}$ wird bezüglich der negativen 3-Achse durch den Winkel θ angegeben (Abb. 13.1),

$$\sin\theta = \frac{\rho}{\Omega}, \qquad \cos\theta = \frac{\Delta}{\Omega}. \tag{13.22}$$

Die 2-Komponente des Vektors verschwindet, da die Phase in (13.16) so gewählt wurde, dass nur ein reelles Nichtdiagonalelement auftritt und somit der Koeffizient von σ_2 null ergibt.

Bei einem zeitunabhängigen Hamilton-Operator ist der Erwartungswert der Energie,

$$\langle \mathsf{H} \rangle = -\frac{\hbar}{2} \boldsymbol{\Omega} \cdot \langle \boldsymbol{\sigma} \rangle, \tag{13.23}$$

konstant. Der Vektor $\langle \boldsymbol{\sigma} \rangle$ wird als Bloch-Vektor bezeichnet. In Abschnitt 13.4 wird gezeigt, dass die Dynamik des Bloch-Vektors in einer Drehung um die Drehachse $\boldsymbol{\Omega}$ besteht.

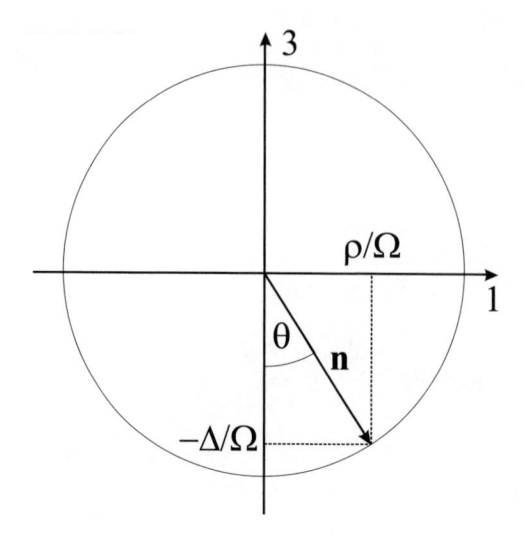

Abb. 13.1: *Geometrische Darstellung des Hamilton-Operators* $H = -\frac{\hbar\Omega}{2}\boldsymbol{n}\cdot\boldsymbol{\sigma}$ *eines Zweiniveausystems. Die Achsen des Koordinatensystems werden durch die Indizes 1, 2, 3 der Pauli-Matrizen definiert. Der Vektor $\boldsymbol{n}$ liegt in der 1, 3-Ebene. Die Richtung wird durch die Rabi-Frequenz ρ und die Verstimmung Δ festgelegt. Der Polarwinkel θ wird von der negativen 3-Achse aus gezählt.*

Der Hamilton-Operator besitzt dieselbe Form, wie der eines Spins $\boldsymbol{S} = (\hbar/2)\boldsymbol{\sigma}$ mit einem magnetischen Moment $\boldsymbol{\mu} = \gamma\boldsymbol{S}$ in einem Magnetfeld $\boldsymbol{B} = B\boldsymbol{n}$,

$$H_B = -\boldsymbol{\mu}\cdot\boldsymbol{B} = -\frac{\hbar\omega_B}{2}\boldsymbol{n}\cdot\boldsymbol{\sigma}, \qquad \omega_B = \gamma B . \tag{13.24}$$

Der Drehung des Blochvektors entspricht in diesem Fall die Präzession des Spins um die Magnetfeldachse.

Eine Methode zur Lösung der Schrödinger-Gleichung besteht in der Bestimmung der Eigenzustände des Hamilton-Operators (13.20). Wählt man die Energieeigenwerte in der Form $E = (\hbar\Omega/2)\varepsilon$ dann ergibt sich die zeitunabhängige Schrödinger-Gleichung,

$$(\boldsymbol{n}\cdot\boldsymbol{\sigma})\cdot\boldsymbol{C} = -\varepsilon\,\boldsymbol{C}. \tag{13.25}$$

Mit (13.22) erhält man aus (13.25) das Gleichungssystem

$$\begin{pmatrix} \varepsilon - \cos\theta & \sin\theta \\ \sin\theta & \varepsilon + \cos\theta \end{pmatrix} \begin{pmatrix} C_a \\ C_b \end{pmatrix} = \begin{pmatrix} 0 \\ 0 \end{pmatrix}. \tag{13.26}$$

Eine nichtverschwindende Lösung existiert nur, falls die Determinate der Koeffizientenmatrix verschwindet. Aus dieser Forderung erhält man die möglichen Eigenwerte

$$\varepsilon_{1,2} = \mp 1 . \tag{13.27}$$

Im folgenden verwenden wir an verschiedenen Stellen ohne expliziten Hinweis die trigo-

13.1 Optische Zweiniveausysteme

nometrischen Beziehungen für doppelte bzw. halbe Winkel,

$$\frac{1-\cos\theta}{2} = \sin^2\left(\frac{\theta}{2}\right), \quad \frac{1+\cos\theta}{2} = \cos^2\left(\frac{\theta}{2}\right), \tag{13.28a}$$

$$\sin\theta = 2\sin\left(\frac{\theta}{2}\right)\cos\left(\frac{\theta}{2}\right), \tag{13.28b}$$

$$\cos\theta = \cos^2\left(\frac{\theta}{2}\right) - \sin^2\left(\frac{\theta}{2}\right). \tag{13.28c}$$

Damit folgen aus den Gleichungen,

$$(\varepsilon_{1,2} - \cos\theta)\, C_a + \sin\theta\, C_b = 0, \tag{13.29}$$

die Eigenvektoren,

$$\boldsymbol{C}_1 = \begin{pmatrix} \sin\left(\frac{\theta}{2}\right) \\ \cos\left(\frac{\theta}{2}\right) \end{pmatrix}, \quad \boldsymbol{C}_2 = \begin{pmatrix} \cos\left(\frac{\theta}{2}\right) \\ -\sin\left(\frac{\theta}{2}\right) \end{pmatrix}. \tag{13.30}$$

Die Eigenzustände sind stationäre Zustände, die allgemeine zeitabhängige Lösung des Zweiniveausystems kann als Linearkombination der stationären Zustände angegeben werden. Mit beliebigen Konstanten γ_1 und γ_1 gilt dann

$$\boldsymbol{C}(t) = \gamma_1 \boldsymbol{C}_1\, e^{i\Omega t/2} + \gamma_2 \boldsymbol{C}_2\, e^{-i\Omega t/2}. \tag{13.31}$$

Von besonderem Interesse ist die spezielle Lösung bei der sich das System zur Zeit $t=0$ im unteren Niveau b befindet. Die Anfangsbedingung

$$\boldsymbol{C}(0) = \gamma_1 \boldsymbol{C}_1 + \gamma_2 \boldsymbol{C}_2 = \begin{pmatrix} 0 \\ 1 \end{pmatrix} \tag{13.32}$$

bestimmt die Konstanten zu

$$\gamma_1 = \cos\left(\frac{\theta}{2}\right), \quad \gamma_2 = -\sin\left(\frac{\theta}{2}\right). \tag{13.33}$$

Damit erhält man für $t>0$ die Lösung des Anfangswertproblems,

$$\boldsymbol{C}(t) = \begin{pmatrix} \sin\left(\frac{\theta}{2}\right)\cos\left(\frac{\theta}{2}\right) \\ \cos^2\left(\frac{\theta}{2}\right) \end{pmatrix} e^{i\Omega t/2} + \begin{pmatrix} -\cos\left(\frac{\theta}{2}\right)\sin\left(\frac{\theta}{2}\right) \\ \sin^2\left(\frac{\theta}{2}\right) \end{pmatrix} e^{-i\Omega t/2}$$

$$= \begin{pmatrix} 2i\sin\left(\frac{\theta}{2}\right)\cos\left(\frac{\theta}{2}\right)\sin\left(\frac{\Omega t}{2}\right) \\ \cos\left(\frac{\Omega t}{2}\right) + i\left[\cos^2\left(\frac{\theta}{2}\right) - \sin^2\left(\frac{\theta}{2}\right)\right]\sin\left(\frac{\Omega t}{2}\right) \end{pmatrix}$$

$$= \begin{pmatrix} i\sin\theta\sin\left(\frac{\Omega t}{2}\right) \\ \cos\left(\frac{\Omega t}{2}\right) + i\cos\theta\sin\left(\frac{\Omega t}{2}\right) \end{pmatrix}. \tag{13.34}$$

Eine allgemeinere vom Anfangszustand unabhängige Formulierung der Zeitentwicklung bietet der Zeitentwicklungsoperator. Für den zeitunabhängigen Hamilton-Operator

(13.20) besitzt der Zeitentwicklungsoperator die Form (9.37) und lautet daher

$$\mathsf{U} = \exp\left(-\frac{i}{\hbar}\mathsf{H}_{RS}\, t\right) = \exp\left(-i\frac{\boldsymbol{\sigma}\cdot\boldsymbol{n}(-\Omega t)}{2}\right). \tag{13.35}$$

Hierbei wurde als Anfangszeitpunkt $t_0 = 0$ gewählt. Durch Vergleich mit (13.9) sieht man, dass die Zeitentwicklung des Zustands exakt einer Drehung des Systems um die Achse $\boldsymbol{n}$ mit dem Drehwinkel $-\Omega t$ entspricht,

$$\mathsf{U} = \mathsf{D}(\boldsymbol{n}, -\Omega t) = \mathsf{I}\,\cos\left(\frac{\Omega t}{2}\right) + i\boldsymbol{n}\cdot\boldsymbol{\sigma}\,\sin\left(\frac{\Omega t}{2}\right). \tag{13.36}$$

Mit den Komponenten (13.21) der Drehachse $\boldsymbol{n}$ ergibt sich für den Zeitentwicklungsoperator die Darstellung,

$$\mathsf{U} = \begin{pmatrix} \cos(\frac{\Omega t}{2}) - i\cos\theta\sin(\frac{\Omega t}{2}) & i\sin\theta\sin(\frac{\Omega t}{2}) \\ i\sin\theta\sin(\frac{\Omega t}{2}) & \cos(\frac{\Omega t}{2}) + i\cos\theta\sin(\frac{\Omega t}{2}) \end{pmatrix}. \tag{13.37}$$

Die Anwendung von (13.37) auf den speziellen Anfangszustand (13.32) ergibt dann wieder die Lösung (13.34). Der Drehoperator (13.36) beschreibt die Wirkung einer Drehung auf Zustandsvektoren im zweidimensionalen Zustandsraum. Der Bloch-Vektor führt diese Drehungen anschaulicher in einem dreidimensionalen Raum aus.

13.2 Rabi-Oszillationen

Wir betrachten nun die Besetzungswahrscheinlichkeiten eines Zweiniveausystems, das vom Grundzustand aus angeregt wird. Die Besetzungswahrscheinlichkeiten der Niveaus ergeben sich gemäß (13.34) zu

$$P_a = |C_a|^2 = \sin^2(\theta)\sin^2\left(\frac{\Omega t}{2}\right) = \left(\frac{\rho}{\Omega}\right)^2 \sin^2\left(\frac{\Omega t}{2}\right).$$
$$P_b = |C_b|^2 = 1 - P_a. \tag{13.38}$$

Da der Hamilton-Operator der genäherten Schrödinger-Gleichung im rotierenden System immer noch hermitesch ist, bleibt die Norm des Zustands erhalten und die Summe der Besetzungswahrscheinlichkeiten ist daher immer gleich eins. Insbesondere ist die Übergangswahrscheinlichkeit ins obere Niveau P_a durch $(\rho/\Omega)^2 = \sin^2\theta \leq 1$ beschränkt.

Im Rahmen der Störungstheorie wurde für die Übergangswahrscheinlichkeit der Ausdruck (12.67) hergeleitet. Der Unterschied zur Formel (13.38) besteht nur in der Ersetzung der Verstimmung Δ durch die in (13.21) definierte Frequenz Ω. Im Gültigkeitsbereich der Störungstheorie ist $\rho \ll |\Delta|$ und damit auch $\Omega \approx |\Delta|$.

Bei exakter Resonanz ändern sich die Besetzungen der Niveaus periodisch mit der Rabi-Frequenz. Für $\Delta = 0$, $\Omega = \rho$ erhält man aus (13.38)

$$P_a = \sin^2\left(\frac{\rho t}{2}\right), \qquad P_b = \cos^2\left(\frac{\rho t}{2}\right). \tag{13.39}$$

13.2 Rabi-Oszillationen

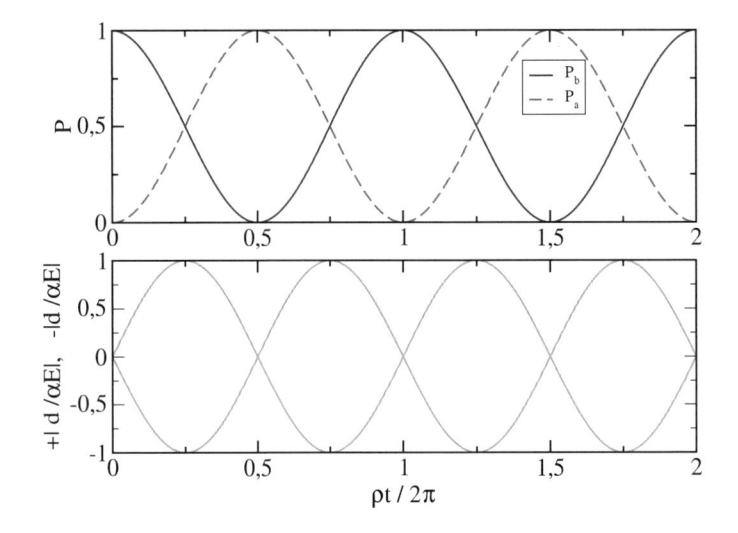

Abb. 13.2: Rabi-Oszillation der Besetzungen der Niveaus a und b nach (13.39) und Einhüllende des Dipolmoments nach (13.57) bei exakter Resonanz, $\Delta = 0$. Die Abbildung zeigt die zeitliche Entwicklung über zwei Rabi-Perioden.

Nach einer Rabi-Periode $T_\rho = 2\pi/\rho$ wird der Ausgangszustand wieder erreicht. Diese Schwingungen werden als Rabi-Oszillationen bezeichnet (Abb. 13.2).

Von besonderem Interesse ist auch die Differenz der Besetzungen des oberen und unteren Niveaus. Aus der allgemeinen Lösung (13.38) folgt hierfür

$$P_{ab} = P_a - P_b = 2P_a - 1 = -\left(\cos^2\theta + \sin^2\theta \cos(\Omega t)\right). \tag{13.40}$$

Die Besetzungsdifferenz oszilliert um den Mittelwert $-\cos^2\theta$ mit der Frequenz Ω und der Amplitude $\sin^2\theta$. Die maximale Besetzungsdifferenz ist

$$P_{ab,max} = -\left(\cos^2\theta - \sin^2\theta\right) = -\cos(2\theta). \tag{13.41}$$

Diese wird z.B. innerhalb der ersten Periode, $0 < \Omega t < 2\pi$, für $\Omega t = \pi$ erreicht. Im Resonanzfall, $\theta = \pi/2$, erhält man eine Schwingung mit der Rabi-Frequenz um den Mittelwert $D = 0$ mit der Amplitude 1,

$$P_{ab} = -\cos(\rho t). \tag{13.42}$$

Bisher wurde angenommen, dass die Welle eine konstante Amplitude und damit auch eine konstante Rabi-Frequenz besitzt. Um die Wechselwirkung eines Atoms mit einem realistischen Laserpuls beschreiben zu können, benötigt man eine Verallgemeinerung für Pulse mit einer langsam veränderlichen Einhüllenden. Die Rabi-Frequenz ist in diesem Fall ebenfalls langsam zeitabhängig $\rho = \rho(t)$. Bei exakter Resonanz, $\Delta = 0$, können die Zweiniveaugleichungen (13.18) auch mit zeitabhängiger Rabi-Frequenz analytisch gelöst werden. An die Stelle der Phase ρt tritt bei einem Puls die Pulsfläche.

Definition 13.2: *Pulsfläche*

Für einen Lichtpuls mit $\boldsymbol{E}(t) = 0$ für $t \to \pm\infty$ definiert man die Pulsfläche durch das Integral

$$\Theta = \int_{-\infty}^{\infty} dt' \rho(t'). \tag{13.43}$$

Zur Lösung der Zweiniveaugleichungen mit zeitabhängiger Rabi-Frequenz setzen wir $\Delta = 0$ und verwenden die Variablentransformation

$$C^{\pm} = C_a \pm C_b. \tag{13.44}$$

Für die neuen Amplituden ergeben sich dann die entkoppelten Differentialgleichungen,

$$\dot{C}^{\pm} = \pm \frac{i}{2} \rho(t) \, C^{\pm}. \tag{13.45}$$

Die Anfangsbedingung $C_a = 0$, $C_b = 1$, die vor dem Eintreffen des Pulses vorliegen soll, lautet in den neuen Variablen $C^{\pm} = \pm 1$. Damit erhält man nach der Wechselwirkung mit dem Puls, d.h. für $t \to \infty$, durch eine einfache Integration die Lösung

$$C^{\pm} = \pm e^{\pm i\Theta/2}. \tag{13.46}$$

Die Rücktransformation ergibt für die ursprünglichen Amplituden

$$C_a = \frac{1}{2}(C^+ + C^-) = i\sin(\Theta/2),$$
$$C_b = \frac{1}{2}(C^+ - C^-) = \cos(\Theta/2),$$

und für die Besetzungswahrscheinlichkeiten

$$P_a = \sin^2\left(\frac{\Theta}{2}\right), \qquad P_b = \cos^2\left(\frac{\Theta}{2}\right). \tag{13.47}$$

Die vollständige Besetzungsinversion, $P_a = 1$, $P_b = 0$ wird mit der Pulsfläche $\Theta = \pi$ erreicht. Man spricht dann von einem Pi-Puls. Um eine Gleichverteilung der Besetzungen $P_a = P_b = 1/2$ herzustellen, wird entsprechend ein (Pi/2)-Puls mit der Pulsfläche $\Theta = \pi/2$ benötigt. In der nichtlinearen Spektroskopie stellt die Pulsfläche, neben der Frequenz und Intensität, eine weitere wichtige Eigenschaft des Lichtes in Bezug auf einen optischen Übergang dar. Für spezielle Pulsformen (Hyperbel-Sekanz-Pulse) können die Gleichungen auch mit endlicher Verstimmung analytisch gelöst werden. Diese Lösungen wurden von McCall und Hahn hergeleitet.

13.3 Resonanzfluoreszenz

Wir untersuchen nun noch die Abstrahlung des resonant angeregten Übergangs, die als Resonanzfluoreszenz bezeichnet wird. Wie bei der Herleitung der Kramers-Heisenberg-Streuformel in Abschnitt 12.3 wird hierzu der Erwartungswert des Dipoloperators berechnet. Für das hier betrachtete Zweiniveausystem vereinfacht sich (12.24) zu

$$\langle \mathbf{d} \rangle = (c_a^* \langle a| + c_b^* \langle b|)\,\mathbf{d}\,(c_a|a\rangle + c_b|b\rangle) = \Re\{2\mathbf{d}_{ba}\,c_a c_b^*\}. \tag{13.48}$$

Es genügt das in Klammern stehende komplexe Dipolmoment zum positiven Frequenzanteil auszuwerten. Außerdem betrachten wir nur die Komponente in Richtung des Polarisationsvektors e der einfallenden Welle,

$$d = 2(\mathbf{d}_{ba} \cdot \mathbf{e}^*)\,c_a c_b^* = 2(\mathbf{d}_{ab} \cdot \mathbf{e})^*\,c_a c_b^*\,. \tag{13.49}$$

Wir verwenden hier das Schrödinger-Bild mit einem zeitunabhängigen Operator und zeitabhhängigen Koeffizienten c_a und c_b. Die Transformation (13.13) auf die Koeffizienten im rotierenden System ergibt,

$$d = 2(\mathbf{d}_{ab} \cdot \mathbf{e})^* e^{-i\varphi}\,C_a C_b^*\,. \tag{13.50}$$

Verwendet man nun die Lösung (13.34) so erhält man mit einfachen Umformungen

$$\begin{aligned}
d &= 2(\mathbf{d}_{ab} \cdot \mathbf{e})^* e^{-i\varphi} i \sin\theta \sin\left(\frac{\Omega t}{2}\right) \left[\cos\left(\frac{\Omega t}{2}\right) - i\cos\theta \sin\left(\frac{\Omega t}{2}\right)\right] \\
&= (\mathbf{d}_{ab} \cdot \mathbf{e})^* e^{-i\varphi} \frac{\rho}{\Omega} \left[2i \cos\left(\frac{\Omega t}{2}\right) \sin\left(\frac{\Omega t}{2}\right) + 2\cos\theta \sin^2\left(\frac{\Omega t}{2}\right)\right] \\
&= \frac{|\mathbf{d}_{ab} \cdot \mathbf{e}|^2}{\hbar \Omega}\, E_0 e^{-i\omega t}\,[i\sin(\Omega t) + \cos\theta\,(1 - \cos(\Omega t))]\,.
\end{aligned}$$

Das Ergebnis besitzt die Form

$$d = \alpha\,[\cos\theta + f(\theta, \Omega t)]\,E_0 e^{-i\omega t}\,, \tag{13.51}$$

mit

$$\alpha = \frac{|\mathbf{d}_{ab} \cdot \mathbf{e}|^2}{\hbar \Omega}, \qquad f(\theta, \Omega t) = -\cos\theta \cos(\Omega t) + i\sin(\Omega t)\,.$$

Der erste Summand stellt die Polarisierbarkeit des Systems bei der Frequenz ω dar. In einem Medium addiert sich dieser Anteil zur einlaufenden Welle und bestimmt damit den Brechungsindex in der üblichen Weise. Im Grenzfall kleiner Störungen, $\rho \ll |\Delta|$, gilt näherungsweise,

$$\cos\theta = \pm 1, \qquad \Omega = \pm \Delta \qquad \text{für} \qquad \Delta \gtrless 0. \tag{13.52}$$

Für beide Vorzeichen der Verstimmung kann man $\cos\theta/\Omega$ dann durch $1/\Delta$ ersetzen. Dasselbe Ergebnis folgt aus der Polarisierbarkeit (12.40) der Störungstheorie. Beim

Zweiniveausystem gibt es in der Summe nur einen Übergang von $m = b$ nach $k = a$ und entsprechend der RWA ist nur der positive Frequenzanteil zu berücksichtigen,

$$\alpha_{ST} = \sum_k \frac{|\mathbf{e} \cdot \mathbf{d}_{km}|^2}{\hbar} \left(\frac{1}{\omega_{km} - \omega} + \frac{1}{\omega_{km} + \omega} \right)$$

$$\to \frac{|\mathbf{e} \cdot \mathbf{d}_{ab}|^2}{\hbar} \frac{1}{\omega_0 - \omega} = \frac{|\mathbf{d}_{ab} \cdot \mathbf{e}|^2}{\hbar \Delta}. \tag{13.53}$$

Der zweite Summand $f(\theta, \Omega t)$ in (13.51) beschreibt eine Modulation der Trägerwelle mit der Frequenz Ω. Durch diese Modulation entstehen im Frequenzspektrum des gestreuten Lichtes Seitenbänder. Eine Fourierzerlegung der Funktion $f(\theta, \Omega t)$ ergibt

$$\begin{aligned} f(\theta, \Omega t) &= -\cos\theta \frac{1}{2}(e^{i\Omega t} + e^{-i\Omega t}) + \frac{1}{2}(e^{i\Omega t} - e^{-i\Omega t}) \\ &= \frac{1}{2}(1 - \cos\theta)e^{i\Omega t} - \frac{1}{2}(1 + \cos\theta)e^{-i\Omega t} \\ &= \sin^2\left(\frac{\theta}{2}\right) e^{i\Omega t} - \cos^2\left(\frac{\theta}{2}\right) e^{-i\Omega t}. \end{aligned} \tag{13.54}$$

Damit besteht das Dipolmoment insgesamt aus drei Frequenzanteilen,

$$d = \alpha_\omega E_0 e^{-i\omega t} + \alpha^+ E_0 e^{-i(\omega + \Omega)t} + \alpha^- E_0 e^{-i(\omega - \Omega)t}, \tag{13.55}$$

mit den Polarisierbarkeiten,

$$\alpha_\omega = \alpha \cos\theta, \qquad \alpha^+ = -\alpha \cos^2\left(\frac{\theta}{2}\right), \qquad \alpha^- = \alpha \sin^2\left(\frac{\theta}{2}\right).$$

Die Summe der Polarisierbarkeiten ist null. Dies ist eine Folge der Anfangsbedingung $d = 0$ für $t = 0$. Die Seitenfrequenzen $\omega \pm \Omega$ besitzen bezüglich der Übergangsfrequenz die Verstimmungen $\Delta^\pm = \Delta \mp \Omega$. Diese sind zusammen mit den zugehörigen Polarisierbarkeiten $\alpha^\pm$ in Abb. 13.3 als Funktion der Verstimmung der einfallenden Welle aufgetragen. Bei großer positiver oder negativer Verstimmung geht die Polarisierbarkeit einer der beiden Seitenfrequenz gegen null, die der anderen gegen $-\alpha_{ST}$. Die Frequenz der letzteren geht asymptotisch gegen die Übergangsfrequenz ω_0. Die Abstrahlung bei der Übergangsfrequenz tritt bei der Störungstheorie in Abschnitt 12.3 nicht auf, da dort ein adiabatischer Einschaltvorgang angenommen wurde. Im Resonanzfall $\Delta = 0$ ist $\Omega = \rho$ und $\theta = \pi/2$. Dann verschwindet im Emissionsspektrum die Linie bei der Anregungsfrequenz, $\alpha_\omega = 0$. Dafür treten die beiden, jeweils um die Rabi-Frequenz nach oben und unten verschoben Seitenbänder mit betragsmäßig gleich großen Polarisierbarkeiten auf,

$$\alpha^+ = -\frac{1}{2}\alpha, \qquad \alpha^- = \frac{1}{2}\alpha. \tag{13.56}$$

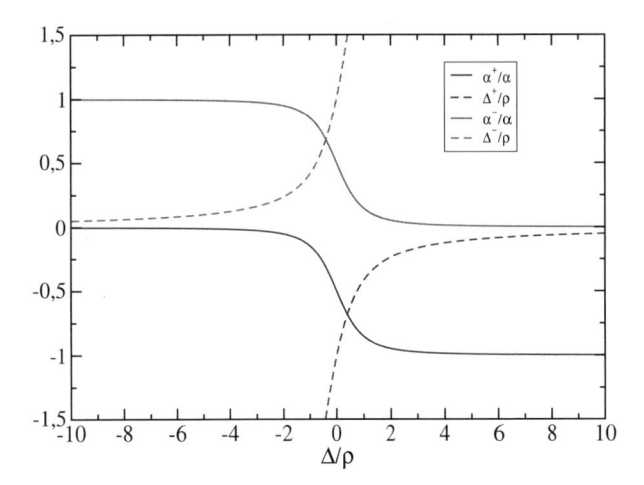

Abb. 13.3: *Seitenfrequenzen und Polarisierbarkeiten des Fluoreszenzlichtes als Funktion von Δ/ρ. Bei positiver Verstimmung ist der dominante Anteil des Fluoreszenzlichtes negativ verstimmt und umgekehrt. Bei der Resonanz sind beide Polarisierbarkeiten gleich groß und die Frequenzen jeweils um die Rabiperiode nach oben und unten verschoben.*

Das komplexe Dipolmoment besitzt im Resonanzfall die einfache Form

$$d = \frac{\alpha E_0}{2}\left[e^{-i(\omega-\Omega)t} - e^{-i(\omega+\Omega)t}\right] = \alpha\, i\sin(\Omega t)\, E_0 e^{-i\omega t}\,. \tag{13.57}$$

Die Schwingung des Dipolmoments wird durch die Einhüllende $\pm\sin(\Omega t)\,\alpha|E_0|$ moduliert (Abb. 13.2). Die Oszillation der Einhüllenden ist gegenüber den Oszillationen der Besetzungen um eine viertel Rabi-Periode verschoben. Die Einhüllende verschwindet zu den Zeitpunkten, in denen jeweils genau ein Niveau besetzt ist. Nach Voraussetzung ist das Dipolmoment in einem stationären Zustand null. Bei Gleichbesetzung der Niveaus wird dagegen das maximale Dipolmoment erreicht.

13.4 Bloch-Vektor

Der Quantenzustand eines Zweiniveausystems kann einem Vektor in einem dreidimensionalen Raum zugeordnet werden. Dieser Vektor wird als Bloch-Vektor bezeichnet. Er erlaubt eine anschauliche geometrische Darstellung der Dynamik des Systems. Die Korrespondenz zwischen dem Quantenzustand und dem Bloch-Vektor beruht auf einer allgemeinen Symmetrie zwischen der speziellen unitären Gruppe SU2 und der reellen orthogonalen Gruppe O3. Der Bloch-Vektor und die resultierenden Bloch-Gleichungen wurden von F. Bloch (1946) zur Beschreibung der Magnetisierung bei der Kernspinresonanz eingeführt. [1] Hier ist der Bloch-Vektor ein Vektor im physikalischen Raum, der eine Präzessionsbewegung um die Richtung des Magnetfeldes ausführt. In Analogie zu Spin-Systemen wurde das Bloch-Modell durch R.P. Feynman, F.L. Vernon und R.W. Hellwarth (1957) für beliebige Zweiniveausysteme formuliert und, noch vor der Realisierung von Lasern, auf Mikrowellenübergänge in Masersystemen angewandt.[2] Im

---
[1] F. Bloch, Phys. Rev. **70**, 460 (1946).
[2] R. P. Feynman, F. L. Vernon, R. W. Hellwarth, J. Appl. Phys. **28**, 49 (1957).

optischen Frequenzbereich wird es als optisches Bloch-Modell bezeichnet. In der Quanteninformatik wird der Bloch-Vektor zur Darstellung von Quantenbits verwendet.

Zur Einführung des Blochvektors betrachten wir zunächst die Darstellung des Quantenzustandes in der Basis $\{|a\rangle, |b\rangle\}$,

$$|\psi\rangle = \sum_{\alpha=a}^{b} C_\alpha |\alpha\rangle. \tag{13.58}$$

Die beiden komplexen Entwicklungskoeffizienten werden durch vier reelle Parameter bestimmt. Wählt man z.B. die Polardarstellung

$$C_{a,b} = A_{a,b} e^{-i\varphi_{a,b}}, \tag{13.59}$$

so können die Beträge $A_{a,b}$ und die Phasen $\varphi_{a,b}$ vorgegeben werden. Die Phasen können durch deren Summe $\gamma = \varphi_a + \varphi_b$ und Differenz $\alpha = \varphi_b - \varphi_a$ ersetzt werden. Dann erhält man den Ausdruck

$$\begin{pmatrix} C_a \\ C_b \end{pmatrix} = e^{-i\frac{\gamma}{2}} \begin{pmatrix} A_a e^{-i\frac{\alpha}{2}} \\ A_b e^{+i\frac{\alpha}{2}} \end{pmatrix}. \tag{13.60}$$

Da die absolute Phase $\gamma/2$ des Quantenzustandes beliebig ist, reduziert sich die Zahl der unabhängigen Parameter auf drei. Wegen der Normierung des Zustandes sind tatsächlich nur zwei der drei Parameter voneinander unabhängig. Der normierte Zustand wird daher auch oft durch eine komplexe Zahl c dargestellt,

$$\begin{pmatrix} C_a \\ C_b \end{pmatrix} = \frac{1}{\sqrt{1+|c|^2}} \begin{pmatrix} 1 \\ c \end{pmatrix}. \tag{13.61}$$

Dem Quantenzustand eines Zweiniveausystems wird nun auf folgende Weise der Bloch-Vektor zugeordnet.

Definition 13.3: *Bloch-Vektor*

Für den Bloch-Vektor $\boldsymbol{r}$ eines Zweiniveausystems im Quantenzustand $|r\rangle$ gibt es zwei äquivalente Definitionen:

$$\text{Definition 1:} \quad \boldsymbol{r} = \langle r | \boldsymbol{\sigma} | r \rangle, \tag{13.62a}$$

$$\text{Definition 2:} \quad \boldsymbol{\sigma} \cdot \boldsymbol{r} | r \rangle = | r \rangle, \quad \text{mit} \quad r^2 = 1. \tag{13.62b}$$

Nach Definition 1 ist der Bloch-Vektor der Erwartungswert der Observablen $\boldsymbol{\sigma}$. Dieser Erwartungswert bestimmt z.B. den Energieerwartungswert (13.23). Für Spin-(1/2) Systeme mit dem Spin-Operator $\boldsymbol{S} = \hbar\boldsymbol{\sigma}/2$ ist der Bloch-Vektor proportional zum Spinerwartungswert. Er verhält sich damit physikalisch wie ein Drehimpuls.

Nach Definition 2 gibt der Blochvektor die Richtung an, entlang welcher der Quantenzustand ein Eigenzustand zum Operator $\boldsymbol{\sigma}$ mit dem Eigenwert 1 ist. Die Observable $\boldsymbol{\sigma}$ besitzt im Quantenzustand $|r\rangle$ in Richtung des Bloch-Vektors $\boldsymbol{r}$ dann den bestimmten

13.4 Bloch-Vektor

Messwert 1. In diesem Sinn ist $\boldsymbol{\sigma}$ im Quantenzustand $|r\rangle$ entlang $\boldsymbol{r}$ ausgerichtet. Bei Spin-(1/2) Systemen kann diese Ausrichtung durch die Ablenkung der magnetischen Momente in einem inhomogenen Magnetfeld nachgewiesen werden. Die Äquivalenz der beiden Definitionen wird unten gezeigt.

Die drei Komponenten des Bloch-Vektors können nach Definition 1 durch die Entwicklungskoeffizienten des Zustandsvektors (13.58) in der folgenden Weise ausgedrückt werden,

$$r_i = \sum_{\alpha,\beta=a}^{b} C_\alpha^* C_\beta \langle\alpha|\sigma_i|\beta\rangle. \tag{13.63}$$

Unter Verwendung der Pauli-Matrizen erhält man dafür die Ausdrücke

$$\begin{aligned} r_1 &= C_a^* C_b + C_a C_b^* = 2\Re\{C_a^* C_b\}, \\ r_2 &= -i(C_a^* C_b - C_a C_b^*) = 2\Im\{C_a^* C_b\}, \\ r_3 &= |C_a|^2 - |C_b|^2. \end{aligned} \tag{13.64}$$

Mit der Polardarstellung der Koeffizienten kann man die Komponenten des Bloch-Vektors explizit durch die drei reellen Parameter A_a, A_b und α ausdrücken,

$$\begin{aligned} r_1 &= 2A_a A_b \cos\alpha, \\ r_2 &= 2A_a A_b \sin\alpha, \\ r_3 &= A_a^2 - A_b^2. \end{aligned} \tag{13.65}$$

Die Norm des Blochvektors wird durch die Norm des Zustandsvektors festgelegt,

$$\begin{aligned} r^2 &= 4A_a^2 A_b^2(\cos^2\alpha + \sin^2\alpha) + (A_a^2 - A_b^2)^2 \\ &= (A_a^2 + A_b^2)^2 = \langle r|r\rangle^2 = 1. \end{aligned} \tag{13.66}$$

Der Bloch-Vektor eines reinen Quantenzustandes eines Zweiniveausystems zeigt vom Koordinatenursprung zur Einheitskugel, die als Bloch-Kugel bezeichnet wird. Die Blochvektoren zweier orthogonaler Basisvektoren, z.B. $|a\rangle$ und $|b\rangle$, zeigen zu den beiden Polen einer durch den Mittelpunkt der Bloch-Kugel verlaufenden Achse. Den anderen Richtungen entsprechen Quantenzustände, die als Superpositionen dieser Basisvektoren dargestellt werden können. In der Quanteninformatik werden Zweiniveausysteme als Quantenbit (Qubit) bezeichnet. Der Bloch-Vektor bildet eine geometrische Darstellung der Zustände eines Qubits. Jedem Quantenzustand (13.60) wird durch (13.64) ein Bloch-Vektor zugeordnet. Umgekehrt ist die Zuordnung nicht eindeutig, da für einen gegebenen Bloch-Vektor die Phase γ des Quantenzustands noch frei wählbar ist.

Es soll nun die Äquivalenz der Definitionen (13.62) des Bloch-Vektors gezeigt werden. Dazu ist eine Beweisführung in beiden Richtungen notwendig. Sei zunächst $\boldsymbol{r} = \langle r|\boldsymbol{\sigma}|r\rangle$ der Bloch-Vektor des auf eins normierten Quantenzustands $|r\rangle$. Dann ist der Bloch-Vektor nach (13.66) ein Einheitsvektor und es gilt mit $|s\rangle = \boldsymbol{\sigma}\cdot\boldsymbol{r}|r\rangle$

$$\langle r|s\rangle = \langle r|\boldsymbol{\sigma}\cdot\boldsymbol{r}|r\rangle = r^2 = 1. \tag{13.67}$$

Nach der Ungleichung von Schwarz gilt

$$|\langle r | s \rangle|^2 \leq ||r||^2 ||s||^2. \tag{13.68}$$

Nach Voraussetzung gilt $||r|| = 1$. Die Norm $||s||$ kann man leicht berechnen, da $\boldsymbol{\sigma}$ hermitesch ist und den Antikommutator (13.11) besitzt,

$$\begin{aligned}||s||^2 &= \sum_{i,j} \langle r | \sigma_i \sigma_j | r \rangle r_i r_j \\ &= \sum_i \langle r | \frac{\{\sigma_i, \sigma_i\}}{2} | r \rangle r_i^2 + \sum_{i<j} \langle r | \{\sigma_i, \sigma_j\} | r \rangle r_i r_j = 1.\end{aligned} \tag{13.69}$$

Damit folgt

$$|\langle r | s \rangle|^2 = ||r||^2 ||s||^2. \tag{13.70}$$

In der Ungleichung von Schwarz (13.68) gilt das Gleichheitszeichen genau dann, wenn die Vektoren $|r\rangle$ und $|s\rangle$ linear abhängig sind. Damit gilt $|s\rangle = \lambda |r\rangle$ mit $\lambda = \langle r | s \rangle = 1$. Dies ist die Aussage der Definition 2.

Zur Umkehrung der Beweisrichtung sei nun $|r\rangle$ Eigenzustand des Operators $\boldsymbol{\sigma} \cdot \boldsymbol{e}$ zum Eigenwert 1 für einen beliebigen Einheitsvektor $\boldsymbol{e}$,

$$\boldsymbol{\sigma} \cdot \boldsymbol{e} | r \rangle = | r \rangle. \tag{13.71}$$

Dann erhält man durch skalare Multiplikation mit $\langle r |$

$$\boldsymbol{r} \cdot \boldsymbol{e} = 1, \quad \text{mit} \quad \boldsymbol{r} = \langle r | \boldsymbol{\sigma} | r \rangle. \tag{13.72}$$

Hierbei gilt $||\boldsymbol{e}|| = 1$ nach Voraussetzung und $||\boldsymbol{r}|| = 1$ nach (13.66). Genauso wie beim Skalarprodukt (13.67) der Zustandsvektoren folgt dann aus der Ungleichung von Schwarz $\boldsymbol{e} = \boldsymbol{r}$. Damit erfüllt der Einheitsvektor $\boldsymbol{e}$ die Definition 1 des Blochvektors.

Vektoren werden durch ihr Transformationsverhalten bei Drehungen definiert. Wir zeigen nun, dass sich der Bloch-Vektor bei einer Drehung wie ein gewöhnlicher Vektor transformiert. Das System sei vor der Drehung im Zustand,

$$|r\rangle = \begin{pmatrix} 1 \\ 0 \end{pmatrix} \quad \leftrightarrow \quad \boldsymbol{r} = \begin{pmatrix} 0 \\ 0 \\ 1 \end{pmatrix}. \tag{13.73}$$

Eine allgemeine Drehung des Systems kann durch drei Drehungen mit den Euler-Winkeln α, β und γ dargestellt werden,

$$R(\alpha, \beta, \gamma) = R_3(\alpha) R_2(\beta) R_3(\gamma), \tag{13.74}$$

wobei die einzelnen Drehungen hier um die angegebenen Achsen im raumfesten Koordinatensystem durchgeführt werden. Die entsprechenden unitären Transformationen im Zustandsraum sind nach (13.9)

$$\mathsf{U}(\boldsymbol{e}_2, \beta) = \begin{pmatrix} \cos(\frac{\beta}{2}) & -\sin(\frac{\beta}{2}) \\ \sin(\frac{\beta}{2}) & \cos(\frac{\beta}{2}) \end{pmatrix}, \quad \mathsf{U}(\boldsymbol{e}_3, \varphi) = \begin{pmatrix} e^{-i\frac{\varphi}{2}} & 0 \\ 0 & e^{+i\frac{\varphi}{2}} \end{pmatrix}.$$

Die Matrix für die gesamte Drehung ist

$$\mathsf{U} = \mathsf{U}(\boldsymbol{e}_3, \alpha)\mathsf{U}(\boldsymbol{e}_2, \beta)\mathsf{U}(\boldsymbol{e}_3, \gamma) = \begin{pmatrix} \cos(\frac{\beta}{2})e^{-i\frac{\alpha+\gamma}{2}} & -\sin(\frac{\beta}{2})e^{-i\frac{\alpha-\gamma}{2}} \\ \sin(\frac{\beta}{2})e^{+i\frac{\alpha-\gamma}{2}} & \cos(\frac{\beta}{2})e^{+i\frac{\alpha+\gamma}{2}} \end{pmatrix}.$$

Die Anwendung der Drehung auf den Zustandsvektor in (13.73) ergibt

$$|r'\rangle = \mathsf{U}|r\rangle = e^{-i\frac{\gamma}{2}} \begin{pmatrix} \cos(\frac{\beta}{2})e^{-i\frac{\alpha}{2}} \\ \sin(\frac{\beta}{2})e^{+i\frac{\alpha}{2}} \end{pmatrix}. \qquad (13.75)$$

Dieser Zustandsvektor besitzt die allgemeine Form aus (13.60) mit $A_a = \cos(\beta/2)$ und $A_b = \sin(\beta/2)$. Für den zugehörigen Bloch-Vektor erhält man nach (13.65)

$$\boldsymbol{r}' = \begin{pmatrix} 2A_aA_b\cos\alpha \\ 2A_aA_b\sin\alpha \\ |A_a|^2 - |A_b|^2 \end{pmatrix} = \begin{pmatrix} \sin\beta\cos\alpha \\ \sin\beta\sin\alpha \\ \cos\beta \end{pmatrix}. \qquad (13.76)$$

Der Blochvektor (13.76) des transformierten Zustandsvektors ist identisch mit dem gedrehten Richtungsvektor. Damit besitzt der Bloch-Vektor bei Drehungen das Transformationsverhalten eines Vektors. Wegen der Zylindersymmetrie des Ausgangszustandes bleibt der Bloch-Vektor bei der ersten Drehung $R_3(\gamma)$ um die 3-Achse invariant. Beim Quantenzustand ändert sich hierbei die absolute Phase um $-\gamma/2$.

13.5 Optisches Bloch-Modell

Wir betrachten nun den Bloch-Vektor eines optischen Zweiniveausystems. Zunächst gehen wir vom rotierenden Bezugsystem aus, in dem der Hamilton-Operator die Form (13.20) besitzt. Da der Hamilton-Operator durch die Pauli-Matrizen darstellbar ist, können den Komponenten des Blochvektors charakteristische Observablen des Quantensystems zugeordnet werden.

Energie des Atoms: Der Hamiltonoperators des ungestörten Atoms besitzt den Erwartungswert

$$\langle \mathsf{H}_0 \rangle = \frac{\hbar\Delta}{2}\langle \sigma_3 \rangle = \frac{\hbar\Delta}{2} r_3 = \frac{\hbar\Delta}{2}(|C_a|^2 - |C_b|^2). \qquad (13.77)$$

Bei endlicher Verstimmung, $\Delta \neq 0$, ist die Energie des Atoms proportional zu r_3, wobei r_3 selbst, nach Definition (13.65), die Besetzungsdifferenz des Atoms angibt. Im Fall $\Delta = 0$ kostet es im rotierenden System keine Energie die Besetzung der Niveaus zu ändern. Im Laborsystem ist die Energieänderung aber auch in diesem Fall proportional zu r_3.

Energie der Wechselwirkung: Der Erwartungswert des Dipolwechselwirkungsoperators ist

$$\langle \mathsf{H}_1 \rangle = -\frac{\hbar\rho}{2}\langle \sigma_1 \rangle = -\frac{\hbar\rho}{2} r_1 = -\frac{\hbar\rho}{2}\Re\{2C_aC_b^*\}. \qquad (13.78)$$

Die Wechselwirkungsenergie ist also proportional zu r_1.

Dipolmoment: Da die Zeitabhängigkeit von $\langle H_1 \rangle$ durch den Erwartungswert des Dipoloperators bestimmt ist, kann man die komplexe Größe

$$\zeta = 2C_a C_b^* = r_1 - ir_2 \tag{13.79}$$

als eine komplexe Amplitude des Dipolmoments in der 1, 2-Ebene einführen. Die Komponenten r_1 und r_2 des Bloch-Vektors beschreiben damit jeweils den Real- und Imaginärteil des komplexen Dipolmoments. In Übereinstimmung mit dieser Interpretation ergibt die direkte Auswertung des Dipolerwartungswertes

$$\langle \mathbf{d} \rangle = C_a^* C_b \mathbf{d}_{ab} + C_a C_b^* \mathbf{d}_{ba} = \Re\{\zeta \mathbf{d}_{ba}\}. \tag{13.80}$$

Das Matrixelement $\mathbf{d}_{ba}$ ist hier nur ein konstanter Proportionalitätsfaktor, der zur Beschreibung der Dynamik weggelassen werden kann.

Da der Quantenzustand bis auf eine absolute Phase vollständig durch den Bloch-Vektor dargestellt wird, kann man die Dynamik des Quantensystems auch durch den Bloch-Vektor beschreiben. Eine unmittelbare Herleitung der Bewegungsgleichungen geht von den Zeitableitungen der Vektorkomponenten aus. Unter Verwendung der Schrödigergleichung für die Entwicklungskoeffizienten, kann man diese Ableitungen berechnen und dann wieder durch die Komponenten des Bloch-Vektors ausdrücken. Da diese explizite Berechnung jedoch etwas mühsam ist, wählen wir hier eine Herleitung unter Verwendung der Heisenberg-Bewegungsgleichung für den Operator $\boldsymbol{\sigma}$. Wegen der bekannten Vertauschungsrelationen für die Pauli-Matrizen kann die Zeitableitung hier einfach ausgeführt und das Ergebnis sofort wieder mit Pauli-Matrizen angegeben werden.

Im Heisenberg-Bild lautet die Bewegungsgleichung für den Operator σ_i,

$$i\hbar \frac{d\sigma_i}{dt} = [\sigma_i, \mathsf{H}]. \tag{13.81}$$

Mit dem Hamilton-Operator (13.23) und dem Kommutator (13.11) erhält man,

$$i\hbar \frac{d\sigma_i}{dt} = -\frac{\hbar}{2} \sum_j \Omega_j [\sigma_i, \sigma_j] = -i\hbar \sum_j \epsilon_{ijk} \Omega_j \sigma_k. \tag{13.82}$$

Im Heisenberg-Bild sind die Zustände zeitunabhängig. Daher ergeben sich für die Erwartungswerte $r_i = \langle r | \sigma_i | r \rangle$ dieselben Gleichungen wie für die Operatoren σ_i. Damit folgt für den Bloch-Vektor die Bewegungsgleichung

$$\frac{d\boldsymbol{r}}{dt} = -\boldsymbol{\Omega} \times \boldsymbol{r}. \tag{13.83}$$

Die Vektorgleichung entspricht dem Gleichungssystems

$$\dot{r}_1 = -\Delta r_2, \tag{13.84a}$$
$$\dot{r}_2 = \rho r_3 + \Delta r_1, \tag{13.84b}$$
$$\dot{r}_3 = -\rho r_2. \tag{13.84c}$$

13.5 Optisches Bloch-Modell

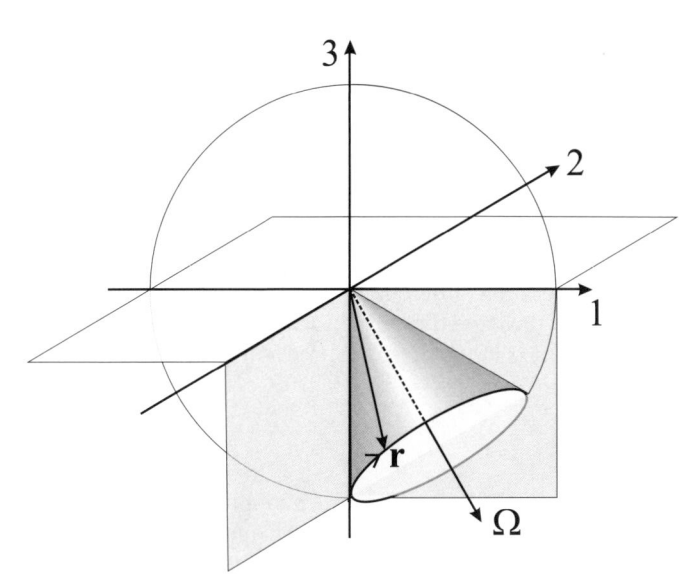

Abb. 13.4: *Drehung des Bloch-Vektors r um die in der 1,3-Ebene liegende Drehachse $\boldsymbol{\Omega} = \rho e_1 - \Delta e_3$. Der Grundzustand des Atoms entspricht $r = -e_3$. Ausgehend von diesem Anfangszustand dreht sich der Vektor im Uhrzeigersinn auf einem Kegelmantel. Die Drehachse bildet mit der 3-Achse den Winkel θ. Nach einer halben Umdrehung bildet der Bloch-Vektor mit der 3-Achse den Winkel 2θ. In dieser Stellung wird die maximale Besetzungsdifferenz $r_3 = -\cos(2\theta)$ erreicht.*

Dies sind die Bloch-Gleichungen für ein Zweiniveausystem, das sich in einem reinen Quantenzustand befindet. Gleichung (13.83) beschreibt eine Drehung des Bloch-Vektors r um die in (13.21) definierte Drehachse $\boldsymbol{\Omega} = \Omega \boldsymbol{n}$. Hierbei bezeichnet Ω die Winkelgeschwindigkeit und $\boldsymbol{n}$ die Richtung der Drehachse. Blickt man entgegen der Drehachse auf die dazu senkrechte Ebene, so läuft der Bloch-Vektor für $\Omega > 0$ im Uhrzeigersinn um (Abb. 13.4).

Wählt man als Anfangszustand den Grundzustand des Atoms $r = -e_3$ und eine Drehachse, die mit der 3-Achse den Winkel θ einschließt, so erreicht die Besetzungsdifferenz r_3 nach einer halben Umdrehung ihren größten Wert. Die in (13.41) berechnete maximale Besetzungsdifferenz $r_3 = -\cos(2\theta)$ ergibt sich hier geometrisch aus dem Öffnungswinkel 2θ des Kegels auf dem der Bloch-Vektor umläuft.

Die Bloch-Gleichungen erlauben einen einfachen Vergleich zwischen dem klassischen Lorentz-Modell und einem quantenmechanischen Zweiniveausystem. Die Gleichungen (13.84a) und (13.84b) beschreiben den Austausch zwischen der Energie des ungestörten Atoms und der Dipolwechselwirkungsenergie. Mit (13.77) und (13.78) lassen sich mit diesen Gleichungen die Energieänderungsraten

$$\frac{d}{dt}\langle \mathsf{H}_0 \rangle = -\frac{d}{dt}\langle \mathsf{H}_1 \rangle = -\frac{\hbar\rho\Delta}{2}\,r_2 \qquad (13.85)$$

angeben. Diese sind entgegengesetzt gleich, da die Gesamtenergie erhalten ist. Die Variable $\hbar\rho\Delta r_2/2$ besitzt hier die Bedeutung der von den beiden Teilsystemen aufgenommenen bzw. abgegebenen Leistung. Im Gleichgewicht sind r_1 und r_3 konstant, r_2 verschwindet. Geometrisch liegt der Bloch-Vektor dann auf der Drehachse.

Diese Gleichungen würden in der gleichen Weise für einen klassischen Oszillator in einem konstanten elektrischen Feld mit einer zeitunabhängigen Hamilton-Funktion $H = H_0 + H_1$ gelten. Der Unterschied zwischen der klassischen und der quantenmechanischen Beschreibung liegt in der durch (13.84b) beschriebenen Rückkopplung. Um diesen Unterschied genauer angeben zu können, betrachten wir die Bewegungsgleichung für das komplexe Dipolmoment ζ. Mit der Definition (13.79) und den ersten beiden Bloch-Gleichungen (13.84a) und (13.84b) folgt,

$$\dot\zeta + i\Delta\zeta = -i\rho\, r_3. \tag{13.86}$$

Die rechte Seite ist proportional zur Besetzungsdifferenz r_3. Bei der entsprechenden klassischen Bewegungsgleichung (7.35) fehlt dagegen dieser Faktor. Setzt man entsprechend einem Atom im Grundzustand $r_3 = -1$, so lautet das entsprechende klassische Modell mit den hier verwendeten Variablen,

$$\dot\zeta + i\Delta\zeta = i\rho. \tag{13.87}$$

Das Bloch-Modell beschreibt also eine grundsätzlich andere Ankopplung des Oszillators an das elektrische Feld bzw. die Rabi-Frequenz. Im Rahmen der quantenmechanischen Störungstheorie wurde bereits gezeigt, dass die klassische Kopplungskonstante für eine feste Besetzung der Niveaus durch eine konstante Oszillatorstärke zu ersetzen ist. Das Bloch-Modell zeigt nun darüber hinaus, dass die Oszillatorstärke bei Änderungen der Besetzungen gewissermaßen dynamisch angepasst werden muss. Dies erfolgt durch die Besetzungsdifferenz r_3, die damit einen zusätzlichen Freiheitsgrad in den Gleichungen eines quantenmechanischen Zweiniveausystems bildet.

Wir untersuchen nun das zeitliche Verhalten von $|\zeta|^2$, das den Unterschied zur klassischen Behandlung besonders deutlich macht. Nach (13.86) gilt

$$\frac{d}{dt}|\zeta|^2 = -i(\zeta^* - \zeta)\rho r_3 = 2\rho r_2 r_3. \tag{13.88}$$

Die rechte Seite kann mit der dritten Bloch-Gleichung (13.84c) durch eine Zeitableitung ausgedrückt werden,

$$\frac{d}{dt}|\zeta|^2 = -\frac{d}{dt}r_3^2. \tag{13.89}$$

Damit erhält man den Erhaltungssatz für die Normierung des Bloch-Vektors,

$$|\zeta|^2 + r_3^2 = r_1^2 + r_2^2 + r_3^2 = 1. \tag{13.90}$$

Beim quantenmechanischen Zweiniveausystem ist die komplexe Amplitude des Dipolmoments also durch die Normierungsbedingung $|\zeta|^2 = 1 - r_3^2$ eingeschränkt. Beim klassischen Oszillator gibt es keine analoge Bedingung. Verwendet man die klassische Gleichung (13.87) in Verbindung mit (13.84c), so folgt stattdessen der klassische Energiesatz,

$$r_3 = -1 + \frac{1}{2}|\zeta|^2. \tag{13.91}$$

13.5 Optisches Bloch-Modell

Die Energie des Oszillators wächst hier mit dem Betragsquadrat der komplexen Amplitude der Schwingung unbeschränkt an. Die klassische Formel (13.91) bildet aber einen gültigen Grenzfall der Normierungsbedingung (13.90) für kleine $|\zeta|^2$.

Wir geben nun die allgemeine Lösung der Gleichung (13.83) in vektorieller Form an. Durch skalare Multiplikation von (13.83) mit $\boldsymbol{r}$ folgt die Erhaltung der Länge $r^2 = 1$ des Bloch-Vektors. Damit ist die Bewegung auf die Bloch-Kugel eingeschränkt. Durch skalare Multiplikation mit $\boldsymbol{\Omega}$ folgt weiter die Erhaltung der Parallelkomponente,

$$\boldsymbol{r}_\| = (\boldsymbol{r} \cdot \boldsymbol{n})\boldsymbol{n}. \tag{13.92}$$

Damit verbleibt eine Bewegung des Bloch-Vektors auf einem Kegelmantel um die Drehachse. Die zur Drehachse senkrechte Komponente $\boldsymbol{r}_\perp$ dreht sich dabei im Uhrzeigersinn gemäß,

$$\boldsymbol{r}_\perp(t) = \boldsymbol{r}_\perp(0)\cos(\Omega t) - \boldsymbol{n} \times \boldsymbol{r}_\perp(0)\sin(\Omega t). \tag{13.93}$$

Man erhält somit für die Bewegung des Bloch-Vektors mit dem Anfangswert $\boldsymbol{r}(0) = \boldsymbol{r}_0$ die Lösung,

$$\boldsymbol{r}(t) = (\boldsymbol{r}_0 \cdot \boldsymbol{n})\boldsymbol{n}[1 - \cos(\Omega t)] + \boldsymbol{r}_0 \cos(\Omega t) + \boldsymbol{r}_0 \times \boldsymbol{n} \sin(\Omega t). \tag{13.94}$$

Die Beispiele 13.1 und 13.2 illustrieren einfache Anwendungen des Bloch-Modells.

Beispiel 13.1 *Freie Propagation*

In Abwesenheit eines Strahlungsfeldes ist $\rho = 0$ und $\Delta = \omega_0$, da man ohne Einschränkung $\omega = 0$ setzen kann. Die Gleichungen (13.84) reduzieren sich auf

$$\dot{r}_1 = -\omega_0 r_2, \qquad \dot{r}_2 = \omega_0 r_1, \qquad \dot{r}_3 = 0.$$

Außerdem folgt aus (13.79)

$$\dot{\zeta} = -i\omega_0 \zeta.$$

Die Besetzungsdifferenz und damit auch die Energie des Atoms bleiben konstant. In den stationären Zuständen, $r_3 = \pm 1$, verschwindet das Dipolmoment, $r_1 = r_2 = 0$, wegen der Normierungsbedingung $r^2 = r_3^2 = 1$. In allen anderen Zuständen existiert ein komplexes Dipolmoment $\zeta = \zeta_0 e^{-i\omega_0 t}$, das mit der Frequenz ω_0 in der 1, 2-Ebene umläuft. Geometrisch betrachtet rotiert der Bloch-Vektor um eine Drehachse, die entlang der negative 3-Achse gerichtet ist, $\boldsymbol{\Omega} = -\omega_0 \boldsymbol{e}_3$. Der Bloch-Vektor und die konjugiert-komplexe Amplitude ζ^* drehen sich gemäß der Definition (13.79) zusammen. Die Drehung erfolgt mit der atomaren Übergangsfrequenz ω_0 im Uhrzeigersinn um die negative 3-Achse.

Beispiel 13.2 *Rabi-Oszillation*

Bei exakter Resonanz ($\Delta = 0$) reduzieren sich die Bloch-Gleichungen auf

$$\dot{r}_1 = 0, \qquad \dot{r}_2 = \rho r_3, \qquad \dot{r}_3 = -\rho r_2.$$

In diesem Fall ist r_1 konstant. Dies entspricht einer konstanten Wechselwirkungsenergie $\langle H_1 \rangle$. Die Energie des Atoms $\langle H_3 \rangle$ ist ebenfalls konstant, da es für $\Delta = 0$ im rotierenden System keine Energie kostet den Atomzustand zu ändern. In den stationären Zuständen $r_1 = \pm 1$ verschwindet der Imaginärteil des Dipolmoments, $r_2 = 0$, und die Atomzustände sind gleichbesetzt, $r_3 = 0$. In allen anderen Zuständen oszillieren r_2 und r_3 mit der Rabi-Frequenz ρ. Im Vektorbild rotiert der Bloch-Vektor um die Drehachse $\boldsymbol{\Omega} = \rho \boldsymbol{e}_1$ mit der Rabifrequenz ρ im Uhrzeigersinn. Ist $r_1 = 0$, so dreht sich der Bloch-Vektor in der 2,3-Ebene auf dem Einheitskreis. Dabei wird im oberen Umkehrpunkt der Kreisbahn die maximal mögliche Besetzungsinversion, $r_3 = +1$, erreicht.

Bisher wurde die Bewegung im rotierenden Bezugssystem angegeben. Man kann jedoch einfach auf die Bewegung im Laborsystem zurücktransformieren. Die Komponenten des Blochvektors im Laborsystem (L) sind definitionsgemäß

$$\boldsymbol{r}_L = \begin{pmatrix} 2\Re\{c_a^* c_b\} \\ 2\Im\{c_a^* c_b\} \\ |c_a|^2 - |c_b|^2 \end{pmatrix}. \tag{13.95}$$

Sei $\varphi_0 = \varphi(t_0)$ die Phase des rotierenden Systems zu einem beliebigen Zeitpunkt t_0. Wir wählen nun ein zweites rotierendes System (R) so, dass der Bloch-Vektor zur Zeit $t = t_0$ im Laborsystem LS und im rotierenden System R identisch ist, $\boldsymbol{r}_L = \boldsymbol{r}_R$. Die entsprechende Transformation der Entwicklungskoeffizienten (13.13) lautet

$$c_a = C_a e^{-i(\varphi - \varphi_0)/2}, \qquad c_b = C_b e^{+i(\varphi - \varphi_0)/2}. \tag{13.96}$$

In diesem System ist der Wechselwirkungsoperator H_1 immer noch konstant, aber nicht mehr reell. Das Nichtdiagonalelement (13.16) lautet jetzt $\rho e^{-i\varphi_0}$ und die Drehachse im rotierenden System dementsprechend

$$\boldsymbol{\Omega}_R = \rho \cos \varphi_0 \boldsymbol{e}_1 + \rho \sin \varphi_0 \boldsymbol{e}_2 - \Delta \boldsymbol{e}_3. \tag{13.97}$$

Für die Zeitableitung des Produktes $c_a^* c_b$ zum Zeitpunkt $t = t_0$ erhält man mit $\dot{\varphi} = \omega$ das Transformationsgesetz

$$\frac{d}{dt}(c_a^* c_b)\bigg|_{t=t_0} = \frac{d}{dt}(C_a^* C_b)\bigg|_{t=t_0} + i\omega (C_a^* C_b). \tag{13.98}$$

Da der Zeitpunkt t_0 beliebig war, lassen wir den Index jetzt wieder weg. Damit erhält man für die Transformation des Geschwindigkeitsvektors vom rotierenden System ins

13.5 Optisches Bloch-Modell

Laborsystem

$$\begin{aligned}\dot{r}_{L,1} &= \dot{r}_{R,1} - \omega r_{LS,2}, \\ \dot{r}_{L,2} &= \dot{r}_{R,2} + \omega r_{LS,1}, \\ \dot{r}_{L,3} &= \dot{r}_{R,3}.\end{aligned} \qquad (13.99)$$

Die Gleichungen lassen sich wieder einfach in Vektorform zusammenfassen,

$$\frac{d\boldsymbol{r}_L}{dt} = -\boldsymbol{\Omega}_R \times \boldsymbol{r}_L + \omega \boldsymbol{e}_3 \times \boldsymbol{r}_L = -\boldsymbol{\Omega}_L \times \boldsymbol{r}_L, \qquad (13.100)$$

wobei

$$\boldsymbol{\Omega}_L = \rho \cos\varphi \boldsymbol{e}_1 + \rho \sin\varphi \boldsymbol{e}_2 - \omega_0 \boldsymbol{e}_3 \qquad (13.101)$$

den Vektor der momentanen Winkelgeschwindigkeit im Laborsystem bezeichnet. Der Vektor $\boldsymbol{\Omega}_L$ besteht aus einer großen konstanten Komponente $-\omega_0 \boldsymbol{e}_3$, die durch die Übergangsfrequenz des Atoms definiert wird, und einer kleinen zur Rabi-Frequenz proportionalen zeitabhängigen Zusatzkomponente, die in der 1, 2-Ebene mit der Lichtfrequenz $\dot{\varphi} = \omega$ umläuft. Man beachte, dass das ursprüngliche elektrische Feld in (13.7) keine Phasenverschiebung zwischen der 1 und 2 Richtung aufweist. Die Phasenverschiebung in (13.101) ist eine Folge der RWA, bei der ein nichtresonanter Anteil des Feldes mit dem entgegengesetzten Umlaufsinn vernachlässigt wurde. Bei der magnetischen Spinresonanz kann die entsprechende Wechselwirkung exakt durch ein konstantes Magnetfeld mit einem kleinen zirkular polarisierten Zusatzfeld in der dazu senkrechten Ebene realisiert werden. Man beachte auch, dass das einfache Bild der Drehung um eine feste Drehachse im Laborsystem wegen der Zeitabhängigkeit des Feldes nicht anwendbar ist. Der Bloch-Vektor beschreibt vielmehr eine Spiralbahn um die 3-Richtung auf der Bloch-Kugel, wobei die momentane Höhe der Spirale durch die entsprechende Höhe des Bloch-Vektors im rotierenden System bestimmt wird.

14 Statistische Ensembles

- Ensemblemittelung
- Phasen- und Besetzungsrelaxation
- Bloch-Gleichungen mit Dämpfung
- Homogen und inhomogen verbreiterte Medien
- Freier Induktionszerfall und Photon-Echos
- Statistischer Operator und Dichtematrix
- Von-Neumann-Gleichung
- Anregungs- und Zerfallsraten
- Dichtematrixgleichungen des Zweiniveausystems

Die Atome eines Lasermediums liegen in der Regel nicht alle im gleichen Quantenzustand vor. Daher werden nun die statistischen Eigenschaften eines Ensembles von Atomen betrachtet. Am Beispiel des Bloch-Modells wird die statistische Beschreibung zunächst eingeführt. In einem wechselwirkenden Ensemble treten in der Dynamik zusätzliche irreversible Relaxationsprozesse auf, die durch die Dynamik der Quantenzustände nicht darstellbar sind. In einem wechselwirkungsfreien Ensemble von Atomen mit inhomogen verbreiteter Übergangsfrequenz gibt es davon zu unterscheidende reversible Zerfälle, deren Umkehr als Photon-Echo beobachtbar ist. Die formale Behandlung statistischer Ensembles beruht auf dem statistischen Operator und der zugeordneten Dichtematrix. Mit der Dichtematrix lassen sich die allgemeinen Grundgleichungen eines Zweiniveausystems in einem Laserfeld mit Anregungs- und Zerfallsprozessen angeben.

14.1 Bloch-Gleichungen mit Dämpfung

Bisher wurden im Bloch-Modell noch keine Dämpfungsprozesse berücksichtigt. Aus der Behandlung des klassischen Lorentz-Modells wissen wir aber bereits, dass in einem Ensemble von Dipolen verschiedene Relaxationsprozesse auftreten können, die zu einer Dämpfung der angeregten Schwingungen führen. Das Bloch-Modell kann ganz entsprechend verallgemeinert werden.

Bei unvollständiger Kenntnis des Quantenzustands ist eine statistische Beschreibung erforderlich. Wir betrachten dazu ein Ensemble von Zuständen desselben Quantensystems. Die einzelnen Zustände sind mit bestimmten Wahrscheinlichkeiten im Ensemble vertreten. Ist der Quantenzustand, wie bisher angenommen, vollständig bekannt, so ist die Wahrscheinlichkeit eines Zustands eins, die der anderen Null. Dieser Fall wird als reiner Fall bezeichnet. In allen anderen Fällen nennt man das Ensemble ein Gemisch oder eine gemischte Gesamtheit. Da der Bloch-Vektor ein Erwartungswert ist, kann dieser Erwartungswert über die Zustände des Ensembles mit den zugehörigen Wahrscheinlichkeiten gemittelt werden. Für den gemittelten Bloch-Vektor verwenden wir die Bezeichnungen

$$\boldsymbol{R} = <\boldsymbol{r}> = \begin{pmatrix} 2\Re\{<C_a^* C_b>\} \\ 2\Im\{<C_a^* C_b>\} \\ <|C_a|^2> - <|C_b|^2> \end{pmatrix}. \tag{14.1}$$

Das Ensemblemittel $<\cdots>$ sollte nicht mit dem quantenmechanischen Erwartungswert $\langle\cdots\rangle$ verwechselt werden.

Die Mittelung über ein Ensemble ist in der Quantenmechanik von grundsätzlicher Bedeutung, da dabei die Kohärenz des reinen Quantenzustands, also seine Fähigkeit zur Interferenz, ganz oder teilweise verloren geht. Um dies zu verdeutlichen betrachten wir ein Zweiniveausystem im Quantenzustand $|\psi\rangle = C_a|a\rangle + C_b|b\rangle$. Misst man die Projektionswahrscheinlichkeit des Zustands bezüglich eines gedrehten Basiszustands $|n\rangle$, so erhält man i.a. eine Interferenz der Amplituden C_a und C_b,

$$\begin{aligned}|\langle n|\psi\rangle|^2 &= |C_a|^2|\langle n|a\rangle|^2 + |C_b|^2|\langle n|b\rangle|^2 \\ &\quad + 2\Re\{C_a^* C_b \langle a|n\rangle\langle n|b\rangle\}.\end{aligned} \tag{14.2}$$

Der Interferenzterm wird durch das Produkt $C_a^* C_b$ der komplexen Amplituden bestimmt und hängt von deren relativer Phase ab. In einem Ensemble mittelt sich dieses Produkt ganz oder teilweise zu Null, da es für die einzelnen Ensemblezustände i.a. verschiedene Phasen aufweist. Die Betragsquadrate $|C_{a,b}|^2$ sind dagegen phasenunabhängig. Daher wird in einem Gemisch die Interferenzfähigkeit im Vergleich zum reinen Fall reduziert.

Die Mittelung hat zur Folge, dass der Bloch-Vektor im gemischten Fall nicht mehr auf, sondern im Innern der Bloch-Kugel liegt. Um diese Bedingung genauer zu formulieren definieren wir die Besetzungswahrscheinlichkeiten $P_a = <|C_a|^2>$ und $P_b = <|C_b|^2>$ der beiden Niveaus und setzen $R_0 = P_a + P_b$ für deren Summe. Bisher wurde $R_0 = 1$ angenommen, bei offenen Systemen sind aber auch Anregungs- und der Zerfallsprozesse möglich, die eine andere Normierung erfordern. Die Mittelung des Bloch-Vektors führt dann auf die Bedingung

$$R^2 \leq R_0^2, \tag{14.3}$$

wobei $R = R_0$ den Radius der Bloch-Kugel bezeichnet.

Zum Beweis dieser Ungleichung zeigen wir, dass

$$R_1^2 + R_2^2 \leq R_0^2 - R_3^2. \tag{14.4}$$

14.1 Bloch-Gleichungen mit Dämpfung

Beispiel 14.1 *Ensemble mit zufälligen Phasen*

Ein Ensemble von Zweiniveausystemen $\{|\psi_n\rangle, p_n\}$ bestehe aus den Zuständen,

$$|\psi^n\rangle = C_a^n |a\rangle + C_b^n |b\rangle,$$
$$C_a^n = C_a, \quad C_b^n = C_b e^{i\phi_n}, \qquad n = 1, \cdots, N.$$

Die einzelnen Zustände seien mit gleichen Wahrscheinlichkeiten $p_n = \frac{1}{N}$ im Ensemble vertreten. Die relativen Phasen ϕ_n seien zufällig im Intervall von 0 bis 2π verteilt. Eine Mittelung der Betragsquadrate der Amplituden ergibt dieselben Besetzungswahrscheinlichkeiten wie im reinen Fall,

$$<|C_{a,b}|^2> = \sum p_n |C_{a,b}^n|^2 = |C_{a,b}|^2 \sum p_n = |C_{a,b}|^2.$$

Der Mittelwert des gemischten Produkts $C_a^* C_b$ verschwindet demgegenüber asymptotisch für große N,

$$<C_a^* C_b> = C_a^* C_b \frac{1}{N} \sum e^{i\phi_n}$$
$$\rightarrow C_a^* C_b \frac{1}{2\pi} \int_0^{2\pi} d\phi \exp(i\phi) = 0.$$

Die rechte Seite kann unter Anwendung der binomischen Formel,

$$(a+b)^2 - (a-b)^2 = [(a+b) + (a-b)][(a+b) - (a-b)] = 4ab,$$

in

$$R_0^2 - R_3^2 = (P_a + P_b)^2 - (P_a - P_b)^2 = 4 P_a P_b \tag{14.5}$$

umgeschrieben werden. Die linke Seite von (14.4) ist nach Definition (14.1),

$$R_1^2 + R_2^2 = 4|<C_a^* C_b>|^2. \tag{14.6}$$

Fasst man die Mittelung $<C_a^* C_b>$ als Skalarprodukt auf, so folgt aus der Ungleichung von Schwarz die Abschätzung,

$$|<C_a^* C_b>|^2 \;\leq\; <|C_a|^2><|C_b|^2> = P_a P_b. \tag{14.7}$$

Die zu beweisende Aussage (14.4) folgt dann unmittelbar aus (14.5), (14.6) und (14.7).
Der mittlere Bloch-Vektor eines Ensembles genügt zunächst derselben Bewegungsgleichung, wie die Bloch-Vektoren der einzelnen Quantenzustände. Dies folgt unmittelbar

aus der Linearität der Bewegungsgleichung. Die Verallgemeinerung für ein Gemisch besteht nur darin, dass mehr Anfangszustände zulässig sind, da diese nun in der gesamten Bloch-Kugel gewählt werden können.

Aufgrund der Wechselwirkung der Atome mit ihrer Umgebung finden jedoch zusätzliche Relaxationsprozesse im Ensemble statt, die nicht durch den Hamilton-Operator des einzelnen Atoms beschrieben werden. Hierbei unterscheidet man die Phasen- und die Besetzungsrelaxation.

Phasenrelaxation: Zufällige Störungen der Phasen der komplexen Amplituden bewirken einen Zerfall des komplexen Dipolmoments. Dieser wird als Phasenrelaxation bezeichnet. Bei der Phasenrelaxation bleiben die Besetzungen des Atoms und damit auch seine Energie erhalten.

Besetzungsrelaxation: Der Zerfall der Besetzungen angeregter Niveaus wird als Besetzungsrelaxation bezeichnet. Sie beschreibt den Übergang angeregter Atome in den Grundzustand. Hierbei ändert sich die Energie des Atoms.

Wir betrachten zunächst die Relaxation ins Gleichgewicht ohne Strahlungsfeld. Die Phasenrelaxation kann wie beim klassischen Lorentz-Modell in (7.114) durch eine Zerfallsrate

$$\frac{d}{dt}\begin{pmatrix} R_1 \\ R_2 \end{pmatrix}\bigg|_{PR} = -\frac{1}{T_2}\begin{pmatrix} R_1 \\ R_2 \end{pmatrix}, \qquad (14.8)$$

beschrieben werden. Die Konstante T_2 wird als transversale Relaxationszeit bezeichnet, da hiervon nur die Komponenten des Bloch-Vektors senkrecht zur 3-Richtung betroffen sind. Die zugehörige Zerfallskonstante ist $\beta = 1/T_2$.

Bei der Besetzungsrelaxation zerfallen die Besetzungen P_a und P_b der Niveaus auf ihre jeweiligen Gleichgewichtswerte $\overline{P}_a$ und $\overline{P}_b$. Wir nehmen an, dass beide Zerfälle in Niveaus stattfinden, die außerhalb des Zweiniveausystems liegen. Im Rahmen eines Debye-Modells kann man die Besetzungsrelaxation, in Analogie zu (7.2), mit dem Ansatz

$$\dot{P}_a\big|_{BR} = -\Gamma_a(P_a - \overline{P}_a), \qquad \dot{P}_b\big|_{BR} = -\Gamma_a(P_b - \overline{P}_b), \qquad (14.9)$$

beschreiben. Für jedes Niveau α wird hierbei eine Zerfallsrate mit einer Zerfallskonstanten Γ_α und eine konstante Pumprate $\lambda_\alpha = \Gamma_\alpha \overline{P}_\alpha$ angenommen, so dass sich im Gleichgewicht die Besetzung $\overline{P}_\alpha = \lambda_\alpha/\Gamma_\alpha$ einstellt. Durch diese Raten wird das Zweiniveausystem physikalisch an ein Pumpniveau mit einer höheren und an ein Zerfallsniveau mit einer niedrigeren Energie gekoppelt (Abb. 14.1). Die entsprechenden Übergänge können allgemeiner im Rahmen von Vierniveausystemen behandelt werden.

Der Bloch-Vektor enthält die Besetzungen nur in der Kombination der Besetzungsdifferenz $R_3 = P_a - P_b$. Zur vollständigen Beschreibung der Besetzungsdynamik benötigt man noch eine weitere Variable, z.B. die Gesamtbesetzungswahrscheinlichkeit $R_0 = P_a + P_b$. Mit (14.9) ergeben sich für R_0 und R_3 mit den Gleichgewichtswerten $\overline{R}_0$ und

14.1 Bloch-Gleichungen mit Dämpfung

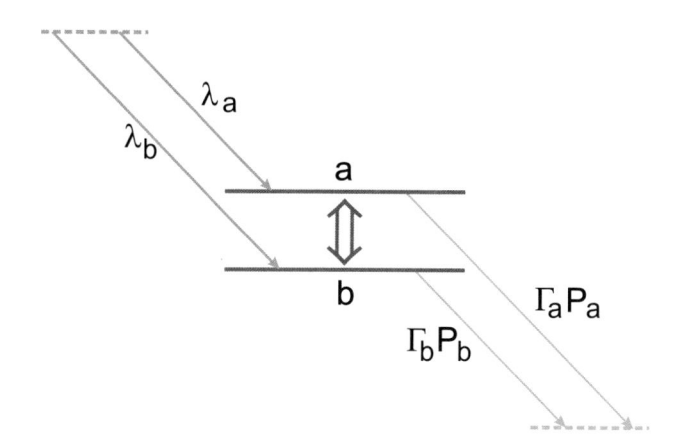

Abb. 14.1: *Erweitertes Zweiniveausystem. Zwischen den Niveaus a und b findet der optische Übergang statt. Die Besetzungen beider Niveaus können durch Pumpraten $\lambda_{a,b}$ auf- und durch Zerfallsraten $\Gamma_{a,b}P_{a,b}$ abgebaut werden.*

$\overline{R}_3$ die Ratengleichungen,

$$\dot{R}_0\big|_{BR} = -\Gamma(R_0 - \overline{R}_0) - \gamma(R_3 - \overline{R}_3), \tag{14.10a}$$

$$\dot{R}_3\big|_{BR} = -\Gamma(R_3 - \overline{R}_3) - \gamma(R_0 - \overline{R}_0), \tag{14.10b}$$

mit den Zerfallskonstanten,

$$\Gamma = \frac{(\Gamma_a + \Gamma_b)}{2}, \qquad \gamma = \frac{\Gamma_a - \Gamma_b}{2}. \tag{14.11}$$

Mittelt man die Bewegungsgleichung (13.83) über die Zustände des Ensembles und fügt die transversalen und longitudinalen Relaxationsraten (14.8) und (14.10) additiv hinzu, dann erhält man für ein gedämpftes Zweiniveausystems die Gleichungen,

$$\begin{aligned}\frac{d\boldsymbol{R}}{dt} &= -\boldsymbol{\Omega} \times \boldsymbol{R} - \beta(R_1\boldsymbol{e}_1 + R_2\boldsymbol{e}_2) \\ &\quad - [\Gamma(R_3 - \overline{R}_3) + \gamma(R_0 - \overline{R}_0)]\boldsymbol{e}_3, \\ \dot{R}_0 &= -[\Gamma(R_0 - \overline{R}_0) + \gamma(R_3 - \overline{R}_3)].\end{aligned} \tag{14.12}$$

Sie beschreiben den allgemeinen Fall eines Zweiniveausystem mit Zerfalls- und Anregungsraten für beide Niveaus. Diese Gleichungen werden jedoch meist in einer etwas einfacheren Form angegeben, die der speziellen Besetzungsrelaxation von Spin-Systemen entspricht. Hier gilt,

$$\frac{dR_3}{dt}\bigg|_{BR} = -\frac{1}{T_1}(R_3 - \overline{R}_3), \tag{14.13}$$

mit einer longitudinalen Relaxationszeit T_1. Im Rahmen des Modells (14.9) gilt diese Form der Rate für Systeme mit erhaltener Gesamtwahrscheinlichkeit. Unter der Bedingung $\dot{R}_0 = 0$ folgt aus (14.10a)

$$R_0 - \overline{R}_0 = -\frac{\gamma}{\Gamma}(R_3 - \overline{R}_3). \tag{14.14}$$

Eliminiert man damit $R_0 - \overline{R}_0$ aus (14.10b), so erhält man für die Besetzungsdifferenz R_3 das Zerfallsgesetz (14.13) mit der Zerfallskonstanten,

$$\frac{1}{T_1} = \frac{\Gamma^2 - \gamma^2}{\Gamma} = \frac{(\Gamma+\gamma)(\Gamma-\gamma)}{\Gamma} = \overline{\Gamma}, \qquad \overline{\Gamma} = \frac{2\Gamma_a\Gamma_b}{\Gamma_a + \Gamma_b}. \tag{14.15}$$

Die Relaxationszeit T_1 ist in diesem Fall gleich dem arithmetischen Mittel der Relaxationszeiten $T_\alpha = 1/\Gamma_\alpha$ der beiden Niveaus,

$$T_1 = \frac{T_a + T_b}{2} = \frac{1}{2}\left(\frac{1}{\Gamma_a} + \frac{1}{\Gamma_b}\right) = \frac{\Gamma_a + \Gamma_b}{2\Gamma_a\Gamma_b} = \frac{1}{\overline{\Gamma}}. \tag{14.16}$$

Bloch-Gleichungen: Mit der Zerfallsrate (14.8) für die Phasenrelaxation und der Zerfallsrate (14.13) für die Besetzungsrelaxation erhält man für den Bloch-Vektor die Bloch-Gleichungen,

$$\frac{d\mathbf{R}}{dt} = -\mathbf{\Omega} \times \mathbf{R} - \frac{1}{T_2}(R_1\mathbf{e}_1 + R_2\mathbf{e}_2) - \frac{1}{T_1}(R_3 - \overline{R}_3)\mathbf{e}_3. \tag{14.17}$$

Das Gleichungssystem lässt sich mit einer einfachen antisymmetrischen Matrix zusammenfassen,

$$\begin{pmatrix} \dot{R}_1 \\ \dot{R}_2 \\ \dot{R}_3 \end{pmatrix} = \begin{pmatrix} -\frac{1}{T_2} & -\Delta & 0 \\ \Delta & -\frac{1}{T_2} & \rho \\ 0 & -\rho & -\frac{1}{T_1} \end{pmatrix} \cdot \begin{pmatrix} R_1 \\ R_2 \\ R_3 \end{pmatrix} + \frac{1}{T_1}\begin{pmatrix} 0 \\ 0 \\ \overline{R}_3 \end{pmatrix}. \tag{14.18}$$

Die Bloch-Gleichungen wurden von Felix Bloch zur Beschreibung der magnetischen Kernspinresonanz eingeführt. Wählt man in den Bloch-Gleichungen die Modellparameter,

$$\overline{R}_3 = \frac{\lambda_a}{\Gamma_a} - \frac{\lambda_b}{\Gamma_b}, \qquad T_1 = \frac{T_a + T_b}{2} = \frac{1}{\overline{\Gamma}}, \qquad T_2 = \frac{1}{\beta}, \tag{14.19}$$

so beschreiben sie das optische Zweiniveau-Modell (14.12) bei erhaltener Gesamtwahrscheinlichkeit, $\dot{R}_0 = 0$. Für die kohärente Dynamik des Bloch-Vektors und die Phasenrelaxation ist die Bedingung $\dot{R}_0 = 0$ uneingeschränkt erfüllt. Außerdem gilt diese Bedingung wieder für das Gleichgewicht, das sich nach der Besetzungsrelaxation einstellt. Unterschiede in den Lösungen der Bloch-Gleichungen und der allgemeinen Zweiniveau-Gleichungen (14.12) können aber transient in der Phase der Besetzungsrelaxation auftreten. Die Änderung der Variablen R_0 wird nur durch die erweiterten Gleichungen (14.12) bestimmt.

14.1 Bloch-Gleichungen mit Dämpfung

Als Anwendung der Bloch-Gleichungen mit Dämpfung betrachten wir die Polarisierbarkeit des Atoms, nachdem sich durch die schnelle Phasenrelaxation ein quasistatisches Gleichgewicht eingestellt hat. Die ersten beiden Komponenten der Bloch-Gleichungen ergeben in Analogie zum ungedämpften Fall (13.86),

$$<\dot{\zeta}> + (i\Delta + \beta)<\zeta> = -i\rho R_3. \tag{14.20}$$

Beispiel 14.2 *Gedämpfte Rabi-Oszillation und aperiodische Relaxation*

Meist ist die longitudinale Relaxationszeit viel größer als die transversale. Vernachlässigt man die longitudinale Relaxation ($T_1 \to \infty$) und betrachtet nur die resonante Anregung ($\Delta = 0$), so reduzieren sich die Bloch-Gleichungen (14.17) auf

$$\dot{R}_1 = -\beta R_1, \qquad \dot{R}_2 = \rho R_3 - \beta R_2, \qquad \dot{R}_3 = -\rho R_2.$$

Die Komponente R_1 ist unabhängig und zerfällt exponentiell gegen Null. Durch Elimination der Komponente R_3 erhält man für R_2 die Gleichung des gedämpften harmonischen Oszillators,

$$\ddot{R}_2 + \beta \dot{R}_2 + \rho^2 R_2 = 0.$$

Mit einem Exponentialansatz $R_2 = A e^{\lambda t}$ folgen für λ die möglichen Werte

$$\lambda_{1,2} = -\frac{\beta}{2} \pm \sqrt{\frac{\beta^2}{4} - \rho^2}.$$

Für schwache Dämpfung, $\beta \ll \rho$, gilt näherungsweise $\lambda_{1,2} = -\beta/2 \pm i\rho$. Die Lösung zu den Anfangsbedingungen $R_2(0) = 0$ und $R_3(0) = -1$ lautet dann

$$R_2 = -e^{-\beta t/2} \sin(\rho t), \qquad R_3 = -e^{-\beta t/2}\left[\cos(\rho t) + \frac{\beta}{2\rho}\sin(\rho t)\right].$$

Asymptotisch für $\beta t \gg 1$ klingt die Rabi-Oszillation ab und es stellt sich ein Gleichgewicht mit einer Gleichverteilung der Besetzungen, $R_3 = 0$, ein.

Für starke Dämpfung, $\beta \gg \rho$, treten keine Rabi-Oszillationen auf. Stattdessen findet eine Relaxation ins Gleichgewicht statt. Dafür erhält man eine kleine Zerfallskonstante $\lambda_1 = -\rho^2/\beta$ und eine große $\lambda_2 = -\beta$. Für $\beta t \gg 1$ ist die zweite Lösung abgeklungen und es verbleibt dann die quasistatische Lösung

$$R_1 = 0, \qquad R_2 = -\frac{1}{\rho}\dot{R}_3 = \frac{\rho}{\beta}R_3, \qquad R_3 = -e^{-\rho^2 t/\beta}.$$

Diese Lösung wird in (14.21) allgemeiner für $\Delta \neq 0$ angegeben.

Ändert sich die Besetzungsdifferenz nur langsam im Vergleich zur Relaxationszeit T_2, so besteht die Lösung aus der schnell veränderlichen exponentiell gedämpften Lösung der homogenen Gleichung und einer durch $<\dot{\zeta}> \approx 0$ definierten langsam veränderlichen quasistatischen Gleichgewichtslösung. Für letztere gilt,

$$<\zeta> = -\frac{\rho R_3}{\Delta - i\beta} = -\rho R_3 \frac{\Delta + i\beta}{\Delta^2 + \beta^2}. \tag{14.21}$$

Unter Verwendung von (13.80) ergibt sich für das komplexe Dipolmoment im Laborsystem in Feldrichtung der Ausdruck,

$$\begin{aligned} d &= \zeta \mathbf{d}_{ba} \cdot \mathbf{e}\, e^{-i\omega t - i\phi} \\ &= -R_3 \frac{|\mathbf{d}_{ab} \cdot \mathbf{e}|^2}{\hbar} \frac{\Delta + i\beta}{\Delta^2 + \beta^2} E. \end{aligned} \tag{14.22}$$

Ein Vergleich mit dem Ergebnis (12.40) der Störungsrechnung zeigt, dass die Polarisierbarkeit nun eine zusätzliche Proportionalität zur Besetzungsdifferenz R_3 aufweist. Außerdem wird die Frequenzabhängigkeit durch eine Lorentz-Linienformfunktion wie in (7.29) beschrieben. Einem Übergang des Elektrons vom unteren ins obere Niveau entspricht ein Vorzeichenwechsel der Besetzungsdifferenz von $R_3 = -1$ nach $R_3 = +1$. Der entsprechende Vorzeichenwechsel des Realteils der Polarisierbarkeit führt, wie in (12.40), zu negativer Brechung. Der Vorzeichenwechsel des Imaginärteils zeigt nun auch den Wechsel von der Absorption zur Verstärkung des einfallenden Lichts durch induzierte Emission. Damit kann das Bloch-Modell die grundsätzlichen Eigenschaften der Polarisierbarkeit eines Atoms in einem aktiven Lasermedium beschreiben.

14.2 Freier Induktionszerfall und Photon-Echo

Die Phasenrelaxation beschreibt eine Dämpfung des mittleren Dipolmonents aufgrund der zufälligen Phasenänderungen der einzelnen Atome eines Ensembles. Diese Phasenänderungen werden durch die Wechselwirkung der Atome mit einer nur unvollständig bekannten Umgebung verursacht. Daher ist die Dämpfung irreversibel. Sie führt zu einer homogenen Linienverbreiterung bei der alle Atome dieselbe Art der Dämpfung erfahren.

Im Gegensatz zur homogenen Linienverbreiterung betrachten wir nun ein Ensemble wechselwirkungsfreier Atome mit inhomogener Linienverbreiterung. Hier gibt es eine andere Art der Dämpfung, die im Prinzip reversibel ist. In einem inhomogen verbreiterten Medium besitzen die einzelnen Atome unterschiedliche Übergangsfrequenzen. Bei der freien Propagation rotieren die komplexen Dipolmomente mit der Übergangsfrequenz. Daher zerfällt ein ursprünglich vorhandenes mittleres Dipolmoment durch die auftretende Mischung der Phasen. Im Unterschied zur Phasenrelaxation im homogenen Medium ist die Dynamik hier jedoch streng reversibel. Daher ist es im Prinzip möglich, den Ausgangszustand mit ausgerichteten Dipolmomenten zu einem späteren Zeitpunkt wiederherzustellen, indem man die Bewegungsrichtung umkehrt. Vom theoretischen Standpunkt aus betrachtet entspricht der homogene Fall einem Ensemble verschiedener

14.2 Freier Induktionszerfall und Photon-Echo

Quantenzustände, die sich mit dem gleichen Hamilton-Operator zeitlich entwickeln. Der inhomogene Fall wird durch ein Ensemble verschiedener Hamilton-Operatoren dargestellt, die alle auf denselben Anfangszustand wirken.

Die zeitliche Änderung des mittleren Dipolmoments kann durch die emittierte Dipolstrahlung beobachtet werden. Beim Zerfall des Dipolmoments und bei seiner späteren Rekonstruktion wird jeweils ein Puls registriert. Den ersten Puls bezeichnet man als freien Induktionszerfall, den zweiten Puls als Photon-Echo. Diese Bezeichnungen werden in Anlehnung an die entsprechenden Effekte (Induktionszerfall der Magnetisierung, Spin-Echo) bei der NMR-Spektroskopie gewählt. Das Strahlungsfeld wird dabei jedoch weiterhin als klassisch angenommen.

Echo-Experimente werden in der Spektroskopie dazu verwandt, inhomogene Verbreiterungen von homogenen zu unterscheiden. Nur bei inhomogener Verbreiterung ist ein Echo beobachtbar. Durch Variation der Verzögerungszeit zwischen den Pulsen kann man gegebenenfalls den Übergang von einer inhomogenen zu einer homogenen Verbreiterung nachweisen und damit die transversale Relaxationszeit bestimmen.

Photon-Echos können mit geeigneten Doppelpulsexperimenten erzeugt werden. Zunächst seinen alle Atome im Grundzustand. Der Bloch-Vektor der Atome zeigt dann im Anfangszustand zur Zeit $t = 0$ in die negative 3-Richtung,

$$\boldsymbol{R}_0 = \begin{pmatrix} 0 \\ 0 \\ -1 \end{pmatrix}. \tag{14.23}$$

Durch den ersten Puls soll ein Dipolmoment induziert werden. Das maximale Dipolmoment erhält man bei einer Gleichbesetzung der Niveaus. Diese kann durch die Einstrahlung eines Pi/2-Pulses hergestellt werden. Die einzelnen Atome besitzen aufgrund der inhomogenen Linienverbreiterung und der endlichen Bandbreite des Pulses unterschiedliche Verstimmungen. Man kann aber die Rabi-Frequenz so groß wählen, dass für eine hinreichend große Anzahl von Atomen die Verstimmungen in der Winkelgeschwindigkeit (13.21) vernachlässigt werden können. Die Bloch-Vektoren dieser Atome werden dann alle um dieselbe Drehachse $\boldsymbol{\Omega} = \rho \boldsymbol{e}_1$ im Uhrzeigersinn um den Winkel $\pi/2$ gedreht und befinden sich dann nach dem ersten Puls, zur Zeit t_1, im Zustand

$$\boldsymbol{R}_1 = \begin{pmatrix} 0 \\ -1 \\ 0 \end{pmatrix}. \tag{14.24}$$

Das dazugehörige komplexe Dipolmoment ergibt sich nach (13.79) zu

$$\zeta_1 = e^{i\pi/2}. \tag{14.25}$$

Nach dem ersten Puls lässt man die Atome über eine bestimmte Zeit $\tau = t_2 - t_1$, wie in Beispiel 13.1 angegeben, frei propagieren. Dabei dreht sich das Dipolmoment in der 1,2-Ebene mit der Winkelgeschwindigkeit ω_0 im Uhrzeigersinn,

$$\zeta_2 = \zeta_1 e^{-i\omega_0 \tau}. \tag{14.26}$$

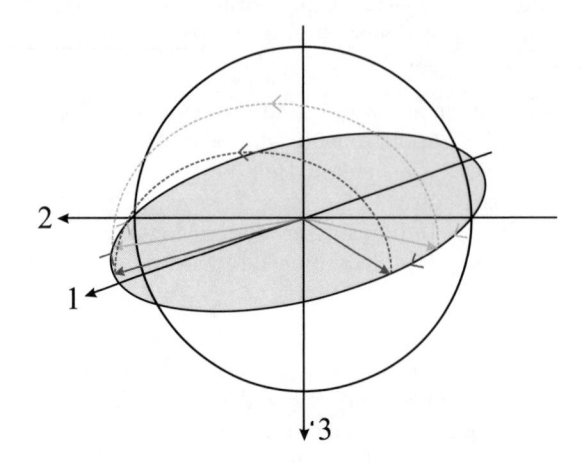

Abb. 14.2: Drehung des Bloch-Vektors um die 3-Achse bei der freien Propagation und um die 1-Achse beim Pi-Puls. Im Anfangszustand sind alle Vektoren entlang der negativen, im Endzustand entlang der positiven 2-Achse ausgerichtet.

Aufgrund der inhomogenen Verbreiterung der Übergangsfrequenzen ω_0 rotieren die Dipole der einzelnen Atome mit unterschiedlichen Winkelgeschwindigkeiten. Nimmt man an, dass die Übergangsfrequenzen mit einer Gauß-Funktion um einen Mittelwert $\overline{\omega}_0$ verteilt sind,

$$S(\omega_0) = \frac{1}{\sqrt{2\pi}\sigma} e^{-\frac{(\omega_0 - \overline{\omega}_0)^2}{2\sigma^2}}, \tag{14.27}$$

so führt die Mittelung über das Ensemble zu einem abklingenden Gauß-Puls,

$$<\zeta(\tau)> = i \int_{-\infty}^{+\infty} d\omega_0 S(\omega_0) e^{-i\omega_0 \tau} = i e^{-\frac{\sigma^2 \tau^2}{2}} e^{-i\overline{\omega}_0 \tau}. \tag{14.28}$$

Die zeitliche Pulsform ist die Fourier-Transformierte der Linienformfunktion. Zeitliche Relaxationsmessungen erlauben daher einen alternativen Zugang zur Spektroskopie im Frequenzbereich. Da der Puls nach dem Abschalten des Anregungspulses auftritt, also wie beim Induktionsgesetz einer Spule der Abschaltung entgegenwirkt, nennt man den Vorgang den freien Induktionszerfall.

Durch den zweiten Anregungspuls sollen nun die unterschiedlichen Phasen der Dipolmomente so beeinflusst werden, dass sich diese danach durch freie Propagation wieder auf einen für alle Dipole gleichen Wert zubewegen. Dies erreicht man mit einem Pi-Puls. Dabei wird der in der 1, 2-Ebene liegende Bloch-Vektor um die 1-Achse mit dem Drehwinkel π gedreht. Nach dieser Drehung liegt der Bloch-Vektor wieder in der 1, 2-Ebene. Das Ergebnis der Drehung ist eine Spiegelung an der 1-Achse (Abb. 14.2). In der komplexen Ebene wird dabei das Vorzeichen der von der 1-Achse aus gezählten Phase umgekehrt. Man spricht von einer Phasenkonjugation. Damit wird das Dipolmoment (14.26) am Ende des Pi-Pulses zur Zeit t_3 an die konjugiert komplexe Stelle

$$\zeta_3 = e^{-i\pi/2 + i\omega_0 \tau} \tag{14.29}$$

14.3 Statistischer Operator

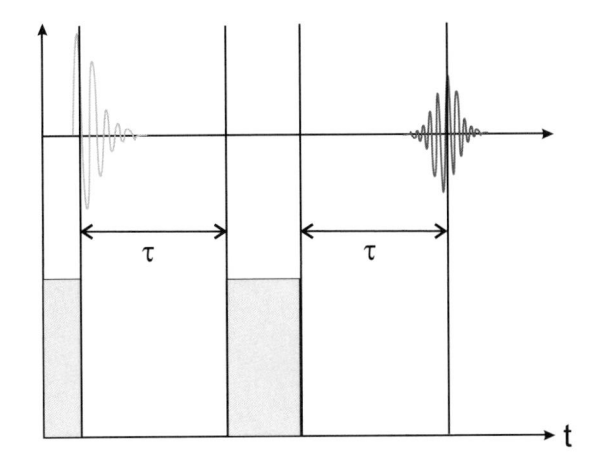

Abb. 14.3: *Schematischer Verlauf der Pulsfolge in einem Photon-Echo-Experiment. Die Anregung besteht aus einem Pi/2-Puls und einem um die Zeit τ versetzten Pi-Puls (unten). Nach dem Pi/2-Puls wird der erste emittierte Puls beobachtet. Mit einer erneuten Zeitverzögerung τ zum zweiten Puls wird das Echo emittiert (oben).*

abgebildet. Nach dem zweiten Anregungspuls folgt wieder eine Phase der freien Propagation. Nach einer Propagationszeit $\tau' = t_4 - t_3$ erhält man das Dipolmoment

$$\zeta(\tau') = \zeta_3 e^{-i\omega_0 \tau'} = e^{-i\pi/2 - i\omega_0(\tau'-\tau)}. \tag{14.30}$$

Nach der Propagationszeit $\tau' = \tau$ besitzen alle Dipole wieder dieselbe Phase. Das mittlere Dipolmoment kann wieder wie in (14.28) berechnet werden,

$$<\zeta(\tau')> = -ie^{-\frac{\sigma^2(\tau'-\tau)^2}{2}} e^{-i\overline{\omega}_0(\tau'-\tau)}. \tag{14.31}$$

Man beobachtet also einen Gauß-Puls, der nach der Propagationszeit $\tau' = \tau$ sein Maximum erreicht. Dieser Puls wird als Photon-Echo bezeichnet (Abb. 14.3).

14.3 Statistischer Operator

Nicht abgeschlossene Quantensysteme, die sich in Kontakt mit ihrer Umgebung befinden, können nicht durch einen Quantenzustand des Systems alleine beschrieben werden. Daher beschränkt man sich auf statistische Eigenschaften, die durch ein klassisches Ensemble von Quantenzuständen des Systems repräsentiert werden. Zur Beschreibung statistischer Ensembles wird in der Quantenstatistik der statistische Operator oder Dichteoperator eingeführt. Dieser Operator beschreibt den Zustand des Ensembles. Mit seiner Kenntnis, zu einem Zeitpunkt, lassen sich alle Erwartungswerte von Observablen und die weitere Zeitentwicklung des Systems ohne explizite Bezugnahme auf die Zustandsvektoren berechnen. Der statistische Operator und seine Matrixdarstellung, die Dichtematrix, bilden eine wichtige Grundlage der Lasertheorie.

Zur Definition des statistischen Operators gelangt man in einfacher Weise, indem man den Mittelwert einer Observablen A betrachtet. Sei p_n die Wahrscheinlichkeit des Zustands $|\psi_n\rangle$ in einem statistischen Ensemble. Dann ergibt die klassische Mittelung der quantenmechanischen Erwartungswerte den Mittelwert,

$$< A > = \sum_n p_n \langle \psi_n | \mathsf{A} | \psi_n \rangle. \qquad (14.32)$$

Mit einer beliebigen Orthonormalbasis $\{|i\rangle\}$ lässt sich dieser Ausdruck auf folgende Weise umformen,

$$\begin{aligned} < A > &= \sum_{i,n} p_n \langle \psi_n | \mathsf{A} | i \rangle \langle i | \psi_n \rangle \\ &= \sum_{i,n} p_n \langle i | \psi_n \rangle \langle \psi_n | \mathsf{A} | i \rangle \\ &= \mathrm{Sp}\left(\sum_n p_n | \psi_n \rangle \langle \psi_n | \mathsf{A} \right) = \mathrm{Sp}\,(\varrho \mathsf{A}). \end{aligned} \qquad (14.33)$$

Hierbei bezeichnet Sp O die Spur des Operators O und ϱ den nachfolgend definierten statistischen Operator. Man sieht, dass sich mit dem statistischen Operator die Mittelwerte von Observablen durch ein einfaches Operatorprodukt darstellen und berechnen lassen.

Definition 14.3: *Statistischer Operator*

Der statistische Operator eines Ensembles $\{|\psi_n\rangle, p_n\}$, bestehend aus den Quantenzuständen $|\psi_n\rangle$ und einer klassischen Wahrscheinlichkeitsverteilung p_n, wird definiert durch

$$\varrho = \sum_n p_n |\psi_n\rangle\langle\psi_n|. \qquad (14.34)$$

Sind alle Systeme im gleichen Quantenzustand $|\psi\rangle$, so spricht man von einem reinen Fall, andernfalls von einem Gemisch. Der statistische Operator ist im reinen Fall der Projektor,

$$\varrho = |\psi\rangle\langle\psi|. \qquad (14.35)$$

In der klassischen Physik wird ein System durch einen Punkt im Phasenraum repräsentiert. Ein Ensemble von solchen Systemen wird durch eine Phasenraumdichte, die Liouville-Funktion, beschrieben. Die Liouville-Funktion ist proportional zur Zahl der Systeme, die an einem Punkt des Phasenraums in einem infinitesimalen Volumenelement vorliegen. In der Quantenstatistik entspricht dem Phasenraumpunkt der Zustandsvektor und der Liouville-Funktion der statistische Operator.

14.3 Statistischer Operator

Beispiel 14.4 *Statistischer Operator eines Teilchens in einem idealen Gas*

In einem idealen Gas sind die Teilchen definitionsgemäß nur schwach wechselwirkend. Die stationären Zustände eines freien Teilchens sind die Impulseigenzustände $|p\rangle$. Sind insgesamt N Teilchen vorhanden, von denen sich N_p im Zustand $|p\rangle$ befinden, so ist der statistische Operator eines Teilchens

$$\varrho = \sum_p \frac{N_p}{N} |p\rangle\langle p|. \qquad (14.36)$$

Im thermischen Gleichgewicht sind die Besetzungswahrscheinlichkeiten N_p/N durch die Bose- oder Fermi-Verteilung gegeben, bei höheren Temperaturen näherungsweise durch die Maxwell-Verteilung. Der statistische Operator eines Teilchens stellt nur eine reduzierte Beschreibung des Vielteilchensystems dar, da dessen Quantenzustände hierbei keine Berücksichtigung finden.

Der statistische Operator besitzt die folgenden allgemeinen Eigenschaften,

$$\text{Sp } \varrho = 1, \qquad (14.37\text{a})$$
$$\varrho^+ = \varrho, \qquad (14.37\text{b})$$
$$\langle \psi | \varrho | \psi \rangle \geq 0. \qquad (14.37\text{c})$$

Die erste Eigenschaft folgt aus den Normierungsbedingungen für die Quantenzustände und für die Wahrscheinlichkeitsverteilung des Ensembles. Setzt man in (14.32) für den Operator A den Einheitsoperator so folgt,

$$\text{Sp } \varrho = \sum_n p_n \|\psi_n\|^2 = \sum_n p_n = 1. \qquad (14.38)$$

Nach der zweiten Eigenschaft ist ϱ hermitesch. Dies sieht man unmittelbar, da die Wahrscheinlichkeiten p_n reell und die Projektoren $|\psi_n\rangle\langle\psi_n|$ jeweils hermitesch sind. Die verbleibende dritte Eigenschaft folgt aus

$$\langle \psi | \varrho | \psi \rangle = \sum_n p_n |\langle \psi | \psi_n \rangle|^2 \geq 0. \qquad (14.39)$$

Die Darstellung des statistischen Operators bezüglich einer Orthonormalbasis nennt man die Dichtematrix.

Definition 14.5: *Dichtematrix*

Seien $C_i = \langle i | \psi \rangle$ die Koeffizienten der Darstellung des Zustandsvektors $|\psi\rangle$ bezüglich einer Orthonormalbasis $\{|i\rangle\}$. Die Dichtematrix ist die entsprechende Matrixdarstellung des statistischen Operators mit den Matrixelementen

$$\varrho_{ij} = \langle i | \varrho | j \rangle = \sum_n p_n \langle i | \psi_n \rangle \langle \psi_n | j \rangle = <C_i C_j^*> . \qquad (14.40)$$

Die rechte Seite bezeichnet das Ensemblemittel. Oft werden die Begriffe Dichtematrix, Dichteoperator und statistischer Operator synonym verwendet. Die Dichtematrix umfasst gemittelte bilineare Produkte der Entwicklungskoeffizienten. Nur diese werden zur Berechnung von Mittelwerten von Observablen benötigt. Da ϱ hermitesch ist, sind die Eigenwerte reell und die Eigenzustände bilden eine Orthonormalbasis. Bezüglich dieser Basis ist die Dichtematrix eine reelle Diagonalmatrix.

Die Grundgleichung der Quantenstatistik ist die Von-Neumann-Gleichung. Diese bestimmt die Zeitentwicklung des statistischen Operators. Sie entspricht der Liouville-Gleichung in der klassischen statistischen Physik.

Von-Neumann-Gleichung: Ist ϱ der statistische Operator eines Ensembles von Quantensystemen mit dem Hamilton-Operator H, so gilt für dessen Zeitentwicklung die Von-Neumann-Gleichung,

$$i\hbar \frac{\partial \varrho}{\partial t} = [\mathsf{H}, \varrho] \ . \tag{14.41}$$

Zur Herleitung der Von-Neumann-Gleichung bilden wir die Zeitableitung des statistischen Operators (14.34) und verwenden für die Zeitableitung der Zustandsvektoren die zeitabhängige Schrödinger-Gleichung (9.30). Dabei ist zu berücksichtigen, dass die Wahrscheinlichkeiten p_n der einzelnen Zustände im Ensemble zeitunabhängig sind und in der adjungierten Schrödinger-Gleichung i durch $-i$ zu ersetzen ist. Die Anwendung der Produktregel ergibt,

$$i\hbar \partial_t \varrho = \sum_n p_n (i\hbar \partial_t |\psi_n\rangle)\langle \psi_n| + |\psi_n\rangle(i\hbar \partial_t \langle \psi_n|)$$

$$= \sum_n p_n \mathsf{H}|\psi_n\rangle\langle \psi_n| - |\psi_n\rangle\langle \psi_n|\mathsf{H} = \mathsf{H}\varrho - \varrho\mathsf{H} \ . \tag{14.42}$$

Die Von-Neumann-Gleichung ist bis auf ein Vorzeichen formal identisch mit der Heisenberg-Bewegungsgleichung (9.78). Sie darf aber nicht mit dieser verwechselt werden. Der Unterschied wird deutlich, wenn man die Zeitentwicklung mit dem Zeitentwicklungsoperator angibt. Verwendet man (9.32) für die Zustände des Ensembles, so ergibt sich für den statistischen Operator die Zeitentwicklung,

$$\varrho(t) = \mathsf{U}(t, t_0)\varrho(t_0)\mathsf{U}^+(t, t_0). \tag{14.43}$$

Der statistische Operator transformiert sich mit dem Zeitentwicklungsoperator der Zustände im Schrödinger-Bild. Demgegenüber transformieren sich die Operatoren im Heisenberg-Bild nach (9.75) mit dem inversen Operator.

Man kann den statistischen Operator natürlich auch im Heisenberg-Bild angeben und seine Zeitentwicklung dann aus der Heisenberg-Bewegungsgleichung bestimmen. Der statistische Operator im Heisenberg-Bild ist der zeitunabhängige statistische Operator des Anfangszustands, $\varrho_H = \mathsf{U}^+\varrho_S\mathsf{U} = \varrho(t_0)$. Wendet man auf diesen Operator die Heisenberg-Bewegungsgleichung an, so folgt

$$i\hbar \frac{d\varrho_H}{dt} = [\varrho_H, \mathsf{H}_H] + \mathsf{U}^+ \frac{\partial \varrho_S}{\partial t} \mathsf{U} = 0. \tag{14.44}$$

Damit erhält man also aus der partiellen Zeitabhängigkeit des statistischen Operators im Heisenberg-Bild wieder die Von-Neumann-Gleichung im Schrödinger-Bild,

$$\frac{\partial \varrho_S}{\partial t} = -\mathsf{U}[\varrho_H, \mathsf{H}_H]\mathsf{U}^+ = -[\varrho_S, \mathsf{H}_S] = [\mathsf{H}_S, \varrho_S] . \tag{14.45}$$

14.4 Dichtematrix-Gleichungen

Für ein Ensemble aus Zweiniveausystemen mit den Basiszuständen $\{|a\rangle, |b\rangle\}$ reduziert sich die Dichtematrix (14.40) auf eine 2×2 - Matrix,

$$\begin{pmatrix} \varrho_{aa} & \varrho_{ab} \\ \varrho_{ba} & \varrho_{bb} \end{pmatrix} = \begin{pmatrix} <|C_a|^2> & <C_a C_b^*> \\ <C_b C_a^*> & <|C_b|^2> \end{pmatrix}. \tag{14.46}$$

Die Diagonalelemente ϱ_{aa} und ϱ_{bb} sind reell und geben die Besetzungswahrscheinlichkeiten der Niveaus an. Die Nichtdiagonalelemente sind komplex und es gilt $\varrho_{ab} = \varrho_{ba}^*$. Eine hermitesche 2×2 - Matrix besitzt vier unabhängige reelle Parameter. Diesen Parametern entsprechen die drei Komponenten des Bloch-Vektors,

$$R_1 = 2\Re\{\varrho_{ba}\}, \qquad R_2 = 2\Im\{\varrho_{ba}\}, \qquad R_3 = \varrho_{aa} - \varrho_{bb}, \tag{14.47}$$

und eine Normierungsbedingung,

$$R_0 = \varrho_{aa} + \varrho_{bb}. \tag{14.48}$$

Zur Vereinheitlichung der Notation wird die Gesamtwahrscheinlichkeit wie in (14.10) mit R_0 bezeichnet. Das komplexe Dipolmoment entspricht dem Nichtdiagonalelement der Dichtematrix,

$$<\zeta> = R_1 - iR_2 = 2\varrho_{ab}. \tag{14.49}$$

Der statistische Operator kann darstellungsunabhängig in der Form

$$\varrho = \frac{1}{2}(R_0 \mathsf{I} + \boldsymbol{R} \cdot \boldsymbol{\sigma}) \tag{14.50}$$

durch den Bloch-Vektor und die Normierungskonstante ausgedrückt werden. Zum Beweis von (14.50) sei bemerkt, dass sich jede 2×2 - Matrix als eine Linearkombination der Pauli-Matrizen und der Einheitsmatrix schreiben lässt,

$$\varrho = C_0 \mathsf{I} + \boldsymbol{C} \cdot \boldsymbol{\sigma} . \tag{14.51}$$

Die vier i.a. komplexen Entwicklungskoeffizienten entsprechen hierbei den vier Matrixelementen. Im vorliegenden Fall können die Entwicklungskoeffizienten durch die folgenden Bedingungen festgelegt werden. Die Normierungsbedingung (14.48) bestimmt die Konstante C_0,

$$\mathrm{Sp}\varrho = C_0 \,\mathrm{Sp}(\mathsf{I}) + \sum_j C_j \mathrm{Sp}(\sigma_j) = 2C_0 = R_0, \qquad C_0 = \frac{1}{2} R_0. \tag{14.52}$$

Hierbei wurde verwendet, dass die Pauli-Matrizen spurfrei sind. Die Berechnung des Bloch-Vektors nach (14.33) mit dem Ansatz (14.51) bestimmt die restlichen Koeffizienten C_i,

$$R_i = \mathrm{Sp}(\varrho\sigma_i) = C_0\,\mathrm{Sp}(\sigma_i) + \sum_j C_j \mathrm{Sp}(\sigma_j\sigma_i) = \sum_j C_j \frac{1}{2}\mathrm{Sp}\{\sigma_j,\sigma_i\}$$

$$= \sum_j C_j \delta_{ij}\mathrm{Sp}(\mathsf{l}) = 2C_i, \qquad C_i = \frac{1}{2}R_i. \qquad (14.53)$$

Die Reihenfolge der Operatoren unter der Spur ist vertauschbar. Damit kann der Antikommutator aus (13.11) in (14.53) angewandt werden. Aus (14.52) und (14.53) folgt (14.50).

Die Frage der Zeitentwicklung der Dichtematrix kann mit der Darstellung (14.50) auf die Entwicklungsgleichungen (14.12) zurückgeführt werden. Die Zeitableitung von (14.50) ergibt

$$\dot\varrho = \frac{1}{2}\begin{pmatrix} \dot R_0 + \dot R_3 & \dot R_1 - i\dot R_2 \\ \dot R_1 + i\dot R_2 & \dot R_0 - \dot R_3 \end{pmatrix}. \qquad (14.54)$$

Mit (14.12) können die Zeitableitungen der einzelnen Matrixelemente einfach angegeben werden. Für die Diagonalelemente folgt mit $R_0 \pm R_3 = 2\varrho_{aa,bb}$

$$\dot\varrho_{aa} = \dot\varrho_{aa}\big|_{BR} - \frac{1}{2}\rho R_2, \qquad \dot\varrho_{bb} = \dot\varrho_{bb}\big|_{BR} + \frac{1}{2}\rho R_2. \qquad (14.55)$$

Für das Nichtdiagonalelement $R_1 - iR_2 =\,<\zeta>$ kann Gleichung (14.20) angewandt werden. Zur Notation sei bemerkt, dass ϱ den statistischen Operator und ρ die Rabi-Frequenz bezeichnet. Mit $R_2 = 2\Im\{\varrho_{ba}\} = -i(\varrho_{ba} - \varrho_{ab})$ und $R_3 = \varrho_{aa} - \varrho_{bb}$ ergeben sich dann die Entwicklungsgleichungen für die Elemente der Dichtematrix.

Dichtematrixgleichungen: Die Zeitentwicklung der Dichtematrix eines optischen Zweiniveausystems mit Phasen- und Besetzungsrelaxation genügt den Gleichungen,

$$\dot\varrho_{aa} + \Gamma_a \varrho_{aa} = \lambda_a - \frac{i}{2}\rho(\varrho_{ab} - \varrho_{ba}), \qquad (14.56\mathrm{a})$$

$$\dot\varrho_{bb} + \Gamma_b \varrho_{bb} = \lambda_b + \frac{i}{2}\rho(\varrho_{ab} - \varrho_{ba}), \qquad (14.56\mathrm{b})$$

$$\dot\varrho_{ab} + (\beta + i\Delta)\varrho_{ab} = -\frac{i}{2}\rho(\varrho_{aa} - \varrho_{bb}), \qquad (14.57\mathrm{a})$$

$$\dot\varrho_{ba} + (\beta - i\Delta)\varrho_{ba} = \frac{i}{2}\rho(\varrho_{aa} - \varrho_{bb}). \qquad (14.57\mathrm{b})$$

Das Gleichungssystem ist äquivalent zu den erweiterten Bloch-Gleichungen (14.12). Die Zerfalls- und Anregungsraten für die beiden Niveaus sind in den Dichtematrixgleichungen jedoch in einer einfacheren Form enthalten. In Abwesenheit des Strahlungsfeldes, d.h. für $\rho = 0$, sind die Gleichungen für die Elemente der Dichtematrix vollständig entkoppelt. Für $\rho \neq 0$ bestehen die Kopplungsterme jeweils aus den Differenzen der Diagonal- und der Nichtdiagonalelemente.

Zum Abschluss soll hier noch gezeigt werden, dass die Entwicklungsgleichungen des Zweiniveausystems ohne Relaxationsprozesse in derselben Form aus der Von-Neumann-Gleichung abgeleitet werden können. Zur Berechnung des Kommutators in der Von-Neumann-Gleichung verwenden wir den Hamilton-Operator (13.20) und die Darstellung (14.50) des statistischen Operators. Mit dem bekannten Kommutator für die Pauli-Matrizen (13.11) erhält man dann,

$$\dot{\varrho} = \frac{1}{i\hbar}[\mathsf{H}, \varrho] = \frac{1}{i\hbar}\frac{-\hbar}{4}\sum_{i,j}\Omega_i R_j[\sigma_i, \sigma_j]$$

$$= \frac{1}{i\hbar}\frac{-\hbar}{4}2i\sum_{i,j}\Omega_i R_j \sigma_k \epsilon_{ijk} = -\frac{1}{2}(\mathbf{\Omega} \times \mathbf{R})\cdot\boldsymbol{\sigma} = \frac{1}{2}\dot{\mathbf{R}}\cdot\boldsymbol{\sigma}. \tag{14.58}$$

Das Ergebnis entspricht also der direkten Zeitableitung des Blochvektors in (14.50), wie es auch schon bei der Herleitung der Dichtematrixgleichungen in (14.54) verwendet wurde.

14.5 Populationsmatrix

Der statistische Operator eines wechselwirkungsfreien Ensembles besitzt die Normierung (14.37a). Bei einem wechselwirkenden Ensemble mit Anregungs- und Zerfallsraten bleibt diese Normierung nicht erhalten. Man kann die Normierung nur zu einem Anfangszeitpunkt vorgeben. Zur Beschreibung makroskopischer Medien ist es außerdem zweckmäßig auf die Dichte der Atome zu normieren. Dies führt zur Definition des Populationsoperators.

Definition 14.6: *Populationsoperator*

Sei $n_A(\mathbf{r}, t)$ die Dichte der Atome am Ort $\mathbf{r}$ zur Zeit t und $\varrho_A(\mathbf{r}, t, t_0)$ der statistische Operator eines Ensembles von Atomen am Ort $\mathbf{r}$ zur Zeit t mit der Anfangsnormierung $\mathrm{Sp}(\varrho_A(\mathbf{r}, t_0, t_0)) = 1$ zur Zeit t_0. Dann definiert man den Populationsoperator durch

$$\varrho(\mathbf{r}, t) = n_A(\mathbf{r}, t_0)\,\varrho_A(\mathbf{r}, t, t_0). \tag{14.59}$$

Wie der statistische Operator $\varrho_A(\mathbf{r}, t, t_0)$ genügt auch der Populationsoperator $\varrho(\mathbf{r}, t)$ den Bewegungsgleichungen (14.56), (14.57), da der Faktor $n_A(\mathbf{r}, t_0)$ bei der Zeitentwicklung konstant bleibt. Der Populationsoperator besitzt aber die Normierung

$$\mathrm{Sp}\varrho(\mathbf{r}, t) = n_A(\mathbf{r}, t_0)\,\mathrm{Sp}\varrho_A(\mathbf{r}, t, t_0) = n_A(\mathbf{r}, t). \tag{14.60}$$

Die zeitliche Entwicklung der Dichte $n_A(\mathbf{r},t)$ wird also durch die Norm des statistischen Operators selbst bestimmt. Die Elemente des Populationsoperators bilden die Populationsmatrix. Die Diagonalelemente der Populationsmatrix geben die Dichten der Atome in den einzelnen Niveaus an,

$$n_\alpha(\mathbf{r},t) = \varrho_{\alpha\alpha}(\mathbf{r},t). \tag{14.61}$$

Das Nichtdiagonalelement bestimmt die makroskopische Polarisation des Mediums,

$$\boldsymbol{\mathcal{P}}(\mathbf{r},t) = \mathrm{Sp}(\boldsymbol{d}\varrho(\mathbf{r},t)) = \boldsymbol{d}_{ab}\varrho_{ba}(\mathbf{r},t) + \boldsymbol{d}_{ba}\varrho_{ab}(\mathbf{r},t). \tag{14.62}$$

Der komplexe Vektor der Polarisation $\boldsymbol{\mathcal{P}}(\mathbf{r},t) = \Re(\boldsymbol{P}(\mathbf{r},t))$ ist also

$$\boldsymbol{P}(\mathbf{r},t) = 2\varrho_{ab}(\mathbf{r},t)\boldsymbol{d}_{ba}. \tag{14.63}$$

Die Dichtematrix des Zweiniveausystems und die daraus abgeleitete Populationsmatrix wurden im rotierenden System definiert. Die Populationen (14.61) sind in beiden Systemen identisch. Die Phasen der Polarisation unterscheiden sich jedoch um (13.17). Im Laborsystem gilt,

$$\boldsymbol{P}_L(\mathbf{r},t) = 2\varrho_{ab}(\mathbf{r},t)\boldsymbol{d}_{ba}\, e^{-i\omega t - i\phi}. \tag{14.64}$$

14.6 Ensemble mit Phasenrelaxation

Da eine mikroskopische Behandlung der Dämpfung schwierig ist, werden die Zerfallsprozesse meist nur phänomenologisch durch entsprechende Zerfallsraten in den Bewegungsgleichungen berücksichtigt. Der Ansatz (14.8) für die Phasenrelaxation kann, in Analogie zum klassischen Lorentz-Modell, durch die Wirkung elastischer Stöße genauer begründet werden.

Betrachtet man zunächst ein einzelnes Atom, so kann ein elastischer Stoß durch ein zeitabhängiges Störpotential veranschaulicht werden. Während des Stoßes werden die Energieniveaus des Atoms adiabatisch verschoben und kehren nach dem Stoß wieder in ihre Ausgangslage zurück. Nach dem Stoß sind dann die Phasen der stationären Zustände relativ zu denen eines ungestörten Atoms verschoben, während die Amplituden gleich bleiben.

Für eine große Anzahl von Atomen die zur gleichen Zeit t' stoßen, läßt sich die Wirkung der Stöße durch statistische Annahmen bezüglich der Verteilung der Phasen unmittelbar nach dem Stoß beschreiben. Nimmt man an, daß nach dem Stoß ein Ensemble mit zufälligen Phasen vorliegt, so müssen die Nichtdiagonalelemente der Dichtematrix verschwinden (vgl. Beispiel (14.1)).

Die Stoßmittelung der Dichtematrix kann nun mit derselben statistischen Methode wie in Abschnitt 7.8 beschrieben werden. Die Analogie wird besonders deutlich, wenn man beachtet, daß das mittlere Dipolmoment

$$<\boldsymbol{d}> = \mathrm{Sp}(\boldsymbol{d}\varrho) = \boldsymbol{d}_{ba}\varrho_{ab} + c.c., \tag{14.65}$$

14.6 Ensemble mit Phasenrelaxation

im quantenmechanischen Fall durch das Matrixelement ϱ_{ab} bestimmt wird.

Der statistische Operator eines durchschnittlichen Atoms sei definiert durch

$$\varrho(t) = \int_{t'=-\infty}^{t} df(t,t')\, \varrho(t,t'). \tag{14.66}$$

Hierin beschreibt $\varrho(t,t')$ das Subensemble derjenigen Atome, deren letzter Stoß zur Zeit t' im Zeitintervall dt' stattfand. Wegen der Annahme zufälliger Phasen gilt für $\varrho(t,t')$ unmittelbar nach dem Stoß die Anfangsbedingung,

$$\varrho(t',t') = \begin{pmatrix} \varrho_{aa}(t',t') & 0 \\ 0 & \varrho_{bb}(t',t') \end{pmatrix}. \tag{14.67}$$

Für $t > t'$ kann die Zeitentwicklung des stoßfreien Subensembles durch die Von-Neumann-Gleichung (14.41) beschrieben werden. Nach Gleichung (7.113) kann der Bruchteil der Atome, die dem Teilensemble $\varrho(t,t')$ angehören durch

$$df(t,t') = \exp\left(-\frac{t-t'}{\tau_c}\right) \frac{dt'}{\tau_c}, \tag{14.68}$$

ausgedrückt werden, wobei τ_c die mittlere freie Flugzeit der Atome bezeichnet.

Durch Differentiation von (14.66) nach der Zeit folgt

$$\begin{aligned}\dot{\varrho}(t) &= \frac{1}{\tau_c}\,\varrho(t,t) - \frac{1}{\tau_c}\,\varrho(t) + \int_{t'=-\infty}^{t} df(t,t')\, \frac{d}{dt}\varrho(t,t') \\ &= \frac{1}{\tau_c}(\varrho(t,t) - \varrho(t)) + \frac{1}{i\hbar}[H,\varrho(t)]. \end{aligned} \tag{14.69}$$

Die drei Summanden ergeben sich jeweils durch Ableitung nach der oberen Integrationsgrenze, nach der Gewichtsfunktion (14.68) und nach der Dichtematrix $\varrho(t,t')$. Im letzten Summand kann man die Zeitableitung durch (14.41) ersetzen und findet dann, daß er genau die kohärente Dynamik der gemittelten Dichtematrix beschreibt. Aus Konsistenzgründen muß man fordern, daß die Besetzungen des Teilensembles $\varrho(t,t)$ mit den mittleren Besetzungen zur Zeit t übereinstimmen, d.h.

$$\varrho_{\alpha\alpha}(t,t) = \varrho_{\alpha\alpha}(t). \tag{14.70}$$

Als Ergebnis erhält man für die gemittelte Dichtematrix die Zeitentwicklungsgleichung,

$$\dot{\varrho}(t) = -\frac{1}{\tau_c}\begin{pmatrix} 0 & \varrho_{ab}(t) \\ \varrho_{ba}(t) & 0 \end{pmatrix} + \frac{1}{i\hbar}[H,\varrho(t)]. \tag{14.71}$$

Der erste Term entspricht genau einer Phasenrelaxation der Nichtdiagonalelemente der Dichtematrix mit der Zerfallsrate $\beta = 1/\tau_c$, der zweite Term der Entwicklung des Ensembles nach der Von-Neumann-Gleichung. Die Änderungen der Besetzungen durch Anregungs- und Zerfallsprozesse wurden bei dieser Herleitung nicht berücksichtigt.

14.7 Ensemble mit Anregungsprozessen

Ähnlich dem Modell der Phasenrelaxation kann man auch ein Modell der Anregung der Atome angeben. Sei $\varrho(\alpha, \boldsymbol{r}, t', t)$ der statistische Operator eines Subensembles von Atomen, welche am Ort $\boldsymbol{r}$ zur Zeit t' ins Niveau α angeregt wurden. Da sich dieses Subensemble unmittelbar nach der Anregung mit Sicherheit im Zustand α befindet genügt der statistische Operator zur Zeit $t = t'$ der Anfangsbedingung

$$\rho(\alpha, \boldsymbol{r}, t', t') = |\alpha\rangle\langle\alpha|. \tag{14.72}$$

Das Subensemble soll sich für $t > t'$ anregungsfrei weiterentwickeln. Die Dichtematrix erfüllt dann definitionsgemäß die Bewegungsgleichungen (14.56), (14.57) ohne Anregungsraten.

Die Populationsmatrix aller Atome am Ort $\boldsymbol{r}$ zur Zeit t ergibt sich aus der Summation aller Subensembles gemäß

$$\rho(\boldsymbol{r}, t) = \sum_\alpha \int_{t'=-\infty}^{t} dt' \, \lambda_\alpha(\boldsymbol{r}, t') \rho(\alpha, \boldsymbol{r}, t', t). \tag{14.73}$$

Hierbei bezeichnet $\lambda_\alpha(\boldsymbol{r}, t')$ die Zahl der Atome, die pro Zeit- und Volumeneinheit am Ort $\boldsymbol{r}$ zur Zeit t' ins Niveau α angeregt wurden. Die Darstellung (14.73) der Populationsmatrix aus anregungsfreien Subensembles führt zu einer Entwicklungsgleichung der Populationsmatrix mit Anregungsraten.

Die Entwicklungsgleichung der Populationsmatrix ergibt sich durch die Zeitableitung von (14.73). Berücksichtigt man die Zeitabhängigkeit der oberen Integralgrenze und des Integranden, so folgt

$$\begin{aligned}\dot{\varrho}(\boldsymbol{r}, t) &= \sum_\alpha \lambda_\alpha(\boldsymbol{r}, t)) \varrho(\alpha, \boldsymbol{r}, t, t) + \sum_\alpha \int_{t'=-\infty}^{t} dt' \, \lambda_\alpha(\boldsymbol{r}, t') \dot{\varrho}(\alpha, \boldsymbol{r}, t', t) \\ &= \begin{pmatrix} \lambda_a(\boldsymbol{r}, t) - \Gamma_a \varrho_{aa} & -\beta \varrho_{ab} \\ -\beta \varrho_{ba} & \lambda_b(\boldsymbol{r}, t) - \Gamma_b \varrho_{bb} \end{pmatrix} + \frac{1}{i\hbar}[H, \varrho(\boldsymbol{r}, t)] \, . \end{aligned} \tag{14.74}$$

Im ersten Term wurde die Anfangsbedingung (14.72) für die Dichtematrix $\varrho(\alpha, \boldsymbol{r}, t, t)$ verwendet. Im zweiten Term können die Bewegungsgleichungen (14.56), (14.57) der Subensembles ohne Anregungsraten eingesetzt werden. In den einzelnen Termen der Bewegungsgleichung lassen sich die Subensembles dann wieder zur Populationsmatrix zusammenfassen. Damit erhält man aus dem Ansatz (14.73) die Entwicklungsgleichungen mit Anregungsraten. Diese beschreiben die Anregung der Diagonalelemente der Populationsmatrix durch die vorgegebenen Raten $\lambda_\alpha(\boldsymbol{r}, t)$. Im Gegensatz zu den Zerfallsraten sind die Anregungsraten unabhängig von den Besetzungen der Niveaus.

Zusammenfassung 14.7 *Zweiniveausysteme*

Atom:

- Zustandsvektor: $|\psi\rangle = C_a|a\rangle + C_b|b\rangle$,
- Übergangsfrequenz: $\omega_0 = \omega_a - \omega_b$,
- Dipolmatrixelement: $\mathbf{d}_{ab}$

Elektrisches Feld:

$$\mathcal{E} = \Re\{\mathbf{E}_0 e^{-i\omega t}\}, \qquad \mathbf{E} = E_0 \mathbf{e}$$

Hamilton-Operator im rotierenden System:

$$\mathsf{H} = -\frac{\hbar}{2}\,\mathbf{\Omega}\cdot\boldsymbol{\sigma}$$

Drehachse, Winkelgeschwindigkeit, Verstimmung, Rabi-Frequenz:

$$\mathbf{\Omega} = \rho\mathbf{e}_1 - \Delta\mathbf{e}_3, \qquad \Omega = \sqrt{\Delta^2 + \rho^2},$$

$$\Delta = \omega_0 - \omega, \qquad \rho = \frac{|\mathbf{d}_{ab}\cdot\mathbf{E}_0|}{\hbar}$$

Blochvektor (σ_i: Pauli-Matrizen, $<\cdots>$: Ensemblemittel, $\langle\cdots\rangle$: Erwartungswert):

$$\mathbf{R} = <\mathbf{r}>, \qquad \mathbf{r} = \langle\sigma_1\rangle\mathbf{e}_1 + \langle\sigma_2\rangle\mathbf{e}_2 + \langle\sigma_3\rangle\mathbf{e}_3$$

Komplexes Dipolmoment und Besetzungsdifferenz:

$$R_1 - iR_2 = 2<C_a C_b^*>, \qquad R_3 = <|C_a|^2> - <|C_b|^2>$$

Bloch-Gleichungen (T_1: longitudinale, T_2: transversale Relaxationszeit):

$$\frac{d\mathbf{R}}{dt} = -\mathbf{\Omega}\times\mathbf{R} - \frac{1}{T_1}R_3\mathbf{e}_3 - \frac{1}{T_2}(R_1\mathbf{e}_1 + R_2\mathbf{e}_2)$$

Dichtematrixgleichungen (Zerfallskonstanten: $\Gamma_{a,b}$, β, Pumpraten: $\lambda_{a,b}$):

$$\dot{\varrho}_{aa} + \Gamma_a\varrho_{aa} = \lambda_a - \frac{i}{2}\rho(\varrho_{ab} - \varrho_{ba}),$$

$$\dot{\varrho}_{bb} + \Gamma_b\varrho_{bb} = \lambda_b + \frac{i}{2}\rho(\varrho_{ab} - \varrho_{ba}),$$

$$\dot{\varrho}_{ab} + (\beta + i\Delta)\varrho_{ab} = -\frac{i}{2}\rho(\varrho_{aa} - \varrho_{bb}),$$

$$\dot{\varrho}_{ba} + (\beta - i\Delta)\varrho_{ba} = +\frac{i}{2}\rho(\varrho_{aa} - \varrho_{bb})$$

Aufgaben

14.1 Ein Zweiniveausystem mit dem Dipolmatrixelement $\mathbf{d}_{ab} = d_{ab}\mathbf{e}$ befinde sich zum Zeitpunkt $t = 0$ im unteren Niveau b. Im Zeitintervall $0 < t < \tau$ werde ein Laserpuls

$$\mathcal{E}(t) = \frac{\pi^2 \hbar}{2\tau d_{ab}} \sin\left(\frac{\pi t}{\tau}\right) \sin(\omega t)\mathbf{e}$$

angelegt. Die Frequenz sei exakt in Resonanz mit dem Übergang des Zweiniveausystems ($\omega = \omega_{ab}$). Für die Periodendauer der Modulation gelte $T \gg \omega^{-1}$. Berechnen Sie die Pulsfläche und bestimmen Sie die Zeitentwicklung der Besetzungen der beiden Niveaus im Rahmen der RWA.

14.2 Ein Zweiniveausystem sei für $t = 0$ im unteren Zustand b und werde danach durch ein harmonisches Laserfeld exakt resonant angeregt. Das System werde durch Phasenrelaxation mit einer Zerfallsrate $\beta = 1/T_2$ gedämpft, die Besetzungsrelaxation sei vernachlässigbar klein.
a) Wie lautet die Bewegungsgleichung für den Blochvektor?
b) Welcher Anfangsbedingung genügt der Blochvektor zur Zeit $t = 0$?
c) Lösen Sie das Anfangswertproblem und bestimmen Sie daraus die in Beispiel 14.2 angegebenen Grenzfälle schwacher und starker Dämpfung.

14.3 Ein Zweiniveausystem befinde sich im Zustand

$$|\psi\rangle = \frac{1}{\sqrt{2}}(|a\rangle + |b\rangle).$$

a) Geben Sie den statistischen Operator ρ an und bestimmen Sie die Elemente der Dichtematrix $\rho_{ab} = \langle a|\rho|b\rangle$ bezüglich der Orthonormalbasis.
b) Berechnen Sie die Komponenten des Blochvektors nach der Definition

$$r_i = \langle \psi|\sigma_i|\psi\rangle = Sp(\rho\sigma_i).$$

Hierbei bezeichnen σ_i die Pauli-Spinmatrizen (13.10). Bestimmen Sie diese Komponenten auch aus der Dichtematrix nach (14.47).

14.4 Seien H_0 der Hamiltonoperator eines ungestörten Systems und $H_1(t)$ eine zeitabhängige Störung. Transformieren Sie die Entwicklungsgleichung des statistischen Operators ρ vom Schrödinger-Bild ins Wechselwirkungsbild.

14.5 Sei $\{|n\rangle\}$ ein vollständiges Orthonormalsystem von Eigenzuständen zum Hamiltonoperator H_0 aus Aufgabe 14.4. Zur Anfangszeit $t = 0$ befinde sich das System in einem Eigenzustand $|p\rangle$. Der Hamilton-Operator im Wechselwirkungsbild sei H_I.
a) Wie lautet die Dichtematrix $\rho_{nm}^{(0)}$ des Anfangszustandes?
b) Betrachten Sie die erste Ordnung Störungstheorie und zeigen Sie dass,

$$\rho_{nm}^{(1)} = 0, \quad \text{für } n \neq p, m \neq p \text{ oder } n = m = p,$$

$$\rho_{np}^{(1)} = -i \int_0^t dt' H_{I,np}, \quad \text{für } n \neq p.$$

14.7 Ensemble mit Anregungsprozessen

c) Betrachten Sie die zweite Ordnung Störungstheorie und zeigen Sie, dass

$$\rho_{nn}^{(2)} = \left|\rho_{np}^{(1)}\right|^2 \quad n \neq p, \qquad \rho_{pp}^{(2)} = -\sum_{l \neq p} \rho_{ll}^{(2)}.$$

15 Semiklassische Lasertheorie

- Materiegleichungen
- Adiabatische Elimination
- Rategleichungen
- Sättigung
- Feldgleichungen
- Normalmoden
- SVA-Näherung
- Stationäre Laserstrahlung

Die Theorie des Lasers umfasst Gleichungen für die Moden des elektromagnetischen Feldes und für die Polarisation des aktiven Mediums. Die Feldgleichungen und die Materiegleichungen sind miteinander gekoppelt. In der semiklassischen Theorie werden die Feldgleichungen klassisch, die Materiegleichungen quantenmechanisch behandelt. Im folgenden wird dies am Beispiel eines Einmodenlasers mit planparallelem Resonator und mit einem aktiven Medium aus Zweiniveauatomen dargestellt. Vierniveausysteme, die zusätzlich zum optischen Übergang ein Pump- und ein Zerfallsniveau aufweisen, werden im Rahmen des Zweiniveaumodells vereinfacht durch Anregungs- und Zerfallsraten für die beiden Niveaus beschrieben. Selbstkonsistente Lösungen der gekoppelten Gleichungen führen auf die Schwellwertbedingung und bestimmen die Laserintensität und die Laserfrequenz oberhalb der Laserschwelle.

15.1 Quasistatisches Gleichgewicht

Die Materiegleichungen eines Mediums aus Zweiniveauatomen sind die Dichtematrixgleichungen (14.56) und (14.57). Diese Gleichungen bestimmen die Polarisation des Mediums, die zur Lösung der Maxwell-Gleichungen benötigt wird. Da die Polarisation in der Dipolnäherung immer lokal am Ort des elektrischen Feldes berechnet wird, kann man auf eine explizite Ortsangabe zunächst verzichten. Bei der Zeitabhängigkeit des elektrischen Feldes beschränken wir uns wie bisher auf eine monochromatische Welle, die zur Beschreibung einer Lasermode ausreicht.

Ein wesentlicher Schritt zur Lösung der zeitabhängigen Dichtematrixgleichungen besteht in der Annahme, dass die Elemente der Dichtematrix sehr schnell in ein quasistatisches Gleichgewicht relaxieren und dann den Änderungen der Lasermode adiabatisch folgen. Aufgrund der unterschiedlichen Zeitskalen der Phasen- und Besetzungsrelaxation stellt sich normalerweise zuerst ein Gleichgewicht für das Nichtdiagonalelement und danach erst das Gleichgewicht für die Diagonalelemente der Dichtematrix ein.

Im Rahmen der quasistatischen Näherung für das Nichtdiagonalelement können die gekoppelten Ratengleichungen für die Besetzungszahlen der Atome und der Lasermode abgeleitet werden. Diese Ratengleichungen wurden bereits in der Einleitung eingeführt und werden nun im Rahmen der semiklassischen Lasertheorie genauer begründet.

Zur Berechnung der Polarisation des Mediums wird diejenige Lösung des Gleichungssystems benötigt, die mit der Frequenz des anregenden Feldes schwingt. Beim klassischen Lorentz-Modell wurde diese Lösung als erzwungene Schwingung bezeichnet. Bei der Behandlung der Zweiniveausysteme wurde die Winkelgeschwindigkeit (13.17) des rotierenden Bezugssystems so gewählt, dass das anregende Feld dort stationär wird. Daher entsprechen den erzwungenen Schwingungen im Laborsystem gerade die stationären Lösungen im rotierenden System. Setzt man in (14.57) $\dot{\varrho}_{ab} \approx 0$, so ergibt sich die quasistatische Lösung für das Nichtdiagonalelement,

$$\varrho_{ab} = -\frac{i}{2}\rho\frac{\varrho_{aa} - \varrho_{bb}}{\beta + i\Delta} = -\frac{\rho}{2}\frac{\Delta + i\beta}{\Delta^2 + \beta^2}(\varrho_{aa} - \varrho_{bb}). \tag{15.1}$$

Sie wurde bereits im Rahmen des Bloch-Modells in (14.21) für das komplexe Dipolmoment (14.49) angegeben.

Bei adiabatischen Änderungen der Besetzungen folgt die schnell relaxierende Variable ϱ_{ab} der quasistatischen Gleichgewichtslösung (15.1). Man kann daher ϱ_{ab} mit der quasistatischen Lösung (15.1) aus den Gleichungen (14.56) für die Diagonalelemente eliminieren. Diese Näherung wird als adiabatische Elimination bezeichnet. Als Ergebnis erhält man Ratengleichungen für die Populationen $n_\alpha = \varrho_{\alpha\alpha}$ der beiden Niveaus.

Ratengleichungen: Die Populationen n_α eines optischen Zweiniveausystems mit den Anregungsraten λ_α und den Zerfallsraten Γ_α genügen den Ratengleichungen,

$$\dot{n}_a + \Gamma_a n_a = \lambda_a - \sigma\Phi(n_a - n_b), \tag{15.2a}$$
$$\dot{n}_b + \Gamma_b n_b = \lambda_b + \sigma\Phi(n_a - n_b). \tag{15.2b}$$

Der Wirkungsquerschnitt σ und der Photonenfluss Φ werden definiert durch,

$$\sigma\Phi = \frac{\rho^2}{4}\frac{2\beta}{\Delta^2 + \beta^2}, \qquad \hbar\omega\Phi = I = \frac{c}{8\pi}|E|^2. \tag{15.2c}$$

Die Besetzungen hängen nur noch implizit über den Wirkungsquerschnitt von der Zerfallskonstante β der Phasenrelaxation ab. Damit wurden die in der Einleitung postulierten Gleichungen (1.45) für die Besetzungen der Atome im Rahmen der semiklassischen Theorie abgeleitet. Anders als dort wurden die Teilchenzahlen durch die Teilchendichten $n_{a,b}$ und die Photonenzahl durch den Photonenfluss Φ angegeben. Außerdem ist

15.1 Quasistatisches Gleichgewicht

es zweckmäßig die dort definierte Ratenkonstante R durch den Wirkungsquerschnitt $\sigma = RV/c$ zu ersetzen. Damit enthalten die Ratengleichungen keine extensiven, vom Volumen abhängigen, Größen.

Im optischen Bloch-Modell ist die Polarisation (15.1) proportional zur Differenz der Besetzungen der beiden Niveaus. Dies ist eine der wesentlichen Erweiterungen gegenüber dem klassischen Lorentz-Modell oder der quantenmechanischen Störungstheorie. Daher ergeben sich nun ohne zusätzliche Annahmen die Raten $\sigma \Phi n_b$ für die Absorption und $\sigma \Phi n_a$ für die induzierte Emission. Zusätzlich beinhalten die Gleichungen (15.2) auch die Anregungs- und Zerfallsraten der Populationen.

Der Photonenfluss wurde in (15.2c) über die klassische Intensität und die Photonenenergie definiert. Obwohl das Strahlungsfeld klassisch behandelt wird, hat die Einführung des Photonenflusses und der zugehörigen Photonendichte $n_\omega = \Phi/c$ den Vorteil, dass die Konstante σ in der Übergangsrate dann genau mit dem Wirkungsquerschnitt für die Absorption und die induzierte Emission der Strahlung übereinstimmt. Die physikalische Deutung von σ als Wirkungsquerschnitt erfolgt durch die nachfolgend hergeleitete Strahlungstransportgleichung (15.11a).

Für den Wirkungsquerschnitt σ erhält man nach (15.2c) den Ausdruck

$$\sigma = \frac{|\mathbf{d}_{ab} \cdot \mathbf{e}|^2}{\hbar^2} \frac{|E|^2}{4\Phi} \frac{2\beta}{\Delta^2 + \beta^2} = b \frac{\hbar \omega}{c} L(\nu - \nu_0), \qquad (15.3a)$$

mit

$$b = 2\pi \frac{|\mathbf{d}_{ab} \cdot \mathbf{e}|^2}{\hbar^2}, \qquad (15.3b)$$

$$L(\nu - \nu_0) = \frac{2\beta}{\Delta^2 + \beta^2} = \frac{1}{\pi} \frac{\delta \nu}{(\nu_{ab} - \nu_0)^2 + \delta \nu^2}. \qquad (15.3c)$$

Die Konstante b ist der b-Koeffizient (1.20), die Funktion $L(\nu - \nu_0)$ mit $\delta \nu = \beta/2\pi$ die Lorentz-Linienformfunktion (1.24). Der Wirkungsquerschnitt besitzt also genau die Form von (1.48), wobei hier noch keine Mittelung über die Richtungen der Dipolmomente ausgeführt wurde.

Zur Anregung der Atome muss Energie aus dem Feld absorbiert werden. Die zugehörige Gleichung für die Feldenergie soll nun in Form einer Ratengleichung für die Photonendichte angegeben werden. Dazu gehen wir von der Leistungsdichte

$$\mathcal{P}_{abs} = \boldsymbol{\mathcal{J}} \cdot \boldsymbol{\mathcal{E}} \qquad (15.4)$$

aus, die von der reellwertigen Stromdichte $\boldsymbol{\mathcal{J}}$ in einem klassischen elektromagnetischen Feld $\boldsymbol{\mathcal{E}}$ absorbiert wird. Dieser Ausdruck bleibt auch in der semiklassischen Theorie gültig wenn die Stromdichte, wie in (10.33), als quantenmechanischer Erwartungswert berechnet wird. Die induzierte Stromdichte entspricht der zeitlichen Ableitung der Polarisation,

$$\boldsymbol{\mathcal{J}}(\boldsymbol{r}, t) = \partial_t \boldsymbol{\mathcal{P}}(\boldsymbol{r}, t). \qquad (15.5)$$

Im quasistatischen Gleichgewicht ist die Polarisation eine monochromatische Welle mit der Frequenz ω der anregenden Lichtwelle. Mit dem Zeitmittel (3.16) ergibt sich dann für die mittlere absorbierte Leistung

$$P_{abs} = \overline{\mathcal{P}_{abs}} = \frac{1}{2}\Re\left\{(\partial_t \boldsymbol{P}) \cdot \boldsymbol{E}^*\right\}. \tag{15.6}$$

Besteht das Medium aus Zweiniveauatomen, so ist der Ausdruck (14.63) für die Polarisation im Laborsystem einzusetzen. Im quasistatischen Gleichgewicht ist die Zeitableitung hier bei konstantem ϱ_{ab} auszuführen. Mit den Definitionen der Rabi-Frequenz (13.15) und des Drehwinkels (13.17) des rotierenden Systems erhält man

$$\begin{aligned}(\partial_t \boldsymbol{P}_L) \cdot \boldsymbol{E}^* &= -i\omega\, 2\varrho_{ab}\, \mathbf{d}_{ba} \cdot \boldsymbol{E}^* e^{-i\varphi} \\ &= -i\omega\, 2\varrho_{ab}\, (\mathbf{d}_{ab} \cdot \boldsymbol{E} e^{i\varphi})^* = -i\hbar\omega\, 2\varrho_{ab}\, \rho.\end{aligned} \tag{15.7}$$

Die daraus resultierende mittlere absorbierte Leistung,

$$P_{abs} = \hbar\omega \left(\frac{-i}{2}\right) \rho(\varrho_{ab} - \varrho_{ba}), \tag{15.8}$$

kann mit Hilfe der Dichtematrixgleichungen (14.56) durch die Änderungsrate der Besetzungen aufgrund von Absorption und Emission von Strahlung ausgedrückt werden,

$$P_{abs} = \hbar\omega\, \frac{d}{dt}\left(\frac{n_a - n_b}{2}\right)\bigg|_{Strahlung}. \tag{15.9}$$

Bei jedem Übergang eines Elektrons vom unteren ins obere Niveau ändert sich die Besetzungsdifferenz $n_a - n_b$ um 2. Dabei wird dem Atom die Energie $\hbar\omega$ vom Feld zugeführt, die genau der Absorption eines Photons entspricht.

Nimmt man nun an, dass sich eine ebene monochromatische Welle im Medium ausbreitet, so gilt der Energiesatz (3.79). Mit der absorbierten Leistungsdichte (15.9), der Energiedichte $w = \hbar\omega n_\omega$ und der Intensität $I = \hbar\omega\Phi$, ergibt sich für die Photonendichte n_ω und den Photonenfluss Φ die Bilanzgleichung

$$\partial_t n_\omega + \partial_z \Phi = -\frac{d}{dt}\left(\frac{n_a - n_b}{2}\right)\bigg|_{Strahlung}. \tag{15.10}$$

Sie zeigt, dass die Photonenänderungsrate bei einem räumlich konstantem Photonenfluss genau der Übergangsrate der Atome entspricht.

Photonenverluste können durch eine Verlustrate $-a\Phi$ hinzugefügt werden, wobei a eine phänomenologische Zerfallskonstante bezeichnet. Außerdem kann die Änderungsrate der Besetzungsdifferenz mit den Ratengleichungen (15.2) durch einen Verstärkungskoeffizienten $g = \sigma(n_a - n_b)$ angegeben werden. Dann erhält man die nachfolgende Transportgleichung.

15.1 Quasistatisches Gleichgewicht

Strahlungstransportgleichung: In einem Medium aus Zweiniveauatomen mit dem Verstärkungskoeffizienten g und dem Absorptionskoeffizienten a gilt für die Photonen einer monochromatischen ebenen Welle die Transportgleichung,

$$\partial_t n_\omega + \partial_z \Phi = (g - a)\Phi. \tag{15.11a}$$

Der Verstärkungskoeffizient des aktiven Mediums ist über den Wirkungsquerschnitt (15.3) definiert durch

$$g = \sigma(n_a - n_b). \tag{15.11b}$$

Der Absorptionskoeffizient a berücksichtigt pauschal alle bei der Ausbreitung auftretenden Verluste.

Die Photonendichte ändert sich mit den Raten $\sigma\Phi n_b$ bei der Absorption und $\sigma\Phi n_a$ bei der induzierten Emission. Hierbei entspricht σ definitionsgemäß dem Wirkungsquerschnitt für den einfallenden Photonenfluss Φ. Damit wurden auch die in der Einleitung eingeführten Feldgleichungen (1.46),(1.49) bzw. (1.61) aus der semiklassischen Theorie hergeleitet. Die spontane Emission wurde hierbei vernachlässigt. Sie kann erst im Rahmen der Quantisierung des Strahlungsfeldes mitbehandelt werden.

Da ein Übergang im Atom die Übergangsenergie $\hbar\omega_0$ erfordert, mit dem Strahlungsfeld aber die Energie $\hbar\omega$ ausgetauscht wird, stellt sich die Frage wie die Energiedifferenz $\hbar\Delta$ aufgebracht wird. Dazu betrachten wir die Änderungsraten der Energien im rotierenden System wie in (13.85). Bei Berücksichtigung der Phasenrelaxation ergibt sich aus der ersten und dritten Komponente der Bloch-Gleichungen,

$$\dot R_1 = -\Delta R_2 - \beta R_1, \qquad \dot R_3 = -\rho R_2, \tag{15.12}$$

als Verallgemeinerung von (13.85) der Energiesatz,

$$\frac{d}{dt}\langle\mathsf{H}_0\rangle + \frac{d}{dt}\langle\mathsf{H}_1\rangle = -\beta\langle\mathsf{H}_1\rangle. \tag{15.13}$$

Der erste Term beschreibt gerade die gesuchte Änderungsrate für die Energiedifferenz $\hbar\Delta$. Der zweite Term verschwindet im quasistatischen Gleichgewicht. Daraus folgt, dass die Energiedifferenz durch die auf der rechten Seite stehende Zerfallsrate der Dipolwechselwirkungsenergie $\langle\mathsf{H}_1\rangle$ aufgebracht wird. Man beachte, dass beide Energien $\langle\mathsf{H}_0\rangle$ und $\langle\mathsf{H}_1\rangle$ positive und negative Werte annehmen können. Die Zerfallsrate einer negativen Dipolwechselwirkungsenergie ist also die Quelle für eine Zunahme von $\langle\mathsf{H}_0\rangle$. Um diese Zerfallsrate stationär zu halten sind Anregungs- und Zerfallsprozesse der Besetzungen erforderlich, die den Energieänderungen des Zweiniveausystems entsprechen.

Die Gleichungen für die Teilchen- und Photonendichten sind miteinander gekoppelt. Bei einer gegebenen Besetzungsinversion $n_a - n_b > 0$ nimmt die Photonenzahl aufgrund der Feldgleichung (15.11a) zu. Nach den Materiegleichungen (15.2) wird die Besetzungsinversion jedoch dann verstärkt abgebaut. Aufgrund dieser Rückkopplung kommt es zu der Ausbildung eines Gleichgewichts der Besetzungen und des Photonenflusses.

15.2 Sättigung und Leistungsverbreiterung

Wir betrachten nun den Gleichgewichtszustand, der sich durch die Relaxation der Besetzungen einstellt. Im Gleichgewicht verschwinden die Änderungsraten der Dichten in den Ratengleichungen (15.2) und man erhält das algebraische Gleichungssystem

$$n_a = \frac{\lambda_a}{\Gamma_a} - \frac{\sigma}{\Gamma_a}\Phi(n_a - n_b),$$
$$n_b = \frac{\lambda_b}{\Gamma_b} + \frac{\sigma}{\Gamma_a}\Phi(n_a - n_b). \tag{15.14}$$

Subtrahiert man die zweite Gleichung von der ersten, so folgt für die Differenz der Populationen $D = n_a - n_b$ der Gleichgewichtswert

$$D = \frac{D_0}{1 + 2\sigma\Phi/\overline{\Gamma}} = \frac{D_0}{1 + \Phi/\Phi_s}, \tag{15.15a}$$

mit

$$D_0 = \frac{\lambda_a}{\Gamma_a} - \frac{\lambda_b}{\Gamma_b}, \qquad \Phi_s = \overline{\Gamma}/(2\sigma), \qquad \overline{\Gamma} = \frac{2\Gamma_a\Gamma_b}{\Gamma_a + \Gamma_b}. \tag{15.15b}$$

Das Gleichgewicht wird durch die Besetzungsdifferenz ohne Strahlungsfeld D_0, die mittlere Zerfallsrate der Niveaus $\overline{\Gamma}$ und die Übergangsrate $\sigma\Phi$ der Photonen bestimmt. Dasselbe Ergebnis erhält man für das Gleichgewicht der Bloch-Gleichungen (14.18) mit den Parametern (14.19).

Beim Laser wird das aktive Medium durch eine äußere Energiequelle zunächst gepumpt, bis sich eine hinreichend große Besetzungsinversion D_0 aufgebaut hat. Sie wird als die ungesättigte Besetzungsinversion bezeichnet. Mit wachsendem Photonenfluss werden die Besetzungsdifferenzen dann in Richtung einer Gleichbesetzung der Niveaus abgebaut. Bei Gleichbesetzung ist die Emissionsrate gleich der Absorptionsrate, so dass sich dann durch optische Übergänge keine weiteren Besetzungsänderungen ergeben. Die Reduktion der Besetzungsdifferenz durch den Photonenfluss bezeichnet man als Sättigung. Der Photonenfluss $\Phi = \Phi_s$, bei dem die Besetzungsdifferenz auf die Hälfte des ungesättigten Wertes abgefallen ist, wird als Sättigungsfluss, die zugehörige Intensität als Sättigungsintensität bezeichnet.

Die Sättigung bedeutet, dass der Verstärkungs- oder Absorptionskoeffizient des Mediums intensitätsabhängig wird. Beim Laser wird die ungesättigte Besetzungsinversion durch das Anwachsen des Photonenflusses solange reduziert, bis sich ein Gleichgewicht des Photonenflusses einstellt. Nach (15.11a) ist der gesättigte Verstärkungskoeffizient dann gerade gleich dem Absorptionskoeffizient, $g = a$. Die Sättigung ist aber auch in absorbierenden Medien zu beobachten. Erst nach Überschreiten der Sättigungsintensität kann die Strahlung das Absorbermaterial näherungsweise verlustfrei durchqueren. Sättigbare Absorber werden z.B. als optische Schalter in Laserresonatoren oder bei intensiven Laserpulsen zur Verbesserung des Kontrastverhältnisses zwischen Vor- und Hauptpuls eingesetzt.

15.2 Sättigung und Leistungsverbreiterung

Die Sättigung wirkt sich auch auf die Frequenzabhängigkeit des Verstärkungskoeffizienten aus. Die Linienformfunktion wird dabei mit wachsender Intensität verbreitert. Dieser Effekt wird als Leistungsverbreiterung bezeichnet. Die Linienformfunktion ist Bestandteil des Wirkungsquerschnitts (15.3). Daher schreiben wir den Wirkungsquerschnitt abgekürzt in der Form

$$\sigma = \sigma_0 \frac{2\beta}{\Delta^2 + \beta^2} = \sigma_{max} \frac{\beta^2}{\Delta^2 + \beta^2}. \tag{15.16}$$

Hierbei ist σ/σ_0 die Lorentz-Linienformfunktion und $\sigma_{max} = 2\sigma_0/\beta$ bezeichnet den maximalen Wirkungsquerschnitt, der für $\Delta = 0$ erreicht wird. Dem maximalen Wirkungsquerschnitt entspricht die minimale Sättigungsintensität $\Phi_{s,min} = \overline{\Gamma}/(2\sigma_{max})$. Damit definieren wir einen dimensionslosen Sättigungsparameter,

$$\eta = \frac{\Phi}{\Phi_{s,min}} = \frac{2\sigma_{max}\Phi}{\overline{\Gamma}}. \tag{15.17}$$

Mit diesen Definitionen kann der Verstärkungskoeffizient (15.11b) in der folgenden Form angegeben werden,

$$g = \sigma D = \frac{\sigma}{1 + 2\sigma\Phi/\overline{\Gamma}} D_0 = \frac{\sigma_0 2\beta}{\Delta^2 + \beta^2(1+\eta)} D_0 = \sigma_s D_0. \tag{15.18}$$

Er wird hier durch die ungesättigte Besetzungsdifferenz D_0 und einen gesättigten Wirkungsquerschnitt,

$$\sigma_s = \sigma_{0,s} \frac{2\beta_s}{\Delta^2 + \beta_s^2}. \tag{15.19}$$

ausgedrückt. Der gesättigte Wirkungsquerschnitt besitzt dieselbe Form wie der ungesättigte. Die Parameter $\sigma_{0,s}$ und β_s sind nun aber intensitätsabhängig,

$$\sigma_{0,s} = \frac{\sigma_0}{\sqrt{1+\eta}}, \qquad \beta_s = \beta\sqrt{1+\eta}. \tag{15.20}$$

Sie bewirken eine Reduktion des über die Linie integrierten Wirkungsquerschnitts und eine Verbreiterung der Lorentz-Linienformfunktion.

Der Verstärkungskoeffizient wird allgemeiner durch den Imaginärteil der komplexen Suszeptibilität bestimmt. Daher geben wir nun noch die komplexe Suszeptibilität im quasistatischen Gleichgewicht an. Die Polarisation in Richtung des elektrischen Feldes ist gemäß (14.63)

$$P = \boldsymbol{P}_L \cdot \boldsymbol{e}^* = 2\varrho_{ab}\boldsymbol{d}_{ba} \cdot \boldsymbol{e}^* e^{-i\varphi}. \tag{15.21}$$

Mit der quasistatischen Lösung (15.1) und der Lorentz-Linienformfunktion (15.3c) folgt

$$\begin{aligned}P &= 2\left(-\frac{\rho}{2}\right) \frac{\Delta + i\beta}{\Delta^2 + \beta^2} D\, \boldsymbol{d}_{ba} \cdot \boldsymbol{e}^* e^{-i\varphi} \\ &= -\frac{|\boldsymbol{d}_{ab} \cdot \boldsymbol{e}|^2}{2\hbar}\left(\frac{\Delta}{\beta} + i\right) LDE.\end{aligned} \tag{15.22}$$

Dieser Ausdruck kann mit dem Wirkungsquerschnitt (15.3) bzw. mit dem Verstärkungskoeffizienten (15.18) noch einfacher zusammengefasst werden,

$$P = -\frac{c}{4\pi\omega}\left(\frac{\Delta}{\beta} + i\right)\sigma DE = -\frac{c}{4\pi\omega}\left(\frac{\Delta}{\beta} + i\right)gE. \tag{15.23}$$

Die Polarisation ist hier eine nichtlineare Funktion des elektrischen Feldes. Die Suszeptibilität χ wird analog zur linearen Optik definiert durch

$$P = \chi E, \qquad \chi = -\frac{c}{4\pi\omega}\left(\frac{\Delta}{\beta} + i\right)g. \tag{15.24}$$

Die Intensitätsabhängigkeit der Suszeptibilität beschreibt somit die Sättigung und die Leistungsverbreiterung. Sie trifft in der gleichen Weise auf Real- und Imaginärteil zu.

Wie bereits bemerkt führt die Phasenrelaxation zu der Proportionalität der Polarisation zur Besetzungsdifferenz. Die nachfolgende Besetzungsrelaxation führt nun zusätzlich noch zur nichtlinearen Sättigung der Besetzungen nach (15.15a). Die Gleichgewichtspolarisation (15.23) zeigt die charakteristischen Abhängigkeiten von der Frequenz, der Intensität und der Besetzungsinversion, die für die Verstärkung einer Mode in einem Laserresonator erforderlich sind.

15.3 Normalmodenentwicklung

Wir beschreiben zunächst das elektromagnetische Feld in einem leeren Resonator. Dazu wird beispielhaft ein planparalleler Resonator mit vollständig reflektierenden Spiegeln in den Ebenen $z = 0$ und $z = L$ gewählt. Für andere Resonatoren sind aufwendigere Berechnungen der Moden notwendig, die Methode kann aber im Prinzip genauso angewandt werden. Da der Resonator in x- und y-Richtung offen ist, verbleiben bei der vorliegenden ebenen Geometrie der Spiegel nur diejenigen Wellen im Resonator, die sich genau parallel oder antiparallel zur z-Richtung ausbreiten. Das elektrische Feld dieser Wellen hängt dann nur noch von der z-Koordinate ab. Wählt man auch noch eine feste Polarisationsrichtung $\boldsymbol{e}$, so besitzt das elektrische Feld im Resonator die Form $\boldsymbol{E}(z,t) = E(z,t)\boldsymbol{e}$. Das skalare elektrische Feld $E(z,t)$ genügt innerhalb des Resonators der Vakuum-Wellengleichung

$$\partial_z^2 E(z,t) - \frac{1}{c^2}\partial_t^2 E(z,t) = 0, \tag{15.25a}$$

und auf den Spiegeloberflächen den Randbedingungen

$$E(0,t) = 0, \qquad E(L,t) = 0. \tag{15.25b}$$

Die Zeitentwicklung des elektromagnetischen Feldes in einem Resonator kann in Analogie zur Zeitentwicklung der Wellenfunktion in der Quantenmechanik (9.44) durch eine Superposition stationärer Lösungen dargestellt werden. Die stationären Lösungen werden durch die Zeitabhängigkeit $E(z,t) = u(z)e^{-i\Omega t}$ definiert. Eine stationäre Lösung der

15.3 Normalmodenentwicklung

Wellengleichung (15.25a), die auch die Randbedingungen (15.25b) erfüllt, wird als Normalmode bezeichnet. Die Normalmoden sind also die Lösungen des zeitunabhängigen Randwertproblems

$$\frac{d^2u}{dz^2} + \frac{\Omega^2}{c^2}u = 0, \qquad u(0) = u(L) = 0. \tag{15.26}$$

Eine allgemeine Lösung der Differentialgleichung ist

$$u(z) = C_1 \sin(kz) + C_2 \cos(kz), \qquad k = \frac{\Omega}{c}, \tag{15.27}$$

mit beliebigen Integrationskonstanten C_1 und C_2. Aus der ersten Randbedingung $u(0) = 0$ folgt $C_2 = 0$. Die verbleibende Randbedingung $u(L) = 0$ kann dann nur noch für diskrete Werte der Wellenzahlen und der dazugehörigen Frequenzen erfüllt werden,

$$k_n = \frac{n\pi}{L}, \qquad \Omega_n = ck_n, \qquad n = 1, 2, 3, \cdots. \tag{15.28}$$

Diese Auswahlbedingung kann anschaulich durch die Wellenlänge $\lambda_n = 2\pi/k_n$ in der Form $L = n(\lambda_n/2)$ ausgedrückt werden. Bei der Grundmode $n = 1$ entspricht die Resonatorlänge einer halben Wellenlänge, so dass sich im Resonator genau ein Schwingungsmaximum befindet. Bei den höheren Moden ist die Resonatorlänge ein ganzzahliges Vielfaches der halben Wellenlänge. Die n-te Mode besitzt dementsprechend genau n Schwingungsbäuche. Beim Laser müssen Resonatormoden mit hohen Modenzahlen angeregt werden, da eine effiziente Verstärkung im Resonator typischerweise nur über sehr viele Lichtwellenlängen möglich ist.

Die Mode kann noch bezüglich des Resonatorvolumens V auf eins normiert werden. Die Normierungsbedingung

$$\int dV\, u_n^2(z) = C_1^2 \frac{V}{2} = 1 \tag{15.29}$$

bestimmt die verbleibende Integrationskonstante zu $C_1 = \sqrt{2/V}$.

Normalmoden des planparallelen Resonators: Die stationären Lösungen der Wellengleichung $E_n(z,t)$ und die Normalmoden $u_n(z)$ eines planparallelen Resonators der Länge L mit spiegelnden Randbedingungen sind gegeben durch

$$E_n(z,t) = u_n(z)\, e^{-i\Omega_n t}, \qquad \Omega_n = ck_n, \tag{15.30a}$$

$$u_n(z) = \sqrt{\frac{2}{V}} \sin(k_n z), \qquad k_n = \frac{\pi}{L} n. \tag{15.30b}$$

Der Modenindex n durchläuft die natürlichen Zahlen $n = 1, 2, 3, \cdots$. Die n-te Mode besitzt n-Schwingungsmaxima. Die Schwingungsfrequenzen

$$\nu_n = \frac{\Omega_n}{2\pi} = \frac{c\pi n}{2\pi L} = \frac{c}{2L}\, n \tag{15.31}$$

sind diskret und äquidistant. Die Grundfrequenz $c/(2L)$ entspricht der Umlauffrequenz des Lichts im Resonator.

Die trigonometrischen Funktionen $\sin(k_n x)$, $\cos(k_n x)$ bilden bekanntlich ein vollständiges Orthonormalsystem im Funktionenraum der unendlich oft differenzierbaren periodischen Funktionen. Die Normalmoden (15.30) bestehen aus der Untermenge der trigonometrischen Funktionen, die auch die Randbedingungen (15.25b) erfüllen. Die Eigenschaft der Orthonormalität der Normalmoden wird durch das Skalarprodukt

$$(u_n, u_m) = \int dV \; u_n u_m = \delta_{nm} \tag{15.32}$$

ausgedrückt. Aufgrund der Vollständigkeit des Funktionensystem kann eine allgemeine Lösung des Randwertproblems nach den Normalmoden entwickelt werden,

$$E(z,t) = \sum_{n=0}^{\infty} E_n(t) u_n(z), \tag{15.33a}$$

$$E_n(t) = (u_n, E(z,t)) = \int dV \; u_n(z) E(z,t) \; . \tag{15.33b}$$

Die Normalmodenentwicklung entspricht hier der Fourier-Reihe einer periodischen Funktion mit den vorgegebenen Randbedingungen.

15.4 Feldgleichungen des Einmodenlasers

Die semiklassische Theorie des Lasers erlaubt eine selbstkonsistente Bestimmung des elektromagnetischen Feldes einer Resonatormode in einem aktiven Medium. Dazu werden nun die entsprechenden Entwicklungsgleichungen des Feldes hergeleitet.

Bringt man in den Resonator ein Medium ein, so muss in der Wellengleichung die im Medium induzierte Stromdichte berücksichtigt werden. Anstelle von (15.25a) erhält man für die Wellenausbreitung im Medium die Wellengleichung,

$$\partial_t^2 E(z,t) - c^2 \partial_z^2 E(z,t) = -4\pi \partial_t j(z,t). \tag{15.34}$$

Bei hinreichend verdünnten Systemen ist die rechte Seite eine kleine Störung und es ist dann zweckmäßig die ortsabhängigen Funktionen nach den Normalmoden des leeren Resonators zu entwickeln,

$$E(z,t) = \sum_m E_m(t) u_m(z), \qquad E_m(t) = (u_m, E), \tag{15.35}$$

$$j(z,t) = \sum_m j_m(t) u_m(z), \qquad j_m(t) = (u_m, j). \tag{15.36}$$

Durch die Projektion von (15.34) auf die Normalmoden u_n ergeben sich die Bestimmungsgleichungen für die zeitabhängigen Entwicklungskoeffizienten,

$$\frac{d^2}{dt^2} E_n + \Omega_n^2 E_n = -4\pi \frac{d}{dt} j_n. \tag{15.37}$$

15.4 Feldgleichungen des Einmodenlasers

Die Gleichungen für die Feldamplituden E_n sind im allgemeinen über die Materiegleichungen für die Amplituden j_n miteinander gekoppelt. Die Normalmodenentwicklung überführt die partielle Differentialgleichung in den Variablen z und t somit in ein System von gewöhnlichen Differentialgleichungen mit einem diskreten Index n und der Variablen t. Diese Darstellung ist dann besonders vorteilhaft, wenn die Kopplung der Moden vernachlässigbar oder nur schwach ist.

Die Stromdichte wird im folgenden durch ein einfaches Modell,

$$j = \frac{\partial P}{\partial t} + \sigma_c E, \tag{15.38}$$

dargestellt. Hierbei beschreibt der erste Term die Stromdichte, die durch die Polarisation eines aktiven Mediums aus Zweiniveauatomen induziert wird. Der zweite Term beschreibt pauschal alle Resonatorverluste durch ein Ohmsches Gesetz mit einer Leitfähigkeit σ_c. Zur Unterscheidung vom Wirkungsquerschnitt σ wird die Leitfähigkeit mit einem Index c bezeichnet. Drückt man die Polarisation mit Hilfe der Suszeptibilität (15.24) aus und verwendet für das elektrische Feld die Entwicklung (15.35), so ergibt sich für die Amplituden der Normalmoden der Zusammenhang

$$\begin{aligned} j_n &= (u_n, j) = \frac{d}{dt}(u_n, \chi E) + (u_n, \sigma_c E) \\ &= \sum_m \frac{d}{dt}(\chi_{nm} E_m) + \sigma_{nm} E_m, \end{aligned} \tag{15.39}$$

mit den Matrixelementen

$$\chi_{nm} = (u_n, \chi u_m), \quad \sigma_{nm} = (u_n, \sigma_c u_m). \tag{15.40}$$

Beim Einmodenlaser wird vorausgesetzt, dass nur eine Mode, z.B. die n-te Mode, im Resonator verstärkt wird. Die anderen Moden können im Prinzip durch frequenzselektive optische Elemente gedämpft werden. Setzt man daher $E_m = 0$ für $m \neq n$, dann entfallen in (15.39) alle Modenkopplungen und die Matrixelemente $\chi_n \equiv \chi_{nn}$, $\sigma_n \equiv \sigma_{nn}$ sind nur noch mit der Mode n auszuwerten. Im Folgenden wird dieser Einmodenfall betrachtet.

Falls die Verluste hauptsächlich durch Reflexionsverluste im leeren Resonator verursacht werden, kann man die Leitfähigkeit σ_n der messbaren Güte Q_n des leeren Resonators zuordnen. Durch den Ohmschen Strom wird im Zeitmittel die Leistungsdichte

$$P_{abs,n} = \frac{1}{2} j_n E_n^* = \frac{1}{2} \sigma_n |E_n|^2 = 4\pi \sigma_n w_n, \quad w_n = \frac{1}{8\pi}|E_n|^2 \tag{15.41}$$

absorbiert. Mit dieser Energieverlustrate erhält man für die Güte (1.58) des Resonators

$$Q_n = \Omega_n \frac{w_n}{P_{abs,n}} = \frac{\Omega_n}{4\pi \sigma_n}. \tag{15.42}$$

Umgekehrt ergibt sich die Leitfähigkeit eines Resonators mit der Güte Q_n bei der Modenfrequenz Ω_n zu

$$\sigma_n = \frac{1}{4\pi} \frac{\Omega_n}{Q_n}. \tag{15.43}$$

Im nächsten Schritt wird eine Störungsrechnung durchgeführt, bei der χ_n und $1/Q_n$ als kleine Größen der Ordnung $O(\varepsilon)$ angenommen werden. Analog zum Wechselwirkungsbild in der Quantenmechanik wird die Zeitabhängigkeit der Modenamplituden proportional zu den stationären Lösungen des leeren Resonators angesetzt,

$$E_n(t) = \hat{E}_n(t)\, e^{-i\Omega_n t}. \tag{15.44}$$

Die zeitliche Änderung der Amplitude $\hat{E}_n(t)$ wird durch die Störung hervorgerufen und kann daher als langsam veränderlich angenommen werden. Diese Annahme wird als Näherung der langsam veränderlichen Amplitude bezeichnet und oft mit dem Akronym SVA für "slowly varying amplitude" abgekürzt.

Mit dem Ansatz (15.44) ergeben sich für die in den Gleichungen (15.37) und (15.38) vorkommenden Zeitableitungen die Ausdrücke

$$\frac{d}{dt}E_n = \left(-i\Omega_n \hat{E}_n + \frac{d}{dt}\hat{E}_n\right) e^{-i\Omega_n t}, \tag{15.45a}$$

$$\frac{d^2}{dt^2}E_n = \left(-\Omega_n^2 \hat{E}_n - 2i\Omega_n \frac{d}{dt}\hat{E}_n + \frac{d^2}{dt^2}\hat{E}_n\right) e^{-i\Omega_n t}. \tag{15.45b}$$

Im Rahmen der SVA-Näherung ist die Amplitude eine Funktion $\hat{E}_n = \hat{E}_n(\tau)$ einer langsam veränderlichen Zeitvariablen, $\tau = \varepsilon \Omega_n t$. Dann besitzen die Zeitableitungen die Größenordnungen

$$\frac{d}{dt}\hat{E}_n = \varepsilon \Omega_n \frac{d}{d\tau}\hat{E}_n = O(\varepsilon), \qquad \frac{d^2}{dt^2}\hat{E}_n = \varepsilon^2 \Omega_n^2 \frac{d^2}{d\tau^2}\hat{E}_n = O(\varepsilon^2). \tag{15.46}$$

Vernachlässigt man den Term der Ordnung $O(\varepsilon^2)$ so lautet die linke Seite der Schwingungsgleichung (15.37)

$$\frac{d^2}{dt^2}E_n + \Omega_n^2 E_n = \left(-2i\Omega_n \frac{d}{dt}\hat{E}_n\right) e^{-i\Omega_n t}. \tag{15.47}$$

Im Ausdruck (15.38) für die Stromdichte brauchen die Zeitableitungen nur auf die schnellveränderliche Trägerwelle angewandt zu werden, da die Stromdichte selbst schon eine Größe erster Ordnung ist. Die Terme

$$\chi_n \frac{d\hat{E}_n}{dt}, \quad \frac{d\chi_n}{dt}\hat{E}_n, \quad \sigma_n \frac{d\hat{E}_n}{dt} \tag{15.48}$$

besitzen die Größenordnung $O(\varepsilon^2)$ und werden im folgenden vernachlässigt. Damit ergibt sich für die Zeitableitung der Stromdichte

$$\frac{dj_n}{dt} = \left(-\Omega_n^2 \chi_n \hat{E}_n - i\Omega_n \sigma_n \hat{E}_n\right) e^{-i\Omega_n t}. \tag{15.49}$$

Mit (15.47), (15.49) und (15.43) erhält man für die Änderung der Einhüllenden

$$\frac{d\hat{E}_n}{dt} = (2\pi i \chi_n - \frac{1}{2Q_n})\, \Omega_n\, \hat{E}_n. \tag{15.50}$$

Im Rahmen der SVA-Näherung wird die Amplitude also bereits durch eine Differentialgleichung erster Ordnung bestimmt.

Schreibt man noch die komplexe Amplitude in der Polardarstellung

$$\hat{E}_n = A_n e^{-i\varphi_n} \tag{15.51}$$

mit einer reellen Amplitude A_n und einer reellen Phase φ_n, so folgt aus (15.50)

$$\dot{A}_n - i\dot{\varphi}_n A_n = \left(2\pi i \chi_n - \frac{1}{2Q_n}\right) \Omega_n A_n. \tag{15.52}$$

Der Real- und Imaginärteil dieser Gleichung bestimmt jeweils die Änderungen von A_n und φ_n,

$$\dot{A}_n = -\left(2\pi \Im\{\chi_n\} + \frac{1}{2Q_n}\right) \Omega_n A_n, \tag{15.53a}$$

$$\dot{\varphi}_n = -2\pi \Re\{\chi_n\} \Omega_n. \tag{15.53b}$$

Diese Gleichungen stellen die Feldgleichungen für die Resonatormode bei einer gegebenen Suszeptibilität χ_n dar. Andererseits bestimmen die Materiegleichungen, z.B. in Form der Dichtematrixgleichungen (14.56) und (14.57), die Suszeptibilität für eine gegebene monochromatische Welle. Beide Gleichungssysteme müssen zusammen selbstkonsistent gelöst werden.

15.5 Laserschwelle und stationäre Laserstrahlung

Ein besonders einfacher Fall liegt vor, wenn man die Materiegleichungen in der quasistatischen Näherung löst. Dann kann die Suszeptibilität explizit durch die Formel (15.24) angegeben werden. Die Suszeptibilität ist i.a. eine Funktion des Ortes, da die Besetzungen der Niveaus ortsabhängig sind. Die Ortsabhängigkeit der Besetzungen ergibt sich sowohl aus der i.a. ortsabhängigen Pumpleistung als auch aus der ortsabhängigen Sättigung durch die Lasermode. Der ortsabhängige Photonenfluss im Resonator sei, wie für eine ebene Welle, durch das lokale elektrische Feld definiert. Dann gilt für eine Resonatormode

$$\phi_n(z) = \phi_{n,max} \sin^2(k_n z), \qquad \hbar\omega_n \phi_{n,max} = \frac{c}{8\pi}|E_{n,max}|^2, \tag{15.54}$$

wobei $E_{n,max} = A_n \sqrt{2/V}$ das elektrische Feld in einem Maximum der Resonatormode bezeichnet. Die Ortsabhängigkeit der Besetzungsinversion besitzt also die Form

$$D(z) = \frac{D_0(z)}{1 + \hat{\phi}_n \sin^2(k_n z)}, \qquad \hat{\phi}_n = \frac{\phi_{n,max}}{\phi_s}. \tag{15.55}$$

Hinreichend nahe an der Laserschwelle ist der Photonenfluss noch klein gegenüber dem Sättigungsfluss. Dann kann die Besetzungsinversion nach dem kleinen Parameter $\hat{\phi}_n$ entwickelt werden und man erhält bis zur ersten Ordnung

$$D(z) = D_0(z)(1 - \hat{\phi}_n \sin^2(k_n z)). \tag{15.56}$$

In die Feldgleichungen geht von der Suszeptibilität nur der mit der Normalmode gewichtete Mittelwert χ_n ein. Der entsprechende Mittelwert der Besetzungsinversion ist

$$D_n = (u_n, Du_n) = \int dV D(z) u_n^2(z)$$
$$= \frac{2}{V} \int dV D_0(z)(1 - \hat{\phi}_n \sin^2(k_n z)) \sin^2(k_n z) \ . \tag{15.57}$$

Die trigonometrischen Funktionen im Integranden können durch ihren Mittelwert und periodische Funktionen ausgedrückt werden,

$$\sin^2 x = \frac{1}{2} - \frac{1}{2}\cos(2x),$$
$$\sin^4 x = \frac{3}{8} - \frac{1}{2}\cos(2x) + \frac{1}{8}\cos(4x). \tag{15.58}$$

Da die ungesättigte Besetzungsinversion $D_0(z)$ durch die Pumpleistung bestimmt wird, ändert sie sich über eine Lichtwellenlänge nur wenig. Die Integrale über die periodischen Funktionen können dann vernachlässigt werden. Berücksichtigt man aus (15.58) nur die konstanten Mittelwerte, so ergibt die Integration von (15.57)

$$D_n = \overline{D}_0(1 - \frac{3}{4}\hat{\phi}_n), \qquad \overline{D}_0 = \frac{1}{V} \int dV D_0(z). \tag{15.59}$$

Hierbei bezeichnet $\overline{D}_0$ den Mittelwert der ungesättigten Besetzungsinversion im Resonatorvolumen. Der Klammerausdruck beschreibt die Sättigung der Besetzungsinversion durch den Photonenfluss. Der Faktor 3/4 berücksichtigt hierbei, dass der Photonenfluss $\hat{\phi}_n$ nur in den Maxima der Mode vorliegt, dazwischen aber kleiner ist. Die ungesättigte Besetzungsinversion des Lasermediums wird beim Einmodenlaser verstärkt in den Schwingungsbäuchen abgebaut. In den Knoten tritt im Prinzip keine Sättigung auf. Dieser Effekt wird als räumliches Lochbrennen bezeichnet.

Mit (15.24) und (15.59) erhält man für das Matrixelement der Suszeptibilität

$$\chi_n = -\frac{c g_n}{4\pi \Omega_n}\left(\frac{\Delta}{\beta} + i\right), \qquad g_n = \overline{g}_0\left(1 - \frac{3}{4}\hat{\phi}_n\right), \qquad \overline{g}_0 = \sigma \overline{D}_0. \tag{15.60}$$

Im Nenner dieses Ausdrucks wurde die Frequenz des elektrischen Feldes durch die Frequenz Ω_n der Mode des leeren Resonator ersetzt, da die Suszeptibilität bereits eine Größe erster Ordnung ist.

Die erste der beiden Feldgleichungen (15.53a) kann nun als eine Gleichung für den normierten Photonenfluss $\hat{\phi}_n$ angegeben werden. Wegen $\hat{\phi}_n \propto A_n^2$ erhält man

$$\frac{1}{c}\frac{d\hat{\phi}_n}{dt} = (g_n - a_n)\,\hat{\phi}_n, \qquad a_n = \frac{1}{c}\frac{\Omega_n}{Q_n}. \tag{15.61}$$

15.5 Laserschwelle und stationäre Laserstrahlung

Die Lösungen dieser Gleichung gehen für große Zeiten in ein stationäres Gleichgewicht über. Die stationären Lösungen findet man einfach, indem man die rechte Seite gleich Null setzt. Die erste stationäre Lösung ist der verschwindende Photonenfluss,

$$\hat{\phi}_n = 0. \tag{15.62}$$

Die zweite stationäre Lösung ergibt sich aus der Bedingung

$$g_n = a_n \Leftrightarrow \overline{g}_0 \left(1 - \frac{3}{4}\hat{\phi}_n\right) = a_n$$

$$\Leftrightarrow \overline{g}_0 = a_n \left(1 + \frac{3}{4}\hat{\phi}_n\right)$$

$$\Leftrightarrow \hat{\phi}_n = \frac{4}{3}\frac{\overline{g}_0 - a_n}{a_n}. \tag{15.63}$$

Betrachtet man den stationären Photonenfluss als Funktion des Verstärkungskoeffizienten $\overline{g}_0$, so ergeben sich zwei Geraden mit dem Schnittpunkt $\hat{\phi}_n = 0$ bei $\overline{g}_0 = a_n$. Ist $\overline{g}_0 - a_n < 0$, so wird die Mode gedämpft und nähert sich asymptotisch der stationären Lösung $\hat{\phi}_n = 0$. Ist $\overline{g}_0 - a_n > 0$ so wird die Mode solange verstärkt, bis die zweite stationäre Lösung erreicht wird. Die Verstärkung $\overline{g}_0 = a_n$ ist die Schwellwertverstärkung, ab der Laserstrahlung stationär erzeugt werden kann. Daraus folgt die Schwellwertbedingung (1.62) für die minimale Besetzungsinversion, wenn man für den Wirkungsquerschnitt den maximalen Wert σ_{max} nach (15.16) einsetzt,

$$\overline{D}_S = \frac{a_n}{\sigma_{max}} = \frac{\Omega_n}{c\sigma_{max}Q_n}. \tag{15.64}$$

Die Stabilität der stationären Lösungen kann auch mit einer formalen Störungsrechnung untersucht werden. Sei $\hat{\phi}_0$ eine stationäre und $\hat{\phi} = \hat{\phi}_0 + \hat{\phi}_1$ eine infinitesimal benachbarte zeitabhängige Lösung von (15.61). Linearisiert man die Gleichung bezüglich der Störung $\hat{\phi}_1$ so folgt,

$$\hat{\phi}_1(t) = \hat{\phi}_1(0) \exp\left[\left(\overline{g}_0 - a_n - 2\overline{g}_0\frac{3}{4}\hat{\phi}_0\right)ct\right]. \tag{15.65}$$

Die stationäre Lösung ist gegenüber infinitesimalen Störungen genau dann stabil, wenn der Exponent negativ ist. Für die erste stationäre Lösung, $\hat{\phi}_0 = 0$, folgt daraus das Stabilitätskriterium $\overline{g}_0 - a_n < 0$. Die zweite stationäre Lösung erfüllt nach (15.63) die Bedingung $\overline{g}_0 \frac{3}{4}\hat{\phi}_0 = \overline{g}_0 - a_n$. Damit gilt

$$\overline{g}_0 - a_n - 2\overline{g}_0\frac{3}{4}\hat{\phi}_0 = \overline{g}_0 - a_n - 2(\overline{g}_0 - a_n) = -(\overline{g}_0 - a_n). \tag{15.66}$$

Das Stabilitätskriterium für die zweite Lösung ist daher $\overline{g}_0 - a_n > 0$. Die erste Lösung ist unterhalb, die zweite oberhalb der Schwellwertverstärkung stabil (Abb. 15.1). Der genaue Übergang zwischen den stationären Lösungen an der Laserschwelle erfordert

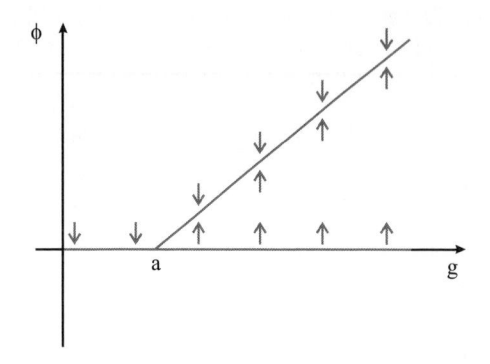

Abb. 15.1: *Stationäre Lösungen für die Laserintensität als Funktion der ungesättigten Verstärkung des aktiven Mediums. An der Laserschwelle ist der Verstärkungskoeffizient gleich dem Absorptionskoeffizient. Unterhalb der Laserschwelle ist die Lösung (15.62) stabil, oberhalb der Schwelle die Lösung (15.63).*

eine genauere Behandlung, da hier die spontane Emission nicht vernachlässigt werden kann.

Die zweite Feldgleichung (15.53b) bestimmt die Frequenz der Mode. Mit dem SVA-Ansatz (15.44) und (15.51) ergibt sich hierfür

$$\omega_n = \Omega_n + \frac{d\varphi_n}{dt} = \Omega_n + \frac{cg_n}{2\beta}\Delta. \tag{15.67}$$

Bei exakter Resonanz zwischen der Übergangsfrequenz des Atoms und der Frequenz der Mode, $\Delta = 0$, ist $\omega_n = \Omega_n = \omega_0$. Die Frequenz der Laserstrahlung ist dann genau gleich der Frequenz der Mode des leeren Resonators.

Im stationären Fall kann man die Frequenzbedingung mit Hilfe von (15.63) und mit der Substitution $\Delta = \omega_0 - \omega_n$ vereinfachen,

$$\omega_n - \Omega_n = \frac{\Omega_n}{2\beta Q_n}(\omega_0 - \omega_n). \tag{15.68}$$

Diese Gleichung bestimmt die Frequenz der stationären Laserstrahlung zu

$$\omega_n = \frac{2\beta\Omega_n + \frac{\Omega_n}{Q_n}\omega_0}{2\beta + \frac{\Omega_n}{Q_n}} = \frac{\tau_n\Omega_n + \tau_0\omega_0}{\tau_n + \tau_0}, \qquad \tau_n = \frac{Q_n}{\Omega_n}, \quad \tau_0 = \frac{1}{2\beta}. \tag{15.69}$$

Diese Frequenz ist ein Mittelwert zwischen den Frequenzen Ω_n des Resonators und ω_0 des Atoms. Die beiden Frequenzen werden jeweils proportional zu den Lebensdauern der Resonatormode bzw. der atomaren Abstrahlung gewichtet. Die Laserfrequenz wird dabei weg von der Resonatorfrequenz hin zur Übergangsfrequenz des Mediums verschoben. Dieser Effekt wird anschaulich als Frequenzanziehung durch das Medium (frequency pulling) bezeichnet. Normalerweise ist $\tau_n \gg \tau_0$, so dass die Anziehung klein ist und die Laserfrequenz näher an der Resonatorfrequenz liegt.

16 Quantisierung des freien Strahlungsfelds

- Lagrange-Dichte
- Hamilton-Prinzip
- Normalmodenentwicklungen
- Stehende Wellen
- Fortschreitende Wellen
- Kanonische Quantisierung
- Feldoperatoren
- Photonen

16.1 Hamilton-Prinzip für klassische Felder

Von der klassischen Mechanik gelangt man zur Quantenmechanik, indem man den kanonisch konjugierten Variablen eines Hamilton-Systems Operatoren zuordnet, die die kanonischen Vertauschungsrelationen erfüllen. Diese kanonische Quantisierung wird nun auf das freie Strahlungsfeld angewandt. Zunächst wird die Lagrange-Dichte des elektromagnetischen Feldes eingeführt. Daraus lassen sich die Feldgleichungen, die kanonisch konjugierten Variablen und die Hamilton-Funktion des elektromagnetischen Feldes ableiten. Die kanonische Quantisierung wird im folgenden in der Coulomb-Eichung durchgeführt. Im Unterschied dazu wird in der Quantenelektrodynamik häufig eine als Gupta-Bleuler Quantisierung bezeichnete, kovariante Quantisierung in der Lorenz-Eichung verwendet.

Die Lagrange-Funktion eines Systems von Massenpunkten ist eine Funktion der verallgemeinerten Koordinaten $q_i(t)$ und der verallgemeinerten Geschwindigkeiten $\dot{q}_i(t)$. Der diskrete Index i bezeichnet die verschiedenen Freiheitsgrade. Die Lagrange-Funktion besteht normalerweise aus einer Summe über die einzelnen Freiheitsgrade. In der Feldtheorie wird ein Feld $A(\boldsymbol{r},t)$ in analoger Weise als eine verallgemeinerte Koordinate mit einem kontinuierlichen Index $\boldsymbol{r}$ aufgefasst. Das Feld definiert dann in jedem Punkt eine Lagrange-Dichte, die über das Volumen integriert wird. Die Lagrange-Dichte des freien elektromagnetischen Feldes besitzt die aus der Elektrodynamik bekannte Form,

$$\mathcal{L} = \frac{1}{8\pi}\left(E^2(\mathbf{r},t) - B^2(\mathbf{r},t)\right). \tag{16.1}$$

Durch Integration der Lagrange-Dichte über das Volumen erhält man die Lagrange-Funktion

$$L = \int dV \mathcal{L}. \tag{16.2}$$

Die Freiheitsgrade des Feldes sind jedoch nicht die Feldstärken $\mathbf{E}$ und $\mathbf{B}$ sondern die Potentiale $\mathbf{A}$ und ϕ. Zur Herleitung der Feldgleichungen nach dem Hamilton-Prinzip müssen daher zuerst die Feldstärken durch die Potentiale ersetzt werden.

Zur Behandlung des Strahlungsfeldes genügt es die transversalen Felder zu betrachten. Diese werden nach (2.26) durch das Vektorpotential in der Coulomb-Eichung bestimmt. Für das transversale elektrische Feld und das Magnetfeld gilt dann,

$$\mathbf{E} = -\frac{1}{c}\partial_t \mathbf{A}, \qquad \mathbf{B} = \nabla \times \mathbf{A}, \tag{16.3}$$

und die Lagrange-Funktion lautet

$$L(\mathbf{A},\dot{\mathbf{A}}) = \frac{m}{2}\int_V dV (\partial_t \mathbf{A})^2 - (c\nabla \times \mathbf{A})^2, \qquad m = \frac{1}{4\pi c^2}. \tag{16.4}$$

Die Konstante m wurde in Analogie zur Masse in der Lagrange-Funktion eines freien Teilchens definiert.

Zunächst wird gezeigt, dass sich aus dem Hamilton-Prinzip der Mechanik die Entwicklungsgleichungen für das Vektorpotential ergeben. Hierzu wird die Variation der Wirkung,

$$S = \frac{m}{2}\int_{t_1}^{t_2} dt \int_V dV (\partial_t \mathbf{A})^2 - (c\nabla \times \mathbf{A})^2, \tag{16.5}$$

gegenüber beliebigen virtuellen Verrückungen $\delta \mathbf{A}(\mathbf{r},t)$ der verallgemeinerten Koordinaten $\mathbf{A}(\mathbf{r},t)$ innerhalb des Volumens V und innerhalb eines vorgegebenen Zeitintervalls $[t_1, t_2]$ betrachtet. Die Verrückungen auf der Oberfläche des Volumens und zum Anfangs- und Endzeitpunkt werden jeweils Null gesetzt. Die Variation der Lagrange-Dichte ergibt

$$\begin{aligned}\frac{1}{m}\delta \mathcal{L} &= \partial_t \mathbf{A} \cdot \partial_t \delta \mathbf{A} - c^2(\nabla \times \mathbf{A})\cdot(\nabla \times \delta \mathbf{A}) \\ &= \partial_t(\partial_t \mathbf{A} \cdot \delta \mathbf{A}) - (\partial_t^2 \mathbf{A})\cdot \delta \mathbf{A} \\ &\quad -c^2 \nabla \cdot [\delta \mathbf{A} \times (\nabla \times \mathbf{A})] - c^2[\nabla \times (\nabla \times \mathbf{A})]\cdot \delta \mathbf{A}.\end{aligned} \tag{16.6}$$

Da die Verrückung an den Rändern nach Voraussetzung verschwindet, lautet das Hamilton-Prinzip

$$\delta S = -m \int_{t_1}^{t_2} dt \int_V dV \left[\partial_t^2 \mathbf{A} + c^2 \nabla \times (\nabla \times \mathbf{A})\right]\cdot \delta \mathbf{A} = 0. \tag{16.7}$$

Innerhalb des Integrationsgebiets ist die Verrückung $\delta \boldsymbol{A}$ beliebig. Daher muss der Integrand verschwinden. Unter Beachtung der Coulomb-Eichung des Vektorpotentials folgen daraus für das Vektorpotential die Bestimmungsgleichungen,

$$\Delta \boldsymbol{A} - \frac{1}{c^2}\partial_t^2 \boldsymbol{A} = 0, \qquad \boldsymbol{\nabla}\cdot\boldsymbol{A} = 0. \tag{16.8}$$

Das Hamilton-Variationsprinzip für die Lagrange-Funktion (16.4) ist somit gleichwertig zur Bestimmung des Potentials aus den Vakuum-Maxwell-Gleichungen (2.26).

Mit der Lagrange-Dichte aus (16.4) kann man das zum Vektorpotential $\boldsymbol{A}$ kanonisch konjugierte Feld bestimmen. Die i-te Vektorkomponente des kanonischen Impulses ist definitionsgemäß

$$\Pi_i = \frac{\partial \mathcal{L}}{\partial(\partial_t A_i)} = m\,\partial_t A_i. \tag{16.9}$$

Das kanonisch konjugierte Feld ist damit proportional zum elektrischen Feld,

$$\boldsymbol{\Pi} = m\,\partial_t \boldsymbol{A} = -mc\boldsymbol{E}. \tag{16.10}$$

Mit der Lagrange-Dichte und dem kanonisch konjugierten Feld erhält man die Hamilton-Dichte

$$\mathcal{H} = (\boldsymbol{\Pi}\cdot\partial_t\boldsymbol{A} - \mathcal{L}) = \frac{1}{2m}\left[\boldsymbol{\Pi}^2 + (c\boldsymbol{\nabla}\times\boldsymbol{A})^2\right]. \tag{16.11}$$

Ersetzt man hier das Vektorpotential durch die Feldstärken, so ergibt sich für die Feldenergie der bekannte Ausdruck,

$$H = \int_V dV\,\mathcal{H} = \int dV\,\frac{1}{8\pi}\left(E^2 + B^2\right). \tag{16.12}$$

Die durch die Hamilton-Funktion definierte Energie des Strahlungsfeldes ist somit äquivalent zur Definition (2.49) im Rahmen des Poynting-Theorems.

16.2 Quantisierung stehender Wellen

Zuerst wird die Quantisierung der Moden eines Laserresonators durchgeführt. Dabei wird das Feld nach stehenden Wellen entwickelt. Dieser Zugang ist besonders in der Quantenoptik verbreitet. Die Amplituden der stehenden Wellen sind reell, so dass diese direkt den verallgemeinerten Koordinaten der Lagrange-Funktion des Feldes zugeordnet werden können. Damit kann der Weg der kanonischen Quantisierung von der Lagrange-Funktion über die Hamilton-Funktion bis zum Hamilton-Operator besonders einfach dargestellt werden.

Das Strahlungsfeld in einem planparallelen Resonator kann nach den Normalmoden (15.30) entwickelt werden. Für das transversale Vektorpotential $\boldsymbol{A}(z,t)$ mit einer festen Polarisationsrichtung $\boldsymbol{e}_1$ senkrecht zur Ausbreitungsrichtung z lautet diese Entwicklung,

$$\boldsymbol{A}(z,t) = A(z,t)\boldsymbol{e}_1, \qquad A(z,t) = \sum_s A_s(t) u_s(z). \tag{16.13}$$

Hierbei bezeichnet $s = 1, 2, 3, \cdots$ den Modenindex. Der bisher benutzte Index n wird im folgenden für die stationären Zustände des harmonischen Oszillators verwendet. Die transversalen elektrischen und magnetischen Felder können nach (2.17), (2.18) aus dem Vektorpotential abgeleitet werden,

$$\boldsymbol{E}(z,t) = -\frac{1}{c}\partial_t \boldsymbol{A}(z,t) = \sum_s E_s(t) u_s(z) \boldsymbol{e}_1, \qquad (16.14\text{a})$$

$$\boldsymbol{B}(z,t) = \boldsymbol{e}_z \times \partial_z \boldsymbol{A}(z,t) = \sum_s B_s(t) v_s(z) \boldsymbol{e}_2, \qquad (16.14\text{b})$$

mit

$$E_s = -\frac{1}{c}\dot{A}_s, \quad B_s = k_s A_s, \quad v_s = \sqrt{\frac{2}{V}}\cos(k_s z), \quad \boldsymbol{e}_2 = \boldsymbol{e}_z \times \boldsymbol{e}_1.$$

Die Lagrange-Dichte (16.1) des elektromagnetischen Feldes kann nun durch die Modenamplituden ausgedrückt werden. Ersetzt man E und B durch die Normalmodenentwicklung (16.14), so erhält man unter Verwendung des Skalarprodukts (15.32),

$$L = \frac{1}{8\pi}[(E,E) - (B,B)]$$

$$= \frac{1}{8\pi}\sum_{s,r}\frac{1}{c^2}\dot{A}_s\dot{A}_r(u_s, u_r) - k_s k_r A_s A_r(v_s, v_r).$$

Da die Normalmoden u_s und ebenso v_s die Orthonormalitätsbedingung (15.32) erfüllen, reduziert sich die Doppelsumme auf die Diagonalterme,

$$L(\dot{A}, A) = \frac{m}{2}\sum_s \dot{A}_s^2 - \omega_s^2 A_s^2, \qquad \omega_s = ck_s, \qquad m = \frac{1}{4\pi c^2}. \qquad (16.15)$$

Hierbei wurde wieder die Definition (16.4) der Konstanten m verwendet. Die Normalmodenentwicklung (16.13) hat methodisch den Vorteil, dass die kontinuierliche Ortsvariable z in (16.2) durch den diskreten Modenindex s in (16.15) ersetzt wird. Die Modenamplituden A_s bilden nun die Freiheitsgrade des Hamilton-Prinzips. Sie entsprechen den diskreten Freiheitsgraden eines Systems von Massenpunkten in der Mechanik. Die Lagrange-Funktion (16.15) ist dabei völlig äquivalent zur Lagrange-Funktion eines Systems unabhängiger harmonischer Oszillatoren mit den Frequenzen ω_s.

Zur Vereinfachung der Notation ist es zweckmäßig die Koordinaten

$$q_s = \sqrt{m}\, A_s \qquad (16.16)$$

mit der entsprechenden Lagrange-Funktion

$$L(q, \dot{q}) = \frac{1}{2}\sum_s \dot{q}_s^2 - \omega_s^2 q_s^2 \qquad (16.17)$$

16.2 Quantisierung stehender Wellen

einzuführen. Die Euler-Lagrange-Gleichungen

$$\frac{d}{dt}\frac{\partial L}{\partial \dot{q}_s} - \frac{\partial L}{\partial q_s} = 0 \tag{16.18}$$

bestimmen die Schwingungsgleichungen (15.37) der Normalmoden im leeren Resonator,

$$\ddot{q}_s + \omega_s^2 q_s = 0. \tag{16.19}$$

Mit den allgemeinen Definitionen

$$p_s = \frac{\partial L}{\partial \dot{q}_s}, \qquad H = \sum_s p_s \dot{q}_s - L \tag{16.20}$$

folgt aus der Lagrange-Funktion (16.17) der kanonisch konjugierte Impuls $p_s = \dot{q}_s$ und damit die Hamilton-Funktion der Resonatormoden,

$$H = \frac{1}{2}\sum_s p_s^2 + \omega_s^2 q_s^2. \tag{16.21}$$

Der Übergang von der klassischen Mechanik zur Quantenmechanik erfolgt nun nach den Regeln der kanonischen Quantisierung, indem man die kanonisch konjugierten Koordinaten durch Operatoren

$$q_s \;\rightarrow\; \mathsf{q}_s, \qquad p_s \;\rightarrow\; \mathsf{p}_s \tag{16.22}$$

ersetzt, die die kanonischen Vertauschungsrelationen

$$[\mathsf{q}_s, \mathsf{p}_r] = i\hbar\, \delta_{sr}, \qquad [\mathsf{q}_s, \mathsf{q}_r] = [\mathsf{p}_s, \mathsf{p}_r] = 0 \tag{16.23}$$

erfüllen. Damit werden auch die elektromagnetischen Felder und die Hamilton-Funktion zu Operatoren.

Da der Hamilton-Operator ein System harmonischer Oszillatoren beschreibt, ist es zweckmäßig, die Operatoren q_s und p_s durch die Auf- und Absteigeoperatoren des harmonischen Oszillators zu ersetzen. Wie in (11.4) sind diese Operatoren für jede Mode s definiert durch

$$\mathsf{a}_s = \frac{1}{\sqrt{2\hbar\omega_s}}\left(\omega_s q_s + ip_s\right)e^{i\varphi}, \tag{16.24a}$$

$$\mathsf{a}_s^+ = \frac{1}{\sqrt{2\hbar\omega_s}}\left(\omega_s q_s - ip_s\right)e^{-i\varphi}. \tag{16.24b}$$

Die Transformation (16.24) wird üblicherweise mit der Phase $\varphi = 0$ angegeben. Im Prinzip ist φ aber noch beliebig wählbar, da im Hamilton-Operator und in den nichtverschwindenden Vertauschungsrelationen immer nur Produkte von a_s mit a_s^+ auftreten. Im klassischen Fall entspricht φ einer beliebigen Phase der komplexen Amplitude der Mode. Die Vertauschungsrelationen dieser Operatoren ergeben sich aus (16.23) zu

$$[\mathsf{a}_s, \mathsf{a}_r^+] = \delta_{sr}, \qquad [\mathsf{a}_s, \mathsf{a}_r] = [\mathsf{a}_s^+, \mathsf{a}_r^+] = 0. \tag{16.25}$$

Der Hamilton-Operator jedes einzelnen Oszillators besitzt die bekannte Form (11.6). Damit erhält man für die Resonatormoden den Hamilton-Operator

$$\mathsf{H} = \frac{1}{2}\sum_s \mathsf{p}_s^2 + \omega_s^2 \mathsf{q}_s^2 = \sum_s \hbar\omega_s \left(\mathsf{a}_s^+ \mathsf{a}_s + \frac{1}{2}\right). \tag{16.26}$$

Für die kanonischen Variablen ergeben sich aus (16.24) die Operatoren

$$\mathsf{q}_s = \sqrt{\frac{\hbar}{2\omega_s}} \left(\mathsf{a}_s e^{-i\varphi} + \mathsf{a}_s^+ e^{i\varphi}\right), \tag{16.27a}$$

$$\mathsf{p}_s = (-i\omega_s)\sqrt{\frac{\hbar}{2\omega_s}} \left(\mathsf{a}_s e^{-i\varphi} - \mathsf{a}_s^+ e^{i\varphi}\right). \tag{16.27b}$$

Die entsprechenden Operatoren der Modenamplituden des Vektorpotentials und des elektromagnetischen Feldes sind

$$\mathsf{A}_s = \sqrt{4\pi c}\, \mathsf{q}_s = \frac{\sqrt{2\pi\hbar\omega_s}}{k_s} \left(\mathsf{a}_s e^{-i\varphi} + \mathsf{a}_s^+ e^{i\varphi}\right), \tag{16.28a}$$

$$\begin{aligned}\mathsf{E}_s &= -\frac{1}{c}\dot{\mathsf{A}}_s = -\sqrt{4\pi}\, \dot{\mathsf{q}}_s \\ &= -\sqrt{4\pi}\, \mathsf{p}_s = i\sqrt{2\pi\hbar\omega_s} \left(\mathsf{a}_s e^{-i\varphi} - \mathsf{a}_s^+ e^{i\varphi}\right),\end{aligned} \tag{16.28b}$$

$$\mathsf{B}_s = k_s \mathsf{A}_s = \sqrt{2\pi\hbar\omega_s} \left(\mathsf{a}_s e^{-i\varphi} + \mathsf{a}_s^+ e^{i\varphi}\right). \tag{16.28c}$$

Für die Phase φ der komplexen Amplitude wird im folgenden die in der Quantenoptik gebräuchliche Konvention $\varphi = \pi/2$ verwendet. Dann besitzen die Feldoperatoren die Form

$$\mathsf{A} = \sum_s f_s \mathsf{a}_s + f_s^* \mathsf{a}_s^+ \qquad f_s = \frac{1}{ik_s}\sqrt{\frac{4\pi\hbar\omega_s}{V}}\, \sin(k_s z), \tag{16.29a}$$

$$\mathsf{E} = \sum_s g_s \left(\mathsf{a}_s + \mathsf{a}_s^+\right), \qquad g_s = \sqrt{\frac{4\pi\hbar\omega_s}{V}}\, \sin(k_s z), \tag{16.29b}$$

$$\mathsf{B} = \sum_s h_s \mathsf{a}_s + h_s^* \mathsf{a}_s^+, \qquad h_s = \frac{1}{i}\sqrt{\frac{4\pi\hbar\omega_s}{V}}\, \cos(k_s z). \tag{16.29c}$$

Die Felder werden hier jeweils nach den Moden f_s, g_s und h_s entwickelt, die normale Funktionen der Ortskoordinate z darstellen. Die Entwicklungskoeffzienten sind die Erzeugungs- und Vernichtungsoperatoren für die Quanten der Mode. Die Quantisierung besteht demnach aus einem ersten Schritt, bei dem die diskreten Eigenfunktionen eines Eigenwertproblems bestimmt werden und einem zweiten Schritt, bei dem die Modenamplituden durch Operatoren ersetzt werden. Für den Übergang zu Operatoren in (16.22) wird daher auch die eher als historisch zu betrachtende Bezeichnung zweite Quantisierung verwendet.

16.3 Normalmodenentwicklung nach fortschreitenden Wellen

Im Rahmen der Lasertheorie ist die Quantisierung von stehenden Wellen vorteilhaft. Im allgemeinen ist es jedoch zweckmäßiger das Strahlungsfeld nicht nach stehenden sondern nach fortschreitenden Wellen zu entwickeln. Diese Verallgemeinerung erlaubt z.B. die Behandlung der spontanen Emission eines Photons in eine beliebige Raumrichtung. Im folgenden wird zuerst die Normalmodenentwicklung des Strahlungsfeldes nach fortschreitenden Wellen durchgeführt und es wird das Hamilton-Variationsprinzip zur Bestimmung der Modenamplituden angegeben. Nach dem Übergang von der Lagrange-Funktion zur Hamilton-Funktion werden mit einer kanonischen Transformation geeignete reellwertige kanonische Variablen definiert, auf die die kanonische Quantisierung harmonischer Oszillatoren angewandt werden kann. Abschließend wird gezeigt, dass sich im Spezialfall stehender Wellen die bereits bekannten Feldoperatoren ergeben.

Das transversale Vektorpotential des freien Strahlungsfeldes genügt den Bestimmungsgleichungen (16.8). Zur Entwicklung des Vektorpotentials nach fortschreitenden Wellen wird zunächst ein einfacher, i.a. komplexwertiger, Separationsansatz,

$$\boldsymbol{A}(\boldsymbol{r},t) = C(t)\boldsymbol{U}(\boldsymbol{r}), \qquad \boldsymbol{U}(\boldsymbol{r}) = U(\boldsymbol{r})\boldsymbol{e}, \tag{16.30}$$

mit einer zeitabhängigen Amplitude $C(t)$, einer ortsabhängigen Funktion $U(\boldsymbol{r})$ und einem konstanten Polarisationsvektor $\boldsymbol{e}$ betrachtet. Die Separation der Wellengleichung in einen orts- und zeitabhängigen Anteil führt zu der Bedingung

$$\frac{\ddot{C}}{C} = \frac{1}{c^2}\frac{\Delta U}{U} = -\omega^2, \tag{16.31}$$

wobei ω eine beliebige Separationskonstante bezeichnet und das Vorzeichen der rechten Seite so gewählt wurde, dass sich oszillierende Lösungen ergeben. Setzt man $k = \omega/c$ so folgen für $C(t)$ und $U(\boldsymbol{r})$ die Bestimmmungsgleichungen

$$\ddot{C} + \omega^2 C = 0, \tag{16.32a}$$
$$\Delta U + k^2 U = 0, \qquad \boldsymbol{\nabla} U \cdot \boldsymbol{e} = 0. \tag{16.32b}$$

Zuerst betrachten wir das räumliche Problem für die Funktion $U(\boldsymbol{r})$. Aus methodischen Gründen wird wieder angenommen, dass das Strahlungsfeld in einem Hohlraum mit dem Volumen V eingeschlossen ist und auf der Oberfläche geeigneten Randbedingungen genügt. Das Randwertproblem besitzt eine abzählbar unendliche Menge, $s = 1, 2, 3, \cdots$, von Lösungen $\boldsymbol{U}_s$ zu diskreten Eigenwerten k_s^2, die als Normalmoden bezeichnet werden. Der Index s nummeriert hier die Normalmoden. Die Eigenwerte k_s^2 können entartet sein, d.h. für verschiedene Moden s kann k_s^2 denselben Wert besitzen. Im Grenzfall eines unendlich großen Volumens hängt das Ergebnis nicht mehr von den speziellen Eigenschaften des Hohlraums ab. Daher kann man ohne große Einschränkung einen Würfel mit der Kantenlänge L und periodische Randbedingungen wählen. Die Normalmoden sind dann die ebenen Wellen

$$\boldsymbol{U}_s = \frac{\boldsymbol{e}_s}{\sqrt{V}} e^{i\boldsymbol{k}_s \cdot \boldsymbol{r}}, \qquad \boldsymbol{k}_s = \frac{2\pi}{L}\boldsymbol{n}. \tag{16.33}$$

Sie erfüllen jeweils die Differentialgleichung (16.32b) mit den Separationskonstanten $k^2 = k_s^2$. Periodische Randbedingungen entlang der Koordinatenachsen schränken die möglichen Werte für die Komponenten des Vektors $\boldsymbol{n}$ auf die Menge der ganzen Zahlen ein. Wegen der Transversalitätsbedingung aus (16.32b) muss der Polarisationsvektor außerdem orthogonal zum Wellenvektor gewählt werden. In der Ebene senkrecht zum Wellenvektor $\boldsymbol{k}_s$ gibt es zwei zueinander orthogonale Polarisationsvektoren,

$$\boldsymbol{e}_s = \boldsymbol{e}_{\alpha,\boldsymbol{n}}, \qquad \alpha = 1, 2. \tag{16.34}$$

Die Polarisationsvektoren bilden zusammen mit der Ausbreitungsrichtung $\boldsymbol{t_n} = \boldsymbol{k}_s/k_s$ ein orthonormales Dreibein,

$$\boldsymbol{e}^*_{\alpha,\boldsymbol{n}} \cdot \boldsymbol{e}_{\beta,\boldsymbol{n}} = \delta_{\alpha\beta}, \qquad \boldsymbol{t_n} \cdot \boldsymbol{e}_{\alpha,\boldsymbol{n}} = 0, \qquad \boldsymbol{e}_{2,\boldsymbol{n}} = \boldsymbol{t_n} \times \boldsymbol{e}_{1,\boldsymbol{n}}. \tag{16.35}$$

Eine Mode s ist durch genau eine Kombination der Werte (α, n_x, n_y, n_z) festgelegt. Die so gewählten Normalmoden erfüllen die Orthonormalitätsbedingung

$$(U_r, U_s) = \int dV \, \boldsymbol{U}^*_r \cdot \boldsymbol{U}_s = \delta_{sr}. \tag{16.36}$$

Das Volumenintegral ist nur dann ungleich Null, wenn die Wellenvektoren der Moden r und s übereinstimmen. Bei gleichen Wellenvektoren ist das Skalarprodukt im Integranden nur dann ungleich Null, falls auch die Polarisationsvektoren übereinstimmen. Die Normierung der Moden (16.33) und der Polarisationsvektoren (16.35) ergibt dann für das Integral den Wert eins.

Die allgemeine Lösung für das Vektorpotential ergibt sich nun in Form der Linearkombination

$$\mathcal{A}(\boldsymbol{r}, t) = \sum_s C_s(t) \boldsymbol{U}_s(\boldsymbol{r}). \tag{16.37}$$

Zu jedem festen Zeitpunkt wird die Ortsabhängigkeit des Vektorpotentials hier durch die komplexe Fourierreihe einer mehrdimensionalen periodischen Funktion dargestellt. Die Forderung, dass das Vektorpotential reellwertig ist, führt zu einer Nebenbedingung an die Entwicklungskoeffizienten C_s. Zu jeder Mode $\boldsymbol{U}_s$ gibt es eine konjugiert komplexe Mode $\boldsymbol{U}_{s^*} = \boldsymbol{U}_s^*$ mit derselben reellen Wellenzahl $k_{s^*} = k_s$. Dies folgt unmittelbar aus dem konjugiert komplexen der Gleichung (16.32b). Die zur Mode s konjugiert komplexe Mode wird mit dem Index s^* bezeichnet. Das Vektorpotential und das konjugiert komplexe Vektorpotential können beide durch die konjugiert komplexen Moden dargestellt werden,

$$\mathcal{A} = \sum_s C_s \boldsymbol{U}_s = \sum_{s^*} C_{s^*} \boldsymbol{U}_{s^*},$$

$$\mathcal{A}^* = \sum_s C_s^* \boldsymbol{U}_s^* = \sum_s C_s^* \boldsymbol{U}_{s^*}.$$

Für reelle Felder, $\mathcal{A} = \mathcal{A}^*$, ergibt ein Koeffizientenvergleich

$$C_{s^*} = C_s^*. \tag{16.38}$$

Der Fourier-Koeffizient der Mode s^* ist also das konjugiert komplexe des Fourier-Koeffizienten der Mode s.

Die zeitabhängige Amplitude $C_s(t)$ der Normalmode $\boldsymbol{U}_s$ muss die Differentialgleichung (16.32a) mit der Konstanten $\omega_s = ck_s$ erfüllen. Deren allgemeine Lösung besitzt positive und negative Frequenzanteile,

$$C_s(t) = A_s(t) + B_s(t), \tag{16.39}$$

mit

$$A_s(t) = A_s(0)e^{-i\omega_s t}, \qquad B_s(t) = B_s(0)e^{i\omega_s t}.$$

Die Nebenbedingung (16.38) führt zu der Forderung

$$A_s^* + B_s^* = A_{s*} + B_{s*}. \tag{16.40}$$

Diese Gleichung kann dadurch erfüllt werden, dass die Amplituden der positiven Frequenzanteile A_s und A_{s*} unabhängig voneinander gewählt werden, während die der negativen Frequenzanteile B_s und B_{s*} durch

$$B_s = A_{s*}^*, \qquad B_{s*} = A_s^* \tag{16.41}$$

festgelegt werden. Damit erhält man für die Normalmodenentwicklung des Vektorpotentials die Form

$$\begin{aligned}\mathcal{A} &= \sum_s A_s \boldsymbol{U}_s + B_s \boldsymbol{U}_s = \sum_s A_s \boldsymbol{U}_s + \sum_{s^*} B_{s*} \boldsymbol{U}_{s^*} \\ &= \sum_s A_s \boldsymbol{U}_s + A_s^* \boldsymbol{U}_s^*.\end{aligned} \tag{16.42}$$

Der erste Summand beschreibt eine Entwicklung des komplexen Potentials nach fortschreitenden Wellen mit positiven Frequenzen ω_s, der zweite Summand mit den negativen Frequenzen ist der zur Realteilbildung erforderliche konjugiert komplexe Beitrag.

16.4 Quantisierung fortschreitender Wellen

Die Dynamik der Modenamplituden wird durch die Schwingungsgleichung (16.32a) bestimmt. Wir zeigen nun, dass diese Schwingungsgleichung alternativ aus dem Hamilton-Prinzip abgeleitet werden kann, wobei die Modenamplituden die Rolle der verallgemeinerten Koordinaten übernehmen. Hierzu wird die Lagrangefunktion (16.4) mit der Normalmodenentwicklung (16.37) ausgewertet. Unter Anwendung der Orthogonalitätsbeziehung (16.36) erhält man für die elektrische Feldenergie

$$W_E = \frac{m}{2} \sum_{r,s} \dot{C}_r \dot{C}_s \int dV\, \boldsymbol{U}_r \cdot \boldsymbol{U}_s$$

$$= \frac{m}{2} \sum_{r^*,s} \dot{C}_{r^*} \dot{C}_s \int dV\, \boldsymbol{U}_{r^*} \cdot \boldsymbol{U}_s$$

$$= \frac{m}{2} \sum_{r,s} \dot{C}_r^* \dot{C}_s \int dV\, \boldsymbol{U}_r^* \cdot \boldsymbol{U}_s$$

$$= \frac{m}{2} \sum_{r,s} \dot{C}_r^* \dot{C}_s \delta_{rs} = \frac{m}{2} \sum_s |\dot{C}_s|^2. \tag{16.43}$$

Zur Berechnung der magnetischen Feldenergie benötigt man die Rotation

$$\boldsymbol{\nabla} \times \boldsymbol{U}_s = \boldsymbol{\nabla} U_s \times \boldsymbol{e}_s = ik_s U_s\, \boldsymbol{t}_s \times \boldsymbol{e}_s = ik_s \boldsymbol{U}_{s_\perp}. \tag{16.44}$$

Hierbei bezeichnet $\boldsymbol{U}_{s_\perp}$ diejenige Mode, deren Polarisationsvektor orthogonal ist zu dem der Mode $\boldsymbol{U}_s$. Für die Rotation der konjugiert komplexen Mode gilt entsprechend

$$\boldsymbol{\nabla} \times \boldsymbol{U}_{s^*} = -ik_s \boldsymbol{U}_{s_\perp^*}. \tag{16.45}$$

Damit folgt für die magnetische Feldenergie

$$W_B = \frac{mc^2}{2} \sum_{r,s} C_r C_s (ik_r)(ik_s) \int dV\, \boldsymbol{U}_{r_\perp} \cdot \boldsymbol{U}_{s_\perp}$$

$$= \frac{m}{2} \sum_{r^*,s} C_{r^*} C_s (-i\omega_r)(i\omega_s) \int dV\, \boldsymbol{U}_{r_\perp^*} \cdot \boldsymbol{U}_{s_\perp}$$

$$= \frac{m}{2} \sum_{r,s} C_r^* C_s (-i\omega_r)(i\omega_s) \int dV\, \boldsymbol{U}_{r_\perp}^* \cdot \boldsymbol{U}_{s_\perp}$$

$$= \frac{m}{2} \sum_{r,s} C_r^* C_s \omega_r \omega_s\, \delta_{rs} = \frac{m}{2} \sum_s \omega_s^2 |C_s|^2. \tag{16.46}$$

Die Lagrange-Funktion (16.4), ausgedrückt als Funktion der Modenamplituden $C_s = C_{s,r} + iC_{s,i}$ und deren Ableitungen $\dot{C}_s = \dot{C}_{s,r} + i\dot{C}_{s,i}$, lautet damit

$$L(\dot{C}, C) = \frac{m}{2} \sum_s |\dot{C}_s|^2 - \omega_s^2 |C_s|^2$$

$$= \frac{m}{2} \sum_s \dot{C}_{s,r}^2 + \dot{C}_{s,i}^2 - \omega_s^2 (C_{s,r}^2 + C_{s,i}^2). \tag{16.47}$$

Die Lagrange-Funktion (16.47) beschreibt eine Summe harmonischer Oszillatoren. Daher sind die Lagrange-Gleichungen (16.18) für die Koordinaten $C_{s,r}$ und $C_{s,i}$ äquivalent zum Real- und Imaginärteil der harmonischen Schwingungsgleichung (16.32a). Die

16.4 Quantisierung fortschreitender Wellen

Lagrange-Funktion (16.47) definiert die kanonischen Impulse

$$\frac{\partial L}{\partial \dot{C}_{s,r}} = m\dot{C}_{s,r}, \qquad \frac{\partial L}{\partial \dot{C}_{s,i}} = m\dot{C}_{s,i} \qquad (16.48)$$

und damit die Hamilton-Funktion

$$\begin{aligned} H &= \sum_s \frac{\partial L}{\partial \dot{C}_{s,r}} \dot{C}_{s,r} + \frac{\partial L}{\partial \dot{C}_{s,i}} m\dot{C}_{s,i} - L \\ &= \frac{m}{2} \sum_s \dot{C}_{s,r}^2 + \dot{C}_{s,i}^2 + \omega_s^2 (C_{s,r}^2 + C_{s,i}^2) \\ &= \frac{m}{2} \sum_s |\dot{C}_s|^2 + \omega_s^2 |C_s|^2. \end{aligned} \qquad (16.49)$$

Sie entspricht der Summe aus der elektrischen (16.43) und magnetischen (16.46) Feldenergie und stellt somit auch physikalisch die richtige Feldenergie dar.

Die Hamilton-Funktion (16.49) ist zwar völlig ausreichend zur Beschreibung der Hamilton-Dynamik der Modenamplituden. Allerdings hat sie noch den Nachteil, dass in jedem ihrer Summanden die Amplituden C_s und C_{s^*} der zueinander konjugiert komplexen Moden miteinander gekoppelt sind. Die Real- und Imaginärteile der Koordinaten C_s und Impulse $m\dot{C}_s$ sind somit zwar kanonische Größen, sie stellen aber keine Observablen einer einzelnen Mode dar. Im Rahmen einer kanonischen Transformation kann man jedoch anstelle der Variablen $m\dot{C}_s$ und C_s die unabhängigen Modenamplituden A_s und A_{s^*} einführen und danach deren Realteile $A_{s,r}$, $A_{s^*,r}$ als Koordinaten und deren Imaginärteile $A_{s,i}$, $A_{s^*,i}$ als kanonisch konjugierte Impulse wählen. Damit ist es möglich in der Hamilton-Funktion die zueinander konjugiert komplexen Moden zu entkoppeln. Es sei bemerkt, dass es sich bei dieser kanonischen Transformation nicht um eine Transformation der verallgemeinerten Koordinaten der Lagrange-Funktion handelt, da die Koordinaten C_s und die Impulse $m\dot{C}_s$ zusammen transformiert werden.

Die Transformationsgleichungen für die Modenamplituden ergeben sich aus (16.39) zu

$$C_s = A_s + A_{s^*}^*, \qquad \dot{C}_s = -i\omega_s(A_s - A_{s^*}^*), \qquad (16.50a)$$

$$A_s = \frac{1}{2}\left(C_s - \frac{1}{i\omega_s}\dot{C}_s\right), \qquad A_{s^*}^* = \frac{1}{2}\left(C_s + \frac{1}{i\omega_s}\dot{C}_s\right). \qquad (16.50b)$$

Die Transformationsgleichungen werden hier rein algebraisch verwendet, da die Dynamik der Modenamplituden A_s erst durch die Hamilton-Dynamik bestimmt wird. Zur Transformation der Hamilton-Funktion berechnen wir die Ausdrücke

$$\begin{aligned} |\dot{C}_s|^2 &= \omega_s^2 (A_s - A_{s^*}^*)(A_s^* - A_{s^*}) \\ &= \omega_s^2 (|A_s|^2 + |A_{s^*}|^2 - A_s A_{s^*} - A_s^* A_{s^*}^*) \end{aligned} \qquad (16.51)$$

$$\begin{aligned} |C_s|^2 &= (A_s + A_{s^*}^*)(A_s^* + A_{s^*}) \\ &= (|A_s|^2 + |A_{s^*}|^2 + A_s A_{s^*} + A_s^* A_{s^*}^*) \end{aligned} \qquad (16.52)$$

und erhalten damit

$$H = \frac{m}{2} \sum_s \omega_s^2 \, 2(|A_s|^2 + |A_{s^*}|^2) = \frac{m}{2} \sum_s \omega_s^2 \, 4|A_s|^2. \tag{16.53}$$

Die Summe über die Modenzahl s ergibt hier denselben Beitrag wie die Summe über die Modenzahl s^*, da es sich nur um ein Umnummerierung der Moden handelt. Die kanonischen Variablen werden nun durch den Real- und Imaginärteil der komplexen Amplituden definiert,

$$q_s = \sqrt{4m} A_{s,r} = \frac{1}{2\sqrt{\pi c}} (A_s + A_s^*), \tag{16.54a}$$

$$p_s = \sqrt{4m}\, \omega_s A_{s,i} = \frac{-i\omega_s}{2\sqrt{\pi c}} (A_s - A_s^*). \tag{16.54b}$$

Die Hamilton-Funktion (16.53) lässt sich damit als eine Summe unabhängiger harmonischer Oszillatoren für die einzelnen Moden schreiben,

$$H = \frac{1}{2} \sum_s p_s^2 + \omega_s^2 q_s^2. \tag{16.55}$$

Die Hamilton-Gleichungen für diese Variablen lauten

$$\dot q_s = \frac{\partial H}{\partial p_s} = p_s, \qquad \dot p_s = -\frac{\partial H}{\partial q_s} = -\omega_s^2 q_s. \tag{16.56}$$

Die Transformation zu den neuen Variablen q_s und p_s ist kanonisch, da die kanonischen Gleichungen der ursprünglichen Hamilton-Funktion (16.49) und der transformierten Hamilton-Funktion (16.56) dieselbe Dynamik beschreiben. Dies sieht man, indem man die Zeitableitung der Transformationsgleichungen (16.54) bildet und nun die Zeitabhängigkeit (16.39) der Lösung des ursprünglichen Systems einsetzt. Dann ergeben sich genau die Bewegungsgleichungen (16.56) des transformierten Systems.

Die Hamilton-Funktion (16.55) für die fortschreitenden Wellen besitzt nun dieselbe Form wie die Hamilton-Funktion (16.21) für die stehenden Wellen. Daher kann die kanonische Quantisierung analog erfolgen. Wie in (16.26) und (16.27) erhält man für den Hamilton-Operator und die kanonischen Variablen die Operatoren

$$\mathsf{H} = \frac{1}{2} \sum_s \mathsf{p}_s^2 + \omega_s^2 \mathsf{q}_s^2 = \sum_s \hbar \omega_s \left(\mathsf{a}_s^+ \mathsf{a}_s + \frac{1}{2} \right), \tag{16.57a}$$

$$\mathsf{q}_s = \sqrt{\frac{\hbar}{2\omega_s}} \left(\mathsf{a}_s + \mathsf{a}_s^+ \right), \tag{16.57b}$$

$$\mathsf{p}_s = (-i\omega_s) \sqrt{\frac{\hbar}{2\omega_s}} \left(\mathsf{a}_s - \mathsf{a}_s^+ \right), \tag{16.57c}$$

wobei für die Phase der Leiteroperatoren hier die Konvention $\varphi = 0$ gewählt wurde. Durch Vergleich von (16.57) mit den Transformationsgleichungen (16.54) werden den

Modenamplituden A_s und A_s^* die Operatoren

$$\mathsf{A}_s = 2\sqrt{\pi} c \sqrt{\frac{\hbar}{2\omega_s}}\, \mathsf{a}_s = \frac{1}{k_s}\sqrt{2\pi\hbar\omega_s}\, \mathsf{a}_s \qquad (16.58)$$

$$\mathsf{A}_s^+ = 2\sqrt{\pi} c \sqrt{\frac{\hbar}{2\omega_s}}\, \mathsf{a}_s^+ = \frac{1}{k_s}\sqrt{2\pi\hbar\omega_s}\, \mathsf{a}_s^+ \qquad (16.59)$$

zugeordnet. Damit erhält man für das Vektorpotential den Feldoperator

$$\mathbf{A} = \sum_s \frac{1}{k_s}\sqrt{2\pi\hbar\omega_s}(\mathsf{a}_s \boldsymbol{U}_s + \mathsf{a}_s^+ \boldsymbol{U}_s^*). \qquad (16.60)$$

Das elektrische Feld und das magnetische Feld besitzen die Normalmodenentwicklungen

$$\mathcal{E} = -\frac{1}{c}\sum_s \dot{C}_s \boldsymbol{U}_s = \frac{i}{c}\sum_s \omega_s (A_s - A_{s*}^*)\boldsymbol{U}_s$$
$$= i\sum_s k_s (A_s \boldsymbol{U}_s - A_s^* \boldsymbol{U}_s^*), \qquad (16.61)$$

$$\mathcal{B} = i\sum_s k_s C_s \boldsymbol{U}_{s\perp} = i\sum_s k_s (A_s + A_{s*}^*)\boldsymbol{U}_{s\perp}$$
$$= i\sum_s k_s (A_s \boldsymbol{U}_{s\perp} - A_s^* \boldsymbol{U}_{s\perp}^*), \qquad (16.62)$$

wobei für das Magnetfeld die Beziehungen (16.44) und (16.45) verwendet wurden. Ersetzt man die Modenamplituden hier durch die Operatoren (16.58), so ergeben sich für das elektromagnetische Feld die Operatoren

$$\mathbf{E} = i\sum_s \sqrt{2\pi\hbar\omega_s}(\mathsf{a}_s \boldsymbol{U}_s - \mathsf{a}_s^+ \boldsymbol{U}_s^*), \qquad (16.63)$$

$$\mathbf{B} = i\sum_s \sqrt{2\pi\hbar\omega_s}(\mathsf{a}_s \boldsymbol{U}_{s\perp} - \mathsf{a}_s^+ \boldsymbol{U}_{s\perp}^*). \qquad (16.64)$$

Die Feldoperatoren können, wie in der Zusammenfassung 16.1 angegeben, als eine Entwicklung nach den Moden der Felder angegeben werden, wobei die Entwicklungskoeffizienten die Erzeugungs- und Vernichtungsoperatoren für Quanten der jeweiligen Moden darstellen. Damit ist die Quantisierung des freien elektromagnetischen Feldes durchgeführt.

16.5 Vergleich zwischen stehenden und fortschreitenden Wellen*

In den vorangehenden Abschnitten wurden als Normalmoden erst stehende Wellen und danach fortschreitende Wellen betrachtet. Die Feldoperatoren haben in den entsprechenden Darstellungen unterschiedliche Koeffizienten. Man kann jedoch den Feldoperator für stehende Wellen aus dem für fortschreitende Wellen ableiten und erhält dann genau dasselbe Ergebnis. Hierzu betrachten wir die Normalmodenentwicklung (16.42) für fortschreitende Wellen und machen eine Reihe von Spezialisierungen, die zur Normalmodenentwicklung für stehende Wellen führt.

Zusammenfassung 16.1 *Feldoperatoren für fortschreitende Wellen*

Wellenvektoren:
$$\boldsymbol{k}_s = k_s \boldsymbol{t}_s = \frac{2\pi}{L}\boldsymbol{n}_s, \quad \boldsymbol{n}_s = (n_x, n_y, n_z), \quad n_{x,y,z} \in \mathbb{Z}, \quad t_s^2 = 1.$$

Normalmoden:
$$\boldsymbol{U}_s = \frac{\boldsymbol{e}_s}{\sqrt{V}} e^{i\boldsymbol{k}_s\cdot\boldsymbol{r}}, \quad \boldsymbol{U}_{s\perp} = \boldsymbol{t}_s \times \boldsymbol{U}_s, \quad \boldsymbol{U}_{s^*} = \boldsymbol{U}_s^*, \quad \boldsymbol{t}_s \cdot \boldsymbol{e}_s = 0.$$

Vektorpotential ($\omega_s = ck_s$):
$$\boldsymbol{A} = \sum_s \boldsymbol{f}_s \mathsf{a}_s + \boldsymbol{f}_s^* \mathsf{a}_s^+, \quad \boldsymbol{f}_s = \frac{1}{k_s}\sqrt{\frac{2\pi\hbar\omega_s}{V}} e^{i\boldsymbol{k}_s\cdot\boldsymbol{r}} \boldsymbol{e}_s.$$

Elektrisches Feld:
$$\boldsymbol{E} = \sum_s \boldsymbol{g}_s \mathsf{a}_s + \boldsymbol{g}_s^* \mathsf{a}_s^+, \quad \boldsymbol{g}_s = ik_s \boldsymbol{f}_s = i\sqrt{\frac{2\pi\hbar\omega_s}{V}} e^{i\boldsymbol{k}_s\cdot\boldsymbol{r}} \boldsymbol{e}_s.$$

Magnetfeld:
$$\boldsymbol{B} = \sum_s \boldsymbol{h}_s \mathsf{a}_s + \boldsymbol{h}_s^* \mathsf{a}_s^+, \quad \boldsymbol{h}_s = \boldsymbol{g}_{s\perp} = i\sqrt{\frac{2\pi\hbar\omega_s}{V}} e^{i\boldsymbol{k}_s\cdot\boldsymbol{r}} \boldsymbol{e}_{s\perp}.$$

Energie und Impuls:
$$\mathsf{H} = \sum_s \hbar\omega_s \left(\mathsf{a}_s^+ \mathsf{a}_s + \frac{1}{2}\right), \quad \boldsymbol{\mathsf{P}} = \sum_s \hbar\boldsymbol{k}_s\, \mathsf{a}_s^+ \mathsf{a}_s.$$

Eindimensionale Geometrie: Für einen Laserresonator in z-Richtung kann man sich auf die Moden mit einem Wellenvektor in z-Richtung beschränken. Außerdem wird für alle Moden ein fester Polarisationsvektor vorausgesetzt, so dass es genügt, den Beitrag der Moden

$$U_s(z) = \frac{1}{\sqrt{V}} e^{ik_s z} = \frac{1}{\sqrt{V}}[\cos(k_s z) + i\sin(k_s z)] \tag{16.65}$$

mit den Wellenzahlen $k_s = (2\pi/L)s$ zu betrachten.

16.5 Vergleich zwischen stehenden und fortschreitenden Wellen*

Stehende Wellen: Die Normalmoden im Resonator werden durch sin-Funktionen beschrieben. Daher muss die Amplitude der rücklaufenden Welle entgegengesetzt gleich zur Amplitude der vorwärtslaufenden Welle gesetzt werden,

$$A_{-s} = -A_s \tag{16.66}$$

Resonatorlänge: Die Resonatorlänge L_R entspricht der halben Wellenlänge der Grundmode $s = 1$. Daher muss die Länge L des Kastens durch

$$L = 2L_R \tag{16.67}$$

ersetzt werden. Dann entsprechen die Wellenzahlen der fortschreitenden Wellen $k_s = (2\pi/L)s = (\pi/L_R)s$ genau den Wellenzahlen im Resonator. Entsprechend gilt für das Volumen $V = 2V_R$.

Mit diesen Annahmen kann man die Normalmodenentwicklung nach fortschreitenden Wellen in die entsprechende Entwicklung nach stehenden Wellen umschreiben. Dabei geht man zuerst von der komplexen zur reellen Fourier-Reihe, bei der nur über positive Modenzahlen summiert wird, über und ersetzt dann die Amplituden der rücklaufenden Wellen durch (16.66) und die Resonatorlänge durch (16.67),

$$\begin{aligned}
\mathcal{A} &= \sum_s A_s U_s + A_s^* U_s^* \\
&= \sum_s (A_s + A_s^*) \frac{1}{\sqrt{V}} \cos(k_s z) + i(A_s - A_s^*) \frac{1}{\sqrt{V}} \sin(k_s z) \\
&= \sum_{s>0} (A_s + A_s^* + A_{-s} + A_{-s}^*) \frac{1}{\sqrt{V}} \cos(k_s z) \\
&\quad + i(A_s - A_s^* - [A_{-s} - A_{-s}^*]) \frac{1}{\sqrt{V}} \sin(k_s z) \\
&= \sum_{s>0} 2i(A_s - A_s^*) \frac{1}{\sqrt{2V_R}} \sin(k_s z) \\
&= \sum_{s>0} i(A_s - A_s^*) u_s(z) \tag{16.68}
\end{aligned}$$

Im letzten Schritt wurden die Resonatormoden (15.30) mit der Wellenzahl $k_s = s(\pi/L_R)$ und der Amplitude $\sqrt{2/V_R}$ substituiert. Ersetzt man nun die Amplituden A_s durch die Operatoren (16.58) für fortschreitende Wellen, so ergibt sich in der Entwicklung (16.68) nach stehenden Wellen der Operator,

$$\mathbf{A}_{s,R} = \frac{i}{k_s} \sqrt{2\pi\hbar\omega_s} (\mathsf{a}_s - \mathsf{a}_s^+). \tag{16.69}$$

Bis auf die willkürlich wählbare Phase der Leiteroperatoren, stimmt dieses Ergebnis mit dem Feldoperator (16.28a) für stehende Wellen überein. Damit wurde gezeigt, dass die Quantisierung der Felder nicht von der Wahl der Normalmoden abhängt.

16.6 Energie und Impuls: Photonen

Der Operator für die Energie des Strahlungsfeldes ist der Hamilton-Operator

$$\mathsf{H} = \sum_s \hbar\omega_s \left(\mathsf{a}_s^+ \mathsf{a}_s + \frac{1}{2}\right). \tag{16.70}$$

Der Impuls des Strahlungsfeldes kann in analoger Form durch den Operator

$$\mathbf{P} = \sum_s \hbar\boldsymbol{k}_s \, \mathsf{a}_s^+ \mathsf{a}_s \tag{16.71}$$

ausgedrückt werden. Eine Herleitung des Impulsoperators wird am Ende dieses Abschnitts angegeben.

Die obige Darstellung der Energie- und Impulsoperatoren erlaubt die Einführung der Photonen oder Lichtquanten des elektromagnetischen Feldes. Aus der Quantentheorie des harmonischen Oszillators ist bekannt, dass der Operator $\mathsf{n}_s = \mathsf{a}_s^+ \mathsf{a}_s$ die Eigenvektoren $|n_s\rangle$ mit den Eigenwerten $n_s = 0, 1, 2, 3, \cdots$ besitzt,

$$\mathsf{n}_s |n_s\rangle = n_s |n_s\rangle. \tag{16.72}$$

Daraus folgt, dass die Eigenwerte der Energie und des Impulses der Moden diskret sind. Interpretiert man die Quantenzahlen n_s als Besetzungszahlen von Photonen, so besteht das elektromagnetische Feld aus einer Gesamtheit von Photonen, von denen jedes die Energie $E_{ph} = \hbar\omega_s$ und den Impuls $\boldsymbol{p}_{ph} = \hbar\boldsymbol{k}_s$ besitzt. Die resultierende Energie-Impulsbeziehung $E_{ph} = cp_{ph}$ ist die eines klassischen relativistischen Teilchens mit der Ruhemasse null. Die Kenngrößen des Photons sind der Impuls und die Polarisation, die beide mit der Modenzahl $s \equiv (\alpha, \boldsymbol{n})$ angegeben werden.

Die Zustände des Strahlungsfeldes werden somit durch die Modenzahl s und durch die Besetzungszahl n_s festgelegt. Die Operatoren wirken auf die Besetzungszahlen, z.B. wirkt a_s^+ als Erzeugungs- und a_s als Vernichtungsoperator für ein Photon der Mode s. Durch die mathematische Struktur der Quantentheorie wird somit die Photonenhypothese des Lichts bestätigt. Es ist aber zu beachten, dass mit dieser Definition keinerlei Lokalisierung der Photonen verbunden ist. Die Photonenzahlzustände sind Zustände mit definierter Energie und definiertem Impuls. Energie und Impuls sind die beobachtbaren Charakteristika freier Teilchen, da sie Erhaltungsgrößen darstellen, die im Prinzip mit beliebiger Genauigkeit gemessen werden können.

Eine bekannte Schwierigkeit der Quantenelektrodynamik ergibt sich aus der sogenannten Nullpunktsenergie $\hbar\omega_s/2$, die jeder Oszillator auch dann besitzt, wenn die Photonenzahl n_s null ist. Die Nullpunktsenergie des Strahlungsfeldes divergiert, wenn die Zahl der Moden unbeschränkt ist. Diese und andere Divergenzen können in der Quantenelektrodynamik nicht gänzlich vermieden werden. Sie werden durch zusätzliche empirische Vorschriften gewissermaßen umgangen. Als physikalisches Argument erscheint es plausibel, dass die Modenzahl in einem realen System nach oben beschränkt sein muss, zumal die Energie $\hbar\omega_s$ nicht beliebig groß sein kann. Trotz gewisser Defizite in der inneren Konsistenz der Theorie gilt die Quantenelektrodynamik als eine der am besten

16.6 Energie und Impuls: Photonen

bestätigen physikalischen Theorien. Einer ihrer bedeutendsten Erfolge ist die genaue Vorhersage des anomalen magnetischen Moments des Elektrons.

Wir geben nun noch die Herleitung des Impulsoperators (16.71) an. Der Impuls des klassischen elektromagnetischen Feldes im Volumen V ist nach (2.59)

$$\boldsymbol{P} = \frac{1}{4\pi c} \int dV\, \boldsymbol{\mathcal{E}} \times \boldsymbol{\mathcal{B}}. \tag{16.73}$$

Dieser Ausdruck kann analog zur Energie nach Normalmoden entwickelt werden. Zur Auswertung der auftretenden Doppelsummen ist es zweckmäßig, die Felder gemäß (16.61) mit den Fourier-Koeffizienten C_s darzustellen,

$$\boldsymbol{P} = \frac{-i}{4\pi c^2} \sum_{r,s} \int dV\, \dot{C}_r C_s\, \boldsymbol{k}_s \boldsymbol{U}_r \times \boldsymbol{U}_{s_\perp}. \tag{16.74}$$

Das Kreuzprodukt kann mit der Definition (16.44) und den Orthonormalitätsbeziehungen (16.35) durch ein Skalarprodukt,

$$\boldsymbol{U}_r \times \boldsymbol{U}_{s_\perp} = \boldsymbol{U}_r \times (\boldsymbol{t}_s \times \boldsymbol{U}_s) = (\boldsymbol{U}_r \cdot \boldsymbol{U}_s)\boldsymbol{t}_s, \tag{16.75}$$

ersetzt werden. Damit kann die Doppelsumme in (16.74) mit der Orthonormalitätsbedingung (16.36) ausgewertet werden,

$$\begin{aligned}\boldsymbol{P} &= \frac{-i}{4\pi c^2} \sum_{r^*,s} \dot{C}_{r^*} C_s \boldsymbol{k}_s \int dV\, \boldsymbol{U}_{r^*} \cdot \boldsymbol{U}_s \\ &= \frac{-i}{4\pi c^2} \sum_{r,s} \dot{C}_r^* C_s \boldsymbol{k}_s \int dV\, \boldsymbol{U}_r^* \cdot \boldsymbol{U}_s = \frac{-i}{4\pi c^2} \sum_s \boldsymbol{k}_s \dot{C}_s^* C_s.\end{aligned} \tag{16.76}$$

Mit den Transformationsgleichungen (16.50a) können die Fourier-Koeffizienten C_s nun durch die Modenamplituden A_s ersetzt werden,

$$\begin{aligned}\boldsymbol{P} &= \frac{1}{4\pi c^2} \sum_s \boldsymbol{k}_s \omega_s (A_s^* - A_{s^*})(A_s + A_{s^*}^*) \\ &= \frac{1}{4\pi c} \sum_s \boldsymbol{k}_s k_s (A_s^* A_s - A_{s^*} A_{s^*}^* + A_s^* A_{s^*}^* - A_s A_{s^*}) \\ &= \frac{1}{4\pi c} \sum_s \boldsymbol{k}_s k_s (A_s^* A_s + A_s A_s^*).\end{aligned} \tag{16.77}$$

In der zweiten Zeile sind die ersten beiden Summanden hermitesch, die letzten beiden antihermitesch. Im letzten Schritt wurde ausgenutzt, dass bei einer Vertauschung von s und s^* der Wellenvektor sein Vorzeichen ändert, $\boldsymbol{k}_{s^*} = -\boldsymbol{k}_s$, die letzten beiden Summanden aber ihr Vorzeichen beibehalten. Daher verschwinden die antihermiteschen Beiträge zum Impulsoperator.

Man erhält aus dem klassischen Impuls (16.77) den Impulsoperator, indem man nun die Modenamplituden, wie im Hamiltonoperator, durch die Operatoren (16.58) ersetzt,

$$A_s^* A_s + A_s A_s^* \quad \rightarrow \quad \mathsf{A}_s^+ \mathsf{A}_s + \mathsf{A}_s \mathsf{A}_s^+ = \frac{2\pi \hbar \omega_s}{k_s^2} \left(2 \mathsf{a}_s^+ \mathsf{a}_s + 1 \right). \tag{16.78}$$

Berücksichtigt man noch, dass die Summe über alle Wellenvektoren verschwindet, so verschwindet der Beitrag der Nullpunktsschwingungen zum Gesamtimpuls und man erhält für den Impulsoperator das Ergebnis,

$$\mathbf{P} = \sum_s \hbar \boldsymbol{k}_s \, \mathsf{a}_s^+ \mathsf{a}_s. \tag{16.79}$$

17 Quantenzustände des Strahlungsfelds

- Fock-Zustände
- Kohärente Zustände
- Thermisches Licht
- Erwartungswerte und Schwankungen
- Photonenstatistik
- Klassische Anregung quantisierter Felder

17.1 Fock-Zustände

Die physikalischen Eigenschaften des Strahlungsfeldes werden durch die Erwartungswerte der Operatoren in bestimmten Quantenzuständen beschrieben. Eine Basis für allgemeine Quantenzustände des Strahlungsfeldes bilden die Fock-Zustände.

Die Eigenzustände des Teilchenzahloperators einer Mode sind die Besetzungszahlzustände

$$|n_s\rangle, \qquad n_s = 0, 1, 2, 3, \cdots . \tag{17.1}$$

Da die Oszillatoren der einzelnen Moden unabhängig voneinander sind, bilden die Teilchenzahloperatoren n_s aller Moden zusammen ein vollständiges System kommutierender Operatoren. Ein Zustand kann durch die Eigenwerte dieser Operatoren, also die Besetzungszahlen, angegeben werden. Solch ein Zustand kann als direktes Produkt aller Besetzungszahlzustände geschrieben werden.

Definition 17.1: *Fock-Zustand*

Ein Fock-Zustand des Strahlungsfeldes ist ein Produktzustand der Besetzungszahlzustände der einzelnen Moden, bei dem für jede Mode deren Besetzungszahl angegeben wird,

$$|\{n\}\rangle = |n_1, \cdots, n_r, \cdots\rangle = \prod_s |n_s\rangle. \tag{17.2}$$

Fock-Zustände sind auch Eigenzustände des Hamilton-Operators,

$$\mathsf{H}|\{n\}\rangle = E_{\{n\}}|\{n\}\rangle \tag{17.3}$$

mit den Energieeigenwerten

$$E_{\{n\}} = \sum_s \hbar\omega_s \left(n_s + \frac{1}{2}\right). \tag{17.4}$$

Diese geben jeweils die Gesamtenergie des Feldes mit den angegebenen Besetzungszahlen der Moden an. Damit sind die stationären Zustände des Strahlungsfeldes bekannt.

Da die Fock-Zustände Eigenzustände eines vollständigen Systems kommutierender Operatoren darstellen, bilden sie ein vollständiges Orthonormalsystem mit den Eigenschaften,

$$\langle n_1, \cdots, n_r, \cdots | m_1, \cdots, m_r, \cdots \rangle = \delta_{n_1 m_1} \cdots \delta_{n_r m_r} \cdots \tag{17.5a}$$

$$\sum_{n_1, \cdots, n_r, \cdots} |n_1, \cdots, n_r, \cdots \rangle\langle n_1, \cdots, n_r, \cdots | = \mathsf{I}. \tag{17.5b}$$

Ein allgemeiner Quantenzustand des Strahlungsfeldes kann nach der Basis der stationären Zustände entwickelt werden,

$$|\psi\rangle = \sum_{n_1, \cdots, n_r, \cdots} C_{n_1, \cdots, n_r, \cdots} |n_1, \cdots, n_r, \cdots \rangle. \tag{17.6}$$

Beim freien Feld sind die Entwicklungskoeffizienten zeitunabhängig, bei einem wechselwirkenden System i.a. zeitabhängig. Die Leiteroperatoren einer Mode wirken bei den Fock-Zuständen immer nur auf die Besetzungszahl der entsprechenden Mode,

$$\mathsf{a}_s|n_1, \cdots, n_s, \cdots \rangle = \sqrt{n_s}\,|n_1, \cdots, n_s - 1, \cdots \rangle, \tag{17.7a}$$

$$\mathsf{a}_s^+|n_1, \cdots, n_s, \cdots \rangle = \sqrt{n_s + 1}\,|n_1, \cdots, n_s + 1, \cdots \rangle. \tag{17.7b}$$

Wir betrachten nun einen Besetzungszahlzustand $|n\rangle$ einer Mode in einem Laserresonator. In diesem Fall wird auf die explizite Angabe des Modenindexes s verzichtet. Die Operatoren des elektrischen und magnetischen Feldes aus (16.29) besitzen jeweils verschwindende Erwartungswerte. Dies folgt unmittelbar aus den Eigenschaften der Leiteroperatoren, z.B.

$$\langle \mathsf{E} \rangle = g\langle n|\mathsf{a}_s + \mathsf{a}_s^+|n\rangle$$
$$= g\left(\sqrt{n}\,\langle n|n-1\rangle + \sqrt{n+1}\,\langle n|n+1\rangle\right) = 0. \tag{17.8}$$

Dies bedeutet nicht, dass kein Feld vorliegt, sondern nur, dass der Mittelwert in einem stationären Zustand null ist. Die Quadrate der Feldstärkeoperatoren haben dagegen

17.1 Fock-Zustände

einen nichtverschwindenden Erwartungswert,

$$\begin{aligned}\langle \mathsf{E}^2 \rangle &= g^2 \langle n | (\mathsf{a}_s + \mathsf{a}_s^+)^2 | n \rangle = g^2 \langle n | \mathsf{a}_s \mathsf{a}_s^+ + \mathsf{a}_s^+ \mathsf{a}_s | n \rangle \\ &= g^2 \langle n | 2\mathsf{n} + 1 | n \rangle = g^2(2n+1).\end{aligned} \qquad (17.9)$$

$$\langle \mathsf{B}^2 \rangle = h^2 (2n+1).$$

Daraus erhält man für die mittleren Energiedichten der Felder die Ausdrücke

$$\frac{\langle \mathsf{E}^2 \rangle}{8\pi} = \frac{E_n}{V} \sin^2(kz), \qquad \frac{\langle \mathsf{B}^2 \rangle}{8\pi} = \frac{E_n}{V} \cos^2(kz),$$

$$\frac{1}{8\pi} (\langle \mathsf{E}^2 \rangle + \langle \mathsf{B}^2 \rangle) = \frac{E_n}{V}, \qquad E_n = \hbar\omega(n+\frac{1}{2}). \qquad (17.10)$$

Die gesamte Energiedichte entspricht natürlich der festen Energiedichte des n-Photonenzustandes. Die elektrischen und magnetischen Energiedichten zeigen die räumliche Struktur der Mode und sind genauso lokalisiert, wie bei einer klassischen stehenden Welle.

Die Zeitabhängigkeit des Strahlungsfeldes kann, wie in Abschnitt 9.5 eingeführt, im Schrödinger- oder im Heisenberg-Bild angegeben werden. Im Schrödinger-Bild ist der Zustandsvektor zeitabhängig und genügt der Schrödinger-Gleichung,

$$i\hbar \partial_t | \psi \rangle = \mathsf{H} | \psi \rangle. \qquad (17.11)$$

Für einen Besetzungszahlzustand einer Mode folgt hieraus z.B. die bekannte Zeitabhängigkeit der stationären Zustände des harmonischen Oszillators,

$$| \psi_n(t) \rangle = | \psi_n(0) \rangle e^{-iE_n t/\hbar} = | \psi_n(0) \rangle e^{-i\omega(n+1/2)t}. \qquad (17.12)$$

Im Heisenberg-Bild sind dagegen die Operatoren zeitabhängig und genügen der Heisenberg-Bewegungsgleichung

$$\frac{d\mathsf{A}}{dt} = \frac{1}{i\hbar}[\mathsf{A}, \mathsf{H}]. \qquad (17.13)$$

Die Teilchenzahloperatoren n_s kommutieren mit H und sind daher zeitunabhängig. Für die Erzeugungs- und Vernichtungsoperatoren gilt im Heisenberg-Bild,

$$\frac{d\mathsf{a}_s}{dt} = -i\omega_s \mathsf{a}_s, \qquad \mathsf{a}_s(t) = \mathsf{a}_s(0)e^{-i\omega_s t} \qquad (17.14\mathrm{a})$$

$$\frac{d\mathsf{a}_s^+}{dt} = +i\omega_s \mathsf{a}_s^+, \qquad \mathsf{a}_s^+(t) = \mathsf{a}_s^+(0)e^{+i\omega_s t}. \qquad (17.14\mathrm{b})$$

Die Fock-Zustände bilden eine natürliche Basis zur Darstellung der Zustände des Strahlungsfeldes. Allerdings sind Fock-Zustände experimentell nur schwer realisierbar, da die Moden eines Hohlraumes mit einer genau definierten Anzahl von Photonen besetzt werden müssen. Man verwendet hierzu z.B. einen Strahl angeregter Atome, der einen Hohlraum hoher Güte passiert und misst dabei die Zahl der Übergänge der Atome. Andererseits tritt Licht im Experiment sehr häufig als kohärente elektromagnetische Welle in Erscheinung. Es zeigt sich, dass analoge Quantenzustände existieren, die als kohärente Zustände bezeichnet werden.

17.2 Kohärente Zustände

In der klassischen und semiklassischen Theorie wurde das Strahlungsfeld als eine klassische elektromagnetische Welle mit einer komplexen Amplitude beschrieben. Auch für quantisierte Felder können Quantenzustände mit einer definierten komplexen Amplitude konstruiert werden. Diese Zustände wurden in der Quantenoptik von R. Glauber eingeführt und als kohärente Zustände bezeichnet.[1] Die Eigenschaften der kohärenten Zustände des harmonischen Oszillators wurden bereits beim quantenmechanischen Lorentzmodell in Kap. 11 behandelt. Diese Ergebnisse können hier sinngemäß auf das Strahlungsfeld übertragen werden.

Jede Mode eines Strahlungsfeldes besitzt einen Vernichtungsoperator a_s. Die kohärenten Zustände der einzelnen Mode sind nach Definition (11.26) die Eigenzustände

$$\mathsf{a}_s |\alpha_s\rangle = \alpha_s |\alpha_s\rangle. \tag{17.15}$$

Der komplexe Eigenwert α_s nummeriert den Zustand. Im Vielmodenfall ist der kohärente Zustand des Strahlungsfeldes der Produktzustand

$$|\{\alpha\}\rangle = \prod_s |\alpha_s\rangle. \tag{17.16}$$

Auch für diesen Produktzustand gilt die Eigenwertgleichung

$$\mathsf{a}_s |\{\alpha\}\rangle = \alpha_s |\{\alpha\}\rangle, \tag{17.17}$$

da der Operator a_s nur auf den Faktor $|\alpha_s\rangle$ der Mode s wirkt.

Wir betrachten zunächst die Erwartungswerte der Feldoperatoren im kohärenten Zustand. Der Erwartungswert des Operators a_s im Zustand $|\alpha_s\rangle$ ist nach (17.15)

$$\langle \alpha_s | \mathsf{a}_s | \alpha_s \rangle = \alpha_s. \tag{17.18}$$

Nach (16.58) besitzt a_s physikalisch die Bedeutung eines Operators für die komplexe Amplitude der Mode. Nach (11.34) besitzt α auch die Zeitabhängigkeit

$$\alpha_s(t) = \alpha_s(0) e^{-i\omega_s t} = |\alpha| e^{-i(\omega_s t - \varphi)}, \tag{17.19}$$

der klassischen Modenamplitude. Daher ist der Erwartungswert des Feldoperators einer Mode gleich einem klassischen Feld mit der Modenamplitude

$$A_s = \frac{1}{k_s} \sqrt{2\pi\hbar\omega_s}\, \alpha_s. \tag{17.20}$$

Als Beispiel berechnen wir die Erwartungswerte der Operatoren des elektrischen und magnetischen Feldes einer einzelnen Resonatormode s aus (16.29). Durch Anwendung

---

[1] R.J. Glauber, Phys. Rev. Lett. **10**, 84 (1963), Phys. Rev. **130**, 2529 (1963), Phys. Rev. **131**, 2766 (1963).

17.2 Kohärente Zustände

der Eigenwertgleichung (17.15) und der dazu adjungierten Gleichung folgt

$$\begin{aligned}\langle \mathsf{E}_s \rangle &= g_s \langle \alpha_s | \mathsf{a}_s + \mathsf{a}_s^+ | \alpha_s \rangle = g_s(\alpha_s + \alpha_s^*) \\ &= \mathcal{E}_0 \sin(k_s z) \cos(\omega_s t - \varphi) \end{aligned} \quad (17.21\text{a})$$

$$\begin{aligned}\langle \mathsf{B}_s \rangle &= -if_s \langle \alpha_s | \mathsf{a}_s - \mathsf{a}_s^+ | \alpha_s \rangle = -if_s(\alpha_s - \alpha_s^*) \\ &= -\mathcal{E}_0 \cos(k_s z) \sin(\omega_s t - \varphi), \end{aligned} \quad (17.21\text{b})$$

mit der elektrischen Feldamplitude

$$\mathcal{E}_0 = \sqrt{\frac{16\pi\hbar\omega_s}{V}} \, |\alpha_s|. \quad (17.22)$$

Die mittleren Felder der Mode im kohärenten Zustand $|\alpha_s\rangle$ sind hier dieselben, wie die einer klassischen Mode mit der Amplitude $\mathcal{E}_0$. Die Beziehung (17.22) zwischen der klassischen Amplitude $\mathcal{E}_0$ und dem Parameter α_s des kohärenten Zustands führt zu einem einfachen Zusammenhang zwischen den klassischen und quantenmechanischen Feldenergien: Die klassische Feldenergie der mittleren Felder (17.21) ist gleich der Energie der Photonen mit der mittleren Photonenzahl $\bar{n}_s = |\alpha_s|^2$,

$$\int dV \frac{1}{8\pi} \left(\langle \mathsf{E}_s \rangle^2 + \langle \mathsf{B}_s \rangle^2 \right) = \frac{\mathcal{E}_0^2}{16\pi} V = \hbar\omega_s \bar{n}_s. \quad (17.23)$$

Der gesamte Erwartungswert der Energie der Mode lässt sich einfach mit dem Teilchenzahloperator bestimmen,

$$\langle \mathsf{H} \rangle = \langle \alpha | \hbar\omega_s (\mathsf{a}^+\mathsf{a} + \frac{1}{2}) | \alpha \rangle = \hbar\omega_s \left(\bar{n}_s + \frac{1}{2} \right). \quad (17.24)$$

Der Vergleich von (17.24) mit (17.23) zeigt, dass im mittleren Feld eines kohärenten Zustands die gesamte Feldenergie bis auf die Energie der Nullpunktsschwingung enthalten ist.

Wir betrachten jetzt die quantenmechanischen Schwankungen der Felder um den Mittelwert. Diese Schwankungen sind beim Fock-Zustand gewissermaßen maximal, beim kohärenten Zustand minimal. Man kann die Eigenschaft minimaler quantenmechanischer Unschärfe auch als Definition des kohärenten Zustands verwenden. Dazu geben wir zunächst eine genaue Definition der minimalen Unschärfe an. Da der Hamilton-Operator einer Mode eine quadratische Funktion der kanonischen Variablen ist, kann der Erwartungswert der Energie als Summe der Energie der Erwartungswerte der Variablen und der Energie ihrer Schwankungen dargestellt werden,

$$\langle \mathsf{H}(\mathsf{p},\mathsf{q}) \rangle = H(\langle \mathsf{p} \rangle, \langle \mathsf{q} \rangle) + H(\Delta p, \Delta q), \quad (17.25\text{a})$$

mit

$$\Delta q^2 = \langle (\mathsf{q} - \langle \mathsf{q} \rangle)^2 \rangle = \langle \mathsf{q}^2 \rangle - \langle \mathsf{q} \rangle^2, \quad (17.25\text{b})$$
$$\Delta p^2 = \langle (\mathsf{p} - \langle \mathsf{p} \rangle)^2 \rangle = \langle \mathsf{p}^2 \rangle - \langle \mathsf{p} \rangle^2, \quad (17.25\text{c})$$

Die minimale Schwankung der kanonischen Variablen ist nach der Heisenberg-Unschärferelation,

$$\Delta p \Delta q = \frac{\hbar}{2}. \tag{17.26}$$

Fordert man zusätzlich, dass auch der Schwankungsanteil der Energie $H_S = H(\Delta p, \Delta q)$ ein Minimum besitzt, so müssen die Schwankungen $x = \omega \Delta q$, $y = \Delta p$ die Bedingungen

$$x^2 + y^2 = 2H_S, \qquad 2xy = \hbar\omega \tag{17.27}$$

mit dem minimal möglichen H_S erfüllen. Aus der Beziehung

$$2H_S = x^2 + y^2 - 2xy + \hbar\omega = \hbar\omega + (x-y)^2 \geq \hbar\omega \tag{17.28}$$

ergibt sich das Minimum für $x = y$ mit den Unschärfen,

$$\Delta p^2 = \omega^2 \Delta q^2 = H_S = \frac{\hbar\omega}{2}. \tag{17.29}$$

Definition 17.2: *Zustand minimaler Unschärfe*

Ein Quantenzustand des harmonischen Oszillators der die Unschärfen (17.29) besitzt, heißt Zustand minimaler Unschärfe.

Wir zeigen nun, dass ein Quantenzustand des harmonischen Oszillators genau dann ein Zustand minimaler Unschärfe ist, wenn er ein kohärenter Zustand ist. Zur Vereinfachung der Notation definieren wir Operatoren,

$$\mathsf{Q} = \sqrt{\frac{2\omega}{\hbar}}\,\mathsf{q} = \mathsf{a} + \mathsf{a}^+, \qquad \mathsf{P} = \sqrt{\frac{2}{\hbar\omega}}\,\mathsf{p} = -i(\mathsf{a} - \mathsf{a}^+), \tag{17.30}$$

deren minimale Unschärfen auf eins normiert sind,

$$\Delta \mathsf{Q} = \Delta \mathsf{P} = 1. \tag{17.31}$$

Die Schwankungsquadrate dieser Operatoren können durch die Kovarianzen der Erzeugungs- und Vernichtungsoperatoren ausgedrückt werden,

$$\begin{aligned}\Delta \mathsf{Q}^2 &= \langle (\Delta \mathsf{a} + \Delta \mathsf{a}^+)^2 \rangle \\ &= \langle \Delta \mathsf{a}^2 \rangle + \langle \Delta \mathsf{a}^{+2} \rangle + 2\langle \Delta \mathsf{a}^+ \Delta \mathsf{a} \rangle + 1, \\ \Delta \mathsf{P}^2 &= -\langle (\Delta \mathsf{a} - \Delta \mathsf{a}^+)^2 \rangle \\ &= -\langle \Delta \mathsf{a}^2 \rangle - \langle \Delta \mathsf{a}^{+2} \rangle + 2\langle \Delta \mathsf{a}^+ \Delta \mathsf{a} \rangle + 1,\end{aligned} \tag{17.32}$$

mit

$$\Delta \mathsf{a} = \mathsf{a} - \langle \mathsf{a} \rangle, \qquad \Delta \mathsf{a}^+ = \mathsf{a}^+ - \langle \mathsf{a}^+ \rangle. \tag{17.33}$$

Das gemischte Operatorprodukt $\Delta a^+ \Delta a$ wurde hier in die Normalordnung gebracht, bei welcher der Erzeugungsoperator links vom Vernichtungsoperator steht. Da diese Operatoren nicht miteinander kommutieren erhält man bei der Vertauschung den Summanden 1, der gerade die minimale Unschärfe angibt. Die beiden Bedingungen aus (17.31) ergeben nun

$$\langle \Delta a^+ \Delta a \rangle = \langle a^+ a \rangle - \langle a^+ \rangle \langle a \rangle = 0, \tag{17.34a}$$

$$\langle \Delta a^2 \rangle + \langle \Delta a^{+2} \rangle = 0. \tag{17.34b}$$

Die erste Bedingung wird als Faktorisierungsbedingung bezeichnet. Wie in (11.25) ergibt sich aus der Faktorisierungsbedingung die Eigenwertgleichung für den kohärenten Zustand. Für den kohärenten Zustand faktorisieren dann auch $\langle a^2 \rangle$ und $\langle a^{+2} \rangle$, so dass die zweite Bedingung aus (17.34a) ebenfalls erfüllt wird.

Eine weitere charakteristische Eigenschaft der kohärenten Zustände ist die Photonenzahlstatistik. Wie in (11.29) zeigt man, dass die Photonenzahl n in einem kohärenten Zustand mit der mittleren Photonenzahl $\bar{n}$ der Poisson-Statistik

$$p_n = \frac{\bar{n}^n e^{-\bar{n}}}{n!}, \tag{17.35}$$

genügt. Für die relative Schwankung der Photonenzahl gilt nach (11.31)

$$\frac{\Delta n}{\bar{n}} = \frac{1}{\sqrt{\bar{n}}}. \tag{17.36}$$

17.3 Strahlung im thermischen Gleichgewicht

Die Poisson-Statistik unterscheidet sich grundsätzlich von der Bose-Einstein-Statistik einer thermischen Lichtquelle. Zum Vergleich fassen wir hier die Eigenschaften von thermischem Licht zusammen. Elektromagnetische Strahlung im thermischen Gleichgewicht wird als Wärmestrahlung oder thermische Strahlung bezeichnet. Historisch gesehen war das Problem des Strahlungsgleichgewichts der Ausgangspunkt für die Plancksche Quantenhypothese und für die Einsteinsche Theorie der Emission und Absorption. Wärmestrahlung kann als ideales Bose-Gas nach den Gesetzen der statistischen Physik behandelt werden. Die Statistik von Bose-Teilchen wurde von Bose (1924) für Lichtquanten eingeführt und von Einstein (1924) verallgemeinert.

Im thermischen Gleichgewicht bei der Temperatur T wird das Feld einer Mode der Frequenz ω in einer kanonischen Gesamtheit durch den statistischen Operator

$$\varrho = \frac{1}{Z} e^{-\beta \mathsf{H}}, \quad \beta = \frac{1}{k_B T}, \quad \mathsf{H} = \hbar \omega \left(\mathsf{a}^+ \mathsf{a} + \frac{1}{2} \right) \tag{17.37}$$

mit der Zustandssumme

$$Z = \mathrm{Sp}(e^{-\beta \mathsf{H}}) \tag{17.38}$$

bestimmt. In der Besetzungszahldarstellung ist der statistische Operator diagonal. Die Diagonalelemente besitzen eine Boltzmann-Verteilung,

$$p_n = \langle n|\varrho|n\rangle = \frac{1}{Z} e^{-\beta E_n}, \qquad E_n = \hbar\omega\left(n + \frac{1}{2}\right). \tag{17.39}$$

Diese geben die Wahrscheinlichkeit des Zustands $|n\rangle$ mit dem Energieeigenwert E_n im Ensemble an. Die Nullpunktsenergie ergibt im Zähler und Nenner denselben Faktor, der sich herauskürzt. Daher kann man in (17.39) vereinfachend $E_n = n\hbar\omega$ setzen. Die Zustandssumme Z kann in der Besetzungszahldarstellung mit Hilfe der geometrischen Reihe aufsummiert werden,

$$Z = \sum_{n=0}^{\infty} q^n = \frac{1}{1-q}, \qquad q = e^{-\beta\hbar\omega}. \tag{17.40}$$

Die mittlere Photonenzahl ist

$$\overline{n} = \sum_{n=0}^{\infty} n p_n = \frac{q\partial_q Z}{Z} = \frac{qZ^2}{Z} = qZ = \frac{1}{\exp(\beta h\nu) - 1}. \tag{17.41}$$

Damit erhält man für die spektrale Energiedichte die Planck-Verteilung (1.36). Als Funktion der Frequenz treten bei kleinen Frequenzen hohe bei großen Frequenzen nur sehr kleine mittlere Photonenzahlen auf.

Beispiel 17.3 *Mittlere Photonenzahl*

Im Maximum der Planckschen Verteilung für die spektrale Energiedichte der Wärmestrahlung ist $h\nu/k_B T \approx 2.82$. Die mittlere Photonenzahl bei dieser Frequenz ist klein: $\overline{n} \approx 0.06$

Zur Berechnung des mittleren Schwankungsquadrates der Photonenzahl ist es am einfachsten, zunächst den Mittelwert von $n(n-1)$ zu bestimmen:

$$\overline{n(n-1)} = \sum_{n=0}^{\infty} n(n-1) p_n$$
$$= \frac{q^2 \partial_q^2 Z}{Z} = \frac{q^2 \partial_q Z^2}{Z} = 2q^2 \partial_q Z = 2(qZ)^2 = 2\overline{n}^2 \tag{17.42}$$

Damit folgt für das mittlere Schwankungsquadrat

$$(\Delta n)^2 = \overline{(n-\overline{n})^2} = \overline{n^2} - \overline{n}^2 = \overline{n(n-1)} + \overline{n} - \overline{n}^2 = \overline{n}^2 + \overline{n}. \tag{17.43}$$

Die relative Schwankung um den Mittelwert ist also immer größer 1:

$$\frac{\Delta n}{\overline{n}} = \sqrt{1 + \frac{1}{\overline{n}}}. \tag{17.44}$$

Der Parameter q der kanonischen Verteilung kann mit (17.41) durch die mittlere Photonenzahl ausgedrückt werden,

$$q = \frac{\overline{n}}{1 + \overline{n}} \tag{17.45}$$

Damit kann (17.39) als Funktion der mittleren Besetzungszahl angegeben werden,

$$p_n = (1-q)q^n = \frac{1}{1+\overline{n}} \left(\frac{\overline{n}}{1+\overline{n}} \right)^n. \tag{17.46}$$

Die thermische Verteilung besitzt den Maximalwert $1/(1+\overline{n})$ bei $n=0$ und nimmt als Funktion von n exponentiell ab.

17.4 Strahlungsfeld mit klassischer Anregung

Nachdem bisher freie Felder betrachtet wurden, wird jetzt ein angeregtes System untersucht. Die Anregung erfolgt durch eine externe klassische Stromdichte. Dieses Modell ist in verschiedener Hinsicht bemerkenswert:

Lineare Wechselwirkung: Der Hamilton-Operator des extern angeregten Feldes ist linear im Vektorpotential. Der lineare Hamilton-Operator der Wechselwirkung ist hier weder auf kleine Feldstärken noch auf die Dipolnäherung eingeschränkt.

Exakte Lösung: Die Anregung der quantenmechanischen Oszillatoren des Feldes durch eine klassische Stromdichte kann mit den Eigenschaften von Verschiebungsoperatoren exakt gelöst werden. Die Methode zur Lösung des angeregten quantenmechanischen Oszillators wurde bereits in Abschnitt 11.6 dargestellt.

Kohärenter Zustand: Es ist zu erwarten, dass ein klassisch angeregtes Quantensystem sich näherungsweise klassisch verhält. Im vorliegenden Fall kann allgemein gezeigt werden, dass sich das klassisch angeregte quantisierte Strahlungsfeld in einem kohärenten Zustand befindet.

Die Ankopplung des Feldes an die Stromdichte kann, zunächst klassisch, im Rahmen der Lagrange-Dichte,

$$\mathcal{L} = \mathcal{L}_f + \mathcal{L}_W, \tag{17.47}$$

$$\mathcal{L}_f = \frac{1}{8\pi c^2} \left[(\partial_t \boldsymbol{A})^2 - (c\boldsymbol{\nabla} \times \boldsymbol{A})^2 \right], \qquad \mathcal{L}_w = \frac{1}{c} \boldsymbol{j} \cdot \boldsymbol{A}.$$

beschrieben werden. Hierbei bezeichnet $\mathcal{L}_f$ die Lagrange-Dichte des freien Feldes aus (16.1) und $\mathcal{L}_w$ die Wechselwirkung des Feldes mit einer vorgegebenen Stromdichte. Die lineare Kopplung von $\boldsymbol{j}$ an $\boldsymbol{A}$ ist genauso gewählt wie die bereits bekannte Wechselwirkung (8.10) einer Punktladung mit dem Feld. Für Punktteilchen mit der Stromdichte (2.40) ergibt die Integration über das Volumen den Wechselwirkungsterm (8.10),

$$\int dV\, \mathcal{L}_W = \frac{1}{c}\sum_i \int dV\, q_i \boldsymbol{v}_i \delta(\boldsymbol{r}-\boldsymbol{r}_i)\cdot \boldsymbol{A}(\boldsymbol{r},t)$$
$$= \frac{1}{c}\sum_i q_i \boldsymbol{v}_i \cdot \boldsymbol{A}(\boldsymbol{r}_i,t). \tag{17.48}$$

Wendet man das Hamilton-Prinzip (16.5) auf die Lagrange-Dichte (17.47) an, so ergibt sich die Wellengleichung (2.26),

$$\Delta \boldsymbol{A} - \frac{1}{c^2}\partial_t^2 \boldsymbol{A} = -\frac{4\pi}{c}\boldsymbol{j}. \tag{17.49}$$

Aus der Lagrange-Funktion (17.47) mit den verallgmeinerten Koordinaten A_i und Geschwindigkeiten $\partial_t A_i$ erhält man die Hamilton-Funktion

$$H = \sum_i \frac{\partial \mathcal{L}}{\partial(\partial_t A_i)}(\partial_t A_i) - \mathcal{L} = H_f + H_w, \tag{17.50}$$
$$H_f = \int dV\, \frac{1}{8\pi}\left(E^2+B^2\right), \qquad H_w = -\frac{1}{c}\int dV\, \boldsymbol{j}\cdot \boldsymbol{A}.$$

Sie besteht aus der Hamilton-Funktion H_f des freien Feldes und dem in $\boldsymbol{A}$ linearen Wechselwirkungsterm H_w. Der Wechselwirkungsterm ist hier so einfach, da die Stromdichte vorgegeben und daher keine Variation bezüglich der Teilchenkoordinaten wie in (8.23) notwendig ist.

Die Hamilton-Funktion (17.50) besitzt dieselben kanonischen Variablen wie die des freien Feldes. Daher kann die Quantisierung genauso durchgeführt werden. Die Wechselwirkung H_w wird dabei durch den Wechselwirkungsoperator

$$\mathsf{H}_w = -\frac{1}{c}\int dV\, \boldsymbol{j}\cdot \boldsymbol{\mathsf{A}} \tag{17.51}$$

mit der klassischen Stromdichte $\boldsymbol{j}$ und dem quantenmechanischen Feldoperator $\boldsymbol{\mathsf{A}}$ ersetzt.

Die Zeitentwicklung des Strahlungsfeldes kann im Wechselwirkungsbild (Abschnitt 9.6) mit der Schrödingergleichung

$$i\hbar \partial_t |\psi\rangle = \mathsf{H}_w |\psi\rangle \tag{17.52}$$

berechnet werden. Im Wechselwirkungsbild besitzen die Operatoren definitionsgemäß dieselbe Zeitabhängigkeit, wie die Operatoren des ungestörten Systems im Heisenberg-Bild. Die Entwicklung des Feldoperators und des Wechselwirkungsoperators nach den

17.4 Strahlungsfeld mit klassischer Anregung

Erzeugern und Vernichtern der Photonen der einzelnen Moden besitzt dann die Form,

$$\mathbf{A}(\mathbf{r},t) = \sum_s \mathbf{f}_s(\mathbf{r},t)\,\mathsf{a}_s + \mathbf{f}_s^*(\mathbf{r},t)\,\mathsf{a}_s^+, \qquad (17.53a)$$

$$\mathbf{f}_s(\mathbf{r},t) = \frac{1}{k_s}\sqrt{\frac{2\pi\hbar\omega_s}{V}}\,\mathbf{e}_s\,e^{i\mathbf{k}_s\cdot\mathbf{r} - i\omega_s t},$$

$$\frac{1}{i\hbar}\mathsf{H}_w(t) = \sum_s j_s(t)\,\mathsf{a}_s^+ - j_s^*(t)\,\mathsf{a}_s, \qquad (17.53b)$$

$$j_s(t) = \frac{i}{\hbar c}\int dV\,\mathbf{f}_s^*(\mathbf{r},t)\cdot\mathbf{j}(\mathbf{r},t).$$

In (17.53a) wurde die Normalmodenentwicklung (16.60) verwendet. Die Zeitabhängigkeit (17.14) der Heisenberg-Operatoren des freien Feldes wurde in die Modenkoeffizienten $\mathbf{f}_s(\mathbf{r},t)$ geschrieben, so dass a_s und a_s^+ in (17.53a) wieder zeitunabhängig sind. In (17.53b) sind die Entwicklungskoeffizienten des Wechselwirkungsoperators proportional zu den Entwicklungskoeffizienten der Stromdichte bezüglich der Normalmoden. Entsprechend der Linearität der Feldgleichung (17.49) wird eine Mode des Feldes also nur durch dieselbe Mode der Stromdichte angeregt.

Die Lösung der Schrödinger-Gleichung (17.52) erfolgt nun wie in Abschnitt (11.6), indem man zuerst den Zeitentwicklungsoperators eines infinitesimalen Zeitintervalls mit einem konstanten Hamilton-Operator $\mathsf{H}_w(t)$ betrachtet,

$$\Delta\mathsf{U} = \exp\left(-\frac{i}{\hbar}\mathsf{H}_w(t)\Delta t\right) = \exp\left(\sum_s \left[j_s(t)\,\mathsf{a}_s^+ - j_s^*(t)\,\mathsf{a}_s\right]\Delta t\right)$$

$$= \prod_s \exp\left(j_s(t)\Delta t\,\mathsf{a}_s^+ - j_s^*(t)\Delta t\,\mathsf{a}_s\right) = \prod_s \mathsf{D}(j_s(t)\Delta t). \qquad (17.54)$$

Der Zeitentwicklungsoperator kann wegen der Vertauschungsrelationen (16.25) bezüglich der Moden faktorisiert werden. Das Ergebnis ist ein Produkt von Verschiebungsoperatoren der Form (11.59) mit den infinitesimalen Verschiebungen $\Delta\alpha_s = j_s(t)\Delta t$ für die einzelnen Moden. Für ein endliches Zeitintervall kann man den Zeitentwicklungsoperator, wie in (11.62), als Produkt sukzessiver infinitesimaler Zeitentwicklungsoperatoren berechnen. Man erhält dann den Verschiebungsoperator,

$$\mathsf{U} = e^{i\varphi}\prod_s \mathsf{D}(\alpha_s), \qquad (17.55)$$

mit endlichen Verschiebungen für die einzelnen Moden,

$$\alpha_s = \sum_n j_s(t_n)\Delta t = \int_{t'=0}^{t} j_s(t')dt'. \qquad (17.56)$$

Die Phase φ ergibt sich aus dem Additionstheorem für Verschiebungsoperatoren (11.46), sie wird aber für die Berechnung von Erwartungswerten nicht benötigt.

Wird ein Strahlungsfeld ausschließlich durch die klassische Stromdichte erzeugt, so befindet es sich zum Anfangszeitpunkt $t = 0$ noch im Vakuumzustand,

$$|\psi(0)\rangle = |\{0\}\rangle = |n_1 = 0\rangle|n_2 = 0\rangle|n_3 = 0\rangle\cdots. \tag{17.57}$$

Dann zeigt die Anwendung des Zeitentwicklungsoperators (17.55) und des Verschiebungstheorems (11.43), dass sich das von der klassischen Stromdichte abgestrahlte Feld immer in einem kohärenten Quantenzustand befindet,

$$|\psi(t)\rangle = \mathsf{U}|\{0\}\rangle = e^{i\varphi}|\{\alpha\}\rangle, \qquad |\{\alpha\}\rangle = \prod_s |\alpha_s\rangle. \tag{17.58}$$

18 Atome im quantisierten Feld

- Wechselwirkungs-Hamilton-Operator
- Störungstheorie
- Spontane Emission
- A-Koeffizient
- Jaynes-Cummings Modell
- Rabi-Oszillationen
- Weisskopf-Wigner Theorie der spontanen Emission

Die Wechselwirkung von Atomen mit dem quantisierten Strahlungsfeld wird zunächst im Rahmen der zeitabhängigen Störungstheorie beschrieben. Im Vergleich zur semiklassischen Übergangsrate wird die Energiedichte des klassischen Feldes durch die Energiedichte der Photonen ersetzt. Bei der Absorption ist die Photonenzahl n vor, bei der Emission die Photonenzahl $n+1$ nach dem Übergang einzusetzen. Damit erhält man zusätzlich zur induzierten auch die spontane Emission.

Das Jaynes-Cummings Modell beschreibt ein Zweiniveausystem im Feld einer quantisierten Resonatormode. Dieses Modell erlaubt eine vollständig quantenmechanische Behandlung der Rabi-Oszillationen.

Die Zerfallsrate eines angeregten Atoms aufgrund der spontanen Emission wird im Rahmen der Störungsrechnung und allgemeiner im Rahmen der Weisskopf-Wigner Theorie behandelt. Beide Ansätze ergeben als Zerfallsrate den Einstein-A-Koeffizient. Die Weisskopf-Wigner-Theorie zeigt darüberhinaus, dass ein exponentielles Zerfallsgesetz gilt und eine Verschiebung der Übergangsfrequenz auftritt.

18.1 Hamilton-Operator der Licht-Atom-Wechselwirkung

Wir betrachten nun die Wechselwirkung eines Atoms mit dem quantisierten elektromagnetischen Feld. Der Einfachheit halber beschränken wird uns auf ein Einelektronensystem. Zur Herleitung des Hamilton-Operators des Atoms im elektromagnetischen Feld wird zunächst die klassische Hamilton-Funktion aus der klassischen Lagrange-Funktion abgeleitet. Die klassische Lagrange-Funktion ist die Summe der Lagrange-Funktionen des freien Feldes (16.4) und der Lagrange-Funktion des an das Feld gekoppelten Teilchens, die als nichtrelativistischer Grenzfall von (8.13) angenommen wird,

$$L = L_f(\boldsymbol{A}, \partial_t \boldsymbol{A}) + L_t(\boldsymbol{r}, \boldsymbol{v}, \boldsymbol{A}) \tag{18.1}$$

$$L_f(\boldsymbol{A}, \partial_t \boldsymbol{A}) = \frac{1}{8\pi c^2} \int dV \left[(\partial_t \boldsymbol{A})^2 - (c \boldsymbol{\nabla} \times \boldsymbol{A})^2 \right]$$

$$L_t = \frac{1}{2} m v^2 - q\phi + \frac{q}{c} \boldsymbol{v} \cdot \boldsymbol{A}.$$

Das skalare Potential ϕ bezeichnet hier ein statisches Potential, z.B. das Potential des Atomkerns. Im statischen Grenzfall $\omega \to 0$, verschwindet die Photonenenergie. Daher ist das statische Feld immer mit hohen Photonenzahlen besetzt und wird deshalb im folgenden klassisch behandelt. Beim Übergang zur Hamilton-Funktion werden die Impulse $\boldsymbol{p}$ durch die in (8.15) definierten kanonischen Impulse $\boldsymbol{P}$ ersetzt,

$$\boldsymbol{p} = \boldsymbol{P} - \frac{q}{c} \boldsymbol{A}. \tag{18.2}$$

Die aus der Lagrange-Funktion (18.1) abgeleitete Hamilton-Funktion ist dann

$$H = H_f + H_t, \tag{18.3}$$

$$H_f = \int dV \left[\sum_i \left(\frac{\partial \mathcal{L}_f}{\partial \partial_t A_i} \partial_t A_i \right) - \mathcal{L}_f \right] = \int dV \frac{1}{8\pi} \left(E^2 + B^2 \right),$$

$$H_t = \boldsymbol{P} \cdot \boldsymbol{v} - L_t = \frac{(\boldsymbol{P} - \frac{q}{c} \boldsymbol{A})^2}{2m} + q\phi.$$

Die Lagrange-Funktion des freien Feldes L_f führt zur Hamilton-Funktion H_f des freien Feldes, da L_t nicht von den verallgemeinerten Geschwindigkeiten $\partial_t \boldsymbol{A}$ des Feldes abhängt. In der Hamilton-Funktion des Teilchens wird die Wechselwirkung mit dem Feld vollständig durch die Substitution (18.2) beschrieben. Mit Ausnahme der Ersetzung des Teilchenimpulses durch den kanonischen Impuls ist die Hamilton-Funktion des Gesamtsystems gleich der Summe der ungekoppelten Hamilton-Funktionen der Felder und der Teilchen.

Der quantenmechanische Hamilton-Operator des Gesamtsystems folgt aus der Hamilton-Funktion (18.3) indem man dort für H_f den Hamilton-Operator des freien Feldes (16.70) und für H_t den Hamilton-Operator des Teilchens (10.7) substituiert. Das Vektorpotential wird dabei in der Coulomb-Eichung gewählt und durch den Feldoperator (16.60) ersetzt. Man kann dann den gesamten Hamilton-Operator als Summe der Hamilton-Operatoren des freien Feldes H_f, des ungestörten Atoms H_a und einer Wechselwirkung

H_{af} ausdrücken,

$$\mathsf{H} = \mathsf{H}_f + \mathsf{H}_a + \mathsf{H}_{fa}, \tag{18.4}$$

$$\mathsf{H}_f = \sum_s \hbar\omega_s \left(\mathsf{a}_s^+ \mathsf{a}_s + \frac{1}{2}\right), \qquad \mathsf{H}_a = \frac{\mathsf{P}^2}{2m} + q\phi,$$

$$\mathsf{H}_{af} = -\frac{q}{mc}\mathbf{A}\cdot\mathbf{P} + \frac{1}{2m}\left(\frac{q\mathsf{A}}{c}\right)^2.$$

Der Hamilton-Operator H wird in dieser Form oft als Hamilton-Operator der minimalen Kopplung, der Anteil H_{af} als Wechselwirkungs-Hamilton-Operator bezeichnet. Der Hamilton-Operator der minimalen Kopplung ist von der Eichung des Potentials abhängig und kann im Rahmen von Näherungsverfahren zu eichabhängigen Ergebnissen führen. Daher werden oft auch andere Formen des Hamilton-Operators verwendet, bei denen das Vektorpotential eliminiert und durch Multipole der physikalischen Felder ersetzt wird. Wir werden die allgemeine Multipolform des Hamiltonoperators hier nicht behandeln. Es sei aber erwähnt, dass sich in der Dipolnäherung als führender Term die bekannte Dipolwechselwirkung

$$\mathsf{H}_{af} = -\mathbf{d}\cdot\mathbf{E} \tag{18.5}$$

ergibt, bei der $\mathbf{d}$ den Operator des Dipolmoments und $\mathbf{E}$ den Operator des elektrischen Feldes bezeichnen.

18.2 Übergangsraten für Absorption und Emission

Der Wechselwirkungsoperator induziert Übergänge zwischen den stationären Zuständen der nichtwechselwirkenden Systeme. Wir betrachten im folgenden die Übergangsraten im Rahmen der linearen zeitabhängigen Störungsrechnung.

Die stationären Zustände $|\{n\}\rangle$ des freien Strahlungsfeldes und $|a\rangle$ des ungestörten Atoms werden jeweils durch die Eigenwertgleichungen

$$\mathsf{H}_f|\{n\}\rangle = E_{\{n\}}|\{n\}\rangle, \tag{18.6}$$

$$\mathsf{H}_a|a\rangle = E_a|a\rangle \tag{18.7}$$

definiert. Die Produktzustände

$$|a,\{n\}\rangle = |a\rangle|\{n\}\rangle \tag{18.8}$$

sind dann stationäre Zustände des nichtwechselwirkenden Gesamtsystems,

$$(\mathsf{H}_f + \mathsf{H}_a)|a,\{n\}\rangle = (E_{\{n\}} + E_a)|a,\{n\}\rangle. \tag{18.9}$$

Diese bilden eine vollständige Basis bezüglich der ein beliebiger Quantzustand des Gesamtsystems entwickelt werden kann. Befindet sich das Atom anfangs im Zustand

$|b\rangle$, das Feld in einem Zustand $|0,\cdots,n_s,0,\cdots\rangle$, in dem nur die Mode s mit n_s Photonen besetzt ist, so ist der Anfangszustand

$$|\psi_i\rangle = |b\rangle|0,\cdots,n_s,0,\cdots\rangle. \qquad (18.10)$$

Durch die Wechselwirkung entsteht ein Zustand des Gesamtsystems mit der allgemeinen Darstellung

$$|\psi\rangle = \sum_{a,\{n\}} c_{a,\{n\}} |a,\{n\}\rangle. \qquad (18.11)$$

Die Übergangsamplituden $c_{a,\{n\}}$ in die einzelnen stationären Zustände können mit der Methode der zeitabhängigen Störungsrechung (Abschnitt 12.1) berechnet werden. Die Störungsrechnung wird am einfachsten im Wechselwirkungsbild ausgeführt. Da die Operatoren des Feldes und des Atoms miteinander vertauschen, kann die unitäre Transformation ins Wechselwirkungsbild als Produkt geschrieben werden

$$\mathsf{U}_0^+ = \mathsf{U}_a^+ \mathsf{U}_f^+,$$

$$\mathsf{U}_0^+ = e^{i(\mathsf{H}_a+\mathsf{H}_f)t/\hbar}, \qquad \mathsf{U}_a^+ = e^{i(\mathsf{H}_a)t/\hbar}, \qquad \mathsf{U}_f^+ = e^{i(\mathsf{H}_f)t/\hbar}. \qquad (18.12)$$

Der Wechselwirkungsoperator (18.5) besitzt dann die Form,

$$\mathsf{H}_I = -\mathbf{d}_I \cdot \mathbf{E}_I \qquad (18.13)$$

mit

$$\mathbf{d}_I = \mathsf{U}_a^+ \mathbf{d}\mathsf{U}_a \qquad \mathbf{E}_I = \mathsf{U}_f^+ \mathbf{E}\mathsf{U}_f \qquad (18.14)$$

In der Basis der stationären Zustände ergibt sich für den Dipoloperator die Darstellung

$$\mathbf{d}_{I,ab} = \mathbf{d}_{ab} e^{i\omega_{ab}t}, \qquad \hbar\omega_{ab} = E_a - E_b. \qquad (18.15)$$

Der Feldoperator kann wie in der Zusammenfassung (16.1) entwickelt und im Wechselwirkungsbild mit (17.14) in der Form

$$\mathbf{E}_I = \sum_s \mathbf{g}_s \mathsf{a}_s e^{-i\omega_s t} + \mathbf{g}_s^* \mathsf{a}_s^+ e^{i\omega_s t} \qquad (18.16)$$

angegeben werden.

Wir betrachten zuerst die Rate für einen Übergang des Atoms von einem tieferliegenden in ein höheres Energieniveau unter Absorption eines Photons. Der Anfangszustand $|\psi_i\rangle$ und der Endzustand $|\psi_f\rangle$ sind in diesem Fall

$$|\psi_i\rangle = |b\rangle|0,\cdots,n_s,0,\cdots\rangle,$$
$$|\psi_f\rangle = |a\rangle|0,\cdots,n_s-1,0,\cdots\rangle, \qquad (18.17)$$

18.2 Übergangsraten für Absorption und Emission

mit zwei Energieniveaus $E_a > E_b$ und einer Photonenenergie in der Nähe der Übergangsenergie $\hbar\omega_s \approx \hbar\omega_{ab}$. Nach (18.53) ist die Übergangswahrscheinlichkeit proportional zum Betragsquadrat des Übergangsmatrixelements

$$\begin{aligned}\langle\psi_f|-\mathbf{d}_I\cdot\mathbf{E}_I|\psi_i\rangle &= -\mathbf{d}_{ab}\cdot\mathbf{g}_s\langle n_s-1|\mathbf{a}_s|n_s\rangle\,e^{i(\omega_{ab}-\omega_s)t}\\ &= -\mathbf{d}_{ab}\cdot\mathbf{e}_s\,g_s\sqrt{n_s}\,e^{i(\omega_{ab}-\omega_s)t}.\end{aligned} \quad (18.18)$$

Dieses Matrixelement oszilliert nur langsam mit der kleinen Verstimmungsfrequenz $\omega_{ab}-\omega_s$. Die Matrixelemente in andere Endzustände sind im Vergleich zu (18.18) schnell oszillierend und werden daher im Sinne der RWA (Abschnitt 13.1) vernachlässigt. Mit der Substitution

$$E_0 = g_s\sqrt{n_s} = 2i\sqrt{\frac{2\pi\hbar\omega_s n_s}{V}} \quad (18.19)$$

ist das Matrixelement (18.18) identisch mit dem in der semiklassischen Theorie behandelten Matrixelement (12.64). Der klassischen Energiedichte von E_0 entspricht nach (18.19) die Energiedichte der Photonen im Anfangszustand,

$$\frac{|E_0|^2}{8\pi} = \frac{\hbar\omega_s n_s}{V}. \quad (18.20)$$

Man erhält deshalb die quantenmechanische Übergangsrate, indem man in der semiklassischen Übergangsrate (12.73) nur die Substitution der Energiedichte nach (18.20) vornimmt,

$$r_{ab} = b_{ab}\,w(\nu)\,\delta(\nu_s-\nu_{ab}), \qquad w(\nu) = \frac{h\nu_s n_s}{V} \quad (18.21)$$

Der b-Koeffizient ist unabhängig vom konkreten Ausdruck für die Energiedichte und daher in beiden Fällen identisch. Dies ist die Absorptionsrate für Übergänge des Atoms im Feld einer einzelnen Mode. Für ein thermisches Strahlungsfeld kann man wie im semiklassischen Fall die über die Moden integrierte und richtungsgemittelte Rate (12.80) angeben, deren Proportionalitätskonstante der Einsteinsche B-Koeffizient ist.

Bei der Emission eines Photons geht das Atom von einem höheren in ein niedrigeres Energieniveau über. Dabei erhöht sich die Photonenzahl der Mode um eins. Der Anfangszustand und der Endzustand sind in diesem Fall

$$\begin{aligned}|\psi_i\rangle &= |a\rangle|0,\cdots,n_s,0,\cdots\rangle,\\ |\psi_f\rangle &= |b\rangle|0,\cdots,n_s+1,0,\cdots\rangle.\end{aligned} \quad (18.22)$$

Das entsprechende Übergangsmatrixelement ist,

$$\begin{aligned}\langle\psi_f|-\mathbf{d}_I\cdot\mathbf{E}_I|\psi_i\rangle &= -\mathbf{d}_{ba}\cdot\mathbf{g}_s^*\langle n_s+1|\mathbf{a}_s^+|n_s\rangle\,e^{-i(\omega_{ab}-\omega_s)t}\\ &= -\mathbf{d}_{ba}\cdot\mathbf{e}_s^*\,g_s^*\sqrt{n_s+1}\,e^{-i(\omega_{ab}-\omega_s)t}.\end{aligned} \quad (18.23)$$

Das Übergangsmatrixelement (18.23) entspricht hier einem semiklassischen Übergangsmatrixelement mit der effektiven Feldamplitude

$$E_0 = g_s \sqrt{n_s + 1}. \tag{18.24}$$

Gemäß (18.24) ist bei der Emission die semiklassische Energiedichte durch die Energiedichte der Photonen im Endzustand zu ersetzen,

$$\frac{|E_0|^2}{8\pi} = \frac{\hbar \omega_s (n_s + 1)}{V}. \tag{18.25}$$

Man kann dies dadurch verstehen, dass der inverse Absorptionsprozess, der zu n_s Photonen im Endzustand führt, einen Anfangszustand mit n_s+1 Photonen aufweisen muss. In der semiklassischen Theorie ist die Mode nach Voraussetzung mit vielen Photonen besetzt, so dass eine Unterscheidung der Energiedichten vor und nach dem Übergang dort nicht möglich ist.

Die Beziehung (18.25) zeigt, dass ein angeregtes Atom auch dann ein Photon emittieren kann, wenn im Anfangszustand keine Photonen, $n_s = 0$, vorliegen. Dies ist die spontane Emission mit der Übergangsrate

$$r_{ba,sp} = b_{ba}\, w(\nu_s)\, \delta(\nu_s - \nu_{ab}), \qquad w(\nu) = \frac{h\nu_s}{V}. \tag{18.26}$$

Befinden sich vor der Emission schon n_s Photonen in der Mode, so gibt es zusätzlich die induzierte Emission mit der Rate,

$$r_{ba,ind} = n_s\, r_{ba,sp} = r_{ab}. \tag{18.27}$$

Sie ist gleich dem n_s-fachen der spontanen Rate und gleich groß wie die Absorptionsrate (18.21). Die von Einstein postulierten Raten der spontanen und induzierten Emission können somit aus der Quantentheorie des Strahlungsfeldes für jede einzelne Mode abgeleitet werden. Der Unterschied zwischen Absorption und Emission folgt hierbei aus den unterschiedlichen Eigenschaften der Vernichtungs- und Erzeugungsoperatoren für Photonen. Damit sind alle Einsteinkoeffizienten elementar berechenbar.

18.3 A-Koeffizient der spontanen Emission

Im Rahmen der Quantentheorie des Strahlungsfeldes kann der Einstein-A-Koeffizient der spontanen Emission berechnet werden. Die spontane Emissionsrate (18.26) gibt an, mit welcher Rate eine einzelne Mode eines Hohlraums beim spontanen Zerfall eines angeregten Atoms mit einem Photon besetzt wird. Der A-Koeffizient bezeichnet aber die gesamte spontane Emissionsrate des Atoms bei der Emission eines beliebigen Photons. Daher müssen die Übergangsraten in die einzelnen Moden noch aufsummiert werden,

$$A_{ab} = \sum_s r_{ba,sp,s}. \tag{18.28}$$

Die Summe beinhaltet eine Summe über die Polarisations- und Wellenvektoren der Moden und kann wie in (12.76) ausgeführt werden. Ersetzt man zunächst wieder die Summe über die Wellenvektoren durch ein Integral so folgt,

$$A_{ab} = \sum_\alpha \frac{V}{(2\pi)^3} \int dk k^2 \int d\Omega \, b_{ba} w(\nu_s) \delta(\nu_s - \nu_{ab}). \tag{18.29}$$

Mit $k = 2\pi\nu/c$ lässt sich das Integral über die Frequenzen unter Berücksichtigung der Delta-Funktion einfach angeben,

$$A_{ab} = \frac{h\nu_{ab}^3}{c^3} \sum_\alpha \int d\Omega \, b_{ba}. \tag{18.30}$$

Die Summe über die Polarisationsvektoren und das Integral über den Raumwinkel definiert nach (12.78) den Einstein-B-Koeffizienten. Damit ergibt sich die Einstein-Beziehung

$$A_{ab} = 8\pi \frac{h\nu_{ab}^3}{c^3} B_{ab}. \tag{18.31}$$

Verwendet man für B_{ab} den ebenfalls in (12.78) abgeleiteten Ausdruck,

$$B_{ab} = \frac{2\pi}{3} \frac{|\mathsf{d}_{ba}|^2}{\hbar^2},$$

so folgt für den A-Koeffizienten das Ergebnis

$$A_{ab} = \frac{4}{3} \frac{\omega_{ab}^3 |\mathsf{d}_{ba}|^2}{\hbar c^3}. \tag{18.32}$$

Die spontan emittierte Lichtintensität

$$I_{sp} = \hbar \omega_{ab} A_{ab} = \frac{4}{3} \frac{\omega_{ab}^4 |\mathsf{d}_{ba}|^2}{c^3} \tag{18.33}$$

besitzt dieselben Abhängigkeiten wie die klassische Dipolstrahlung (7.92).

18.4 Zweiniveausystem im quantisierten Einmodenfeld

Da der Gültigkeitsbereich der Störungsrechnung auf kleine Übergangswahrscheinlichkeiten begrenzt ist, liegt es nahe, die in der semiklassischen Theorie angewandte Näherung der RWA für Zweiniveausysteme mit einem quantisierten Strahlungsfeld zu verallgemeinern. Die Wechselwirkung eines Zweiniveausystems mit einer Mode des quantisierten Strahlungsfeldes ist als das Jaynes-Cummings-Modell bekannt.[1] Es erlaubt die

---
[1] E.T. Jaynes and F.W. Cummings, Proc. IEEE, **51**, 89 (1963).

vollständig quantenmechanische Behandlung der Rabi-Oszillationen der Besetzungen eines Zweiniveausystems.

Im Wechselwirkungsbild wird der Zustand des Gesamtsystems durch die Schrödinger-Gleichung

$$i\hbar\partial_t|\psi\rangle = \mathsf{H}_I|\psi\rangle \tag{18.34}$$

mit dem Wechselwirkungs-Hamilton-Operator

$$\mathsf{H}_I = -\mathbf{d}_I \cdot \mathbf{E}_I = -\mathbf{d}_I \cdot \mathbf{e}\,\mathsf{E}_I \tag{18.35}$$

bestimmt. Hierbei ist $\mathbf{d}_I$ der Dipoloperator des Zweiniveausystems und $\mathbf{E}_I = \mathsf{E}_I \mathbf{e}$ der Feldoperator einer Resonatormode mit der Polarisationsrichtung $\mathbf{e}$. Zur Vereinfachung der Notation wird auf die Angabe des Modenindexes verzichtet. Die Frequenz ω der Mode soll wieder in der Nähe der Übergangsfrequenz ω_0 des Zweiniveausystems liegen. Mit (16.29) und (17.14) lautet der Feldoperator im Wechselwirkungsbild

$$\mathsf{E}_I = g\left(\mathsf{a}e^{-i\omega t} + \mathsf{a}^+ e^{i\omega t}\right), \qquad g = \sqrt{\frac{4\pi\hbar\omega}{V}}\,\sin(kz). \tag{18.36}$$

Für den Dipoloperator lässt sich eine analoge Darstellung mit zeitabhängigen Auf- und Absteigeoperatoren angeben. Dazu werden für das Zweiniveausystem (13.2) die Leiteroperatoren

$$\sigma = |b\rangle\langle a|, \qquad \sigma^+ = |a\rangle\langle b|, \tag{18.37}$$

definiert. Der Absteigeoperator bewirkt den Abstieg vom oberen Zustandsvektor $|a\rangle$ über den unteren $|b\rangle$ zum Nullvektor, der Aufsteigeoperator den Aufstieg vom unteren Zustandsvektor über den oberen zum Nullvektor,

$$\sigma|a\rangle = |b\rangle, \qquad \sigma|b\rangle = 0, \tag{18.38a}$$
$$\sigma^+|b\rangle = |a\rangle, \qquad \sigma^+|a\rangle = 0. \tag{18.38b}$$

An die Stelle der Vertauschungsrelation (16.25) der Leiteroperatoren der Photonen tritt bei den Leiteroperatoren des Zweiniveausystems die Antivertauschungsrelation

$$\{\sigma, \sigma^+\} = \mathsf{I}. \tag{18.38c}$$

Die unterschiedlichen Vertauschungsrelationen sind ein allgemeiner Unterschied zwischen Bosonen und Fermionen. In der Basis der stationären Zustände des Atoms besitzen die Leiteroperatoren die Darstellungen

$$\sigma = \begin{pmatrix} 0 & 0 \\ 1 & 0 \end{pmatrix} = \frac{(\sigma_1 - i\sigma_2)}{2} \qquad \sigma^+ = \begin{pmatrix} 0 & 1 \\ 0 & 0 \end{pmatrix} = \frac{(\sigma_1 + i\sigma_2)}{2}, \tag{18.39}$$

wobei $\sigma_{1,2}$ die Pauli-Matrizen aus (13.10) bezeichnen.

18.4 Zweiniveausystem im quantisierten Einmodenfeld

Die Zeitabhängigkeit dieser Operatoren im Wechselwirkungsbild ist definitionsgemäß diejenige dieser Operatoren im Heisenberg-Bild des ungestörten Zweiniveausystems mit dem Hamilton-Operator

$$\mathsf{H}_a = \hbar\omega_a |a\rangle\langle a| + \hbar\omega_b |b\rangle\langle b|. \tag{18.40}$$

Ausgehend von der Heisenberg-Bewegungsgleichung (17.13) für die Operatoren σ und σ^+ mit dem Hamilton-Operator (18.40) findet man durch elementweise Integration in der Darstellung (18.39) das Ergebnis,

$$\dot\sigma = -i\omega_0 \sigma, \qquad \sigma(t) = \sigma(0) e^{-i\omega_0 t}, \tag{18.41a}$$
$$\dot\sigma^+ = i\omega_0 \sigma^+, \qquad \sigma^+(t) = \sigma^+(0) e^{i\omega_0 t}, \tag{18.41b}$$

Diese Operatoren besitzen also monochromatische Zeitabhängigkeiten mit der Übergangsfrequenz $\omega_0 = \omega_a - \omega_b$ des Atoms.

Da der Dipoloperator, wie in Abschnitt 13.1, keine Diagonalelemente besitzt, kann er einfach mit den Leiteroperatoren dargestellt werden,

$$\begin{aligned}\mathsf{d}_I &= \langle b|\mathbf{d}\cdot\mathbf{e}|a\rangle \, \sigma e^{-i\omega_0 t} + \langle a|\mathbf{d}\cdot\mathbf{e}|b\rangle \, \sigma^+ e^{i\omega_0 t} \\ &= \langle b|\mathbf{d}\cdot\mathbf{e}|a\rangle \, \sigma e^{-i\omega_0 t} + (\langle b|\mathbf{d}\cdot\mathbf{e}^*|a\rangle)^* \, \sigma^+ e^{i\omega_0 t}.\end{aligned} \tag{18.42}$$

Nimmt man der Einfachheit halber einen reellen Polarisationsvektor und ein reelles Dipolmatrixelement an, so ergibt sich im Wechselwirkungsbild für den Dipoloperator die Form

$$\mathsf{d}_I = \delta \left(\sigma e^{-i\omega_0 t} + \sigma^+ e^{i\omega_0 t}\right), \qquad \delta = \langle b|\mathbf{d}\cdot\mathbf{e}|a\rangle. \tag{18.43}$$

Hierbei bezeichnen σ und σ^+ die zeitunabhängigen Anfangswerte aus (18.41).

Setzt man (18.36) und (18.43) in (18.35) ein, so treten im Hamilton-Operator vier verschiedene Produkte von Leiteroperatoren auf,

$$\begin{aligned}\mathsf{H}_I &= -\delta g \left(\sigma e^{-i\omega_0 t} + \sigma^+ e^{i\omega_0 t}\right)\left(\mathsf{a} e^{-i\omega t} + \mathsf{a}^+ e^{i\omega t}\right) \\ &= -\delta g \left(\sigma \mathsf{a} e^{-i\Sigma t} + \sigma \mathsf{a}^+ e^{-i\Delta t} + \sigma^+ \mathsf{a} e^{i\Delta t} + \sigma^+ \mathsf{a}^+ e^{i\Sigma t}\right),\end{aligned} \tag{18.44}$$

mit den Frequenzen $\Delta = \omega_0 - \omega$ und $\Sigma = \omega_0 + \omega$. Bei kleiner Verstimmung, $\Delta \ll \Sigma$, sind die von Δ-abhängigen Operatoren langsam, die von Σ abhängigen schnell veränderlich. Vernachlässigt man die schnell veränderlichen Beiträge, so ergibt sich der Wechselwirkungs-Hamiltonoperator,

$$\mathsf{H}_I = -\delta g \left(\sigma \mathsf{a}^+ e^{-i\Delta t} + \sigma^+ \mathsf{a} e^{i\Delta t}\right). \tag{18.45}$$

Diese Resonanzbedingung kann man auch als Bedingung für die Energieerhaltung bei der Emission und Absorption eines Photons verstehen. Der erste Operator in (18.45) beschreibt die Emission eines Photons mit der Energie $E_{ph} = \hbar\omega$ durch den Erzeugungsoperator a^+ und den Übergang des Atoms vom oberen ins untere Niveau unter Abgabe der Übergangsenergie $E_0 = \hbar\omega_0$ durch den Vernichtungsoperator σ. Der zweite Operator in (18.45) beschreibt umgekehrt die Anregung des Atoms vom unteren ins obere Niveau durch die Absorption eines Photons. Beides sind energieerhaltende Prozesse, die bei der resonanten Anregung dominieren.

Ein allgemeiner Zustand des Gesamtsystems kann nach den Produktzuständen (18.8) entwickelt werden, wobei hier nur die Photonenzahlen einer Mode betrachtet werden. Die Beschränkung auf energieerhaltende Prozesse bedeutet, dass die Störung für jede Photonenzahl n nur noch die Produktzustände $|a,n\rangle = |a\rangle|n\rangle$ und $|b,n+1\rangle = |b\rangle|n+1\rangle$ paarweise miteinander koppelt. In den jeweiligen Unterräumen besitzen die Zustandsvektoren dann die Form von Zweizustandssystemen,

$$|\psi_{an,bn+1}\rangle = c_{a,n}|a,n\rangle + c_{b,n+1}|b,n+1\rangle. \tag{18.46}$$

Die Entwicklungsgleichungen für die Koeffizienten $c_{a,n}$ und $c_{b,n+1}$ können in die Form eines semiklassischen Zweiniveausystems gebracht werden.

Um die Analogie mit dem semiklassischen Zweiniveausystem zu verdeutlichen, wählen wir ein etwas anderes Wechselwirkungsbild. Betrachtet man das elektromagnetische Feld mit dem Hamilton-Operator $\mathsf{H}_0 = \mathsf{H}_f$ als das ungestörte System, so besitzt die Störung den Hamilton-Operator $\mathsf{H}_1 = \mathsf{H}_a + \mathsf{H}_{af}$. Die Transformation ins Wechselwirkungsbild erfolgt dann nur noch mit dem Zeitentwicklungsoperator des Feldes,

$$\mathsf{U}_f = e^{-i\mathsf{H}_f t/\hbar}. \tag{18.47}$$

Der Hamilton-Operator im Wechselwirkungsbild besitzt dann nur noch die Zeitabhängigkeit der Feldoperatoren,

$$\begin{aligned}\mathsf{H}_{If} &= \mathsf{H}_a + \mathsf{U}_f^+ \mathsf{H}_{af} \mathsf{U}_f \\ &= \mathsf{H}_a - \delta g \left(\sigma + \sigma^+\right)\left(\mathsf{a}e^{-i\omega t} + \mathsf{a}^+ e^{i\omega t}\right) \\ &\approx \mathsf{H}_a - \delta g \left(\sigma \mathsf{a}^+ e^{i\omega t} + \sigma^+ \mathsf{a} e^{-i\omega t}\right).\end{aligned} \tag{18.48}$$

Wie oben wurde der Wechselwirkungsoperator durch den energieerhaltenden Anteil approximiert. Die Anwendung des Hamilton-Operators (18.48) auf den Zustandsvektor (18.46) ergibt

$$\begin{aligned}\mathsf{H}_{If}|\psi_{an,bn+1}\rangle &= E_a\, c_{a,n}|a,n\rangle + E_b\, c_{b,n+1}|b,n+1\rangle \\ &- \delta g\sqrt{n+1}\left[e^{i\omega t}c_{a,n}|b,n+1\rangle + e^{-i\omega t}c_{b,n+1}|a,n\rangle\right].\end{aligned} \tag{18.49}$$

Die zugehörige Schrödinger-Gleichung lautet

$$i\hbar\begin{pmatrix}\dot c_a \\ \dot c_b\end{pmatrix} = \begin{pmatrix} E_a & -\delta g\sqrt{n+1}\,e^{-i\omega t} \\ -\delta g\sqrt{n+1}\,e^{i\omega t} & E_b \end{pmatrix}\cdot\begin{pmatrix}c_a \\ c_b\end{pmatrix}. \tag{18.50}$$

Diese Gleichung ist äquivalent zu der Schrödinger-Gleichung (13.7) eines semiklassischen Zweiniveausystems in der RWA mit einer komplexen Feldamplitude

$$E_0 = 2g\sqrt{n+1}. \tag{18.51}$$

Damit können alle Ergebnisse für semiklassische Zweiniveausysteme auf Zweiniveausysteme im quantisierten Feld übertragen werden. Insbesondere kann man die Transformation in ein mit der Winkelgeschwindigkeit (13.17) rotierendes Bezugssystem durchführen und findet dort die Schrödingergleichung

$$i\hbar \begin{pmatrix} \dot{C}_{a,n} \\ \dot{C}_{b,n+1} \end{pmatrix} = \frac{\hbar}{2} \begin{pmatrix} \Delta & -\rho \\ -\rho & -\Delta \end{pmatrix} \cdot \begin{pmatrix} C_{a,n} \\ C_{b,n+1} \end{pmatrix}, \tag{18.52}$$

mit der Verstimmung $\Delta = \omega_0 - \omega$ und der Rabi-Frequenz

$$\rho = \frac{2\delta g \sqrt{n+1}}{\hbar}. \tag{18.53}$$

Dieses Ergebnis zeigt, dass auch bei der Wechselwirkung mit quantisierten Feldern Rabi-Oszillationen der Besetzungen auftreten. Im Unterschied zur semiklassischen Theorie sind diese sogar ohne äußeres Feld, d.h. mit $n = 0$ Photonen, möglich, wenn sich das Atom dabei im angeregten Zustand befindet. Die Rabi-Oszillation besteht hierbei aus der spontanen Emission und der nachfolgenden Absorption eines einzelnen Photons einer Mode. Das Modell setzt allerdings einen speziellen Resonator voraus, der im Bereich der Übergangsfrequenz des Atoms nur eine einzige Mode zulässt.

18.5 Weisskopf-Wigner Theorie der spontanen Emission

Im freien Raum stehen für die spontane Emission sehr viele Moden zur Verfügung. Erfahrungsgemäß beobachtet man dabei keine Oszillationen der Besetzungen sondern einen monotonen Zerfall. Die Weisskopf-Wigner Theorie behandelt die spontane Emission mit einem Kontinuum von Moden.[2] Sie zeigt über die Störungstheorie hinaus, dass die Besetzung des Anfangszustandes mit der durch den Einstein-A-Koeffizienten gegebenen Rate exponentiell zerfällt und dass dabei auch eine Frequenzverschiebung auftritt.

Im Wechselwirkungsbild ist der Hamilton-Operator eines Zweiniveausystems im quantisierten Feld gegeben durch

$$H_I = -\mathbf{d}_I \cdot \mathbf{E}_I, \tag{18.54}$$

wobei der Dipoloperator $\mathbf{d}_I$ nach (18.43) und der Feldoperator $\mathbf{E}_I$ gemäß der Zusammenfassung 16.1 jeweils die Darstellung

$$\mathbf{d}_I = \mathbf{d}_{ab}\sigma^+ e^{i\omega_0 t} + \mathbf{d}_{ba}\sigma e^{-i\omega_0 t}, \tag{18.55a}$$

$$\mathbf{E}_I = \sum_s \mathbf{g}_s \mathsf{a}_s e^{-i\omega_s t} + \mathbf{g}_s^* \mathsf{a}_s^+ e^{i\omega_s t} \tag{18.55b}$$

---
[2] V. Weisskopf und E. Wigner, Z. Physik A **63**, 54 (1930).

besitzt. Beschränkt man sich wieder auf die energieerhaltenden Summanden in der Wechselwirkung, so vereinfacht sich der Hamilton-Operator zu

$$\mathsf{H}_I = \hbar \sum_s \gamma_s \sigma^+ \mathsf{a}_s \, e^{i\Delta_s t} + \gamma^* \sigma \mathsf{a} \, e^{-i\Delta_s t} \tag{18.56}$$

mit

$$\Delta_s = \omega_0 - \omega_s, \qquad \gamma_s = -\frac{\mathbf{d}_{ab} \cdot \mathbf{g}_s}{\hbar}.$$

Die stationären Zustände des nichtwechselwirkenden Systems sind nach (18.8),

$$|\alpha, \{n\}\rangle, \qquad \alpha = a, b \qquad \{n\} = (n_1, \cdots, n_s, \cdots). \tag{18.57}$$

In dieser Basis lautet die Schrödingergleichung

$$i\hbar \partial_t \langle \alpha, \{n\} | \psi \rangle = \sum_{\beta, \{m\}} \langle \alpha, \{n\} | \mathsf{H}_I | \beta, \{m\} \rangle \langle \beta, \{m\} | \psi \rangle. \tag{18.58}$$

Der Hamilton-Operators (18.56) besitzt dabei die Darstellung,

$$\langle \alpha, \{n\} | \mathsf{H}_I | \beta, \{m\} \rangle = \hbar \sum_r \left(\gamma_r \sigma^+_{\alpha\beta} e^{i\Delta_s t} \langle n_r | \mathsf{a}_r | m_r \rangle \right.$$
$$\left. + \gamma^*_r \sigma_{\alpha\beta} \, e^{-i\Delta_s t} \langle n_r | \mathsf{a}^+_r | m_r \rangle \right) \prod_{i \neq r} \langle n_i | m_i \rangle$$

Unter Verwendung der Matrixelemente,

$$\begin{aligned} \langle n_r | \mathsf{a}_r | m_r \rangle &= \sqrt{n_r + 1} \, \delta_{m_r \, n_r + 1}, \\ \langle n_r | \mathsf{a}^+_r | m_r \rangle &= \sqrt{n_r} \, \delta_{m_r \, n_r - 1}, \end{aligned} \tag{18.59}$$

kann die Summe über die Besetzungszahlen $\{m\}$ in (18.58) einfach ausgeführt werden und man erhält,

$$\partial_t \langle \alpha, \{n\} | \psi \rangle = -i \sum_{\beta, r} \gamma_r \sigma^+_{\alpha\beta} \sqrt{n_r + 1} \, e^{i\Delta_r t} \langle \beta, n_{r+1}, \cdots, n_i, \cdots | \psi \rangle$$
$$+ \gamma^*_r \sigma_{\alpha\beta} \sqrt{n_r} e^{-i\Delta_r t} \langle \beta, n_r - 1, \cdots, n_i, \cdots | \psi \rangle. \tag{18.60}$$

Im Anfangszustand sei das Atom im oberen Niveau und die Moden seien unbesetzt,

$$|\psi_i\rangle = |a, \{0\}\rangle = |a, 0, \cdots, 0, \cdots \rangle. \tag{18.61}$$

Nach der spontanen Emission befindet sich das Atom dann im unteren Niveau und es wurde eine der Moden mit einem Photon besetzt. Die möglichen Endzustände sind

$$|\psi_s\rangle = |b, \{1_s, 0_i\}\rangle = |b, 0, \cdots, 1_s, 0 \cdots \rangle. \tag{18.62}$$

18.5 Weisskopf-Wigner Theorie der spontanen Emission

Da der Hamilton-Operator (18.59) nur Übergänge zwischen diesen Zuständen zulässt, besitzt der allgemeine zeitabhängige Zustand die Form

$$|\psi(t)\rangle = a(t)|\psi_i\rangle + \sum_s b_s(t)|\psi_s\rangle. \tag{18.63}$$

Hierbei sind $a(t)$ und $b_s(t)$ zeitabhängige Entwicklungskoeffizienten mit den Anfangswerten

$$a(0) = 1, \qquad b_s(0) = 0. \tag{18.64}$$

Die Zeitentwicklung dieser Koeffizienten ergibt sich aus (18.60), wenn man beachtet, dass $a = \langle \psi_i | \psi \rangle$ und $b_s = \langle \psi_s | \psi \rangle$. Die Leiteroperatoren des Zweiniveausystems besitzen jeweils nur ein nichtverschwindendes Matrixelement,

$$\sigma_{ba} = \sigma_{ab}^+ = 1. \tag{18.65}$$

Damit erhält man das gekoppelte Gleichungssystem

$$\dot{a} = -i \sum_s \gamma_s \, e^{i\Delta_s t} \, b_s \tag{18.66a}$$

$$\dot{b}_s = -i \sum_r \gamma_r^* \delta_{rs} \, e^{-i\Delta_r t} \, a = -i\gamma_s^* \, e^{-i\Delta_s t} \, a \, . \tag{18.66b}$$

Eine allgemeine Eigenschaft dieser Gleichungen ist, dass sie die Norm des Zustandsvektors erhalten. Multipliziert man die erste Gleichung mit a^* und verwendet für a die zweite Gleichung, so folgt,

$$a^*\dot{a} = -i\sum_s \gamma_s e^{i\Delta_s t} a^* b_s = -i\sum_s \frac{\gamma_s e^{i\Delta_s t}}{i\gamma_s e^{i\Delta_s t}} \dot{b}_s^* b_s = -\sum_s \dot{b}_s^* b_s. \tag{18.67}$$

Zusammen mit dem konjugiert komplexen dieser Gleichung gilt dann

$$\frac{d}{dt}|a|^2 = -\sum_s \frac{d}{dt}|b_s|^2. \tag{18.68}$$

Dies ist der Erhaltungssatz für die Gesamtbesetzung der Zustände. Man sieht hieran, dass die Zerfallsrate des Anfangszustands als Summe der Übergangsraten in die verschiedenen Endzustände geschrieben werden kann. Diese Eigenschaft wurde bereits bei der störungstheoretischen Berechnung des A-Koeffizienten in (18.28) ausgenutzt.

Die Lösung des Gleichungssystems (18.66) kann man durch einen Exponentialansatz

$$a = e^{-i\Lambda t}, \qquad |a|^2 = e^{-\Gamma t} \qquad \Lambda = \Delta\omega_0 - i\frac{\Gamma}{2} \tag{18.69}$$

für die Variable a finden. Der Ansatz erfüllt bereits die Anfangsbedingung aus (18.64). Physikalisch entspricht der Realteil des Exponenten einer Verschiebung der Übergangsfrequenz, der Imaginärteil einer Zerfallsrate der Besetzungswahrscheinlichkeit. Damit kann die zweite Gleichung in (18.66) einfach integriert werden. Mit der entsprechenden Anfangsbedingung aus (18.64) erhält man

$$b_s = \frac{\gamma_s^*}{\Delta_s + \Lambda}\left(e^{-i(\Delta_s+\Lambda)t} - 1\right). \tag{18.70}$$

Setzt man diese Lösung in die erste Gleichung aus (18.66) ein, so folgt

$$\dot{a} = -i\sum_s \frac{|\gamma_s|^2}{\Delta_s + \Lambda}\left(e^{-i\Lambda t} - e^{i\Delta_s t}\right). \tag{18.71}$$

Die Summation über die Moden wird nun wieder unter der Annahme einer hinreichend hohen Modendichte durch eine Integration ausgeführt. Dabei wird die Summe durch ein Integral über die Frequenzen mit der Modendichte (1.8) und durch eine Mittelung über die Polarisations- und Ausbreitungsrichtungen der Moden ersetzt,

$$\sum_s \cdots \;\to\; V\int d\nu\, \mathcal{N}(\nu)\,\langle\cdots\rangle, \tag{18.72}$$

mit

$$\langle\cdots\rangle = \frac{1}{2}\sum_\alpha \frac{1}{4\pi}\int d\Omega\cdots.$$

Die Abhängigkeiten von den Polarisations- und Ausbreitungsrichtungen enthält der Koeffizient

$$|\gamma|^2 = \frac{|\mathbf{d}_{ab}\cdot\mathbf{g}|^2}{\hbar^2} = \frac{2\pi|\mathbf{d}_{ab}\cdot\mathbf{e}|^2}{\hbar^2}\frac{h\nu}{V}. \tag{18.73}$$

Mit (12.74) und (12.78) kann man den Mittelwert durch den Einstein-Koeffizienten B_{ab} ausdrücken,

$$\langle|\gamma|^2\rangle = \langle b_{ab}\rangle\frac{h\nu}{V} = B_{ab}\frac{h\nu}{V}. \tag{18.74}$$

Wählt man als Integrationsvariable $\omega = 2\pi\nu$ so erhält man aus der Summe (18.71) das Integral

$$\dot{a} = i\frac{B_{ab}}{2\pi}\int d\omega\, \mathcal{N}(\nu) h\nu\, \frac{e^{-i\Lambda t} - e^{i\Lambda t}}{\omega - \omega_0 - \Delta\omega + i\Gamma/2}. \tag{18.75}$$

Das Integral besteht aus zwei Summanden. Der erste kann nach der bekannten Formel

$$\int\limits_{-\infty}^{+\infty} dx\, \frac{F(x)}{x + i\epsilon} = \mathrm{P} - i\pi F(0) \tag{18.76}$$

18.5 Weisskopf-Wigner Theorie der spontanen Emission

ausgewertet werden, wobei P den Cauchy-Hauptwert des Integrals bezeichnet und der zweite Teil von der Umgehung der Polstelle $x = 0$ auf einem kleinen Kreisbogen in der oberen Halbebene herrührt. Damit gilt

$$\int d\omega \, \frac{\mathcal{N}(\nu)h\nu}{\omega - \omega_0 - \Delta\omega + i\Gamma/2} = \mathsf{P} - i\pi\mathcal{N}(\nu_0)h\nu_0 \,. \tag{18.77}$$

Hierbei wurde die kleine Frequenzverschiebung $\Delta\omega$ im Zähler des Integranden vernachlässigt.

Der zweite Summand in (18.75) besitzt den zusätzlichen frequenzabhängigen Faktor $e^{i\Delta t} = e^{-i(\omega-\omega_0)t}$, der für $t > 0$ auf einem unendlich großen Halbkreis in der unteren Halbebene gegen Null konvergiert. Schließt man den Integrationsweg auf diesem Halbkreis, so ergibt der Residuensatz

$$\int d\omega \, \mathcal{N}(\nu)h\nu \, \frac{-e^{i\Delta t}}{\omega - \omega_0 - \Delta\omega + i\Gamma/2}$$
$$= 2\pi i(-1)\mathcal{N}(\nu_0)h\nu_0(-1)e^{-i\Lambda t} = 2\pi i\mathcal{N}(\nu_0)h\nu_0 a(t). \tag{18.78}$$

Fasst man beide Ergebnisse zusammen, so gilt für die Änderung der Amplitude a

$$\dot{a} = i\frac{B_{ab}}{2\pi}\left(\mathsf{P} - i\pi\mathcal{N}(\nu_0)h\nu_0 + 2\pi i\mathcal{N}(\nu_0)h\nu_0\right)a$$
$$= \left(i\frac{\mathsf{P}}{2\pi} - \frac{1}{2}\mathcal{N}(\nu_0)h\nu_0\right)B_{ab}\,a \,. \tag{18.79}$$

Das Ergebnis zeigt, dass der Ansatz (18.69) tatsächlich erfüllt wird. Die Frequenzverschiebung wird implizit durch das Integral P bestimmt. Die Zerfallskonstante Γ kann direkt aus dem Ergebnis (18.79) abgelesen werden und ergibt wieder den Einstein-A-Koeffizienten,

$$\Gamma = \mathcal{N}(\nu_0)h\nu_0 B_{ab} = A_{ab}. \tag{18.80}$$

19 Optische Kohärenz

- Zufallsvariablen
- Zeitliche und Räumliche Kohärenz
- Wiener-Khintchine-Theorem
- Van Cittert-Zernike-Theorem
- Kohärenzfunktionen höherer Ordnung
- Brown-Twiss-Experiment
- Photonenstatistik

19.1 Grundbegriffe der Statistik*

Zufallsvariable: Eine *Zufallsvariable* ist eine Variable, die bestimmte reelle Werte mit bestimmten Wahrscheinlichkeiten annehmen kann. Der Wertebereich kann diskret, $x \in \{\xi_1, \xi_2, \xi_3, \cdots\}$, oder kontinuierlich, $x \in (a, b)$, sein. Im folgenden wird $a = -\infty, b = +\infty$ angenommen. Im diskreten Fall tritt der Wert ξ_i mit einer Wahrschenlichkeit p_i auf. Im kontinuierlichen Fall gibt $p(x)dx$ die Wahrscheinlichkeit an, daß die Zufallsvariable einen Wert in dem infinitesimalen Intervall zwischen x und $x + dx$ annimmt. Man bezeichnet $p(x)$ als Wahrscheinlichkeitsdichte. Es gilt

$$p(x) \geq 0, \qquad \int_{-\infty}^{+\infty} p(x)dx = 1. \tag{19.1}$$

Diskrete Zufallsvariablen kann man mit Hilfe der Deltafunktion auch als kontinuierliche Zufallsvariablen mit einer Wahrscheinlichkeitsdichte

$$p(x) = \sum_i p_i \delta(x - x_i) \tag{19.2}$$

darstellen.

Mittelwerte: Der statistische *Mittelwert (Erwartungswert)* einer Funktion $f(x)$ wird durch

$$<f(x)> = \int_{-\infty}^{+\infty} f(x)p(x)dx \tag{19.3}$$

definiert. Das *n-te Moment* ν_n und das *n-te zentrale Moment* μ_n wird jeweils durch die Mittelwerte

$$\nu_n = <x^n>, \qquad \mu_n = <\Delta x^n>, \qquad \Delta x = x - <x> \tag{19.4}$$

definiert. Das erste Moment $\nu_1 = <x>$ ist in der Regel die wichtigste Kenngröße. Das zweite zentrale Moment μ_2 wird als Varianz oder Streuung bezeichnet. Es definiert die Standardabweichung (mittlere quadratische Abweichung) $\sigma = \sqrt{\mu_2}$ vom Mittelwert. Weitere manchmal verwendeten Kenngrößen sind die Schiefe $\alpha_3 = \mu_3/\sigma^3$ und die Kurtosis $\alpha_4 = \mu_4/\sigma^4$.

Mehrere Zufallsvariablen: Für N Zufallsvariablen, die die Werte $x_1, x_2, \cdots, x_N$ annehmen können, definiert man eine Wahrscheinlichkeitsdichte $p(x_1, x_2, \cdots, x_N)$. Dann ist $p(x_1, x_2, \cdots, x_N) dx_1 dx_2 \cdots dx_N$ die Wahrscheinlichkeit, daß ein Wert im Volumenelement $dx_1 dx_2 \cdots dx_N$ um den Punkt $(x_1, x_2, \cdots, x_N)$ angenommen wird.

Eine komplexe Zufallsvariable $z = x + iy$ kann als Funktion von 2 reellen Zufallsvariablen x, y definiert werden. Die Wahrscheinlichkeit, daß sie einen Wert z im Flächenelement $d^2 z \equiv dx dy$ annimmt wird als $p(z) d^2 z$ bezeichnet.

Kovarianzmatrix: Für zwei Zufallsvariablen x_i, x_j werden die zentrierten Momente 2-ter Ordnung

$$\mu_{ij} = <\Delta x_i \Delta x_j> \tag{19.5}$$

als Kovarianzmatrix bezeichnet. Die Diagonalelemente sind die Varianzen der Variablen x_i, x_j. Die beiden Nichtdiagonalelemente sind gleich und werden als Kovarianz bezeichnet. Wegen der Schwarzschen Ungleichung gilt

$$|\mu_{ij}|^2 \leq \mu_{ii} \mu_{jj} = \sigma_i^2 \sigma_j^2. \tag{19.6}$$

Als ein Maß für die Korrelation der beiden Größen definiert man daher den *Korrelationskoeffizienten*

$$\varrho_{ij} = \frac{\mu_{ij}}{\sigma_i \sigma_j}, \qquad i \neq j. \tag{19.7}$$

Die Werte des Korrelationskoeffizienten liegen im Intervall von -1 bis $+1$. Für $|\rho_{ij}| = 1$ liegen die Werte (x_i, x_j) auf einer Geraden und werden dann als vollständig korreliert (+1) oder antikorreliert (-1) bezeichnet. Im entgegengesetzten Grenzfall $\rho_{ij} = 0$ bezeichnet man die Variablen als unkorreliert. Statistisch unabhängige Größen ($p(x,y) = p(x)p(y)$) sind unkorreliert. Umgekehrt sind jedoch unkorrelierte Größen nicht notwendig auch statistisch unabhängig.

19.1 Grundbegriffe der Statistik*

Beispiel 19.1

Sei $x = \cos\phi$, $y = \sin\phi$, wobei ϕ im Intervall von 0 bis 2π gleichverteilt ist. Berechnen Sie $p(x,y)$ und μ_{xy}. Sind x,y korrelliert? Sind x,y statistisch unabhängig?

Geht man von einer diskreten Menge von Zufallsvariablen $x_1, x_2, \cdots$ über zu einer nicht abzählbaren Menge von Zufallsvariablen $x(t)$, so spricht man von einem Zufallsprozeß. Der kontinuierliche Parameter t stellt häufig die Zeit dar.

Hierarchie der Wahrscheinlichkeitsdichten: Ein Zufallsprozeß kann durch eine unendliche Hierarchie von Wahrscheinlichkeitsdichten beschrieben werden. Betrachtet man den Zufallsprozeß zunächst zu einem festen Zeitpunkt t_1, so besitzt die Zufallsvariable $x(t_1) = x_1$ die Wahrscheinlichkeitsdichte $p(x(t_1)) \equiv p_1(x_1, t_1)$. Mit dieser Wahrscheinlichkeitsdichte lassen sich alle Mittelwerte zum Zeitpunkt t_1 berechnen, z.B.

$$<x(t_1)> \ = \int_{-\infty}^{+\infty} x_1 p_1(x_1, t_1) dx_1. \tag{19.8}$$

Betrachtet man nun eine Folge diskreter Zeitpunkte $t_1, t_2, t_3 \cdots, t_n, \cdots$, so gibt es für die zugehörigen Zufallsvariablen eine unendliche Hierarchie von Wahrscheinlichkeitsdichten

$$\begin{aligned}
& p_1(x_1, t_1), \\
& p_2(x_1, t_1; x_2, t_2), \\
& p_3(x_1, t_1; x_2, t_2; x_3, t_3), \\
& \cdots \\
& p_n(x_1, t_1; x_2, t_2; x_3, t_3; \cdots; x_n, t_n; \cdots), \\
& \cdots
\end{aligned} \tag{19.9}$$

Die Wahrscheinlichkeitsdichten sind symmetrisch bezüglich einer Vertauschung der Zufallsvariablen. Die Wahrscheinlichkeitsdichte p_n enthält die Information über alle Wahrscheinlichkeitsdichten p_i für $i < n$, da die Konsistenzbedingungen

$$p_{n-1}(x_1, t_1; \cdots; x_{n-1}, t_{n-1}) = \int_{-\infty}^{+\infty} p_n(x_1, t_1; \cdots; x_n, t_n) dx_n \tag{19.10}$$

erfüllt sein müssen. Ist p_n bekannt, so können damit alle Korrelationsfunktionen der Ordnung $\leq n$ berechnet werden,

$$<x(t_1) x(t_2) \cdots x(t_n)> \ = \\ \int x_1 x_2 \cdots x_n p_n(x_1, t_1; x_2, t_2; x_3, t_3; \cdots; x_n, t_n) dx_1 dx_2 \cdots dx_n. \tag{19.11}$$

Eine vollständige statistische Beschreibung des Zufallsprozesses wird im Prinzip durch ein Wahrscheinlichkeitsfunktional $p(\{x(t)\})$ erreicht, bei dem $\{x(t)\}$ die unendliche

Menge der Zufallsvariablen zu allen Zeitpunkten t darstellt. In physikalischen Anwendungen werden aber meistens nur Korrelationen niedriger Ordnung betrachtet.

Stationärer Prozeß: Ein Zufallsprozeß heißt *stationär*, falls alle Wahrscheinlichkeitsdichten p_n invariant sind gegenüber einer beliebigen Zeittranslation $t \to t + T$:

$$p_n(x_1, t_1; \cdots ; x_n, t_n) = p_n(x_1, t_1 + T; \cdots ; x_n, t_n + T).$$

Daraus folgt insbesondere, daß der Mittelwert von $x(t)$ zeitunabhängig ist,

$$p_1(x_1, t_1) = p_1(x_1, 0) \equiv p_1(x_1),$$
$$< x(t) > = \int_{-\infty}^{+\infty} dx \, x p_1(x). \tag{19.12}$$

Die Korrelationsfunktion $\Gamma(t_1, t_2) = <x(t_1) x(t_2)>$ hängt nur von der Differenz der Zeitpunkte $\tau = t_2 - t_1$ ab,

$$p_2(x_1, t_1; x_2, t_2) = p_2(x_1, 0; x_2, t_2 - t_1) \equiv p_2(x_1, x_2, \tau)$$
$$\Gamma(t_1, t_2) \equiv \Gamma(\tau) = \int_{-\infty}^{+\infty} dx_1 \int_{-\infty}^{+\infty} dx_2 x_1 x_2 p_2(x_1, x_2, \tau). \tag{19.13}$$

Prozesse, die nur die Bedingungen (19.12), (19.13) erfüllen, heißen stationär im weiteren Sinn. Diese schwächere Form der Stationarität ist oft ausreichend, wenn nur Mittelwerte und Korrelationsfunktionen 2. Ordnung betrachtet werden.

Statistische Gesamtheit: Die Wahrscheinlichkeitsdichten kann man sich anschaulich durch eine statistische Gesamtheit (Ensemble) repräsentiert denken. Man versteht darunter eine große Anzahl von Realisierungen $x^j(t)$, $j = 1, 2, \cdots, N$ des Zufallsprozesses, so daß die Realisierungen mit den Werten $x(t_1), \cdots x(t_n)$ im Volumenelement $dx_1 \cdots dx_n$ gerade mit der Häufigkeit $N p_n(x_1, t_1; \cdots ; x_n, t_n)$ auftreten. Der Mittelwert von $x(t)$ kann dann alternativ als Mittelung über die Realisierungen der Gesamtheit

$$< x(t) > = \lim_{N \to \infty} \frac{1}{N} \sum_{j=1}^{N} x^j(t). \tag{19.14}$$

geschrieben werden.

Ergodischer Prozeß: Bei stationären Prozessen sind die statistischen Eigenschaften jeder Realisierung in der Regel repräsentativ für die statistische Gesamtheit. Alle Zeitmittelwerte

$$\overline{x^j} = \frac{1}{T} \int_{-T/2}^{T/2} dt \, x^j(t), \qquad j = 1, 2, 3, \cdots \tag{19.15}$$

sind dann gleich und stimmen mit dem Ensemblemittelwert (19.14) überein. Stationäre Prozesse mit dieser Eigenschaft nennt man ergodisch.

Für einen komplexen Zufallsprozess $z(t) = x(t) + iy(t)$ definiert man die Autokorrelationsfunktion

$$\Gamma(t_1, t_2) = <z^*(t_1)z(t_2)> = \int d^2z_1 \int d^2z_2 \, z_1^* z_2 p_2(z_1, t_1; z_2, t_2). \quad (19.16)$$

Sie beschreibt Korrelationen des Prozesses in 2 unterschiedlichen Zeitpunkten. Im folgenden werden einige elementare Eigenschaften der Autokorrelationsfunktion zusammengestellt.

1. $z(t)$ stationär $\longrightarrow \Gamma(t_1, t_2) \equiv \Gamma(t_2 - t_1)$:

$$\Gamma(t_1, t_2) = <z^*(t_1)z(t_2)> = <z^*(0)z(t_2 - t_1)> = \Gamma(t_2 - t_1)$$

2. $\Gamma(t, t)$ ist positiv:

$$\Gamma(t, t) = <z^*(t)z(t)> = <|z(t)|^2> \geq 0$$

3. $\Gamma(t_2, t_1) = \Gamma(t_1, t_2)^*$:

$$\Gamma(t_2, t_1) = <z^*(t_2)z(t_1)> = <z^*(t_1)z(t_2)>^* = \Gamma(t_1, t_2)^*$$

4. $|\Gamma(\tau)| \leq \Gamma(0)$: Diese Eigenschaft folgt aus der Schwarzschen Ungleichung

$$|\Gamma(\tau)|^2 = |<z^*(0)z(\tau)>|^2 \leq <|z(0)|^2><|z(\tau)|^2> = \Gamma(0)^2$$

19.2 Zeitliche Kohärenz

Optische Perioden sind von der Größenordnung $10^{-15}s$, während die typischen Auflösungszeiten eines Photodetektors von der Größenordnung $10^{-9}s$ sind. Daraus ergibt sich die Möglichkeit, die Fluktuationen der Felder als einen Zufallsprozeß zu behandeln, der in der Regel als stationär und ergodisch angenommen wird. Die Mittelwertbildung $<\cdots>$ kann daher entweder als Scharmittel oder als Zeitmittel ausgeführt werden. Der Mittelwert $<E>$ des Feldes verschwindet. Von besonderem Interesse sind die Korrelationen des Feldes in zwei Raumzeitpunkten $1 \equiv (\boldsymbol{x}_1, t_1)$ und $2 \equiv (\boldsymbol{x}_2, t_2)$. Diese werden durch die *Kohärenzfunktion erster Ordnung* $\Gamma(1, 2)$ bzw. durch den *Kohärenzgrad erster Ordnung* $\gamma(1, 2)$ wie folgt definiert:

$$\Gamma(1, 2) = <E^*(1)E(2)>, \quad \gamma(1, 2) = \frac{\Gamma(1, 2)}{\sqrt{\Gamma(1, 1)\Gamma(2, 2)}}. \quad (19.17)$$

Der Betrag des komplexen Kohärenzgrades besitzt, wie der Korrelationskoeffizient (19.7), die Eigenschaft $0 \leq |\gamma(1, 2)| \leq 1$. Für $|\gamma(1, 2)| = 0$ sind die Zufallsvariablen $E(1)$, $E(2)$ unkorreliert, für $|\gamma(1, 2)| = 1$ sind sie vollständig korreliert. Korrelationenen bestehen i.a. nur dann, wenn eine feste Phasenbeziehung zwischen den komplexen Amplituden

$E(1)$ und $E(2)$ vorliegt, da andernfalls die Mittelung über die Phasen Null ergibt. Korrelationen des Feldes in zwei Zeitpunkten bezeichnet man als *zeitliche Kohärenz*.

Michelson-Interferometer: Die zeitliche Kohärenz einer Lichtquelle kann mit einem Michelson-Interferometer (Abb. 19.1) bestimmt werden. Der einfallende Lichtstrahl wird durch einen Strahlteiler in zwei Teilstrahlen aufgeteilt. Diese legen in den beiden Armen des Interferometers unterschiedliche Wegstrecken zurück und werden beim Austritt aus dem Interferometer wieder vereinigt. Bei zeitlich kohärentem Licht beobachtet man bei Variation der Laufzeitdifferenz am Ausgang des Interferometers periodische Helligkeitswechsel (i.a. Interferenzringe, die sich erweitern oder zusammenziehen). Ein Maß für die zeitliche Kohärenz einer Lichtquelle ist die *Kohärenzzeit* τ_{coh}. Darunter versteht man die maximale Laufzeitdifferenz zwischen den Teilstrahlen, bei der die Interferenz noch sichtbar ist. Der zugehörige Gangunterschied $l_{coh} = c\tau_{coh}$ nennt man die *longitudinale Kohärenzlänge*.

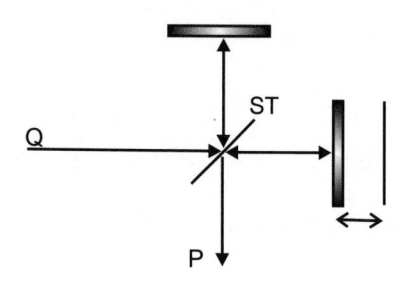

Abb. 19.1: Grundsätzlicher Aufbau eines Michelson-Interferometers. Q: Eingang, ST: Strahlteiler, P: Ausgang.

Kohärenzgrad: Das elektrische Feld am Eingang (Q) des Interferometers sei quasimonochromatisch, $E(Q,t) = E_0(Q,t)e^{-i\bar{\omega}t}$, mit einer mittleren Frequenz $\bar{\omega}$. Am Ausgang (P) des Interferometers erhält man zur Zeit t eine Überlagerung

$$E(P,t) = fE(Q,t_1) + fE(Q,t_2) \tag{19.18}$$

der Eingangsfelder zu den früheren Zeiten $t_{1,2} = t - l_{1,2}/c$, wobei $l_{1,2}$ die von den beiden Teilstrahlen jeweils zurückgelegten Wegstrecken bezeichnen. Hierbei wird angenommen, daß die Amplituden beider Strahlen durch Reflexionsverluste um denselben Faktor f reduziert werden. Die am Ausgang gemessene Intensität ist dann,

$$\begin{aligned}<I(P)> &= \frac{c}{8\pi}<|E(P,t)|^2> \\ &= \frac{cf^2}{8\pi}\left(\Gamma(t_1,t_1) + \Gamma(t_2,t_2) + 2\sqrt{\Gamma(t_1,t_1)\Gamma(t_2,t_2)}\Re\gamma(t_1,t_2)\right)\end{aligned}$$

wobei die Autokorrelationsfunktion $\Gamma(t_1,t_2)$ und der komplexe Kohärenzgrad $\gamma(t_1,t_2)$ durch die Ausdrücke

$$\Gamma(t_1,t_2) = <E^*(Q,t_1)E(Q,t_2)>, \quad \gamma(t_1,t_2) = \frac{\Gamma(t_1,t_2)}{\sqrt{\Gamma(t_1,t_1)\Gamma(t_2,t_2)}} \tag{19.19}$$

19.2 Zeitliche Kohärenz

definiert werden. Hängt $\Gamma(t_1, t_2)$ nur von $\tau = t_2 - t_1$ ab, so gilt

$$<I(P)> = 2f^2 <I(Q)> \left(1 + \Re\gamma(\tau)\right). \tag{19.20}$$

Setzt man $\gamma(\tau) = |\gamma(\tau)|e^{i\alpha(\tau) - i\bar{\omega}\tau}$, so folgt

$$<I(P)> = 2f^2 <I(Q)> \left(1 + |\gamma(\tau)|\cos(\alpha(\tau) - \bar{\omega}\tau)\right). \tag{19.21}$$

Für kleine τ, von der Größenordnung der Lichtperiode, ändert sich der Kohärenzgrad nur durch die Phasenänderung $\bar{\omega}\tau$. Für größere τ, von der Größenordnung der Kohärenzzeit, erhält man zusätzlich eine langsame Änderung der Amplitude $|\gamma(\tau)|$ und der Phase $\alpha(\tau)$. Die maximale bzw. die minimale Intensität des Interferenzbildes ergibt sich zu

$$I_{max} = 2f^2 <I(Q)> \left(1 + |\gamma(\tau)|\right),$$
$$I_{min} = 2f^2 <I(Q)> \left(1 - |\gamma(\tau)|\right). \tag{19.22}$$

Die Sichtbarkeit des Interferenzbildes wird definiert durch

$$V = \frac{I_{max} - I_{min}}{I_{max} + I_{min}} = |\gamma(\tau)|. \tag{19.23}$$

Der Betrag des komplexen Kohärenzgrades erster Ordnung ist somit ein Maß für die Interferenzfähigkeit des Lichtes. Für $|\gamma| = 0$ addieren sich die Intensitäten der Teilstrahlen und es tritt keine Interferenz auf. Das Licht wird als inkohärent bezeichnet. Für $|\gamma| = 1$ addieren sich die Amplituden der Teilstrahlen. Das Licht wird als vollständig kohärent bezeichnet. Für $0 < |\gamma(\tau)| < 1$ spricht man von partiell kohärentem Licht.

Frequenzspektrum: Nimmt man an, daß die Lichtquelle in unregelmäßigen Abständen einzelne quasimonochromatische Wellenpakete emittiert, so ist die Kohärenzzeit von der Größenordnung der Dauer eines Wellenpaketes. Man kann die Kohärenzzeit daher durch die spektrale Breite $\Delta\omega$ der Wellenpakete abschätzen

$$\tau_{coh} \approx \frac{1}{\Delta\omega}. \tag{19.24}$$

Zum selben Ergebnis gelangt man auch, wenn man annimmt, daß die einzelnen spektralen Komponenten des Lichtes statistisch unabhängig voneinander sind. Dann addieren sich die Intensitäten der einzelnen spektralen Komponenten im Beobachtungspunkt. Da die Periodizität der Interferenz von der Frequenz des Lichtes abhängt, ergibt sich mit zunehmender Bandbreite des Lichtes eine Ausschmierung der Interferenz. Für die mittlere Frequenz $\bar{\omega}$ des Lichtes ist die Bedingung für ein Intensitätsmaximum

$$\bar{\omega}\Delta t = 2\pi n, \tag{19.25}$$

wobei Δt die gegenseitige Verzögerung der Teilstrahlen und n eine ganze Zahl bezeichnet. Eine Verschmierung der Interferenz tritt ein, wenn das Interferenzbild der um eine halbe Linienbreite nach oben verschobenen Frequenz $\bar{\omega} + \Delta\omega/2$ dann bereits ein Minimum besitzt,

$$(\bar{\omega} + \Delta\omega/2)\Delta t = 2\pi(n + \frac{1}{2}). \tag{19.26}$$

Subtrahiert man (19.25) von (19.26) und setzt $\Delta t = \tau_{coh}$, so ergibt sich wiederum der Zusammenhang

$$\Delta\omega\tau_{coh} \approx 1 \tag{19.27}$$

zwischen der Kohärenzzeit und der Bandbreite des Lichtes.

Beispiel 19.2 *Longitudinale Kohärenzlängen*

	$\Delta\nu = \Delta\omega/2\pi$	τ_{coh}	l_{coh}
Weißes Licht :	10^{14} Hz	1.6 fs	0.5 μm
Spektrallinie :	10^{8} Hz	1.6 ns	50 cm
Laserlicht :	10^{4} Hz	16 μs	5 km

19.3 Wiener-Khintchine-Theorem

Der Zusammenhang zwischen der Kohärenzzeit und der Breite des Frequenzspektrums wird durch das Wiener-Khintchine-Theorem mathematisch formuliert. Nach Wiener und Khintchine ist das Frequenzspektrum eines stationären Zufallsprozesses die Fourier-Transformierte der Autokorrelationsfunktion. Zum Verständnis dieses Theorems ist es hilfreich, zunächst das Spektrum einer bekannten Funktion zu betrachten. Dabei muß man zwischen nichtperiodischen Funktionen, die nur über eine endliche Dauer von Null verschieden sind, und periodischen Funktionen von unendlicher Dauer unterscheiden. Als Beispiel werde eine Lichtwelle mit einer komplexen Amplitude $E(t)$ betrachtet, die auf eine Fläche auftrifft und dabei vollständig absorbiert wird. Bei pulsförmiger Einstrahlung ist die Gesamtenergie des Pulses pro Einheitsfläche

$$W_g = \int_{-\infty}^{+\infty} dt \, \frac{c}{8\pi} |E(t)|^2 \tag{19.28}$$

endlich. Das zugehörige Frequenzspektrum wird als Energiespektrum bezeichnet. Bei kontinuierlicher periodischer Einstrahlung mit einer Periode T wächst die absorbierte Gesamtenergie unbegrenzt an. Die im Zeitmittel pro Einheitsfläche absorbierte Leistung

$$P_g = \frac{1}{T} \int_{-T/2}^{+T/2} dt \, \frac{c}{8\pi} |E(t)|^2 \tag{19.29}$$

19.3 Wiener-Khintchine-Theorem

bleibt jedoch endlich. Das zugehörige Frequenzspektrum wird als Leistungsspektrum bezeichnet.

Nichtperiodische Funktion endlicher Dauer: Die Funktion $z(t)$ sei komplexwertig und das Integral $\int_{-\infty}^{+\infty} dt |z(t)|$ sei absolut konvergent. Dann existiert zur Funktion $z(t)$ die Fourier-Transformierte $\tilde{z}(\nu)$ und es gilt

$$\tilde{z}(\nu) = \int_{-\infty}^{\infty} dt\, z(t) e^{2\pi i \nu t}, \qquad z(t) = \int_{-\infty}^{+\infty} d\nu\, \tilde{z}(\nu) e^{-2\pi i \nu t}. \tag{19.30}$$

Die Gesamtenergie W_g und das Energiespektrum $W(\nu)$ seien durch

$$W_g = \int_{-\infty}^{+\infty} dt\, |z(t)|^2 = \int_{-\infty}^{\infty} d\nu\, W(\nu) \tag{19.31}$$

definiert. Definiert man, in Analogie zur statistischen Autokorrelationsfunktion, die Zeitautokorrelationsfunktion

$$\Gamma(\tau) = \int_{-\infty}^{+\infty} dt\, z^*(t) z(t+\tau). \tag{19.32}$$

so gilt hierfür,

$$\Gamma(\tau) = \int_{-\infty}^{+\infty} dt\, z^*(t) \int_{-\infty}^{\infty} d\nu\, \tilde{z}(\nu)\, e^{-2\pi i \nu(t+\tau)} = \int_{-\infty}^{\infty} d\nu\, \tilde{z}(\nu)\tilde{z}^*(\nu)\, e^{-2\pi i \nu \tau}.$$

Wegen $W_g = \Gamma(0)$ und $W(\nu) = |\tilde{z}(\nu)|^2$ kann diese Beziehung in der Form

$$\Gamma(\tau) = \int_{-\infty}^{+\infty} d\nu\, W(\nu)\, e^{-2\pi i \nu \tau}, \qquad W(\nu) = \int_{-\infty}^{\infty} d\tau\, \Gamma(\tau)\, e^{2\pi i \nu \tau}. \tag{19.33}$$

ausgedrückt werden. Das Energiespektrum ist die Fourier-Transformierte der Zeitautokorrelationsfunktion.

Periodische Funktion unendlicher Dauer: Die Funktion $z(t)$ sei komplexwertig und periodisch mit der Periode T. Die Fourierreihe von $z(t)$ mit den Fourierkoeffizienten c_n ist

$$z(t) = \sum_{n=-\infty}^{+\infty} c_n\, e^{-2\pi i \nu_n t}, \qquad c_n = \frac{1}{T} \int_0^T dt\, z(t) e^{2\pi i \nu_n t}, \qquad \nu_n = n/T. \tag{19.34}$$

Die Zeitautokorrelationsfunktion

$$\Gamma(\tau) = \frac{1}{T} \int_0^T dt\, z^*(t) z(t+\tau), \qquad (19.35)$$

besitzt die Eigenschaft

$$\Gamma(\tau) = \frac{1}{T} \int_0^T dt\, z^*(t) \sum_{n=-\infty}^{+\infty} c_n\, e^{-2\pi i \nu_n (t+\tau)} = \sum_{n=-\infty}^{+\infty} c_n c_n^*\, e^{-2\pi i \nu_n \tau}. \qquad (19.36)$$

Die mittlere Leistung P_T und das Leistungsspektrum $P(\nu)$ seien durch

$$P_T = \frac{1}{T} \int_0^T dt\, |z(t)|^2 = \int_{-\infty}^{\infty} d\nu\, P(\nu) \qquad (19.37)$$

definiert. Wegen $P_T = \Gamma(0)$ erhält man für das Leistungsspektrum

$$P(\nu) = \sum_{n=-\infty}^{+\infty} P_\nu \delta(\nu - \nu_n), \qquad P_\nu = |c_\nu|^2 \qquad (19.38)$$

wobei c_ν die Fourierkoeffizienten c_n, ausgewertet bei der Frequenz $\nu_n = \nu$ bezeichnet. Das diskrete Leistungsspektrum $P_n = |c_n|^2$ stellt die Fourierkoeffizienten der Zeitautokorrelationsfunktion dar,

$$\Gamma(\tau) = \sum_{n=-\infty}^{+\infty} P_n e^{-2\pi i \nu_n \tau}, \qquad P_n = \frac{1}{T} \int_0^T d\tau\, \Gamma(\tau) e^{2\pi i \nu_n \tau}. \qquad (19.39)$$

Leistungsspektrum eines stationären Prozesses: Zur Fourier-Transformation eines Zufallsprozesses betrachtet man die Fourier-Transformation der einzelnen Realisierungen. Eine Schwierigkeit besteht dann jedoch darin, daß ein stationärer Zufallsprozeß $z(t)$ keine gewöhnliche Fourier-Transformierte besitzt, da die Realisierungen $z_j(t)$ für $t \to \pm\infty$ nicht verschwinden. Diese Schwierigkeit läßt sich umgehen, indem man den Prozeß zunächst nur für ein endliches Zeitintervall T betrachtet und im Ergebnis den Grenzübergang $T \to \infty$ vornimmt. Bei diesem Grenzübergang wird die Summation des Leistungsspektrums über diskrete Frequenzen durch eine Integration ersetzt,

$$\sum_{n=-\infty}^{+\infty} P_n \to \int_{-\infty}^{+\infty} d\nu\, P(\nu). \qquad (19.40)$$

19.3 Wiener-Khintchine-Theorem

Beachtet man, daß die Anzahl der Frequenzen im Intervall $d\nu$ gleich $d\nu/(1/T)$ ist, so folgt für das Leistungsspektrum die Darstellung

$$P(\nu) = \lim_{T\to\infty} TP_\nu = \lim_{T\to\infty} T <|c_\nu|^2>. \tag{19.41}$$

Hierbei wurde auch eine Ensemblemittelung über die einzelnen Realisierungen durchgeführt. Das Wiener-Khintchine-Theorem besagt, daß das Leistungsspektrum (19.41) eines stationären Zufallsprozesses die Fourier-Transformierte der statistischen Autokorrelationfunktion darstellt.

Zum Beweis dieses Theorems schreiben wir $P(\nu)$ mit den Fourierkoeffizienten aus (19.34) in der Form

$$P(\nu) = \lim_{T\to\infty} T\frac{1}{T^2} \int_0^T dt_1 \int_0^T dt_2\, <z^*(t_1)z(t_2)> e^{2\pi i\nu(t_2-t_1)}$$

$$= \lim_{T\to\infty} \frac{1}{T} \int_0^T dt_1 \int_0^T dt_2\, \Gamma(t_1,t_2) e^{2\pi i\nu(t_2-t_1)}. \tag{19.42}$$

Die Integration über das Quadrat $0 < t_1 < T$, $0 < t_2 < T$ kann durch eine Integration über die beiden Dreiecke $0 < \tau < T$, $0 < t < T-\tau$ für $\tau = t_2 - t_1$, $t = t_1$ und $\tau = t_1 - t_2$, $t = t_2$ ersetzt werden (Abb. 19.2):

$$P(\nu) = \lim_{T\to\infty} \frac{1}{T} \int_0^T d\tau \left(\int_0^{T-\tau} dt\, \Gamma(t,\tau+t) e^{2\pi i\nu\tau} + \int_0^{T-\tau} dt\, \Gamma(\tau+t,t) e^{-2\pi i\nu\tau} \right).$$

Durch die Variablensubstitutionen $t' = \tau + t$ und $\tau' = -\tau$ im zweiten Integral folgt

$$\int_0^T d\tau \int_0^{T-\tau} dt\, \Gamma(\tau+t,t) e^{-2\pi i\nu\tau} = \int_0^T d\tau \int_\tau^T dt'\, \Gamma(t',t'-\tau) e^{-2\pi i\nu\tau}$$

$$= \int_{-T}^0 d\tau' \int_{-\tau'}^T dt'\, \Gamma(t',\tau'+t') e^{2\pi i\nu\tau'}.$$

Die gestrichenen Integrationsvariablen können nun wieder in ungestrichene umbenannt werden. Dann sind die Integranden in beiden Integralen identisch. Unter der Annahme, daß die Teilintegrale

$$\int_0^T d\tau \int_{T-\tau}^T dt\, \Gamma(t,\tau+t) e^{2\pi i\nu\tau}, \quad \int_{-T}^0 d\tau \int_{-\tau}^0 dt\, \Gamma(t,\tau+t) e^{2\pi i\nu\tau}, \tag{19.43}$$

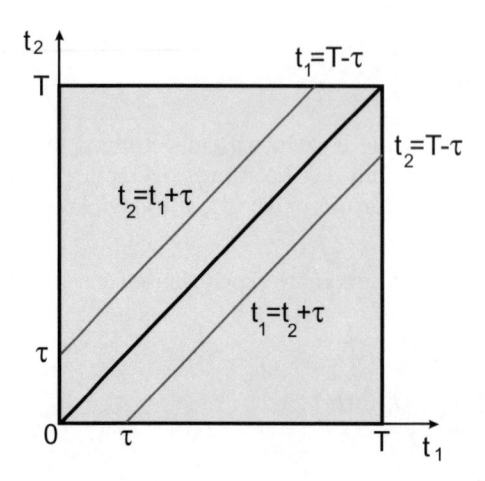

Abb. 19.2: Zerlegung des rechteckigen Integrationsgebietes in zwei dreieckige.

wegen des raschen Abfalls der Autokorrelationsfunktion konvergieren, verbleibt für das Leistungsspektrum im Grenzübergang $T \to \infty$ der Ausdruck

$$P(\nu) = \int_{-\infty}^{\infty} d\tau \, \overline{\Gamma(\tau)} e^{2\pi i \nu \tau}, \quad \overline{\Gamma(\tau)} = \lim_{T \to \infty} \frac{1}{T} \int_0^T dt \, \Gamma(t, \tau + t). \quad (19.44)$$

Dies ist die Fourier-Transformierte der zeitgemittelten Autokorrelationsfunktion $\overline{\Gamma(\tau)}$. Für stationäre Prozesse gilt $\overline{\Gamma(\tau)} = \Gamma(\tau)$.

Eine wichtige Anwendung des Wiener-Khinchine-Theorems ist die zeitaufgelöste Spektroskopie. Eine Messung der Autokorrelationsfunktion ist ausreichend zur Bestimmung des Spektrums. Diese Methode ist besonders vorteilhaft bei sehr kleinen Linienbreiten, da dann die Abklingzeit der Autokorrelationsfunktion gerade sehr groß ist.

Beispiel 19.3 *Exponentieller Zerfall der Autokorrelationsfunktion*

Ein Zufallsprozeß, dessen Autokorrelationsfunktion exponentiell abklingt, $\Gamma(\tau) = e^{-2\pi i \nu_0 \tau - 2\pi \delta \nu |\tau|}$, besitzt als Spektrum ein Lorentz-Profil:

$$P(\nu) = \int_{-\infty}^{\infty} d\tau \, \Gamma(\tau) \, e^{2\pi i \nu \tau} = \int_0^{\infty} d\tau \, e^{2\pi i (\nu - \nu_0)\tau - 2\pi \delta \nu \tau} + c.c.$$

$$= \frac{-1}{2\pi i (\nu - \nu_0)\tau - 2\pi \delta \nu \tau} + c.c. = \frac{1}{\pi} \frac{\delta \nu}{(\nu - \nu_0)^2 + \delta \nu^2}$$

> **Beispiel 19.4** *Konstante Autokorrelationsfunktion*
>
> Die Funktion $z(t) = 1$ besitzt die konstante Autokorrelationsfunktion $\overline{\Gamma(\tau)} = \Gamma(\tau) = 1$. Da die Integrale (19.43), (19.44) hierbei nicht konvergieren, ist das Wiener-Khintchine-Theorem nicht unmittelbar anwendbar. Das Spektrum kann aber nach der Definition (19.41) direkt berechnet werden:
>
> $$c_\nu = \frac{1}{T} \int_{-T/2}^{T/2} dt\, e^{2\pi i \nu t} = \frac{1}{2\pi i \nu T} \left(e^{i\pi\nu T} - e^{-i\pi\nu T} \right) = \frac{\sin(\pi\nu T)}{\pi\nu T}$$
>
> $$P(\nu) = \lim_{T \to \infty} T |c_\nu|^2 = \lim_{T \to \infty} T \frac{\sin^2(\pi\nu T)}{(\pi\nu T)^2} = \delta(\nu).$$
>
> Entsprechend findet man für eine monochromatische Welle $z(t) = e^{-2\pi i \nu_0}$ das Spektrum $P(\nu) = \delta(\nu - \nu_0)$. Man beachte, daß die Koeffizienten $|c_\nu|^2$ beschränkt sind, so daß $P(\nu)$ im Maximum einer Linie wie T divergiert. Die Breite der Linie muß daher wie $1/T$ abnehmen, damit das Integral über das Leistungsspektrum konvergiert.

19.4 Räumliche Kohärenz

Korrelationen des Feldes in zwei Raumpunkten werden als *räumliche Kohärenz* bezeichnet. Die räumliche Kohärenz kann mit einem Doppelspaltexperiment nachgewiesen werden.

Doppelspaltversuch von Young: Ein Schirm mit zwei punktförmigen Blenden S_1 und S_2 wird mit einer Lichtquelle bestrahlt (Abb. 19.3). Die Intensitätsverteilung des durch die Blenden hindurchtretenden Lichtes wird auf einem dahinterliegenden Schirm beobachtet. Tritt auf dem Schirm ein Interferenzbild auf, so ist das Feld in den Punkten S_1, S_2 zu den retardierten Zeiten $t_1 = t - l_1/c$, $t_2 = t - l_2/c$ kohärent, wobei $l_{1,2}$ die Wegstrecken der beiden im Beobachtungspunkt P interferierenden Teilstrahlen bezeichnet. Verwendet man zeitlich kohärentes Licht, d.h. $|t_2 - t_1| \ll \tau_{coh}$, so tritt ein Interferenzbild genau dann auf, wenn das Licht in den Punkten S_1, S_2 räumlich kohärent ist. Der maximale Abstand der Spaltpunkte für den noch Interferenz auftritt, wird als die transversale Kohärenzlänge d_{coh} bezeichnet.

Interferenzmaxima: Der Abstand d der Spaltpunkte sei sehr viel kleiner als der Abstand L zwischen der Spalt- und der Beobachtungsebene. Der Gangunterschied l zwischen den im Punkt P interferierenden Teilstrahlen ist dann, $l = d \sin \Theta \approx dy/L$, wobei y den Abstand des Punktes P von der optischen Achse bezeichnet. Für monochromatisches Licht ergibt sich in P ein Interferenzmaximum, falls der Gangunterschied ein Vielfaches der Wellenlänge λ beträgt: $l = n\lambda$, $n = 0, 1, 2, 3, \cdots$. Der Abstand y_n des n-ten Interferenzmaximums von der optischen Achse ist daher

$$y_n = n\frac{\lambda L}{d}. \tag{19.45}$$

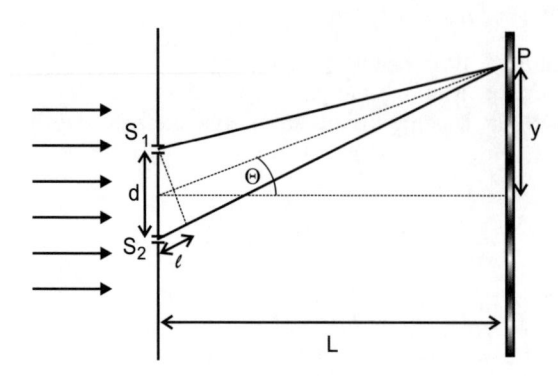

Abb. 19.3: Doppelspaltversuch: Bei Bestrahlung der Spalte mit kohärentem Licht entsteht auf dem Schirm (rechts) ein Interferenzbild.

Der Abstand $\Delta y = \lambda L/d$ aufeinanderfolgender Maxima ist typischerweise sehr klein, z.B. $\Delta y = 1.2$ mm für $\lambda = 0.6$ μm, $L = 20$ cm und $d = 0.1$ mm. Verwendet man Licht mit einer spektralen Breite $\delta\lambda$, so tritt Interferenz nur auf, wenn der Gangunterschied der einzelnen spektralen Komponenten kleiner ist als die mittlere Wellenlänge $\bar{\lambda}$. Licht, welches die Bedingung

$$\delta\lambda \ll \bar{\lambda} \tag{19.46}$$

erfüllt, wird als *quasimonochromatisch* bezeichnet.

Kohärenzgrad: Das Feld $E(P,t)$ im Beobachtungspunkt P zur Zeit t besitzt die Form,

$$E(P,t) = K_1 E(S_1, t_1) + K_2 E(S_2, t_2), \tag{19.47}$$

wobei $K_{1,2} E(S_{1,2}, t_{1,2})$ die Felder der durch die Spalte $S_{1,2}$ hindurchtretenden Strahlen bezeichnet. Die Faktoren $K_{1,2}$ sind Konstanten, die durch die Eigenschaften der Blenden und durch den Abstand des Beobachtungspunktes von den Spaltpunkten bestimmt werden. Man kann zeigen, daß diese Konstanten rein imaginär sind, d.h. es gilt

$$K_1 K_2^* = K_1^* K_2 = |K_1||K_2|. \tag{19.48}$$

Analog zu (19.21) erhält man für die Intensität im Punkt P den Ausdruck

$$<I(P)> \, = \, <I_1> + <I_2> + 2\sqrt{<I_1><I_2>}|\gamma(1,2)|\cos(\alpha - \omega\tau),$$
$$<I_i> \, = \frac{c}{8\pi}|K_i|^2 \Gamma(i,i), \quad \gamma(1,2) = \frac{\Gamma(1,2)}{\sqrt{\Gamma(1,1)\Gamma(2,2)}}. \tag{19.49}$$

Die Sichtbarkeit des Interferenzbildes wird wiederum durch den Betrag des komplexen Kohärenzgrades bestimmt:

$$V = \frac{I_{max} - I_{min}}{I_{max} + I_{min}} = \frac{2\sqrt{<I_1><I_2>}}{<I_1> + <I_2>}|\gamma(1,2)|. \tag{19.50}$$

19.4 Räumliche Kohärenz

Sind die Laufzeitunterschiede τ klein gegenüber der Kohärenzzeit, so besitzt der Kohärenzgrad die Form

$$\gamma(1,2) = j(1,2)e^{-i\bar{\omega}\tau}, \tag{19.51}$$

wobei der räumliche Kohärenzgrad $j(1,2) \equiv j(\boldsymbol{r}_1, \boldsymbol{r}_2)$ nur noch eine Funktion der Orte $\boldsymbol{r}_1$, $\boldsymbol{r}_2$ der Spaltpunkte darstellt. Für Strahlen, die sich nahe der optischen Achse ausbreiten ist die Bedingung der zeitlichen Kohärenz meist erfüllt.

Ausgedehnte inkohärente Strahlungsquellen: Eine zeitlich kohärente punktförmige Lichtquelle erzeugt immer räumlich kohärentes Licht, da die Felder in allen Punkten eine feste Phasenbeziehung zueinander besitzen. Eine ausgedehnte Lichtquelle emittiert dagegen i.A. nur in einen kleinen Winkelbereich räumlich kohärentes Licht. Die Abhängigkeit der transversalen Kohärenzlänge von der Ausdehnung der Quelle kann man sich durch das in Abb. 19.4 dargestellte Doppelspaltexperiment veranschaulichen.

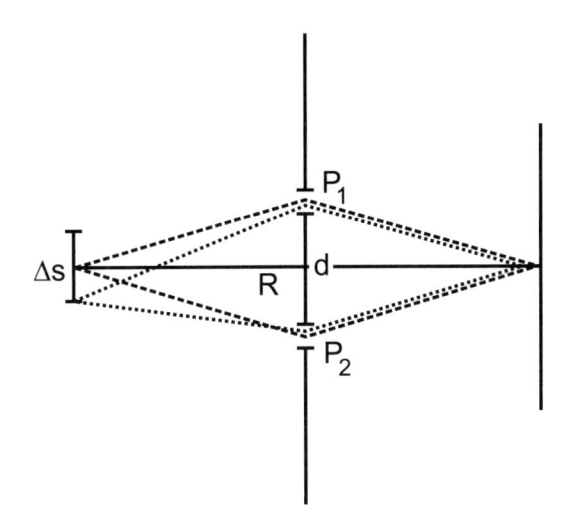

Abb. 19.4: Räumliche Kohärenzlänge d im Abstand R von einer inkohärenten Strahlungsquelle mit dem Durchmesser Δs.

Die Lichtstrahlen, die von jedem Punkt der Quelle ausgehen, erzeugen in den Spaltpunkten P_1 und P_2 jeweils räumlich kohärentes Licht. Lichtstrahlen, die von verschiedenen Punkten der Quelle ausgehen, besitzen jedoch i.A. keine feste Phasenbeziehung und führen daher zu einer Auslöschung der Interferenz. Von einer räumlich inkohärenten Quelle mit dem Durchmesser Δs betrachten wir diejenigen Strahlen, die vom Mittelpunkt (M) und von einem Randpunkt (B) der Quelle ausgehen und in den Spaltpunkten P_1 und P_2 enden. Die beiden von M ausgehenden Strahlen besitzen in P_1 und P_2 keinen Gangunterschied und erzeugen daher hinter den Spalten ein Interferenzmaximum auf der optischen Achse. Die von B ausgehenden Strahlen besitzen jedoch den Gangunterschied

$$l = d\sin(\Phi/2) \approx d\frac{\Delta s}{2R}, \tag{19.52}$$

wobei Φ der Öffnungswinkel ist, unter dem die Quelle im Abstand R am Ort der Spaltpunkte erscheint. Falls $l = \lambda/2$ ist, erzeugen diese Strahlen auf der optischen Achse bereits ein Interferenzminimum. Da sich die Intensitäten der inkohärenten Quellen M und B addieren, bekommt man dann eine Auswaschung der Interferenz. Die transversale Kohärenzlänge d_{coh} ist daher von der Größenordnung

$$\frac{\Delta s d_{coh}}{R} = \bar{\lambda}. \tag{19.53}$$

Da d_{coh} vom Abstand R zwischen der Lichtquelle und der bestrahlten Fläche abhängt, verwendet man anstelle von d_{coh} oft den Öffnungswinkel $\Delta\Theta = d_{coh}/R$, unter dem die beiden Punkte von der Quelle aus erscheinen. Mit (19.53) gilt

$$\Delta s \Delta\Theta = \bar{\lambda}. \tag{19.54}$$

Der Winkel $\Delta\Theta = \bar{\lambda}/\Delta s$ ist formal gleich dem Beugungswinkel eines Lichtstrahls an einer Blende mit dem Durchmesser Δs.

Kohärenzfläche: Eine abgeleitete Größe ist die Kohärenzfläche $A_{coh} = d_{coh}^2$. Sie kann in einfacher Weise durch das Raumwinkelelement $\Delta\Omega_s = \Delta s^2/R^2$, unter dem die Quelle im Abstand R erscheint, ausgedrückt werden,

$$A_{coh} = \left(\frac{R\bar{\lambda}}{\Delta s}\right)^2 = \frac{\bar{\lambda}^2}{\Delta\Omega_s}. \tag{19.55}$$

Durch die interferometrische Messung der Kohärenzfläche für eine bestimmte Wellenlänge läßt sich der Winkeldurchmesser einer Strahlungsquelle bestimmen. Mit dieser Methode können z.B. Winkeldurchmesser von Sternen bestimmt werden.

Beispiel 19.5 *Kohärenzfläche*

Im folgenden Vergleich wird $\bar{\lambda} = 5 \times 10^{-5}$ cm angenommen und die Umrechnung $1' = \pi/(60 \times 180)$ rad verwendet.

Lampe : $\Delta s = 0.1$ cm, $R = 200$ cm, $A_{coh} = 1$ mm^2
Sonne : $\Delta s/R = 0°16' = 0.00456$ rad, $\Delta\Omega_s = 2 \times 10^{-5}$, $A_{coh} \approx 10^{-3}$ mm^2
Sterne : $\Delta s/R < 5 \times 10^{-7}$ rad, $\Delta\Omega_s < 25 \times 10^{-14}$, $A_{coh} > 1$ m^2

19.5 Van Cittert-Zernike-Theorem

Der räumliche Kohärenzgrad $j(\mathbf{r}_1,\mathbf{r}_2)$ einer ausgedehnten inkohärenten Strahlungsquelle kann unter recht allgemeinen Voraussetzungen aus der Intensitätsverteilung der Strahlungsquelle berechnet werden. Dies wurde zuerst von Van Cittert und von Zernike gezeigt.

Monochromatisches Licht: Wir betrachten zuerst die Ausbreitung von exakt monochromatischem Licht, $E(\mathbf{r},t) = \tilde{E}(\mathbf{r},\nu)\, e^{-2\pi i \nu t}$, das von einer Quelle mit der Oberfläche

19.5 Van Cittert-Zernike-Theorem

Σ abgestrahlt wird. Nach dem Huygens-Fresnel-Prinzip kann das Feld am Beobachtungsort r in der Form

$$\tilde{E}(\boldsymbol{r},\nu) = \int_\Sigma d^2 r'\, \Lambda(\lambda,\Theta)\, \frac{\tilde{E}(\boldsymbol{r}',\nu)\, e^{ikR}}{R}, \qquad \Lambda(\lambda,\Theta) = \frac{\chi(\Theta)}{\lambda i}, \qquad (19.56)$$

angegeben werden. Hierbei bezeichnet $R = |\boldsymbol{r}-\boldsymbol{r}'|$ den Abstand zwischen dem Beobachtungspunkt $\boldsymbol{r}$ und Quellpunkt $\boldsymbol{r}'$ und Θ den Winkel zwischen der Oberflächennormalen im Quellpunkt $\boldsymbol{r}'$ und der Verbindungslinie zwischen den Punkten $\boldsymbol{r}$ und $\boldsymbol{r}'$. Die Winkelfunktion $\chi(\Theta)$ kann Werte zwischen 0 und 1 annehmen, wobei $\chi(0) = 1$. Jeder Punkt der Oberfläche ist somit Ausgangspunkt einer Kugelwelle mit der Quellstärke $\Lambda(\lambda,\Theta)\tilde{E}(\boldsymbol{r}')$ (Abb. 19.5).

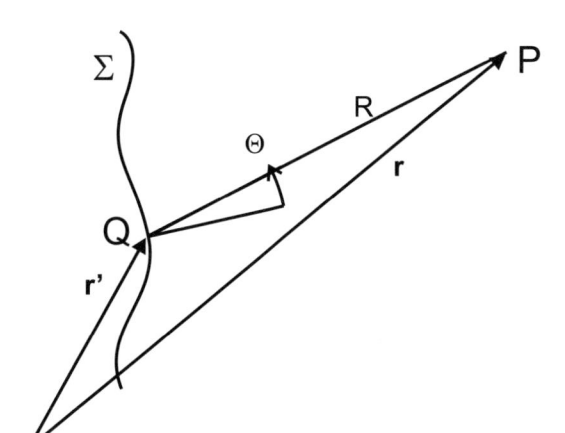

Abb. 19.5: Huygens-Fresnel-Prinzip: Jeder Punkt Q der Oberfläche Σ ist Ausgangspunkt einer Kugelwelle, die sich im Beobachtungspunkt P überlagern.

Quasimonochromatisches Licht: Eine entsprechende Propagation von quasimonochromatischem Licht erhält man, indem man (19.56) auf jede Fourierkomponente anwendet und näherungsweise $\Lambda(\lambda, \Theta) \approx \bar{\Lambda} \equiv \Lambda(\bar{\lambda}, \Theta)$ setzt. Dies ergibt

$$E(\bm{r},t) = \int_{-\infty}^{+\infty} d\nu\, \tilde{E}(\bm{r},\nu)\, e^{-2\pi i \nu t}$$

$$= \int_\Sigma d^2 r'\, \frac{1}{R} \int_{-\infty}^{+\infty} d\nu\, \Lambda(\lambda, \Theta)\, \tilde{E}(\bm{r}',\nu)\, e^{ikR - 2\pi i \nu t}$$

$$\approx \int_\Sigma d^2 r'\, \frac{\bar{\Lambda}}{R} \int_{-\infty}^{+\infty} d\nu\, \tilde{E}(\bm{r}',\nu)\, e^{2\pi i \nu (R/c - t)}$$

$$= \int_\Sigma d^2 r'\, \frac{\bar{\Lambda}}{R} E(\bm{r}', t - R/c). \tag{19.57}$$

Räumliche Kohärenzfunktion: Für die räumliche Kohärenzfunktion $J(\bm{r}_1, \bm{r}_2) \equiv \Gamma(\bm{r}_1, \bm{r}_2, 0) = <E^*(\bm{r}_1, t) E(\bm{r}_2, t)>$ erhält man mit diesem Propagationsgesetz

$$J(\bm{r}_1, \bm{r}_2) = \int_\Sigma d^2 r'_1 \int_\Sigma d^2 r'_2\, \frac{\Lambda^*(\bar{\lambda}, \Theta_1) \Lambda(\bar{\lambda}, \Theta_2)}{R_1 R_2}\, \Gamma(\bm{r}'_1, \bm{r}'_2, -(R_2 - R_1)/c)$$

$$\approx \int_\Sigma d^2 r'_1 \int_\Sigma d^2 r'_2\, \frac{\Lambda^*(\bar{\lambda}, \Theta_1) \Lambda(\bar{\lambda}, \Theta_2)}{R_1 R_2}\, J(\bm{r}'_1, \bm{r}'_2) e^{i\bar{k}(R_2 - R_1)}.$$

Bei der letzten Umformung wurde wiederum angenommen, daß die Laufzeitdifferenzen klein sind gegenüber der Kohärenzzeit.

Für eine inkohärente ebene Quelle kann man zusätzlich annehmen, daß

$$J(\bm{r}'_1, \bm{r}'_2) = I(\bm{r}'_1) \delta(\bm{r}'_1 - \bm{r}'_2), \qquad \Theta \ll 1, \qquad \chi(\Theta) \approx 1 \tag{19.58}$$

ist. Nach der Integration über eine Koordinate erhält man dann

$$J(\bm{r}_1, \bm{r}_2) = \bar{\lambda}^{-2} \int_\Sigma d^2 r'\, I(\bm{r}')\, \frac{e^{i\bar{k}(R_2 - R_1)}}{R_2 R_1}. \tag{19.59}$$

Hierbei bezeichnen $R_{1,2}$ die Abstände der Beobachtungspunkte $\bm{r}_{1,2}$ von dem Quellpunkt $\bm{r}'$ (Abb. 19.6).

In großen Abständen von der Quelle gilt näherungsweise $R_{1,2} = r_{1,2} - \bm{s}_{1,2} \cdot \bm{r}'$. Damit erhält man für die räumliche Kohärenzfunktion $J(\bm{r}_1, \bm{r}_2)$ und für den räumlichen

19.6 Kohärenzfunktionen höherer Ordnung

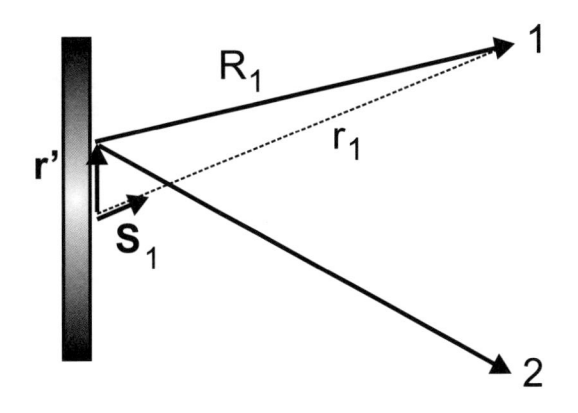

Abb. 19.6: Abstrahlung einer inkohärenten ebenen Quelle. r': Quellpunkt, $r_{1,2} = r_{1,2} s_{1,2}$: Beobachtungspunkte, $R_{1,2}$: Abstände der Beobachtungspunkte $1, 2$ vom Quellpunkt.

Kohärenzgrad $j(r_1, r_2) = J(r_1, r_2)/\sqrt{J(r_1, r_1) J(r_2, r_2)}$ das Van Cittert-Zernike Theorem

$$J(r_1, r_2) = \frac{e^{i\bar{k}(r_2 - r_1)}}{r_2 r_2 \bar{\lambda}^2} \int_\Sigma d^2 r' \, I(r') \, e^{-i\bar{k}(s_2 - s_1) \cdot r'}$$

$$j(r_1, r_2) = e^{i\bar{k}(r_2 - r_1)} \frac{\int_\Sigma d^2 r' \, I(r') \, e^{-i\bar{k}(s_2 - s_1) \cdot r'}}{\int_\Sigma d^2 r' \, I(r')}. \quad (19.60)$$

Es beschreibt den räumlichen Kohärenzgrad eines Feldes, das durch eine planare, räumlich inkohärente, quasimonochromatische Quelle erzeugt wird. Wählt man ein Koordinatensystem so, daß die Oberfläche in der x,y-Ebene liegt, so kann der Vektor $s_2 - s_1$ in der Form

$$s_2 - s_1 = \frac{r_2}{r_2} - \frac{r_1}{r_1} \approx \left(\frac{d_x}{z}, \frac{d_y}{z}, 0\right), \quad (19.61)$$

ausgedrückt werden, wobei $d_x = x_2 - x_1$ und $d_y = y_2 - y_1$ jeweils den Abstand der Beobachtungspunkte in x- und y-Richtung bezeichnen. Der Kohärenzgrad ist bis auf einen Faktor gleich der räumlichen Fourier-Transformierten der Intensitätsverteilung $I(x, y)$ der Quelle mit den Komponenten $k_x = \bar{k} \frac{d_x}{z}$, $k_y = \bar{k} \frac{d_y}{z}$ des Wellenvektors.

19.6 Kohärenzfunktionen höherer Ordnung

Der Kohärenzgrad erster Ordnung charakterisiert die Interferenzfähigkeit des Lichtes. Zerlegt man natürliches Licht in seine spektralen Komponenten, so besitzt jede hinreichend schmalbandige Komponente Kohärenz erster Ordnung. In neuerer Zeit wurden daher zusätzlich auch Korrelationsfunktionen höherer Ordnung zur Charakterisierung der Kohärenzeigenschaften des Lichtes untersucht. Diese bestimmen z.B. Intensitätskorrelationen oder Photonenkoinzidenzen in zwei oder mehr Raumzeitpunkten.

Kohärenzfunktion n-ter Ordnung: Die *Kohärenzfunktion n-ter Ordnung* und der *Kohärenzgrad n-ter Ordnung* werden jeweils durch

$$\Gamma(1,\cdots,2n) = <E^*(1)\cdots E^*(n)E(n+1)\cdots E(2n)>,$$
$$\gamma(1,\cdots,2n) = \frac{\Gamma(1,\cdots,2n)}{\sqrt{\Gamma(1,1)\cdots\Gamma(2n,2n)}} \tag{19.62}$$

definiert. Sie beschreiben Korrelationen des Feldes in $2n$ Raumzeitpunkten, $1 \equiv (\boldsymbol{x}_1, t_1)$, $\cdots$, $2n \equiv (\boldsymbol{x}_{2n}, t_{2n})$. In n der $2n$ Punkte wird die konjugiert komplexe Feldamplitude verwendet, d.h. es werden nur Phasendifferenzen zwischen Paaren von Punkten berücksichtigt. Diese Definition ist zweckmäßig, da die Mittelung über eine absolute Phase Null ergeben würde. Die Mittelwerte beliebiger Meßgrößen können nur von diesen Kohärenzfunktionen abhängen. Zum Beispiel besitzt die mittlere von einem Medium im Feld absorbierte Leistung die allgemeine Form

$$<P(1)> = <j(1)\mathcal{E}(1)>, \tag{19.63}$$

wobei $j(1) = \sigma\big(\mathcal{E}(1),\cdots,\mathcal{E}(m)\big)$ i.A. eine beliebige Funktion der Feldstärken in beliebig vielen anderen Punkten des Mediums sein kann. Setzt man $\mathcal{E} = \Re\{E\}$ ein, so läßt sich $<P>$ durch eine Summe von Kohärenzfunktionen der Form (19.62) ausdrücken.

Kohärenzbedingungen: Der Kohärenzgrad n-ter Ordnung erfüllt für $n > 1$ i.A. keine Bedingung der Form (19.7). Der Wert von $|\gamma(1,\cdots,2n)|$ kann daher nicht mehr zur Definition eines Kohärenzgrades verwendet werden. Man kann vollständige Kohärenz N-ter Ordnung aber dadurch definieren, daß alle Kohärenzfunktionen der Ordnung $n \leq N$ in der Form

$$\Gamma(1,2,3,\cdots,2n) = f^*(1)\cdots f^*(n)f(n+1)\cdots f(2n), \tag{19.64}$$

faktorisieren, wobei f eine deterministische Funktion darstellt, die unabhängig von der Ordnung n ist. Dann gilt auch $|\gamma(1,2,3,\cdots,2n)| = 1$ für $n \leq N$. Ein Strahlungsfeld ist in diesem Sinne vollständig kohärent, falls die Kohärenzfunktionen beliebiger Ordnung in allen Raumzeitpunkten faktorisieren.

Zur Interpretation dieser Bedingung sei bemerkt, daß Messungen, deren Ergebnisse nur von den Kohärenzfunktionen $n \leq N$ abhängen, nicht zwischen einem kohärenten Zustand N-ter Ordnung und einem deterministischen Feld mit der Amplitude f unterscheiden können.

Durch Messung von Intensitätskorrelationen können Kohärenzeigenschaften 2. Ordnung nachgewiesen werden. Hierbei treten charakteristische Unterschied zwischen thermischem Licht und Laserlicht auf, die durch den Effekt des "Photon-Bunching" beschrieben werden.

Hanbury Brown und Twiss-Experiment: In Experimenten von Hanbury Brown und Twiss (1956,1957) wurden erstmals Korrelationen zwischen den Signalen zweier

19.6 Kohärenzfunktionen höherer Ordnung

Photodetektoren gemessen, die mit partiell kohärentem Licht bestrahlt wurden. Entsprechend den Experimenten zur Kohärenz 1. Ordnung können sowohl räumliche als auch zeitliche Korrelationen gemessen werden. Wir betrachten hier nur die zeitliche Kohärenz. Ein Lichtstrahl wird durch einen Strahlteiler in 2 Strahlen aufgeteilt. Die Intensitäten der Teilstrahlen werden nach unterschiedlichen Laufzeiten t_1 bzw. t_2 mit Photodetektoren gemessen. Aus den Signalen der Photodetektoren wird in einem Korrelator die Autokorrelationsfunktion $<I(1)I(2)>$ ermittelt. Abbildung 19.7 zeigt schematisch den Aufbau des Experiments.

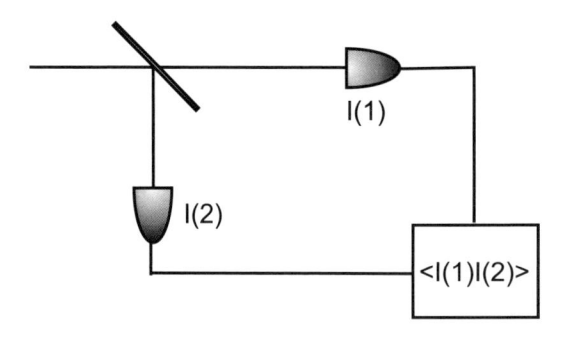

Abb. 19.7: Brown-Twiss-Experiment zur Messung von Intensitätskorrelationen.

Das Brown-Twiss-Experiment bestimmt den Kohärenzgrad 2. Ordnung

$$\gamma(1,2,2,1) = \frac{<I(1)I(2)>}{<I(1)><I(2)>} \tag{19.65}$$

Dieser hängt in einfacher Weise vom Korrelationskoeffizienten (19.7) der Zufallsvariablen $I(1)$ und $I(2)$,

$$\rho_{12} = \frac{<\Big(I(1) - <I(1)>\Big)\Big(I(2) - <I(2)>\Big)>}{<I(1)><I(2)>}$$

$$= \frac{<I(1)I(2)> - <I(1)><I(2)>}{<I(1)><I(2)>} = \gamma(1,2,2,1) - 1, \tag{19.66}$$

ab. Für große Zeitdifferenzen $\tau = |t_2 - t_1|$ sind $I(1)$ und $I(2)$ unkorrelliert, d.h. $\rho_{12} \to 0$. Für kleine Zeitdifferenzen geht ρ_{12} über in ρ_{11} und ist definitionsgemäß immer positiv oder null. Daher besitzt der Kohärenzgrad $\gamma(1,2,2,1)$ das asymptotische Verhalten

$$\gamma(1,2,2,1) \to \begin{cases} 1 + \rho_{11} & ; \tau \to 0 \\ 1 & ; \tau \to \infty. \end{cases} \tag{19.67}$$

Der qualitative Verlauf des Kohärenzgrades ist in Abb. 19.8 dargestellt. Natürliches Licht besteht aus einer unregelmäßigen Folge von quasimonochromatischen Wellenpaketen der Dauer τ_{coh}. Die Zunahme von $\gamma(1,2,2,1)$ für $\tau \ll \tau_{coh}$ wird als Photon-Bunching bezeichnet. Es ist umso ausgeprägter, je stärker die Intensitätsfluktuationen des Lichtes sind. Ein idealer Laser emittiert das Licht dagegen mit konstanter Intensität, welches kein Photon-Bunching aufweist.

Bei quantenmechanischer Behandlung des Strahlungsfeldes kann $\gamma(1,2,2,1)$ auch Werte < 1 annehmen. Dieser rein quantenmechanische Effekt wird als Photon-Antibunching bezeichnet.

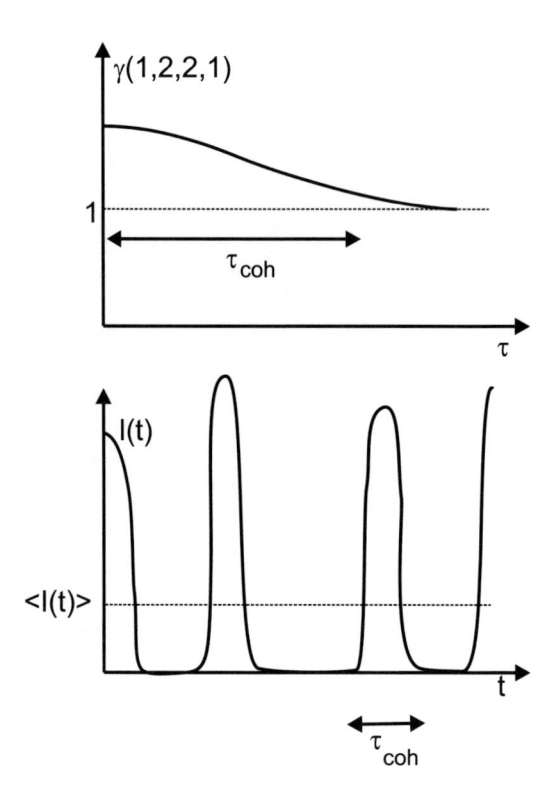

Abb. 19.8: Verlauf des Kohärenzgrades der Intensitätskorrelationsfunktion für ein klassisches Strahlungsfeld mit der Kohärenzzeit τ_{coh}.

19.7 Photonenstatistik

Beim Nachweis von Licht mit einem Photodetektor treten neben den Schwankungen der Lichtintensität auch Schwankungen des Meßsignals auf, die von der quantenmechanischen Emissionswahrscheinlichkeit beim photoelektrischen Effekt herrühren. Diese können im Rahmen der semiklassischen Theorie des Photoeffekts behandelt werden (L. Mandel).

Die Photonenzahlstatistik wird hierbei durch eine Wahrscheinlichkeitsverteilung $p_n(T)$ beschrieben, die die Wahrscheinlichkeit angibt, mit einem Photodetektor über eine Meßdauer T eine Anzahl von n Photonen zu messen.

19.7 Photonenstatistik

Deterministisches Feld: Wir nehmen zunächst an, daß die Photonenzählungen alle im selben Zeitintervall $[t, t+T]$ mit einem bekannten Intensitätsverlauf $I(t)$ vorgenommen werden. Die Photonenzahlstatistik $p_n(t,T)$ für dieses Intervall, wird durch die quantenmechanische Emissionswahrscheinlichkeit der Photoelektronen bestimmt. Die Wahrscheinlichkeit für den Nachweis eines Photoelektrons in einem infinitesimal kleinen Zeitintervall dt sei

$$P(t)dt = \eta I(t)dt, \tag{19.68}$$

wobei η als Detektoreffizienz bezeichnet wird. Diese Übergangswahrscheinlichkeit kann im Prinzip durch zeitabhängige Störungsrechnung erster Ordnung berechnet werden. Sie ist daher proportional zum Betragsquadrat des elektrischen Feldes und zum Zeitintervall. Die mittlere Anzahl der im Intervall $[t, t+T]$ gemessenen Photonen ist dann

$$w = \int_t^{t+T} dt'\, P(t'). \tag{19.69}$$

Die Wahrscheinlichkeit in einem Zeitintervall $[t, t'+dt']$ n-Photonen zu messen, kann unter der Annahme, daß im Zeitintervall dt' höchstens ein Photon gemessen wird $(P(t')dt' \ll 1)$, in der Form

$$p_n(t, t'+dt') = p_{n-1}(t,t')P(t+t')dt' + p_n(t,t')(1 - P(t+t')dt') \tag{19.70}$$

angegeben werden. Entwickelt man $p_n(t, t'+dt')$ bis zur ersten Ordnung in dt' so folgt,

$$\frac{d}{dt'}p_n(t,t') + P(t+t')p_n(t,t') = p_{n-1}(t,t')P(t+t') \tag{19.71}$$

Mit dem Lösungsansatz

$$p_n(t,t') = c_n(t,t')e^{-w(t,t')}, \qquad w(t,t') = \int_t^{t+t'} dt''\, P(t'') \tag{19.72}$$

ergibt sich die Differentialgleichung

$$\frac{d}{dt'}c_n(t,t') = P(t+t')c_{n-1}(t,t') \tag{19.73}$$

Die Lösung zu den Anfangsbedingungen $c_0(t,t) = 1$, $c_n(t,t) = 0$, $n > 0$ lautet $c_n(t,t') = w(t,t')^n/n!$. Damit erhält man für die quantenmechanische Emissionswahrscheinlichkeit von n Photonen in einer Zeit T eine Poisson-Verteilung

$$p_n(t,T) = p(n,w) = \frac{1}{n!}w^n e^{-w}, \quad w = \eta T \bar{I}, \quad \bar{I} = \frac{1}{T}\int_t^{t+T} dt'\, I(t'). \tag{19.74}$$

Feldschwankungen: Im Experiment wird die Wahrscheinlichkeitsverteilung $p_n(T)$ dadurch bestimmt, daß viele Photonenzählungen zu unterschiedlichen Startzeiten t wiederholt werden. Die Intensität $I(t)$ schwankt dabei i.A. von einem Zeitintervall zum nächsten. Die gemessene Verteilung ist daher ein Mittelwert der Funktion (19.74) bezüglich der Zufallsvariblen $w = \eta T \bar{I}$ mit einer Verteilung $P(w)$:

$$p_n(T) = <p(n,w)> = \int_0^\infty dw \; P(w) \; p(n,w). \tag{19.75}$$

Diese Grundgleichung der Photonenzahlstatistik wurde 1959 von L. Mandel angegeben.

Mittlere Photonenzahl:

$$<n> = \sum_{n=0}^\infty n p_n(T) = \int_0^\infty dw \; P(w) \sum_{n=0}^\infty np(n,w)$$

$$= \int_0^\infty dw \; P(w) w = <w>. \tag{19.76}$$

Varianz:

$$<n(n-1)> = \sum_{n=0}^\infty n(n-1) p_n(T) = \int_0^\infty dw \; P(w) \sum_{n=0}^\infty n(n-1) p(n,w)$$

$$= \int_0^\infty dw \; P(w) w^2 = <w^2>.$$

$$\Delta w^2 = <w^2> - <w>^2 = <w^2> - <n>^2$$
$$\Delta n^2 = <n^2> - <n>^2 = <w^2> + <n> - <n>^2$$
$$= <n> + \Delta w^2. \tag{19.77}$$

Die minimalen Photonenzahlschwankungen werden durch die Poisson-Statistik bei der Photoemission bestimmt. Zusätzlich werden die Photonenzahlschwankungen durch Intensitätsschwankungen des Lichtes vergrößert. Im Brown-Twiss Experiment werden die Intensitätsschwankungen Δw^2 direkt gemessen.

Lange Meßdauer: Für $T \gg \tau_{coh}$ mittelt die Messung über die Intensitätsschwankungen. Die Variable $\bar{I}$ in (19.74) ist dann nahezu mit Sicherheit gleich der mittleren Intensität $<I(t)>$. Die Photonenzahlstatistik wird dann durch die Poissonverteilung $p(n, <n>)$ mit dem Mittelwert $<n> = \eta T <I(t)>$ bestimmt.

Kurze Meßdauer: Für $T \ll \tau_{coh}$ ist bei jeder Photonenzahlmessung die momentane Intensität $\bar{I} \approx I(t)$ maßgeblich. Dann gilt

$$p_n(T) = \int_0^\infty dI \; P(I) \; p(n, \eta T I). \tag{19.78}$$

19.7 Photonenstatistik

Polarisiertes thermisches Licht besitzt eine Intensitätsverteilung

$$P(I) = \frac{1}{<I>} e^{-I/<I>}. \tag{19.79}$$

Eine Mittelung der Poisson-Verteilung über (19.79) ergibt eine Bose-Einstein-Verteilung mit dem Mittelwert $<n> = \eta T <I>$:

$$\begin{aligned} p_n(T) &= \frac{(\eta T)^n}{<I>(\eta T + 1/<I>)^{1+n}} \frac{1}{n!} \int_0^\infty dx\, x^n e^{-x} \\ &= \frac{<n>^n}{(1+<n>)^{1+n}}. \end{aligned} \tag{19.80}$$

Um zwischen thermischem Licht und Laserlicht konstanter Intensität unterscheiden zu können, muß die Meßdauer hinreichend kurz gewählt werden, damit die Unterschiede in der Photonenstatistik erkennbar werden.

Aufgaben

19.1 Sei ϕ ein zufälliger Phasenwinkel, der im Intervall $[0, 2\pi]$ gleichverteilt ist, a eine Konstante und $x = a\cos\phi$, $y = a\sin\phi$. Berechnen Sie
a) die Wahrscheinlichkeitsdichten $p(x)$, $p(y)$ und $p(x,y)$,
b) die Kovarianz $<\Delta x \Delta y>$.

19.2 Die elektrische Feldstärke von linear polarisiertem Licht werde durch die Zufallsvariablen a und ϕ beschrieben:

$$E = ae^{i\phi} = x + iy.$$

Hierbei seinen x und y Zufallsvariablen mit der Wahrscheinlichkeitsdichte

$$p(x,y) = p(x)p(y) = \frac{1}{2\pi\sigma^2} e^{-(x^2+y^2)/(2\sigma^2)}.$$

Berechnen Sie
a) die Wahrscheinlichkeitsdichten $p(a,\phi)$, $p(a)$ und $p(\phi)$,
b) die Wahrscheinlichkeitsdichte $p(I)$ der Variablen $I = a^2$,
c) das n-te Moment $<I^n>$.

19.3 Eine Lichtquelle bestehe aus einer großen Zahl unabhängiger identischer Emitter, die jeweils eine klassische Lichtwelle mit einer festen Amplitude, Frequenz und Polarisationsrichtung aussenden. In einem Punkt des Strahlungsfeldes sei das resultierende elektrische Feld

$$E = \sum_{j=1}^N ae^{i\phi_j},$$

wobei die Phasen ϕ_j zufällig im Intervall $[0, 2\pi]$ verteilt sind. Berechnen Sie den Mittelwert und das Schwankungsquadrat der Intensität $I = |E|^2$.

19.4 Die Wahrscheinlichkeit, daß sich ein Gasteilchen in einem Teilvolumen V_1 eines großen Volumens V befindet, sei $p = V_1/V \ll 1$. Die Wahrscheinlichkeit, daß sich n Teilchen in V_1 befinden, wird durch eine Poisson-Verteilung

$$P_n = \frac{\lambda^n}{n!} e^{-\lambda}$$

gegeben. Berechnen Sie den Mittelwert und das Schwankungsquadrat der Teilchenzahl n.

19.5 Berechnen Sie im Rahmen des folgenden Modells den Kohärenzgrad 1. Ordnung einer chaotischen stoßverbreiterten Lichtquelle und dessen Fourier-Transformierte,

$$\gamma(\tau) = \frac{\langle E^*(t)E(t+\tau)\rangle}{\langle E^*(t)E(t)\rangle}, \qquad F(\nu) = \int_{-\infty}^{+\infty} d\tau\, \gamma(\tau) e^{2\pi i \nu \tau}.$$

Die Lichtquelle sei punktförmig und bestehe aus einem Gas von N Atomen, die über eine freie Flugzeit jeweils ein skalares elektrisches Feld mit einer konstanten Amplitude E_0 und Frequenz ω_0 abstrahlen. Während eines Stoßes ändert sich die Phase des Feldes zufällig. Die Stoßdauer wird vernachlässigt.
a) Machen Sie einen Ansatz für das Feld $E_i(t)$, das vom i-ten Atom abgestrahlt wird und zufällige Phasenänderungen $\phi_i(t)$ besitzt.
b) Wie lautet die komplexe Amplitude $E(t)$ des Feldes, das von allen Atomen abgestrahlt wird?
c) Berechnen Sie die Kohärenzfunktion und den Kohärenzgrad erster Ordnung. Verwenden und begründen Sie dabei die folgende Ensemblemittelung:

$$\left\langle e^{i(\phi_i(t+\tau)-\phi_j(t))}\right\rangle = \begin{cases} 0, & i \neq j \\ e^{-\tau/\tau_0}, & i = j \end{cases}.$$

d) Berechnen Sie die Fourier-Transformierte des Kohärenzgrades und zeigen Sie, daß das Frequenzspektrum $F(\nu)$ ein Lorentzprofil besitzt. Verwenden und begründen Sie hierzu die Symmetrieeigenschaft

$$\gamma(-\tau) = \gamma^*(\tau).$$

19.6 Berechnen Sie den Kohärenzgrad der Strahlung im Fernfeld einer ebenen, räumlich inkohärenten, quasimonochromatischen Strahlungsquelle mit einer Intensitätsverteilung

$$I(x,y) = \frac{1}{2\pi\sigma^2}\, e^{-(x^2+y^2)/(2\sigma^2)}.$$

Geben Sie ein Maß für die Größe der Kohärenzfläche im Abstand z von der Quelle an.

Literaturverzeichnis

Blochinzew, Dmitri Iwanowitsch: *Grundlagen der Quantenmechanik*, Deutscher Verl. Wissenschaften, Berlin, (1953).

Heitler, Walter: *The quantum theory of radiation*, Clarendon Press, Oxford, (1954).

Ginzburg, Vitalij Lazarevič: *The propagation of electromagnetic waves in plasmas*, International Series of Monographs in Electromagnetic Waves, Pergamon, Oxford, (1970).

Loudon, Rodney: *The quantum theory of light*, Clarendon Press, Oxford, (1973).

Sargent, Murray; Scully, Marlan O.; Lamb, Willis E.: *Laser physics*, Addison-Wesley, (1974).

Haken, Hermann: *Licht und Materie*, Bibliogr. Institut, Mannheim (1979, 1981, 1989, 1994).

Itzykson, Claude; Zuber, Jean-Bernard: *Quantum field theory*, McGraw-Hill, New York, (1980).

Goodman, Joseph W.: *Statistical optics*, Wiley, New York, (1985).

Schubert, Max; Wilhelmi, Bernd: *Nonlinear optics and quantum electronics*, Wiley, New York, (1986).

Milonni, Peter W.; Eberly, Joseph H.: *Lasers*, Wiley, New York, (1988, 2010).

Meystre, Pierre; Sargent, Murray: *Elements of quantum optics*, Springer, Berlin, (1990).

Elton, Raymond C.: *X-ray lasers*, Academic Press, San Diego, (1990).

Mandel, Leonard; Wolf, Emil: *Optical coherence and quantum optics*, Cambridge University Press, Cambridge, (1995).

Diels, Jean-Claude; Rudolph, Wolfgang: *Ultrashort laser pulse phenomena: fundamentals, techniques, and applications on a femtosecond time scale*, Academic Press, San Diego, (1996, 2006).

Sachregister

A-Koeffizient, 10, 381, 389
ABCD-Matrix, 89, 103
Absorption
    eines Atoms, 11
    eines Mediums, 52, 125, 161, 331
    Resonanz-, 124
Absorptionskoeffizient, 52, 161
Absorptionsrate, 7, 10, 158, 379
    im Lorentz-Modell, 154, 247, 248
Absorptionsvermögen, 126
Adiabatische Elimination, 330
Aharonov-Bohm-Effekt, 216
Airy-Funktionen, 116
Anregungsrate, 324
ASE, 15
Auswahlregeln für Dipolübergänge, 257
Autokorrelationsfunktion, 395

B-Koeffizient, 7
Besetzungsdifferenz, 300, 312
Besetzungsinversion, 13, 17, 342
Bloch
    -Gleichungen, 299, 310
    -Kugel, 306
    -Vektor, 293, 319
Bohr
    -Atommodell, 6, 212
    -Quantisierungsbedingung, 110
Boltzmann-Verteilung, 12, 17
Bose-Einstein-Statistik, 12, 17, 369, 415
Brechungsgesetz, 132
Brechungsindex, 45
Brewster-Winkel, 136

Campbell-Baker-Hausdorff-Theorem, 204
Chirp, 64, 70
Clausius-Mossotti-Gleichung, 148
Coulomb-Eichung, 27, 213, 345

De Broglie-Hypothese, 201

Debye-Modell, 146, 150, 308
Dichtematrix, 317, 320
Dielektrische Verschiebung, 28
Dielektrizitätsfunktion
    Definition, 39
    freie Elektronen, 41, 150
    inhomogene, 108
    lineare, 117
    Lorentz-Modell, 147
Dipol
    -näherung, 221
    -strahlung, 162, 257
Dispersion, 45
    anomale, 151
    Cauchy-Formel, 150
    normale, 149
Dispersionsrelation
    Licht im Medium, 45
    Licht im Vakuum, 2
    lokale, 83
Divergenz, 22
Doppler-Verbreiterung, 171
Drehmatrix, 283
Druckverbreiterung, 168
Drude-Modell, 146

Ehrenfest-Theorem, 210, 243
Eichung
    Geschwindigkeits-, 222, 226
    Längen-, 221, 226
Eichung der Potentiale, 27, 180, 217
Eikonal, 81
Einfall, schräger/senkrechter, 108
Einfalls
    -ebene, 108
    -winkel, 108
Einstein
    -Koeffizienten, 7, 10, 12, 276, 380
    -Äquivalenzprinzip, 224

-Übergangsraten, 6, 248
Emission
    induzierte, 6, 11, 380
    spontane, 6, 11, 380, 385
    verstärkte spontane (ASE), 15
Emissionsrate, 9, 10
    im Lorentz-Modell, 154, 247, 249
Energiedichte
    Photon, 7
    spektrale, 9
    Teilchen, 30
Ensemble, 306
Entartung, 11, 276
Envelope, 64, 70
Envelopengleichung, 65, 67
Erwartungswert, 195, 210
Extinktion, 166

Fabry-Pérot-Interferometer, 140
Faktorisierungsbedingung, 369
Feldenergie, 32
    ebene Welle, 5
Feldimpuls, 32
Feldoperatoren
    für stehende Wellen, 350
    für fortschreitende Wellen, 358
Finesse, 141
Flussdichte, 22
Fock-Zustand, 363
Fourier-Transformation, 57
Fraunhofer-Linien, 161
Freier Induktionszerfall, 314
Frequenz
    -anziehung, 344
    -kamm, 65
    Übergangs-, 6
    Kreis-, 2
    Licht-, 2
    Plasma-, 41
    Rabi-, 268, 284
    Stoß-, 41, 146
Fresnel-Formeln, 129

Güte, 18
Gauß
    -Integralsatz, 23
    -Puls, 69

-Strahl, 98
Geometrische Optik, 81
Gradient, 22
Gruppengeschwindigkeit, 46, 67

Hamilton
    -Bewegungsgleichungen, 181
    -Funktion, 180
    -Funktion des Feldes, 347
    -Operator, 196
    -Operator des Feldes, 360
    -Prinzip, 177, 346
Hanbury Brown und Twiss-Experiment, 411
Harmonischer Oszillator, 146, 230, 267
Hauptnormale, 84
Heisenberg
    -Bewegungsgleichung, 205
    -Bild, 205
    -Vertauschungsrelation, 203
Hermite-Moden, 104
Hermitesche Polynome, 233
Hilbert-Raum, 192

Impuls
    -dichte, 30
    -operator des Feldes, 360
    kanonisch, 180
    kinematisch, 180
    nichtrelativistisch, 30
    relativistisch, 30
Induzierte Emission, 6, 380
Intensität, 14, 51

Jaynes-Cummings-Modell, 382

Kanonische Quantisierung, 345
Kardinalsinus, 156
Kaustik, 85
Klassischer Elektronenradius, 166
Kohärenter Zustand, 366, 374
Kohärenz
    -fläche, 406
    -funktion, 395, 410
    -grad, 395, 410
    räumliche, 403
    zeitliche, 395

Kommutator, 203
Kontinuitätsgleichung, 24
Korrelation, 392
Kramers
    -Heisenberg-Streuformel, 256
    -Henneberger-System, 224
Kritische Dichte, 41, 77, 117
Krümmungsradius, 84

Ladungsdichte, 21, 30
Lagrange-Dichte des Feldes, 346
Lagrange-Funktion, 177
Laplace-Operator, 22
Laser
    -prinzip, 15
    -puls, 62, 189
Legendre-Transformation, 180
Leistungsverbreiterung, 335
Leitfähigkeit, 40
Licht
    -frequenz, 2, 6
    -geschwindigkeit, 1
    -intensität, 14
    -periode, 2
    -verstärkung, 13
    -wellenlänge, 2, 6
Linienbreite, 8
Linienformfunktion, 7, 155
Linienstärke, 277
Linienverbreiterung
    homogene/inhomogene, 168
Lokalfeld, 148
Lorentz
    -Kraft, 29, 185
    -Kurve, 8, 101, 126, 171, 312, 402
    -Modell, 146, 229, 268
    -Transformation, 183
Lorentz-Lorenz-Formel, 148
Lorenz-Eichung, 27

Magnetische Erregung, 28
Magnetisierung, 28
Maxwell-Gleichungen, 22, 28
Maxwell-Verteilung, 172
Messwerte, 194
Modendichte, 3, 17
Momente einer Verteilung, 392

Nabla-Operator, 22
Normalmode, 1, 4, 337, 351

Observable, 192
Operator
    adjungiert, 111, 193
    Erzeugungs-, 231
    Hamilton-, 196
    hermitesch, 111, 194
    Impuls-, 201
    Leiter-, 231
    Orts-, 199
    Statistischer, 316
    Translations-, 225
    unitär, 193
    Vernichtungs-, 231
    Verschiebungs-, 242, 246
    Zeitentwicklungs-, 197, 246
Oszillatorstärke, 148, 162, 261, 270, 300

Paraxiale Strahlen, 87
Paraxiale Wellengleichung, 103
Pauli-Matrizen, 283
Phasengeschwindigkeit, 46
Photon, 5, 360
Photon-Bunching und -Antibunching, 412
Photon-Echo, 315
Photonenenergie, 6
Photonenfluss, 14, 330
Photonenstatistik, 5, 412
Planck
    -Quantenhypothese, 5, 191
    -Strahlungsgesetz, 3, 12, 370
    -Wirkungsquantum, 5
Plasmafrequenz, 41
Poisson-Verteilung, 239, 369, 413
Polarisation
    einer Welle, 2, 47
    eines Mediums, 28
    s-/p-, 109
Polarisierbarkeit, 147, 244, 261, 291, 312
Ponderomotorisches Potential, 189
Populationsoperator, 321
Potentiale, 25, 162, 214
Poynting-Theorem, 34
Projektionswahrscheinlichkeit, 195
Propagator, 202

Pulsfläche, 289

Quanten
  -bit, 295
  -zustand, 191
Quantisierung
  fortschreitender Wellen, 353
  Gupta-Bleuler-, 345
  kanonische, 345
  stehender Wellen, 347

Rabi-Frequenz, 268, 284
Rabi-Oszillation, 289, 382
Räumliches Lochbrennen, 342
Raman-Streuung, 264
Ratengleichungen, 11, 13, 330
Rayleigh
  -Länge, 100
  -Streuung, 165, 262
Reflexionsvermögen, 134, 143
Relaxation, 146
  Besetzungs-, 308
  Phasen-, 308, 322
Resonanz
  -absorption, 124
  -fluoreszenz, 291
  Lorentz-Modell, 151
Resonator
  -güte, 18, 339
  -moden, 104
  aktiv/passiv, 93
  offen/geschlossen, 4, 93
  stabil/instabil, 93
Richtungsmittelung, 158
Rotating-wave-approximation, 283
Rotation, 22
RWA, 283

Sättigbare Absorber, 334
Sättigungsfluss, 334, 341
Sattelpunktsmethode, 119
Schawlow-Towns-Bedingung, 19
Schrödinger
  -Bild, 204
  -Gleichung, 196
Schwellwertbedingung, 19, 343
Semiklassische Theorie, 211, 338

Sommerfeld-Brillouin-Vorläufer, 72
Spiegelparameter, 95
Spontane Emission, 6, 168, 380, 385
Standardabweichung, 195
Statistischer Operator, 316
Störungstheorie, 210, 251, 258, 377
Stokes-Gleichung, 116
Stokes-Integralsatz, 23
Stoßfrequenz, 41, 146
Strahl
  -parameter, 99
  -radius, 100
Strahlgleichungen, 82
Strahltransfermatrix, 89
Strahlungsdämpfung, 35, 167, 249
Strahlungstransportgleichung, 14, 332
Streuung
  elastische/inelastische, 165
  Raman-, 264
  Rayleigh-, 165, 262
  Thomson-, 166
Stromdichte, 21, 30
Summenregel, 262
Suszeptibilität, 40, 147, 336
SVA-Näherung, 340

Thomas-Reich-Kuhn-Summenregel, 262
Thomson-Streuung, 166
Totalreflexion, 136
Transmissionsvermögen, 134
Transversalwelle, 2
Tunneleffekt, 77, 133

Überdichtes Medium, 52, 77, 117
Übergangs
  -frequenz, 6
  -rate, 6, 10, 270
  -wahrscheinlichkeit, 6, 198, 268
Umkehrpunkt, 117
Unschärferelation, 203

Van Cittert-Zernike-Theorem, 406
Verstärkungskoeffizient, 14, 52, 333
Verstimmung, 284
Vertauschungsrelation, 203
Volkov-Zustand, 223, 224
Von-Neumann-Gleichung, 318

Sachregister

Vorläufer, 72

Wechselwirkungsbild, 208
Weisskopf-Wigner-Theorie, 385
Welle
    ebene, 44
    longitudinale, 44
    monochromatische, 42
    transversale, 2, 45
Wellen
    -energie, 50, 53, 68
    -funktion, 200
    -gleichung, 25, 41
    -länge, 2
    -vektor, 2, 82
    -zahl, 2

Wiener-Khintchine-Theorem, 398
Wirkungsquerschnitt, 14, 160, 331
WKB-Näherung, 110, 114

Zeitentwicklungsoperator, 197
Zirkulationsdichte, 23
Zufallsprozess, 393
Zufallsvariable, 391
Zustand
    Besetzungszahl-, 5, 363
    Fock-, 363
    kohärenter, 238, 246, 248, 366, 374
    minimaler Unschärfe, 368
    Quanten-, 191
    Volkov-, 223, 224
Zweiniveausystem, 281

Mehr Optik bei Oldenbourg

Eugene Hecht
Optik

5., verbesserte Auflage
2009. XVII
1125 S. | gebunden

€ 64,80
ISBN 978-3-486-58861-3

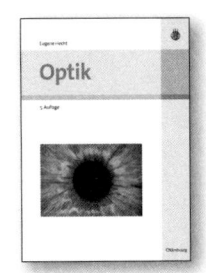

Weltweit das Standard-Lehrbuch der Optik

Studierende schätzen „den Hecht" vor allem wegen seines ausgewogenen didaktischen Konzepts. Die Optik wird im Rahmen einiger weniger, übergreifender Konzepte vereinheitlicht, so dass der Leser ein in sich geschlossenes, zusammenhängendes Bild erhält.

Rainer Dohlus
Photonik
Physikalisch-technische Grundlagen der Lichtquellen, der Optik und des Lasers

2010. XIV | 587 S. | Broschur

€ 59,80
ISBN 978-3-486-58880-4

Eine elementare Einführung

Die physikalisch-technischen Grundlagen der Lichtquellen, der technischen Optik sowie der Lasertechnik werden in diesem Buch kompakt und verständlich dargestellt.

Wolfgang Zinth, Ursula Zinth
Optik
Lichtstrahlen - Wellen - Photonen

2., verbesserte Auflage
2008. X | 335 S. | Broschur

€ 34,80
ISBN 978-3-486-58801-9

Prägnant und grundlegend

Auf eine verständliche Darstellung der theoretischen Inhalte legt dieses Buch besonders großen Wert. Optische Phänomene und mathematische Hintergründe werden insbesondere anhand vieler praxisnaher, moderner Anwendungsbeispiele erläutert.

Bestellen Sie in Ihrer Fachbuchhandlung oder direkt bei uns:
Tel.: 089/45051-248 · Fax: 089/45051-333 · verkauf@oldenbourg.de
www.oldenbourg.de

Oldenbourg